Der mathematische Werkzeugkasten

Georg Glaeser

Der mathematische Werkzeugkasten

Anwendungen in Natur und Technik

3. Auflage

Autor
Prof. Dr. Georg Glaeser
Institut für Diskrete Mathematik und Geometrie
Universität für angewandte Kunst Wien
georg.glaeser@uni-ak.ac.at

Für weitere Informationen zum Buch siehe:
www.uni-ak.ac.at/math

Bibliografische Information Der Deutschen Nationalbibliothek
Die Deutsche Nationalbibliothek verzeichnet diese Publikation in der Deutschen Nationalbibliografie; detaillierte bibliografische Daten sind im Internet über http://dnb.d-nb.de abrufbar.

Springer ist ein Unternehmen von Springer Science+Business Media
springer.de

3. Auflage 2008

Spektrum Akademischer Verlag ist ein Imprint von Springer

08 09 10 11 12 5 4 3 2 1

Planung und Lektorat: Dr. Andreas Rüdinger und Bianca Alton
Herstellung: Detlef Mädje
Umschlaggestaltung: SpieszDesign, Neu-Ulm
Titelfotografie: Alberto Bisinella – Fotolia.com
Satz: Autorensatz
Druck und Bindung: Stürtz GmbH, Würzburg

Printed in Germany

ISBN 978-3-8274-1932-3

Einleitung

Mathematik ist die „Wissenschaft von den Zahlen und Figuren“[1] und hat eine fast dreitausendjährige Tradition. Viele Erkenntnisse, die in diesem Buch aufgearbeitet werden, sind seit Jahrhunderten bekannt. Ein großer Teil der mathematischen Einsichten entstand aus dem Bedürfnis des Menschen, Erklärungen für gewisse Erscheinungen zu finden, und diese auch vorausberechnen zu können.

Eine schöne Umschreibung nennt die Mathematik einen „in sich abgeschlossenen Mikrokosmos, der jedoch die starke Fähigkeit zur Widerspiegelung und Modellierung beliebiger Prozesse des Denkens und wahrscheinlich der gesamten Wissenschaft überhaupt besitzt“[2].

Mathematische Fragen und der Einsatz des Computers

Es gab eine kurze Zeit, in der manche Menschen dachten, dass der Computer die Mathematik teilweise ersetzen könne. Aber Mathematik besteht nicht darin, Rechenoperationen durchführen zu können, sondern im logischen Denken, das hinter diesen Operationen steckt. Die Frage ist nicht *wie*, sondern *warum* ich diese oder jene Operation durchführen muss. Ist dies geklärt, beginnt die oft langwierige Ausführung der Rechenoperationen. Dafür ist der Computer ein Segen. Er erlaubt es, den ganzen Ballast der Routineoperationen abzuladen und den Kopf für das Verständnis der Zusammenhänge frei zu bekommen. Und neue, komplexere Themen anzupacken, bei denen – wie sich meist herausstellt – auch „nur mit Wasser gekocht wird“.

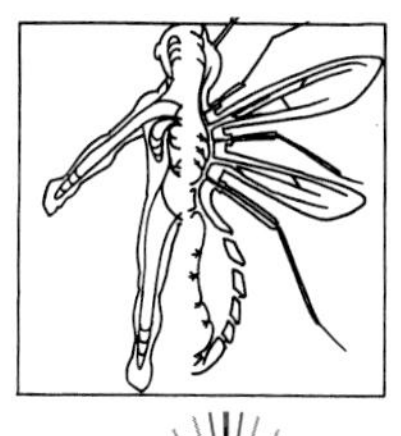

Wieso gibt es eine Obergrenze für die Größe von Insekten und eine Untergrenze für die Größe von Warmblütern? Die Antwort darauf ergibt sich aus einem wichtigen Satz über ähnliche Objekte.

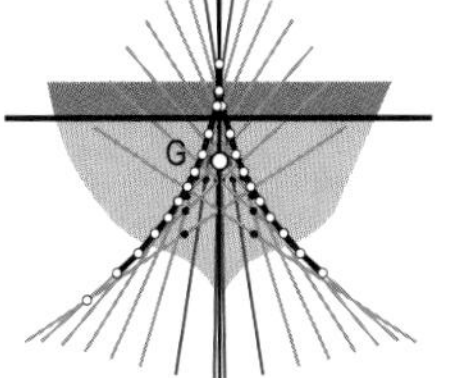

Wann und warum kippt ein Schiff u.U. um? Dies ist eine typische Aufgabe für die Vektorrechnung.

---

[1] Brockhaus, Wiesbaden 1971.

[2] *Marc Kac*, *Stanislaw Ulam*: *Mathematics and Logic*, Dover Publ., 1992.

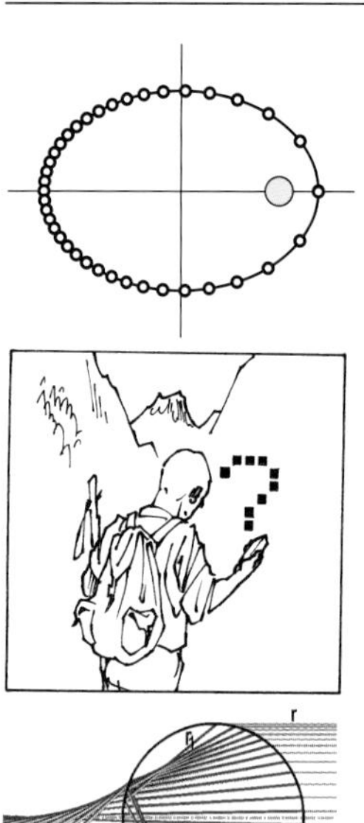

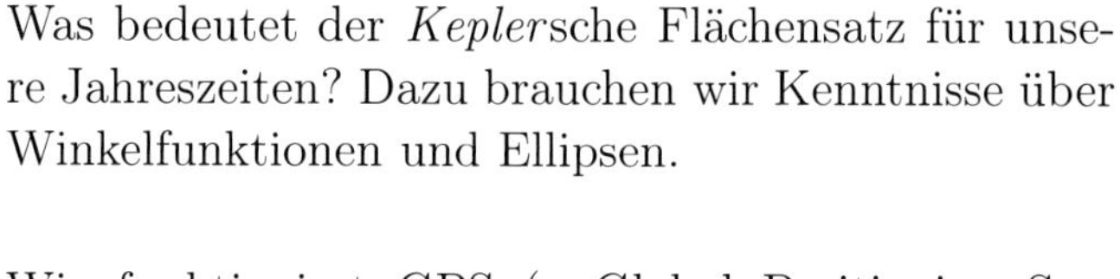

Was bedeutet der *Kepler*sche Flächensatz für unsere Jahreszeiten? Dazu brauchen wir Kenntnisse über Winkelfunktionen und Ellipsen.

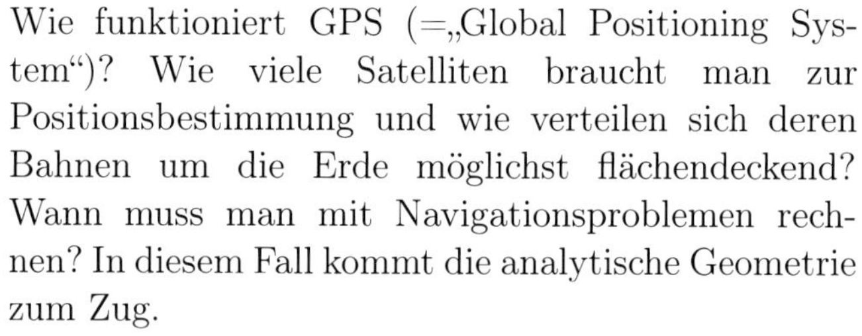

Wie funktioniert GPS (=„Global Positioning System“)? Wie viele Satelliten braucht man zur Positionsbestimmung und wie verteilen sich deren Bahnen um die Erde möglichst flächendeckend? Wann muss man mit Navigationsproblemen rechnen? In diesem Fall kommt die analytische Geometrie zum Zug.

Wie entsteht ein Regenbogen? Warum sieht man die untergehende Sonne als glühend roten Feuerball, obwohl sie eigentlich gar nicht mehr da sein dürfte? In beiden Fällen spielt die Lichtbrechung eine Rolle, die mithilfe der Differentialrechnung erklärt wird.

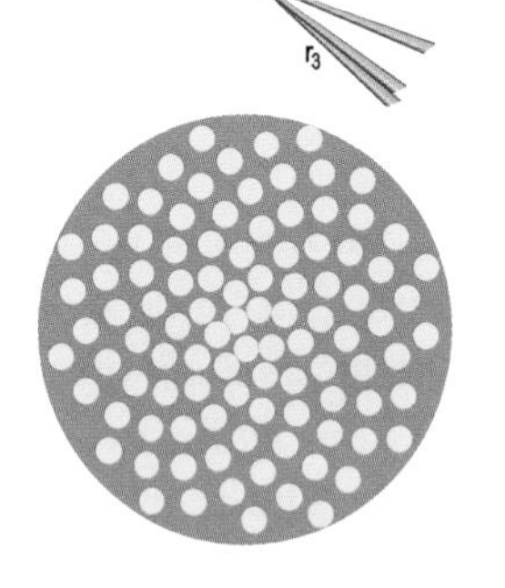

Wie sind die seltsamen Spiralen auf Sonnenblumen, die beeindruckenden Formen von Antilopenhörnern oder die wunderbar geometrische Form der Schneckenhäuser zu erklären? Dazu brauchen wir Kenntnisse über Exponentialfunktionen.

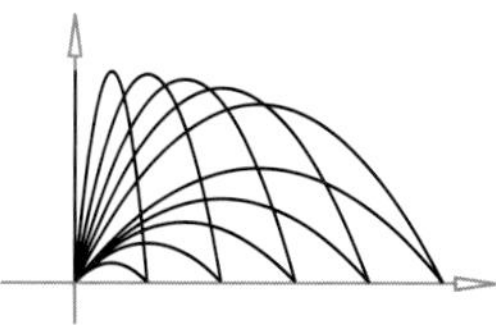

Wie muss man einen Rasensprenger bewegen, damit der Rasen gleichmäßig bewässert wird? Wie viel Luft verbraucht ein Taucher bei einem Multi-Level-Tauchgang? Wie groß ist die Lebenserwartung für Personen, die schon ein gewisses Alter erreicht haben? Die Integralrechnung gibt die Antwort.

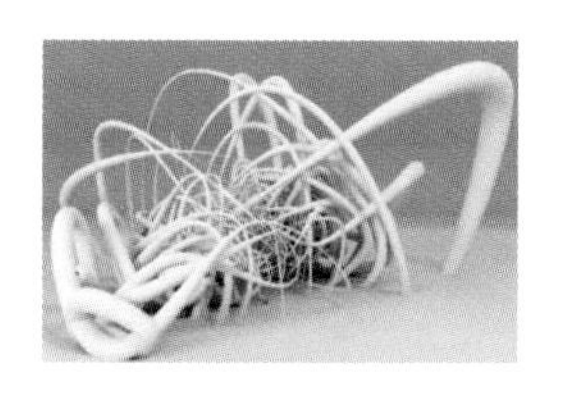

Warum schlägt das menschliche Herz „absichtlich“ leicht unregelmäßig und wie kann man nach Auszählung von 10% der Wählerstimmen das Wahlergebnis schon recht genau voraussagen? Hier brauchen wir das „Gesetz der großen Zahlen“ und die beurteilende Statistik.

Wie wurden die mathematischen Proportionen klingender Saiten erstmals von Pythagoras definiert, und wie wurden Tonskalen und Tonsysteme im Verlauf der Musikgeschichte verändert? Diesmal geht es um Proportionen, die nicht nur mathematisch sinnvoll sind, sondern auch von den Menschen als „harmonisch“ beurteilt werden.

$$\sum_{k=0}^{\infty} \frac{f^{(k)}(x_0)}{k!}(x-x_0)^k$$

Und nicht zuletzt: Wie berechnet eigentlich der Computer die komplizierten Funktionsausdrücke, und wann kann man sich unter Umständen nicht auf die vermeintliche Genauigkeit verlassen?

Besonders anschaulich werden die Dinge oft, wenn man „Animationen" davon sieht. Wenn man ein schaukelndes Schiff als Spielball der Elemente am Computerbildschirm mitverfolgen kann und erkennt, welche Drehmomente es immer wieder aufrichten. Oder wenn man beobachtet, wie ein Planet beschleunigt, um nicht von der Sonne verschluckt zu werden, oder wenn man das Horn einer Antilope wachsen sieht, bis es die Form angenommen hat, die durch Fotos aus verschiedenen Positionen vorgegeben ist. Solche Simulationen sind erst durch die moderne Computertechnologie möglich. Aber die Mathematik, die dahintersteckt, ist immer dieselbe!

Die Leitlinien dieses Buches

Das vorliegende Buch hat seine Wurzeln in der Vorlesung *Angewandte Mathematik*, die ich seit einigen Jahren für Studierende der Architektur und des Industrial Design an der Universität für Angewandte Kunst in Wien abhalte. Es ist aber so gestaltet, dass es darüber hinaus für alle interessant sein soll, die an Zusammenhängen zwischen der Mathematik und den verschiedensten Disziplinen interessiert sind. Es soll helfen, das bisher angeeignete mathematische Wissen neu zu strukturieren und in die Praxis umzusetzen.
Es handelt sich um keinen Mathematik-Lehrgang im klassischen Sinn, in dem Definitionen, Sätze und deren Beweise aneinandergereiht werden. Viele Anwendungsbeispiele schaffen Querverbindungen zu verschiedenen, nicht immer technisch-physikalischen Gebieten, wie etwa zur Biologie, Geografie, Archäologie, Medizin, Musik, Bildenden Kunst usw. Dies soll die Aufmerksamkeit für Gesetzmäßigkeiten in Natur und Kunst erhöhen.
Es wurde versucht, ein möglichst *in sich geschlossenes Skriptum* zu erstellen, und zwar für eher pragmatisch denkende LeserInnen und nicht für puristische Mathematiker. Dabei wurden folgende Leitlinien befolgt:

- Jedes Kapitel enthält neben einer knappen Einführung in die Theorie zahlreiche Anwendungsbeispiele. Eine gründliche theoretische Ausbildung hilft nämlich oft nicht, wenn das darin enthaltene mathematische Problem erst selbst erkannt werden muss.
- Auf eine allzu mathematische Ausdrucksweise wurde verzichtet, weil Studierende dadurch oft vom Wesentlichen abgelenkt werden. Wenn einmal die wesentliche Aussage eines Satzes verstanden wurde, kann man immer noch auf Feinheiten eingehen.
- Beweise werden wohl konsequent geführt, allerdings wird immer wieder auf die „Herleitung" von Sachverhalten mittels Hausverstand hingewiesen.
- Die geometrisch-anschauliche Skizze wird der mathematischen Abstraktion vorgezogen. Höherdimensionale Probleme werden Sie in diesem Buch nur selten finden.
- Der allgemeine Lösungsweg hat – selbst wenn er manchmal aufwändiger ist – stets Vorrang vor Sonderfällen und deren Spitzfindigkeiten. So gelten etwa kompliziertere Gleichungen der Form $f(x) = 0$ oder bestimmte Integrale $\int_a^b f(x)dx$ als „gelöst", weil die Ergebnisse immer beliebig genau mit dem Computer angenähert werden können.
- Literaturangaben werden um einschlägige Internet-Adressen erweitert. Studierende haben heutzutage nämlich einen wesentlich bequemeren Zugang zum Internet als zur Uni-Bibliothek!

Der Aufbau des Buches

Der Inhalt wurde auf wenige ausgewählte Kapitel reduziert:

- Zunächst werden einfache *Grundlagen* der angewandten Mathematik an Hand praktischer Beispiele wiederholt. Insbesondere werden einfache algebraische Gleichungen und lineare Gleichungssysteme behandelt.
- Im nächsten Kapitel werden *Proportionen* mittels zahlreicher Beispiele besprochen. Insbesondere werden ähnliche Körper untersucht und dabei einfache, aber keineswegs triviale Erkenntnisse gewonnen, die in der Natur enorme Auswirkungen haben.

- Das dritte Kapitel ist den Berechnungen im rechtwinkligen und schiefwinkeligen Dreieck – und somit den *Winkelfunktionen* – gewidmet. Auch hier gibt es eine Fülle von Anwendungen in den verschiedensten Gebieten.
- Immer noch mit den Mitteln der Elementarmathematik wird dann relativ ausführlich die *Vektorrechnung* behandelt. Diese spielt in der Physik eine große Rolle, ist aber auch der Schlüssel für die Anwendung geometrischer Probleme am Computer und hat in den letzten Jahren enorm an Bedeutung gewonnen. Die dadurch erzielte Eleganz – und damit Einfachheit – der Berechnungen wird an vielen Anwendungsbeispielen illustriert.
- Im fünften Kapitel werden die klassischen *reellen Funktionen und deren Ableitungen* besprochen. Sie sind ebenso von großer Bedeutung für zahlreiche Berechnungen und haben durch den Einsatz des Computers jeden Schrecken verloren.
- Im sechsten Kapitel wird auf wichtige *Kurven und Flächen* eingegangen. Insbesondere sind dies Ortslinien und Bahnkurven von sog. geometrischen Zwangläufen. Dabei wird der Computer als das entsprechende Werkzeug zu deren Darstellung herangezogen. Die entsprechende Software wurde an der Universität für angewandte Kunst in Wien entwickelt. Auf der Webseite zum Buch finden Sie dutzende ausführbare Demo-Programme sowie compilierbaren Programmcode. Dadurch kann die Kreativität und das *sinnvolle* Umgehen mit moderner Software gefördert werden. Beim Arbeiten am Computer sollten stets die Ergebnisse abgeschätzt und der Hausverstand miteinbezogen werden.
- Im siebten Kapitel wird auf einfache und wichtige *Anwendungen der Differential- und Integralrechnung* eingegangen. Komplizierte Auswertungen werden ebenfalls mehr oder weniger dem Computer überlassen. Dafür bleibt ein wenig Zeit, um das Verständnis für die allgemeinen Formeln zur Berechnung von Flächen, Schwerpunkten usw. zu fördern.
- Das letzte Kapitel beschäftigt sich schließlich mit Statistik und Wahrscheinlichkeitsrechnung. Diese Aufgabengebiete haben in letzter Zeit stark an Bedeutung zugenommen. Neben der beschreibenden Statistik legen wir – mit Hilfe der Wahrscheinlichkeitsrechnung – auf die Datenanalyse wert. Es geht also um die Kunst, aus Daten zu lernen.
- Im Anhang schließlich wird auf einige Themen eingegangen, die nicht unmittelbar in den Lehrgang einzuordnen sind. Dazu zählen die *komplexen Zahlen*, *Fibonacci-Zahlen* und das Thema *Musik und Mathematik*.

Die zugehörige Webseite `www.uni-ak.ac.at/math`

Zum Buch gibt es begleitend eine Homepage. Dort finden Sie Aktualisierungen, weitere Beispiele, Internet-Adressen zu den verschiedenen Spezialthemen und nicht zuletzt Dutzende von lauffähigen Demo-Programmen, mit denen Sie interaktiv arbeiten können. Insbesondere lassen sich zahlreiche komplexe Bewegungsabläufe oder physikalische Simulationen nachvollziehen.
Der Vorteil einer solchen zusätzlichen Unterstützung liegt auf der Hand: Erstens kann die Webseite ständig am neuesten Stand gehalten werden, und zweitens kann sie wachsen und reichhaltiger werden, ohne das Grundgerüst, nämlich das Buch, ändern zu müssen. Die Leser sind herzlich eingeladen, diese Seite möglichst viel in Gebrauch zu nehmen. Für Rückmeldungen bin ich dankbar!

Über die Exaktheit der Mathematik

Folgender typische „Mathematiker-Witz" zeigt uns das Selbstverständnis der Mathematik:

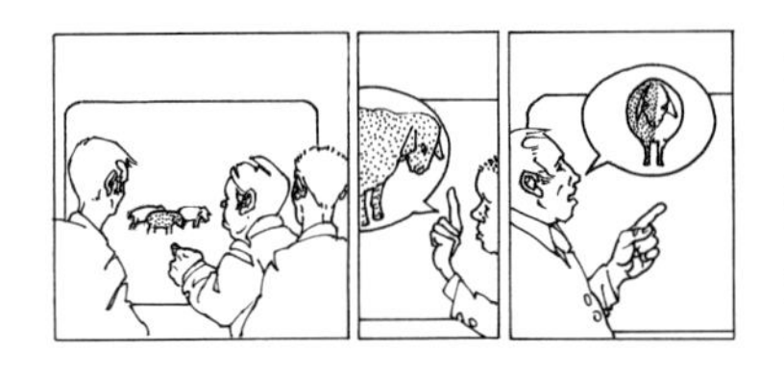

Ein Ingenieur, ein Philosoph und ein Mathematiker fahren im Zug über eine schottische Hochebene und erkennen in einer Schafherde ein schwarzes Schaf. Sagt der Ingenieur: „Ich habe gar nicht gewusst, dass es in Schottland schwarze Schafe gibt." Korrigiert ihn der Philosoph: „Moment! So einfach kann man das nicht sagen. Es muss heißen: Ich habe gar nicht gewusst, dass es in Schottland *mindestens ein* schwarzes Schaf gibt."

Daraufhin der Mathematiker: „Meine Herren, auch das ist nicht exakt genug. Es muss heißen: Ich habe gar nicht gewusst, dass es in Schottland *mindestens ein* Schaf gibt, das auf *mindestens einer Seite* schwarz ist..."

Die reine Mathematik sieht sich also sehr exakt. Der praktische Anwender der Mathematik (z.B. der Ingenieur) sieht die Dinge eher pragmatisch, um möglichst schnell zu verwertbaren Ergebnissen zu kommen. Die Wahrheit liegt wohl in der Mitte...

Danksagungen

Ein gutes Buch ist das Resultat jahrelanger Vorarbeiten. Diese geschehen immer in Interaktion mit anderen Personen. Sämtliche Computerzeichnungen und mathematischen Skizzen in diesem Buch wurden mit dem vom Autor entwickelten Programmierpaket „Open Geometry" (G. Glaeser, H. Stachel: *Open Geometry. Open GL + Advanced Geometry.* Springer New York, 1997) erstellt. Auch die Computeranimationen auf der Homepage wurden mit diesem Tool erzeugt. Eigentlich wurde Open Geometry zunächst überhaupt zu diesem Zweck ins Leben gerufen, hat sich dann aber in Eigendynamik weiterentwickelt.
Die Tiere auf der Titelseite der ersten Auflage (jetzt Abb. 8.8) hat meine damals zehnjährige Tochter Sophie gezeichnet. Sie ist auf einigen Abbildungen zu sehen, ebenso wie meine allesamt sportlichen Nichten und Neffen. Für das Einbringen interessanter Beispiele bzw. die Mithilfe bei der Korrektur danke ich in alphabetischer Ordnung und unter Verzicht aller akademischen Titel Reinhard *Amon* (er hat den „musikalischen Teil", nämlich das theoretische Gerüst von Anhang B, beigesteuert), Andreas *Asperl*, Thomas *Backmeister*, Johannes *Glaeser* und Othmar *Glaeser* (meinen beiden Brüdern), Franz *Gruber*, Gregor *Holzinger*, Gerhard *Karlhuber*, Franz *Kranzler*, Marianne *Meislinger*, Thomas *Müller*, Günther *Repp*, Markus *Roskar* (von ihm stammen die meisten handgezeichneten Illustrationen), und nicht zuletzt und ganz besonders Wilhelm *Fuhs*.
Schließlich möchte ich auch all jenen Studierenden danken, die immer wieder mit großer Begeisterung bei der Sache waren und durch Diskussionen wichtige Beiträge zum Buch geliefert haben. Sie haben mir stets das Gefühl gegeben, dass die Mathematik, wenn sie mit Begeisterung vorgetragen wird, nicht nur einer Elite vorbehalten ist, sondern eigentlich jeden anspricht. Die Scheu vor dem „gefürchteten Fach" Mathematik, die vielleicht noch in manchem von uns steckt, weicht bald einer angenehmen Atmosphäre des „Mehr-wissen-wollens".

Wien, im März 2004

Zusätzliches zur zweiten Auflage...

Im April 2005 ist das Buch *Geometrie und ihre Anwendungen in Kunst, Natur und Technik* im selben Verlag erschienen. Dort werden viele Dinge, die im Werkzeugkasten rechnerisch aufgearbeitet oder angerissen wurden, anschaulich geometrisch erklärt. Das Erscheinungsbild der vorliegenden Auflage ist diesem Geometriebuch angeglichen worden (insbesondere kommt nun Farbe ins Spiel). Weiter finden Sie Dutzende neue Anwendungen, etwa zu mathematischen Fragen bei Digitalkameras, zum freien Fall mit Luftwiderstand, zur Integralrechnung (Differentialgleichungen) usw.

Neue Zeichnungen stammen von meiner mittlerweile dreizehnjährigen Tochter Sophie (Abb. 1.52 rechts und Abb. 6.43), Harald Andreas *Korvas* (Abb. 2.56, Abb. 3.17 rechts) und von Stefan *Wirnsperger* (Abb. 1.1, Abb. 6.73, Abb. 8.51).
Ich möchte mich auch für die vielen positiven Reaktionen bedanken, in denen ich auf Druckfehler aufmerksam gemacht bzw. Anstoß für neue Beispiele gegeben wurde.

Wenige Monate vor Fertigstellung der neuen Auflage flog ich nach Florida, nicht zuletzt, um zusätzliche passende Fotos für's Buch anzufertigen – wie das folgende Bild vom Fenstersitz beim Flug von Madrid nach Miami (knapp vor Miami und dem dort gerade seinen Ausgang nehmenden berühmt-berüchtigten Hurricane Katrina).
Bei diesem Ausblick fielen mir spontan ein Dutzend Fragen ein, die mittlerweile alle im Buch – meist mit einfachen mathematisch/physikalischen Überlegungen – beantwortet werden:
Warum kann ein so schweres Flugzeug fliegen (S. 132)? Brauchen große Flugzeuge im Verhältnis mehr oder weniger Treibstoff als kleine (S. 86)? Welcher Luftdruck (und damit Luftwiderstand) herrscht in 11 km Höhe (S. 184)? Über welche Strecke zieht sich der Sinkflug aus dieser Höhe (S. 118)? Wie weit kann man am Horizont sehen bzw. wie stark sieht man die Erdkrümmung (S. 118)? Wie konnten sich die Menschen schon vor der Zeit der Flugzeuge und Raketen sicher sein, dass die Erde eine Kugel ist (S. 92)? Warum dauert der Flug von Madrid nach Miami nur drei Stunden bzw. wie schnell muss man fliegen, damit die Sonne nicht untergeht (S. 127)? Was ist der kürzeste Weg von A nach B auf einer Kugel (S. 243)? Warum ist der Himmel blau (S. 126)?
Auf diese Art sind für die neue Auflage wieder einige Dutzend neue Beispiele im Buch entstanden: Durch ständiges Hinterfragen der Dinge des täglichen Lebens...

Wien, im Dezember 2005

... und schließlich zur dritten Auflage...

In der dritten Auflage gibt es zu den vorhandenen Themen neue – wie immer meist praxisbezogene – Beispiele, auch der Anhang über die komplexen Zahlen wurde um einige schöne Ergänzungen bereichert. Die wesentliche Änderung besteht jedoch in der Hinzunahme eines ganzen Kapitels über Statistik und Wahrscheinlichkeitsrechnung. Damit trage ich einem des öfteren geäußerten Wunsch aus der Leserschaft Rechnung.
Tatsächlich hat die Statistik in nahezu alle Bereiche der Wissenschaft ihren siegreichen Einzug gehalten, und auch viele Studierende, die geglaubt haben, „nie wieder in ihrem Leben Mathematik lernen zu müssen", sind gezwungen, sich mit ihr auseinanderzusetzen. Auch auf diesem Gebiet wird nur mit Wasser gekocht, und die Sachverhalte lassen sich durchaus schmackhaft aufbereiten, wenn man nur geeignete Beispiele wählt.

Für die Mitarbeit bzw. die notwendigen Korrekturen danke ich meinen Mitarbeitern Franz *Gruber*, Günter *Wallner* und Herbert *Löffler*, aber auch nicht wenigen interessierten Lesern, die via E-mail Verbesserungsvorschläge eingebracht haben. Stefan *Wirnsperger* hat wieder einige neue Illustrationen beigesteuert.
Erwähnenswert ist, dass in der Zwischenzeit auch die „Geometrie und ihre Anwendungen" eine zweite, beträchtlich erweiterte Auflage erfahren hat, und dass im Herbst 2008 die „Mathematik in Bildern" im selben Verlag erscheinen wird, die mein Kollege Konrad *Polthier* aus Berlin und ich gerade zusammenstellen.

Wien, im Februar 2008

Inhaltsverzeichnis

1 Gleichungen, Gleichungssysteme

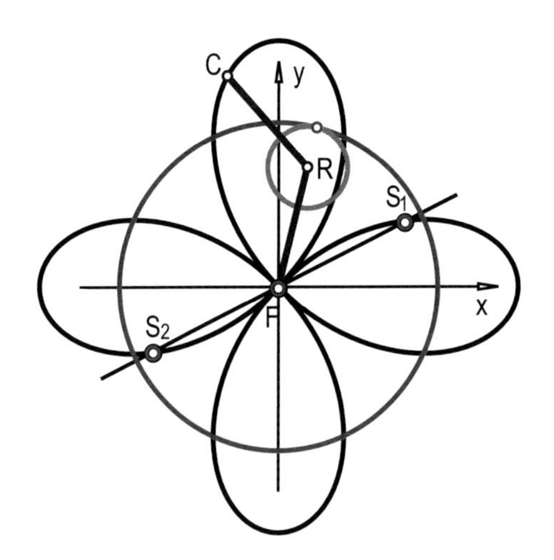

In diesem Kapitel wird elementares Wissen über mathematische Zusammenhänge von einem höheren Standpunkt aus betrachtet. Bei tieferem Verständnis der elementaren Zusammenhänge zeigt es sich, dass auch vermeintlich komplexere Probleme oft auf einfachen Überlegungen basieren. Zunächst werden die elementarsten Rechenregeln wiederholt, etwa die Potenzrechenregeln oder die Lösung linearer und quadratischer Gleichungen.

Von Bedeutung sind die linearen Gleichungssysteme. Auch für Fortgeschrittene sind manche Anwendungen interessant, weil sie keineswegs immer trivial sind und zudem Querverbindungen zu anderen Wissenszweigen wie Geografie, Physik, Chemie, Fotografie, bildender Kunst, Musik usw. aufgezeigt werden. So nebenbei wird des Öfteren mit physikalischen Einheiten gerechnet, was für die Lösung praxisnaher mathematischer Anwendungen wichtig ist.
Algebraische Gleichungen höheren Grades werden wegen ihres erhöhten Rechenaufwands nur kursorisch behandelt. Immerhin finden sich praktische Anwendungen auf mehreren Gebieten.
Zum Abschluss des Kapitels werden weitere Anwendungen präsentiert, die wie immer darauf angelegt sind, nicht nur reine Mathematik zu betreiben, sondern auch Seitenblicke in andere Wissensgebiete zu wagen.

Übersicht

1.1 Elementares über Zahlen und Gleichungen

Rechnen mit Kommazahlen, Rechengenauigkeit

Wir rechnen im Folgenden fast ausschließlich mit reellen Zahlen. Unser Taschenrechner zeigt i. Allg. solche Zahlen als Dezimalzahlen an. Der Rechner rechnet intern recht genau mit ≈13-15 Stellen. Die Werte, die wir dem Rechner eingeben, sind aber unter Umständen fehlerbehaftet (geschätzt, gemessen, gerundet). Eine mit Sicherheit richtige Stelle (außer Null, wenn damit nur das Dezimalkomma festgelegt wird) heißt *gültige Stelle*. So hat die Zahl 0,000123 *höchstens* drei gültige Stellen. Nun müssen wir immer folgenden Satz berücksichtigen:

Bei einer Multiplikation bzw. Division ist beim Ergebnis die Anzahl der gültigen Stellen gleich der kleinsten auftretenden Zahl gültiger Stellen in allen Faktoren. Bei einer Addition bzw. Subtraktion hat das Ergebnis keine gültige Stelle jenseits der letzten Dezimalstelle, an der *beide* Zahlen eine gültige Stelle haben. Die Kette ist nur so stark wie ihr schwächstes Glied!

Anwendung: Durchschnittsgeschwindigkeit

In der Physik gilt die einfache Formel $v = s/t$ (Geschwindigkeit = Weg durch Zeit). Ein Auto fährt nun eine Strecke von 88 km in 1 h 6 *min*. Wie groß ist die Durchschnittsgeschwindigkeit und wie genau kann man sie berechnen?

Abb. 1.1 Durchschnittsgeschwindigkeit

Lösung:
1 h 6 min entspricht $1\,\text{h} + \frac{6}{60}\,\text{h} = 1{,}1\,\text{h}$. Mit der obigen Formel gilt

$$v = \frac{s}{t} = \frac{88\,\text{km}}{1{,}1\,\text{h}} = 80\frac{\text{km}}{\text{h}}$$

Die Länge der Strecke wurde der Straßenkarte entnommen. Dort wird auch dann 88 km stehen, wenn die Strecke 87,500 km oder 88,499 km lang ist. Beim Stoppen der Zeit wird man sich mit Minutengenauigkeit zufrieden geben. Das Auto hätte also 1 h5 min 30 s oder 1 h6 min 29 s brauchen können, ohne dass wir eine andere Zahl eingesetzt hätten. Also schwankt die Zeitangabe zwischen

$$1\,\text{h} + \frac{5}{60}\,\text{h} + \frac{30}{3\,600}\,\text{h} = 1{,}0917\text{h} \text{ und } 1\,\text{h} + \frac{6}{60}\,\text{h} + \frac{29}{3\,600}\,\text{h} = 1{,}108\text{h}.$$

Dementsprechend schwankt das „genaue Ergebnis“ zwischen

$$v = \frac{88{,}499}{1{,}0917} = 81{,}065\,\text{km/h} \quad \text{und} \quad v = \frac{87{,}500}{1{,}108} = 78{,}971\,\text{km/h}.$$

Wir sehen: Die Kommastellen bei der berechneten Geschwindigkeit entbehren jeder Grundlage und gaukeln Genauigkeiten vor, mit denen man nicht weiter rechnen darf!

In der Physik rechnet man üblicherweise mit Maßeinheiten. Die Geschwindigkeit – auch die eines Autos – wird daher normalerweise in m/s angegeben, die Zeit in Sekunden. Wegen $x\frac{1km}{1h} = x\frac{1000\text{m}}{3600s}$ gilt die wichtige und häufig gebrauchte Beziehung:

$$x\,\frac{\text{km}}{\text{h}} = \frac{x}{3{,}6}\,\frac{\text{m}}{\text{s}} \quad \text{bzw.} \quad y\,\frac{\text{m}}{\text{s}} = 3{,}6y\,\frac{\text{km}}{\text{h}}.$$

Was passieren kann, wenn man mit Maßeinheiten allzu sorglos umgeht, zeigt folgendes Beispiel: Man betrachte die folgende – natürlich nicht zulässige – Gleichungskette

$$1\text{€} = 100\,\text{Cent} = 10\,\text{Cent} \cdot 10\,\text{Cent} = 0{,}1\text{€} \cdot 0{,}1\text{€} = 0{,}01\text{€}.$$

Irgendwo muss da ein Fehler versteckt sein! ♠

Anwendung: Mäßig aber regelmäßig

Jeder Autofahrer weiß (oder sollte wissen), dass es schwer ist, verlorene Zeit durch „Rasen“ wettzumachen. Eine moderate konstante Geschwindigkeit kostet nicht nur weniger Treibstoff und Nerven, man verliert auch viel weniger Zeit als man vermuten möchte. Deswegen auch immer die große Frage bei „Regenrennen“ in der Formel 1: Zahlt es sich aus, Regenreifen „aufzuziehen“ (dies kostet einen Boxenstop, dafür kann man nachher schneller fahren)?
Hier ein einfacheres und stark idealisiertes Beispiel (Abb. 1.2): Eine Geländestrecke von $s = 12\,\text{km}$ (davon 6 km einfaches und 6 km schwierigeres Gelände) soll von einem Läufer (konstante Geschwindigkeit $12\,\frac{\text{km}}{\text{h}}$) bzw. einem Mountainbiker (im einfachen Gelände $4\,\frac{\text{km}}{\text{h}}$ schneller als der Läufer, im schwierigen Gelände $4\,\frac{\text{km}}{\text{h}}$ langsamer als der Läufer) zurückgelegt werden. Wer benötigt weniger Zeit? Wie lang muss das Gelände einfach sein, damit beide gleich lange brauchen?

Abb. 1.2 Das große Wettrennen

Lösung:
Zeit für den Läufer: $t_1 = \frac{12\,\text{km}}{12\,\frac{\text{km}}{\text{h}}} = 1\,\text{h}$
Zeit für den Radfahrer: $t_2 = \frac{6\,\text{km}}{(12+4)\,\frac{\text{km}}{\text{h}}} + \frac{6\,\text{km}}{(12-4)\,\frac{\text{km}}{\text{h}}} = \frac{9}{8}\,\text{h}$, also $7\frac{1}{2}$ Minuten langsamer!

Wenn der Radfahrer die unterschiedlichen Strecken gleich schnell wie der Läufer zurücklegen soll, muss die Summe der Teilzeiten für die unterschiedlichen Streckenabschnitte 1 h betragen:

$$\frac{x\,\mathrm{km}}{16\frac{\mathrm{km}}{\mathrm{h}}} + \frac{(12-x)\,\mathrm{km}}{8\frac{\mathrm{km}}{\mathrm{h}}} = 1\mathrm{h} \Rightarrow x = 8\,\mathrm{km}$$

Somit muss die besser zu befahrende Strecke *zwei Drittel* der Gesamtstrecke sein.

Ein interessantes Phänomen ist der „Ziehharmonika-Effekt“: Wenn eine Fahrzeugkolonne mit einer Geschwindigkeit von 160 km/h auf der Überholspur einer Autobahn dahinrast, kann ein einziges Fahrzeug, das mit $130\,\mathrm{km}/h$ hinter einem Lastwagen „ausbricht“, um diesen zu überholen, die Kolonne in der Überholspur unter Umständen sogar zum Stillstand bringen: Der Lenker des ersten Fahrzeugs hat eine gewisse Reaktionszeit, in der er noch mit $160\,\mathrm{km}/h$ weiterfährt. Um nun dem Vorderfahrzeug nicht aufzufahren, muss er seine Geschwindigkeit reduzieren, bis sie deutlich unter der Geschwindigkeit des vor ihm liegenden Fahrzeugs liegt. Analoges gilt dann für die Nachfolgefahrzeuge. Erst genügend große Abstände verringern dieses Staurisiko. ♠

Rechnen mit Zehnerpotenzen

Abb. 1.3 Zehnerpotenzen im Tierreich I: 4000 mm, 400 mm, 40 mm, 4 mm Länge

Das sichere Umgehen mit Zehnerpotenzen ist in mehrfacher Hinsicht bedeutend für jeden Anwender der Mathematik, etwa beim Abschätzen von Ergebnissen, aber auch beim richtigen Interpretieren von Computerberechnungen.

Abb. 1.4 Zehnerpotenzen im Tierreich II: 10^9 mg, 10^6 mg, 10^3 mg, 1 mg Masse

Wenn $n = 1, 2, \ldots$ eine natürliche Zahl ist, dann ist die Zahl 10^n eine 1 mit n Nullen. Es gelten dieselben Regeln wie für allgemeine Potenzen, also

$$\begin{aligned} 10^0 &= 1, \quad 10^1 = 10, \\ 10^n \cdot 10^m &= 10^{n+m}, \quad \frac{10^n}{10^m} = 10^{n-m}, \\ 10^{-n} &= \frac{1}{10^n}, \quad (10^n)^m = 10^{nm}, \\ \sqrt[m]{10^n} &= 10^{\frac{n}{m}}. \end{aligned}$$

Die Zahlen n und m müssen aber keineswegs natürliche Zahlen sein, sondern können beliebige reelle Werte annehmen.

Anwendung: Autoreifenabnützung pro gefahrenem Kilometer (Abb. 1.5)
Wie stark nützt sich das Profil eines Autoreifens ab, wenn ein fabriksneuer Reifen nach ca. 50 000 gefahrenen Kilometern 1 cm Profil verliert?

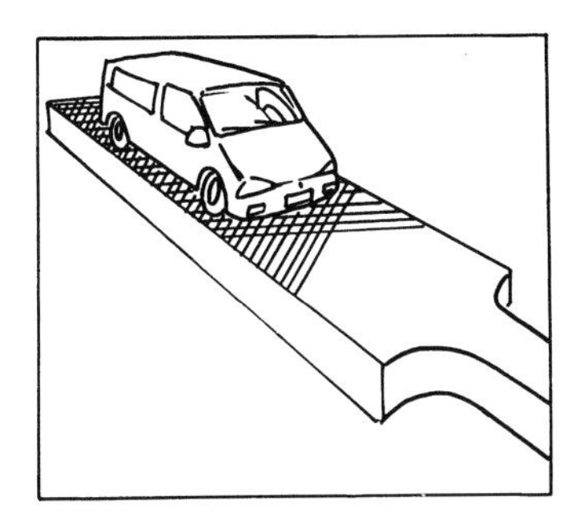

Abb. 1.5 Reifenabnützung...

Abb. 1.6 ...mit nach vorne wirkenden Turbinen

Lösung:
Wenn sich das Profil bei $50\,000\,\text{km} = 5 \cdot 10^4\,\text{km}$ um $1\,\text{cm} = 10^{-2}\,\text{m}$ abnützt, sind das pro Kilometer

$$\frac{10^{-2}\text{m}}{5 \cdot 10^4} = \frac{10 \cdot 10^{-3}\text{m}}{5 \cdot 10^4} = 2 \cdot 10^{-7}\text{m} = 0{,}2 \cdot 10^{-6}\,\text{m} = 0{,}2\mu\text{m (Mikrometer)}.$$

Ein Autoreifen hat etwa einen Durchmesser von 65 cm (26″). Dann verringert eine Profilabnützung von 1 cm den Durchmesser – und damit den Umfang – um etwa $2 \cdot 1{,}5\%$. Die Missweisung der Geschwindigkeit, auf die man sich bei Radarmessungen gerne ausredet, macht bei $100\,\frac{\text{km}}{\text{h}}$ also maximal $3\,\frac{\text{km}}{\text{h}}$ aus.
Beim Flugzeug nützen sich die Reifen um ein Vielfaches mehr ab und müssen oft getauscht werden. Abb. 1.6 zeigt eine Landung auf einer der kürzesten Landebahnen der Welt (Madeira) und – wegen des notwendigen Umkehrschubs – die flimmernde heiße Luft *vor* den Düsen und um den mittleren und vorderen Rumpf. ♠

Anwendung: Speicherplatz auf Harddisk
Eine Harddisk habe $100\,GB$ (Gigabyte) Speicherkapazität.
Wie viele Schreibmaschinenseiten (75 Anschläge pro Zeile, 40 Zeilen pro Seite) bzw. wie viele Farbbilder (Auflösung $1\,000 \times 1\,000\,Pixel$) können unkomprimiert gespeichert werden?

Hinweis: 1 Schreibmaschinen-Zeichen (ASCII-Zeichen) kann mit 1 *Byte* gespeichert werden. Ein Farbpixel verbraucht 3 *Byte* (Rot-Grün-Blau-Anteil mit je 1 *Byte*). 1 Gigabyte hat genau genommen 1024 Megabyte, 1 Megabyte hat 1024 Kilobyte und 1 Kilobyte hat 1024 Byte. Trotzdem können wir getrost überschlagsmäßig mit 1 GB $\approx 10^9 Byte$ rechnen.

Abb. 1.7 „Antike" Festplatte...

Lösung:
1 Seite $= 75 \cdot 40 = 3\,000$ Zeichen
$\frac{100 \cdot 10^9}{3 \cdot 10^3} \approx 30 \cdot 10^6 = 30$ Millionen Seiten
$1\,000 \times 1\,000$ Pixel verbrauchen $3 \cdot 10^6$ Byte
$\Rightarrow \frac{100 \cdot 10^9}{3 \cdot 10^6} \approx 30 \cdot 10^3 = 30\,000$ Bilder

Bilder werden nur selten im Bitmap-Format gespeichert. Moderne Digitalkameras erlauben Auflösungen von $3\,000 \times 2\,000$ Pixeln und mehr. Ein solches 6-Megabyte-Bild würde 18 Megabyte Speicherplatz auf dem Speichermedium erfordern. Deswegen werden die Bilder komprimiert abgespeichert (JPG-Format) und sind dann – abhängig von der Kompressionsstufe und der Art der Szene – etwa 2 Megabyte groß. ♠

Anwendung: Messen von Entfernungen beim GPS

Mittels GPS (Global Positioning System) kann man seine Position an jedem beliebigen Punkt der Erde auf wenige Meter genau bestimmen. Wie diese Position berechnet wird, werden wir in Anwendung S. 269 besprechen. Man braucht dazu auf Meter genau die Entfernung zu drei Satelliten. Diese Satelliten senden ständig charakteristische Signale aus, die sich mit Lichtgeschwindigkeit fortpflanzen. Um nun die Entfernung eines Satelliten festzustellen, misst man jene Zeit, welche die Signale zum Empfänger brauchen und multipliziert sie mit der Lichtgeschwindigkeit. Wie genau muss (eigentlich müsste) man die Zeit messen können, damit die Entfernung auf 1 m genau stimmt?

Lösung:
Lichtgeschwindigkeit $300\,000\,\frac{\text{km}}{\text{s}} = 3 \cdot 10^5\,\frac{\text{km}}{\text{s}} = 3 \cdot 10^8\,\frac{\text{m}}{\text{s}} \Rightarrow$ für einen Meter braucht das Signal $\frac{1}{3} \cdot 10^{-8}\,\text{s} \approx 3{,}3 \cdot 10^{-9}\,\text{s}$. Man müsste auf Nanosekunden genau messen können. In einer lächerlichen Mikrosekunde schafft das charakteristische Signal bereits 300 m.

Selbst Atomuhren (und solche sind an Bord der Satelliten) können verlässlich „nur" Mikrosekunden messen (der Gangunterschied bei solchen Uhren ist etwa 1 Sekunde in 6 Millionen Jahren). Deshalb arbeitet GPS mit einem Trick: Das charakteristische Signal ist eine Welle, die wie ein „Steckbrief" funktioniert: Sie hat eine Periode von 300 m Länge. Man kann zum Zeitpunkt des Empfangs der Welle die exakte Position innerhalb dieser Welle erkennen. Damit kann man auch sagen, wie viele Nanosekunden seit der letzten Mikrosekunde vergangen sind. ♠

Umformen von Gleichungen

In der angewandten Mathematik arbeitet man ständig mit „Formeln", also Beziehungen zwischen gegebenen Werten (Variablen oder Konstanten) und neu zu berechnenden Werten (Variablen). Meist ist eine „explizite Lösung" für eine bevorzugte Variable angegeben. Will man aus einer solchen Formel eine andere Variable berechnen, muss man die zugehörige Gleichung umformen. Wir wiederholen kurz die wichtigsten dafür geltenden Regeln.

Elementare Operationen

Elementar sind die Äquivalenzumformungen mittels der Grundrechnungsarten (Addition und Subtraktion gleicher Terme sowie Multiplikation mit bzw. Division durch gleiche Terme $c \neq 0$)

$$a = b \Leftrightarrow a + c = b + c \quad \text{bzw.} \quad a - c = b - c$$

$$a = b \Leftrightarrow a\,c = b\,c \quad \text{bzw.} \quad \frac{a}{c} = \frac{b}{c} \ (c \neq 0)$$

sowie das Herausheben bzw. Klammern ausmultiplizieren:

$$a\,b + a\,c = a(b + c)$$

Häufig braucht man

$$(a \pm b)^2 = a^2 \pm 2ab + b^2 \quad \text{und} \quad (a + b)(a - b) = a^2 - b^2$$

Potenzrechenregeln:

$$a^n = \underbrace{a \cdot a \cdot a \cdots a}_{n \text{ mal}} \Rightarrow a^n \cdot a^m = a^{n+m}, \ (a^n)^m = a^{n\,m}$$

Wichtig ist, wie man beim Potenzieren etwaige Klammern schreibt. Es ist nämlich

$$(a^n)^m \neq a^{(n^m)} \tag{1.1}$$

So ist etwa $(10^{10})^{10} = 10^{100}$ eine Zahl mit 100 Nullen, aber $10^{(10^{10})} = 10^{10000000000}$ eine Zahl mit 10 Milliarden Nullen! Schon $4^{(4^4)} = 4^{256} \approx 10^{154}$ ist schließlich eine Zahl mit 154 Nullen. Die größte Zahl, die man mit drei Ziffern schreiben kann, ist offensichtlich $9^{(9^9)}$. Diese Zahl kann hardwaremäßig von keinem Rechner dargestellt werden (abhängig von den verwendeten Prozessoren liegen die größten Zahlenwerte beim Computer im Größenbereich 10^{300}), sondern nur noch mit Algebra-Systemen wie *Derive* verarbeitet werden.

Umformen von Brüchen

„Kreuzweises Ausmultiplizieren“:

$$\frac{a}{b} = \frac{c}{d} \Leftrightarrow a\,d = b\,c$$

Speziell folgt aus $\frac{1}{a} = \frac{1}{b}$ bereits $a = b$ und umgekehrt.
Auflösung von Doppelbrüchen:

$$\frac{\frac{a}{b}}{c} = \frac{a}{b\,c}, \quad \frac{a}{\frac{b}{c}} = \frac{a\,c}{b}, \quad \frac{\frac{a}{b}}{\frac{c}{d}} = \frac{a\,d}{b\,c}$$

Gemeinsamer Nenner:

$$\frac{a}{b\,c} + \frac{d}{b\,e} = \frac{a\,e + d\,c}{b\,c\,e}$$

Proportionen, Strahlensätze

Wir wollen nun einige „Trivialitäten“ besprechen, einfache Aussagen, die aber gar nicht so einfach zu beweisen sind. Beim Beweisen muss man sog. *Axiome* verwenden, Aussagen, die man nicht mehr beweisen kann, die aber jedem logisch erscheinen. Ein Beispiel dafür sind die Strahlensätze:

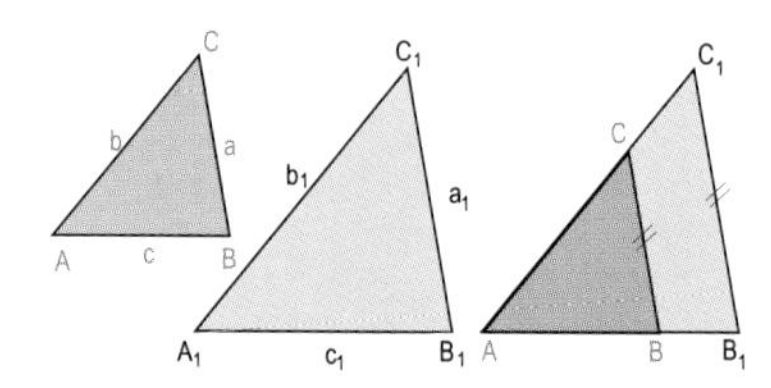

Abb. 1.8 Ähnliche Dreiecke, Strahlensatz

Wir betrachten ein Dreieck ABC, dessen Seitenlängen a, b, c mit einem konstanten Faktor k (dem *Ähnlichkeitsfaktor*) multipliziert werden, sodass ein dazu ähnliches Dreieck $A_1B_1C_1$ entsteht (Abb. 1.8):

$$a_1 = k\,a, \; b_1 = k\,b, \; c_1 = k\,c$$

Nicht nur die Dreiecke ABC und $A_1B_1C_1$, sondern beliebige Dreiecke mit konstantem Seitenverhältnis sind ähnlich.
Ähnliche Dreiecke haben gleiche Winkel.
Weiters gilt:

$$\overline{AB} : \overline{A_1B_1} = \overline{AC} : \overline{A_1C_1} \quad \text{und} \quad \overline{AB} : \overline{A_1B_1} = \overline{BC} : \overline{B_1C_1} \tag{1.2}$$

Verschieben wir die Dreiecke so ineinander, dass die Schenkel eines Dreieckswinkels mit den Schenkeln des entsprechendes Winkels des anderen Dreiecks zur Deckung kommen, dann sind die beiden restlichen Seiten zueinander parallel. Die beiden Strahlensätze sind dann durch die Formeln (1.2) beschrieben. In Worten:

Schneidet man einen Winkel mit zwei parallelen Geraden, so verhalten sich die zugehörigen Abschnitte $\overline{AB}$ und $\overline{AB_1}$ auf dem ersten Winkelschenkel so wie die zugehörigen Abschnitte $\overline{AC}$ und $\overline{AC_1}$ auf dem zweiten Winkelschenkel und auch so wie die entsprechenden Parallelenabschnitte $\overline{BC}$ und $\overline{B_1C_1}$.

Anwendung: Linsengleichung (Abb. 1.9, vgl. auch Anwendung S. 39)
Gegeben sei eine sphärische (d.h. von Kugelflächen begrenzte), symmetrische konvexe Linse, etwa ein Vergrößerungsglas (Lupe). Bei einer „dünnen Linse“ (Kugelradius viel größer als die Linsendicke) gelten mit guter Näherung für Lichtstrahlen in der Nähe der optischen Achse die folgenden drei Gesetze (mit den Bezeichnungen von Abb. 1.9a):

1. Jeder auf die Linsenmitte Z gerichtete „Hauptsehstrahl“ PP^* wird nicht gebrochen.

2. Zur optischen Achse $F\overline{F}$ parallele Strahlen vereinigen sich nach der Brechung in dem auf der anderen Seite liegenden Brennpunkt $\overline{F}$.

3. Die von einem Gegenstandspunkt P ausgehenden Strahlen werden so gebrochen, dass sie nach der Brechung in einem Bildpunkt P^* zusammenlaufen (der Abstand des Gegenstandspunkts zur Linse wird als Gegenstandsweite g bezeichnet, der Abstand des Bildpunkts als Bildweite b).

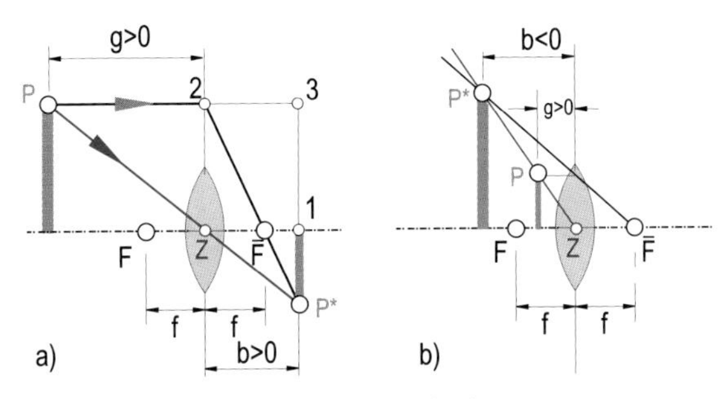

Abb. 1.9 Linsengleichung

Man leite die *Linsengleichung* her, also die Beziehung zwischen g und b.[1]

Lösung:
Die Dreiecke $P2P^*$ und $Z5P^*$ erfüllen die Bedingungen des StrahlensatzesStrahlensätze, sodass gilt:

$$\overline{P^*P} : \overline{P^*Z} = \overline{P2} : \overline{Z\overline{F}} = g : f$$

Analoges gilt für die Dreiecke $P3P^*$ und $Z1P^*$:

$$\overline{P^*P} : \overline{P^*Z} = \overline{P3} : \overline{Z1} = (g+b) : b$$

Damit haben wir

$$\frac{g}{f} = \frac{g+b}{b} \Rightarrow \frac{1}{f} = \frac{g+b}{bg} = \frac{g}{bg} + \frac{b}{bg}$$

bzw. nach dem Durchkürzen die übersichtliche und leicht zu merkende Linsengleichung

$$\frac{1}{f} = \frac{1}{b} + \frac{1}{g} \tag{1.3}$$

In der Praxis ist nun oft bei gegebener Linsenbrennweite f der Abstand g eines Gegenstands gegeben. Daraus kann die Variable b berechnet werden, indem Formel (1.3) mit dem gemeinsamen Nenner fgb multipliziet wird und die Glieder mit b auf einer Seite der Gleichung versammeln werden. Danach kann b herausgehoben und „freigestellt" werden:

[1] Näheres über die sog. *geometrische Optik* findet man z.B. unter `http://www.mathematik.uni-ulm.de/phbf/phag/G-optik/g-optik.pdf`.

$$b\,g = f\,g + b\,f \Rightarrow b\,g - b\,f = f\,g \Rightarrow b(g - f) = f\,g \Rightarrow b = \frac{f\,g}{g - f}$$

Führen wir f als „Maßstab“ ein und setzen $g = k\,f$, haben wir

$$b = \frac{f\,k\,f}{k\,f - f} = \frac{k}{k-1}f$$

Abb. 1.10 Konvexe Linse (Lupe) mit Brenn- und Vergrößerungswirkung

In Abb. 1.9a ist das Bild des Gegenstands (reell) verkleinert und verkehrt. Erst wenn wir mit dem Gegenstand nahe genug rücken, sodass er innerhalb der einfachen Brennweite liegt, richtet sich das Bild auf und wird vergrößert und virtuell (siehe Abb. 1.9b, Abb. 1.10):

$$0 < g < f \Rightarrow 0 < k < 1 \Rightarrow \frac{k}{k-1} < 0$$

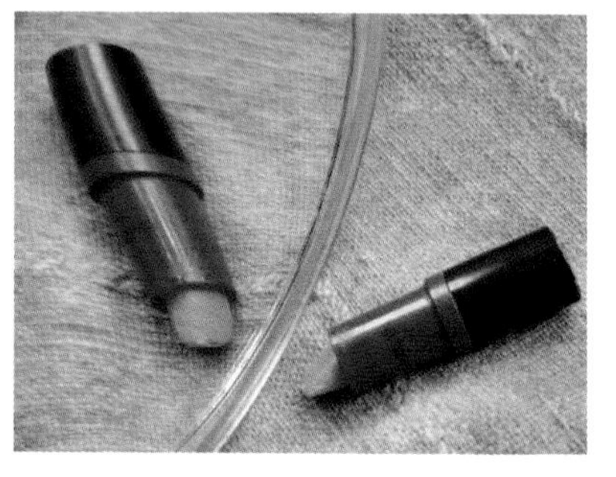

Abb. 1.11 Konkave Linse (Hohlspiegel) mit Brenn- und Vergrößerungswirkung

Der Wert $k = 1$ ($f = g$) ist offensichtlich kritisch (Division durch Null): Dann wird das Bild „unendlich groß“ und geht außerdem „unendlich weit weg“. Für sehr großes k („$k \to \infty$“) konvergiert der Faktor $\frac{k}{k-1}$ gegen 1, der Wert von b demnach gegen f.
Strahlen parallel zur optischen Achse werden im gegenüberliegenden Brennpunkt vereinigt.
Eine ähnliche Eigenschaft von *Brennspiegeln* hat angeblich schon der griechische Mathematiker *Archimedes* (298 – 212) ausgenützt, um römische Schiffe zu versenken (Abb. 1.11, links).
Die Richtigkeit dieser Legende wird jedoch angezweifelt, weil ein solches Unterfangen in der Praxis doch recht schwierig wäre. Immerhin sind Fälle bekannt, wo sich getrocknetes Gras an der Brennwirkung von Tautropfen entzündet hat. Wie auch immer: Man kann *Archimedes* zu den größten Mathematikern zählen. Er lebte in Syrakus bzw. Ägypten und entdeckte das Hebel- und Auftriebsgesetz, lieferte eine erste gute Näherung der Kreiszahl π und betrieb sogar Integralrechnung (!). So nebenbei war er auch der Erfinder der Wasserschraube. ♠

Anwendung: Linsensysteme erzeugen räumliche Bilder (Abb. 1.12)
Die Abbildung über ein ideales Linsensystem erzeugt zu jedem Punkt P einen virtuellen Punkt P^*. Der – theoretische – Schnitt des Strahls PZ mit der Sensorebene ist der Bildpunkt am Chip.

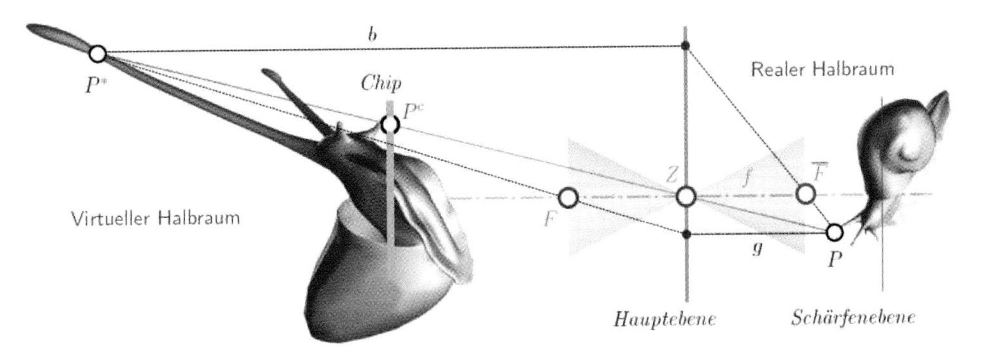

Abb. 1.12 Der Raum wird zunächst gar nicht in die Ebene abgebildet!

In Wirklichkeit gibt es somit „den Bildpunkt“ gar nicht: Es handelt sich um einen kreisförmigen „Bildfleck“ am Sensor (Chip), der von allen Lichtstrahlen gebildet wird, die von P ausgehend durch die kreisförmige Blendenöffnung gelangen und die einen schiefen Kreiskegel bilden[2]. Dieser Kreis heißt in der Fotografie *Unschärfekreis.* ♠

Anwendung: Parallelgeschaltete Widerstände (Abb. 1.13)
Die Linsengleichung tritt interessanterweise auch bei parallelgeschalteten Widerständen auf. Bezeichnen R_1, R_2 die parallelgeschalteten Teilwiderstände und R den Gesamtwiderstand, dann gilt: $1/R = 1/R_1 + 1/R_2$.
Der Gesamtwiderstand ist dabei immer kleiner als jeder Einzelwiderstand. Sind etwa der Gesamtwiderstand $R = 50\,\Omega$ und ein Teilwiderstand $R_1 = 75\,\Omega$ gegeben, so lässt sich der andere Teilwiderstand R_2 berechnen:

$$R_2 = \frac{R\,R_1}{R_1 - R} = \frac{50\,\Omega \cdot 75\,\Omega}{75\,\Omega - 50\,\Omega} = 150\,\Omega$$ ♠

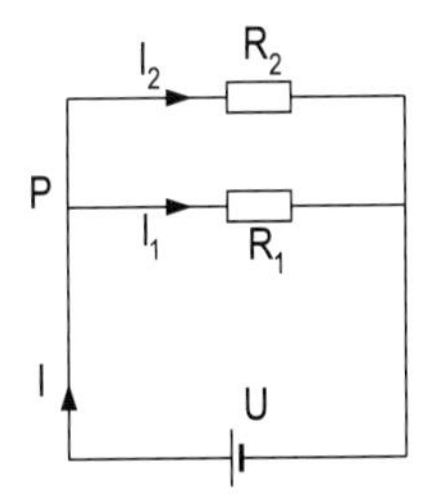

Abb. 1.13 Parallelgeschaltete Widerstände

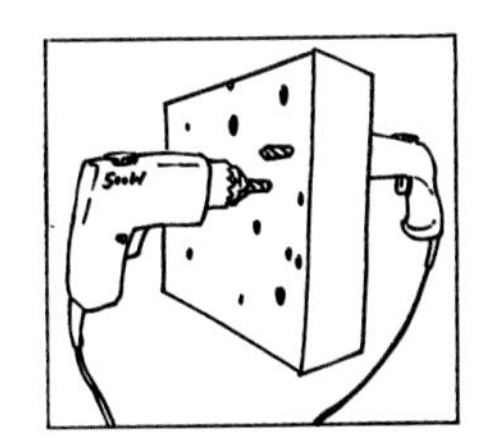

Abb. 1.14 Leistungsaufgabe

[2]Mehr dazu in *G. Glaeser*: Praxis der digitalen Natur- und Makrofotografie. Spektrum Akademischer Verlag, Heidelberg, 2008.

Anwendung: Leistungsaufgabe (Abb. 1.14)
Ein Auftrag wird von einer Maschine in 8 Stunden erledigt. In welcher Zeit muss eine zweite Maschine den Auftrag erledigen können, wenn beide zusammen in 4,8 Stunden fertig sein sollen?

Lösung:
Die Gesamtarbeit sei W. In der Physik gilt: *Leistung = Arbeit / Zeit.* Leistung der ersten Maschine $P_1 = \frac{W}{8}$, Leistung der zweiten Maschine $P_2 = \frac{W}{x}$, Leistung beider Maschinen $P = \frac{W}{4{,}8}$. Es gilt wegen $P = P_1 + P_2$

$$\frac{W}{8} + \frac{W}{x} = \frac{W}{4{,}8} \Rightarrow \frac{1}{8} + \frac{1}{x} = \frac{1}{4{,}8},$$

ist also auch eine „Linsengleichung“, aus der sich $x = 12$ wie in Anwendung S. 8 berechnen lässt. ♠

Einfache Wurzelgleichungen

Anwendung: Zinseszins (Abb. 1.15)
Die Formel für die Verzinsung eines Ausgangskapitals K_0 über n Jahre mit jährlicher Kapitalisierung (Zinssatz p Prozent) lautet:

$$K = K_0(1 + \frac{p}{100})^n$$

Nach Abzug der Zinsertragssteuer werden bei einer Einlage von $K_0 = 10\,000$ € nach 5 Jahren $K = 11\,000$ € ausbezahlt. Welcher Zinssatz ergäbe ohne Steuer dasselbe Endkapital?

Abb. 1.15 Zinseszins

Lösung:
Wir rechnen zunächst allgemein

$$\frac{K}{K_0} = (1 + \frac{p}{100})^n \Rightarrow 1 + \frac{p}{100} = \sqrt[n]{\frac{K}{K_0}}$$

$$\Rightarrow p = 100\,\Big(\sqrt[n]{\frac{K}{K_0}} - 1\Big)$$

und berechnen daraus p:

$$p = 100\,\Big(\sqrt[5]{\frac{11\,000}{10\,000}} - 1\Big) = 1{,}92$$

Die Strategie, eine Formel zunächst allgemein umzuformen und dann erst Zahlenwerte einzusetzen, ist generell zu empfehlen: Erstens werden Rechnungen u.U. genauer und zweitens lassen sich die Zahlenwerte viel leichter variieren. ♠

Anwendung: Mathematisches Pendel
Um die Fallbeschleunigung g an einem bestimmten Ort der Erde zu bestimmen, misst man die Schwingungsdauer T eines mathematischen Pendels der Länge L. Welcher Wert ergibt sich für g (in m/s^2), wenn folgende Formel gilt:

$$T = 2\pi\sqrt{\frac{L}{g}} \qquad (1.4)$$

Lösung:

$$T = 2\pi\sqrt{\frac{L}{g}} \Rightarrow T^2 = 4\pi^2\frac{L}{g} \Rightarrow gT^2 = 4\pi^2 L \Rightarrow g = 4\pi^2\frac{L}{T^2}$$

Zahlenbeispiel:
$L = 0{,}5\text{m}$, $T = 1{,}420s \Rightarrow g = 9{,}789\text{m}/s^2$ (Dimensionskontrolle!)

Wir werden die Formel (1.4) später mithilfe der Integralrechnung ableiten (Anwendung S. 319). Man beachte übrigens, dass die Schwingungsdauer sehr genau gemessen werden kann, da sie bei kleiner Schwingungsweite von der Auslenkung unabhängig ist – worauf ja auch das Prinzip der Pendeluhr aufbaut. Das Pendel ist von sich aus kein „perpetuum mobile", weswegen ständig Energie zugeführt werden muss – im Fall der Pendeluhr etwa mittels eines ziehenden Gewichts. ♠

Anwendung: Endgeschwindigkeit im freien Fall

Nach der Newtonschen Widerstandsformel (Formel (1.5)) hängt der Luftwiderstand neben diversen Faktoren vom Quadrat der Geschwindigkeit ab. Man berechne daraus die Maximalgeschwindigkeit im freien Fall.

Lösung:
Nach Newton gilt

$$F_W = c_W\, A\, \varrho \frac{v^2}{2} \tag{1.5}$$

Hierbei sind ϱ die Dichte des umströmenden Fluids (Gas oder Flüssigkeit), v die relative Geschwindigkeit von Körper und Fluid, A die Querschnittsfläche des Körpers und c_W der körperspezifische Widerstandsbeiwert, der angibt, wie strömungsgünstig ein Hindernis ausgestaltet ist. Bemerkenswert ist, dass die Kraft F_W nur bis zu einem gewissen Grad (über die Querschnittsfläche) von der Masse m abhängt.
Im freien Fall gilt

$$m\,a = m\,g - F_W$$

Die aktuelle Beschleunigung ist a $(0 \le a \le g)$. Das Gewicht $m\,a$ (normalerweise $m\,g$) wird also bei zunehmendem Widerstand kleiner. Erreicht a den Wert Null, ist die Maximalgeschwindigkeit erreicht.
Dann ist

$$m\,g = c_W\, A\, \varrho \frac{v_{\max}^2}{2} \quad \Rightarrow \quad v_{\max} = \sqrt{\frac{2mg}{c_W\, A\, \varrho}}$$

Zahlenbeispiel: Ein menschlicher Körper mit $A = 0{,}8\,\text{m}^2$, einem Widerstandsbeiwert $c_W = 0{,}8$ und einer Masse von 70 kg erreicht bei einer Luftdichte von $1{,}3\,\text{kg}/\text{m}^3$ eine Endgeschwindigkeit von

$$v_{\max} = \sqrt{\frac{2 \cdot 70\text{kg} \cdot 10\frac{\text{m}}{\text{s}^2}}{0{,}8 \cdot 0{,}8\text{m}^2 \cdot 1{,}3\frac{\text{kg}}{\text{m}^3}}} \approx 41\,\text{m/s}$$

(knapp 150 km/h). Eine 1 cm lange Ameise mit einer Masse von 40 mg, demselben c_W und $A = 0{,}4\,\text{cm}^2$ erreicht nur

$$v_{\max} = \sqrt{\frac{2 \cdot 40 \cdot 10^{-6}\text{kg} \cdot 10\frac{\text{m}}{\text{s}^2}}{0{,}8 \cdot 0{,}4 \cdot 10^{-4}\text{m}^2 \cdot 1{,}3\frac{\text{kg}}{\text{m}^3}}} \approx 4{,}5\,\text{m/s}$$

(vgl. Anwendung S. 84). ♠

Anwendung: Kopfsprung ins Wasser (Abb. 1.17)
Welche durchschnittliche Verzögerung erfährt ein Wasserspringer, wenn er aus H m Höhe ins Wasser springt und dabei T m tief eintaucht? Folgende Formeln kommen zum Tragen: Eintauchgeschwindigkeit ist $v_0 = \sqrt{2g\,H}$ (Ableitung der Formel in Anwendung S. 44, Formel (1.29)), gleichförmige Verzögerung $a = \frac{v_0^2}{2T}$ (Ableitung der Formel in Anwendung S. 43, Formel (1.27)).

Abb. 1.16 Verschiedene Stile beim Kopfsprung...

Lösung:

Wir setzen $v_0 = \sqrt{2g\,H}$ in $a = \dfrac{v_0^2}{2T}$ ein und erhalten

$$a = \frac{(\sqrt{2g\,H})^2}{2T} = \frac{2g\,H}{2T} = \frac{g\,H}{T} = \frac{H}{T}\,g$$

Die durchschnittliche Verzögerung ist also proportional zur Sprunghöhe und „indirekt" proportional zur Eintauchtiefe.

Zahlenbeispiel: Beim Sprung vom Fünfmeterbrett und einer Eintauchtiefe von 4 m ergibt sich eine Verzögerung, die ein Viertel größer als die (negative) Erdbeschleunigung ist.

Abb. 1.17 Going loco down in Acapulco

Viel extremer ist natürlich die Sachlage bei den berühmten „Todesspringern" von Acapulco / Mexiko. Sie springen aus 40 m Höhe und müssen sich beim Eintauchen blitzschnell unter Wasser abrollen, weil das Wasser an der Eintauchstelle nicht tiefer als 3,6 m ist. Die Verzögerung beträgt dann durchschnittlich 11 g.

Die Formeln gelten auch beim Frontalaufprall eines Fahrzeugs auf eine Mauer und gut funktionierendem Airbag. Die Deformation der Motorhaube und der relative kleine Bremsweg durch den Airbag ergeben zusammen etwa $T \approx 0{,}8$ m. Bei einem Aufprall mit 72 km/h = 20m/s hat man dann eine durchschnittliche Verzögerung von etwa 25 g. Dies ist schon fast die Grenze dessen (30 g), was der menschliche Organismus kurzfristig überleben kann. ♠

1.2 Lineare Gleichungen

Allgemeines über algebraische Gleichungen

Die Mathematik unterscheidet algebraische Gleichungen und transzendente Gleichungen. Bei den ersteren lassen sich klare Aussagen über ihre Lösungen (etwa deren Anzahl) treffen. Sie verlangen das Aufsuchen der Nullstellen einer Funktion

$$f(x) = a_n x^n + a_{n-1} x^{n-1} + \cdots + a_1 x^1 + a_0 \tag{1.6}$$

Der Mathematiker verwendet dazu gern die „Summenschreibweise":

$$f(x) = \sum_{k=0}^{n} a_k x^k$$

n wird Grad der Gleichung genannt. Die algebraischen Gleichungen ersten Grades heißen lineare Gleichungen, jene zweiten Grades quadratische Gleichungen.
Unter einer „Lösung" einer Gleichung oder „Nullstelle" der Funktion $f(x)$ versteht man eine Zahl x, welche die Gleichung $f(x) = 0$ erfüllt.

Der einfachste Spezialfall einer algebraischen Gleichung

Für $n = 1$ nimmt Formel (1.6) die Form

$$f(x) = a_1 x^1 + a_0$$

an, welche üblicherweise aber als

$$y = k\,x + d$$

geschrieben wird. Die Gleichung hat für $k \neq 0$ genau eine Lösung:

$$y = 0 \Rightarrow k\,x + d = 0 \Rightarrow x = -\frac{d}{k}$$

Anwendung: Lineare Gewinnfunktion („Milchmädchenrechnung")

Eine Ware soll erzeugt und an einen Großhändler verkauft werden. Die notwendigen Anfangsinvestitionen betragen K_0 GE (Geldeinheiten). Der Erzeugungspreis ist E GE pro Stück. Bis zu welcher Stückzahl ist man „in den roten Zahlen", wenn man einen Verkaufspreis von V Geldeinheiten pro Stück erzielen wird können?

Lösung:
Die „Gewinnfunktion" für x verkaufte Stück ist in diesem vereinfachten Fall linear:

$$y = V\,x - (K_0 + E\,x) = (V - E)\,x - K_0$$

Die Nullstelle ist offensichtlich jene kritische Stückzahl, ab der man zum ersten Mal „Gewinn schreibt". Dies ist der Fall für

$$(V - E)\,x - K_0 = 0 \Rightarrow x = \frac{K_0}{V - E}.$$

♠

Anwendung: Umrechnung zwischen Temperaturskalen

Die Temperatur wird in der Physik in *Kelvin* angegeben, in Europa in *Celsius*, in den USA in *Fahrenheit.* Die Umrechnung von *Celsius* in *Kelvin* ist problemlos: $K = C + 273{,}15°$. Besonders einfach rechnet man von Celsius in Réaumur um (Abb. 1.18): $R = \frac{4}{5}\,C$. Für die Umrechnung von *Celsius* in *Fahrenheit* gilt: $0°\ C$ entsprechen $32°\ F$ und $100°\ C$ entsprechen $212°\ F$. Man bestimme Umrechnungsformeln zwischen den beiden Skalen.

Abb. 1.18 Nur noch selten zu sehen: Auf der Réaumur-Skala friert das Wasser auch bei 0°, siedet aber schon bei 80°...

Lösung:
Wir bezeichnen zunächst die Temperatur in C als c und jene in F mit f. Dann gilt der lineare Ansatz

$$f = k\,c + d.$$

Setzen wir die zwei „Stützstellen" ein, so erhalten wir zwei lineare Gleichungen

$$32 = 0\,k + d \quad \text{und} \quad 212 = 100\,k + d,$$

aus denen sich unmittelbar $d = 32$ und damit $k = \frac{9}{5} = 1{,}8$ ergibt, und es gilt

$$f = \frac{9}{5}\,c + 32 \quad \text{bzw. umgekehrt} \quad c = \frac{5}{9}\,(f - 32)$$

♠

Anwendung: Ausdehnung eines Körpers bei Erwärmung

Wird ein Körper mit Volumen V_1 um die Temperatur Δt erwärmt, so vergrößert sich sein Volumen auf V_2 nach der Formel

$$V_2 = V_1\,(1 + \gamma\,\Delta t)$$

Man bestimme die Materialkonstante γ, wenn sich bei einem gegebenen Körper bei einer Erwärmung um 50° das Volumen um 3% vergrößert.

Lösung:
Es gilt

$$\gamma = \frac{1}{\Delta t}\left(\frac{V_2}{V_1} - 1\right) = \frac{1}{50}(1{,}03 - 1) = \frac{0{,}03}{50} = 0{,}0006 = 6 \cdot 10^{-4}$$

γ und Δt nehmen denselben Wert an, ob wir nun in *Celsius* messen oder, wie in der Physik üblich, in *Kelvin* (vgl. Anwendung S. 16).

♠

1.3 Lineare Gleichungssysteme

Lineares Gleichungssystem in zwei Variablen

Die Lösung einer linearen Gleichung ist also „trivial“, d.h. es braucht keine weiteren Erklärungen. Nicht viel schwerer ist das Lösen eines *linearen Gleichungssystems*. Betrachten wir einige einführende Beispiele:

Anwendung: Mischungsaufgabe

Wie viele Liter heißes Wasser ($95^\circ\, C$) braucht man, um aus kaltem Leitungswasser ($15^\circ\, C$) n Liter Badewasser ($35^\circ\, C$) zu erhalten? In welchem Verhältnis wird dabei gemischt?

Lösung:

Seien x und y die Anzahl der Liter des kalten bzw. heißen Wassers.
1. Massenvergleich: $x + y = n$
2. „Energievergleich“: $15\, x + 95\, y = 35 \cdot n$
Obere Gleichung mit 15 multiplizieren und von der unteren abziehen $\Rightarrow 80\, y = 20\, n$. Man braucht also $\frac{n}{4}$ Liter heißes Wasser. Das Verhältnis *Kalt* : *Heiß* ist daher

$$x : y = \tfrac{3n}{4} : \tfrac{n}{4} = 3 : 1.$$

Man hätte das Beispiel auch so lösen können: Die Temperatur-Differenz des Badewassers zum kalten Wasser beträgt -20°, zum heißen Wasser 60°. Diesmal lautet die Energiegleichung $-20\, x + 60\, y = 0$. Daraus ergibt sich ebenfalls $x : y = 3 : 1$. ♠

Anwendung: Gesamtwiderstand und Einzelwiderstand

Zwei parallelgeschaltete Widerstände R_1 und R_2 (Abb. 1.13) verhalten sich wie $1 : n$ und haben den Gesamtwiderstand R. Wie groß sind die Einzelwiderstände?

Lösung:

Für parallelgeschaltete Widerstände gilt (vgl. Anwendung S. 11)

$$\frac{1}{R_1} + \frac{1}{R_2} = \frac{1}{R}$$

Weiters ist nach Angabe

$$R_1 : R_2 = 1 : n \Rightarrow \frac{1}{R_1} : \frac{1}{R_2} = n : 1$$

Wir setzen nun $x = \dfrac{1}{R_1}$ und $y = \dfrac{1}{R_2}$. Dann haben wir die beiden linearen Gleichungen

$$x + y = \frac{1}{R}, \quad x : y = n$$

Aus der zweiten folgt $x = n\, y$ und damit aus der ersten

$$n\, y + y = \frac{1}{R} \Rightarrow y = \frac{1}{n+1}\frac{1}{R} \text{ bzw. } x = \frac{n}{n+1}\frac{1}{R}$$ ♠

Wir hatten in den obigen Beispielen zwei Unbekannte und benötigten daher zwei Gleichungen. Durch geschicktes Addieren oder Subtrahieren bzw. durch „Substitution“ konnte ein solches „(2,2)-System“ rasch gelöst werden.
Wir wollen nun Formeln für die Lösung (x/y) eines allgemeinen linearen Gleichungssystems in zwei Variablen herleiten, damit wir uns nicht jedesmal um solche „Tricks“ kümmern müssen.
Ein (2,2)-System hat die Form

$$\begin{aligned} (I) \cdots a_{11}\, x + a_{12}\, y &= b_1 \\ (II) \cdots a_{21}\, x + a_{22}\, y &= b_2 \end{aligned} \tag{1.7}$$

Beide Gleichungen sind linear, denn es ist ja $y = -\frac{a_{i1}}{a_{i2}} x + \frac{b_i}{a_{i2}}$ $(i = 1{,}2)$. Gesucht ist dabei ein Koordinatenpaar (x/y), welches die beiden Gleichungen erfüllt.
Um eine der beiden Unbekannten – etwa x – zu „eliminieren“, multiplizieren wir die obere Gleichung mit a_{21}, die untere mit a_{11}:

$$\begin{aligned} (I) \cdots a_{21}\, a_{11}\, x + a_{21} a_{12}\; y &= a_{21}\, b_1 \\ (II) \cdots a_{11}\, a_{21}\, x + a_{11}\, a_{22}\, y &= a_{11}\, b_2 \end{aligned} \tag{1.8}$$

Nun ziehen wir die obere Gleichung von der unteren ab und erhalten

$$(II) - (I) \cdots 0 \cdot x + (a_{11}\, a_{22} - a_{21} a_{12})\, y = a_{11}\, b_2 - a_{21}\, b_1 \tag{1.9}$$

oder

$$y = \frac{a_{11}\, b_2 - a_{21}\, b_1}{a_{11}\, a_{22} - a_{21}\, a_{12}} = \frac{D_y}{D}$$

x lässt sich dann aus (I) oder (II) berechnen. Das Ergebnis lautet

$$x = \frac{a_{22}\, b_1 - a_{12}\, b_2}{a_{11}\, a_{22} - a_{21}\, a_{12}} = \frac{D_x}{D}$$

Das Ergebnis ist in dieser Schreibweise computergerecht, also leicht zu programmieren. Es muss hier erwähnt werden, dass es effizientere Methoden gibt, lineare Gleichungssysteme aufzulösen. Dies gilt insbesondere für lineare Systeme in drei und mehr Variablen. Sie erfordern aber – zumindest programmiertechnisch – einen wesentlich größeren Aufwand, weil verschiedene Fälle zu berücksichtigen sind.
Wir haben Formeln für x und y angegeben, die immer funktionieren, solange der mit D bezeichnete Nenner nicht 0 ist. Wenn der Nenner „verschwindet“, dann gibt es keine Lösung des Systems. Einzige Ausnahme: Die Gleichungen sind im Wesentlichen (bis auf einen multiplikativen Faktor) identisch. Dann sind natürlich alle (unendlich vielen) Paare (x/y), die Gleichung (I) erfüllen, Lösungen des Systems.

Memotechnisch sind die Formeln recht unbefriedigend, weil man rasch mit den „Indices“ der Koeffizienten durcheinanderkommt. Hier hilft die sog. *Cramer*sche Regel (Gabriel *Cramer*, 1704-1752, Schweizer Mathematiker und Philosoph), die uns dann in weiterer Folge wichtige Dienste leisten wird. Sie baut auf der recht gebräuchlichen „Matrizenschreibweise“ auf, in der das System (1.7) abkürzend – unter Weglassen der Variablen x und y – wie folgt geschrieben wird:

$$\begin{pmatrix} a_{11} & a_{12} & | & b_1 \\ a_{21} & a_{22} & | & b_2 \end{pmatrix}$$

Die rechte Spalte kann man als „Ersatzspalte“ bezeichnen. Aus dieser Matrix leitet man die drei „Determinanten“ (quadratische Zahlenschemata) wie folgt ab:

$$D = \begin{vmatrix} a_{11} & a_{12} \\ a_{21} & a_{22} \end{vmatrix}, \; D_x = \begin{vmatrix} b_1 & a_{12} \\ b_2 & a_{22} \end{vmatrix}, \; D_y = \begin{vmatrix} a_{11} & b_1 \\ a_{21} & b_2 \end{vmatrix} \tag{1.10}$$

Die Determinanten D_x bzw. D_y entstehen aus der *Hauptdeterminante* D dadurch, dass man die x-Spalte bzw. y-Spalte durch die Ersatzspalte ersetzt. Der „Wert“ einer solchen Determinante ist nun definiert als Produkt der Glieder in der *Hauptdiagonale* (von links oben nach rechts unten) minus dem Produkt der Glieder in der *Nebendiagonale*, also z.B.

$$D = \begin{vmatrix} a_{11} & a_{12} \\ a_{21} & a_{22} \end{vmatrix} = a_{11}\,a_{22} - a_{21}\,a_{12} \tag{1.11}$$

Anwendung: Schnitt zweier Geraden

Man schneide die Geraden $2\,x + 4\,y = 5$ und $3\,x - 5\,y = 0$.

Lösung:

Der Schnitt zweier Geraden in der Ebene führt auf ein (2,2)-System. Die gesuchten Determinanten sind in unserem Fall

$$D = \begin{vmatrix} 2 & 4 \\ 3 & -5 \end{vmatrix} = -22 \;(\neq 0), \; D_x = \begin{vmatrix} 5 & 4 \\ 0 & -5 \end{vmatrix} = -25, \; D_y = \begin{vmatrix} 2 & 5 \\ 3 & 0 \end{vmatrix} = -15.$$

Nach der *Cramer*schen Regel haben wir den Schnittpunkt $S(\frac{25}{22}/\frac{15}{22})$. Siehe dazu auch Anwendung S. 42.

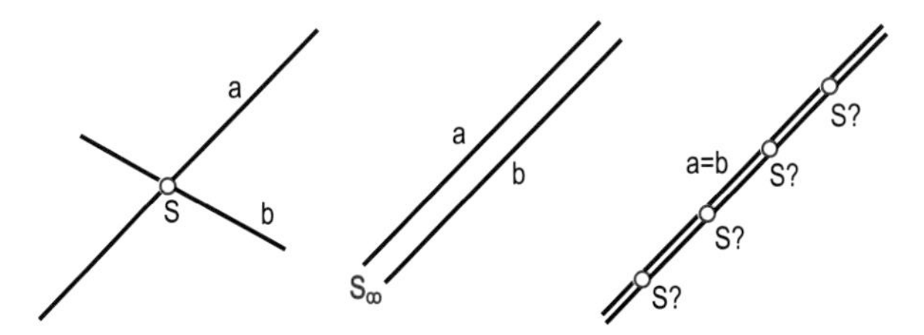

Abb. 1.19 Drei Fälle beim Schnitt zweier Geraden

Wenn die Hauptdeterminante verschwindet, sind die Geraden entweder parallel – dann ist der „Fernpunkt“ S_∞ der Geraden Lösung – oder identisch – dann ist jeder Punkt Lösung (Abb. 1.19

Mitte und rechts). Rechnet man mit der Substitutionsmethode, erkennt man den Ausnahmefall $D = 0$ wie folgt: Wenn die Geraden identisch sind, erhält man eine „wahre Aussage“ ohne weitere Information über x und y, wenn sie verschieden sind, eine „falsche Aussage“. Beim Rechnen mit Computern kann es durchaus von Vorteil sein, auch mit „Fernpunkten“ zu rechnen, indem man statt $D = 0$ einen sehr kleinen Wert – etwa $D = 10^{-10}$ – einsetzt. Man erspart sich dann eine Menge Fallunterscheidungen, und das Ergebnis „stimmt“ immer noch auf viele Kommastellen genau. ♠

Lineares Gleichungssystem in drei oder mehr Variablen

Der Vorteil der *Cramer*schen Regel kommt noch mehr zum Tragen, wenn wir etwa drei lineare Gleichungen in drei Variablen – also ein (3,3)-System – betrachten. Es gelten dann nämlich genau dieselben Regeln (lässt sich etwas mühsam durch Nachrechnen beweisen). Wir brauchen nur zu wissen, wie man eine „dreireihige“ Determinante berechnet: Man führt diese Berechnung auf die Berechnung von drei „zweireihigen“ Unterdeterminanten zurück, indem man „nach Spalten (oder Zeilen) entwickelt“. Wir werden an Hand von mehreren Beispielen dieses Entwickeln erklären (Anwendung S. 20, Anwendung S. 21). So lautet die Entwicklung nach der ersten Spalte

$$\begin{vmatrix} a_{11} & a_{12} & a_{13} \\ a_{21} & a_{22} & a_{23} \\ a_{31} & a_{32} & a_{33} \end{vmatrix} = a_{11} \begin{vmatrix} a_{22} & a_{23} \\ a_{32} & a_{33} \end{vmatrix} - a_{21} \begin{vmatrix} a_{12} & a_{13} \\ a_{32} & a_{33} \end{vmatrix} + a_{31} \begin{vmatrix} a_{12} & a_{13} \\ a_{22} & a_{23} \end{vmatrix} \tag{1.12}$$

Offensichtlich entsteht die zu einem Element a_{ik} zugehörige Unterdeterminante durch Streichen der i-ten Zeile und k-ten Spalte. Zu beachten ist, dass jeder Summand mit einem Vorzeichen nach folgendem Schema behaftet ist:

$$\begin{vmatrix} + & - & + \\ - & + & - \\ + & - & + \end{vmatrix} \tag{1.13}$$

Anwendung: Schnitt dreier Ebenen (Abb. 1.20)
Man ermittle den gemeinsamen Punkt S der drei Ebenen

$$2x + y = 3, \quad y + 2z = 0, \quad y - z = 1$$

(siehe dazu Kapitel Vektorrechnung).
Lösung:

Wir schreiben die drei Gleichungen in Matrizenschreibweise auf. Dabei dürfen die Nullen nicht vergessen werden, wenn eine Variable nicht vorkommt:

$$\begin{pmatrix} 2 & 1 & 0 & | & 3 \\ 0 & 1 & 2 & | & 0 \\ 0 & 1 & -1 & | & 1 \end{pmatrix}$$

Die Hauptdeterminante ist nun

$$D = \begin{vmatrix} 2 & 1 & 0 \\ 0 & 1 & 2 \\ 0 & 1 & -1 \end{vmatrix} = 2 \begin{vmatrix} 1 & 2 \\ 1 & -1 \end{vmatrix} - 0 \begin{vmatrix} 1 & 0 \\ 1 & -1 \end{vmatrix} + 0 \begin{vmatrix} 1 & 0 \\ 1 & 2 \end{vmatrix} = -6.$$

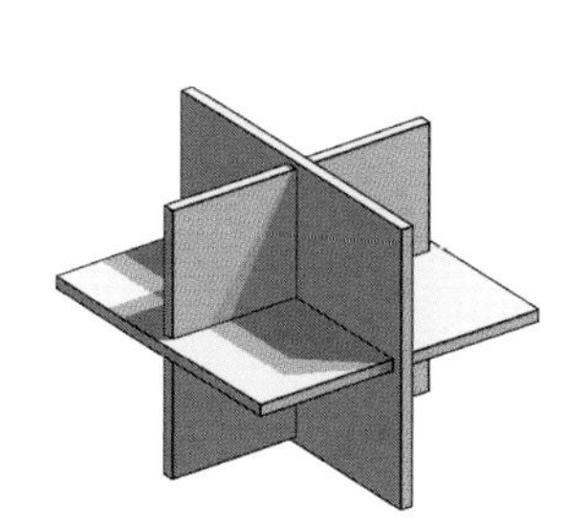
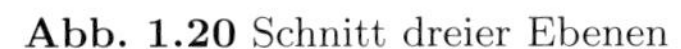

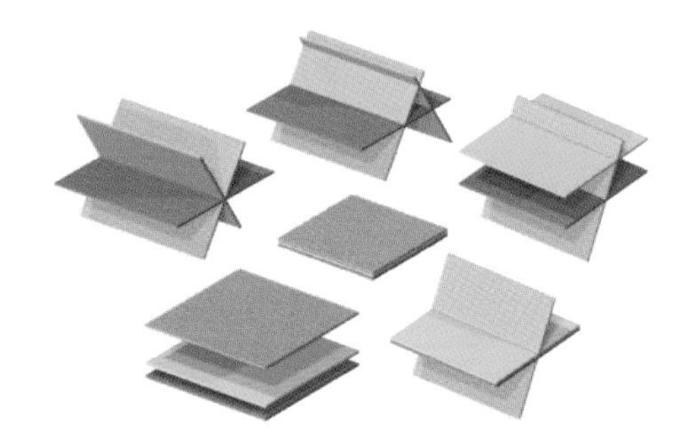

Abb. 1.20 Schnitt dreier Ebenen

Abb. 1.21 ...samt Spezialfällen

Mit denselben Unterdeterminanten nimmt D_x folgenden Wert an:

$$D_x = \begin{vmatrix} 3 & 1 & 0 \\ 0 & 1 & 2 \\ 1 & 1 & -1 \end{vmatrix} = 3\begin{vmatrix} 1 & 2 \\ 1 & -1 \end{vmatrix} - 0\begin{vmatrix} 1 & 0 \\ 1 & -1 \end{vmatrix} + 1\begin{vmatrix} 1 & 0 \\ 1 & 2 \end{vmatrix} = -7.$$

Schließlich haben wir noch

$$D_y = \begin{vmatrix} 2 & 3 & 0 \\ 0 & 0 & 2 \\ 0 & 1 & -1 \end{vmatrix} = 2\begin{vmatrix} 0 & 2 \\ 1 & -1 \end{vmatrix} = -4, \quad D_z = \begin{vmatrix} 2 & 1 & 3 \\ 0 & 1 & 0 \\ 0 & 1 & 1 \end{vmatrix} = 2\begin{vmatrix} 1 & 0 \\ 1 & 1 \end{vmatrix} = 2$$

Nach der Regel von *Cramer* gilt jetzt $x = \dfrac{D_x}{D}$, $y = \dfrac{D_y}{D}$, $z = \dfrac{D_z}{D}$, und der Schnittpunkt hat die Koordinaten

$$S\left(\frac{7}{6}\Big/\frac{2}{3}\Big/-\frac{1}{3}\right)$$

Wenn die Hauptdeterminante verschwindet, sind die Schnittgeraden von je zwei Ebenen entweder parallel oder identisch (Abb. 1.21). Wenn die Ebenen identisch sind, ist jeder Punkt der Ebene(n) Lösung. Die Ebenen können auch ein „Büschel“ bilden, wenn sie eine gemeinsame Gerade haben. Alle Punkte dieser Geraden sind dann Lösung. Diese Gerade kann auch die gemeinsame „Ferngerade“ dreier paralleler Ebenen sein. Die Ebenen können einander auch nach drei parallelen Geraden schneiden (von denen eine auch eine Ferngerade sein kann). Dann ist der gemeinsame Fernpunkt dieser Geraden Lösung. Bei Computerberechnungen – insbesondere bei Animationen oder Simulationen, wo solche Spezialfälle zwischendurch auftreten können, aber nicht die Regel sind – kann man oft bei verschwindender Determinante mit einer „sehr kleinen“ Determinate (z.B. mit $D = 10^{-10}$) weiterrechnen, um sich Fallunterscheidungen zu ersparen (vgl. Anwendung S. 19).

♠

Anwendung: Widerstandsdreieck, Widerstandsstern (Abb. 1.22)

Bei der Umwandlung eines Widerstandsdreiecks in einen Widerstandsstern treten folgende Gleichungen auf (vgl. Anwendung S. 17):

$$r_k + r_i = \frac{R_j(R_k + R_i)}{R_1 + R_2 + R_3} = A_i$$

Die Indizes i, j, k laufen „zyklisch“, beginnend mit $i = 1$, $j = 2$ und $k = 3$. Es sind die r_i aus den R_i zu berechnen.

Lösung:

Wir schreiben die drei Gleichungen nochmals explizit auf:

$$\begin{aligned} r_3 + r_1 &= s\,R_2(R_3 + R_1) = A_1 \\ r_1 + r_2 &= s\,R_3(R_1 + R_2) = A_2 \\ r_2 + r_3 &= s\,R_1(R_2 + R_3) = A_3 \end{aligned}$$

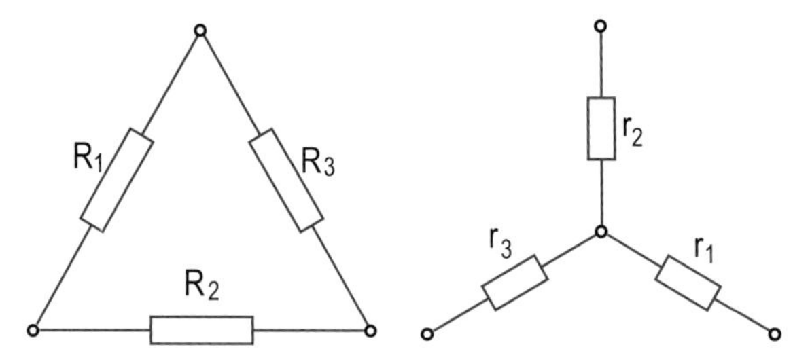

Abb. 1.22 Widerstandsdreieck, Widerstandsstern

(mit $s = 1/(R_1 + R_2 + R_3)$). In Matrizenschreibweise sieht das Schema wie folgt aus:

$$\begin{pmatrix} 1 & 0 & 1 & | & A_1 \\ 1 & 1 & 0 & | & A_2 \\ 0 & 1 & 1 & | & A_3 \end{pmatrix}$$

Die Hauptdeterminante ist nun

$$D = \begin{vmatrix} 1 & 0 & 1 \\ 1 & 1 & 0 \\ 0 & 1 & 1 \end{vmatrix} = 1 \begin{vmatrix} 1 & 0 \\ 1 & 1 \end{vmatrix} - 1 \begin{vmatrix} 0 & 1 \\ 1 & 1 \end{vmatrix} + 0 \begin{vmatrix} 0 & 1 \\ 1 & 0 \end{vmatrix} = 2.$$

Weiters gilt

$$D_1 = \begin{vmatrix} A_1 & 0 & 1 \\ A_2 & 1 & 0 \\ A_3 & 1 & 1 \end{vmatrix} = A_1 \begin{vmatrix} 1 & 0 \\ 1 & 1 \end{vmatrix} - A_2 \begin{vmatrix} 0 & 1 \\ 1 & 1 \end{vmatrix} + A_3 \begin{vmatrix} 0 & 1 \\ 1 & 0 \end{vmatrix} = A_1 + A_2 - A_3.$$

Die restlichen Determinanten zur Berechnung von r_2 und r_3 entwickeln wir zur Übung nach der mittleren bzw. rechten Spalte:

$$D_2 = \begin{vmatrix} 1 & A_1 & 1 \\ 1 & A_2 & 0 \\ 0 & A_3 & 1 \end{vmatrix} = -A_1 \begin{vmatrix} 1 & 0 \\ 0 & 1 \end{vmatrix} + A_2 \begin{vmatrix} 1 & 1 \\ 0 & 1 \end{vmatrix} - A_3 \begin{vmatrix} 1 & 1 \\ 1 & 0 \end{vmatrix} = A_2 + A_3 - A_1.$$

$$D_3 = \begin{vmatrix} 1 & 0 & A_1 \\ 1 & 1 & A_2 \\ 0 & 1 & A_3 \end{vmatrix} = A_1 \begin{vmatrix} 1 & 1 \\ 0 & 1 \end{vmatrix} - A_2 \begin{vmatrix} 1 & 0 \\ 0 & 1 \end{vmatrix} + A_3 \begin{vmatrix} 1 & 0 \\ 1 & 1 \end{vmatrix} = A_3 + A_1 - A_2.$$

Die neuen Widerstände sind dann

$$r_i = \frac{D_i}{D} = \frac{A_i + A_j - A_k}{2}$$

Dabei laufen die Indizes i, j, k wieder zyklisch, beginnend mit $i = 1$, $j = 2$ und $k = 3$.

Man merkt sich Formeln besser, wenn man Regelmäßigkeiten aufzeigt. Oft sind solche Regelmäßigkeiten auch ein Hinweis darauf, dass man richtig gerechnet hat. *Einstein* soll einmal gesagt haben, dass eine Formel nur richtig ist, wenn sie „schön“ ist. ♠

Anwendung: Parabel durch drei Punkte (Abb. 1.23)
Sehr häufig nähert man komplizierte Kurven durch einfache an, etwa durch eine Parabel. Die berühmte *Kepler*sche Fassregel (siehe Abschnitt 7, Seite 314) wird z.B. so abgeleitet. Man berechne die Koeffizienten der Parabel $y = a\,x^2 + b\,x + c$, die durch drei Punkte $P_i(u_i/v_i)$ verläuft.

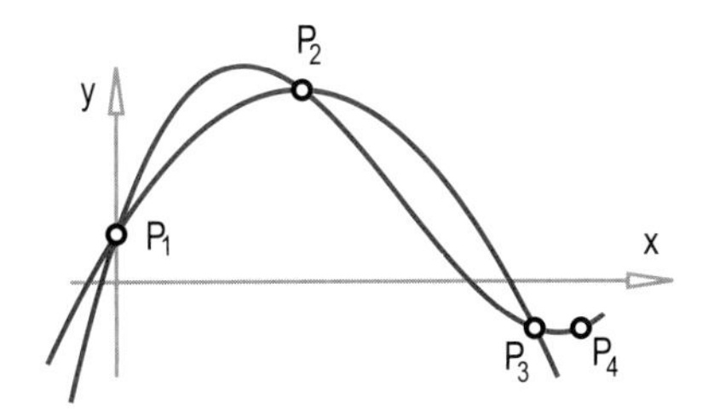

Abb. 1.23 Quadratische und kubische Parabel

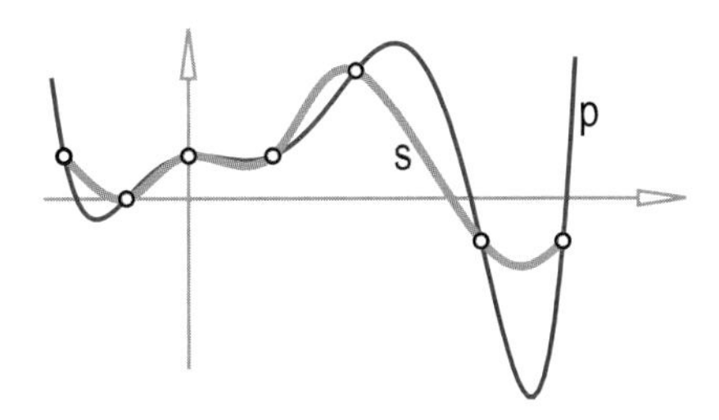

Abb. 1.24 Parabel 6. Ordnung, kub. Spline

Lösung:
Die drei Punkte müssen die Parabelgleichung „erfüllen", sodass wir unmittelbar drei Gleichungen mit den drei Unbekannten a, b und c erhalten:

$$\begin{aligned} u_1^2\,a + u_1\,b + c &= v_1 \\ u_2^2\,a + u_2\,b + c &= v_2 \\ u_3^2\,a + u_3\,b + c &= v_3 \end{aligned}$$

Diese lösen wir nach der *Cramer*schen Regel auf. Die Hauptdeterminante ist dabei

$$D = \begin{vmatrix} u_1^2 & u_1 & 1 \\ u_2^2 & u_2 & 1 \\ u_3^2 & u_3 & 1 \end{vmatrix}$$

Allgemein kann man durch $n+1$ Punkte eine „Parabel n-ter Ordnung" legen (Abb. 1.23 und Abb. 1.24). In der Computergrafik werden komplexe Kurven allerdings selten durch Parabeln von höherer Ordnung als 3 angenähert – solche Kurven neigen nämlich (insbesondere an den Rändern) zum „Oszillieren" (Abb. 1.24). Stattdessen wählt man aufeinander folgende Bögen von „kubischen Parabeln", die so beschaffen sind, dass benachbarte Parabelbögen möglichst „glatt" ineinander übergehen. Die gesamte Näherungskurve heißt *kubische Splinekurve*. Man berechnet sie ebenfalls über lineare Gleichungssysteme. Genaueres dazu erfahren wir im Kapitel über Differentialrechnung (Anwendung S. 217). ♠

Lineare Gleichungssysteme höheren Grades sind in der angewandten Mathematik durchaus keine Seltenheit. Oft kann man komplexe Probleme durch Einführung zusätzlicher Variablen „linearisieren". Man erhält dann ein einfaches Gleichungssystem mit vielen Unbekannten anstatt eines komplizierten Systems mit wenigen Unbekannten.
Solche (n, n)-Systeme lassen sich wie beschrieben nach der angepassten *Cramer*schen Regel auswerten. Die Determinanten vom Grad n entwickelt man schrittweise in Summen von Determinanten vom Grad $n-1$, bis sie vom Grad 3 sind. Je höher der Grad, desto aufwändiger wird die *Cramer*sche

Regel, und auch mit Computern verwendet man oft andere Methoden, die schneller zum Ziel führen.
Wir geben hier nur ein einfaches Anwendungsbeispiel für ein (4,4)-System, und dieses lösen wir nicht mit Determinanten, sondern durch geschicktes Einsetzen („Substitutionsmethode"):

Anwendung: Verbrennung von Alkohol zu Kohlendioxyd und Wasser
Mit genügend Sauerstoff verbrennen Alkohole – etwa das im Zuckerrohrschnaps enthaltene Äthanol C_2H_5OH – zu CO_2 und H_20. Man stelle die „Reaktionsformel" auf.

Lösung:
Es soll gelten

$$n_1 \cdot C_2H_5OH + n_2 \cdot O_2 = n_3 \cdot CO_2 + n_4 \cdot H_20$$

Die vier Unbekannten n_i lassen sich schrittweise berechnen, wenn wir die Anzahl der entsprechenden Atome vergleichen:

Kohlenstoff (C): $2\,n_1 = n_3$
Wasserstoff (H): $(5+1)\,n_1 = 2\,n_4$
Sauerstoff (O): $n_1 + 2\,n_2 = 2\,n_3 + n_4$

Zunächst fällt auf: Wir haben nur drei Gleichungen, aber vier Unbekannte. Allerdings gibt es eine Zusatzbedingung: Die n_i müssen ganzzahlig sein. Setzen wir zunächst $n_1 = 1$ und hoffen, dass wir ganzzahlige Lösungen für die restlichen n_i erhalten (wenn nicht: Chemiker rechnen auch mit Brüchen!). Wir müssen jetzt nur mehr ein (3,3)-System lösen:

$$2 = n_3, \quad 6 = 2\,n_4, \quad 1 + 2\,n_2 = 2\,n_3 + n_4$$

Die Lösungen sieht man unmittelbar: Aus der ersten Gleichung ergibt sich $n_3 = 2$, aus der zweiten $n_4 = 3$ und damit aus der dritten $n_2 = 3$. Tatsächlich sind alle Lösungen ganzzahlig (sonst gibt man sich mit Brüchen zufrieden oder probiert es mit $n_1 = 2, \cdots$). Die Reaktionsformel lautet somit:

$$C_2H_5OH + 3 \cdot O_2 = 2 \cdot CO_2 + 3 \cdot H_20$$ ♠

Anwendung: Explosionsartige Verbrennung von Benzindampf
Motorbenzin enthält vor allem Alkane mit 6 bis 9 C-Atomen im Molekül, etwa C_8H_{18}. Die Verwendung als Treibstoff beruht darauf, dass ein Benzindampf/Luftgemisch bestimmter Zusammensetzung explosionsartig zu Wasser und Kohlendioxyd verbrennt. Man berechne die Koeffizienten der Reaktionsgleichung

$$n_1 \cdot C_8H_{18} + n_2 \cdot O_2 = n_3 \cdot CO_2 + n_4 \cdot H_20$$

Lösung:
Wir berechnen die vier Unbekannten n_i schrittweise, indem wir die Anzahl der entsprechenden Atome vergleichen:
Kohlenstoff (C): $8\,n_1 = n_3$
Wasserstoff (H): $18\,n_1 = 2\,n_4$
Sauerstoff (O): $2\,n_2 = 2\,n_3 + n_4$
Wir haben nur drei Gleichungen, aber vier Unbekannte. Die n_i müssen aber ganzzahlig sein. Setzen wir zunächst wieder $n_1 = 1$ und hoffen, dass wir ganzzahlige Lösungen für die restlichen n_i erhalten.
Das (3,3)-System lautet jetzt:

$$8 = n_3, \quad 18 = 2\,n_4, \quad 2\,n_2 = 2\,n_3 + n_4$$

Aus der ersten Gleichung ergibt sich $n_3 = 8$, aus der zweiten $n_4 = 9$ und damit aus der dritten $n_2 = (16 + 9)/2 = 12{,}5$. n_3 ist nicht ganzzahlig. Also versuchen wir es mit $n_1 = 2$: Das entsprechende (3,3)-System ist

$$16 = n_3, \quad 36 = 2\,n_4, \quad 2\,n_2 = 2\,n_3 + n_4$$

und die Reaktionsformel lautet

$$2 \cdot C_8H_{18} + 25 \cdot O_2 = 16 \cdot CO_2 + 18 \cdot H_20$$ ♠

1.4 Quadratische Gleichungen

Die rein-quadratische Gleichung

Die Gleichung

$$x^2 = D$$

hat für $D > 0$ zwei reelle Lösungen:

$$x_1 = \sqrt{D}, \; x_2 = -\sqrt{D}$$

Für $D = 0$ fallen die Lösungen zusammen: $x_{1,2} = 0$. Für $D < 0$ sind die Lösungen *konjugiert komplex*. Mehr dazu in Abschnitt A.

Anwendung: Günstiges Papierformat (Abb. 1.26)
Bei einem rechteckigen Papierbogen mit den Seitenlängen a und b soll das Verhältnis $a : b$ so gewählt werden, dass beim Falten des Blattes zwei ähnliche Rechtecke entstehen. Wie muss das Seitenverhältnis lauten? Wie lang sind die Seiten, wenn die Fläche des Bogens $1\,\mathrm{m}^2$ betragen soll?

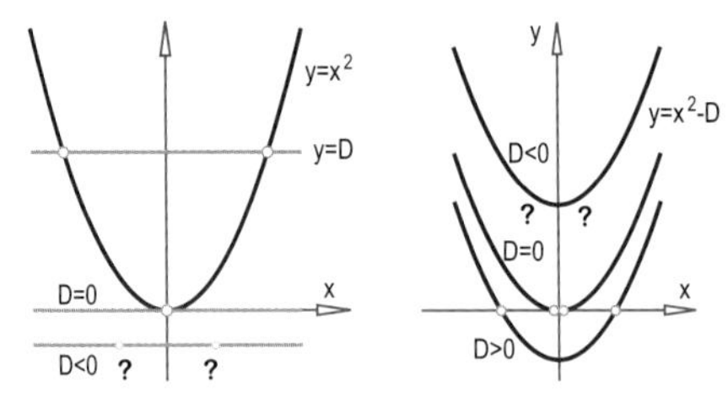

Abb. 1.25 Grafische Lösung von $x^2 = D$

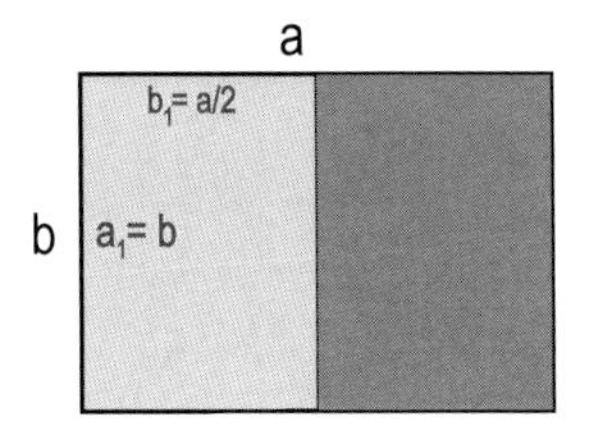

Abb. 1.26 Günstiges Papierformat

Lösung:

$$\frac{a_1}{b_1} = \frac{b}{\frac{a}{2}} = \frac{a}{b} \Rightarrow b^2 = \frac{a^2}{2} \Rightarrow a = b\sqrt{2}$$

(die Lösung $a = -b\sqrt{2}$ ist nicht relevant).
Wenn nun noch der Flächeninhalt des Rechtecks (z.B. 1m^2) gegeben ist, lassen sich b und damit a berechnen:

$$a\,b = b\sqrt{2}\,b = b^2\sqrt{2} = 1$$

$$\Rightarrow b = \sqrt{\frac{1}{\sqrt{2}}} = 0{,}841\text{m} \Rightarrow a = 1{,}189\text{m}$$

Dieses Format wird $A0$ genannt. Durch wiederholtes Falten des Bogens erhält man die Formate
$A1 = 0{,}841 \times 0{,}595$, $A2 = 0{,}595 \times 0{,}420$, $A3 = 0{,}420 \times 0{,}297$, $A4 = 0{,}297 \times 0{,}210$ etc. (mit den Flächen $\frac{1}{2}\text{m}^2$, $\frac{1}{4}\text{m}^2$, $\frac{1}{8}\text{m}^2$, $\frac{1}{16}\text{m}^2$, etc.) ♠

Die gemischt-quadratische Gleichung

Bei der allgemeinen Form der quadratischen Gleichung

$$Ax^2 + Bx + C = 0$$

entscheidet das Vorzeichen der sog. *Diskriminante*

$$D = B^2 - 4AC$$

über die Anzahl der reellen Lösungen: Für $D > 0$ gibt es zwei reelle Lösungen, für $D = 0$ eine reelle Doppellösung, für $D < 0$ zwei konjugiert komplexe Lösungen.
Die Lösungen lassen sich direkt angeben:

$$x_{1,2} = \frac{-B \pm \sqrt{D}}{2A} \tag{1.14}$$

Beweis:
Wir dividieren zunächst unsere Gleichung $Ax^2 + Bx + C = 0$ durch A und erhalten

$$x^2 + \frac{B}{A}x + \frac{C}{A} = 0$$

Nun ergänzen wir quadratisch:

$$(x+\frac{B}{2A})^2+\frac{C}{A}-\left(\frac{B}{2A}\right)^2=0$$

Jetzt liegt eine rein quadratische Gleichung vor:

$$(x+\frac{B}{2A})^2=\left(\frac{B}{2A}\right)^2-\frac{C}{A}=\frac{B^2-4AC}{4A^2}$$

Die Lösungen sind durch Formel (1.14) gegeben. ◇

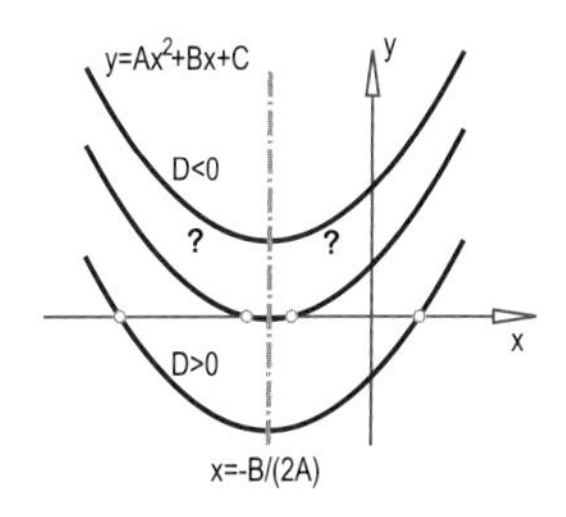

Abb. 1.27 Grafische Lösung

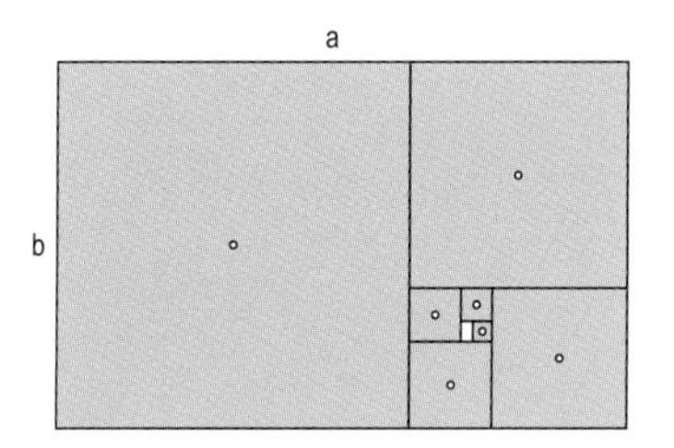

Abb. 1.28 Harmonisches Rechteck

Anwendung: Goldener Schnitt, harmonische Rechtecke (Abb. 1.28)
Bei einem Rechteck sollen die Seitenlängen a, b mit $b < a$ so gewählt werden, dass gilt:

$$b : a = a : (a + b) \Rightarrow a^2 = ab + b^2 \tag{1.15}$$

Dann nennt man das Rechteck *harmonisch*. Man berechne das Verhältnis der Seitenlängen (*Goldene Zahl*).
Zusätzlich beweise man: Zerteilt man das Rechteck in ein Quadrat und ein kleineres Rechteck, dann ist dieses kleinere Rechteck wieder harmonisch (diese Teilung wird *goldener Schnitt* genannt).
Lösung:
Wir setzen zunächst $b = 1$. Dann gilt

$$\frac{1}{a}=\frac{a}{a+1} \Rightarrow a^2-a-1=0 \Rightarrow$$

$$a_{1,2}=\frac{-(-1)\pm\sqrt{(-1)^2-4\cdot 1\cdot(-1)}}{2}=\frac{1\pm\sqrt{5}}{2}$$

Die negative Lösung wollen wir zunächst nicht weiter betrachten (siehe dazu jedoch Anwendung S. 395). Bleibt:

$$a : b = \frac{1+\sqrt{5}}{2} : 1 \approx 1{,}62 : 1 \tag{1.16}$$

Unter der Voraussetzung Formel (1.15) gilt zudem

$$a^2 = ab + b^2 \Rightarrow a^2 - ab = b^2 \Rightarrow a(a-b) = b^2 \Rightarrow (a-b) : b = b : a$$

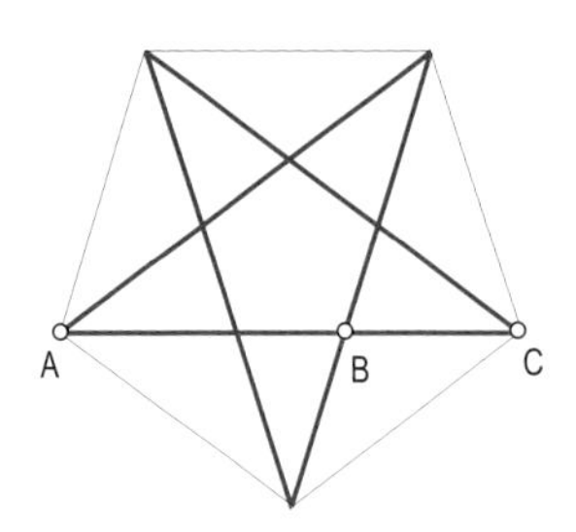

Abb. 1.29 Pentagramm

Abb. 1.30 Modulor, Parthenon

Harmonische Rechtecke bzw. der goldene Schnitt treten in der Kunst oft auf[3]. Als Beispiele seien der „Modulor" von *Corbusier*[4] (Abb. 1.30 links), das „magische Fünfeck" („Pentagramm", Abb. 1.29: $\overline{AC} : \overline{AB} = \frac{1+\sqrt{5}}{2} : 1$) und das Parthenon (griech. Tempel, Abb. 1.30) genannt. In der Natur spielt die seltsame Zahl $\frac{1+\sqrt{5}}{2}$ eine bemerkenswerte Rolle. Mehr dazu im Anhang A. ♠

Anwendung: Senkrechter Wurf nach oben (Abb. 1.31)

Es sei v_0 die Anfangsgeschwindigkeit und g die Erdbeschleunigung. Der Luftwiderstand soll vernachlässigt werden.
Dann gilt für die Höhe h nach t Sekunden die Formel

$$h = G(t) - B(t) = v_0 t - \frac{g}{2} t^2 \tag{1.17}$$

$G(t)$ ist dabei der Anteil der gleichförmigen Bewegung nach oben, $B(t)$ jener der gleichförmig beschleunigten Bewegung nach unten.
Man berechne t bei gegebenen Werten für h und v_0.

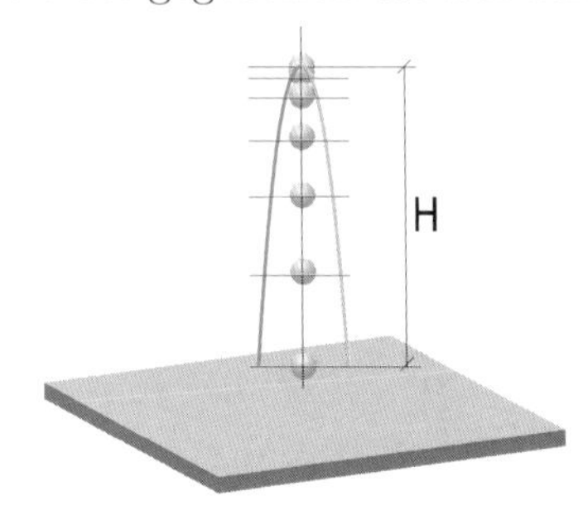

Abb. 1.31 Senkrechter Wurf nach oben

Lösung:
Wir ordnen nach Potenzen von t: $\frac{g}{2}\, t^2 - v_0\, t + h = 0$

$$\Rightarrow A = \frac{g}{2},\ B = -v_0,\ C = h \Rightarrow D = (-v_0)^2 - 4\frac{g}{2}h = v_0^2 - 2gh$$

Damit ergibt sich

$$t_{1,2} = \frac{v_0 \pm \sqrt{v_0^2 - 2gh}}{g}$$

[3]Unter `http://www.uni-hildesheim.de/ stegmann/goldschn.pdf` findet sich ein interessanter Artikel zur historischen Entwicklung des Goldenen Schnitts.

[4]Le Corbusier (Charles Edouard Jeanneret): *The Modulor: A Harmonious Measure to the Human Scale Universally Applicable to Architecture and Mechanics and Modulor 2 (Let the User Speak Next).* 2 Bände. Birkhäuser, Basel, 2000.

Die Werte t_1 und t_2 führen zu Positionen gleicher Höhe beim Aufsteigen und Zurückfallen des geworfenen Objekts. Für den höchsten Punkt (Steighöhe H) muss daher eine Doppellösung vorliegen:

$$D = 0 \Rightarrow v_0^2 - 2gH = 0 \Rightarrow H = \frac{v_0^2}{2g} \tag{1.18}$$

Umgekehrt lässt sich aus gemessener Steighöhe H die Anfangsgeschwindigkeit v_0 ermitteln:

$$v_0 = \sqrt{2gH} \tag{1.19}$$

Diese Formel leistet unerwartet in Anwendung S. 38 gute Dienste.
Beim *schrägen Wurf nach oben* (Neigungswinkel α zur Horizontalen) ist statt v_0 der Wert $v_0 \sin\alpha$ einzusetzen (Anwendung S. 106). ♠

Anwendung: Gleichgewicht der Anziehungskräfte (Abb. 1.32)
Es seien m_1 und m_2 zwei Massen mit Schwerpunkt-Distanz d. Auf der Verbindungsstrecke der Schwerpunkte befinde sich ein Körper P im Abstand x vom ersten Schwerpunkt. Für welches x heben sich die Anziehungskräfte von m_1 und m_2 auf?

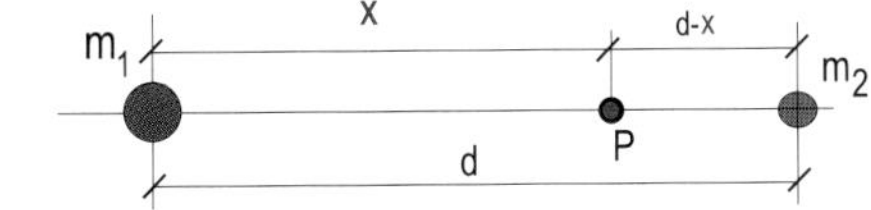

Abb. 1.32 Wo muss P liegen, um von m_1 und m_2 gleich stark angezogen zu werden?

Lösung:
Die Anziehungskraft ist nach *Newton* proportional zur Masse und indirekt proportional zum Quadrat des Abstands. Soll der Körper im Gleichgewicht sein, muss gelten:

$$\frac{m_1}{x^2} = \frac{m_2}{(d-x)^2} \quad (0 < x < d)$$

$$\Rightarrow m_1(d^2 - 2dx + x^2) = m_2 x^2 \Rightarrow \underbrace{(m_1 - m_2)}_{A} x^2 \underbrace{-2m_1 d}_{B} x + \underbrace{m_1 d^2}_{C} = 0$$

Jetzt wenden wir Formel (1.14) an:

$$x_{1,2} = \frac{2m_1 d \pm \sqrt{4m_1^2 d^2 - 4(m_1 - m_2)m_1 d^2}}{2(m_1 - m_2)} = \frac{m_1 \pm \sqrt{m_1 m_2}}{m_1 - m_2}\, d$$

Nur eine der beiden Lösungen (nämlich die zum „–" gehörige) ist relevant (das Vorzeichen der Kraftvektoren muss entgegengesetzt sein $\Rightarrow x$ muss kleiner d sein):

$$x = \frac{m_1 - \sqrt{m_1 m_2}}{m_1 - m_2}\, d \tag{1.20}$$

Oft erweist es sich jedoch als günstig, nur mit dem *Verhältnis* der beiden Massen weiterzurechnen. Dies erlaubt unter Umständen tiefere Einsichten in die Zusammenhänge. Wir formen dazu Formel (1.20) um, indem wir im rechten Term Zähler und Nenner durch m_1 dividieren:

$$\Rightarrow x = \frac{1 - \sqrt{\frac{m_2}{m_1}}}{1 - \frac{m_2}{m_1}} d \tag{1.21}$$

Nun ein kleiner Trick. Es gilt ja

$$\frac{a-b}{a^2-b^2} = \frac{a-b}{(a+b)(a-b)} = \frac{1}{a+b}$$

In unserem Fall ist $a = 1$ und $b = \sqrt{\frac{m_2}{m_1}}$ und demnach lässt sich Formel (1.21) vereinfachen zu

$$x = \frac{1}{1 + \sqrt{\frac{m_2}{m_1}}} d$$

Zahlenbeispiel: Raumschiff zwischen Erde und Mond (Massenverhältnis $1 : 81$, $d \approx 384\,000$km):

$$x = \frac{d}{1 + 1/9} = \frac{9}{10} d$$

Also muss das Raumschiff ca. 346 000 km von der Erde bzw. 38 000km vom Mond entfernt sein (gemessen zum jeweiligen Mittelpunkt).
Die Anziehung durch die Sonne ist zwar durchaus stark, wird aber durch die Fliehkraft (Erde, Mond und Raumschiff drehen sich ja etwa gleich schnell um die Sonne) nahezu restlos ausgeglichen. ♠

1.5 Algebraische Gleichungen höheren Grades

Nicht selten treten in Anwendungen Gleichungen höheren Grades der Bauart

$$f(x) = \sum_{k=0}^{n} a_k x^k = 0$$

auf. Die Lösungen dieser Gleichungen heißen wie die der quadratischen Gleichung ($n = 2$) die „Wurzeln“ oder „Nullstellen“. Gleichungen dritten und vierten Grades lassen sich – ohne näher darauf einzugehen – über recht kompliziert anmutende Formeln und einen Umweg über die sog. *komplexen Zahlen* exakt lösen. Auf der Webseite zum Buch finden Sie ein Programm `roots34.exe`, welches die *reellen* Lösungen exakt berechnet.
Ohne uns auf Details oder auf die sog. „komplexen Zahlen“ einzulassen (vgl. Abschnitt A), wollen wir in diesem Rahmen nur die wichtigsten Regeln über algebraische Gleichungen streifen. Die Theorie dieser Gleichungen hat die Mathematiker vieler Jahrhunderte beschäftigt. Von größter Bedeutung ist der von C.F. *Gauß* in seiner Dissertation bewiesene

Fundamentalsatz der Algebra: Eine algebraische Gleichung n-ten Grades hat immer n Lösungen, wenn sog. „Mehrfachlösungen“ und auch sog. „komplexe Lösungen“ ebenfalls gezählt werden.

Der deutsche Mathematiker Carl Friedrich *Gauß* (1777 – 1855) zählt zu den bedeutendsten Mathematikern überhaupt. Er beschäftigte sich auch mit vielen Anwendungsgebieten der Mathematik, insbesondere der Astronomie. Viele seiner eleganten Methoden sind bis heute unübertroffen.

Für uns ist eine Folgerung des Fundamentalsatzes der Algebra (siehe Abschnitt 1, Seite 30) wichtig: *Die Anzahl der reellen Lösungen ist maximal n, kann sich aber um Vielfache von 2 verringern. Dabei zählen Mehrfachlösungen in ihrer Vielfachheit.*

Anwendung: Lichtbrechung an einer Ebene (Abb. 1.33)

Zur Ermittlung des „Knickpunkts" eines Lichtstrahls an der ebenen Grenzfläche zweier „Medien" (Wasseroberfläche, Oberfläche einer dicken Glasplatte usw.) muss man eine algebraische Gleichung 4. Grades $f(x) = a_4\,x^4 + a_3\,x^3 + a_2\,x^2 + a_1\,x + a_0 = 0$ lösen. Zwei oder vier Lösungen sind reell. Nur eine davon ist allerdings relevant. Sie kann vom Computer effizient und vor allem exakt berechnet werden.

Abb. 1.33 Bildhebung bei Brechung

Man betrachte die „Hebung" des Schwimmbeckenbodens in Abb. 1.33. Sowohl im Foto links als auch in der Computerberechnung rechts hat das Becken konstante Tiefe! Im rechten Bild sind vier (!) Delfine, die genau übereinander schwimmen, zu sehen. Der oberste Delfin ist kaum mehr als solcher zu erkennen. Auch in Abb. 1.34 rechts wird der Unterleib des Delfins stark verkürzt.

Abb. 1.34 Delfine „unverzerrt" und stark verzerrt an der Oberfläche

♠

Anwendung: Ray tracing

Die realistischen Computerbilder, an die wir mittlerweile gewöhnt sind, werden oft von sog. Ray tracing-Programmen erzeugt. Die „Szene" wird aus „algebraischen Primitivbausteinen" zusammengesetzt, etwa durch ebene Polygone (Dreiecke), Kugeln, Kegel, Zylinder oder Ringflächen (Tori). Nun werden Sehstrahlen durch die einzelnen *Pixel* („Picture elements") des Bildschirms betrachtet. Sie verschwinden entweder „im Nichts", oder aber sie treffen auf Bausteine. Die Ermittlung etwaiger Schnittpunkte des Sehstrahls geschieht durch exaktes und effizientes Lösen algebraischer Gleichungen bis zum Grad 4. Treten mehrere Schnittpunkte auf, wird nur der vorderste – also sichtbare – betrachtet. ♠

Bei allgemeinen algebraischen Gleichungen höheren Grades wird man sich mit Näherungslösungen zufriedengeben müssen, die man erhält, wenn man beliebige (also auch nicht-algebraische) Ausdrücke der Form $f(x) = 0$ betrachtet. Wir werden darüber bei der Differentialrechnung reden (*Newton*'sches Näherungsverfahren, Kapitel 5).
Manchmal lässt sich der Grad einer Gleichung reduzieren, insbesondere dann, wenn man bei einer Gleichung eine Substitution der Form $u = x^2$, $u = x^3$, usw. vornehmen kann.

Anwendung: Reduzierbare Gleichung sechsten Grades(Abb. 1.35)
Man ermittle alle reellen Lösungen der Gleichung

$$x^6 - 2\,x^3 + 1 = 0$$

Lösung:
Mittels der Substitution $u = x^3$ erhält man die leicht lösbare quadratische Gleichung

$$u^2 - 2\,u + 1 = 0 \Rightarrow u_{1,2} = 1 \text{ (Doppellösung!)}$$

Beim „Rücksubstituieren" ergibt sich jetzt die kubische Gleichung $x^3 = 1$, welche nur eine reelle Lösung $x = 1$ besitzt. Insgesamt besitzt unsere Gleichung sechsten Grades also eine – doppelt zu zählende – reelle Nullstelle. Diese Lösung findet ein numerisch arbeitendes Nullstellenprogramm unter Umständen gar nicht: Es wird ja Nullstellen nur in Teilintervallen suchen, wo die Funktion das Vorzeichen wechselt oder verschwindet. Das Vorzeichen wechselt nie. Ein „Volltreffer" auf die einzige Nullstelle ist aber numerisch gesehen sehr unwahrscheinlich. ♠

Oft spalten sich von einer Gleichung höheren Grades triviale Nullstellen ab, und der Grad der Gleichung reduziert sich dann unter Umständen so, dass die restlichen Lösungen exakt berechnet werden können:

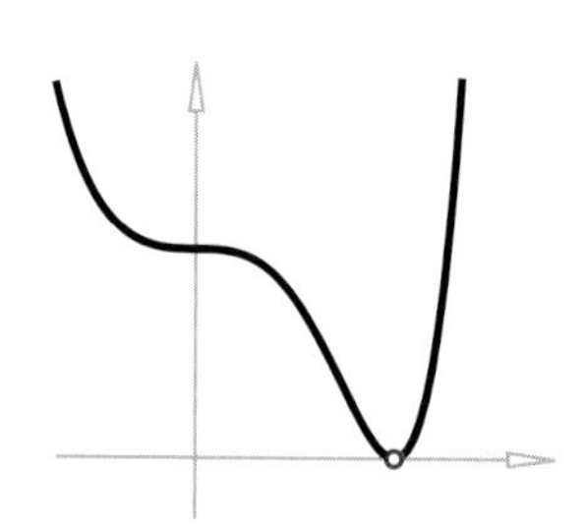

Abb. 1.35 $f(x) = x^6 - 2\,x^3 + 1$

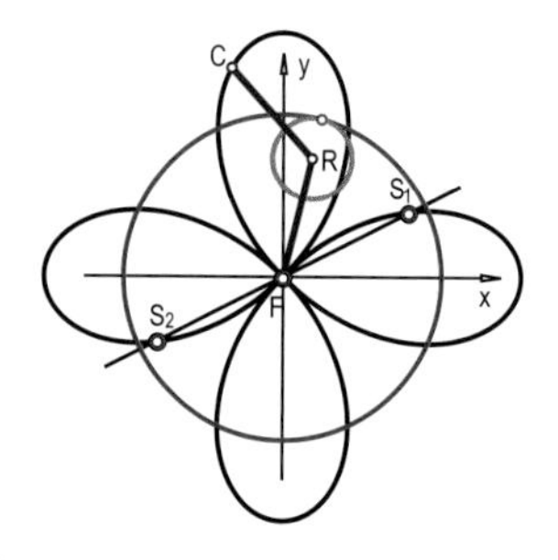

Abb. 1.36 Kartesisches Vierblatt

Anwendung: Algebraische Kurve sechster Ordnung (Vierblatt) (Abb. 1.36)
Ein *kartesisches Vierblatt* ist durch die Gleichung

$$(x^2 + y^2)^3 = 27\,x^2 y^2 \tag{1.22}$$

gegeben. (Eine Funktionsgleichung in x, y, in der nicht $y = f(x)$ ausgerechnet ist, nennt man *implizite Gleichung*.) Man ermittle die maximal sechs Schnittpunkte mit einer Geraden durch den Ursprung.

Lösung:
Setzen wir die allgemeine Geradengleichung $y = kx + d$ in Formel (1.22) ein, so erhalten wir eine Gleichung 6. Ordnung, die nach dem Fundamentalsatz der Algebra maximal 6 reelle Lösungen besitzt:

$$[x^2 + (kx + d)^2]^3 = 27\,x^2 (kx + d)^2$$

Für $d = 0$ (Gerade durch den Ursprung) vereinfacht sich die Gleichung auf

$$[x^2(1 + k^2)]^3 = 27\,k^2\,x^4 \Rightarrow (1 + k^2)^3\,x^6 = 27\,k^2\,x^4$$

Wir dürfen jetzt durch x^4 kürzen, wenn wir $x \neq 0$ voraussetzen. Dann liegt nur noch eine rein-quadratische Gleichung vor, deren Lösungen unmittelbar angeschrieben werden können:

$$(1 + k^2)^3\,x^2 = 27\,k^2 \Rightarrow x_{1,2} = \pm\sqrt{\frac{27\,k^2}{(1+k^2)^3}} = \pm\frac{k\sqrt{27}}{\sqrt{(1+k^2)^3}}$$

$x = 0$ zählt im algebraischen Sinn als vierfache (!) Lösung. Tatsächlich sieht man in Abb. 1.36, dass die Kurve eine allgemeine Gerade durch den Ursprung in zwei Punkten S_1 und S_2 (mit den x-Werten x_1 und x_2) und zusätzlich viermal im Ursprung schneidet.

Abb. 1.37 Verallgemeinerung des Vierblatts durch Variation der kinematischen Erzeugung

Das Vierblatt kann *kinematisch* durch ein sog. *Planetengetriebe* erzeugt werden, bei dem ein Stab FR gleichförmig um den fixen Ursprung F rotiert, während ein zweiter – gleich langer – Stab RC um den Gelenkpunkt R mit dreifacher Winkelgeschwindigkeit rotiert (Abb. 1.36). Dieselbe Bewegung wird erzwungen durch das Rollen eines Kreises um R in einem Kreis um F, wobei die Radien sich wie 1 : 4 verhalten. Diese Erzeugungsweise lässt sich verallgemeinern, indem man das Radienverhältnis variiert. Dadurch entstehen Dreiblätter, Fünfblätter usw. Das Dreiblatt ist eine Kurve 4.O., die Ordnung der anderen Kurven deutlich höher. Vgl. auch S. 406. ♠

1.6 Weitere Anwendungen

In diesem Abschnitt finden sich Übungsaufgaben zu den vorhergehenden Abschnitten. Sie sind meist voneinander unabhängig und können ohne Beeinträchtigung des Konzepts teilweise auch übersprungen werden. Vereinzelte Beispiele sind etwas aufwändiger. Der Leser sei jedoch ermuntert, wenigstens die Kommentare zu den Ergebnissen zu betrachten.

Anwendung: Wie oft überdecken sich die Zeiger einer Uhr?

Lösung:
Wenn man das Problem geschickt angeht, ist es rasch gelöst (sonst muss man recht aufwendig argumentieren): Wir starten um Punkt 12 Uhr, wo sich beide Zeiger überdecken. Nach einer vollen Umdrehung des Minutenzeigers hat sich der Stundenzeiger um $1/12$ des vollen Winkels ($30°$) weitergedreht. Wenn sich der Minutenzeiger um $12/11$ des vollen Winkels gedreht hat, hat der Stundenzeiger $1/11$ gedreht (knapp $33°$), sodass wiederum Deckung vorliegt. Das geht sich in 12 Stunden $12/(12/11)$-mal aus, also genau elfmal.

Abb. 1.38 Uhren, die sich gegenseitig antreiben

Deutlich anspruchsvoller wird die Fragestellung, wenn man zwei Uhrwerke, die sogar unterschiedlich schnell arbeiten, an den Minutenzeigern gelenkig verknüpft (Abb. 1.38) und die ganze Installation sich selbst überlässt...

♠

Anwendung: Gesteinsabtragung (Abb. 1.39)
Der markante Tafelberg ist mit 1 087 m Höhe das Wahrzeichen von Kapstadt (Südafrika). Er gehört zu den ältesten Gebirgsmassiven der Erde. Man schätzt sein Alter auf stattliche 600 Millionen Jahre (damit ist dieses Massiv knapp 10 mal so alt wie die Alpen). Man vermutet, dass der Berg bei seiner Entstehung über 5 000 m hoch war. Wie groß war die durchschnittliche Erosion pro Jahr? Wie hoch war der Berg vor 65 Millionen Jahren, also in jenem Zeitraum, als die Alpen entstanden und die Saurier (bis auf die Vögel) ausstarben?

Lösung:
Höhendifferenz $5\,000\,\text{m} - 1\,000\,\text{m} = 4\,000\,\text{m} = 4 \cdot 10^3\,\text{m}$.

Zeitdifferenz 600 Millionen Jahre $= 6 \cdot 10^8\,a$.
Erosion pro Jahr: $\frac{4 \cdot 10^3\,\mathrm{m}}{6 \cdot 10^8\,a} = \frac{40 \cdot 10^2\,\mathrm{m}}{6 \cdot 10^8\,a} \approx 6{,}7 \cdot 10^{-6}\,\frac{m}{a} = 6{,}7 \cdot 10^{-3}\,\frac{\mathrm{mm}}{a}$

Abb. 1.39 Der Tafelberg bei Kapstadt mit seinem typischen „Tafeltuch“

Erosion in 65 Millionen Jahren ($6{,}5 \cdot 10^7 a$):

$$6{,}7 \cdot 10^{-6}\,\frac{m}{a} \cdot 6{,}5 \cdot 10^7 a \approx 44 \cdot 10^1\,\mathrm{m} = 440\,\mathrm{m}$$

Der Berg war vor 65 Millionen Jahren 440 m höher, also etwas mehr als 1 500 m hoch. ♠

Anwendung: Wenn das Eis der Antarktis schmilzt...

Die Antarktis (das Festland hat etwa 12 Millionen km^2) ist erst seit relativ kurzer Zeit vereist – dafür aber umso gewaltiger. Ein Großteil des Süßwassers der Erde ist in ihrem durchschnittlich 2 km dicken Eispanzer gebunden. Um wie viel steigt der Meeresspiegel, wenn das Eis zur Gänze schmilzt?

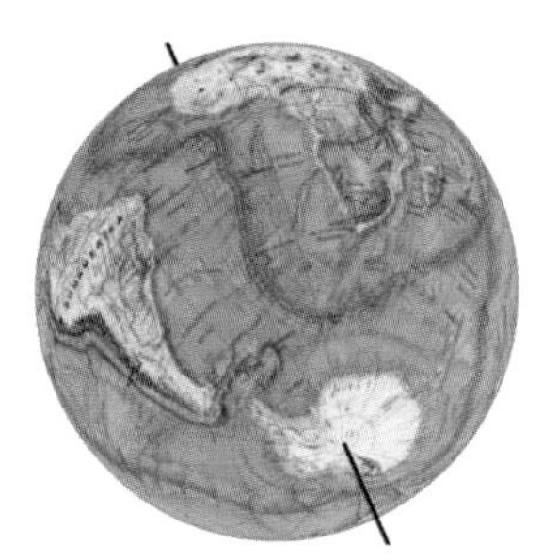

Abb. 1.40 Die Antarktis und die auf ihr lebenden Kaiserpinguine

Lösung:
Wir rechnen mit der Einheit km. Dann befinden sich $24 \cdot 10^6\,\mathrm{km}^3$ Eis über dem Festland. Beim Schmelzen verliert Eis etwa 10% des Volumens, wodurch immer noch etwa $21 \cdot 10^6\,\mathrm{km}^3$ übrig bleiben.
Die Erde hat $500 \cdot 10^6\,\mathrm{km}^2$ Oberfläche, davon sind $70\% \approx 350 \cdot 10^6\,\mathrm{km}^2$ Wasser.
Sei Δ der Höhenunterschied des Meeresspiegels, dann gilt

$$350 \cdot 10^6\,\mathrm{km}^2 \cdot \Delta = 21 \cdot 10^6\,\mathrm{km}^3 \Rightarrow \Delta \approx \frac{21}{350} = 0{,}06\,km = 60\,\mathrm{m}$$

60 m sind sehr viel. Ganze Inselgruppen würden verschwinden, große Teile Floridas wären überflutet, usw. Die Kaiserpinguine würden wahrscheinlich aussterben – nicht, weil ihnen zu warm würde,

sondern weil dann wieder – wie früher – Säugetiere und Reptilien auf der Antarktis leben, ihre Eier plündern und die wehrlosen Jungtiere fressen würden (siehe auch Anwendung S. 320).

Umgekehrt war der Meeresspiegel bis vor 15 Millionen Jahren um diese 60 Meter höher (da war die Antarktis noch eisfrei). Während der Eiszeiten der letzten 100 000 Jahre (wo z.B. über Mittel- und Nordeuropa dicke Eispanzer lagerten) war der Meeresspiegel um bis zu 30 m tiefer als heute. Heute finden Taucher in Südfrankreich unterirdische Eingänge von Höhlen, in denen Steinzeitmenschen lebten! Der niedrige Meeresspiegel ermöglichte einer kleinen Gruppe von Menschen den Fußmarsch über die Beringstraße von Sibirien nach Alaska. Von dort eroberten sie im Laufe von über 20 000 Jahren die beiden (erst 3 Millionen Jahre vorher zusammengeklinkten) amerikanischen Kontinente. Nach neuesten Erkenntnissen drifteten vor ca. 17 000 Jahren Eiszeitmenschen auf der Jagd nach Robben an der Südgrenze des bis Spanien reichenden Eismeers nach Neufundland und trafen in der Folge auf die Einwanderer der Beringstraße, mit denen sie sich vermischten. ♠

Anwendung: Die Sonne verglüht!

Unsere Sonne ist ein riesiger Kernreaktor, in dem Wasserstoff zu Helium verschmilzt. Dabei werden pro Sekunde 4,5 Millionen Tonnen Masse in Energie umgewandelt. Die Sonne hat die 332 000-fache Masse der Erde (Anwendung S. 66). Wie lange dauert es theoretisch, bis die gesamte Masse der Sonne verbraucht ist?

Lösung:

Um sich die Sache wenigstens ein bisschen vorstellen zu können: Der Massenverlust pro Sekunde wäre – auf „irdische Verhältnisse herunter gerechnet“ – 1/332 000 von 4 500 000 Tonnen, also 13,6 Tonnen pro Sekunde. Rechnen wir weiter auf eine Kugel mit nur 1 m Durchmesser herunter. Die Erde hat ca. $13\,000\,\text{km} = 13 \cdot 10^6\,\text{m}$ Durchmesser. Unsere Nickel-Eisen-Kugel mit 1 m Durchmesser hat $1/(13 \cdot 10^6)^3$ der Erdmasse und würde pro Sekunde $13{,}6 \cdot 10^3\text{kg}/(13 \cdot 10^6)^3$ Masse verlieren, das sind in Milligramm

$$\frac{13{,}6 \cdot 10^9\,\text{mg}}{13^3 \cdot 10^{18}} \approx 0{,}006 \cdot 10^{-9}\,\text{mg}$$

Ein Jahr hat ca. 30 Millionen Sekunden. Die Einheitskugel verliert somit pro Jahr

$$0{,}006 \cdot 10^{-9} \cdot 30 \cdot 10^6\,\text{mg} \approx 0{,}2 \cdot 10^{-3}\,\text{mg}$$

oder alle 5 000 Jahre ein Milligramm bzw. alle 5 Milliarden Jahre 1 kg – bei etwa drei Tonnen Eigenmasse.

Die Forscher „geben“ der Sonne etwa 10 Milliarden Jahre Lebensdauer, von denen allerdings schon knapp die Hälfte verstrichen sind. Am Massenverlust durch Kernfusion liegt die begrenzte Lebensdauer der Sonne offensichtlich nicht: Dieser Anteil ist praktisch zu vernachlässigen! Die begrenzte Lebensdauer liegt erstens daran, dass der Uranteil der Sonne an Wasserstoff nur etwa 70% beträgt, und zweitens herrschen nur im Innersten der Sonne ausreichend hohe Temperaturen, um eine Fusion zu ermöglichen, womit nur etwa 10 bis 20% der Sonnenmasse für das „Wasserstoffbrennen“ zur Verfügung stehen.

Das „Versiegen“ der Sonne als Quell allen Lebens ist eine alte Phobie vieler Urvölker. Im historischen Mittelamerika der Mayas und Azteken wurden deshalb Menschenopfer gebracht! ♠

Anwendung: Durchmesser eines Moleküls

In $12\,g$ des Kohlenstoffs ^{12}C befinden sich

$$N_A = 6{,}022 \cdot 10^{23} \tag{1.23}$$

Moleküle. Diese Zahl heißt „Avogadro"-Konstante (früher *Loschmidt*sche Zahl).

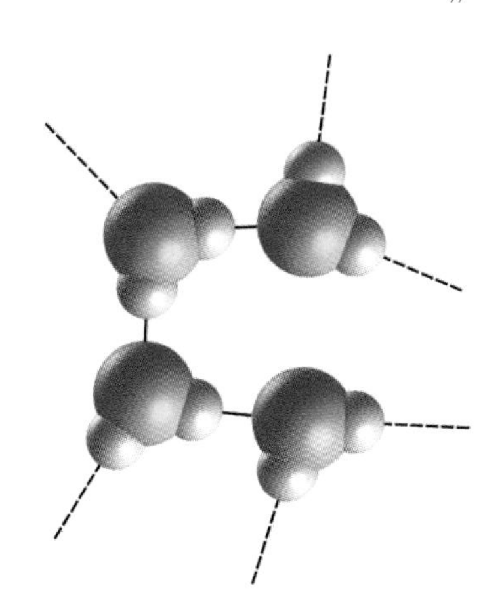

Abb. 1.41 Wassermoleküle, bestehend aus 1 Sauerstoffatom und 2 Wasserstoffatomen (Winkel $\approx 105°$)

Dieselbe Anzahl von Molekülen befindet sich in einem *mol* jedes beliebigen anderen Stoffes (*mol* = Molekulargewicht in Gramm).
Wasser (chemische Formel H_20) hat das Molekulargewicht 18, denn in jedem Wassermolekül befinden sich zwei Wasserstoffatome (Atomgewicht 1) und ein Sauerstoffatom (Atomgewicht 16). Also befinden sich in 18 g Wasser N_A Wassermoleküle.
Man schätze daraus den Durchmesser eines Wassermoleküls ab.

Lösung:
18 g Wasser haben das Volumen 18 cm^3. Diese passen in einen Würfel von $\sqrt[3]{18}\,\text{cm} \approx$ 2,6 cm Seitenlänge.

Denken wir uns jedes einzelne Wassermolekül in einem „Elementarwürfel" der Seitenlänge d verpackt. Dann passen N_A solcher Würfelchen in den besagten Würfel von 2,6 cm Seitenlänge. Damit ist

$$d^3\,N_A = 18\,\text{cm}^3 \Rightarrow d = \sqrt[3]{\frac{18\,\text{cm}^3}{N_A}} = \sqrt[3]{\frac{18}{6\;10^{23}}}\text{cm} = \sqrt[3]{\frac{180}{6\;10^{24}}}\text{cm}$$

$$\Rightarrow\; d = \sqrt[3]{\frac{30}{10^{24}}}\text{cm} \approx 3\cdot 10^{-8}\,\text{cm} = 3\cdot 10^{-10}\text{m} = 0{,}3\cdot 10^{-9}\,\text{m}.$$

Der Durchmesser eines Moleküls beträgt also weniger als ein Nanometer.

Nach Obigem befinden sich in $2g$ Wasserstoff ebenfalls N_A Wasserstoffmoleküle H_2. Daraus kann man die Masse u eines Wasserstoffatoms H – bis 1961 die sog. *atomare Masseneinheit* (seither wird $\frac{1}{12}$ der Atommasse von ^{12}C als gesetzliche Einheit verwendet) – berechnen:

$$u = \frac{1}{2}\cdot\frac{2}{6{,}022\cdot 10^{23}}\,g = 0{,}166\cdot 10^{-23}\,g = 1{,}66\cdot 10^{-27}\,\text{kg}$$

Ein Heliumatom hat dann die Masse $\approx 4\,u$, ein Kohlenstoffatom $12\,u$ (seit 1961 exakt!), ein Sauerstoffatom $\approx 16\,u$, ein Goldatom $\approx 197\,u$ etc. – die entsprechenden Werte sind in jedem „Periodensystem der Elemente" nachzulesen. Die Masse der Elektronen ist dabei (fast) vernachlässigbar: Ein Elektron hat die Masse $\frac{1}{1824}u \approx 9\cdot 10^{-31}$ kg (Ruhemasse). ♠

Anwendung: Kontinentaldrift

Vor etwa 280 Millionen Jahren zerbrach der Superkontinent *Pangäa* in zwei etwa gleich große Kontinente *Laurasia* und *Gondwana*. Vor etwa 150 Millionen Jahren zerbrach dann auch *Gondwana* und seitdem driften u. a. Südamerika und Afrika auseinander. Was früher eine gewagte Theorie war (Alfred *Wegener*, 1912), kann man heute durch Nachmessen bestätigen. Man nehme an, dass die Driftgeschwindigkeit v einigermaßen konstant war und berechne, wie weit Afrika und Südamerika pro Jahr bzw. pro Sekunde auseinanderdriften, wenn ihre jetzige Entfernung ca. 5 000 km beträgt.[5]

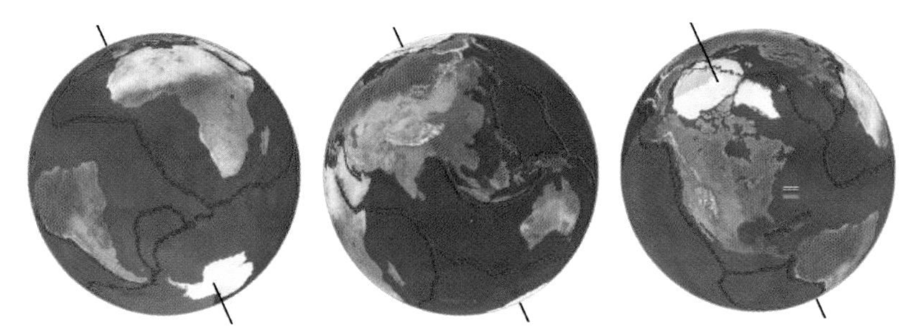

Abb. 1.42 Driftende Kontinente, tektonische Platten

Lösung:

$$v = \frac{5\,000\,\text{km}}{150 \cdot 10^6\,a} = \frac{5 \cdot 10^6\,\text{m}}{150 \cdot 10^6\,a} \approx \frac{3 \cdot 10^{-2}\,\text{m}}{a} = \frac{3 \cdot 10^{-2}\,\text{m}}{365 \cdot 24 \cdot 3\,600\,\text{s}} = \frac{3 \cdot 10^{-2}\,\text{m}}{3 \cdot 10^7\,\text{s}} = \frac{1 \cdot 10^{-9}\,\text{m}}{\text{s}}$$

Bei 3 cm Driftgeschwindigkeit pro Jahr sind das mit dem Ergebnis von Anwendung S. 36 etwa *drei Wassermoleküldurchmesser pro Sekunde.*

Die 3 cm pro Jahr kann man nachmessen, indem man an vielen Stellen in Afrika bzw. Südamerika in großen Zeitintervallen mittels GPS (Anwendung S. 6, Anwendung S. 269) die Positionen (derzeit auf 1 m Genauigkeit) ermittelt. Die Driftgeschwindigkeit ergibt sich dann durch Mittelbildung umso genauer, je mehr Messwerte man herangezogen hat und je länger das Zeitintervall war (z.B. 5 Jahre). ♠

Anwendung: Wie lange belichtet ein Elektronenblitz?

Der eingebaute Blitz einer Spiegelreflexkamera lässt sich nicht beliebig „synchronisieren". Man kann nur mit relativ langen Belichtungszeiten (etwa 1/250 sec) belichten. Trotzdem werden Bilder, die eigentlich verschwommen sein müssten, unter Umständen gestochen scharf. Man schätze mittels des Fotos Abb. 1.43 Mitte die eigentliche Belichtungszeit durch den Blitz ab.

Abb. 1.43 Links: Das geblitzte (gestochen scharfe) Foto; Mitte: der Test; rechts: ohne Blitz

Lösung:

Die Kugel wird aus dem Wurfgerät etwa 1,2 m hochgeschleudert. In 40 cm Höhe hat sie damit noch jene Geschwindigkeit, die sie benötigt, um $h = 0{,}8$ m

[5] Zur Theorie von *Wegener* bzw. der sog. „Plattentektonik" ist u. a. folgende Internet-Seite lesenswert: `http://www.didgeo.ewf.uni-erlangen.de/06vulk.htm`

hoch zu fliegen. Mit Formel 1.19 (Anwendung S. 28) ist Momentangeschwindigkeit des Balls: $v = \sqrt{2gh} \approx 4\,\text{m}/\text{sec} = 4\,000\,\text{mm}/\text{sec}$. Im Bild bewegt sich die Kugel kaum – vielleicht 1 mm. Das bedeutet, der Blitz belichtet 1/4000 Sekunde. Damit kann man unter Umständen die rasant schnell bewegten Flügel einer Hummel „einfrieren“ (Abb. 1.43 links).

Zum Vergleich: 1/250 Sekunde (im Sonnenlicht) reicht bei Weitem nicht aus, um die Flügel einer Biene scharf abzubilden (Bild rechts). Im prallen Sonnenlicht kann man den Blitz natürlich nicht zum „Einfrieren“ verwenden: Das Restlicht während der Synchronisationszeit wird den Film belichten. Hier muss man mit externen und relativ teuren „Kurzzeit-tauglichen“ Blitzen arbeiten. Digitale Kompaktkameras haben kein Problem mit der Blitz-Synchronisation, weil hier keine mechanische Bewegung eines Spiegels nötig ist. ♠

Anwendung: Gegenläufige Bewegungen

Ein Zug fährt mit der Durchschnittsgeschwindigkeit c_1 von A Richtung B (Entfernung $\overline{AB} = d$). In B startet Δt Stunden später ein Zug mit der Durchschnittsgeschwindigkeit c_2 in Richtung A. Wann treffen sich die Züge?

Lösung:

Seien x und y jene Wegstrecke, welche die beiden Züge bis zum Treffpunkt zurücklegen. Es ist $x + y = d$. Weiters sei t jene Zeit, die der erste Zug bis zum Treffpunkt unterwegs ist. Dann ist $x = t\,c_1$ und $y = (t - \Delta t)\,c_2$. Daraus ergibt sich $t\,c_1 + (t - \Delta t)\,c_2 = d$ und somit $t = \dfrac{d + \Delta t\,c_2}{c_1 + c_2}$. ♠

Anwendung: Schärfentiefe einer fotografischen Linse (Abb. 1.47)

Aus der in Anwendung S. 8 abgeleiteten Linsengleichung $\frac{1}{f} = \frac{1}{b} + \frac{1}{g}$ (Formel (1.3)) folgt mit $b = n\,f$

$$g = \frac{n}{n-1}\,f \tag{1.24}$$

Denken wir uns die Linse in Abb. 1.9a in ein Kamera-Objektiv eingebaut. Hinter der Linse befindet sich die fotoempfindliche Schicht lotrecht zur optischen Achse, etwa durch den Punkt 6. Dann werden wegen der Linsengleichung nur jene Punkte scharf abgebildet, die genau in der zur Fotoebene parallelen Ebene γ durch 1 liegen. Sei für b eine Toleranz von $t\,f$ zulässig (t wird i. Allg. sehr klein sein, z.B. $t = 0{,}01$). Wie groß ist dann die „Schärfentiefe“. Wie weit darf also der Gegenstand von der Ebene γ abweichen?

Lösung:

Es ist $n\,f - t\,f \le b \le n\,f + t\,f$. Zu den extremen Bildweiten

$$b_1 = f(n+t) \text{ und } b_2 = f(n-t)$$

gehören mit Formel (1.24) die extremen Gegenstandsweiten

$$g_1 = \frac{n+t}{n+t-1}f,\ g_2 = \frac{n-t}{n-t-1}f$$

Die Differenz $g_2 - g_1$ ist dann die Schärfentiefe s:

$$s = \left(\frac{n-t}{n-t-1} - \frac{n+t}{n+t-1}\right) f$$

Wir versuchen den Klammerausdruck zu vereinfachen, indem wir den gemeinsamen Nenner

$$N = (n-t-1)(n+t-1) = [(n-1)-t][(n-1)+t] = (n-1)^2 - t^2$$

bilden. Der Zähler Z ist dann $Z = (n-t)(n+t-1) - (n+t)(n-t-1) =$

$$= (n^2-t^2) - (n-t) - [(n^2-t^2) - (n+t)]n^2 - t^2 - n + t - [n^2 - t^2 - n - t] = 2t$$

und wir haben $s = \frac{Z}{N} f = \frac{2t}{(n-1)^2-t^2} f$. Wenn t klein ist, dann wird t^2 noch viel kleiner sein (z.B. $t = 0{,}01 \Rightarrow t^2 = 0{,}0001$). Somit können wir schreiben:

$$s \approx \frac{2t\,f}{(n-1)^2}$$

Das Ergebnis darf jetzt nicht vorschnell interpretiert werden, indem man etwa meint, dass die Schärfentiefe umso besser (größer) wird, je größer f wird. Es hängen nämlich sowohl t als auch n von f ab. Ersetzen wir $t\,f$ durch t_0 (wobei t_0 diesmal ein konstanter Wert ist). Aus der Linsengleichung berechnen wir

$$\frac{1}{b} = \frac{1}{f} - \frac{1}{g} = \frac{g-f}{fg} \Rightarrow n = \frac{b}{f} = \frac{g}{g-f} \Rightarrow n-1 = \frac{g}{g-f} - 1 = \frac{f}{g-f}$$

Dann erhalten wir

$$s \approx \frac{2\,t_0}{\left(\frac{f}{g-f}\right)^2} = 2\,t_0\left(\frac{g-f}{f}\right)^2 = 2\,t_0\left(\frac{g}{f} - 1\right)^2$$

und erkennen:

Die Schärfentiefe wird umso besser, je größer der Quotient g/f ist. Je kleiner also die Brennweite f ist bzw. je weiter ein Objekt entfernt ist, desto schärfer wird das Bild.

Abb. 1.44 Weitwinkel-Nahaufnahme

Wir wollen einen 1,50 m entfernten Gegenstand einmal mit einem Weitwinkelobjektiv ($f_1 = 30$ mm) und ein zweites Mal mit einem Teleobjektiv ($f_2 = 150$ mm) fotografieren. Es ist $g = 1\,500$ mm, also $g/f_1 = 1\,500\,\text{mm}/30\,\text{mm} = 50$, $g/f_2 = 1\,500\,\text{mm}/150\,\text{mm} = 10$. Für die Schärfentiefen gilt dann

$$s_1 = 2\,t_0 49^2, \quad s_2 = 2\,t_0 9^2 \Rightarrow s_1 : s_2 \approx 30 : 1$$

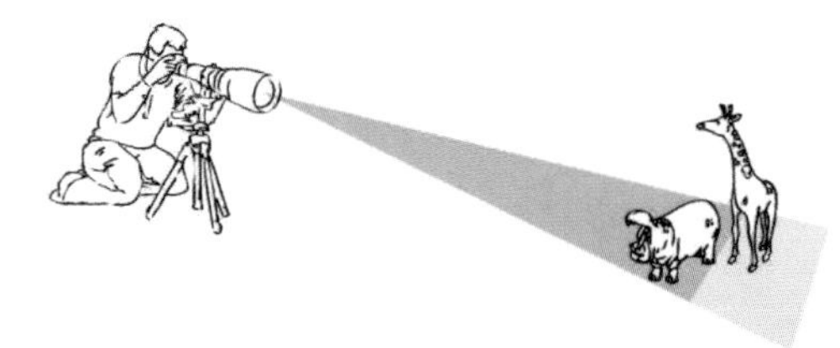

Abb. 1.45 Teleobjektiv-Aufnahme

Wir sehen also: Das Teleobjektiv kann nur einen *viel* kleineren Tiefenbereich scharf abbilden. Anderseits muss man natürlich bedenken, dass man mit einem solchen Objektiv Details erfassen kann, die bei der Weitwinkel-Fotografie wohl scharf, aber nur winzig abgebildet werden. Beim Vergrößern des entsprechenden Bildausschnitts geht dann auch die Bildauflösung zum Großteil verloren.

Die Linsengleichung gilt nur dann exakt, wenn die einfallenden Lichtstrahlen nicht allzuweit von der optischen Achse abweichen. Diese Umgebung wird als Gaußscher Raum bezeichnet. Besonders effektiv zur Vergrößerung der Schärfentiefe ist die Wahl einer großen Blende. Abbildungen im Makrobereich sind sehr kritisch, weil nahe an der einfachen Brennweite abgebildet wird. Abb. 1.47 zeigt zwei kämpfende männliche Hirschkäfer (*Lucanus cervus*). Hier konnte die Schärfentiefe

Abb. 1.46 Schärfentiefe I

Abb. 1.47 Schärfentiefe II

nur durch die größtmögliche Blende erreicht werden – dazu muss man entweder einen ultra-lichtempfindlichen Film verwenden oder aber ein Blitzgerät. Trotzdem sind die Fußglieder im vordersten und hintersten Bereich unscharf.
Im Gegensatz dazu war die Unschärfe des Hintergrunds in Abb. 1.46 (Strumpfbandnattern) – bedingt durch die kleine Blende 2,8 und die geringe Entfernung, die aus der kurzen Belichtungszeit 1/250 s resultierte (Anwendung S. 49) – durchaus erwünscht: Der Hintergrund sollte völlig neutralisiert werden.
Gewollte Unschärfe ist ein wesentliches Gestaltungselement in der Fotografie. Im konkreten Fall war es wichtig, Augen und Zungen der Schlangen scharf zu bekommen, damit wir den Blick des Betrachters auf genau diese Dinge konzentrieren können.
Auch das menschliche Gehirn, dessen „Außenstelle" die Augen sind, arbeitet so. Man könnte sagen: Wir haben den Vorteil einer „selektiven Wahrnehmung". ♠

Anwendung: Brechkraft einer Linse

Man leite mithilfe von Formel (3.29) die Formel für die Brennweite einer dünnen bisphärischen Linse (Abb. 1.48) ab.

Lösung:

Es gilt für beide Kugelflächen (Radien r_1 und r_2, Brechungsindices $n_1 = n$ und $n_2 = 1/n_1 = 1/n$) Formel (3.29): $\frac{1}{g} + \frac{n}{b} = \frac{n-1}{r}$, also

$$(1) \quad \frac{1}{g_1} + \frac{n}{b_1} = \frac{n-1}{r_1} \quad \text{und} \quad (2) \quad \frac{1}{g_2} + \frac{1/n}{b_2} = \frac{1/n-1}{r_2}$$

Nun schalten wir „in Serie": Die Bildweite b_1 der ersten Brechung wird zur (negativen!) Gegenstandsweite g_2 der zweiten Brechung, das Ergebnis ist die Bildweite $b = b_2$:

$$\frac{1}{-b_1} + \frac{1/n}{b} = \frac{1/n-1}{r_2} \quad \Rightarrow \quad (3) \quad -\frac{n}{b_1} + \frac{1}{b} = \frac{1-n}{r_2}$$

Addieren wir (1) und (3) und setzen $g_1 = g$, so erhalten wir

$$\frac{1}{g} + \frac{1}{b} = (n-1)\left(\frac{1}{r_1} - \frac{1}{r_2}\right)$$

Unendlich weit entfernte Gegenstände ($g = \infty$) bilden sich im Brennpunkt (Brennweite f) ab. Mit $1/g = 0$ haben wir

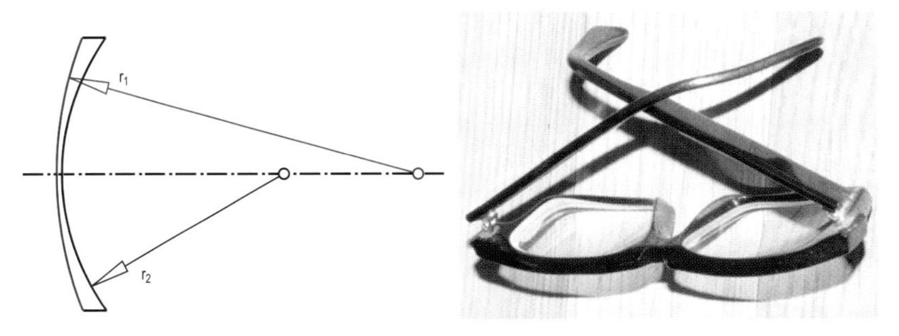

Abb. 1.48 Bisphärische Linse: Zwei leicht unterschiedlich gekrümmte Kugelflächen

$$\frac{1}{f} = (n-1)\Big(\frac{1}{r_1} - \frac{1}{r_2}\Big)$$

Zahlenbeispiel: Mit $r_1 = 16\,\text{cm}$, $r_2 = 8\,\text{cm}$ und $n = 1{,}4$ ergibt sich

$$\frac{1}{f} = (1{,}4-1)\cdot\Big(\frac{1}{16\,\text{cm}} - \frac{1}{8\,\text{cm}}\Big) = \frac{-0{,}4}{16\,\text{cm}} = -\frac{0{,}025}{\text{cm}} = -\frac{2{,}5}{\text{m}} \quad\Rightarrow\quad f = -0{,}4\,\text{m}$$

Der Wert $1/f$ (f in Metern gemessen!) wird als Brechkraft der Linse bezeichnet und in Dioptrien angegeben. Unsere Linse hat also $-2{,}5$ dpt (geeignet als Brillenglas für Kurzsichtige, s. Abb. 1.48 rechts).

Die Brechkraft der Hornhaut beträgt normalerweise etwa 43 Dioptrien (dpt) (Brennweite $f \approx 2{,}33\,\text{cm}$), die Brechkraft der Augenlinse ungefähr 19 dpt. Sehfehler werden in positiven oder negativen Abweichungen angegeben. Das normalsichtige Auge hat insgesamt eine Dioptrienzahl von 65 (Brennweite $f \approx 1{,}54\,\text{cm}$), wobei dieser Wert nicht wie besprochen durch Kombinieren der Brechkraft von Linse und Hornhaut ermittelt wird. Bei Weitsichtigkeit treffen sich die Strahlen hinter der fovea centralis (Abweichung positiv), bei Kurzsichtigkeit davor (Abweichung negativ).

Die Hornhaut hat einen Brechungsindex, der mit jenem von Wasser verglichen werden kann. Darum wird unter Wasser das Licht von der Hornhaut kaum gebrochen. Weil die Linse diese veränderten Bedingungen nicht ausgleichen kann, sehen wir unter Wasser verschwommen. ♠

Anwendung: Erzeugnis zweier Strahlenbüschel (Abb. 1.49)

Eine Gerade a rotiert um einen festen Punkt $A(0/0)$ mit konstanter Winkelgeschwindigkeit 1, eine Gerade b um einen festen Punkt $B(4/0)$ mit dazu proportionaler Winkelgeschwindigkeit -1 ($+1$, 2). Man betrachte die Ortskurve aller Schnittpunkte.

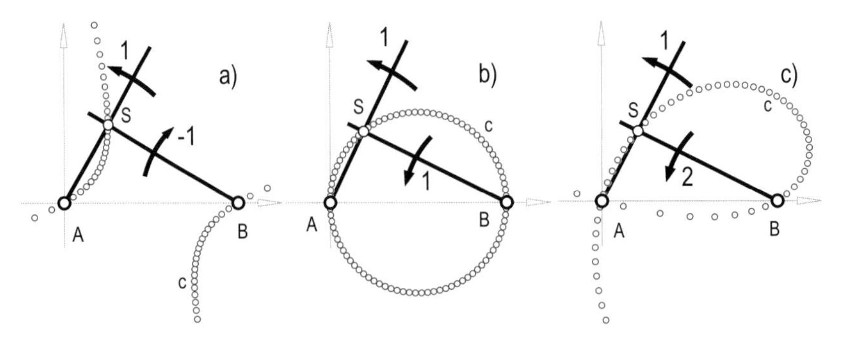

Abb. 1.49 Erzeugnis zweier Strahlbüschel

Lösung:
Die Gesamtberechnung aller Punkte erfolgt natürlich mittels Computer. Hier soll nur erwähnt werden, wie man die Geradengleichungen „aufstellt“: Eine Gerade durch den Koordinatenursprung A mit dem Neigungswinkel α zur x-Achse hat die Gleichung $y = k_1\,x$ mit $k_1 = \tan\alpha$ (oder in der gewohnten Schreibweise $-k_1\,x + y = 0$). Eine Gerade durch den Punkt $B(4/0)$ mit dem Neigungswinkel β und $k_2 = \tan\beta$ hat die Darstellung $-k_2\,x + y = -4\,k_2$. Die Hauptdeterminante unseres (2,2)-Systems ist somit $D = \begin{vmatrix} -k_1 & 1 \\ -k_2 & 1 \end{vmatrix} = k_2 - k_1$. Sie verschwindet nur für $k_1 = k_2$, was wir zunächst „verbieten“ wollen (die Geraden sind in dem Fall immer parallel). Die beiden anderen Determinanten lauten $D_x = \begin{vmatrix} 0 & 1 \\ -4\,k_2 & 1 \end{vmatrix} = 4\,k_2$, $D_y = \begin{vmatrix} -k_1 & 0 \\ -k_2 & -4\,k_2 \end{vmatrix} = 4\,k_1\,k_2$. Damit hat der Schnittpunkt die Koordinaten $S\left(\frac{4\,k_2}{k_2-k_1} / \frac{4\,k_1\,k_2}{k_2-k_1}\right)$
Abb. 1.49 zeigt nun die verschiedenen Lösungen. Im allgemeinen Fall wird durch zwei gegensinnig kongruente Strahlbüschel eine gleichseitige Hyperbel erzeugt (Abb. 1.49a), durch zwei gleichsinnig kongruente ein Kreis (Abb. 1.49b), bei doppelt so schneller Rotation des zweiten Stabs eine Kubik (Abb. 1.49c). Starten die beiden Stäbe aber so, dass sie zu Beginn beide mit der x-Achse zusammenfallen, reduziert sich die Hyperbel auf die Streckensymmetrale von A und B. Bei der Übersetzung 1 : 1 bleiben die Stäbe stets parallel (kein Schnittpunkt!), bei 2 : 1 wandert der Schnittpunkt auf einem Kreis (der Zentriwinkel ist gleich dem doppelten Peripheriewinkel – siehe dazu Abb. 3.48). ♠

Anwendung: Abbremsen eines Körpers

Ein Körper (z.B. ein Kraftfahrzeug) bewege sich mit der Geschwindigkeit v_0 und soll innerhalb von d Metern zum Stillstand gebracht werden. Wie groß ist die durchschnittliche Verzögerung a?

Lösung:
Für die Momentangeschwindigkeit v gilt bei gleichförmiger Verzögerung a

$$v = v_0 - a\,t \tag{1.25}$$

Für $v = 0$ ergibt sich daraus $t = \frac{v_0}{a}$. Eingesetzt in die Formel für die Wegstrecke

$$s = v_0\,t - \frac{a}{2}t^2 \tag{1.26}$$

erhält man

$$d = v_0\frac{v_0}{a} - \frac{a}{2}\left(\frac{v_0}{a}\right)^2 = \frac{v_0^2}{2a}$$

Daraus ist zu erkennen, dass die Länge des Bremswegs vom *Quadrat* der Ausgangsgeschwindigkeit abhängt. Damit erhalten wir

$$a = \frac{v_0^2}{2d} \tag{1.27}$$

für die durchschnittliche Verzögerung. ♠

Anwendung: Bungy Jumping (Abb. 1.50)

Bungy Jumping (auch Bungee Jumping oder Bungi Jumping) ist eine „Erfindung“ der Ureinwohner Neuseelands. Es handelt sich um eine Mutprobe, bei der man – fix verbunden mit einem elastischen Seil – in die Tiefe springt. Bis zum Erreichen der Seillänge L_0 fällt man frei, dann tritt eine zunehmende Abbremsung durch das elastische Seil bis zur maximalen Seillänge L_{max} ein. Wie lange dauert der absolut freie Fall?

Konkretes Beispiel: Sprung von der Bloukrans River Bridge / Südafrika (zur Zeit mit 216 m Brückenhöhe der tiefste Sprung): $L_0 = 90\,\mathrm{m}$, $L_{max} = 170\,\mathrm{m}$.

Lösung:

Die modifizierten Formeln (1.25) und (1.26) für den senkrechten Fall nach unten (Anfangsgeschwindigkeit v_0, aktuelle Geschwindigkeit v, Erdbeschleunigung $g \approx 9{,}81 m/s^2$) lauten:

Abb. 1.50 Bungy Jumping

$$v = v_0 + g\,t, \quad s = v_0\,t + \frac{g}{2}t^2 \tag{1.28}$$

Beim waagrechten Absprung gilt $v_0 = 0$ (es gibt keine Geschwindigkeitskomponente nach unten). Die Formel gilt bis zu jenem Zeitpunkt T_0, in dem das Seil gespannt ist. Dann gilt:

$$L_0 = 0 \cdot t + \frac{g}{2}T_0^2 \Rightarrow T_0 = \sqrt{\frac{2L_0}{g}}$$

Die zugehörige Geschwindigkeit ist

$$V_0 = 0 + gT_0 = \sqrt{2gL_0} \tag{1.29}$$

Zum Zahlenbeispiel ($L_0 = 90\,\mathrm{m}$, $L_{max} = 170\,\mathrm{m}$): $T_0 \approx 4{,}28\,\mathrm{s}$, $V_0 \approx 42\mathrm{m/s} \approx 150\mathrm{km/h}$

Ab dem Zeitpunkt T_0 verringert sich g um die (immer stärker werdende) Seilverzögerung. Die Geschwindigkeit wird noch solange zunehmen, bis die Seilkraft das Gewicht des Bungy Jumpers übersteigt. Dies tritt ein, sobald das Seil jene Länge erreicht hat, die sich einstellt, wenn der Springer in Ruhelage an ihm hängt (wenn also Seilkraft und Erdanziehungskraft im Gleichgewicht sind).

Wir wollen die recht komplexen Verhältnisse in der Endphase des Flugs bei späterer Gelegenheit mit den Mitteln der Differentialrechnung (Anwendung S. 203) genauer untersuchen. Hier berechnen wir nur die (zunächst nicht viel aussagende) *durchschnittliche* Verzögerung a und verwenden dazu das Ergebnis Formel (1.27) aus Anwendung S. 43. Statt v_0 ist V_0 einzusetzen, die Bremsstrecke ist die Seilausdehnung $d = L_{max} - L_0$:

$$a = \frac{V_0^2}{2(L_{max} - L_0)} = \frac{gL_0}{L_{max} - L_0}.$$

Die durchschnittliche Seilverzögerung b ist natürlich um g größer, weil sich die Gesamtbeschleunigung a ja aus der nach wie vor wirkenden Erdbeschleunigung und der entgegen wirkenden Verzögerung durch das Seil zusammensetzt.

Zum Zahlenbeispiel ($L_0 = 90\,\mathrm{m}$, $L_{max} = 170\,\mathrm{m}$):

$$a \approx 11\frac{m}{s^2} \Rightarrow b \approx 21\frac{m}{s^2} \approx 2{,}1g$$

Die Seilverzögerung b ist natürlich nicht konstant, sondern ist nach dem *Hook*'schen Gesetz proportional zur aktuellen Seildehnung $\varepsilon = \dfrac{L - L_0}{L_0}$. Wenn b im Durchschnitt $2{,}1\,g$ beträgt und linear von 0 zu einem Maximalwert b_{max} zunimmt, dann wird b_{max} in etwa gleich der doppelten Durchschnittsbeschleunigung sein, also über $4\,g$. ♠

Anwendung: Schwerelosigkeit durch freien Fall

Beim freien Fall ist man – zumindest im luftleeren Raum – schwerelos. Ein Mensch, der aus einem Flugzeug springt, erreicht allerdings kaum Geschwindigkeiten über 50 m/s, weil sich dann Luftwiderstand und Gewicht die Waage halten. Ein Flugzeug kann die Barriere des Luftwiderstands mittels Motorkraft überwinden. Wie lange kann man mit einem Flugzeug damit Schwerelosigkeit erzeugen?

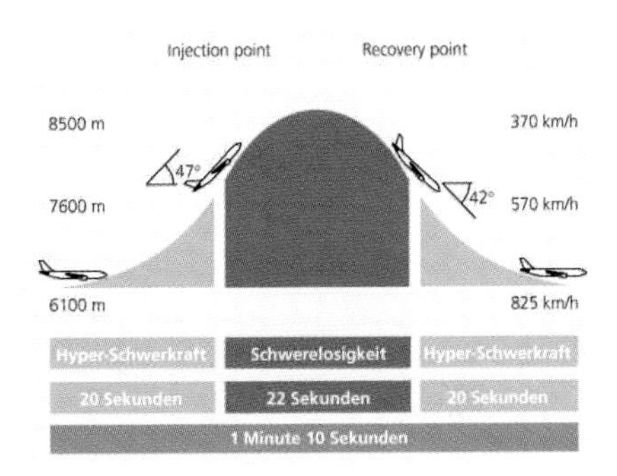

Abb. 1.51 Parabelflug mit 22 Sekunden Schwerelosigkeit (`www.dlr.de`)

Lösung:

Ein Flugzeug kann nicht beliebig hoch steigen, weil es eine gewisse Luftdichte zum Fliegen braucht. Es kann sich, sagen wir, aus 10 km Höhe „wie ein Adler“ in die Tiefe stürzen. Durch dosierten Einsatz der Turbinen kann es konstant so beschleunigen wie ein Körper im luftleeren Raum. Irgendwann muss der Pilot natürlich aus der Lotrechten „abschwingen“ und darf dabei nicht weiter beschleunigen. Mannschaft und Materialien sollen nicht über Gebühr beansprucht werden. Aus Anwendung S. 43 wissen wir, dass man, wenn man dieselbe Wegstrecke für's Verzögern veranschlagt wie für's Beschleunigen, mit 1 g Verzögerung zu rechnen hat. Um auf der sicheren Seite zu bleiben, könnte man also aus einer Höhe von 10 km bis in eine Höhe von 6 km beschleunigen und sich dann in einer Höhe von 2 km wieder im Horizontalflug befinden. Das entspräche 4 000 m freiem Fall. Mit

$$s = \frac{g}{2}t^2 \Rightarrow t = \sqrt{\frac{2s}{g}} \approx \sqrt{800}\,\mathrm{s} \approx 28\,\mathrm{s}$$

würde das 28 Sekunden Schwerelosigkeit bedeuten. Die Maximalgeschwindigkeit wäre mit $v = g\,t \approx 280\,\mathrm{m/s}$ noch unter der Schallgeschwindigkeit.

Tatsächlich werden Versuche mit Flugzeugen ausgeführt, um physikalische Experimente in Schwerelosigkeit durchzuführen. In der Praxis wird dazu ein Airbus 300 verwendet. Dabei wird mittels eines „Parabelflugs“ Schwerelosigkeit sogar in der Aufstiegsphase erreicht: Die Maschine wird steil nach oben auf Höchstgeschwindigkeit beschleunigt (Abb. 1.51) und in eine umgekehrte Flugparabel gezwungen, wodurch Schwerelosigkeit eintritt (der Erdbeschleunigung wirkt auf der umgekehrten Parabel die dem Betrag nach gleiche Bahnbeschleunigung längs der Kurve entgegen). Nach dem Kulminationspunkt werden wie beschrieben die Verhältnisse beim freien Fall angestrebt. ♠

Anwendung: Quadratur des Kreises

Ein Quadrat (blau) ist wie in Abb. 1.52 links bzw. Mitte immer mehr so „abzurunden“ (rot), dass der Umfang bzw. die Fläche gleich bleiben. Insbesondere ist der Radius der Grenzlage – eines umfanggleichen bzw. flächengleichen Kreises – zu bestimmen.

Lösung:

Sowohl im Umfang, als auch in der Fläche des Kreises steckt die Kreiszahl π. Man kann daher zeichnerisch keine exakte Lösung für das Problem liefern, sondern nur durch Rechnung:

Gegeben sei die Seitenlänge a des Quadrats. Dann beträgt sein Umfang $U = 4a$ und seine Fläche $A = a^2$. Mit $U = 2\pi\, r$ bzw. $A = \pi\, r^2$ hat man sofort den Radius der kreisförmigen Endlagen:

$$2\pi\, r = 4a \Rightarrow r = \frac{2a}{\pi} \quad \text{bzw.} \quad a^2 = \pi\, r^2 \Rightarrow r = \frac{a}{\sqrt{\pi}}$$

Für die Zwischenlagen (Tangentenstrecken y, Radius x der Abrundungskreise) gilt:

$$4a = 4y + 4 \cdot \frac{2\pi x}{4} \quad \text{bzw.} \quad y^2 + 4xy + 4\frac{\pi x^2}{4} = a^2$$

Bei gleichem Umfang haben wir somit die lineare Bedingung $y = a - \frac{\pi}{2}\, x$, bei gleicher Fläche die quadratische Bedingung $y = -2x \pm \sqrt{a^2 + (4-\pi)x^2}$ (nur bei positiven Vorzeichen der Wurzel reell). Die schon angegebenen Endlagen stellen sich für $y = 0$ ein.

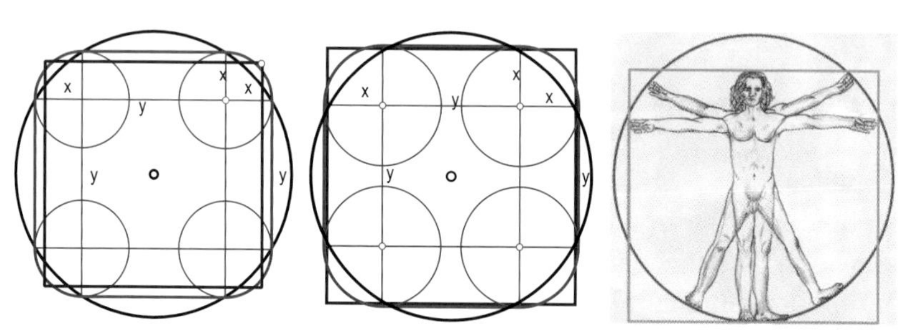

Abb. 1.52 Umwandlung Qauadrat $\mapsto$ Kreis (links: gleicher Umfang, Mitte: gleiche Fläche)

Angeblich soll Leonardo da Vinci geglaubt haben, eine zeichnerische Lösung der Flächenumwandlung (Quadratur des Kreises) gefunden zu haben. Dabei schlug er vor, den Radius des Kreises tausendfach zu vergrößern (wodurch die Fläche 1 Million Mal so groß wird) und diesen Riesenkreis in eine Million gleich große Sektoren zu teilen. Ein solcher Sektor ist praktisch von einem gleichschenkligen Dreieck nicht zu unterscheiden, dessen Fläche man problemlos in ein Rechteck und dann in ein Quadrat verwandeln kann[6]. Für einen Praktiker, der mit einer endlichen Anzahl von Kommastellen zufrieden ist, eine durchaus praktikable Lösung! In jedem Fall gehört seine Zeichnung vom Menschen im Quadrat bzw. Kreis (Abb. 1.52 rechts) zu den wohl berühmtesten Skizzen der Welt.

♠

[6] `http://www.schulmodell.de/mathe/buecher/leonardo.htm`

2 Proportionen, ähnliche Objekte

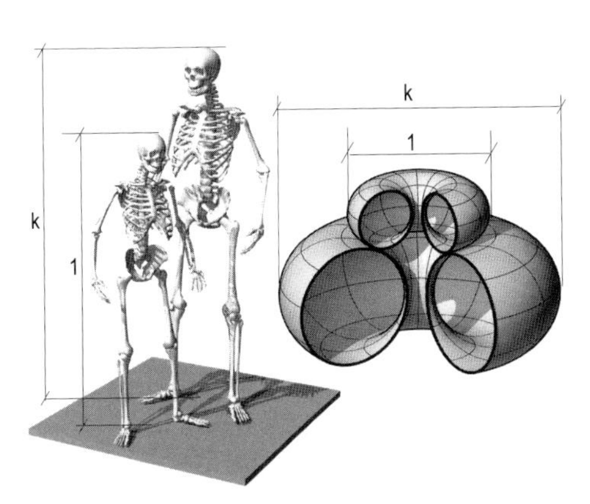

In diesem Kapitel beschäftigen wir uns mit ähnlichen Objekten und anderen Proportionen. Die gewonnenen Erkenntnisse sind in der Praxis sehr häufig anwendbar und fördern das Verständnis vieler Phänomene, die in der Natur auftreten.
Insbesondere ändern sich Oberfläche und Querschnitte eines Körpers nicht im selben Maß wie das entsprechende Volumen bzw. Gewicht.

Bei Verinnerlichung dieses „Skalenverhaltens" lässt sich eine Vielzahl interessanter Schlüsse ziehen. Man versteht dadurch, dass in der Natur große und kleine Dinge oder Lebewesen nur mit Vorsicht vergleichbar sind, auch wenn optisch eine Ähnlichkeit vorhanden ist.
So wird klar, dass es für große Tiere von Vorteil ist, warmblütig zu sein, während dies für kleine nicht einmal möglich ist. In Relation gesehen sind aber kleinere Tiere viel stärker als große. Eine Vergrößerung der wendigen und meist flugfähigen Insekten verändert sofort deren Eigenschaften, und riesige Kinomonster knicken schon beim Versuch, sich auf ihren Beinen zu halten, ein. Ebenso gehorchen große technische Gebilde wie Hochhäuser, Brücken oder Ozeandampfer anderen Gesetzen als ihre Miniaturmodelle.
Die Schwerkraft bzw. gegenseitige Anziehung spielt mit zunehmender Körpergröße eine immer bedeutendere Rolle und dominiert schließlich das Weltall mit seinen Sonnen und Planeten. Das geschickte Ausnützen von Proportionen erlaubt dabei die rasche und leicht verständliche Ableitung von astronomischen Berechnungen, etwa die Ermittlung der Umlaufzeiten und Bahngeschwindigkeiten von Planeten und Satelliten.

Übersicht

2.1 Ähnlichkeit ebener Figuren

Legen wir zunächst genau fest, was wir unter Ähnlichkeit verstehen:

Objekte heißen *ähnlich*, wenn sie sich nur im Größenmaßstab und nicht in der Form unterscheiden. Entsprechende Winkel sind daher gleich, entsprechende Längen haben ein konstantes Verhältnis k.

In der Ebene sind also Kreise zueinander ähnlich, ebenso Quadrate, gleichseitige Dreiecke usw., im Raum Kugeln, Würfel, gleichseitige Tetraeder usw. *In der Ebene* gilt nun der wichtige Satz:

Vergrößert man den Längenmaßstab eines ebenen Objekts mit dem Faktor k, dann nimmt die Fläche *quadratisch* (also mit dem Faktor k^2) zu.

Beweis:

1. Der Satz gilt offensichtlich für jedes Dreieck, denn für ein solches gilt (Abb. 2.1):

$$\text{Fläche} = \tfrac{1}{2}\cdot\text{Grundlinie} \times \text{Höhe}.$$

Wenn nun sowohl Grundlinie als auch Höhe mit dem Faktor k vergößert werden, vergrößert sich die Fläche mit dem Faktor k^2.

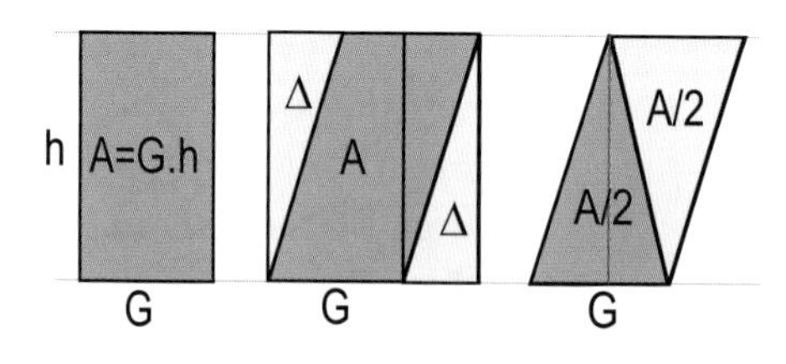

Abb. 2.1 Zur Fläche des Dreiecks

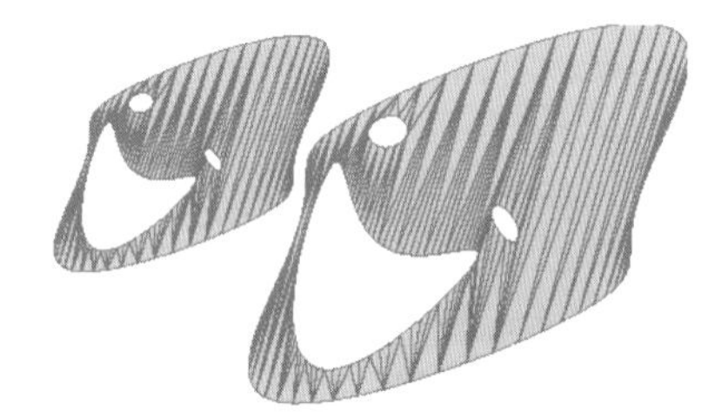

Abb. 2.2 Trianguliertes 2D-Objekt

2. Jedes geschlossene ebene Polygon – auch mit „Löchern" wie in Abb. 2.2 – lässt sich „triangulieren", also in Dreiecke zerlegen. Krummlinige Objekte lassen sich mit beliebiger Genauigkeit durch Polygone annähern.

◇

Der *Umfang* eines Objekts nimmt nur *linear* (mit dem Faktor k) zu. Dadurch ergibt sich bei ähnlichen Objekten ein vom Größenmaßstab des Objekts abhängiges Verhältnis *Fläche* : *Umfang*. Dazu drei Beispiele:

1. Quadrat: Fläche a^2, Umfang $4a$ $\Rightarrow$ *Fläche* : *Umfang* $= \dfrac{a}{4}$

2. Gleichseitiges Dreieck: Fläche $\dfrac{\sqrt{3}}{4}a^2$, Umfang $3a$

   $\Rightarrow$ *Fläche* : *Umfang* $= \dfrac{a}{4\sqrt{3}}$

3. Kreis: Fläche πa^2, Umfang $2\pi a$ $\Rightarrow$ *Fläche* : *Umfang* $= \dfrac{a}{2}$

Wir sehen also:

Bei Vergrößerung einer ebenen Figur nimmt das Verhältnis *Fläche*: *Umfang* proportional zum Vergrößerungsfaktor zu.

Anwendung: Vergrößern oder Verkleinern mit dem Kopiergerät
Wenn bei der Vergrößerung ein Maßstab von 141% angezeigt wird, verdoppelt sich die Fläche (etwa von A4 auf A3): $141\% \approx \sqrt{2}$. Bei $71\% \approx 1/\sqrt{2}$ halbiert sich die Fläche. ♠

Anwendung: Verschlusszeit, Blende und Filmempfindlichkeit
Beim Fotografieren wird bei manueller Belichtung die Verschlusszeit (=Belichtungszeit) und die Blende eingestellt. Je kürzer belichtet wird, desto weniger Licht trifft auf die lichtempfindliche Schicht. Will man also bei konstanten Lichtverhältnissen durch Verdoppeln der Blendenzahl (Halbierung der Blendenöffnung) eine größere Schärfentiefe erreichen (siehe Abb. 1.47), muss man die vierfache Belichtungszeit wählen!
Zahlenbeispiel: Wie lange muss man bei Blende 16 belichten, wenn bei Blende 8 die Belichtungszeit 1/500 Sekunde beträgt?

Lösung:
Blende 16 lässt im Vergleich zu Blende 8 nur ein Viertel des Lichts an die filmempfindliche Schicht $\Rightarrow$ man muss zum Ausgleich viermal so lang belichten (1/125 Sekunde). Bei der Digitalfotografie kann man zusätzlich mit der Lichtempfindlichkeit des Chips „spielen" (siehe nächste Anwendung). ♠

Anwendung: Rückschlüsse auf die Helligkeit
Kennt man von einem Foto Verschlusszeit, Blende und Filmempfindlichkeit, dann lässt sich die Helligkeit der Szene gut abschätzen. Das Motiv in Abb. 2.3 wurde drei Mal fotografiert, und zwar mit folgenden Eckdaten: Das linke Bild mit 1/200 s, Blende 11, ISO 100, das Foto in der Mitte mit 1/160 s, Blende 10, ISO 400, und das Bild rechts mit 1/80 s, Blende 7,1, ISO 1600. Wie verhalten sich die Helligkeiten der Szenen zueinander?

Abb. 2.3 In der Sonne, im Schatten und im Rauminneren

Lösung:
Wenn wir die Helligkeit der Szene im Rauminneren als Einheit betrachten, dann war im Schatten wegen der halben Verschlusszeit und der ca. 1,4-fach so großen Blendenzahl (Verringerung des Lichteinfalls um $1{,}4^2 \approx 2$) sowie der vierfachen Lichtempfindlichkeit $2 \cdot 2 \cdot 4 = 16$ Mal so viel Helligkeit vorhanden. In der Sonne wurde – gegenüber der Situation im Schatten – nochmals um $200/160 = 5/4$ kürzer belichtet, die Blende war um 1,1 Mal höher (die Helligkeit daher um $1{,}1^2 \approx 6/5$ größer), die Lichtempfindlichkeit nochmals auf ein Viertel reduziert. Verglichen mit der Helligkeit im Schatten reflektierte die Szene also etwa $5/4 \cdot 6/5 \cdot 4 = 6$ Mal so viel Licht. In der Sonne war es damit $6 \cdot 16 \approx 100$ mal so hell wie im Innenraum.

Wenn es darum geht, das Stofftier möglichst gut zur Geltung zu bringen, ist das mittlere Bild klarer Testsieger: Schlagschatten wie im linken Bild sind in diesem Fall störend. Die Filmempfindlichkeit ISO 400 liefert noch keine zu grobkörnigen Resultate, erlaubt aber eine höhere Blendenzahl und erhöht damit die Schärfentiefe. ISO 1600 (wie im Innenraum) liefert i. Allg. schon stark „verrauschte" Bilder. Anderseits hat man bei Innenaufnahmen oft keine andere Wahl, wenn man keinen Blitz verwenden will. Die Güte eines Chips kann man nicht zuletzt daran messen, wie stark solche Bilder verrauscht sind.

Was für die lichtempfindliche Schicht gilt, gilt auch für uns Menschen: Wir brauchen ein „tägliches Lichtquantum" für unser Wohlbefinden. Ob in der prallen Sonne oder bei bewölktem Himmel: Im Freien holen wir uns davon mindestens eine Zehnerpotenz mehr als in Innenräumen. Selbst Tageslichtlampen können den Aufenthalt im Freien nicht ersetzen! Glasscheiben ändern die Lichtzusammensetzung ebenfalls signifikant. Insbesondere wird der UV-Anteil zu einem großen Teil herausgefiltert. Im Auto holt man sich bei geschlossenen Scheiben kaum einen Sonnenbrand. ♠

Anwendung: Zoomen, was das Zeug hält

Der *optische* Zoomfaktor ist eine wichtige technische Angabe beim Fotografieren (beim digitalen Zoomen gewinnt man keine Information). Man vergleiche die Aufnahmen in Abb. 2.4 hinsichtlich der Auflösung und des Zoomfaktors (links: 10-Megapixel-Foto mit Auflösung 2592×3888 Pixel, Mitte: 3-Megapixel-Aufnahme mit einem hochwertigen HD-Camcorder samt aufgeschraubten Telekonverter bei einer Auflösung von 1440×1920 Pixel).

Abb. 2.4 Drei extreme Zoomaufnahmen. Links 10-Megapixel, Mitte nur 3 Megapixel, aber 50% stärkeres optisches Zoom. Rechts: Fast „spacige" Morgenstimmung, aber nicht manipuliert!

Lösung:
Durch Abmessen stellen wir fest: Beim linken Bild wird ein Drittel der Bildbreite vom Turm abgedeckt, beim mittleren die Hälfte.

Der optische Zoomfaktor ist in der Mitte also 50% größer als links (wobei allerdings rechts das 4:3-Format etwas weniger Höhe abbildet). Für die Turmbreite stehen links $2592/3 = 864$ Pixel zur Verfügung, in der Mitte sind es $1440/2 = 720$ Pixel. Die *optische Auflösung* ist also links trotz der 10-Megapixel-Kamera nur knapp besser. Etwas stärkeres Zoomen würde am 3-Megapixel-Foto bereits mehr Detailinformationen liefern. *Optisches Zoomen bringt quadratisch mehr als eine Vergrößerung der Pixelanzahl.* Hätten beide Bilder bei gleichem Seitenverhältnis gleich viele Pixel gehabt, würde das rechte Bild mehr als doppelt so viel ($1{,}5^2 = 2{,}25$) Detailinformation liefern.

Das linke Bild ist – wie der Vergleich auch immer ausgegangen wäre – besser als das mittlere, weil es keinen Helligkeitsabfall an den Rändern hat (diese sog. „Vignettierung" entsteht hauptsächlich durch den Telekonverter; in Abb. 2.4 Mitte wurde sie mittels Software verstärkt – im Original war sie nicht so deutlich zu sehen). Das rechte Bild gewinnt natürlich den direkten Vergleich, weil es eine interessante Stimmung wiedergibt, die fast an einen Raketenstart erinnert. ♠

2.2 Ähnlichkeit räumlicher Objekte

Im *Raum* lautet der entsprechende sehr wichtige Satz:

Es sei ein beliebiges Objekt und ein dazu ähnliches Objekt gegeben. Wenn entsprechende Längenmaße L sich wie $1 : k$ verhalten (Maßstab $1 : k$, Streckfaktor k), dann verhalten sich entsprechende Oberflächen S wie die *Quadrate* der Längenmaße, und die Volumina V wie deren *dritten Potenzen*.

$$L_1 : L_2 = 1 : k, \quad S_1 : S_2 = 1 : k^2, \quad V_1 : V_2 = 1 : k^3 \qquad (2.1)$$

Beweis:
1. Jede Oberfläche lässt sich *triangulieren* (Abb. 2.5). Für jedes der Dreiecke gilt, dass sich die Fläche quadratisch mit dem Längenmaßstab ändert. Also gilt der Satz auch für die Summe aller Dreiecksflächen, d.i. in beliebig genauer Annäherung an die Oberfläche.

Abb. 2.5 Oberflächen...

Abb. 2.6 ...und Volumina

2. Jedes Volumen lässt sich beliebig genau durch *kubische Volumselemente* (bzw. Volumenselemente) („Voxel" – Kurzform für „Volume Element" – analog zu *Pixel* für „Picture Element") annähern (Abb. 2.6: Löwenfamilie aus *Lego*-Bausteinen auf der Expo 2000 in Hannover). Für jeden der

Quader gilt, dass sich das Volumen mit der dritten Potenz des Maßstabs vergrößert. Also gilt der Satz für alle Körper. ◇

Abb. 2.7 Verschieden große Totenmasken

Anwendung: Goldmasken

Die einzige nicht geplünderte ägyptische Grabkammer ist jene von Tutanchamun, der um 1300 v. Chr. und somit 1300 Jahre nach der Zeit der großen Pyramiden lebte. Die Totenmasken waren wie Zwiebelschalen übereinander gelegt und sehen einander recht ähnlich. Gefertigt aus getriebenem Gold und geschmückt mit Halbedelsteinen hat eine Maske mit 50% mehr Durchmesser die $1{,}5^2 = 2{,}25$-fache Oberfläche. ♠

Anwendung: Bau der Pyramiden von Giza (Abb. 2.8)

Wie viel Prozent der Masse der Cheops-Pyramide (Chephren-Pyramide, Mykerinos-Pyramide) waren zu jenem Zeitpunkt verbaut, als die Pyramiden ein Drittel (die Hälfte, drei Viertel) ihrer endgültigen Höhe erreicht hatten? Wie viel Prozent der Oberfläche waren zum gegebenen Zeitpunkt fertig?

Abb. 2.8 Die Pyramiden von Giza an der Stadtgrenze Kairos

Lösung:

Die folgende Rechnung gilt für jede der Pyramiden:

Wir rechnen mit dem noch fehlenden oberen Pyramidenteil, der zur Gesamtpyramide ähnlich ist. Diese Restpyramide hatte 2/3 (1/2, 1/4) der endgültigen Höhe. Die fehlende Masse betrug also $(2/3)^3 = 8/27$ $((1/2)^3 = 1/8,$

$(1/4)^3 = 1/64)$ der Gesamtmasse. Damit waren bereits $1 - 8/27 = 19/27$ $(1 - 1/8 = 7/8,\ 1 - 1/64 = 63/64)$ der Masse verbaut, also ca. 70% (87,5%, 98,4%).
Für die Oberflächen ist mit dem Quadrat zu rechnen. Demnach waren zum fraglichen Zeitpunkt schon $1 - (2/3)^2 = 5/9$ $(1 - (1/2)^2 = 3/4,\ 1 - (1/4)^2 = 15/16)$ der Oberfläche fertig, das sind etwa 56% (75%, 94%).

Die Oberfläche der großen Pyramiden war ursprünglich glatt poliert und reflektierte das Sonnenlicht. Die Pyramiden boten also einen ganz anderen Eindruck als heute. Erst vor etwa 500 Jahren wurde das wertvolle Oberflächenmaterial fast zur Gänze abgetragen und in den Bauten Kairos verarbeitet. Nur der oberste Teil der Chephren-Pyramide ist noch einigermaßen unbeschädigt. ♠

Anwendung: Gewichtsvergleich

Ein Mann mit 1,60 m Körpergröße habe eine Masse von 50 kg. Welche Masse hat ein anderer Mann mit ähnlicher Statur, der 2 m groß ist?
Wegen der gleichen Dichte verhalten sich die Massen $M_1 : M_2$ so wie die Volumina $V_1 : V_2$.

$$k = \frac{2}{1{,}6} = 1{,}25 \Rightarrow k^3 \approx 2 \Rightarrow M_2 \approx 2 \cdot M_1 = 100\,\mathrm{kg}$$

In der Praxis haben größere Menschen aber oft andere Proportionen, insbesondere Muskeln mit verhältnismäßig kleinerem Querschnitt[1]. ♠

Anwendung: Subjektive Größe des Mondes

Der Abstand des Mondes von der Erde schwankt zwischen 356 410 km und 406 760 km.[2] Wie viel mal größer erscheint in diesen Extremfällen a) die Fläche der Mondsichel, b) das vermeintliche Volumen c) die Helligkeit des Mondes?

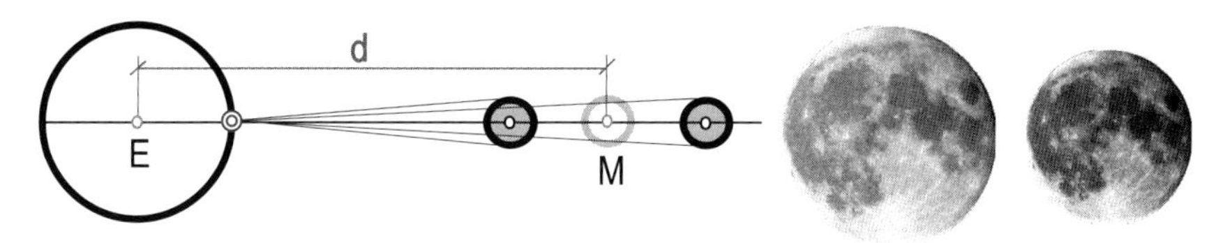

Abb. 2.9 Subjektive Mondgröße bei schwankendem Abstand

Lösung:
Die gegebenen Abstände beziehen sich auf Erd- und Mondmittelpunkt. Genau genommen müssen wir also den Erdradius $R = 6\,370\,\mathrm{km}$ abzählen, obwohl das Ergebnis natürlich kaum beeinflusst wird (Abb. 2.9). Es ist

$$1 : k = (356\,410\,\mathrm{km} - R) : (406\,760\,\mathrm{km} - R) \approx 1 : 1{,}144$$

[1] Das exakte mathematische Ergebnis deckt sich daher nicht unbedingt mit den diversen „BMI-Tabellen“ (*Body mass index*), die man im Internet, etwa unter `http://www.aso.org.uk/oric/backgrnd/bmichart.htm`, finden kann.

[2] Vgl. E. Übelacker: *Unser Sternenhimmel rund ums Jahr*, Falken-Verlag, 1987.

$$\Rightarrow A_1 : A_2 = 1 : 1{,}31, \quad V_1 : V_2 = 1 : 1{,}50$$

Die „Fläche der Mondscheibe“ am Firmament schwankt also um fast ein Drittel, und mit ihr auch die Bestrahlungsstärke der Erde durch den Mond. Subjektiv schwankt das Mondvolumen sogar um 50%. Die Extremwerte werden allerdings nur in Intervallen von mehreren Monaten erreicht. ♠

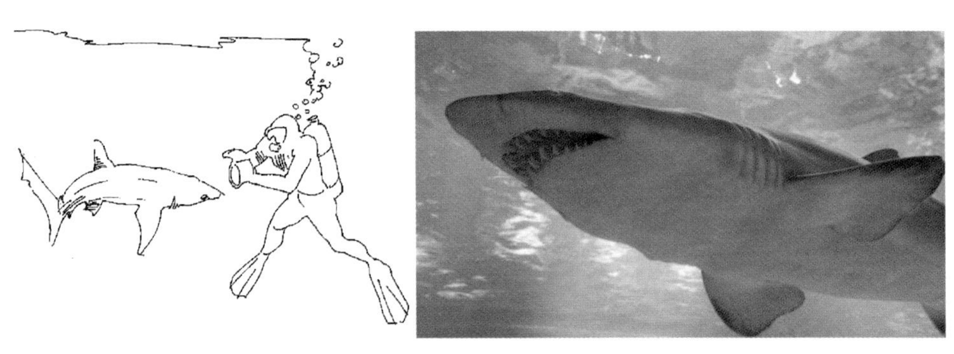

Abb. 2.10 Taucherängste

Anwendung: Taucherängste (Abb. 2.10)
Durch die Taucherbrille betrachtet erscheinen Objekte unter Wasser $\frac{4}{3}$ mal so groß (bezogen auf den Längenmaßstab). Ein 1,2 m langer Riffhai erscheint also 1,6 m groß, wobei aber seine vermeintliche Masse mit dem Faktor $(\frac{4}{3})^3 \approx 2{,}4$ (240%) zunimmt. Ein Diskussionsbeitrag zur Sichtung gigantisch großer Haie. ♠

Anwendung: Taucherrealität
Die größte Gefahr für den Taucher sind nicht die Haie, sondern die sog. Dekompressionskrankheit („*Caisson*-Krankheit“). Sie tritt auf, wenn ein Taucher längere Zeit in größerer Tiefe verweilt und dann zu rasch auftaucht. Durch den erhöhten Außendruck sammelt sich in Blut und Gewebe mehr Stickstoff, während der Sauerstoff der Atemluft aufgebraucht wird. Beim Auftauchen bilden sich wegen der Verminderung des Außendrucks (*Henry*sches Gesetz) Stickstoffbläschen in Blut und Gewebe. Werden sie durch zu schnelles Aufsteigen nicht rechtzeitig „abgeatmet“, dehnen sie sich aus und „verfangen“ sich in den Gelenken und im Gewebe. Dies führt zunächst zu extrem starken Gelenksschmerzen („bends“) und kann tödliche Folgen haben, wenn der Taucher nicht rechtzeitig zur Rekompression in eine Überdruckkammer gebracht wird.
Zahlenbeispiel: Pro $10m$ Wassertiefe nimmt der Außendruck um 1 bar zu. In $30m$ Wassertiefe herrscht also ein Druck von 1 bar + 3 bar = 4 bar. Der Taucher macht nun einen zu schnellen Notaufstieg ($> 20m$ pro Minute), etwa weil der Luftvorrat zu Ende ist. Die beim Aufstieg entstehenden Stickstoffbläschen können dann nicht vollständig abgeatmet werden und vergrößern ihr Volumen wegen der Druckreduktion. Aufgetaucht hat sich das Volumen bei nunmehr einem Viertel des Außendrucks (4 bar → 1 bar) vervierfacht. Der Radius – und damit der Durchmesser – der Bläschen hat sich dabei mit dem Faktor $\sqrt[3]{4} \approx 1{,}6$ vergrößert. Diagnose: „Bends“, und zwar umso schlimmer, je länger der Taucher dem hohen Druck ausgesetzt war. ♠

2.3 Wie im Kleinen, so nicht im Großen!

In diesem Abschnitt werden wir sehen, dass sich trotz äußerer Ähnlichkeit gewisse Eigenschaften der Körper bei zunehmender Größe ändern. Vermeintliche Ähnlichkeiten führen oft zu Trugschlüssen.
Betrachten wir zunächst folgendes Beispiel:

Anwendung: Optimierung der Größe von Katalysator-Elementen
Um welchen Maßstab k muss man ein als Katalysator verwendetes Objekt (Abb. 2.12: Katalysatorelemente zur Kontaktlinsenaufbewahrung) vergrößern, um eine doppelt so große Oberflächenwirkung zu erreichen? Wie viel mal schwerer ist das Objekt dann?
Lösung:

$$S_1 : S_2 = 1 : 2 = 1 : k^2 \Rightarrow k = \sqrt{2}$$

$$\Rightarrow V_1 : V_2 = M_1 : M_2 = 1 : k^3 = 1 : (\sqrt{2})^3 = 1 : 2{,}83$$

Das Volumen nimmt also fast um das Dreifache zu. Zwei gleiche Katalysator-Objekte leisten also mehr als ein ähnliches mit doppelter Masse.

Abb. 2.11 Oberflächenvergrößerung durch Auffächerung

Um die Oberfläche eines Katalysator-Elements zusätzlich zu vergrößern, wird das Element meist stark zergliedert (Abb. 2.12). Dieses Prinzip macht sich auch die Natur zunutze: Die Fühler mancher Schmetterlings-Männchen (Abb. 2.11 rechts) sind aufgefächert, um die Oberfläche des Geruchsorgans zu erweitern. ♠

Allgemein gilt folgender wichtige Satz:

Bei Vergrößerung eines Objekts nimmt das Volumen schneller zu als die Oberfläche. Genauer: Das Verhältnis $V : S =$ *Volumen* : *Oberfläche* ist proportional zum Vergrößerungsfaktor k.

Beweis:
Das Volumen nimmt mit dem Faktor k^3 zu, die Oberfläche mit dem Faktor k^2. Daher nimmt der Quotient $V : S$ mit dem Faktor $k^3 : k^2 = k$ zu. ◇

Abb. 2.12 Katalysator-Elemente

Abb. 2.13 Grundbausteine

Beispiele (Abb. 2.13):

1. Würfel (Kantenlänge $k\,a$): Volumen $(k\,a)^3$, Oberfläche $6(k\,a)^2$
   $\Rightarrow \dfrac{V}{S} = \dfrac{a}{6}\,k$

2. Regelmäßiges Tetraeder (4 gleichseitige Dreiecke mit der Seitenlänge $k\,a$ und der Fläche A): Volumen $\frac{1}{3}\sqrt{\frac{2}{3}}\,k\,a \cdot A$, Oberfläche $4A$
   $\Rightarrow \dfrac{V}{S} = \dfrac{a}{6\sqrt{6}}\,k$

3. Kugel (Radius $k\,r$): Volumen $\frac{4\pi}{3}(k\,r)^3$, Oberfläche $4\pi(k\,r)^2 \Rightarrow \dfrac{V}{S} = \dfrac{r}{3}\,k$

4. Drehzylinder (Radius a, Höhe b):
   Volumen $k^3\,\pi a^2 \cdot b$, Oberfläche $k^2(2\pi a \cdot b + 2\pi\,a^2) \Rightarrow \dfrac{V}{S} = \dfrac{ab}{2(a+b)}\,k$

5. Torus (Mittenradius a, Radius des rotierenden Kreises b, $b < a$):
   Volumen $k^3\,2\pi a \cdot \pi b^2$, Oberfläche $k^2\,2\pi a \cdot 2\pi b \Rightarrow \dfrac{V}{S} = \dfrac{b}{2}\,k$

Abb. 2.14 Tautropfen als Minimalflächen

Von allen möglichen Körpern gleichen Volumens ist bei der Kugel das Verhältnis $\frac{V}{S}$ am größten. Die Kugel gehört übrigens zu den sog. *Minimalflächen*, welche sich von wenig abweichenden Flächen dadurch unterscheiden, dass ihre Oberfläche minimal ist (Abb. 2.14).

Anwendung: Schwimmende Nadeln (Abb. 2.15)
Dass ein Wasserläufer durch die Oberflächenspannung des Wassers getragen wird, ist wohlbekannt. Bei einer Stahlnadel kann man sich das kaum mehr vorstellen: Auch wenn Stahl die fast achtfache Dichte von Wasser hat ($\varrho = 7{,}8\,g/\mathrm{cm}^3$), kann eine *genügend kleine* Stahlnadel – sehr vorsichtig auf die Oberfläche gelegt – auf Wasser „schwimmen". Man begründe dies. Wie viel mal größer / schwerer kann eine Aluminiumnadel sein ($\varrho = 2{,}7\,\mathrm{g/cm}^3$)? Kann auch eine Goldnadel ($\varrho = 19{,}4\,\mathrm{g/cm}^3$) schwimmen?

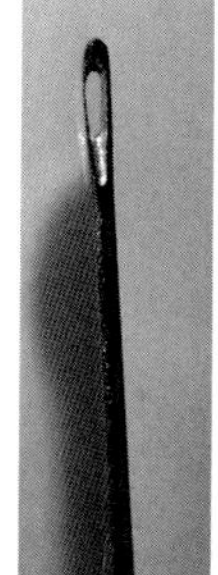
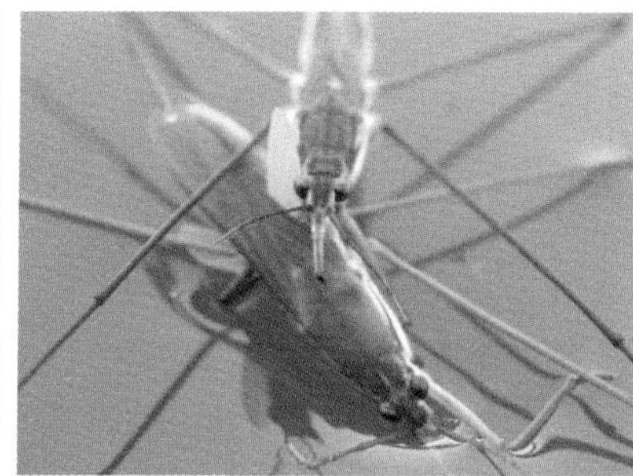
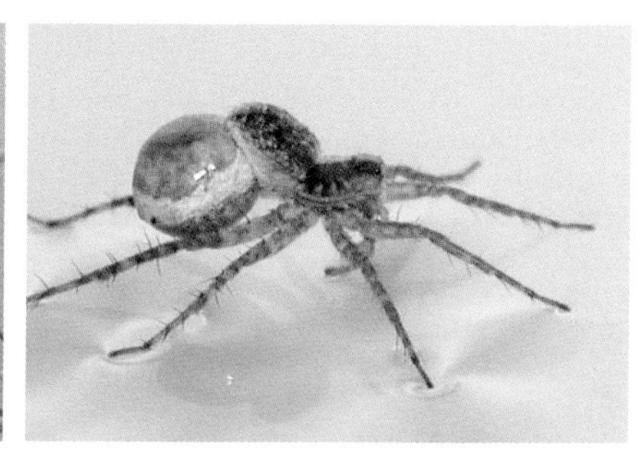

Abb. 2.15 Schwimmende Stahlnadel, Wasserläufer, Spinne (keine Wasserspinne!)

Lösung:
Je kleiner die Stahlnadel, desto größer wird ihre Oberfläche im Verhältnis zum Volumen bzw. Gewicht. Ab einer gewissen kritischen Länge (die von der Nadelform abhängt) ist die Oberfläche der Nadel und damit die Oberflächenspannung des Wassers groß genug, um die Stahlnadel zu tragen.
Eine gleichgeformte Aluminiumnadel kann $k = 7{,}86/2{,}7$ mal (also fast dreimal) so lang sein: Das Volumen ist dann zwar k^3 mal so groß, das Gewicht aber nur k^2 mal so groß und hat damit ebenso wie die Oberfläche zugenommen.
Analog kann die Nadel ohne Weiteres sogar aus purem Gold bestehen, wenn sie um den Faktor $k = 7{,}86/19{,}4 \approx 1/2{,}5$ kürzer ist. ♠

Anwendung: Weniger Wärmeverlust durch größeren Körper (Abb. 2.17).
Man erkläre, warum große Wale viel eher geeignet sind, in arktischen Gewässern zu leben als kleine. (Längen : Delfin... 2m, Blauwal... 20m).
Lösung:
Da die Körperformen einigermaßen ähnlich sind, ist das Verhältnis $\frac{V}{S}$ beim Blauwal $k = 10$ mal so groß wie beim Delfin. Die Oberfläche kann beim Blauwal durch das zirkulierende Blut daher 10 mal leichter warm gehalten werden.

Die arktischen Gewässer sind sauerstoff- und daher nährstoffreicher. Die großen Wale sind deshalb vorzugsweise dort anzutreffen. In wärmere Gewässer schwimmen sie nur, damit ihre neugeborenen Kälber nicht erfrieren.

Afrikanische Elefanten haben wegen ihrer Körpergröße Kühlungsprobleme. Deswegen haben sie große Ohren (Oberflächenvergrößerung und natürlich auch „Ventilatorfunktion").

Abb. 2.16 Polar- und Wüstenfuchs

Abb. 2.17 Blauwal und Delfin

Polarfuchs und Wüstenfuchs haben fast gleiche Gestalt. Auffällig ist nur, dass Wüstenfüchse viel größere Ohren haben (Abb. 2.16). Diese dienen zum Hören der oft fast geräusch- und geruchlosen Beutetiere (Skorpione etc.) und auch zum Kühlen. Auf beides muss der Polarfuchs natürlich verzichten... ♠

Abb. 2.18 Der Schwan ist einer der größten flugfähigen Vögel (bis 14 kg Masse)

Anwendung: Gewichtsbeschränkung bei flugfähigen Tieren

Warum gibt es bei flugfähigen Tieren (insbesondere Vögeln) eine Gewichtsobergrenze (ca. 10 – 15 kg)?

Lösung:

Der Auftrieb beim Fliegen hängt mit der Flügellänge („Abrisskante") bzw. Flügeloberfläche zusammen. Beides nimmt bei Änderung des Längenmaßstabs langsamer zu als das Volumen (Gewicht). Je größer ein Vogel, desto schwerer kann er abheben. Große Greifvögel stürzen sich von Felsen, um die benötigte Anfangsgeschwindigkeit zu erreichen. Der flugunfähige Strauß (50 – 100 kg) bräuchte eine Anlaufgeschwindigkeit von mehreren hundert Kilometern pro Stunde, um abheben zu können.

Pteranodon (der größte flugfähige Saurier, hatte vermutlich eine Spannweite von über sieben Metern, aber nur eine Masse von ca. 15 kg. Er wäre niemals in der Lage gewesen – wie in *Jurassic Parc III* – ein Objekt von Menschengröße durch die Lüfte zu schleppen. Eine vergleichbare Leistung gelingt nur viel kleineren Lebewesen, wie der Wespe in Abb. 2.19 rechts, die eine Spinne gelähmt hat und sie nun im Flug abtransportiert. ♠

Anwendung: Auskühlung von Planeten

Bei einer gewaltigen Explosion auf einer Sonne entstehen zwei Planeten, de-

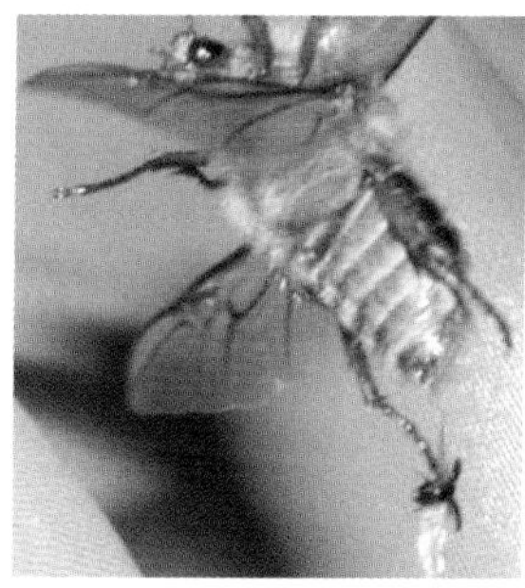

Abb. 2.19 Bienenfresser, Wespe mit Beute beim Abflug, blinder Passagier (1 mm)

ren Durchmesser sich wie 1 : 2 verhalten. Welcher Planet wird schneller auskühlen?
Die Volumina verhalten sich wie 1 : 8, die Oberflächen aber nur wie 1 : 4. D.h., der größere Planet hat im Verhältnis zu seinem Volumen eine halb so große Oberfläche und kühlt daher langsamer aus.

Unser Mond entstand höchstwahrscheinlich vor 4,5 Milliarden Jahren[3] durch Absprengung eines Teils der Erde bei einem Kometeneinschlag. Dafür spricht z.B. die Tatsache, dass der Mond eine geringere Dichte als die Erde hat, deren Schwere hauptsächlich auf den Nickel-Eisen-Kern im Inneren zurückzuführen ist. Der Mond, dessen Durchmesser nur etwa ein Viertel des Durchmessers der Erde beträgt, ist nach obigen Überlegungen daher bereits ausgekühlt, während die Erde innerlich noch flüssig ist (die erstarrten Kontinente schwimmen wie eine Milchhaut auf der Kaffeeoberfläche). Auf Grund der Eigengravitation verformten sich übrigens alle Kometen oder Monde mit einem Durchmesser von mehr als 500 km in noch flüssigem Zustand zu einer Kugel. Die beiden recht kleinen Marsmonde sind z.B. nicht kugelförmig.

Abb. 2.20 Seltsamer Cocktail „on the rocks" und Eistransport bei 35° im Schatten

Was für Abkühlung gilt, gilt natürlich allgemein für Temperaturausgleich. Abb. 2.20 soll illustrieren, wie sehr die Größe eines Eisblocks die Schmelzdauer beeinflusst. Die riesigen Eisberge in der Packeiszone im Südatlantik bedecken zum Ende des Südwinters eine Fläche, die doppelt so groß wie Kanada ist. Die gewaltigen Eismengen müssen erst einmal aufgetaut werden (Anwendung S. 165)!

♠

Die Tatsache, dass sich bei Vergrößerung bzw. Verkleinerung das Verhältnis *Volumen* : *Oberfläche* ändert, hatte gewaltige Folgen in der Entwicklung von Insekten bzw. Warmblütern:

---

[3] In *National Geographics*, Ausgabe September 2001, findet sich eine verständliche Erklärung für die relativ exakte Datierung der Entstehung der Erde.

Abb. 2.21 Langgestrecktes und „rundliches" Insekt

Anwendung: Maximalgröße für Insekten (Abb. 2.21)

Insekten sind i. Allg. nicht länger als 10-15 cm (das schwerste, wenn auch nicht längste Insekt ist der bis 12 cm lange Goliathkäfer, siehe Abb. 2.21 rechts). Ihre Sauerstoff-Versorgung erfolgt nämlich über sog. Tracheen, das sind Röhrensysteme in ihrem Chitinpanzer. Der Sauerstoff-Austausch erfolgt über die Oberfläche dieses Systems. Ab 15 cm Länge reicht die Sauerstoff-Versorgung nicht mehr aus: Das Missverhältnis Volumen (Gewicht) : Tracheenoberfläche wird zu groß. Die Idealgröße eines Insekts liegt offenbar im Bereich von 1 cm und darunter. Kleinere Insekten sind wesentlich widerstandsfähiger als große. Dies liegt zusätzlich auch im immer schlechter werdenden Verhältnis von Körpergewicht und Muskelstärke (vgl. Anwendung S. 62) begründet.

Ausnahmen bestätigen wie immer die Regel: Es gibt eine bis zu 30 cm lange Stabheuschreckenart (*Palophustitan*) (Abb. 2.21 links), und die Riesenlibellen im Karbon hatten bis zu 75 cm Spannweite! Bei extrem langgezogener Körperform brauchen nämlich die Tracheen nur sehr kurz zu sein und können dann einen im Verhältnis größeren Durchmesser aufweisen. ♠

Anwendung: Oberflächenvergrößerung bei schlankem Körperbau

Die folgende Tabelle soll zeigen, wie sehr sich die Oberfläche vergrößert, wenn ein Quader – ausgehend vom Würfel – bei stets gleichem Volumen von 1 m^3 (und damit konstanter Masse) immer schlanker wird. Analoges gilt auch für komplexere Formen. Die Libellen in Abb. 2.22 brauchen einen kleinen Querschnitt, um hohe Fluggeschwindigkeiten erreichen zu können. Die Blattkäfer können erstaunlicherweise immer noch recht gut fliegen!

Typ	Relative Proportionen	Maße in Meter	Oberflächenfaktor	Oberflächen-Steigerung
T0	1 : 1 : 1	$1^2 \times 1$	6,0/m	1,00
T1	1 : 1 : 2	$0{,}79^2 \times 1{,}59$	6,3/m	1,05
T2	1 : 1 : 4	$0{,}63^2 \times 2{,}52$	7,1/m	1,19
T3	1 : 1 : 8	$0{,}5^2 \times 4$	8,5/m	1,42
T4	1 : 1 : 16	$0{,}4^2 \times 6{,}35$	10,4/m	1,73
T5	1 : 1 : 32	$0{,}31^2 \times 10{,}08$	12,9/m	2,15
T6	1 : 1 : 64	$0{,}25^2 \times 16$	16,1/m	2,69

♠

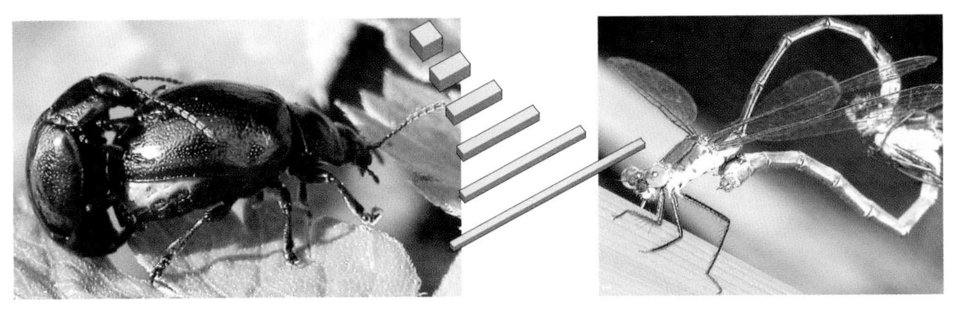

Abb. 2.22 Verschiedene Grade von Schlankheit bei gleicher Masse

Anwendung: Optimale Sauerstoffversorgung (Abb. 2.23)
Im Gegensatz zu den Insekten wird der Körper von höher entwickelten Tieren über das Blut mit Sauerstoff versorgt (Abb. 2.23). Je mehr Blut, desto mehr Sauerstoff kann transportiert werden. Die Blutmenge nimmt proportional zum Volumen zu und es kommt zu keinem Missverhältnis. Die Sauerstoffversorgung mittels Blut schränkt also die Größe des Lebewesens nicht ein – wohl aber andere Faktoren (vgl. Anwendung S. 62).

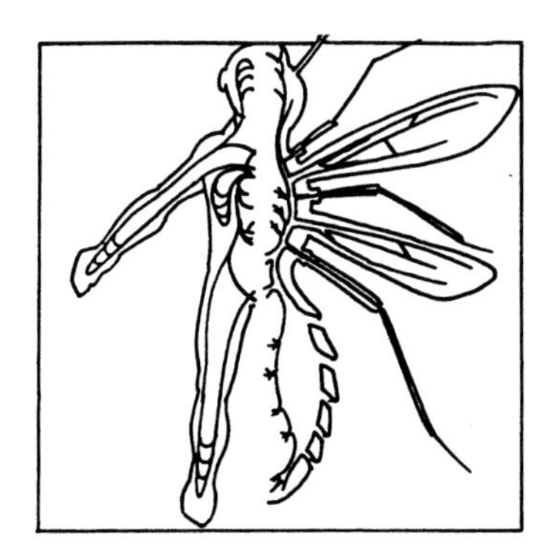

Abb. 2.23 Adern und Tracheen

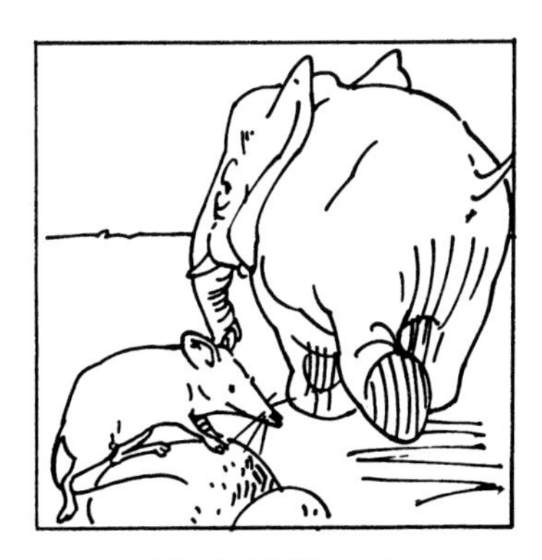

Abb. 2.24 Säugetiere

Einziges Problem ist die Anreicherung des Blutes in der Lunge: Deren Oberfläche muss bei großen Tieren überproportional ansteigen, was durch eine rapid steigende Anzahl von Lungenbläschen möglich ist. Kleinkinder haben zunächst weniger Lungenbläschen, vergrößern deren Anzahl aber bis zum achten Lebensjahr überproportional, um für das „Ausgewachsensein" gerüstet zu sein. ♠

Anwendung: Minimalgröße bei Warmblütern (Abb. 2.24)
Für Tiere mit konstanter Körpertemperatur gibt es nun eine klare Untergrenze für die Körpergröße, nämlich etwa die Größe einer Zwergspitzmaus (Abb. 2.24) bei den Säugetieren und der Bienenelfe (eine Kolibri-Art mit nur 2,5 g Körpermasse) bei den Vögeln. Bei diesen gibt es ein extrem kleines Verhältnis von Gewicht (und damit wärmender Blutmenge) zu Oberfläche, über die sie ständig Wärme = Energie verlieren. Um diesen Verlust wettzumachen, muss die Spitzmaus ständig fressen. Kleinere Spitzmäuse aus früheren erdgeschichtlichen Zeiten ernährten sich daher teilweise von Nektar, also extrem energiereicher Nahrung. Ebenso ist es bei den Kolibris. ♠

Aus ähnlichen Gründen lässt sich erklären, warum große Tiere im Verhältnis zu ihrer Masse viel schwächer sind als kleinere Tiere: Die Kraft eines Muskels hängt nämlich nicht von seinem Volumen, sondern von dessen Querschnitt ab:

Abb. 2.25 Ameise und Elefant bei der Arbeit

Anwendung: Relative Körperkraft (Abb. 2.25)
Eine Ameise kann ein Vielfaches ihres Gewichtes tragen, ein Elefant ist zwar objektiv unvergleichlich stärker, kann aber nur verhältnismäßig viel kleinere Lasten tragen. Zudem braucht ein Elefant bereits sehr dicke Beine (zwecks unproportionaler Querschnittsvergrößerung der Muskeln!), um das enorme Eigengewicht tragen zu können.
Das gilt sogar schon beim Vergleich der Relativkraft großer und kleiner Gliedertiere: 5 mm kleine Sprungspinnen können im Verhältnis *viel* weiter springen als die durchaus sprunggewaltigen handtellergroßen (und 10 000 Mal so schweren) Vogelspinnen.

Abb. 2.26 Viel kleiner geht's nicht. Links: Gerade noch dem Katzenmaul entkommen!

Zahlenbeispiel: Zwergspitzmaus: 4,3 – 6,6 cm (ohne Schwanz) bei 2,5 – 7,5 g, Elefant: bis 3,5 m bei 4 000 kg. Wäre der Elefant so schlank wie die Spitzmaus, hätte er weniger als 2 000 kg. ♠

Ist das Verhältnis der Volumina gegeben, berechnet sich der Ähnlichkeitsfaktor durch Ziehen der dritten Wurzel:

$$k = \sqrt[3]{V_2/V_1} \tag{2.2}$$

und man kann wieder mit den Formeln (2.1) rechnen.

Anwendung: Allometrien im Tierreich

Die Biologen sind mit der Bezeichnung „Ähnlichkeit“ verständlicherweise vorsichtig und verwenden in diesem Zusammenhang den Ausdruck „Allometrie“, wenn gewisse Organe nicht in der selben Proportion wie die meisten anderen stehen. Trotzdem sind Hauskatze (5 kg) und Leopard (50 kg) auf Grund ihrer ähnlichen Gestalt nicht allzu allometrisch (Abb. 2.27). Wie verhalten sich ihre Schulterhöhen und wie ihre Fellflächen bzw. Auftrittsflächen (Flächen der Pfotenabdrücke)?

Abb. 2.27 Ähnliche Katzen

Lösung:
Das Verhältnis der Massen entspricht wegen der gleichen Dichte dem Verhältnis der Volumina.

$$k^3 = 10 \Rightarrow k = \sqrt[3]{10} = 2{,}15, \;\; k^2 \approx 4{,}6.$$

Die Schulterhöhen verhalten sich also wie 1 : 2,15, die Fellflächen bzw. Auftrittsflächen wie 1 : 4,6. ♠

Abb. 2.28 Ähnliche Breitmaulnashörner (geringe Allometrie)

Anwendung: Ähnlichkeit zwischen Jungtier und Muttertier

Relativ wenig Allometrie ist bei den beiden Nashörnern in Abb. 2.28 bzw. den Tigern in Abb. 2.29 erkennbar. Beim mittleren Bild in Abb. 2.29 sieht man erst auf den zweiten Blick, dass ein „Baby-Tiger" Wasser schlürft. Der Größenunterschied zur Mutter lässt sich erst aus dem rechten Bild schätzen. Man schätze die Massen der Jungtiere.

Abb. 2.29 Ähnliche Sibirische Tiger (geringe Allometrie)

Lösung:
Abb. 2.28: Weil die Nashörner im beiden Bildern parallel stehen, kann man entsprechende Längenmaße (z.B. die Länge des Rückgrats) gut vergleichen. Der Skalierungsfaktor ist etwa $k \approx 0{,}75$. Die Masse des Jungtiers beträgt k^3 der Masse des Muttertiers, also gut 40%. Weil erwachsene Tiere eine Masse von 1500 bis 2000 kg haben, dürfte das Jungtier rund 600 – 650 kg Masse aufbringen. Im rechten Bild mag die Schulterhöhe des Jungtiers $k = 0{,}4$ der Schulterhöhe seiner Mutter sein, woraus mit $k^3 = 0{,}4^3 = 0{,}064 \approx 1/16$ eine Masse von etwa 100 kg resultiert.
Abb. 2.29: Hier sind die Längenmaße nicht so direkt vergleichbar. Wenn die Schulterhöhe des jungen Tigers 45% der Schulterhöhe ausmacht, verhalten sich die Massen etwa wie $0{,}45^3 : 1^3 \approx 1 : 10$. Sibirische Tiger sind die größten lebenden Raubtiere. Selbst die Weibchen haben eine Masse von 100 – 170 kg. Also wird der kleine Tiger eine Masse von 15 kg haben.

Abb. 2.30 Zwei Ameisen derselben Art (Arbeiterin, Wächterin)

Die Ameisen in Abb. 2.30 sind direkt vergleichbar. Die größere Wächter-Ameise ist etwa 1,5 mal so lang und damit absolut gesehen $1{,}5^2 = 2{,}25$ mal stärker. Relativ gesehen ist sie mit einer Masse, die $1{,}5^3 \approx 3{,}4$ mal so groß ist wie die Masse der Arbeiterin, schwächer als die kleinere Ameise. ♠

Anwendung: Wilde Vergleiche

Man vergleiche die Tiere in Abb. 2.31 und Abb. 2.32 und überlege sich Unterschiede in der Funktionsweise der verschiedenen Organe.

Lösung:

Abb. 2.31 Taumelkäfer (5 mm) und Robbe (1,5 m)

Zu Abb. 2.31: Der Taumelkäfer ist ein Räuber an der Wasseroberfläche mit einem starren und extrem widerstandsfähigen Chitinpanzer („Außenskelett"). Er hat Facettenaugen und schwimmt „umgerechnet" auf die Körperlänge des Menschen 500 km/h durch 60 Beinschläge pro Sekunde. Er kann sogar – wie fast alle Insekten – fliegen. Die Robbe ist warmblütig, hat gewöhnliche Augen wie wir Menschen (nur mit einer speziellen Brennweite zum Unterwasser-Sehen, vgl. Anwendung S. 41). Sie schwimmt durch schlängelnde Körperbewegung (bewegliches Innenskelett!).

Abb. 2.32 Rosenkäfer (2 cm) und Wasserbüffel (2,5 m)

Zu Abb. 2.32: Rosenkäfer haben ihre Fühler zum Riechen, Chitinhaare zum Bestäuben der Pflanzen und können ausgezeichnet fliegen. Wasserbüffel haben ihre Hörner zur Verteidigung, Haare als Kälte- und Verletzungsschutz – und können natürlich nicht fliegen.

Abb. 2.33 Leben oder tote Materie?

Abb. 2.33 stellt einen extremen Vergleich dar: Links sieht man, wie Pflanzen aus Schotter sprießen, rechts eine über hundertfache Vergrößerung von Patina auf einer Kupferplatte (mikroskopische Aufnahme, Inst. für Chemie, Universität für angewandte Kunst Wien): Tote Materie, wie sie auch am Mars vorkommen könnte! Wie im Kleinen, so *nicht* im Großen! ♠

2.4 Fliehkraft und Gravitation

In diesem Abschnitt wollen wir mittels Proportionalitäten einige recht interessante Erkenntnisse aus der Astronomie und Raumfahrt ableiten. So hat schon *Newton* erkannt, dass die Kraft, mit der sich zwei Körper gegenseitig anziehen, linear mit deren Massen zunimmt, aber mit dem Quadrat ihrer Entfernung abnimmt. Anderseits wissen wir von einem um ein Zentrum kreisenden Körper, dass die auf ihn wirkende Fliehkraft quadratisch mit seiner Bahngeschwindigkeit zunimmt, während sich der Zentralabstand nur linear auswirkt. Auf dem Wechselspiel von Anziehungs- und Fliehkraft beruht das gesamte Universum: Planeten, Monde und Satelliten ziehen ihre Bahnen durch das All und sind sekundengenau an vorberechenbaren Orten zur Stelle.

Die Gravitationskraft ist nur „im Großen" *die* entscheidende Kraft. Dies deswegen, weil die Kraft ein Produkt aus Masse und Beschleunigung ist. Je kleiner die Objekte werden, desto geringer ist der Einfluss der Gravitationskraft. Insekten krabbeln schon unbekümmert auf senkrechten oder gar überhängenden Wänden. Mini-Mücken oder Mini-Spinnen lassen sich kilometerweit vom Wind tragen. – Im Molekularbereich sind ganz andere Kräfte von Bedeutung. Die enormen Kräfte, die Molekül oder gar Atomkerne zusammenhalten, sind im Nanobereich die vorherrschenden Kräfte. Ihre Wirkung endet schlagartig „am Rand" des Moleküls oder Atomkerns.

Anwendung: Astronomische Berechnungen

Gegeben seien folgende Daten:

	Durchm. in km	Abst. v. Erdmitte km	Dichte kg/dm^3
Erde E	12 740	6 370	5,515
Sonne S	1 390 000	149 500 000	1,41
Mond M	3 470	384 000	3,34

Wie verhalten sich die Volumina, die Massen, die Anziehungskräfte (bezogen auf die Erdoberfläche)?
Wir relativieren diese absoluten Zahlen: Die Längen werden in Erdradien angegeben, die Dichte, das Volumen V und die Masse M von Mond und Sonne als Vielfaches der entsprechenden Größen der Erde und ebenso die Anziehungskraft von Sonne und Mond an einem Punkt der Erdoberfläche im Verhältnis zur Erdanziehung.

	Rad.	Dist. d	Dichte ϱ	V	$M = \varrho V$	$F \widehat{=} M/d^2$
E	1	1	1	$1^3 = 1$	1	1
S	109	23 500	0,26	$109^3 = 1{,}3 \cdot 10^6$	332 000	0,0006
M	0,27	60	0,61	$0{,}27^3 = 0{,}02$	0,012	0,000003

Das erstaunliche Ergebnis bei der Anziehungskraft: Die Sonne hat etwa die 200-fache Anziehungskraft des Mondes! Trotzdem werden z.B. die Gezeiten viel mehr vom Mond bestimmt als von der Sonne! Der Grund dafür ist, dass die Anziehung durch die Sonne durch die Fliehkraft bei der Rotation der Erde um die Sonne größtenteils „aufgehoben" wird (Abb. 2.34). ♠

Anwendung: Bahngeschwindigkeit eines Satelliten (Abb. 2.34)
Satelliten umkreisen die Erde in Höhen ab 150 km. Um „im Gleichgewicht der Kräfte" zu sein, müssen sich die Erdanziehungskraft (Gewicht G) und die Fliehkraft F „aufheben". Wir wollen nun einen Bezug zwischen Bahngeschwindigkeit, Umlaufzeit und Flughöhe ableiten.

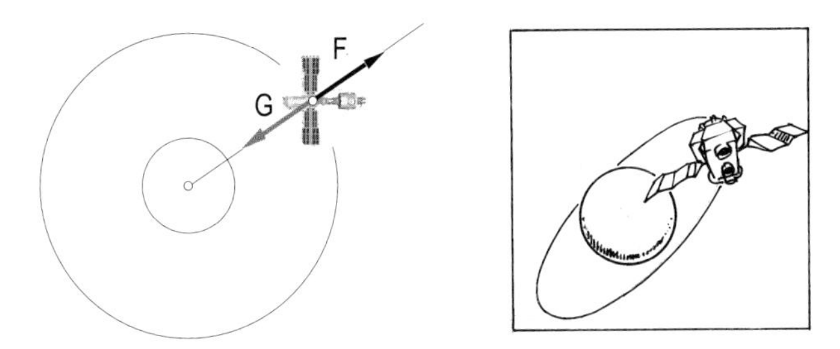

Abb. 2.34 Schwerelosigkeit durch Fliehkraft

Sei R der Erdradius ($R = 6\,370$ km) und r der Abstand des Satelliten (Masse m) vom Erdmittelpunkt. Auf der Erdoberfläche hat der Satellit das Gewicht $G_R = mg$. Die Anziehungskraft nimmt mit dem Quadrat des Abstands vom Erdmittelpunkt ab (*Newton*). Im Abstand $r = k\,R$ reduziert sich damit das Gewicht auf $G_r = G_R \cdot \left(\frac{R}{r}\right)^2 = \frac{G_R}{k^2}$. Für die Fliehkraft (bzw. Zentrifugalkraft) gilt die bekannte Formel $F = mv^2/r$. Mit $F = G_r$ gilt für die Fluggeschwindigkeit im Abstand r:

$$\frac{m\,v_r^2}{r} = m\,g\left(\frac{R}{r}\right)^2 \Rightarrow v_r^2 = g\,\frac{R}{r}\,R = \frac{g\,R}{k} \Rightarrow k\,v_r^2 = g\,R = \text{konstant}$$

Wir haben also

$$k\,v_r^2 = 9{,}81 \cdot 6{,}37 \cdot 10^6 \frac{\mathrm{m}^2}{\mathrm{s}^2} \Rightarrow v_r\,\sqrt{k} \approx 7\,905 \frac{\mathrm{m}}{\mathrm{s}} = 7{,}90\,\frac{\mathrm{km}}{\mathrm{s}} = 28\,460 \frac{\mathrm{km}}{\mathrm{h}}$$

oder

$$v_r = \frac{7{,}90}{\sqrt{k}} \frac{\mathrm{km}}{\mathrm{s}} = \frac{28\,460}{\sqrt{k}} \frac{\mathrm{km}}{\mathrm{h}} \tag{2.3}$$

Der Faktor k berechnet sich aus der Flughöhe H mittels

$$k = \frac{r}{R} = \frac{R+H}{R}.$$

Der Erdumfang beträgt $U_R = 40\,000\,\mathrm{km}$. Mit zunehmender Höhe nimmt der Umfang – also die Länge der Flugstrecke – linear mit k zu:

$$U_r = k\,U_R.$$

Somit gilt für die sog. „siderische Umlaufzeit" T (auf den Fixsternhimmel bezogen):

$$T = \frac{U_r}{v_r} = \frac{k \cdot 40\,000\,\mathrm{km}}{\frac{7{,}9}{\sqrt{k}} \frac{\mathrm{km}}{\mathrm{s}}} \approx k^{3/2} \cdot 5\,060\,\mathrm{s} \approx k^{3/2} \cdot 1{,}41\,\mathrm{h} \tag{2.4}$$

Die Ergebnisse sollen übersichtlich in einer Tabelle zusammengestellt werden.

H in km	150	500	2 000	R=6 370	31 850	377 000
$k = (R+H)/R$	1,024	1,078	1,314	2	6	60,3
v_r in km/h	28 140	27 300	24 830	20 120	11 620	3 665
Umlaufzeit in h	1,46	1,57	2,12	3,99	20,7	660

Wir erkennen: Je größer die Flughöhe, desto geringer die Fluggeschwindigkeit und desto länger die Umlaufzeit. Wenn wir zwei Satellitenbahnen (k_1 und k_2) vergleichen, so gilt nach Formel (2.4):

$$T_1 : T_2 = k_1^{3/2} : k_2^{3/2} \Rightarrow T_1^2 : T_2^2 = k_1^3 : k_2^3 = r_1^3 : r_2^3$$

Damit haben wir für eine kreisförmige Umlaufbahn verifiziert:

Die Quadrate der Umlaufzeiten verhalten sich wie die dritten Potenzen der Radien (3. Keplersches Gesetz).

♠

Anwendung: Siderische und synodische Umlaufzeit des Mondes

Die letzte Spalte der obigen Tabelle betrifft die Umlaufbahn des Mondes, der ja auch als Satellit der Erde – mit einem durchschnittlichen Abstand von 384 400 km – angesehen werden kann (man muss allerdings bedenken, dass der gemeinsame Schwerpunkt von Mond und Erde nicht der Erdmittelpunkt ist, sodass man sich nur auf wenige Kommastellen verlassen sollte). Der Mond braucht *siderisch* ca. 660 h $\approx 27{,}5\,d$, um die Erde zu umrunden. Der Zeitraum von einem Neumond zum nächsten („synodischer Monat") ist länger, weil der Mond zusätzlich die Erddrehung während der doch recht langen Zeit kompensieren muss. Er beträgt $\approx 29\frac{1}{2}\,d$.

Der Mond vergrößert seinen Abstand jährlich um einige Zentimeter, wird also langsamer. Vor Abermillionen Jahren erschien der Mond am Firmanent größer und die Sonnenfinsternisse waren ausgeprägter. ♠

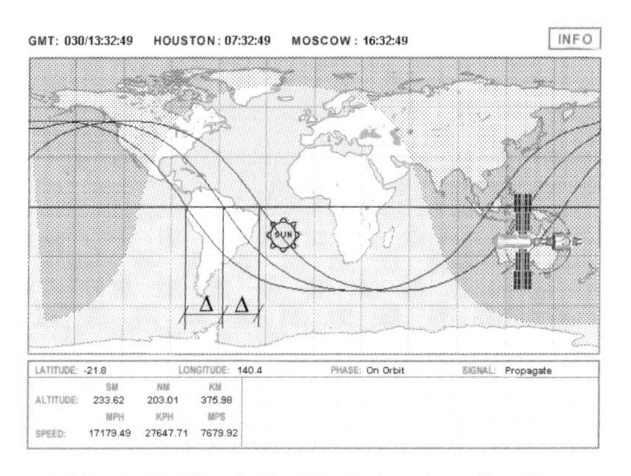

Abb. 2.35 Klassische Flugbahn eines Satelliten

Anwendung: Relative Position eines Satelliten (Abb. 2.35)[4]

Trägt man die Positionen eines Satelliten in einer Erdkarte ein, so ergibt sich eine wellenförmige Bahnkurve, deren Gestalt von der in der Karte verwendeten Abbildungsmethode abhängt (in keinem Fall handelt es sich jedoch um eine Sinus-Linie, wie man vielleicht vermuten könnte). Die Bahnkurve verlässt irgendwo an einem Rand die Landkarte und taucht am anderen Rand an entsprechender Stelle wieder auf. Dies ist natürlich darauf zurückzuführen, dass die Weltkarte irgendwo „auseinander geschnitten" werden muss.

Wir haben bis jetzt nicht berücksichtigt, dass sich während der Umlaufzeit des Satelliten die Erdkugel dreht. Rotiert der Satellit etwa über dem Äquator im selben Drehsinn wie die Erde, dann kann er von einer Beobachtungsstation B nicht nach genau einer Umdrehung gesehen werden, weil sich ja B in dieser Zeit schon weitergedreht hat (pro Stunde $360°/24 = 15°$). Dafür braucht der Satellit zusätzliche Zeit. Demzufolge ist die Bahnkurve des Satelliten bei der nächsten Umkreisung „phasenverschoben".

---

[4]Siehe `http://spaceflight.nasa.gov/realdata/tracking/index.html` – mit freundlicher Genehmigung der NASA.

Um genauer zu sein: Die Erde dreht sich innerhalb von 23 h 56 min = 23,933 h (Sternentag) genau einmal um die Achse, also dreht sie sich pro Stunde 15,04°. Die restlichen 4 min braucht sie, um sich wieder in dieselbe Relativposition zur Sonne zu drehen: Die Erde hat sich ja im Laufe eines Tages ≈ 1° um die Sonne gedreht (dieser Wert variiert im Laufe des Kalenderjahres geringfügig).

Wenn wir nun Abb. 2.35 „unter die Lupe" nehmen, sehen wir, dass die Parallelverschiebung der Wellenbahn in Richtung geografischer Länge 23,1° ausmacht, das entspricht 1,54 h Umlaufzeit. Nach Formel (2.4) berechnet man daraus k und in weiterer Folge die Flughöhe H

$$k^{3/2} \cdot 1{,}41\, h = 1{,}54\, h \Rightarrow k = 1{,}058 \Rightarrow H = R(k-1) \approx 373\,\text{km}.$$

Weiters ist die Bahngeschwindigkeit mit Formel (2.3) $v_r \approx 27\,600\,\text{km}/h$. Die Werte von H bzw. v_r entsprechen fast genau den in Abb. 2.35 angegebenen Momentanwerten (tatsächlich schwanken diese Werte geringfügig). ♠

Anwendung: Geostationäre Satelliten

Wir haben in Anwendung S. 67 gesehen, dass höher fliegende Satelliten langsamer fliegen müssen, um die – ohnehin schon geringere – Anziehungskraft mittels Fliehkraft aufzuheben. Wenn ein über dem Äquator fliegender Satellit (mit derselben Umlaufrichtung wie die Erdkugel) genau 23,93 h (siehe oben) Umlaufzeit hat, dann bleibt er relativ gesehen immer über demselben Punkt am Äquator. Tatsächlich „stehen" einige Wettersatelliten über dem Äquator! Wir haben für so einen „geostationären" Satelliten mit Formel (2.4) die Bedingung

$$T = k^{3/2}\, 1{,}41\,\text{h} = 23{,}93\,\text{h} \Rightarrow k = 16{,}97^{2/3} \approx 6{,}60. \qquad (2.5)$$

Das entspricht einem Abstand vom Erdmittelpunkt von $6{,}60 \cdot R$ bzw. einer Flughöhe von $5{,}60 \cdot R \approx 35\,700\,km$. Die zugehörige Bahngeschwindigkeit ist gemäß Formel (2.3) immerhin noch etwa $11\,000\,\text{km}/h$. Das Wort „stehen" ist also ausschließlich relativ zu sehen!

Ein geostationärer Satellit *muss* über dem Äquator fliegen: Jede Satellitenbahn hat ja den Erdmittelpunkt als Zentrum. Ein „Fixpunkt" über einem nicht auf dem Äquator befindlichen Punkt dreht sich aber in einer Ebene, die den Erdmittelpunkt nicht enthält.[5] ♠

Anwendung: Gewichtsverlust im Flugzeug

Wenn wir mit einem Flugzeug mit $28\,460\,\text{km}/h$ fliegen würden (Flughöhe sehr klein, Geschwindigkeit siderisch gemessen, also nicht relativ zum Boden), wären wir – so wie die Astronauten in der Raumstation – schwerelos.

Dies ist natürlich allein deswegen nicht möglich, weil unser Flugzeug in der dichten Atmosphäre verglühen würde. Also fliegen wir mit normaler Reisegeschwindigkeit, die sagen wir $830\,\text{km}/h$ „ground speed" beträgt. Wenn wir das

[5] Eine interessante Webseite ist `http://www.sat.dundee.ac.uk`, wo man täglich neue Aufnahmen aus geostationären Satelliten von allen Teilen der Erde finden kann.

ganze am Äquator „mit der Erddrehung“ machen (also nach Osten fliegen), kommen wir zusammen mit der Geschwindigkeit eines Äquatorpunktes von $\frac{40\,000\,\mathrm{km}}{24\,\mathrm{h}} \approx 1\,670\,\frac{\mathrm{km}}{\mathrm{h}}$ auf eine siderische Geschwindigkeit von $2\,500\,\mathrm{km}/h$. Dies entspricht etwa $1/12$ von $28\,460\,\mathrm{km}/h$. Die Zentrifugalkraft nimmt bei gleichem Radius mit dem Quadrat der Geschwindigkeit zu bzw. ab. Sie beträgt daher im Flugzeug $1/12^2 = 1/144$ jener Kraft, die unser Gewicht aufzuheben vermag. Unser Gewicht im Flugzeug ist somit um knapp ein Prozent geringer als im Ruhezustand am Nordpol (siderische Geschwindigkeit 0). Das sind bei einer Masse von 70 kg (Gewicht ca. 700N) immerhin $\approx$ 5N.

Abb. 2.36 Leonardos Pferde

Leonardo *da Vinci* (1452-1519) glaubte noch, dass das Gewicht eines Körpers von der Geschwindigkeit abhänge. Als „Beweis“ führte er an, dass ein Pferd mit Reiter in vollem Galopp kurzfristig auf einem Bein stehen könne (Abb. 2.36). Seine Theorie wurde ein Jahrhundert später von *Galileo Galilei* (1564 - 1642) widerlegt. Immerhin: Ein (sehr kleines) Körnchen Wahrheit war offensichtlich schon drinnen in Leonardos gewagter Theorie, wenn wir uns obiges Beispiel vor Augen halten. Zumindest ist der Reiter leichter, wenn er nach Osten reitet... ♠

Anwendung: Wenn die Zentrifugalkraft dominant wird

Abb. 2.37 zeigt die schnelle Rotation eines Menschen beim mehrfachen Salto. Drei Umdrehungen pro Sekunde bei einem Drehradius von vielleicht 30 Zentimeter sind für uns sehr schnell. Immerhin ist dann die Fliehkraft schon so stark, dass die Haare beinahe ausschließlich der Zentrifugalbeschleunigung a gehorchen. Man schätze die Größenordnung von a ab.

Lösung:

Wir verwenden die bekannte Formel $a = r\,\omega^2$, wobei r der Drehradius in Metern und ω die Winkelgeschwindigkeit ist:

$$a = 0{,}3\,\mathrm{m} \cdot (6\pi/\mathrm{s})^2 \approx 120\,\mathrm{m/s}^2 \approx 12\,\mathrm{g}$$

Die 12-fache Erdbeschleunigung hält ein Mensch nur kurze Zeit aus!

Bei doppelt so vielen Umdrehungen pro Sekunde tritt bereits die vierfache Beschleunigung auf, was ein Mensch nicht mehr verkraften würde: Zumindest hätte er innere Blutungen, weil Blut aus seinen Adern austreten würde.

Abb. 2.37 Die Zentrifugalkraft kann andere Kräfte problemlos übertrumpfen

In der Technik wird das ausgenützt: Wäscheschleudern mit 900 Umdrehungen pro Minute (also 15 pro Sekunde) und einem Trommelradius von 30 cm erzeugen Beschleunigungen von 300 g und treiben damit jeden Tropfen Wasser aus der Wäsche. ♠

Anwendung: Ein seltsamer Faden um den Äquator

Denken wir uns die Erde als völlig glatte Kugel (Radius 6 370 km). Wir spannen nun einen Faden um den Äquator (fest anliegend). Nun verlängern wir den doch sehr langen Faden um nur 10 m und heben den Faden gleichmäßig von der Oberfläche ab, so dass er wieder gespannt ist. In welcher Höhe befindet sich der Faden?

Lösung:

Die Lösung ist zunächst überraschend: Unabhängig vom Radius R des Kreises (Umfang $U_0 = 2\pi R$) hebt der Faden um $\frac{10\,\mathrm{m}}{2\pi} = 1{,}59\,\mathrm{m}$ ab. Ein Kreis mit dem Radius $R + \frac{10\,\mathrm{m}}{2\pi}$ hat nämlich den Umfang

$$U = 2\pi(R + \frac{10\,\mathrm{m}}{2\pi}) = U_0 + 10\,\mathrm{m}.$$

Wenn wir mit dem Faktor k der Beispiele Anwendung S. 67 und Anwendung S. 70 arbeiten, ist die Sache zumindest plausibler: Wir erhöhen den Umfang von $U_0 = 40\,000\,000\,\mathrm{m}$ auf $U_r = 40\,000\,010\,\mathrm{m}$. Es ist somit $k = \frac{U_r}{U_0} = 1{,}000\,000\,25$. Der Radius des kreisförmig gespannten Fadens R vergrößert sich von $6\,370\,000\,\mathrm{m}$ auf $6\,370\,000\,\mathrm{m} \cdot k = 6\,370\,001{,}59\,\mathrm{m}$. Das ist *im Verhältnis* sehr wenig, aber eben doch 1,59 m.

Abb. 2.38 Geht auf keine Kuhhaut...

Ein anderer Faden wurde in der Geschichte berühmt, weil er der Sage nach die Gründung Karthagos ermöglichte: Die phönizische Prinzessin *Elyssa* (auch unter dem Namen *Dido* bekannt, Abb. 2.38) erhielt von Stammesfürsten *Jarbas* unfreundlicherweise nur so viel Land zugestanden, wie eine Kuhhaut umspannen konnte. *Jarbas* konnte ja nicht wissen, dass *Elyssa* die Kuhhaut (zusammenhängend) in feinste Streifen schneiden würde, um damit ein riesiges Territorium zu umzäumen... ♠

2.5 Weitere Anwendungen

Anwendung: Königskammer in der Cheops-Pyramide (Abb. 2.39)
Die Cheops-Pyramide war ursprünglich 146 m hoch. Die Höhe der Lage der Königskammer wurde so gewählt, dass die Schichtenebene durch den Sarkophag aus der Pyramide einen Querschnitt ausschneidet, dessen Fläche exakt die Hälfte der Grundfläche ist. In welcher Höhe befindet sich die Schichtenebene?

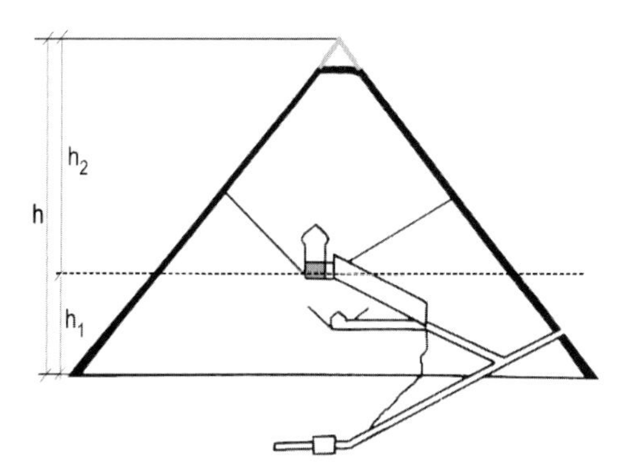

Abb. 2.39 Die Schichtenebene durch die Königskammer

Lösung:
Sei $h = 146\,\text{m}$ die Gesamthöhe der Pyramide und A deren Grundfläche. Weiters sei h_2 die Höhe der über der Schichtenebene befindlichen dazu ähnlichen Pyramide und $A_2 = A/2$ deren Grundfläche. Es gilt

$$h_2 : h = \sqrt{A_2 : A} \Rightarrow h_2 = h/\sqrt{2} \approx 103{,}25\,\text{m}$$

Damit liegt die Schichtenebene $h_1 = h - h_2 = 42{,}75\,\text{m}$ hoch.
Der Untergrund der Pyramide – ein exakt nach den Himmelsrichtungen ausgerichtetes Quadrat mit 230 m Seitenlänge – wurde vor Beginn der Bauarbeiten auf Zentimeter genau nivelliert. Und das vor der Erfindung der Wasserwaage bzw. eines Kompasses... ♠

Anwendung: Irreführende Diagramme (Abb. 2.40)
In der „Statistik" Abb. 2.40a sind drei ähnliche Fässer zu erkennen, deren Höhen und Radien sich wie

$$1 : 1{,}3 : 1{,}3^2$$

verhalten. Sie sollen illustrieren, dass ein Erdölkonzern seine Förderung in den letzten beiden Jahren um je 30% gesteigert hat ($k = 1{,}3$). Es verhalten sich aber die Volumina der Fässer wie

$$1 : 1{,}3^3 : (1{,}3^2)^3 \approx 1 : 2{,}2 : 4{,}8.$$

Das Diagramm in

Abb. 2.40 a) Verfälschendes Diagramm, b) und c) korrekte Diagramme

Abb. 2.41 Aktienkurse: Verzerrung in der Ordinate suggeriert vergleichbare Verluste

Abb. 2.40a suggeriert also Steigerungen um je 120%. Das Diagramm Abb. 2.40b hingegen ist korrekt, weil dort die Radien der Fässer unverändert gelassen wurden. Ebenso richtig ist auch Abb. 2.40c: Dort wurden sowohl Radius als auch Höhe mit dem Faktor $k = \sqrt[3]{1{,}3}$ multipliziert.

Abb. 2.41 zeigt den Kursverlauf der Aktien zweier großer Banken im Verlauf der Immobilienkrise Ende 2007 (Stand 9.1.2008). Auf den ersten Blick scheint es beide Banken gleich „erwischt" zu haben. Bei genauerem Hinsehen auf die Skala erkennt man: Die obere Bank schwankt zwischen den Werten 42 und 58 (das sind fast 40%, bezogen auf den unteren Wert), die untere zwischen 116 und 94 (das ist „nur" etwas mehr als die Hälfte). Die „Fieberkurven" sehen durch die gleiche Zuordnung der Schwankungsbreite ähnlich aus (im mathematischen Sinn), sie sind aber in der Ordinate gestreckt. ♠

Anwendung: Straußen- und Hühnereier im Vergleich (Abb. 2.42 links)
Ein Straußenei sieht wie ein großes Hühnerei aus, hat aber etwa die 24-fache Masse. Wie verhalten sich die Durchmesser und wie die Oberflächen? Warum brauchen Straußeneier extreme Hitze zum Ausbrüten?

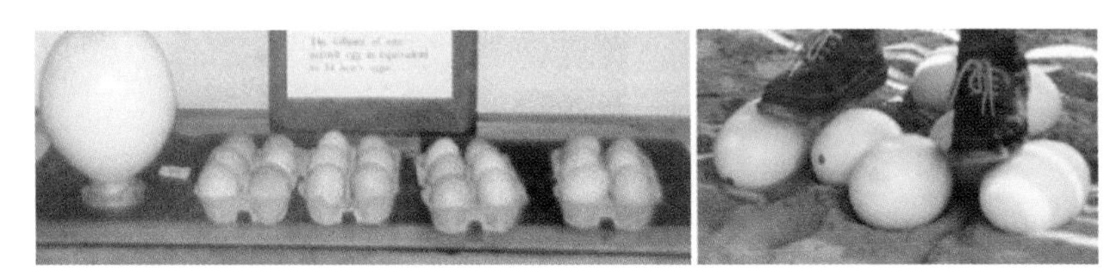

Abb. 2.42 Straußen- und Hühnereier im Vergleich

Lösung:

$$M_1 : M_2 = 1 : 24 \Rightarrow V_1 : V_2 = 1 : 24 \text{ (gleiche Konsistenz)}$$
$$\Rightarrow d_1 : d_2 = 1 : \sqrt[3]{24} \approx 1 : 2{,}9 \Rightarrow S_1 : S_2 = 1 : (\sqrt[3]{24})^2 \approx 1 : 8{,}3$$

Das Verhältnis Oberfläche : Volumen ist beim Straußenei viel kleiner als beim Hühnerei (Faktor 2,9, vgl. Anwendung S. 57). Um nun das gesamte Innere des Eies zu erwärmen, bedarf es längere Zeit einer höheren Außentemperatur. Deswegen leben Strauße vor allem in den heißen Halbwüsten des südlichen Afrikas.

Wie lange muss man ein Frühstücksei kochen? Diese Frage hängt nicht nur davon ab, ob man das Ei weich gekocht oder hart gekocht haben will, sondern auch von der Größe des Eies. Große Eier brauchen länger! ♠

Anwendung: Bodendruck (Abb. 2.43)
Noch ein Vergleich zwischen Straußen und Hühnern: Beide Vögel laufen vorzugsweise (der Strauß verwendet seine Flügel nur noch, um bei rasanten Geschwindigkeiten zu manövrieren). Welche Vogelart hat den größeren Bodendruck?

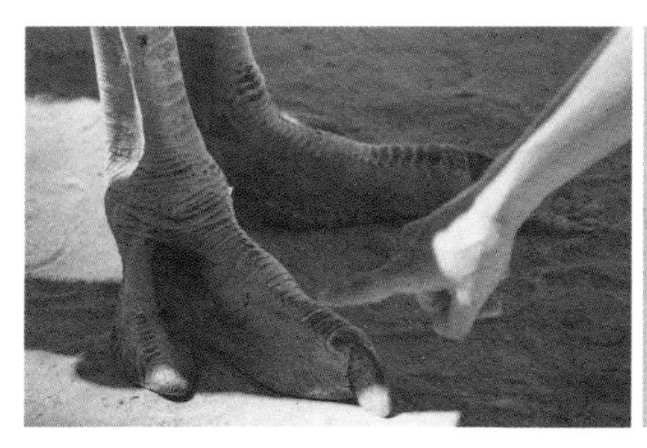

Abb. 2.43 Auftrittsflächen bzw. Bodendruck

Lösung:
Eine Aussage kann sofort getroffen werden: Die jungen Haushühner in Abb. 2.43 rechts haben einen geringeren Bodendruck als ihre Mutter (vgl. Anwendung S. 63): Sie sind kleiner und haben – bei ähnlicher Gestalt – eine im Verhältnis zum Gewicht größere Auftrittsfläche (Druck = Kraft / Fläche). Man möchte nun meinen, ein Strauß mit einem Gewicht von 50-100 Kilogramm habe natürlich einen viel größeren Bodendruck. Immerhin wiegt er vielleicht das zwanzig- oder dreißigfache eines erwachsenen Haushuhns. Anderseits hat sein Fuß überdimensionale Ausmaße (Abb. 2.43 links) und dürfte mit einer vielleicht zwanzig- bis dreißigfachen Auftrittsfläche das Gewicht wettmachen. Also: Der Bodendruck beider Vögel ist annähernd gleich groß.

Ein Strauß sieht gewissen Dinosauriern (z.B. den Raptoren) von der Gestalt her recht ähnlich. Diese Urtiere konnten wahrscheinlich auch schnell und womöglich auch ausdauernd laufen. Letzteres erfordert allerdings Warmblütigkeit.

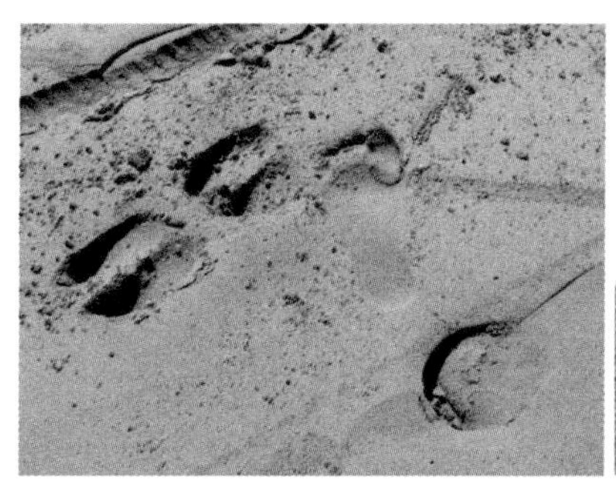

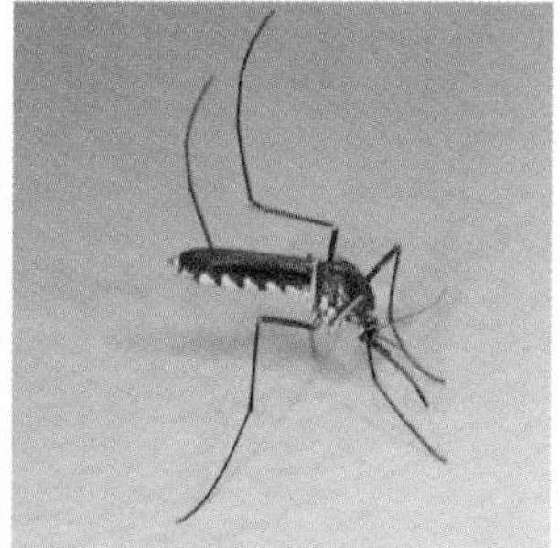

Abb. 2.44 Links: Mensch, Fahrrad, Ochse, Pferd. Mitte und rechts: Zwei Extreme

Ein Mensch hat eine relativ große Auftrittsfläche (Abb. 2.42 rechts, Abb. 2.44 links). Sitzt er auf dem Fahrrad, sieht die Sache schon anders aus (Abb. 2.44 links oben).

Ein Elefant hat nach oben Gesagtem einen kleineren Bodendruck als eine Kuh. Eine Giraffe wiegt etwas mehr als eine Kuh und hat etwas größere Hufe. Damit ist der Bodendruck vergleichbar. Die Anopheles-Mücke in Abb. 2.44 rechts setzt auch mit vier Beinen auf, allerdings wäre der Bodendruck bei vergleichbarem Körperbau und vergleichbaren Auftrittsflächen 1/500 des Bodendrucks der Giraffe (1 cm versus 500 cm). In dieser Größenordnung überwiegt bereits die Adhäsion. Die Mücke kann deswegen auch auf der Zimmerdecke sitzen. ♠

Anwendung: Tetra-Pak in verschiedenen Größen

Ein Getränk erscheint in „Tetra-Pak“ auf dem Markt, und zwar in Mengen von $0{,}25\,l$ bzw. $0{,}5\,l$. Wie viel mal mehr Verpackungsmaterial braucht die Halbliterpackung? Um wie viel Prozent größer sind die Kantenlängen des größeren Tetraeders (Abb. 2.45) oder auch Quaders (Abb. 2.46)?

Abb. 2.45 Tetra-Pak in verschiedenen...

Abb. 2.46 ...Größen und Formen

Lösung:

$$V_1 : V_2 = 1 : 2 \Rightarrow k = \sqrt[3]{2} = 1{,}26 \Rightarrow S_1 : S_2 = 1 : k^2 = 1 : \sqrt[3]{4} = 1{,}59$$

Man braucht also ca. um 59% mehr Verpackungsmaterial für die Halbliterpackung. Die Kantenlänge steigt nur um 26%. ♠

Anwendung: Auflösen eines Pulvers in einer Flüssigkeit

Die gleiche Menge eines Brausepulvers soll in zwei Wassergläsern aufgelöst werden. Das eine Mal ist das Pulver grobkörnig, das andere Mal sind die Kügelchen von halbem Durchmesser. Wie viel mal schneller wird sich das feinere Pulver zunächst auflösen?

Abb. 2.47 Auflösen eines Pulvers in Theorie...

Abb. 2.48 ...und Praxis

Lösung:
Die Radien verhalten sich wie $2:1$, die Volumina also wie $8:1$, die Oberflächen wie $4:1$. In der feineren Pulvermenge sind also 8 mal so viele Kügelchen vorhanden, jedes mit $\frac{1}{4}$ der Oberfläche einer großen Kugel (Abb. 2.47). Insgesamt haben alle kleinen Kugeln somit die doppelte Oberfläche, und die Flüssigkeit wird sie *zunächst* doppelt so schnell aufzulösen beginnen. Dabei ändert sich allerdings sowohl der Radius der großen als auch der kleinen Kugeln, und es treten andere Verhältnisse auf: Die kleinen Kugeln werden im Verhältnis immer kleiner. Obiges Beispiel stimmt also nur dann exakt, wenn sich die Radien der Kugeln nicht ändern. ♠

Anwendung: **Eintauchen eines Zylinders** (Abb. 2.49)
Ein beliebiger axial symmetrischer Zylinder (wie z.B. in Abb. 2.49 links) wird senkrecht in Wasser eingetaucht. Wie weit sinkt er ein?
Hinweis: Die Querschnitte sind nicht nur ähnlich, sondern sogar kongruent. Das Volumen eines Zylinders ist

$$\textit{Volumen} = \textit{Querschnitt} \times \textit{Höhe}$$

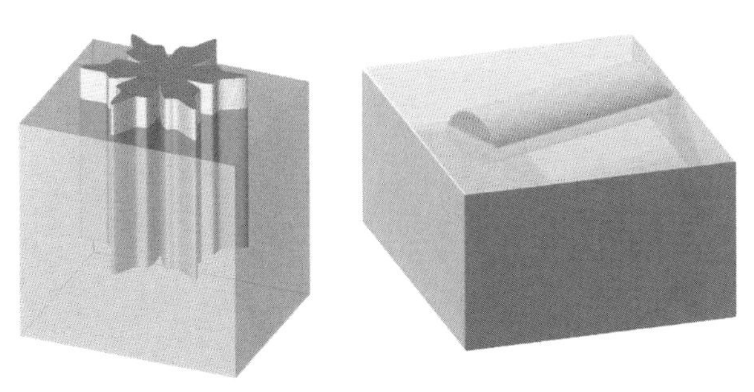

Abb. 2.49 Eintauchen eines allgemeinen Zylinders bzw. eines Drehzylinders.

Lösung:
Sei A die Querschnittsfläche, h die Zylinderhöhe, ϱ das spezifische Gewicht und t die Eintauchtiefe. Dann ist die Masse des Zylinders $M_Z = \varrho \cdot A \cdot h$ und die Masse des verdrängten Wassers $M_W = 1 \cdot A \cdot t$. Nach *Archimedes* gilt:

$$M_z = M_W \Rightarrow \varrho \cdot A \cdot h = A\,t \Rightarrow t = h \cdot \varrho$$

Wenn der Zylinder nicht fixiert wird, wird er unter Umständen – abhängig von seiner Form und dem spezifischen Gewicht – schon bei geringen Störungen (Wellenbewegung) eine stabilere Gleichgewichtslage einnehmen, etwa so wie in Abb. 2.49 rechts. Wir werden diesen physikalischen Vorgang in Anwendung S. 161 noch genauer untersuchen. ♠

Anwendung: **Eintauchen eines kegelförmigen Objekts in Wasser**
Ein beliebiger voller axial symmetrischer Kegel (Dichte $\varrho < 1$) schwimmt
a) mit der Spitze unten
b) mit seiner Basis unten
im Wasser. Wie weit taucht er ein? Wie viel Prozent der Mantelfläche sind benetzt?

Lösung:
Sei V das Volumen und $M = \varrho \cdot V$ die Masse des Kegels. Die Höhe sei 1 Einheit. Wir wenden das Gesetz des *Archimedes* an: *Das Gewicht des Körpers ist gleich dem Gewicht der verdrängten Flüssigkeit* (Wasser: $\varrho_w = 1$). Masse und Gewicht sind proportional ($G = M \cdot g$), also gilt das Gesetz auch für die Massen.
Zunächst zu Fall a) (Abb. 2.50a):
Die Einsinktiefe sei t_1 Einheiten ($0 < t_1 < 1$). Das verdrängte Wasservolumen ist ein ähnlicher Kegel mit dem Volumen $V_w = V \cdot t_1^3$. Nach *Archimedes* sind verdrängtes Gewicht und Gesamtgewicht dem Betrag nach gleich groß:

$$M_w = M \;\Rightarrow\; V \cdot t_1^3 = \varrho \cdot V \;\Rightarrow\; t_1 = \sqrt[3]{\varrho}.$$

Für die Mantelfläche gilt

$$\mathit{Gesamt} : \mathit{Benetzt} = 1 : t_1^2 = 1 : \sqrt[3]{\varrho^2}$$

Für Abb. 2.50a gilt $\varrho = 0{,}5$. Das ergibt $t_1 \approx 0{,}79$ und $t_1^2 \approx 0{,}63$, d.h., 79% der Körperhöhe tauchen ein und 63% der Mantelfläche sind benetzt.

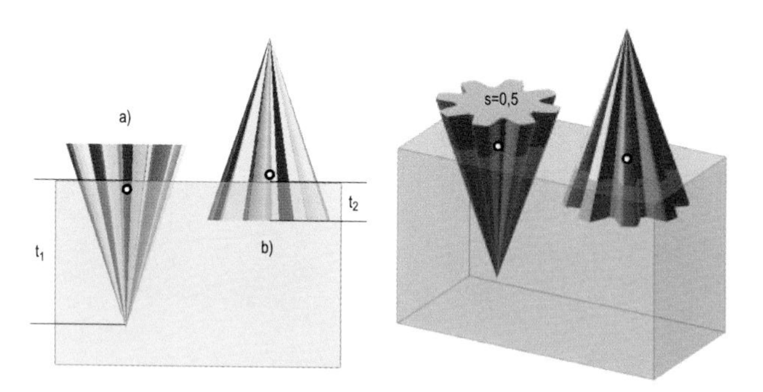

Abb. 2.50 Eintauchen eines Kegels

Nun zu Fall b) (Abb. 2.50b):
Der Kegel stehe h Einheiten aus dem Wasser heraus. Das Volumen (und damit die Masse) des verdrängten Wassers ist dann $V_w = V(1 - h^3)$. Mit *Archimedes* gilt dann

$$V(1 - h^3) = \varrho \cdot V \;\Rightarrow\; h = \sqrt[3]{1 - \varrho}.$$

Die Einsinktiefe ist

$$t_2 = 1 - h = 1 - \sqrt[3]{1 - \varrho}.$$

Für die Mantelfläche gilt:

$$\mathit{Gesamt} : \mathit{Benetzt} = 1 : (1 - h^2) = 1 : (1 - \sqrt[3]{(1 - \varrho)^2})$$

Für $\varrho = 0{,}5$ in Abb. 2.50b ergibt sich $t_2 \approx 0{,}21$ und $1 : (1 - h^2) \approx 1 : 0{,}37$, d.h., 79% der Körperhöhe ragen aus dem Wasser und nur 37% der Mantelfläche sind benetzt. Man vergleiche das Ergebnis mit dem von Fall a).

Beim Eintauchen anderer Körper – etwa einer Kugel – ist das verdrängte Volumen nicht ähnlich zum Ausgangskörper, und man muss andere, kompliziertere Methoden anwenden – siehe Anwendung S. 210.
Allgemein ist immer zu bedenken, dass ein Körper beim Eintauchen versucht, eine stabile Gleichgewichtslage einzunehmen. Der Kegel wird unter gewissen Bedingungen kippen! Man denke an die Eisberge, die etwa zu einem Zehntel ihres Volumens aus dem Wasser herausragen. Nicht selten beginnen diese unvorhergesehen zu rotieren, um eine andere, stabilere Lage einzunehmen. ♠

Anwendung: Kollektives Mimikry

In der kalifornischen Mojave-Wüste lebt ein Käfer (*Meloe franciscanus*), dessen 2 mm lange Larven sich zu Hunderten auf der Spitze eines Halms versammeln und gemeinsam die Form einer weiblichen Biene nachahmen sowie dabei zusätzlich Duftstoffe entwickeln, um männliche Bienen anzulocken. Noch bevor die Biene den Irrtum bemerkt, klammern sich möglichst viele Larven an sie, um sich ins Bienennest transportieren und fortan durchfüttern zu lassen[6].
Wie viele Larven können den Körper einer ca. 14 mm langen Biene imitieren?
Zusatzfrage: Wenn beim ersten „Transport" 25% aller Larven mitkommen und die restlichen wieder versuchen, eine weibliche Biene zu formen: wie lang ist diese?

Lösung:

Abb. 2.51 Kollektives Mimikry

Das Längenverhältnis ist etwa 7 : 1. Die Larven sind optisch etwas langgestreckter als die Biene, ihre Gestalt lässt sich aber gerade noch in Relation setzen. Um das Volumen der Biene zu erreichen, muss das Verhältnis zirka $7^3 : 1 = 343 : 1$ sein. Es sind also mehrere hundert Larven beteiligt. Wenn jetzt 25% weniger Larven da sind, schrumpft das Volumen der geformten Gestalt mit dem Faktor $k = 3/4$ und damit die Länge mit dem Faktor $\sqrt[3]{k} \approx 0{,}91$. Die neugeformte Gestalt ist somit statt 14 mm immerhin noch 12,7 mm lang. ♠

Anwendung: Große und kleine Menschen

Zwei ähnlich gebaute Menschen haben die Massen 50 kg und 75 kg. Weil sich ihre Massen (und damit Volumina) wie 1 : 1,5 verhalten, gelten nach obigem folgende Aussagen (siehe dazu Anwendung S. 387):

- Ihre Körpergrößen verhalten sich wie $\sqrt[3]{1} : \sqrt[3]{1{,}5} = 1 : 1{,}14$. Ist also der Leichtere z.B. 160 cm groß, so wird der Schwerere etwa 183 cm groß sein.

  Zeitungsmeldung vom 27.März 2007: „Der 2,36 m große Chinese *Bao Xishun* hat die Liebe seines Lebens gefunden. Die Glückliche ist ganze 68 cm kleiner als er." Das Foto daneben

[6] vgl. *Scientific American* (*Spektrum der Wissenschaft*), 8/2000, p. 16.

zeigt zwei einigermaßen gleichschlanke Personen. Der Gatte wird deswegen zum Zeitpunkt der Hochzeit wohl $(2{,}36/1{,}68)^3 \approx 2{,}75$-mal so schwer gewesen sein.

- Ihre Blutmengen und Leberkapazitäten verhalten sich so wie die Volumina. Wenn also der Leichtere 2 Gläser Wein trinkt, kann der Schwerere 3 Gläser trinken und etwa dieselbe Wirkung verspüren. In der Praxis spielen dabei natürlich noch andere Komponenten eine Rolle.
- Dem Kleineren wird schneller kalt als dem Größeren (schlechteres Verhältnis *Volumen* : *Oberfläche*). Das sollte man immer bedenken, wenn man mit Kindern im Winter spazierengeht... ♠

Anwendung: Wie viele Ameisen wiegen so viel wie ein Elefant?

Lösung:

Hier gilt – beim besten Willen – nicht die Ähnlichkeit! Die folgende Rechnung ist daher zunächst falsch: Elefant und Ameise haben – wie die meisten Lebewesen – etwa das spezifische Gewicht von Wasser. Ihre Längen verhalten sich wie $k \approx 3{,}5\,\text{m} : 7\,\text{mm} \approx 500$. Die Volumina (und Massen) verhalten sich daher wie $k^3 \approx 500^3 \approx 125$ Millionen. Die Ameise ist wesentlich fragiler gebaut. Das Verhältnis ist daher noch größer. Also korrigieren wir nach oben und schätzen: Ein Elefant wiegt so viel wie 1 Milliarde Ameisen...

Nun weiter mit unserer Schätzung: Die Landoberfläche der Erde beträgt etwa 150 Millionen km^2. Davon sind sagen wir 120 Millionen km^2 mit Kleintieren wie Ameisen besiedelt. Es genügen 8 Ameisen oder vergleichbare Kleintiere pro km^2, um einen Elefanten aufzuwiegen. Auf der Welt gibt es ca. 100 000 Elefanten. Die werden von 800 000 Ameisen pro km^2 bzw. 0,8 Ameisen pro m^2 „aufgewogen“. Nimmt man die Gesamtmasse aller momentan auf der Erde lebenden Insekten und wirbellosen Kleintiere (Würmer etc.), so ist deren Biomasse größer als die Gesamtmasse aller momentan lebenden anderen Tiere zusammen! Unter den Säugetieren sind unsere Nutztiere, die Kühe, die absoluten Spitzenreiter. Sie bringen ein mehrfaches der Biomasse der Menschen auf die Waage, und wiegen auch mehr als alle Ameisen zusammen.

Die tierische Biomasse macht nur einen winzigen Bruchteil der pflanzlichen Biomasse (weniger als 1%) aus. Diese beläuft sich auf geschätzte 2 Billionen Tonnen[7], also $2 \cdot 10^{15}$ kg. Bei einer durchschnittlichen Dichte von Wasser (1 kg/dm^3) entspricht das einem „Wasser-Quader“ mit den Ausmaßen 22 km × 22 km × 4 km. (Unsere Ozeane sind im Schnitt 4 km tief.) Wassermassen dieser Größenordnung werden unter Umständen bei einem unterirdischen Seebeben ruckartig bewegt und lösen dabei einen Tsunami aus. ♠

Anwendung: Sind größere Tiere von der Evolution bevorzugt? (Abb. 1.47)

Hirschkäfermännchen sind untereinander ähnlich, auch wenn ihre Größe zwischen 35 mm und 80 mm schwankt. Zwei Männchen (50 mm und 60 mm Länge) kämpfen um ein Weibchen. Wie viel mal so schwer bzw. stark ist das größere? Wo liegt trotzdem unter Umständen sein Problem?

Lösung:

Es ist $k = 60/50 = 1{,}2$. Also ist das größere Männchen $k^3 \approx 1{,}73$ mal so schwer und immerhin $1{,}2^2 = 1{,}44$ mal so stark (vgl. Anwendung S. 62). Anderseits ist die Luftversorgung über die Tracheen 1,2 mal so schlecht und

---

[7] Maxeiner, Mirsch: *Life counts*, Berlin Verlag, Berlin 2000, bzw. `http://www.maxeiner-miersch.de/life_counts.htm`.

zudem wird ein Teil der Kraft auch benötigt, die eigenen Gliedmaßen zu kontrollieren (längere Hebel!).

Während man sich von einem Männchen durchaus in den Finger beißen lassen kann, weil der Hebel der Geweihzangen groß ist, ist derselbe Versuch beim wesentlich kleineren Weibchen nicht ratsam. Dieses muss sich mit kurzen, aber effektiven Zangen in morsche Bäume „hineinfressen" können, um dort die Eier abzulegen.

Abb. 2.52 Kampf der Giganten: Für Nicht-Schwergewichte eine große Gefahr

Der – im Bild Abb. 2.52 spielerische – Kampf zweier Elefanten ist typischerweise ein stundenlanges „Kräftemessen", bei dem Körpermasse eine entscheidende Rolle spielt. Der Jungbulle Abu im Tiergarten Schönbrunn in Wien hat etwa 1800 kg Masse. Seine Mutter ist – wie im Bild links gut abschätzbar – 25% höher und damit doppelt so schwer. Für einen Tierpfleger endete Monate vorher eine Rempelei Abus tödlich! ♠

Anwendung: Wie und wann entstand das Universum?

Mit Super-Teleskopen kann man von der Erde aus gerade noch Sterne ausmachen, die ca. 3 Milliarden Lichtjahre weit entfernt sind (dabei sieht man praktisch in die Vergangenheit). Das Licht weiter entfernter Sterne schafft es nicht mehr durch die Erdatmosphäre. Mit Weltraumteleskopen (Hubble Teleskop) kann man allerdings Sterne ausmachen, die nur 1/50 dieser Grenz-Lichtstärke aufbringen. Nachdem die Helligkeit mit dem Quadrat der Entfernung abnimmt, kann man also theoretisch Sterne sehen, die $\sqrt{50} \approx 7$ mal so weit (mehr als 20 Milliarden Lichtjahre) entfernt sind.

Nachdem unser All vor etwa 12 – 15 Milliarden Jahren durch den „Urknall" entstanden ist, sollte man diesen auch beobachten können! Tatsächlich vermutet man auf gewissen Bildern das nur 300 000 Jahre alte Universum sehen zu können. Zu diesem Zeitpunkt – so vermutet man weiter – war es dem Licht erstmals möglich, aus der „Ursuppe" auszutreten. ♠

Anwendung: Seitenlänge des Fallschirms von Leonardo da Vinci

Leonardo da Vinci skizzierte vor 500 Jahren den ersten Fallschirm in Form einer vierseitigen Pyramide (Abb. 2.53 links). Er hätte vielleicht funktioniert, allerdings erweist sich ein Loch an der Spitze als stabilisierend. Der Mann in Abb. 2.53 links wäre wohl etwas unsanft gelandet. Wenn ein Basisquadrat mit 7 m Seitenlänge einen Körper mit 70 kg Masse einigermaßen sicher zu Boden bringt, wie groß muss die Seitenlänge für die doppelte Masse bei gleicher Fallgeschwindigkeit sein?

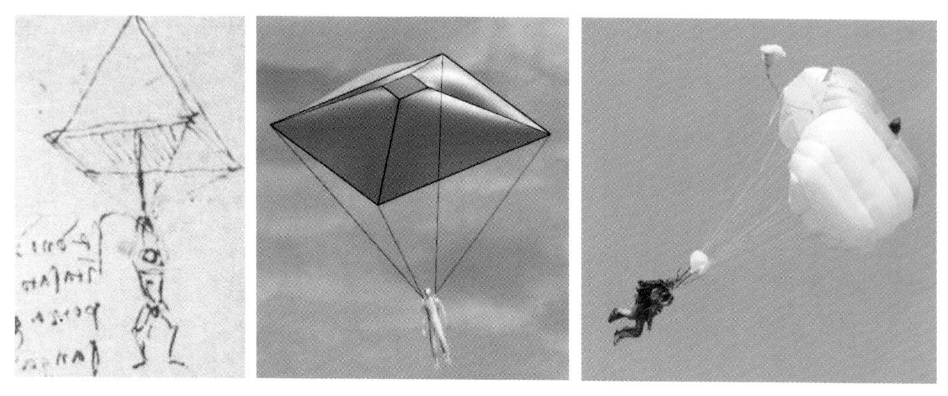

Abb. 2.53 Fallschirm-Varianten à la Leonardo

Lösung:
Der Luftwiderstand nimmt bei kleinen Geschwindigkeiten linear zur Querschnittsfläche zu, also mit dem Quadrat der Seitenlänge. Wir brauchen den doppelten Widerstand, also die $\sqrt{2}$-fache Seitenlänge (10 m). ♠

Anwendung: Längenausdehnung von Körpern bei Erwärmung (vgl. Anwendung S. 16, Anwendung S. 287)
Wird ein Körper mit Volumen V_1 um die Temperatur Δt erwärmt, so vergrößert sich sein Volumen auf V_2 nach der Formel

$$V_2 = V_1\,(1 + \gamma\,\Delta t)$$

Wie groß ist dabei die Längenausdehnung?

Abb. 2.54 Glühender Stahl wird nach Abschneiden beim Auskühlen kürzer (`voestalpine`)

Lösung:
Es gilt $k^3 = \dfrac{V_2}{V_1} = 1 + \gamma\,\Delta t$. Damit gilt für die entsprechenden Längen

(Breiten, Höhen): $k = \frac{L_2}{L_1} = \sqrt[3]{\frac{V_2}{V_1}}$. Die „Ausdehnungsformel“ lautet also

$$L_2 = L_1 \sqrt[3]{1 + \gamma\,\Delta t}$$

♠

Anwendung: „Abbildungsmaßstab“ bei Makro-Objektiven

Vor dem Siegeszug der Digitalkameras war die Sache klar: Ein Makro-Objektiv mit Abbildungsmaßstab 1:1 konnte ein Rechteck der Größe $36 \times 24\,\text{mm}^2$ bildfüllend aufnehmen. Wie ist das heute?

Die Chips der Digitalkameras haben heute verschiedene Größen. Die extrem teuren Chips mancher Profikameras haben nach wie vor das „klassische“ Format $36 \times 24\,\text{mm}^2$. In der mittleren Preisklasse folgen Chips mit etwa $22 \times 15\,\text{mm}^2$. Mit ihnen kann man – unter Verwendung desselben Objektivs – Rechtecke eben dieser Größe bildfüllend aufnehmen.
Konkret: Wenn ich einen 24 mm langen Käfer mit einer Profikamera mit 8 Megapixeln mit dem selben Objektiv einmal mit einem großen (teuren) und ein zweites Mal mit einem kleineren Chip (ebenfalls 8 Megapixel) aufnehme, ist die Aufnahme mit dem kleineren Chip wesentlich höher aufgelöst (Faktor $(36/22)^2 \approx 2{,}6$)! Allerdings muss man zwei Dinge berücksichtigen: Erstens kommt es nicht nur auf die Pixelanzahl an, sondern stark auf die Qualität des Chips. Größere Chips liefern (noch) bessere Ergebnisse. Zweitens verlängern kleinere Chips indirekt die Brennweite des Objektivs (die ist nämlich auch mit der klassischen Größe $36 \times 24\,\text{mm}^2$ verknüpft), in unserem Fall mit dem Faktor $36/22 \approx 1{,}6$. Das wiederum bewirkt eine beträchtliche (quadratische) Verringerung der Schärfentiefe (Anwendung S. 39). Die Profikamera wird wohl immer noch Testsieger bleiben... ♠

Anwendung: Saugnäpfe? (Abb. 2.55)

Ähnlich wie mit der Oberflächenspannung (Anwendung S. 57) verhält es sich mit Adhäsion, die in der gegenseitigen Anziehung der Teilchen an den Oberflächen verschiedener Substanzen besteht.

Abb. 2.55 Adhäsion macht's möglich

Geckos haben kleine Fortsätze an jeder Zehe, die durch kleine, eng beieinander liegende Haftlamellen gebildet werden, welche ihrerseits mit mikroskopisch kleinen, bis zu tausendfach verzweigten Härchen (etwa eine halbe Million pro Fuß) besetzt sind. Mit diesem ausgeklügelten System können diese Tiere an überhängenden Wänden auf Beute warten. Aber das Ausnützen der Adhäsion stößt bald an seine Grenzen, weil die Kontaktflächenzunahme nicht mit der Gewichtszunahme Schritt halten kann. Ein größeres und schwereres Tier kann gar nicht diese unfassbar große Anzahl von Härchen an jedem Fuß haben, die erforderlich wären, um den Körper an der Wand haften zu lassen. Abgesehen davon fehlt dem Tier mit zunehmender Größe die erforderliche Relativkraft, um sich ständig gegen die Schwerkraft zu stellen. Immerhin: Es gibt Versuche mit Klebestreifen nach dem „Gecko-Prinzip"[8].♠

Anwendung: Können große Tiere höher springen?

Man erkläre folgendes Paradoxon: Prinzipiell haben alle Tiere mit guten Sprungvoraussetzungen (entsprechende Proportionierung bzw. Muskelverteilung, lange Sprungbeine) – vom Insekt bis zu den großen Säugern – das Potential, etwa zwei Meter hoch zu springen. Bei kleinen Tieren (Körperlänge unter $5\,cm$) wird diese Höhe durch den Luftwiderstand umso stärker reduziert, je kleiner das Tier ist (Anwendung S. 13).

Lösung:

Zunächst einmal geht es beim Hochspringen um den Weg des Schwerpunkts, der bei großen Tieren grundsätzlich weiter oben ist. Die „Standhöhe" wollen wir bei unseren rechnerischen Überlegungen getrennt behandeln. Weiters geht es bei Beschleunigungen immer darum, *wie lange* die Kraft wirken kann.

Wir brauchen folgende Regeln:

(1) Die Sprunghöhe hängt *vom Quadrat* der Anfangsgeschwindigkeit ab. (Wenn der Körper abgehoben hat, wirkt nur noch die Schwerkraft.) Doppelte Anfangsgeschwindigkeit bedeutet vierfache Sprunghöhe!

(2) Die Anfangsgeschwindigkeit ist umso größer, je länger die Beschleunigung durch den Muskel stattfindet. Die Zeitdauer hängt von der Beinlänge ab.

(3) Die Beschleunigung ergibt sich aus der Beziehung Kraft = Masse × Beschleunigung

Setzen wir jetzt zunächst (3) in (2) und anschließend (2) in (1) ein, so gilt:

(4) Die Sprunghöhe hängt ab vom
Quadrat des Ausdrucks (Kraft × Zeit) / Masse.

Die Kraft, so wissen wir schon, steigt mit zunehmender Körperlänge quadratisch, die Zeit hängt linear von der Schenkellänge und damit linear von der Körperlänge ab. Der Ausdruck Kraft × Zeit steigt damit genau wie die Masse mit der dritten Potenz an. Dies führt zu einem erstaunlichen Zwischenergebnis (das wir in weiterer Folge ein bisschen anpassen müssen):

Die absolute Sprunghöhe hängt nicht von der Körpergröße ab.

---

[8] `www.welt.de/data/2003/06/03/106227.html`

Abb. 2.56 Sprungkraft bei kleineren und größeren Tieren

Tatsächlich springen die kleinen Guanos (das sind kleine Halbaffen mit nur einem Zehntel Kilogramm Masse, die auch unter dem Namen „Bush-Babys" bekannt sind) fast so hoch wie ein Leopard.

Das „Urpferdchen" (*Propalaeotherium*) war der Vorgänger des heutigen Pferdes und hatte eine Kopf-Rumpf-Länge von 55 cm (bei einer Schulterhöhe von 30 cm). Wenn ein heutiges Pferd den Schwerpunkt 120 cm heben kann (und damit über einen 220 cm hohen Balken springt), konnte das Urpferdchen das ebenso (und über einen 140 cm hohen Balken springen).

Nach diesem Beispiel ist auch klar, warum der Kubaner Javier *Sotomayor*, dessen legendärer Weltrekord über 2,45 m seit 1993 unangetastet ist, seinen Erfolg unter Anderem auch seiner enormen Größe (2,08 m) verdankt: Nicht weil große Menschen höher springen, sondern weil sein Schwerpunkt von vorne herein höher liegt! Zusätzlich hat er noch im Verhältnis sehr lange und entsprechend trainierte Schenkel und einen sehr leichten Oberkörper.

Nun zu den kleinen Tieren (5 cm abwärts): Sogar die sprunggewaltigsten Heuhüpfer schaffen nur ein Viertel der Sprunghöhe der größeren Tiere, obwohl sie Vollprofis im Springen sind. Das ist eine Folge des Luftwiderstands: Kleine Käfer erreichen eine Fallgeschwindigkeit von 3 Metern pro Sekunde. Mehr geht einfach nicht: Der Luftwiderstand bremst sie sofort ab. Und jetzt wieder zur Physik: Wenn ich ein Steinchen mit 3 Meter pro Sekunde hochwerfe, fliegt es ganze 45 cm hoch! Um das Steinchen 2 m hoch zu werfen, muss ich es mit fast 7 Metern pro Sekunde hochwerfen!

Abb. 2.57 Hier zählt nicht die Sprungkraft, sondern die Austrittsgeschwindigkeit!

Selbst wenn ein kleines Insekt in der Lage wäre, mit 7 Metern pro Sekunde abzuspringen (theoretisch könnte es das), würde es vom Luftwiderstand sofort abgebremst werden und damit seine Flughöhe drastisch verkleinert werden. Es macht folglich schlichtweg für ein Insekt keinen Sinn, mit zu viel Energie wegzuspringen.

Der nur 2 bis 3 Millimeter große Rattenfloh – der als Überträger der Pest gefürchtet war – ist ein wahrhaft begnadeter Springer, der das 50-fache seiner Körpergröße hoch springen kann. Seine Anfangsgeschwindigkeit beträgt weniger als zwei Meter pro Sekunde. Das ist aber auch schon seine Höchstgeschwindigkeit im freien Fall.

Delfine und auch größere Wale springen mitunter meterhoch aus dem Wasser. Maximale Sprunghöhe wird erreicht, wenn die Tiere vertikal aus dem Wasser schießen. Hier geht es nur um die Maximalgeschwindigkeit unter Wasser, nicht aber um die Sprungkraft! Wenn sich also ein beliebig großer Meeressäuger (oder auch ein Pinguin) mit 10 m/s lotrecht aus dem Wasser schleudern lässt, hebt sich sein Schwerpunkt gemäß Formel (1.18) etwa 5 Meter aus dem Wasser. ♠

Anwendung: Brauchen große Flugzeuge im Verhältnis weniger Treibstoff?

Wenn man davon ausgeht, dass sich größere und kleinere Verkehrsflugzeuge

einigermaßen ähnlich sehen, ist die Frage schnell beantwortet: Ja, sie brauchen verhältnismäßig weniger Flugbenzin: Ein Flugzeug, das 320 Passagiere befördern kann, braucht in seinen Ausmaßen theoretisch nur doppelt so groß zu sein wie ein anderes, das 40 Personen befördert ($40 \cdot 2^3 = 320$).

Dann hat es aber nur den vierfachen Luftwiderstand, und der pro-Kopf-Verbrauch ist halb so groß wie beim kleinen Modell.

Große Verkehrsflugzeuge können auch höher fliegen als kleine und haben dort geringeren Widerstand. Anderseits erfordert das Aufsteigen einen enormen Kraftaufwand, weshalb die Sachlage nur bei Langstreckenflügen eindeutig ist.

Konkrete Zahlen: Die Lufthansa hat nach eigenen Angaben einen Kerosinverbrauch von durchschnittlich 4,4 Litern pro Person und 100 km Flugstrecke. Das Großraumflugzeug Airbus A380-800 verbraucht hingegen 3,4 Liter, die geplante neue Boeing 787 soll angeblich mit 2,5 Litern durchkommen. ♠

Anwendung: In der Schifffahrt gilt: „Länge läuft"

Entscheidend für den Wasserwiderstand ist die Breite des Schiffrumpfs, und die steigt bei ähnlicher Bauweise nur mit der Wurzel der eingetauchten Rumpffläche.

Gelegentlich findet man sogar die Formel für die Maximalgeschwindigkeit $v_{max} \approx 2{,}5\sqrt{L}$ Seemeilen/Stunde (wobei L die Rumpflänge ist).

Beim Skilauf werden zum Abfahrtslauf – ebenfalls nach dem Motto „Länge läuft" – wesentlich längere Skis verwendet als bei den technischen Disziplinen. Damit beim Siegerinterview die Skimarke ständig im Bild ist, werden gelegentlich die langen Skis gegen kürzere ausgetauscht. ♠

3 Winkel und Winkelfunktionen

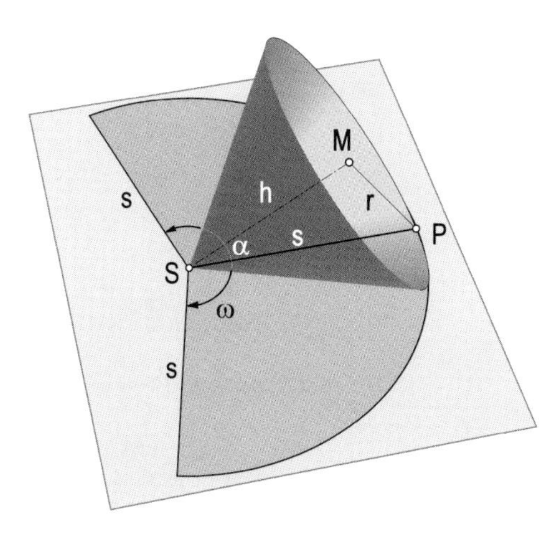

In diesem Kapitel vertiefen wir unser Wissen über das rechtwinklige bzw. schiefwinklige Dreieck. Dabei werden die für zahlreiche Anwendungen wichtigen Winkel- oder Kreisfunktionen besprochen. Der erste Abschnitt ist das Bindeglied zu diesen Abschnitten. Der Pythagoreische Lehrsatz ist seit 2 500 Jahren bewiesen und wahrscheinlich vom Inhalt her noch viel früher bekannt. Er bringt uns Verständnis für die Zusammenhänge zwischen Winkeln und Winkelfunktionen. Die Umkehrung des Satzes, nämlich dass ein Dreieck rechtwinklig ist, wenn die Pythagoreische Formel erfüllt ist, ist bei manchen Beweisen wichtig. Im zweiten Abschnitt werden wir sehen, dass man in der Mathematik besser mit dem Bogenmaß und nicht mit dem Gradmaß rechnet. Es wird auch plausibel gemacht, dass wir mit unseren Augen eigentlich Winkel und nicht Strecken messen, was Auswirkung auf das subjektive Empfinden beim Betrachten von Fotografien hat.
Der folgende Abschnitt befasst sich mit den Winkelfunktionen und deren Zusammenhängen. Auch die Frage, wie schon im Altertum mit diesen Funktionen gerechnet wurde, wird erklärt.
Im nächsten Abschnitt werden die Berechnungen im schiefwinkligen Dreieck besprochen, die meist auf Anwendung des Sinussatzes und Kosinussatzes hinauslaufen. Damit können wir verschiedenste Probleme direkt lösen.
Der letzte Abschnitt bietet wieder ein Sammelsurium von Anwendungen zum gesamten Kapitel.

Übersicht

3.1 Die Satzgruppe des Pythagoras

Im rechtwinkligen Dreieck (Katheten a, b, Hypotenuse c) gilt der *Pythagoreische Lehrsatz*:

$$a^2 + b^2 = c^2 \tag{3.1}$$

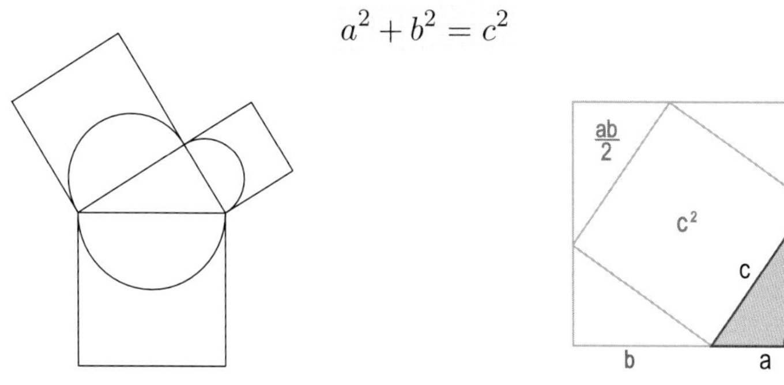

Abb. 3.1 Satz von Pythagoras **Abb. 3.2** Figur zum Beweis

Beweis:
Der Beweis ist von so großer Bedeutung, dass er im Lauf der Geschichte auf über 200 verschiedene Arten (!) geführt wurde. Hier eine besonders einsichtige Variante:
Mit Abb. 3.2 lässt sich die Fläche des Quadrats auf zwei Arten anschreiben:

$$A = (a + b)^2 = a^2 + 2ab + b^2 \quad \text{bzw.} \quad A = c^2 + 4\frac{ab}{2},$$

woraus durch Gleichsetzen schon (3.1) folgt. ◇

Abb. 3.1 illustriert, dass die Summe der Quadratflächen über den Katheten gleich der Quadratfläche über der Hypotenuse ist. Dasselbe gilt für je drei ähnliche Figuren (wie z.B. Halbkreise), die man über den drei Seiten errichtet. Die Umkehrung des Satzes von Pythagoras lautet:

Gilt in einem Dreieck die Beziehung $a^2 + b^2 = c^2$, dann ist es rechtwinklig.

Beweis:
Wir führen den Beweis „indirekt“.
Wir nehmen an, es gilt $a^2 + b^2 = c^2$ und das Dreieck ist nicht rechtwinklig (Abb. 3.3). Dies führt zu einem Widerspruch. (In der Mathematik gilt nämlich: Wenn etwas nicht falsch ist, dann ist es wahr. Es gibt also ein „Schwarz-Weiß-Denken“, das sich auf das Prinzip der Widerspruchsfreiheit gründet. Umgekehrt ist ein Beweis wertlos, wenn an irgend einer Stelle ein Schluss verwendet wird, der nicht unter allen Umständen korrekt ist.)
Durch Einzeichnen der Höhe h auf b lässt sich das Dreieck als Summe oder Differenz zweier rechtwinkliger Dreiecke AHB und BCH interpretieren. In beiden Dreiecken gilt der Satz von Pythagoras (schon bewiesen), also

$$(1) \cdots c^2 = (b \pm d)^2 + h^2 \quad \text{und} \quad (2) \cdots a^2 = d^2 + h^2$$

Wir subtrahieren (2) von (1) und erhalten

$$c^2 - a^2 = (b \pm d)^2 - d^2 = b^2 \pm 2bd.$$

Nach Voraussetzung gilt aber $c^2 - a^2 = b^2$. Daher muss $2bd = 0$ und damit $d = 0$ sein. Damit ist $H = C$ und das Dreieck ist rechtwinklig. ◇

Anwendung: **Ägyptisches Dreieck** (Abb. 3.4)

Den alten Ägyptern war bekannt, dass ein Dreieck mit den Seitenlängen 3, 4 und 5 rechtwinklig ist. Sie nahmen also ein Seil, knüpften darauf 12 Knoten in gleichem Abstand, banden es zu einer Schlinge zusammen und

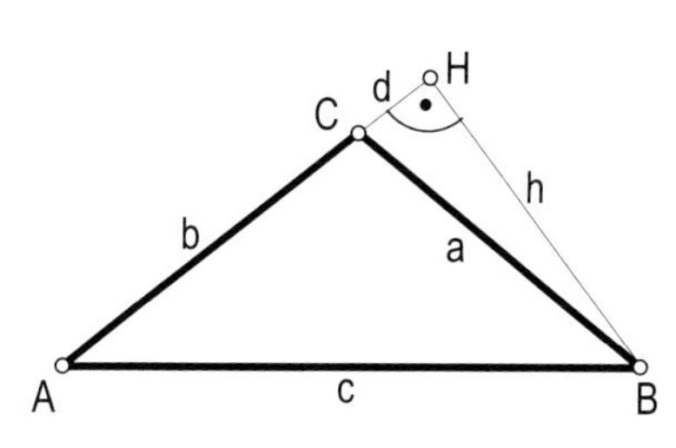

Abb. 3.3 Zum Beweis der Umkehrung

Abb. 3.4 Vermessung im Reisfeld

spannten diese Schlinge an drei Eckpunkten (bei Knoten 0 = 12, Knoten 3 und Knoten 7). Damit konnten sie ihre Reisfelder in rechtwinklige Parzellen einteilen. Im Übrigen setzt sich die Vorderansicht der Chephren-Pyramide aus zwei ägyptischen Dreiecken zusammen.

Den alten Indern war überdies das ebenfalls rechtwinklige Dreieck mit den Seitenlängen 5, 12 und 13 bekannt. Die Suche nach rechtwinkligen Dreiecken mit ganzzahligen Seiten beschäftigte u. a. die Pythagoreische Schule (Pythagoras 580 – 496 v.Chr.). Die Lösungen werden als „Pythagoreische Tripel" bezeichnet:

$$[k(m^2 - n^2),\ 2kmn,\ k(m^2 + n^2)], \quad k, m, n \text{ ganzzahlig}$$

Für $k = 1$, $m = 2$, $n = 1$ ergibt sich das ägyptische, für $k = 1$, $m = 3$, $n = 2$ das indische Dreieck. ♠

Anwendung: Königskammer in der Cheops-Pyramide (Abb. 3.5)
Die Cheops-Pyramide wurde vor mehr als 4 500 Jahren gebaut, also 2 000 Jahre vor Pythagoras. Trotzdem finden wir in ihr mehrere Beispiele für pythagoreische Tripel. Eines davon ist die schon zitierte Königskammer aus Granit (Anwendung S. 73). Die Maße des in der Figur eingetragenen rechtwinkligen Dreiecks betragen 15, 20, 25 ägyptische Ellen. Die Höhe der Kammer ist nicht rational, sondern offensichtlich $\sqrt{15^2 - 10^2} \approx 11{,}2$ Ellen. ♠

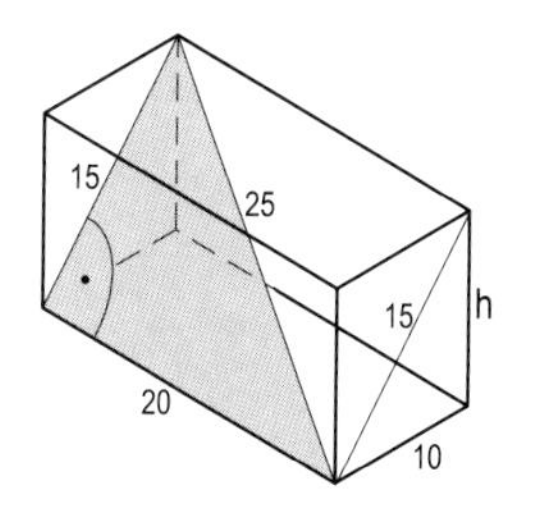

Abb. 3.5 Grabkammer, einzige Cheops (Khufu)-Statue (12 cm), Granitsteinbruch Syene

Die Dreiecke ABC, ACH und CBH (Abb. 3.6) sind ähnlich (gleiche Winkel). Aus den Proportionen $a_c : h = h : b_c$ und $c : a = a : a_c$ bzw. $c : b = b : b_c$ folgen *Höhensatz* und *Kathetensatz*

$$a_c\, b_c = h^2 \qquad c\, a_c = a^2,\ c\, b_c = b^2 \tag{3.2}$$

Bei Addition der beiden Kathetensätze erhält man übrigens

$$a^2 + b^2 = c\,(a_c + b_c) = c^2.$$

Damit ist der „Pythagoras“ auf eine zweite Art bewiesen.

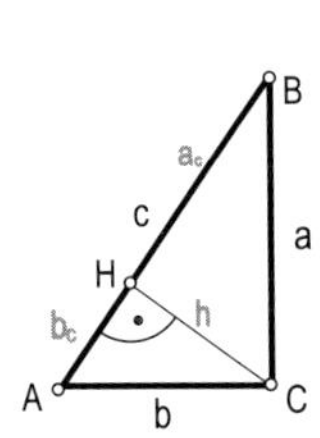

Abb. 3.6 Höhen- und Kathetensatz

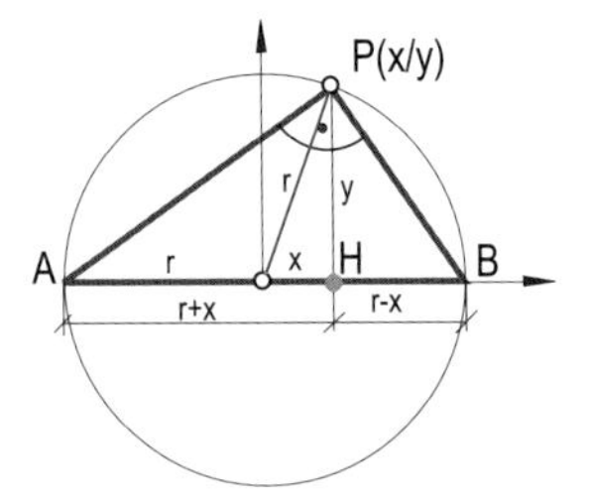

Abb. 3.7 Satz von *Thales*

Anwendung: Konstruktion der goldenen Teilung und Näherungskonstruktion der Zahl π (Abb. 3.8)

Man erkläre die beiden in der Figur angegebenen Konstruktionen von $\frac{1+\sqrt{5}}{2}$ von *Euklid* (siehe Anwendung S. 27) bzw. die auf zwei Kommastellen genaue Näherungskonstruktion von π von *Wunderlich*.

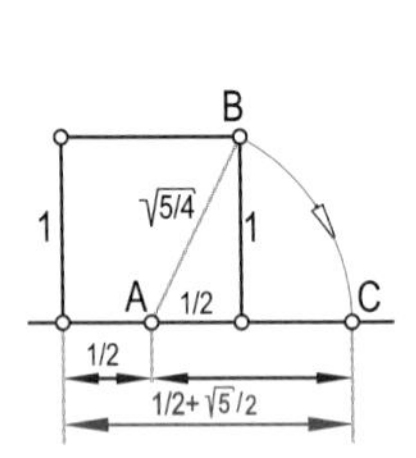

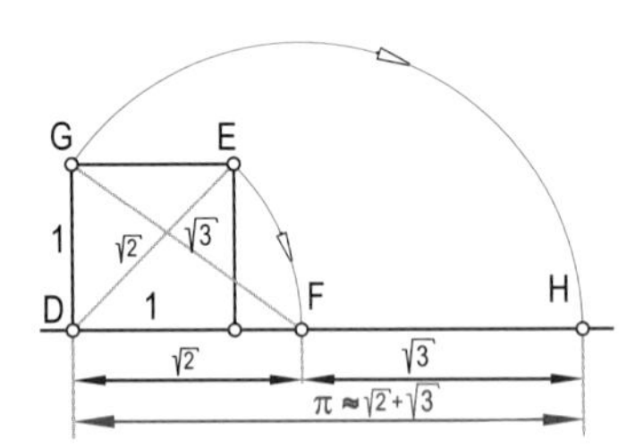

Abb. 3.8 Konstruktion zweier berühmter Zahlen

Lösung:

Zur Konstruktion des goldenen Schnitts:

$$\overline{AB}^2 = (1/2)^2 + 1^2 = 5/4 \Rightarrow \overline{AC} = \overline{AB} = \sqrt{5}/2$$

Zur Näherungskonstruktion von π:

$$\overline{DE}^2 = 1^2 + 1^2 = 2 \Rightarrow \overline{DF} = \overline{DE} = \sqrt{2}$$
$$\overline{FG}^2 = \overline{DF}^2 + 1^2 = 3 \Rightarrow \overline{FH} = \overline{FG} = \sqrt{3}$$
$$\Rightarrow \overline{DH} = \overline{DF} + \overline{FH} = \sqrt{2} + \sqrt{3} \approx 3{,}146 \approx \pi \quad \text{(Fehler} \approx 0{,}15\%)$$

♠

Weiters gilt der fundamentale

Satz von Thales: Jeder Winkel im Halbkreis ist ein rechter Winkel.

Beweis:

Auch dieser bedeutsame Satz – Thales (ca. 630 – 550 v. Chr.) war einer der ersten griechischen Mathematiker – wurde schon auf zahlreiche Arten bewiesen. Einer dieser Beweise deutet den Satz als Spezialfall des Peripheriewinkelsatzes (Abb. 3.48). Hier ein anderer Beweis (Abb. 3.7):

Die Dreiecke AHP bzw. BHP sind rechtwinklig $\Rightarrow$ es gilt zweimal Pythagoras:

$$\overline{AP}^2 = \overline{AH}^2 + \overline{HP}^2 = (r+x)^2 + y^2$$

$$\overline{BP}^2 = \overline{BH}^2 + \overline{HP}^2 = (r-x)^2 + y^2$$

$$\Rightarrow \overline{AP}^2 + \overline{BP}^2 = (r^2 + 2rx + x^2 + y^2) + (r^2 - 2rx + x^2 + y^2)$$

$$= 2\underbrace{(x^2+y^2)}_{r^2} + 2r^2 = 4r^2 = \overline{AB}^2$$

Es gilt also auch im Dreieck ABP der Pythagoras $\Rightarrow$ das Dreieck ist rechtwinklig. ◇

Anwendung: Straßenbrücke (Abb. 3.9)

Brücken haben oft bogenförmige Tragwerke. Diese Bögen können kreisförmig, parabelförmig oder „kettenlinienförmig" sein (die Statik lehrt, dass die Kettenlinienform ein „Stützlinienbogen" ist. Siehe dazu Anwendung S. 328). Sei in unserem Fall der Bogen kreisförmig (was den Vorteil hat, dass kongruente Bauteile auftreten). Gegeben sei die Spannweite s und maximale Höhe h. Gesucht sei der Kreisradius r sowie eine Stützenhöhe t im Abstand x.

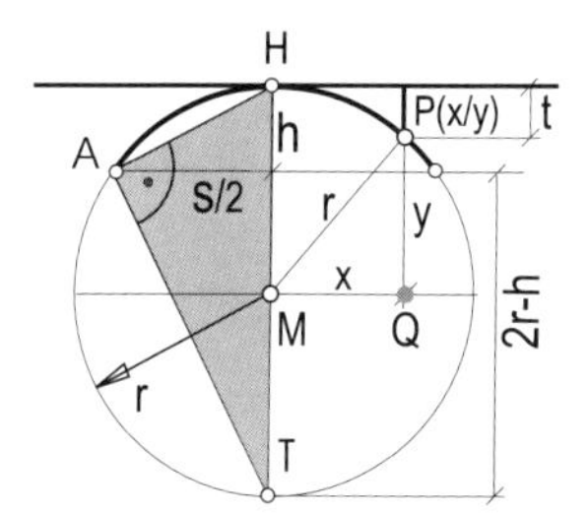

Abb. 3.9 Bloukrans River Bridge, Südafrika

Lösung:

Auf Grund des Satzes von *Thales* ist das Dreieck AHT rechtwinklig, sodass der Höhensatz anwendbar ist $(s/2)^2 = h(2r-h)$. Durch Umformen lässt sich nun r berechnen:

$$\frac{s^2}{4} = 2rh - h^2 \Rightarrow r = \frac{s^2+4h^2}{8h} \tag{3.3}$$

Die Stützenhöhe im Abstand x ergibt sich aus dem rechtwinkligen Hilfsdreieck PQM mittels Pythagoras: $t = r - y = r - \sqrt{r^2 - x^2}$ ♠

Anwendung: Baum des Pythagoras

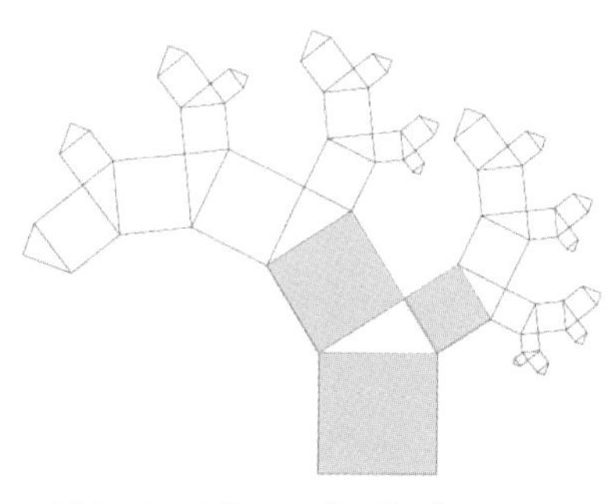

Abb. 3.10 Baum des Pythagoras

Es schien schon im Altertum naheliegend, die pythagoreische Figur Abb. 3.1 ähnlich verkleinert „rekursiv" (fraktalartig) wie in Abb. 3.10 zu wiederholen. Die entstehende Figur hat bei wachsender Rekursionstiefe keinen klaren Umriss mehr und kann beliebig gezoomt werden, ohne dass sie sich ändert. Auf der letzten Buchseite (S. 436) finden Sie eine schöne Verallgemeinerung der Rekursion von F. *Gruber* und G. *Wallner*.

♠

3.2 Bogenmaß

In der Mathematik rechnet man oft nicht mit dem altbekannten Gradmaß (die Einteilung des Winkels in 360 Teile stammt noch von den alten Griechen), sondern mit dem zugehörigen Bogenmaß (*Arcus*):

Das Bogenmaß φ eines Winkels φ° ist definiert als die Länge des zum Winkel φ° gehörenden Bogens am Einheitskreis.

Für $\varphi^\circ = 180^\circ$ erhalten wir den halben Umfang π des Einheitskreises. Somit gilt

$$\varphi = \varphi^\circ \frac{\pi}{180^\circ} \quad \text{bzw. umgekehrt} \quad \varphi^\circ = \varphi \frac{180^\circ}{\pi} \tag{3.4}$$

Insbesondere entspricht dem Bogenmaß $\varphi = 1$ der Winkel $\varphi^\circ = 180^\circ/\pi \approx 57^\circ$. Für den entsprechenden Kreisbogen auf einem Kreis mit Radius r gilt:

$$b = r\,\varphi \tag{3.5}$$

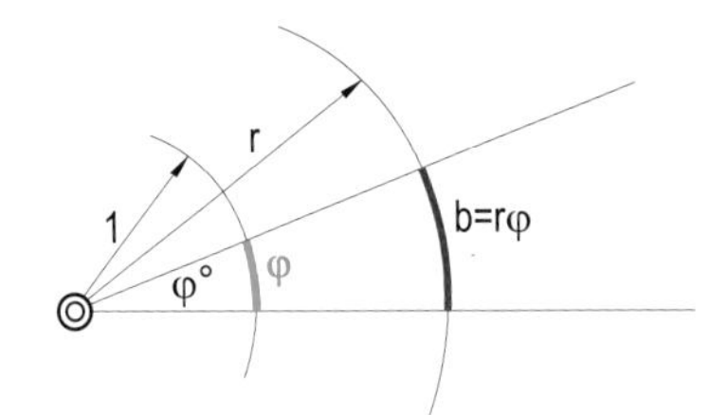

Abb. 3.11 Bogenmaß

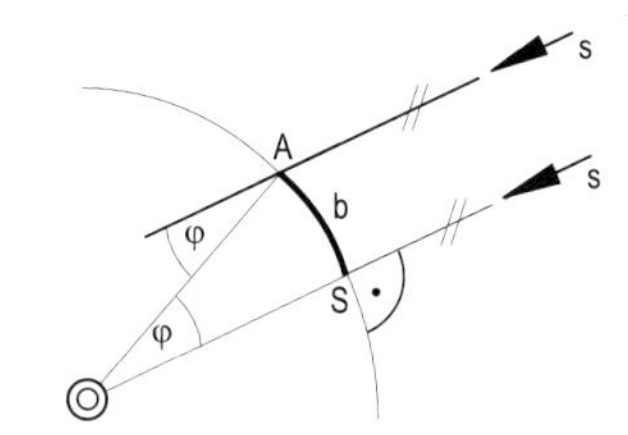

Abb. 3.12 Berechnung des Erdumfangs

Anwendung: Berechnung des Erdumfangs durch *Eratosthenes* (Abb. 3.12)
Schon den alten Griechen war bekannt, dass die Erde Kugelgestalt haben muss (dieses Wissen ging dann für lange Zeit verloren). *Eratosthenes* hat bereits im 3. Jh. v. Chr. den Umfang der Erdkugel (!) erstaunlich genau wie folgt ermittelt: Der antike Ort Syene lag ziemlich genau am nördlichen Wendekreis (in der Nähe des heutigen Assuan). Es war wahrscheinlich weithin bekannt, dass es dort einen Brunnen gab, in dem sich die Sonne am Tag der Sommersonnenwende beim Hineinschauen zu Mittag im Spiegelbild genau hinter dem eigenen Kopf befand, die Sonnenstrahlen also senkrecht in einen Brunnen fielen. *Eratosthenes* stellte nun durch erstaunlich genaue Messung fest, dass zur selben Zeit in Alexandria – 800 km genau nördlich davon – der Einfallswinkel (vom Lot aus gemessen) 7,2° war. Unter der Annahme, dass die Erdoberfläche kugelförmig ist, lässt sich dann eine einfache Proportion feststellen:
$b = r\varphi \Rightarrow 800\,\text{km} = r\left(7{,}2^\circ \frac{\pi}{180^\circ}\right) \Rightarrow r \approx 6\,370\,\text{km} \Rightarrow U \approx 40\,000\,\text{km}.$
Hinweise auf die Tatsache, dass die Erde Kugelgestalt hat, gab es schon in der Antike: So berichteten Seefahrer, die entlang der westafrikanischen Küste Richtung Äquator segelten, von einem sich ständig verändernden Sternenhimmel. Die Berechnung von *Eratosthenes* war natürlich kein „Beweis" für die Kugelgestalt, wohl aber für die Tatsache, dass die Erdoberfläche gekrümmt sein muss. Ein empirischer Beweis kann aber so erfolgen: Zunächst muss sichergestellt sein, dass die Sonnenstrahlen „parallel" sind.

In Wirklichkeit ist die Sonne keine punktförmige Lichtquelle und die verschiedenen Lichtstrahlen bilden einen Winkel von bis zu einem halben Grad. Wirft nun ein Objekt einen Schlagschatten, so ist dieser deswegen von einer „Halbschatten-Aura" umrahmt, die umso besser zu sehen ist, je weiter das schattenspendende Objekt entfernt ist. Für unsere Rechnung wollen wir aber der Einfachheit halber bei „parallelen" Sonnenstrahlen bleiben.

Nun stellt man Vergleiche mit vielen anderen Orten an und erhält natürlich dasselbe Ergebnis. Selbst dann könnte die Erde theoretisch immer noch die Form eines „Spindeltorus" haben, der entsteht, wenn ein Kreis um eine seiner Sehnen rotiert (die Kugel entsteht durch Rotation eines Kreises um einen seiner Durchmesser). Man bedenke, dass Fotografien der Erdkugel aus dem Weltall erst seit kurzer Zeit zur Verfügung stehen! ♠

Anwendung: Wie groß ist eine Daumenbreite? (Abb. 3.13)

Um sich gegenseitig Positionen von weit entfernten Objekten mitzuteilen, verwendet man gern „Daumenbreiten", etwa: „Siehst du den schwarzen Fleck zwei Daumenbreiten neben der markanten Baumgruppe?". Kennt man die ungefähre Entfernung d des Objekts, lässt sich seine Größe abschätzen. Wie groß ist ein Objekt in d m Entfernung, das „einen Daumen breit" ist?

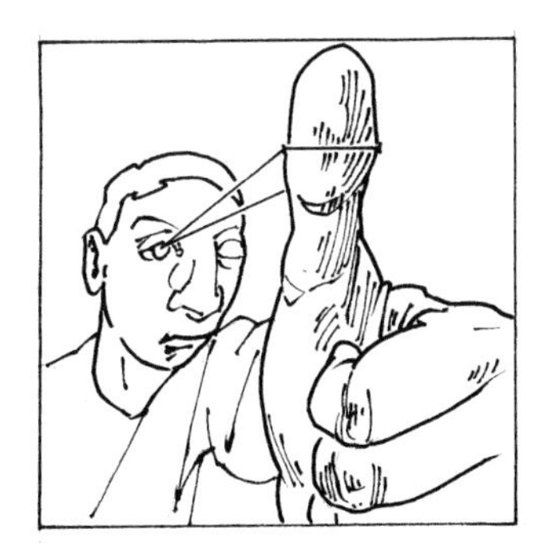

Abb. 3.13 „Daumenbreite"

Abb. 3.14 Wie weit ist es zum Flugzeug?

Lösung:

Bei gestrecktem Arm ist unser Daumen etwa $r = 60\,\mathrm{cm}$ vom nicht-zugekniffenen Auge entfernt. Der Daumen selbst ist etwa $b = 2\,\mathrm{cm}$ breit. Das Bogenmaß des Sehwinkels φ ist daher $\varphi = \frac{b}{r} \approx \frac{1}{30}$ (der Sehwinkel ändert sich kaum für größere oder kleinere Personen, weil ja Armlänge und Daumenbreite ungefähr proportional bleiben). Damit gilt für die Breite des „daumenbreiten" Objekts in der Distanz d Meter:

$$D = \frac{d}{30}\,\mathrm{m}$$

Umgekehrt kann man bei bekannter Größe eines Objekts dessen Entfernung schätzen: Ist etwa ein Haus von $12\,\mathrm{m}$ Seitenlänge bzw. Höhe „einen halben Daumen breit bzw. hoch", dann ist es wegen $\frac{12\,\mathrm{m}}{d} = \frac{1}{2} \cdot \frac{1}{30}$ etwa $d = 720\,\mathrm{m}$ entfernt.

Man kann auch mit „Handbreiten" arbeiten: Einer Handbreite beim Fingeransatz entsprechen – unabhängig von Alter und Geschlecht – recht konstant 8°.

Sonne und Mond erscheinen ca. unter einem halben Grad am Firmament. Wenn das Flugzeug in Abb. 3.14 $100\,\mathrm{m}$ lang ist, dann ist es wegen $100\,\mathrm{m} = \frac{0{,}4^\circ \pi}{180^\circ} r$ etwa $r = 14\,\mathrm{km}$ vom Beobachter entfernt. ♠

Anwendung: Wie lang ist eine Seemeile?

Lösung:

Die Länge einer Seemeile ist definiert als die Länge einer Bogenminute (1/60 eines Grads) auf dem Äquator. 40 000 km entsprechen somit $360° = 360 \cdot 60'$ und 1 Seemeile entspricht $40\,000\,\text{km}/360/60 = 1{,}852\,\text{km}$.

Diese Einheit ist auf See tatsächlich sehr nützlich: Winkel zu Sternen kann man auf hoher See leicht messen. Schiffe bewegen sich, wenn sie „gerade" fahren, auf Bahnen, die lokal gesehen einem Großkreis auf der Erdkugel – also einem Kreis mit Erdumfang – sehr nahe kommen.

Ein Kilometer (1000 m) wurde früher auch über den Erdumfang definiert, nämlich als 1/40 000 davon. Seit 1983 hängt die Definition der Längeneinheit von der Definition der Sekunde ab: Ein Meter ist jene Strecke, die Licht im Vakuum in 1/299 792 458 Sekunde durchläuft. ♠

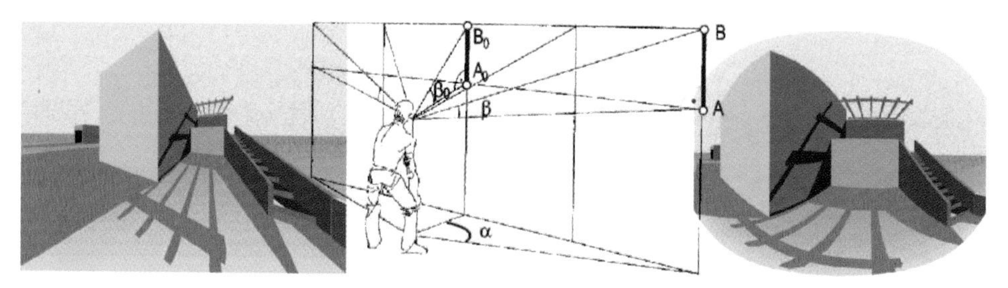

Abb. 3.15 Links: Klassische Perspektive, rechts: gekrümmte Perspektive

Anwendung: Gekrümmte Perspektive (Abb. 3.15)

Wenn wir uns nahe zu einem „großen" Objekt stellen, etwa vor eine frontale Mauer (Abb. 3.15 Mitte), dann ändern sich für gleich lange Strecken AB und A_0B_0 die Sehwinkel (im Bild z.B. der Höhenwinkel β) je nach Entfernung. Interpretieren wir die Sehwinkel α und β als neue Längeneinheiten, dann erhalten wir ein völlig anderes perspektivisches Bild einer Szene (Abb. 3.15 rechts) als bei einer klassischen Fotografie (Abb. 3.15 links). Es entspricht der Zylinderprojektion des auf die kugelförmig gekrümmte Netzhaut projizierten Bildes – oder auch der subjektiven Wahrnehmung, wenn man durch Rollen des Augapfels das Objekt „scannt". Mathematisch gesehen werden statt metrischer Längen einfach der Azimutalwinkel α und der Höhenwinkel β als Bogenlängen aufgetragen. Der lotrechte Stab AB befinde sich wie in Abb. 3.15 (links) $\alpha = 60°$ rechts von der Hauptsehrichtung, der untere Eckpunkt A sei in der waagrechten „Horizont-Ebene" durch das Auge, der Stab erscheine unter einem Höhenwinkel von $\beta = 15°$. Welche Koordinaten haben die Endpunkte des Stabs in der eben definierten Perspektive?

Lösung:

Das Bogenmaß von α bzw. β beträgt

$$60 \cdot \frac{\pi}{180} = \frac{\pi}{3} \approx 1{,}047 \quad \text{bzw.} \quad 15 \cdot \frac{\pi}{180} = \frac{\pi}{12} \approx 0{,}262.$$

Somit haben A und B die Koordinaten $A(1{,}047/0)$, $B(1{,}047/0{,}262)$. Das Bild kann natürlich noch mit einem Längenmaßstab vergrößert werden. Nimmt man eine solche Koordinatenbestimmung für jeden Bildpunkt, erhält man eine gekrümmte Perspektive wie in Abb. 3.15 (rechts unten) oder Abb. 3.16 (rechts).

Abb. 3.16 *Degas* malt eine gekrümmte Perspektive

Einige berühmte Künstler haben sich dieser Technik bedient, um gekrümmte Perspektiven zu erzeugen (Abb. 3.16). Dadurch könnten extreme perspektivische Verzerrungen (auf Kosten der Linearität) vermieden werden (vgl. auch Abb. 3.15 rechts).

Abb. 3.17 Komplexaugen sehen gekrümmte Perspektiven

Insekten sehen durch kegelförmige Facetten. Sie messen daher vorzugsweise in Winkeln. Der optische Eindruck einer Szene durch ein Komplexauge (Abb. 3.17) dürfte für ein Insekt durchaus einer eben beschriebenen gekrümmten Perspektive entsprechen.

Abb. 3.18 Fischaugenperspektive, Perspektive im Auge des Betrachters

Andere gekrümmte Perspektiven ergeben sich z.B. durch sog. „Fischaugenobjektive" (Abb. 3.18 links, Abb. 1.2, Abb. 3.38) oder durch Spiegelung an krummen Flächen, insbesondere an Kugeln (Abb. 3.18 rechts). ♠

3.3 Sinus, Kosinus, Tangens

Die Winkelfunktionen Sinus, Kosinus und Tangens spielen in der Mathematik eine tragende Rolle. Sie sind die Basis aller Berechnungen, die auf Winkelmessung beruhen.
Betrachten wir den Einheitskreis: Ein Punkt P darauf habe in einem kartesischen Koordinatensystem die Koordinaten (x, y). Der zugehörige *Polarwinkel* sei φ (Abb. 3.19). Dann wird definiert:

$$x = \cos\varphi, \quad y = \sin\varphi, \quad \tan\varphi = \frac{y}{x} = \frac{\sin\varphi}{\cos\varphi} \tag{3.6}$$

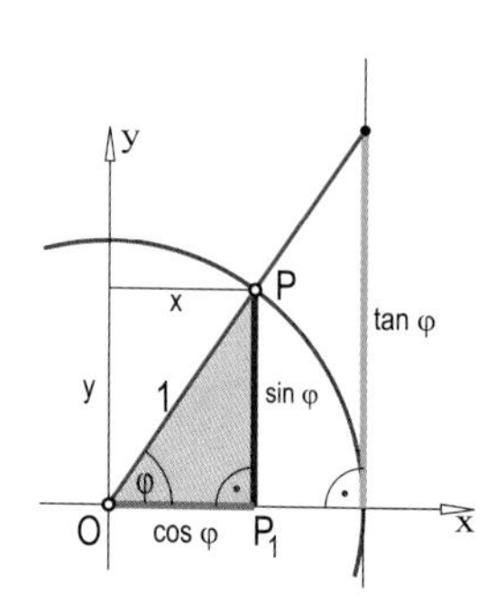

Abb. 3.19 Sinus, Kosinus, Tangens

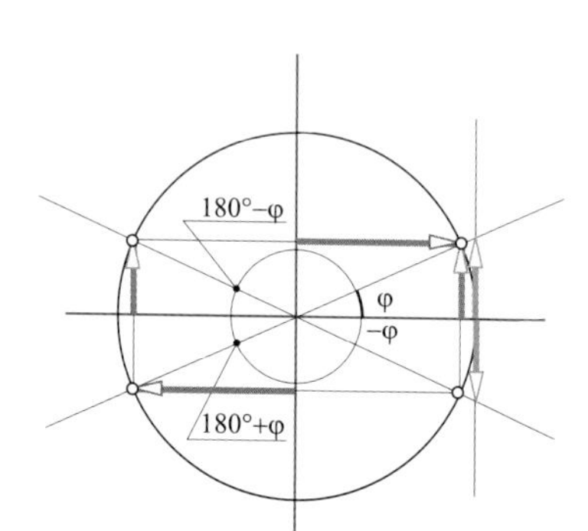

Abb. 3.20 $\sin(\pm\varphi)$, $\sin(180° \pm \varphi)$

Es folgt nach Pythagoras die wichtige Beziehung

$$\sin^2\varphi + \cos^2\varphi = 1 \tag{3.7}$$

Die Proportion $\tan\varphi : 1 = \sin\varphi : \cos\varphi$ zeigt, dass sich in Abb. 3.19 auch der Tangens auf der zur y-Achse parallelen (vertikalen) rechten Kreistangente $x = 1$ ablesen lässt.
Seltener wird der *Kotangens* verwendet (weil am Taschenrechner nicht verfügbar). Es handelt sich dabei um den Kehrwert des Tangens:

$$\cot\varphi = \frac{1}{\tan\varphi} = \frac{\cos\varphi}{\sin\varphi}$$

Aus Abb. 3.20 lassen sich folgende Beziehungen erkennen:

$$\begin{aligned} \sin(180° - \varphi) &= \sin\varphi & \sin(-\varphi) &= -\sin\varphi \\ \cos(180° - \varphi) &= -\cos\varphi & \cos(-\varphi) &= \cos\varphi \\ \tan(180° - \varphi) &= -\tan\varphi & \tan(-\varphi) &= -\tan\varphi \end{aligned} \tag{3.8}$$

Wir betrachten nun das rechtwinklige Dreieck OP_1P in Abb. 3.19. Es wird gebildet von:

- der dem Winkel φ anliegenden Kathete („Ankathete“) A mit der Länge x,

- von der φ gegenüberliegenden Kathete („Gegenkathete") G mit der Länge y und
- der Hypothenuse H mit der Länge 1.

Es gilt:

$$\cos\varphi = \frac{A}{H}, \quad \sin\varphi = \frac{G}{H}, \quad \tan\varphi = \frac{G}{A} \tag{3.9}$$

Das gilt in jedem rechtwinkligen Dreieck mit Schenkelwinkel φ (ähnliche Dreiecke!).

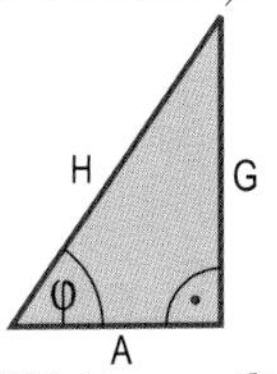

Damit gilt im *rechtwinkligen Dreieck*

$$A = H\cos\varphi, \quad G = H\sin\varphi \tag{3.10}$$

Weiters gilt $\alpha = 90° - \beta$. Durch Vertauschen der Bezeichnungsweisen erhält man die wichtige Beziehung

$$\cos\alpha = \sin(90° - \alpha) \quad \text{bzw.} \quad \sin\alpha = \cos(90° - \alpha) \tag{3.11}$$

Insbesondere gilt wegen $\cos 45° = \sin 45°$ und $\cos^2 45° + \sin^2 45° = 1$

$$\cos 45° = \sin 45° = \frac{1}{\sqrt{2}}. \tag{3.12}$$

Aus dem halben gleichseitigen Dreieck erkennt man sofort

$$\cos 60° = \sin 30° = \frac{1}{2}$$

und damit wegen $\cos^2 60° + \sin^2 60° = 1$

$$\sin 60° = \cos 30° = \frac{\sqrt{3}}{2}$$

Insgesamt haben wir jetzt die folgenden Hauptwerte, die man sich mit der Zeit einprägen sollte:

x	$0°$	$30°$	$45°$	$60°$	$90°$
$\cos x$	1	$\sqrt{3}/2$	$\sqrt{2}/2$	$1/2$	0
$\sin x$	0	$1/2$	$\sqrt{2}/2$	$\sqrt{3}/2$	1
$\tan x$	0	$1/\sqrt{3}$	1	$\sqrt{3}$	∞

(3.13)

Als „Eselsbrücke" kann man sich die Tabelle für den Sinus leicht merken (die Tabelle für den Kosinus ist dann „rückläufig"):

x	$0°$	$30°$	$45°$	$60°$	$90°$
$\sin x$	$\sqrt{0}/2$	$\sqrt{1}/2$	$\sqrt{2}/2$	$\sqrt{3}/2$	$\sqrt{4}/2$

Die folgenden *Additionstheoreme* brauchen wir uns nicht auswendig zu merken, wir benötigen sie aber bei den Drehungen in Abschnitt 6.1:

$$\begin{aligned}\sin(\alpha+\beta) &= \sin\alpha\cos\beta+\cos\alpha\sin\beta, \\ \cos(\alpha+\beta) &= \cos\alpha\cos\beta-\sin\alpha\sin\beta\end{aligned} \tag{3.14}$$

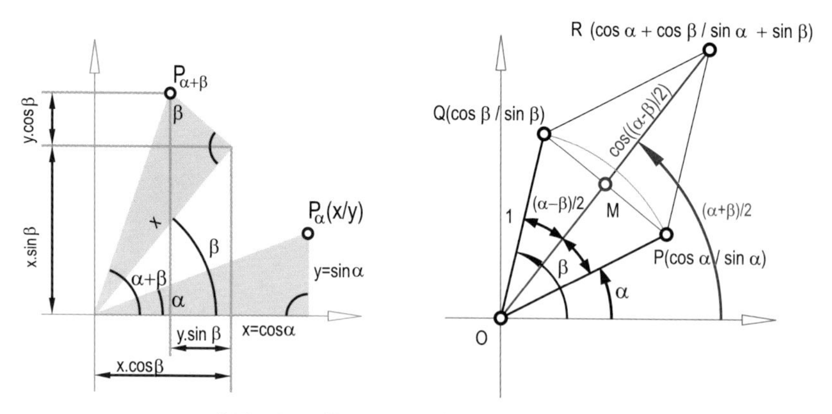

Abb. 3.21 Beweis der Additionstheoreme

Beweis:
Seien $P_\alpha(\cos\alpha/\sin\alpha)$ und $P_\beta(\cos\beta/\sin\beta)$ jene Punkte am Einheitskreis, die zu den Winkeln α und β gehören. Wir verdrehen nun P_β um α und erhalten so $P_{\alpha+\beta}(\cos(\alpha+\beta)/\sin(\alpha+\beta))$. Seine Koordinaten sind aber gemäß Abb. 3.21 links auch

$$P_{\alpha+\beta}(\cos\alpha\cos\beta-\sin\alpha\sin\beta/\sin\alpha\cos\beta+\cos\alpha\sin\beta).$$

◇

Anwendung: Man zeige mit den Additionstheoremen

$$\cos 2x = 1-2\sin^2 x \text{ und damit } \sin\frac{x}{2} = \pm\sqrt{\frac{1}{2}(1-\cos x)} \tag{3.15}$$

Beweis:

$$\cos 2x = \cos(x+x) = \cos^2 x-\sin^2 x = (1-\sin^2 x)-\sin^2 x = 1-2\sin^2 x$$
$$\Rightarrow \sin x = \sqrt{\frac{1}{2}(1-\cos 2x)} \Rightarrow \sin\frac{\alpha}{2} = \sqrt{\frac{1}{2}(1-\cos\alpha)}$$

(Auf die Bezeichnungsweise kommt es nicht an.)

◇

♠

Anwendung: Wie wurden früher Tabellen für die Winkelfunktionen erstellt?

Die Frage ist eher vom historischen Standpunkt aus interessant. Ohne diese Tabellen konnte man bis vor wenigen Jahrzehnten keine genauen Berechnungen machen! Schon die alten Griechen haben Tabellen für die Winkelfunktionen angelegt, die Araber haben diese übernommen und verfeinert. Auch die Wikinger sollen die geografische Breite auf See mit Tangens-Tabellen ermittelt haben. Wie der Taschenrechner bzw. Computer heute die Werte berechnet, besprechen wir bei der Differentialrechnung im Abschnitt über Reihenentwicklung (Anwendung S. 285).

Lösung:
Aus den Hauptwerten (3.13) lassen sich nach den Additionstheoremen (3.14) die Zwischenwerte

$$\sin 15^\circ = \cos 75^\circ = \sin(60^\circ - 45^\circ) \quad \text{und} \quad \sin 75^\circ = \cos 15^\circ = \sin(90^\circ - 15^\circ)$$

berechnen. Durch Übergang zum halben Winkel (3.15) bekommt man neue Werte, die ihrerseits mittels der Additionstheoreme zu neuen Werten führen, usw. Es war zwar viel Arbeit, aber man konnte beliebig viele Zwischenwerte auf diese Art ermitteln. Wenn man es „noch genauer wissen wollte", *interpolierte* man zwei Nachbarwerte linear (in sehr kleinen Intervallen kann man die Funktionen getrost durch eine Gerade ersetzen).
Die Tangenswerte ergeben sich als Quotient aus Sinus und Kosinus. ♠

Gelegentlich braucht man die sog. *zweiten Additionstheoreme*

$$\begin{aligned} \sin\alpha + \sin\beta &= 2\sin\frac{\alpha+\beta}{2}\cos\frac{\alpha-\beta}{2} \\ \cos\alpha + \cos\beta &= 2\cos\frac{\alpha+\beta}{2}\cos\frac{\alpha-\beta}{2} \end{aligned} \tag{3.16}$$

Beweis:
Wir betrachten Abb. 3.21 rechts: Die Punkte O, P, R und Q sollen eine Raute mit Seitenlänge 1 bilden. R hat zunächst die Koordinaten $R(\cos\alpha + \cos\beta / \sin\alpha + \sin\beta)$. Die halbe Diagonale OM hat die Länge $\cos\frac{\alpha-\beta}{2}$. Damit lassen sich die Koordinaten von R auch angeben durch

$$R(2\cos\frac{\alpha-\beta}{2}\cos\frac{\alpha+\beta}{2} / 2\cos\frac{\alpha-\beta}{2}\sin\frac{\alpha+\beta}{2})$$

◇

Anwendung: Drehstrom oder Dreiphasenstrom (Abb. 3.22)
Bei der Erzeugung von Drehstrom rotiert ein magnetischer Läufer innerhalb dreier Induktionsspulen und induziert dabei drei phasenverschobene Wechselströme. Diese können einzeln oder gemeinsam verwendet werden. Man berechne die Summe aller Spannungen $y = \sin x + \sin(x + \frac{2\pi}{3}) + \sin(x + \frac{4\pi}{3})$ sowie die Spannungsdifferenz $y = \sin x - \sin(x + \frac{2\pi}{3})$ zwischen zwei aufeinander folgenden Phasen (vgl. dazu Anwendung S. 131).

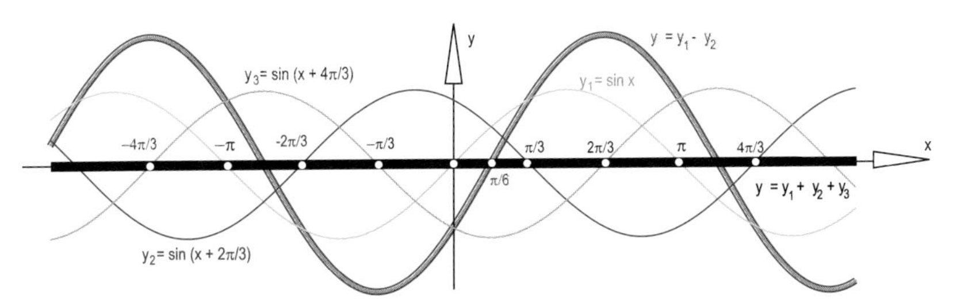

Abb. 3.22 Wellen können einander verstärken oder auslöschen

Lösung:
Wir zeigen: Die Summe zweier phasenverschobener Sinuslinien (Verschiebung x_0, gleiche Amplitude und Frequenz) ist wieder eine Sinuslinie gleicher Frequenz, aber unterschiedlicher Amplitude:
Nach den zweiten Additionstheoremen gilt nämlich

$$\sin x + \sin(x + x_0) = 2\,\sin\tfrac{x+(x+x_0)}{2}\,\cos\tfrac{x-(x+x_0)}{2} = 2\cos\tfrac{-x_0}{2}\,\sin(x + \tfrac{x_0}{2}).$$

Für $x_0 = \frac{2\pi}{3}$ ($\Rightarrow 2\cos\frac{-\pi}{3} = 1$) ergibt sich die Beziehung

$$\sin x + \sin(x + \tfrac{2\pi}{3}) = \sin(x + \tfrac{\pi}{3}).$$

Wegen $\sin x = -\sin(x+\pi) \Rightarrow \sin(x + \frac{\pi}{3}) = -\sin(x + \frac{4\pi}{3})$ ist diese Summe entgegengesetzt gleich der dritten Funktion, und die Gesamtsumme verschwindet:

$$\sin x + \sin(x + \frac{2\pi}{3}) + \sin(x + \frac{4\pi}{3}) = 0 \tag{3.17}$$

Die Spannungsdifferenz zwischen zwei Nachbarphasen ergibt sich durch

$$\sin x - \sin(x + x_0) = \sin x + \sin(-x - x_0) =$$
$$= 2\,\sin\tfrac{x-(x+x_0)}{2}\,\cos\tfrac{x+(x+x_0)}{2} = 2\sin\tfrac{-x_0}{2}\,\cos(x + \tfrac{x_0}{2}).$$

Für $x_0 = \frac{2\pi}{3}$ haben wir eine Verstärkung der Amplitude mit dem Faktor $2\sin -\frac{\pi}{3} = -\sqrt{3}$. Die Differenzspannung wird beschrieben durch

$$y = -\sqrt{3}\,\cos(x + \frac{\pi}{3}) = -\sqrt{3}\,\sin(\frac{\pi}{2} - (x + \frac{\pi}{3})) = \sqrt{3}\,\sin(x - \frac{\pi}{6})$$

Bei Einzelspannungen von 230 Volt ergibt sich damit eine maximale Spannungsdifferenz von etwa 400 Volt. ♠

Anwendung: **Schiefe Ebene** (Abb. 3.23)
Um ein Fass von 100 kg Masse nicht auf eine Rampe heben zu müssen, rollt man es auf einem Brett, das $\alpha = 30°$ geneigt ist, hinauf. Welche Kraft $F = |\vec{F}|$ ist nötig (Reibung vernachlässigt), um die treibende Komponente $T = |\vec{T}|$ des Gewichts G zu kompensieren?

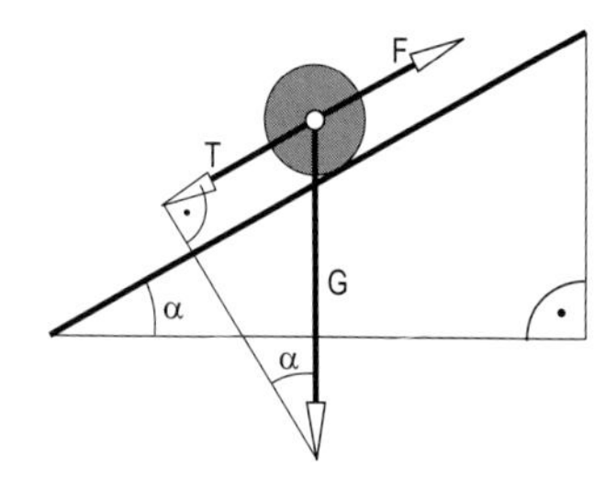

Abb. 3.23 Schiefe Ebene in Theorie...

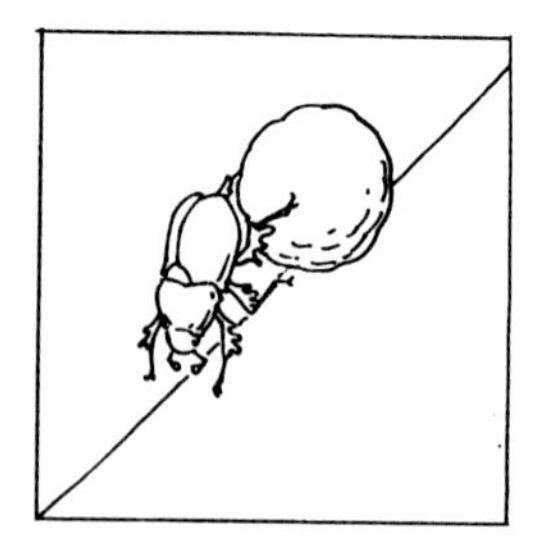
Abb. 3.24 ... und Praxis

Lösung:

$$T = F = G\,\sin\alpha$$

$$G = m\,g = 100\text{kg} \cdot 9{,}81\text{m/s}^2 = 981\,\text{N}$$

$$\Rightarrow F = 981\text{N} \cdot \frac{1}{2} = 490{,}5\,\text{N}$$

♠

Anwendung: Pyramidenrampen

Die alten Ägypter haben sicherlich schiefe Ebenen („Rampen") benutzt, um die schweren Steinblöcke zu heben (auf Schlitten zu ziehen). In Anwendung S. 52 haben wir gesehen, dass weitaus der meiste Teil der Quader in den unteren Schichten verbaut wurde. Für diese niedrigen Schichten bot sich durchaus eine – mit der Höhe des Pyramidenstumpfs wachsende – Rampe an. Rampenmodelle für größere Höhen scheitern allerdings an der praktischen Durchführbarkeit solcher Modelle. Offensichtlich haben die damaligen Baumeister mit wesentlich ausgefeilteren Methoden gearbeitet („Kippschlitten" u. Ä.).

Der Steinbruch der Cheops-Pyramide lag etwa 400 m südlich der Pyramide. Wie hoch konnte man auf dieser Wegstrecke die Kalksteinblöcke bei 8% Rampenneigung anheben? Wie lange hätte eine solche Rampe sein müssen, um auch den allerletzten Baustein der Pyramide, das „Pyramidion", auf die Spitze der Cheops-Pyramide zu transportieren?

Lösung:

Die Steigung der Rampe (Neigungswinkel α) ist $\tan\alpha = 8 : 100$. Bei 400 m Basisstrecke bedeutet dies einen Hub von $400 \cdot \frac{8}{100}\,\text{m} = 32\,\text{m}$. Immerhin ist das gut ein Fünftel der Bauhöhe, und etwa die Hälfte aller Blöcke ist bis in diese Höhe verbaut. Um auch das Pyramidion über die Rampe zu transportieren, müsste diese allerdings über eine fünf mal so lange Basisstrecke verfügen (2 000 m). Allein die Dämme der Rampe hätten dann ein Vielfaches des Volumens der gesamten Pyramide erfordert! ♠

Anwendung: Keilkräfte (Abb. 3.25)

Ein symmetrischer Keil mit dem Spitzwinkel α wird mit der Kraft F in die Unterlage gedrückt. Wie groß sind die Normalkräfte F_1 bzw. F_2 gegen die Wände?

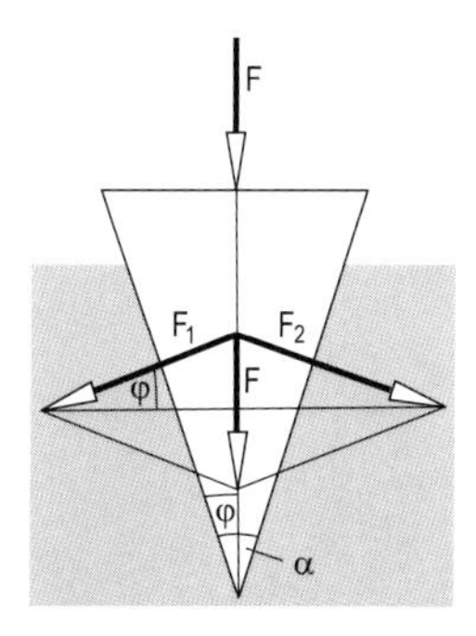

Abb. 3.25 Keilkräfte in Theorie...

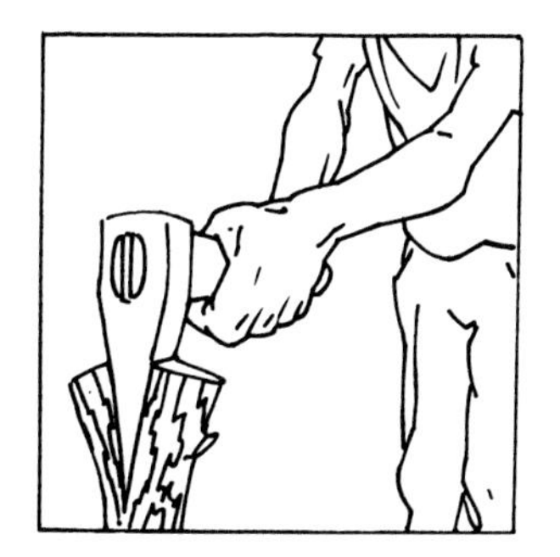

Abb. 3.26 ...und Praxis

Lösung:

$$F_1 = F_2 = \frac{\frac{F}{2}}{\sin\varphi} = \frac{F}{2\sin\frac{\alpha}{2}}$$

F_1 wird somit umso größer, je kleiner $\sin\varphi$ wird, also je kleiner α ist. ♠

Anwendung: Keilriemen (Abb. 3.27)
Gegeben seien die Radien R und r sowie der Zentralabstand d. Wie lang ist der Riemen?

Lösung:
So einfach das Beispiel scheint, benötigen wir doch einen kleinen Trick, den man „sehen" muss: Durch Parallelverschieben des gemeinsamen Tangentenstücks der beiden Kreise ergibt sich ein rechtwinkliges Dreieck, in dem dann der Pythagoras anwendbar ist: $t = \sqrt{d^2 - (R-r)^2}$. Weiters ist dort $\sin\varphi = (R-r)/d \Rightarrow \varphi$ (im Bogenmaß!). Damit ergibt sich die Riemenlänge mit

$$L = 2\,[R\,(\frac{\pi}{2} + \varphi) + t + r\,(\frac{\pi}{2} - \varphi)]$$ ♠

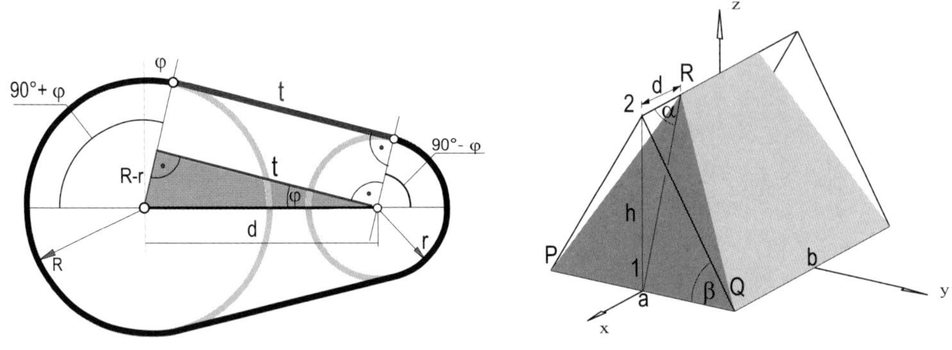

Abb. 3.27 Keilriemen

Abb. 3.28 Walmdach

Anwendung: Walmdach (Abb. 3.28)
Man berechne das Volumen des skizzierten Walmdachraumes bei gegebenen Traufenlängen a, b und gegebenen Dachneigungswinkeln α, β.

Lösung:
Im Dreieck $Q12$ gilt

$$h = \frac{a}{2}\tan\beta,$$

Damit ist die Fläche A des Dreiecks $PQ2$ bestimmt:

$$A = \frac{ah}{2}.$$

Das Volumen ergibt sich aus der Differenz des Volumens des dreiseitigen Prismas mit Querschnittsfläche A und Länge b und des doppelten Volumens des Tetraeders $PQ2R$, dessen Dreieck $PQ2$ ebenfalls die Fläche A hat, und dessen dazu normale Kante $R2$ die Länge d hat. d ergibt sich aus dem rechtwinkligen Dreieck $12R$ mit

$$d = h/\tan\alpha$$

$$\Rightarrow V = A\,b - 2\,\frac{A\,d}{3} = A(b - \frac{2d}{3})$$ ♠

Anwendung: Kurvenlage eines Motorrads (Abb. 3.29)

Wenn ein Motorrad (Gewicht $G = m\,g$) mit der Geschwindigkeit v eine Kurve (Radius r) durchfährt, muss es sich um den Winkel α neigen, um nicht durch die Fliehkraft ($F = mv^2/r$) umzukippen.

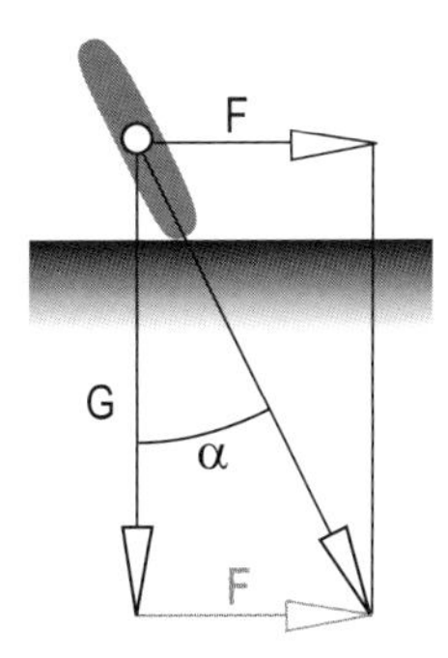

Abb. 3.29 Kurvenlage in Theorie...

Abb. 3.30 ... und Praxis

Lösung:

Es ist

$$\tan\alpha = \frac{F}{G} = \frac{v^2}{gr}$$

(unabhängig von der Masse!). Außerdem muss die Reibungskraft größer als F sein.

Zahlenbeispiel:

1) Aus einem Foto (Abb. 3.30 links) sind der Neigungswinkel α und der Kurvenradius r bekannt. Wie schnell war das Moped auf dem Gartenweg unterwegs?
$\alpha = 15°,\ r = 10\,\mathrm{m} \Rightarrow v = \sqrt{g\,r\,\tan\alpha} \approx 5\,\mathrm{m/s} \approx 18\,\mathrm{km/h}$

Abb. 3.31 Der Neigungswinkel hängt von der Geschwindigkeit, nicht aber von der Masse ab!

2) Wie groß muss der Winkel sein, wenn v und r gegeben sind?
$r = 70\,\mathrm{m},\ v = 72\,\mathrm{km/h} = 20\,\mathrm{m/s} \Rightarrow \tan\alpha \approx 0{,}58 \Rightarrow \alpha \approx 30°$

♠

Anwendung: Verebnung eines Drehkegels (Abb. 3.32)

Ein Drehkegel (Radius r, Höhe h) geht bei Abwicklung („Verebnung") in einen Kreissektor mit dem Radius s und dem Zentriwinkel ω über. Man berechne ω in Abhängigkeit vom halben Öffnungswinkel α des Kegels.

Lösung:
Gemäß Abb. 3.32 müssen die Bogenlängen am Basiskreis des Drehkegels und jene am Kreissektor übereinstimmen, also gelten:

$$2\pi\, r = s\,\omega \Rightarrow \omega = 2\pi\, \frac{r}{s}$$

Mit $\frac{r}{s} = \sin\alpha$ ergibt sich die Formel

$$\omega = 2\pi\, \sin\alpha \quad \text{bzw.} \quad \omega^\circ = 360^\circ\, \sin\alpha \tag{3.18}$$

Die zweite Variante der Formel entsteht dabei aus der ersten durch Multiplikation mit $\frac{180}{\pi}$. ♠

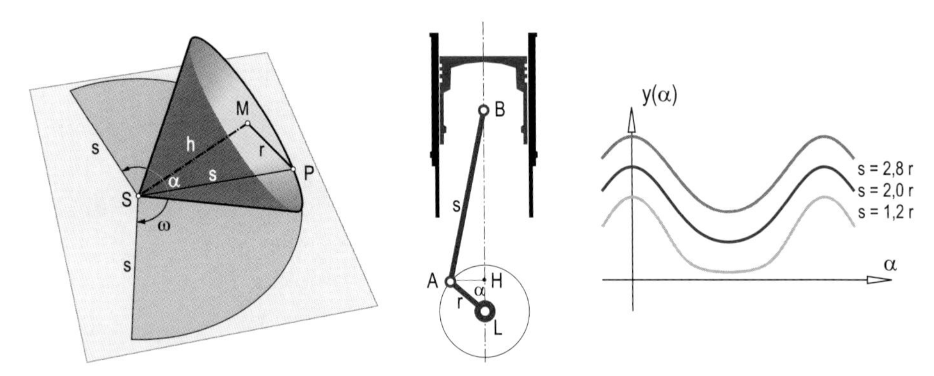

Abb. 3.32 Verebnung des Drehkegels **Abb. 3.33** *Otto*-Motor, Zeit-Weg-Diagramme

Anwendung: Schubkurbelgetriebe (Otto-Motor) (Abb. 3.33 links)
Der Kolben treibt über den Kolbenbolzen B und die Schubstange AB den Kurbelzapfen A an und bewirkt die Drehung der Kurbelwelle L. Man berechne den Abstand $\overline{LB}$ in Abhängigkeit vom Drehwinkel α – diese Distanz ist der Schlüssel zur gesamten kinematischen Untersuchung des Getriebes (Geschwindigkeits- und Beschleunigungsverhältnisse).

Lösung:
Die Strecke $y = \overline{LB}$ ist natürlich vom Drehwinkel α abhängig, und dieser ist wiederum proportional zur Zeit t. Man erhält also mit der Gleichung $y = y\big(\alpha(t)\big) = y(t)$ ein Weg-Zeit-Diagramm von B.

$$\overline{LB} = \overline{LH} + \overline{HB}$$

$$\overline{LH} = r\,\cos\alpha,\ \overline{AH} = r\,\sin\alpha,\ \overline{HB} = \sqrt{s^2 - \overline{AH}^2}$$

$$y = \overline{LB} = r\,\cos\alpha + \sqrt{s^2 - r^2\sin^2\alpha}$$

Abb. 3.33 rechts zeigt solche Diagramme $y = y(\alpha)$ für verschiedene Proportionen $r : s$. Für $s >> r$ (sprich: s viel größer als r) gilt

$$\sqrt{s^2 - r^2\sin^2\alpha} = s\sqrt{1 - \left(\frac{r}{s}\right)^2 \sin^2\alpha} \approx s$$

und das Weg-Zeit-Diagramm nähert sich der gewöhnlichen Sinuslinie (die Graphen von $y = \sin x$ und $y = \cos x$ unterscheiden sich nur durch Parallelverschiebung längs der x-Achse um $\frac{\pi}{2}$. In beiden Fällen spricht man daher von einer Sinuslinie)

$$y = r\,\cos\alpha + s.$$

Das Demo-programm `otto_engine.exe` auf der Webseite zum Buch wurde unter Verwendung von $y(\alpha)$ erstellt. Für den Maschinenbauer ist zusätzlich noch ein Geschwindigkeitsdiagramm wichtig. Dieses erhält man, wie wir im Kapitel *Differentialrechnung* sehen werden, durch „Ableiten" der Funktion (Anwendung S. 205). ♠

Relativ häufig brauchen wir folgende Formel:

$$\sin 2\alpha = 2\sin\alpha\cos\alpha \tag{3.19}$$

Beweis:
Wir betrachten das rechtwinklige Dreieck ABC in Abb. 3.34 (mit $\overline{AC} = 1$). Es hat die Fläche

$$A_1 = \frac{1}{2}\sin\alpha\cos\alpha$$

Wir spiegeln es an AB und erhalten ein doppelt so großes (gleichschenkeliges) Dreieck ACC^* (Fläche $A_2 = \sin\alpha\cos\alpha$). Die Höhe CH in diesem Dreieck ist $\sin 2\alpha$. Damit lässt sich die Fläche A_2 auch wie folgt berechnen:

$$A_2 = \frac{1\cdot\sin 2\alpha}{2} = \sin\alpha\cos\alpha = 2\,A_1$$

◇

Anwendung: Fläche des regelmäßigen n-Ecks (Abb. 3.35)
Man berechne die Fläche eines regelmäßigen n-Ecks mit Umkreisradius r.

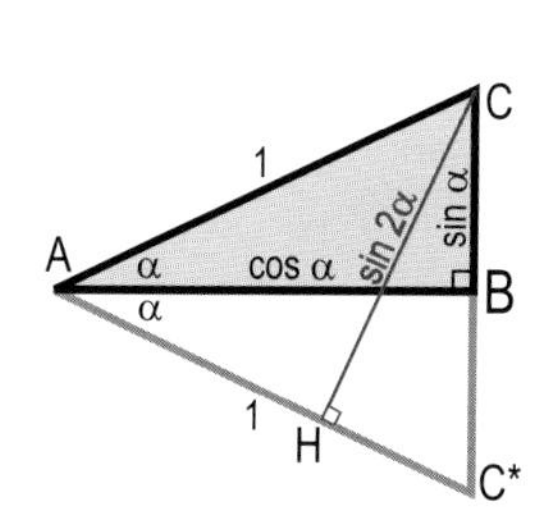

Abb. 3.34 $\sin 2\alpha = 2\sin\alpha\cos\alpha$

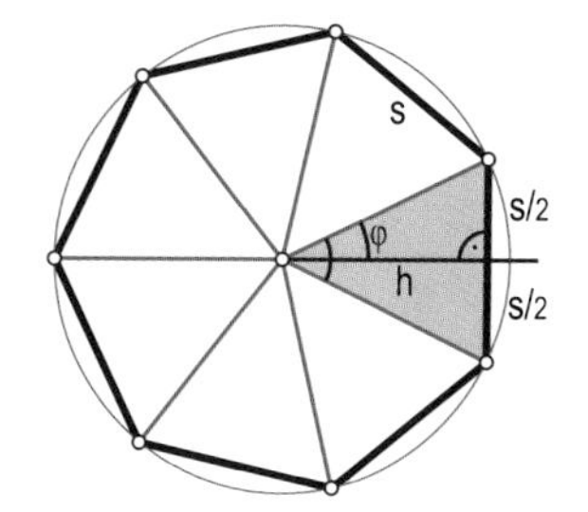

Abb. 3.35 Fläche des reg. n-Ecks

Lösung:
Es gilt

$$\frac{s}{2} = r\,\sin\varphi,\ h = r\,\cos\varphi \quad \text{mit} \quad \varphi = \frac{360°}{2n}.$$

Daraus berechnet sich die Fläche

$$A = n\cdot\frac{s}{2}\cdot h = n\,r^2\,\sin\varphi\cos\varphi = n\,r^2\frac{\sin 2\varphi}{2} \;\Rightarrow$$

$$A = \frac{n\,r^2}{2} \sin \frac{360^\circ}{n} \tag{3.20}$$

Lassen wir n „gross“ werden. Dann „konvergiert“ die Fläche des Vielecks gegen die Kreisfläche $\pi\,r^2$. Schon *Archimedes* hat vor mehr als 2 000 Jahren auf ähnliche Weise – nämlich mit dem *Umfang* des regelmäßigen n-Ecks – die Zahl π recht gut angenähert.
Verwenden wir die „Grenzwertschreibweise“, dann gilt zunächst

$$A_\circ = r^2 \lim_{n\to\infty} \frac{n}{2} \sin \frac{360^\circ}{n} = r^2\,\pi.$$

Durch Übergang zum Bogenmaß ($360^\circ = 2\pi$) erhalten wir nach Kürzen durch r^2 und Division durch π

$$\lim_{n\to\infty} \frac{n}{2\pi} \sin \frac{2\pi}{n} = 1.$$

Schreiben wir statt $\frac{2\pi}{n}$ noch x (sodass x gegen 0 konvergiert, wenn n gegen unendlich strebt), dann erhalten wir eine wichtige Beziehung, die wir in der Differentialrechnung brauchen:

$$\lim_{x\to 0} \frac{1}{x} \cdot \sin x = \lim_{x\to 0} \frac{\sin x}{x} = 1 \tag{3.21}$$

In Worten ausgedrückt: **Für sehr kleine Winkel stimmen Bogenmaß und Sinus überein.**

♠

Anwendung: Schiefer Wurf nach oben und maximale Wurfweite

Man errechnet die Höhe h nach t Sekunden mittels Modifizierung von Formel (1.17) in Anwendung S. 28:

$$h = G(t) - B(t) = (v_0 \sin\alpha\,)t - \frac{g}{2}t^2 \tag{3.22}$$

v_0 und g sind wieder Anfangsgeschwindigkeit und Erdbeschleunigung. α bezeichnet den Anfangswinkel zur Horizontalen. Der Luftwiderstand wird vernachlässigt.
Man berechne die Wurfweite bei gegebenem v_0 und α. Für welches α erzielt man die größte Wurfweite?

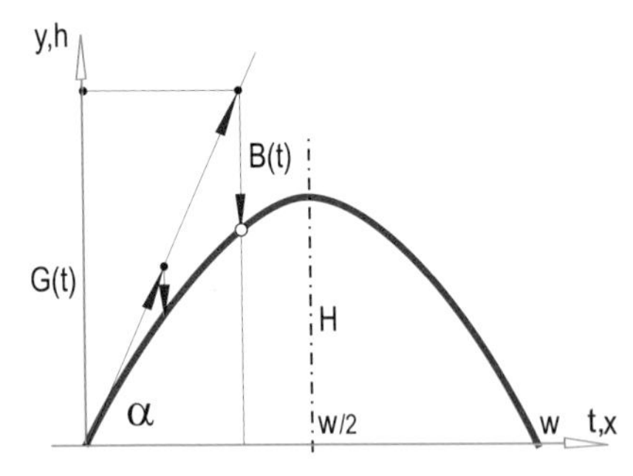

Abb. 3.36 Schiefer Wurf nach oben

Lösung:
Durch Lösen der quadratischen Gleichung (3.22) erhält man

$$t_{1,2} = \frac{1}{g}\left(v_0 \sin\alpha \pm \sqrt{v_0^2 \sin^2\alpha - 2gh}\right)$$

Der höchste Punkt wird für $D = v_0^2 \sin^2\alpha - 2gh = 0$, also

$$\text{zum Zeitpunkt } t_0 = \frac{v_0 \sin\alpha}{g} \text{ in der Höhe } H = \frac{v_0^2 \sin^2\alpha}{2g}$$

erreicht. Die Gesamtzeit bis zum Aufprall in der Ebene $h = 0$ ist dann $2t_0$. Für die horizontale Komponente (die x-Koordinate des Wurfobjekts) gilt $x(t) = t\, v_0 \cos\alpha$. Aus der Gesamtzeit ergibt sich die Wurfweite:

$$w = 2t_0 v_0 \cos\alpha = \frac{2\sin\alpha\cos\alpha\, v_0^2}{g} = \frac{1}{g} v_0^2 \sin 2\alpha$$

Abb. 3.37 *Galileos* Experiment

Abb. 3.38 Hoher Weitsprung oder weiter Hochsprung?

Die theoretisch maximale Wurfweite ergibt sich für maximales $\sin 2\alpha$. Der Sinus nimmt bei 90° seinen Maximalwert 1 an. Aus $\sin 2\alpha = 1$ folgt $2\alpha = 90°$ und daher ist für $\alpha = 45°$ die Wurfweite maximal.

In der Praxis muss noch – spätestens seit *Galileos* Experiment mit den Kugeln aus Eisen und Holz vom Turm zu Pisa (Abb. 3.37) – der Luftwiderstand einkalkuliert werden. Die Wurfparabel wird dann eine Parabel 3. Ordnung. Beim Weitwerfen eines Schlagballs, beim Kugelstoßen, beim Speerwurf, aber auch beim Weitsprung (Abb. 3.38), ist für einen Anfangswinkel von $\alpha = 45°$ meist aus physiologischen Gründen nicht die größte Anfangsgeschwindigkeit v_0 erreichbar. Diese ist aber noch wichtiger als der Anfangswinkel: Die Wurfweite (Sprungweite) wächst ja *quadratisch* mit v_0. Deshalb sind die besten Sprinter oft auch die besten Weitspringer (Carl Lewis). ♠

Gleichungen vom Typ $P \sin x + Q \cos x + R = 0$

Dieser Gleichungstyp kommt in der Praxis recht häufig vor (Anwendung S. 108, Anwendung S. 254) und führt auf eine quadratische Gleichung:
Wir formen zunächst um und erhalten

$$P \sin x = -Q\, cosx - R \Rightarrow P^2 \sin^2 x = (Q\, cosx + R)^2$$

$$\Rightarrow P^2 (1 - \cos^2 x) = Q^2 \cos^2 x + R^2 + 2QR \cos x$$

Setzen wir zur Abkürzung $u = \cos x$, dann haben wir die quadratische Gleichung

$$(P^2 + Q^2)\, u^2 + 2QR\, u + R^2 - P^2 = 0$$

mit den beiden (unter Umständen auch zusammenfallenden bzw. nicht reellen) Lösungen für $u = \cos x$

$$\begin{aligned} u_{1,2} &= \frac{-2QR \pm 2\sqrt{Q^2R^2 + (P^2+Q^2)(P^2-R^2)}}{2(P^2+Q^2)} = \\ &= \frac{-QR \pm \sqrt{P^4 + P^2Q^2 - P^2R^2}}{P^2+Q^2} = \frac{-QR \pm P\sqrt{P^2+Q^2-R^2}}{P^2+Q^2} \end{aligned}$$

Anwendung: Schnitt zweier konfokaler Kegelschnitte

In Kapitel 6 brauchen wir des öfteren die Lösung der Gleichung (z.B. in Anwendung S. 254, Anwendung S. 254)

$$\frac{r_1}{1+\varepsilon_1 \cos x} = \frac{r_2}{1+\varepsilon_2 \cos(x+\delta)}$$

Sie tritt beim Schnitt zweier Kegelschnitte mit einem gemeinsamen Brennpunkt auf. Der konstante Wert δ ist der „Verdrehungswinkel" der beiden Kegelschnitte. Man führe die Gleichung mittels der Additionstheoreme auf die Form $P \sin x + Q\, cosx + R = 0$, deren Lösung ja bekannt ist.

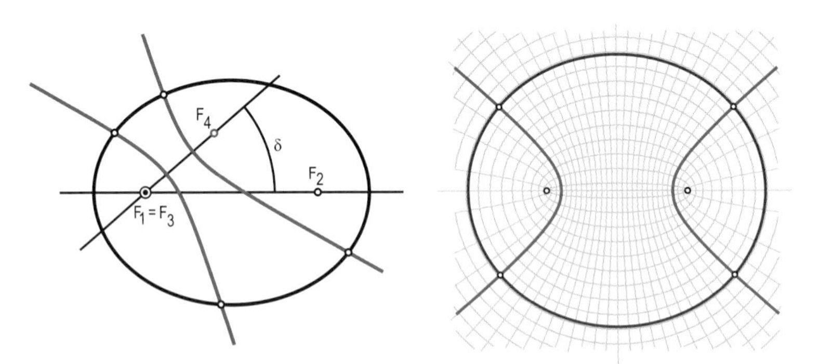

Abb. 3.39 Schnitt konfokaler Kegelschnitte (rechts zusätzlich $F_2 = F_4$)

Lösung:
Durch Ausmultiplizieren erhalten wir zunächst

$$r_2(1+\varepsilon_1 \cos x) = r_1(1+\varepsilon_2 \cos(x+\delta)).$$

Setzen wir $\cos(x+\delta) = \cos x \cos\delta - \sin x \sin\delta = c \cos x - s \sin x$, dann haben wir

$$r_2 + r_2\,\varepsilon_1 \cos x = r_1 + r_1\,\varepsilon_2\,(c \cos x - s \sin x)$$

und damit

$$\underbrace{(r_2\,\varepsilon_1 - r_1\,\varepsilon_2\,c)}_{P} \cos x + \underbrace{r_1\,\varepsilon_2\,s}_{Q} \sin x + \underbrace{r_2 - r_1}_{R} = 0$$

Sind beide Brennpunkte der Kegelschnitte identisch (Abb. 3.39 rechts), schneiden einander die Kurven (ohne Beweis) stets rechtwinklig. Man spricht in diesem Zusammenhang von orthogonalen Kegelschnittsbüscheln (vgl. Anwendung S. 400). ♠

3.4 Das schiefwinklige Dreieck

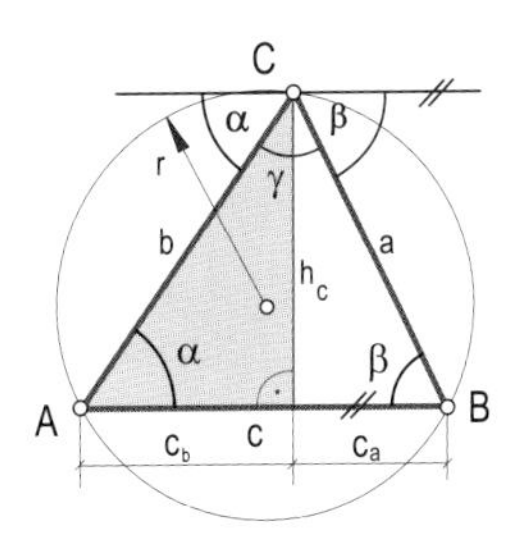

Abb. 3.40 Winkelsumme im Dreieck

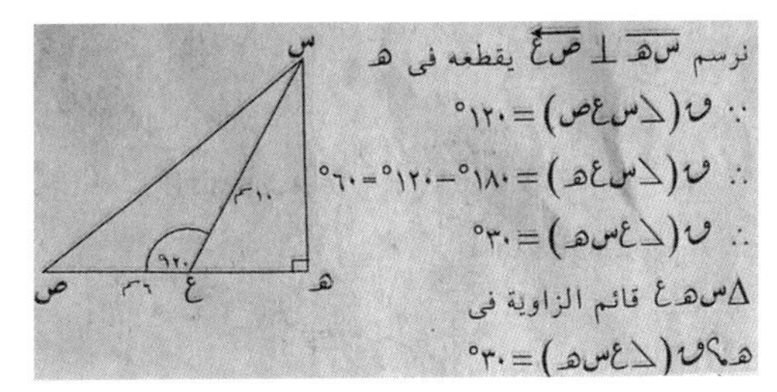

Abb. 3.41 Aus einem arabischen Lehrbuch...

Zur eindeutigen Festlegung eines schiefwinkligen Dreiecks benötigen wir genau *drei Angabeelemente.*
Ausnahme: Die Angabe der drei Winkel α, β und γ genügt nicht, weil ja zwischen den drei Winkeln folgender Zusammenhang besteht: *Die Winkelsumme im Dreieck beträgt* 180°.

$$\alpha+\beta+\gamma = 180^\circ \tag{3.23}$$

Beweis:
Wir zeichnen in C die Parallele zu AB (Abb. 3.40). Dort treten α und β als Parallelenwinkel noch einmal auf. ◇

Aus dieser Beziehung folgt übrigens $\sin\gamma = \sin(180^\circ - (\alpha+\beta))$ und somit

$$\sin\gamma = \sin(\alpha+\beta) \tag{3.24}$$

Die sog. elliptische Geometrie beschäftigt sich mit Räumen, in denen man keine Parallele zu einer Geraden ziehen kann. Dort beträgt die Winkelsumme im Dreieck nicht 180°, sondern ist größer und nicht für jedes Dreieck gleich. Dies ist keineswegs nur theoretische Spielerei, sondern spielt in der modernen Physik eine wichtige Rolle (Schlagwort „gekrümmter Raum").

Seien nun die Seiten und Winkel des Dreiecks bekannt. Wir berechnen die Hilfsgrößen h_c, c_a und c_b:

$$h_c = a\sin\beta,\ c_a = a\cos\beta,\ c_b = c - c_a = c - a\cos\beta. \tag{3.25}$$

Nun gilt nach Pythagoras

$$c_b^2 + h_c^2 = b^2 \Rightarrow (c - a\cos\beta)^2 + (a\sin\beta)^2 = b^2$$

$$\Rightarrow c^2 + a^2\underbrace{(\cos^2\beta + \sin^2\beta)}_{1} - 2ac\cos\beta = b^2,$$

was zum

Kosinussatz führt, der eine Verallgemeinerung des Pythagoreischen Lehrsatzes darstellt (die beiden unteren Formeln entstehen durch „zyklisches Vertauschen" der Bezeichnungen):

$$\begin{aligned} b^2 &= c^2 + a^2 - 2ca\cos\beta \\ c^2 &= a^2 + b^2 - 2ab\cos\gamma \\ a^2 &= b^2 + c^2 - 2bc\cos\alpha \end{aligned} \tag{3.26}$$

Um sich von Bezeichnungsweisen zu lösen, merkt man sich den Satz am besten in Worten:

Das Quadrat über einer Seite ist gleich der Summe der Quadrate der beiden anderen Seiten, vermindert um das doppelte Produkt der anderen Seitenlängen mal dem Kosinus des eingeschlossenen Winkels.

Bei Angabe der Dreieckseiten lassen sich damit die Winkel berechnen, z.B.

$$\cos\alpha = \frac{b^2 + c^2 - a^2}{2bc}$$

Anwendung: Kräfte im Gleichgewicht(Abb. 3.42)
Drei komplanare Kräfte (also Kräfte, die in einer Ebene wirken)

$$F_1 = 60\text{N}, F_2 = 45\text{N}, F_3 = 30\text{N}$$

greifen in einem Punkt an und halten einander das Gleichgewicht. Berechnen wir die Winkel, die sie paarweise miteinander einschließen!
Lösung:

$$a = 60,\ b = 45,\ c = 30 \Rightarrow \text{Kosinussatz} \Rightarrow$$

$$\alpha = 104{,}5^\circ,\ \beta = 46{,}6^\circ \Rightarrow$$

$$\varphi = \alpha + \beta = 151{,}1^\circ,\ \psi = 180^\circ - \alpha = 75{,}5^\circ,\ \sigma = 180^\circ - \beta = 133{,}4^\circ.$$ ♠

Sind zwei Seiten und der von ihnen eingeschlossene Winkel gegeben, wendet man ebenfalls den Kosinussatz an.

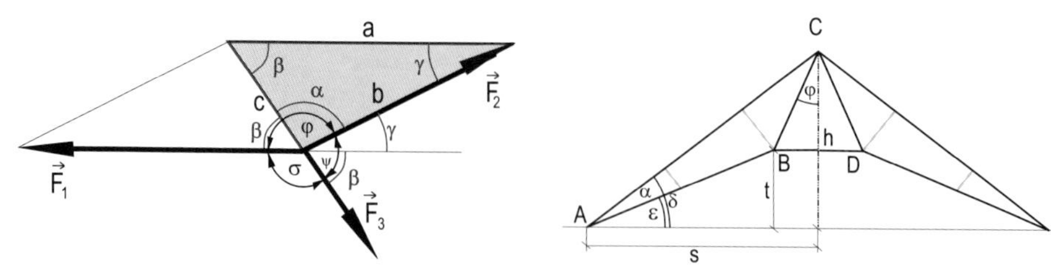

Abb. 3.42 Kräfte im Gleichgewicht

Abb. 3.43 Belgischer Dachbinder

Anwendung: Belgischer Dachbinder(Abb. 3.43)
Gegeben sind Dachneigungswinkel δ, Untergurtneigungswinkel ε, Gesamtbreite $2s$, Untergurtlänge $\overline{AB}$. Gesucht sind die anderen Balkenlängen.

Lösung:
Ermittelt man die Sparrenlänge $\overline{AC} = \dfrac{s}{\cos\delta}$, so sind vom Dreieck ABC zwei Seiten AB, AC und der eingeschlossene Winkel $\alpha = \delta - \varepsilon$ bekannt. Die Seite $\overline{BC}$ liefert der Kosinussatz:

$$\overline{BC} = \sqrt{\overline{AB}^2 + \overline{AC}^2 - 2\overline{AB}\,\overline{AC}\cos\alpha}$$

$$\overline{BD} = 2(s - \overline{AB}\,\cos\varepsilon)$$

♠

Anwendung: Schnitt zweier Kugeln (Abb. 3.44)
Der Schnitt zweier Kugeln Σ_1, Σ_2 (Mittelpunkte M_1, M_2, Radien r_1, r_2, „Zentralabstand" $\overline{M_1M_2} = d$) ist ein Kreis k mit Mitte M und Radius r in einer Normalebene zur Achse M_1M_2. Man berechne r und $e = \overline{MM_1}$. Für welches d ist $r = 0$ bzw. $r^2 < 0$ ($\Rightarrow$ r nicht reell)?

Lösung:
In Abb. 3.44 erkennen wir ein schiefwinkliges Dreieck M_1M_2S mit den bekannten Seitenlängen r_1, r_2 und d. Für dieses gilt:

$$r_2^2 = r_1^2 + d^2 - 2r_1 d\,\cos\alpha \Rightarrow \cos\alpha = \frac{r_1^2 + d^2 - r_2^2}{2r_1 d}$$

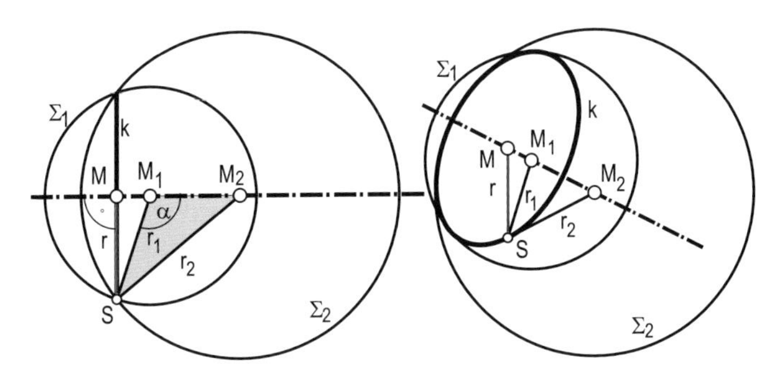

Abb. 3.44 Schnittkreis zweier Kugeln (spezielle und allgemeine Ansicht)

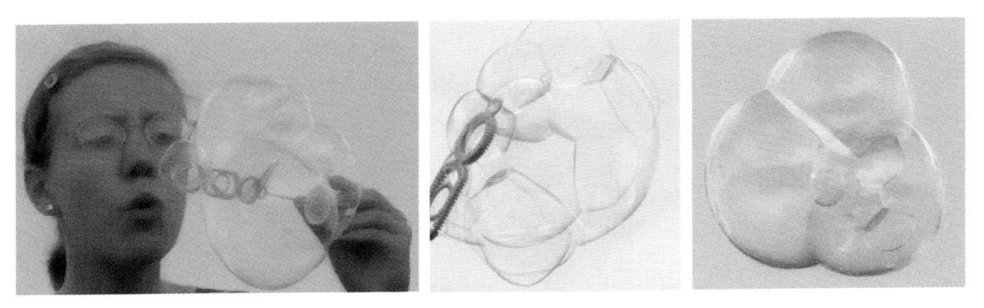

Abb. 3.45 Entstehung von Seifenblasen aus mehreren Kugeln

Es muss gelten:

$$\cos\alpha \le 1 \Rightarrow \frac{r_1^2 + d^2 - r_2^2}{2r_1 d} \le 1$$

$$\Rightarrow r_1^2 + d^2 - r_2^2 \leq 2r_1 d \Rightarrow r_1^2 - 2r_1 d + d^2 \leq r_2^2 \Rightarrow (r_1 - d)^2 \leq r_2^2$$

Für $(r_1 - d)^2 > r_2^2$ wird der Schnittkreis nicht reell sein. Für

$$r_1 - d = \pm r_2 \Rightarrow r_1 - r_2 = d \text{ oder } r_1 + r_2 = d$$

berühren sich die Kugeln in einem Punkt („Nullkreis"). Im Fall eines reellen Schnittkreises ergeben sich nun der Radius r und der Abstand e des Mittelpunkts M von M_1:

$$r = r_1 \sin\alpha \quad \text{und} \quad e = r_1 \cos\alpha$$

Die Ebene, in welcher der Schnittkreis k liegt, heißt *Potenzebene*. Der Schnitt zweier Kugeln ist immer ein Kreis – reell oder imaginär. Mit Verweis auf Anwendung S. 401 sei erwähnt: Alle Kugeln haben zusätzlich den sog. *absoluten Kreis* gemeinsam, der imaginär ist und noch dazu „im Unendlichen" liegt.

♠

Fläche des Dreiecks:

Zunächst gilt für die Fläche A des Dreiecks (mit den Bezeichnungen von Abb. 3.40)

$$A = \frac{c\,h_c}{2} = \frac{c\,b\,\sin\alpha}{2}$$

Weil die Beschriftung vertauscht werden kann, gilt ebenso

$$A = \frac{a\,c\,\sin\beta}{2} = \frac{b\,a\,\sin\gamma}{2} = \frac{c\,b\,\sin\alpha}{2} \tag{3.27}$$

Aus (3.27) folgt unmittelbar der

Sinussatz:

$$\frac{a}{\sin\alpha} = \frac{b}{\sin\beta} = \frac{c}{\sin\gamma} \tag{3.28}$$

In Worten:

Der Quotient aus Seitenlänge und Sinus des gegenüberliegenden Winkels ist konstant. Oder: Das Verhältnis zweier Seiten ist gleich dem Verhältnis der Sinus-Werte der gegenüberliegenden Winkel.

Damit lassen sich folgende Aufgaben lösen:

Aufgabe 1: Gegeben sind zwei Winkel (und damit alle drei) sowie eine Seite (etwa a) eines Dreiecks. Dann ist

$$b = \sin\beta \frac{a}{\sin\alpha}$$

Anwendung: Höhe eines Turms (Abb. 3.46)

Man misst in A den Winkel ε vom Straßenrand zum Turmfußpunkt F und den Höhenwinkel δ zur Turmspitze H, bewegt sich am Straßenrand eine Strecke s weiter zum Punkt B und misst den Winkel φ vom Straßenrand zum Turmfußpunkt. Damit ist die Höhe des Turms bestimmt:

1) $\psi = 180° - \varepsilon - \varphi \quad \Rightarrow \sin\psi = \sin(\varepsilon + \varphi)$

2) Sinussatz im Dreieck ABF:

$$\frac{x}{\sin\varphi} = \frac{s}{\sin\psi} \Rightarrow x = s\,\frac{\sin\varphi}{\sin(\varepsilon+\varphi)}$$

3) Rechtwinkliges Dreieck AFH

$$\frac{h}{x} = \tan\delta \Rightarrow h = x\,\tan\delta$$

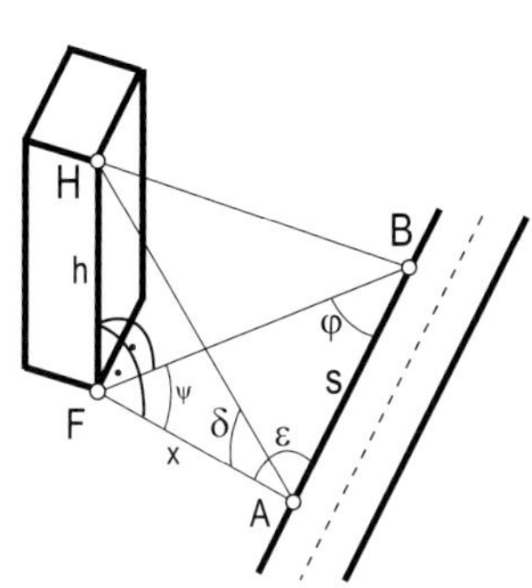

Abb. 3.46 Höhe eines Turmes

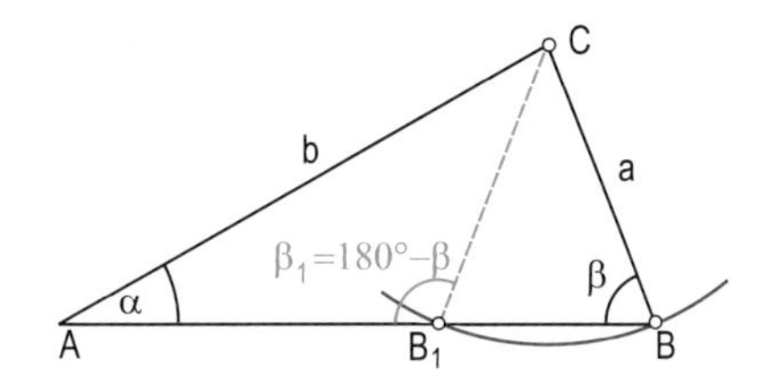

Abb. 3.47 Zwei gleichberechtigte Lösungen

♠

Aufgabe 2: Gegeben sind ein Winkel (z.B. α) und zwei Seiten, die nicht diesen Winkel einschließen (etwa a und b). Dann berechnet man den Winkel β wie folgt:

$$\sin\beta = b\,\frac{\sin\alpha}{a}$$

Dabei ist zu bedenken, dass diese Formel zwei Lösungen haben kann (aber auch nur eine oder gar keine), nämlich β und $180° - \beta$ (Abb. 3.47). In der Praxis scheidet oft eine der beiden Lösungen auf Grund einer Zusatzbedingung aus.

Anwendung: Kräfte im Gleichgewicht

Zwei in einem Punkt angreifende Kräfte (Abb. 3.42) $F_1 = 60\text{N}, F_2$ schließen den Winkel $\varphi = 151{,}1°$ ein und haben die Resultierende $F_3 = 30\text{N}$. Berechnen Sie F_2.

Lösung:

$$a = 60,\; c = 30$$

$$\frac{c}{\sin\gamma} = \frac{a}{\sin\alpha} \Rightarrow \sin\alpha = a\frac{\sin\gamma}{c} = 0{,}967 \Rightarrow$$

$$\alpha_1 \approx 75{,}2°,\; \alpha_2 \approx 180° - 75{,}2° = 104{,}8° \Rightarrow$$

$$\beta_1 = 180° - \alpha_1 - \gamma = 75{,}9°,\; \beta_2 = 180° - \alpha_2 - \gamma = 46{,}3°$$

$$b_1 = \sin\beta_1 \frac{a}{\sin\alpha_1} \approx 60{,}2, \ b_2 = \sin\beta_2 \frac{a}{\sin\alpha_2} \approx 44{,}9$$

Wir sehen also: Es gibt zwei gleichberechtigte Lösungen! Nur eine Zusatzbedingung könnte uns helfen, eine der beiden Lösungen auszuscheiden! ♠

Ein wichtiger Satz, der im Zusammenhang mit dem schiefwinkligen Dreieck steht, ist der *Peripheriewinkelsatz* (Abb. 3.48). Er stellt eine Verallgemeinerung des Satzes von *Thales* dar:

Peripheriewinkelsatz: Eine Sehne erscheint aus jedem Kreispunkt auf der einen Seite unter dem gleichem Winkel γ, auf der anderen unter dem supplementären Winkel $\gamma' = 180° - \gamma$. Der zugehörige Zentriwinkel ist doppelt so groß.

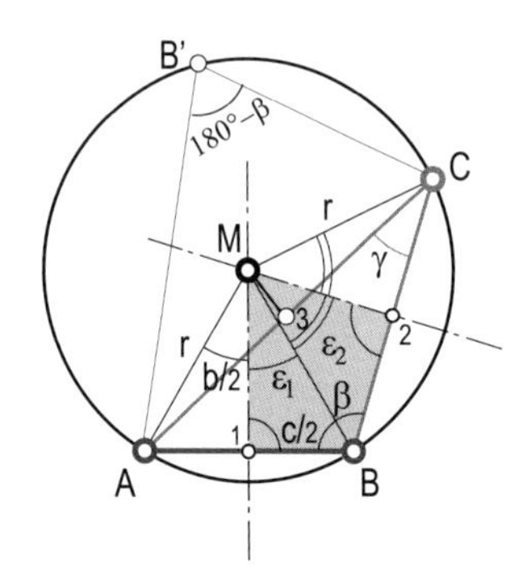

Abb. 3.48 Peripheriewinkelsatz

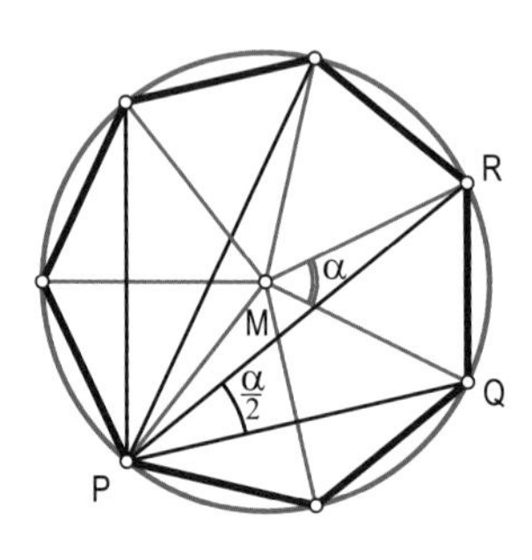

Abb. 3.49 Diagonalen im n-Eck

Beweis:
Wir betrachten einen Kreis mit der festen Sehne AC und einen weiteren Punkt B am Kreis. Mit den Bezeichnungen von Abb. 3.48 gilt: Das Viereck $1B2M$ hat – wie jedes Viereck, das durch eine Diagonale in zwei Dreiecke zerteilt wird – die Winkelsumme 360°. Es besitzt in 1 und 2 rechte Winkel $\Rightarrow$ die restlichen ergänzen einander auf 180°: $\varepsilon_1 + \varepsilon_2 = 180° - \beta$. Weiters ist $2(\varepsilon_1 + \varepsilon_2) = \angle AMC$ und damit $\beta = 180° - \frac{1}{2}\angle AMC$ für jeden Kreispunkt B auf derselben Seite konstant. Auf der anderen Seite ist statt $\angle AMC$ der Winkel $360° - \angle AMC$ zu nehmen und wir haben $\angle AB'C = 180° - \beta$. Wegen $\angle AMC = 360° - 2\beta$ gilt weiters $\angle AMC = 2\angle AB'C$, d.h., der Zentriwinkel ist doppelt so groß wie der Randwinkel. ◇

Aus dem Peripheriewinkelsatz folgt unmittelbar folgender Satz:

In einem Sehnenviereck, also einem Viereck, das einem Kreis eingeschrieben ist, ist die Summe der Gegenwinkel 180°.

Fast ebenso unmittelbar beweist man folgenden Satz;

Die Diagonalen im regelmäßigen n-Eck bilden mit ihren Nachbardiagonalen gleiche Winkel.

Beweis:
Seien P ein beliebiger Punkt und Q und R zwei weitere beliebige benachbarte Punkte des n-Ecks (Abb. 3.49). Der Umkreis kann als Peripheriekreis über der Sehne QR gedeutet werden; damit

ist $\angle QPR$ von der Lage von P unabhängig. Wegen $\angle QMR = \alpha = 360°/n$ = konstant. Nach dem Peripheriewinkelsatz ist der Zentriwinkel doppelt so groß wie der Randwinkel und folglich $\angle QPR = \alpha/2 = 180°/n$ = konstant. ◇

Anwendung: Positionsbestimmung durch Winkelmessung (Abb. 3.50)
Man kennt von der Landkarte die gegenseitige Lage von drei markanten Punkten A, B und C im Gelände. Um die eigene Position P zu bestimmen, genügt es nun, zwei Winkel (etwa die Winkel $\varphi = \angle APB$ und $\psi = \angle BPC$) zu messen. P befindet sich im Schnitt zweier Peripheriewinkelkreise. ♠

Besonders leicht beweist man mit dem Sinussatz folgenden Satz (Abb. 3.51):

Jede Winkelhalbierende eines Dreiecks teilt die gegenüberliegende Seite im Verhältnis der anliegenden Seiten.

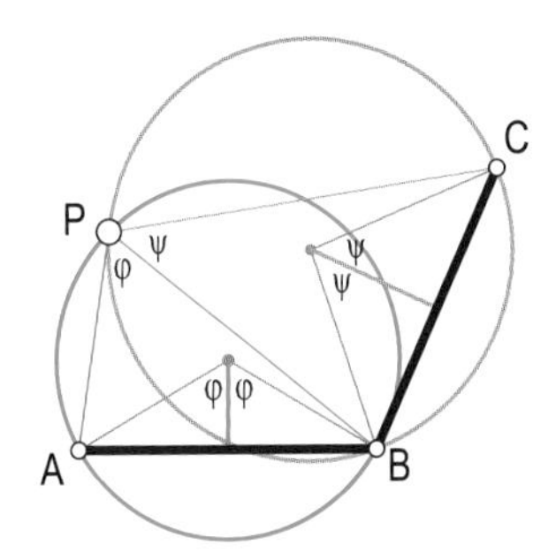

Abb. 3.50 Positionsbestimmung

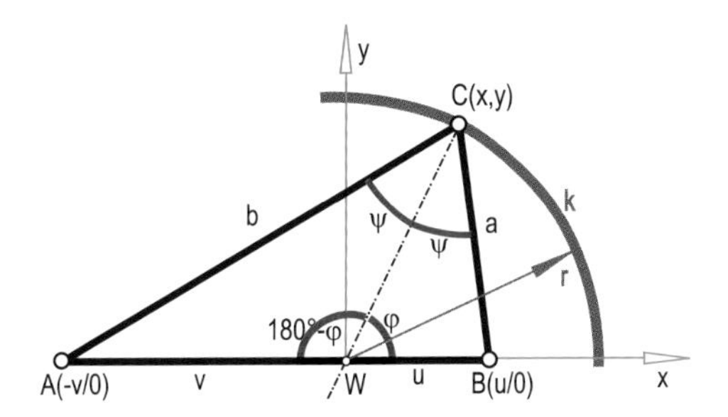

Abb. 3.51 Spiegelung am Kreis

Beweis:
In Abb. 3.51 soll also gelten: $u : v = a : b$. In den Dreiecken BWC und AWC gelten jeweils nach dem Sinussatz

$$\frac{u}{\sin\psi} = \frac{a}{\sin\varphi} \quad \text{und} \quad \frac{v}{\sin\psi} = \frac{b}{\sin(180° - \varphi)}.$$

Wegen $\sin(180° - \varphi) = \sin\varphi$ folgt daraus bereits $u : v = a : b$. ◇

Anwendung: Reflexion am Kreis
Eine Anwendung des obigen Satz ergibt sich, wenn man sich um den Punkt W auf der Winkelhalbierenden durch C (Abb. 3.51) einen spiegelnden Kreis k durch C denkt. Dann ist C der „Reflex“ von A in k bzgl. B. Oder anders formuliert: Ein von A ausgehender Laserstrahl wird in C nach B reflektiert. Wir legen durch W ein kart. Koordinatensystem. Dann haben die Punkte die Koordinaten $A(-v/0)$, $B(u/0)$, $C(x/y)$ (mit $x^2+y^2 = r^2 \Rightarrow y^2 = r^2 - x^2$). Weiters gilt wegen des Reflexionsgesetzes (Einfallswinkel = Ausfallswinkel) und des obigen Satzes über die Winkelhalbierende:

$$\frac{\sqrt{(x+v)^2+y^2}}{\sqrt{(x-u)^2+y^2}} = \frac{v}{u} \Rightarrow \frac{(x+v)^2+y^2}{(x-u)^2+y^2} = \frac{v^2}{u^2} \Rightarrow \frac{(x+v)^2+r^2-x^2}{(x-u)^2+r^2-x^2} = \frac{v^2}{u^2}$$

$$\Rightarrow \frac{2vx+v^2+r^2}{-2ux+u^2+r^2} = \frac{v^2}{u^2} \Rightarrow u^2(2vx+v^2+r^2) = v^2(-2ux+u^2+r^2)$$

$$\Rightarrow 2uv(u+v)x = r^2(v^2 - u^2) \Rightarrow x = \frac{v-u}{2uv}r^2$$

Der y-Wert wird mittels Pythagoras berechnet: $y = \sqrt{r^2 - x^2}$

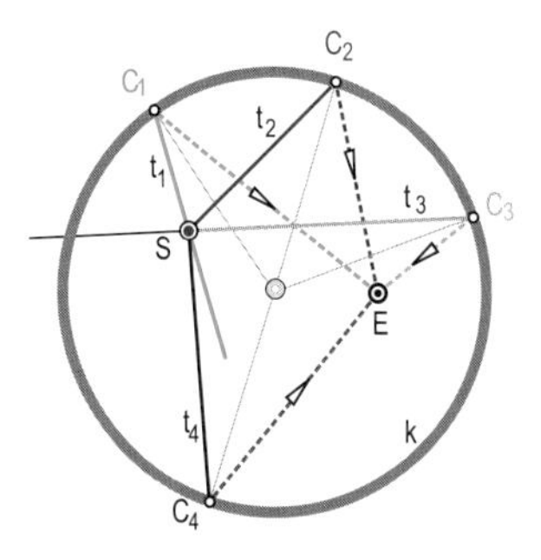

Abb. 3.52 Vier Reflexe am Kreis...

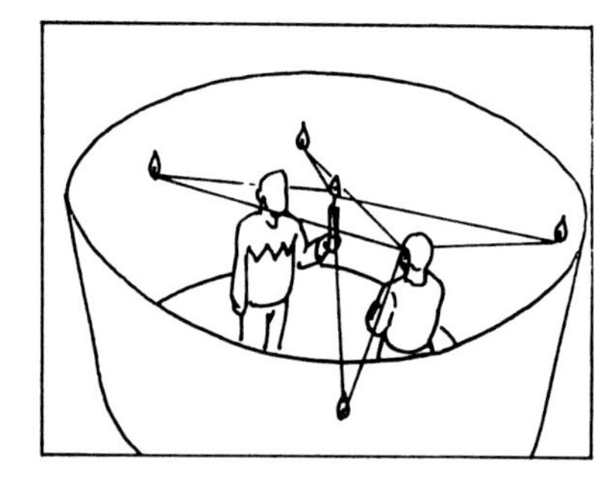

Abb. 3.53 ... bzw. Drehzylinder

Die Ermittlung des Reflexes ist also rein quadratisch, obwohl im allgemeinen Fall (Abb. 3.52) die Spiegelung am Kreis auf eine nicht-reduzierbare Gleichung 4. Ordnung führt. Dies ist deswegen der Fall, weil zwei Reflexe von A in k bereits bekannt sind: Es sind dies trivialerweise die Schnittpunkte von k mit der Geraden AB. ♠

3.5 Weitere Anwendungen

In diesem Abschnitt finden Sie wieder interessante Übungsaufgaben zu den vorhergehenden Abschnitten, die aber ohne Beeinträchtigung des Konzepts auch übersprungen werden können.

Anwendung: Warum entgleist ein Zug nicht?

Lösung:

Diese Anwendung verlangt gar keine Rechnung, hat aber mit der Bogenlänge etwas zu tun. Die Antwort: „Der Zug entgleist nicht, weil er auf Schienen fährt" ist zu billig. Wären nämlich die gegenüberliegenden Zugräder nicht entgegengesetzt konisch, würden Züge ständig entgleisen.

Abb. 3.54 Entgleisung?

Auch der Stahlkranz auf der Radinnenseite ist noch nicht Garantie genug. Es ist hauptsächlich die entgegengesetzte leicht konische Form der beiden Zugräder (Abb. 3.54): Driftet der Zug nach links ab, erhöht sich beim linken Rad der Durchmesser und damit Umfang des Rads, während er sich gleichzeitig rechts verringert. Genau das aber erzwingt eine Rechtskurve und der Zug kehrt wieder in die stabile Lage zurück. ♠

Anwendung: Welchen Durchmesser haben Sonne und Mond? (Abb. 3.55) Sonne und Mond sieht man am Firmament unter fast genau demselben Winkel, nämlich etwas mehr als einem halben Grad (das war nicht immer so, weil der Mond in Urzeiten der Erde näher war). Weil noch dazu Sonnen- und Mondbahn nur geringfügig zueinander geneigt sind, kommt es immer wieder zu Sonnenfinsternissen. Durch exakte Winkelmessungen von verschiedenen Punkten auf der Erde kann man die mittlere Distanz der beiden Himmelskörper bestimmen: $d_S \approx 150\,000\,000\,\mathrm{km}$, $d_M \approx 384\,000\,\mathrm{km}$. Wie groß sind ihre Durchmesser?

Abb. 3.55 Partielle Sonnenfinsternis Mai 2003

Lösung:
Im Bogenmaß ausgedrückt beträgt der Sehwinkel $\varphi \approx \dfrac{\pi}{360}$. Nun gilt im Vergleich mit dem Durchmesser D_E der Erde ($\approx 12\,740\,\mathrm{km}$)

$$D_S = d_S\,\varphi \approx 1\,300\,000\,\mathrm{km} \approx 100\,D_E,$$

$$D_M = d_M\,\varphi \approx 3\,350\,\mathrm{km} \approx 0{,}26\,D_E.$$

Die exakten Zahlen sind übrigens

$$D_S = d_S\,\varphi \approx 1\,392\,000\,\mathrm{km}, \quad D_M = d_M\,\varphi \approx 3\,476\,\mathrm{km},$$

weil ja der Winkel etwas größer als $0{,}5^\circ$ ist und außerdem die Distanzen – insbesondere die des Mondes – schwanken.

Eine totale Sonnenfinsternis tritt relativ selten auf. Viel öfter gibt es eine totale Mondfinsternis, weil in diesem Fall die Erde den viel kleineren Mond (1/4 Durchmesser der Erde) beschattet. Deswegen dauern Mondfinsternisse auch viel länger, weil der Mond Stunden braucht, um durch die Schattenzone „durchzutauchen". Vom Mond aus gesehen muss ein solches Schauspiel extrem spektakulär aussehen: Die riesige „Neuerde" beginnt dann an den Rändern rot zu leuchten (mehr dazu in Anwendung S. 237). ♠

Anwendung: Landeanflug

Ein Verkehrsflugzeug landet aus $h = 35000$ Fuß ($1\,\text{Fuß} = 0{,}314\,\text{m} \Rightarrow h \approx 11\,\text{km}$) Höhe innerhalb von 20 Minuten auf Meeresniveau. Wie groß ist der durchschnittliche Sinkwinkel, wenn die durchschnittliche Bodengeschwindigkeit (*ground speed*) 540 km/h beträgt?

Abb. 3.56 Unsanfter Sinkflug im kleinen Maßstab...

Lösung:

Die zurückgelegte Strecke beträgt $s = 540\,\text{km/h} \cdot \frac{1}{3}\,\text{h} = 180\,\text{km}$. Für den Sinkwinkel α gilt $\tan\alpha = h/s$. Der Tangens ist für kleine Winkel gleich dem Winkel im Bogenmaß (Anwendung S. 286). Durch Multiplikation erhalten wir das Gradmaß: $\alpha^\circ = \frac{11\,\text{km}}{180\,\text{km}} \cdot \frac{180^\circ}{\pi} \approx 3{,}5^\circ$.

Ein spektakulärer „Sprung" mit speziellen „Fledermausanzügen" zwischen den Kontinenten Afrika und Europa im Sommer 2005: Absprung in 35000 Fuß Höhe bei -50° Außentemperatur über der marokkanischen Küste, Landung in der Algecira-Bucht bei Cadiz, Bodendistanz 20,5 km, Gleitflugdauer 6 Minuten. Der Sinkwinkel war durch $\tan\alpha \approx 11 : 20{,}5$ gegeben ($\alpha \approx 30^\circ$). Die durchschnittliche Geschwindigkeit betrug 240 km/h (204 km/h ground speed). Der Fallschirm wurde erst im letzten Moment gezogen (vgl. Anwendung S. 13).

♠

Anwendung: Seewölbung (Abb. 3.57)

Die Oberfläche der Meere, aber auch der größeren Süßwasserseen ist sichtbar gekrümmt. Verbindet man zwei weiter entfernte Oberflächenpunkte A und B geradlinig, dann ergibt sich die sog. Wölbung. Wie groß ist die Wölbung w eines Sees von L km Länge? Welche Höhe h muss ein Turm bei B haben, um bis zur Mitte des Sees sehen zu können?

Abb. 3.57 Krümmung der Wasserfläche, gekrümmter Horizont

Lösung:

Der halbe Zentriwinkel φ (Abb. 3.57) errechnet sich im Bogenmaß aus dem Erdradius $R = 6370\,\text{km}$ durch

$$\varphi = \frac{L/2}{R} = \frac{L}{2R}.$$

Weiters ist $\overline{MN} = R\cos\varphi$ sowie $\overline{MC} = \dfrac{R}{\cos\varphi}$ und damit

$$w = R(1 - \cos\frac{L}{2R}),\ h = R(\frac{1}{\cos\frac{L}{2R}} - 1) \quad (\varphi \text{ im Bogenmaß!})$$

Zahlenbeispiel:
$L = 10\,\text{km} \Rightarrow w = 1{,}96\,\text{m},\ h \approx w$
$L = 30\,\text{km} \Rightarrow w = 17{,}66\,\text{m},\ h \approx w$
$L = 100\,\text{km} \Rightarrow w = 196{,}23\,\text{m},\ h \approx w$
$L = 200\,\text{km} \Rightarrow w = 784{,}91\,\text{m},\ h = 785{,}01\,\text{m}$
$L = 750\,\text{km} \Rightarrow w = 11\,035\,\text{m},\ h = 11\,054\,\text{m}$
Wir sehen also, dass für kleines L Wölbung und Turmhöhe fast identisch sind.

Das letzte Zahlenbeispiel zeigt: Von einem Flugzeug in 11 km Flughöhe sieht man unter idealen Bedingungen $750\,\text{km}/2 = 375\,\text{km}$ weit. Umgekehrt kann frühestens ab dieser Entfernung das Flugzeug vom Radar erfasst werden. Fotografiert man die Meeresoberfläche mit einem Weitwinkelobjektiv, so sieht man einen leicht gekrümmten Horizont von ca. 500 km Länge. Die Krümmung selbst macht etwa 11 km aus. Dies ist durchaus am Foto erkennbar (Abb. 3.57). ♠

Anwendung: Morgen- bzw. Abendstern (Abb. 3.58)

Die Planeten kreisen auf elliptischen Bahnen um die Sonne. Mit Ausnahme der recht exzentrischen Bahnellipse des Pluto liegen die Bahnellipsen fast in einer Ebene, der *Ekliptik*. Die Bahnellipsen von Venus und Erde sind fast kreisförmig (mittlere Abstände 108 Millionen km und 150 Millionen km). Wie groß ist der maximale Sehwinkel, unter dem man von der Erde aus Sonne und Venus sieht? Warum heißt die Venus Morgen- bzw. Abendstern?

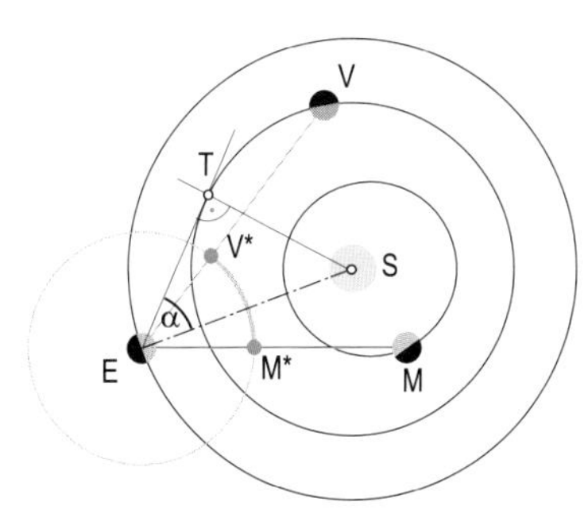

Abb. 3.58 Sonne, Venus, Merkur

Lösung:
Aus Abb. 3.58 erkennt man ein rechtwinkliges Dreieck ETS, dessen Seiten von der Tangente an den Bahnkreis der Venus, der Achse Erde-Sonne und dem Berührradius gebildet wird. Für den Winkel α in diesem Dreieck gilt

$$\sin\alpha = \frac{\overline{TS}}{\overline{ES}} = \frac{108}{150} = 0{,}72 \Rightarrow \alpha \approx 46^\circ$$

Die Venus ist also immer in einem Sehwinkel von maximal 46° im Umkreis der Sonne zu sehen. Deshalb sieht man sie nur knapp vor Sonnenaufgang bzw. knapp nach Sonnenuntergang.

Noch näher im Umkreis der Sonne ist der Merkur. Bei einem mittleren Abstand von 58 Millionen km ergibt die Rechnung den maximalen Sehwinkel $\alpha \approx 23^\circ$ (wegen der exzentrischeren Bahn kann dieser Winkel allerdings bis zu 27° betragen). Weil Merkur aber wesentlich kleiner ist als Venus, erscheint er i. Allg. nicht so hell am Firmament. Sonne, Merkur und Venus liegen fast auf einer „Geraden" (genauer: auf einem Großkreis am Firmament): Es liegen ja Erde, Sonne, Merkur und Venus beinahe in einer Ebene (der Ekliptik), und diese Ebene erscheint von der Erde aus „projizierend". In Abb. 3.58 sind von Venus und Merkur die Positionen am Firmament V^* und M^* eingezeichnet. ♠

Anwendung: Überrunden eines Planeten (Abb. 3.58)

Die Erde hat eine Umlaufzeit von 365 Tagen um die Sonne, die Venus eine von etwa 225 Tagen, der Mars braucht 1,88 Jahre. Alle Bahnkurven liegen ziemlich genau in einer Ebene und verlaufen im selben Drehsinn. In welchen Abständen haben die Planeten die gleiche Relativposition (z.B. minimalen Abstand)?

Lösung:

Kreisbahnen vorausgesetzt, dreht sich die Erde täglich durch den Winkel $\approx 1°$ um die Sonne, die Venus hingegen durch $\approx 1{,}6°$. Das heißt, die Venus dreht sich täglich $\approx 0{,}6°$ schneller und braucht etwa $\frac{360}{0{,}6} = 600$ Tage, um wieder die gleiche Relativposition einzunehmen. Der Mars verliert täglich etwa $\approx 0{,}47°$ bezüglich der Erde, eine vergleichbare Position stellt sich also alle 766 Tage ein.

Im Jahr 2003 starteten Anfang Juni zwei Marssonden so, dass die erdnächste Position Ende August etwa „Halbzeit“ der Reise bedeuteten. In diesem Jahr kam der Mars der Erde ganz besonders nahe, weil er sich auf seiner leicht elliptischen Bahn genau zum Zeitpunkt der Überrundung an seinem sonnennächsten Punkt („Perihel“) befand. Weil der Mars – im Gegensatz zur Venus – von der Sonne weiter entfernt ist als die Erde, ist bei einer Überrundung seine gesamte beleuchtete Hälfte zu sehen und der Planet wird dann nach Sonne und Mond zum dritthellsten Gestirn. ♠

Anwendung: Wie lange dauert eine totale Sonnenfinsternis?

Wenn der Mond genau zwischen Sonne und Erde steht, kann es zu einer totalen Sonnenfinsternis kommen. Allerdings muss sich der Beobachter auf der Erde im Kernschatten des Mondes befinden (Abb. 3.59). Dieser annähernd kreisförmige Bereich hat einen Durchmesser von nur maximal 269 km. Man berechne die Geschwindigkeit, mit welcher sich der Kernschatten auf der Erde bewegt.

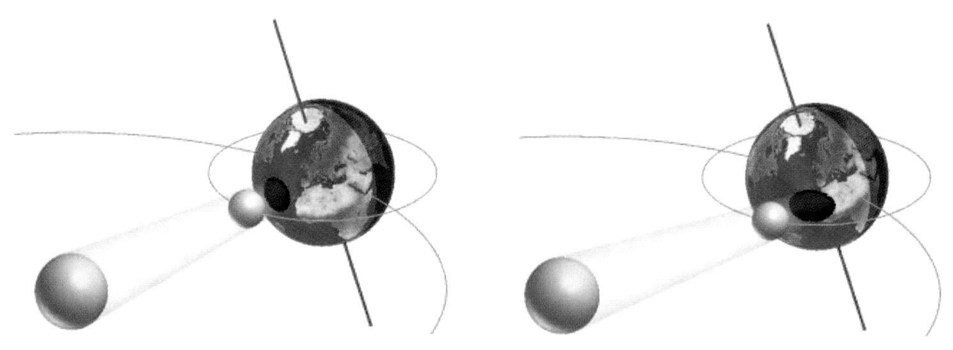

Abb. 3.59 Der Kernschatten des Mondes wandert über die Erde

Lösung:

Abb. 3.59 verdeutlicht, dass es im Wesentlichen um die Geschwindigkeit des Mondes bei seiner Umdrehung um die Erde geht. In 27,52 Tagen legt der Mond $2\pi \cdot 384\,000\,\text{km}$ zurück, pro Minute also etwa 61 km. Damit wäre der Kernschattenbereich in 4,5 Minuten über den Beobachter dahingebraust. Allerdings dreht sich der Beobachter auf der Erde relativ rasch um die Erdachse (diese liegt i. Allg. leicht geneigt zur Verbindung Erde-Sonne). Maximal kann diese Geschwindigkeit die Bahngeschwindigkeit am Äquator sein (1 667 km/h, das sind etwa 28 km pro Minute, Anwendung S. 127). Damit verringert sich die Kernschattengeschwindigkeit auf einen Wert zwischen 61 km/min und 33 km/min. Die totale Sonnenfinsternis kann im Extremfall also $269/33 \approx 8$ Minuten dauern. ♠

Anwendung: Bestimmung eines unzugänglichen Radius

Um den Radius R eines Drehzylinderteils zu ermitteln, kann man drei gleich dicke Rundstäbe mit Durchmesser d verwenden. Man misst dann den Höhenunterschied h zwischen den Randstäben und dem tiefer liegenden Stab. Wie lautet die Formel für R bei gegebenem d und h?

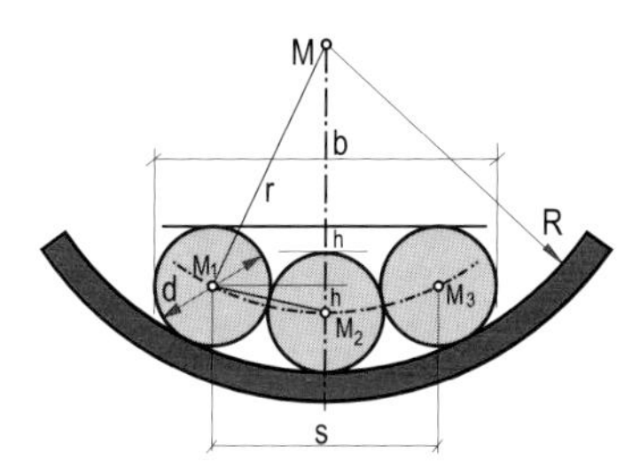

Abb. 3.60 Bestimmung des Zylinderradius

Lösung:
Wir beziehen uns auf Anwendung S. 91, wo wir (mit den Bezeichnungen von Abb. 3.60) Formel (3.3) abgeleitet haben:

$$r = \frac{s^2 + 4h^2}{8h}$$

Dabei ergibt sich wegen $\overline{M_1M_2} = d$ die Strecke $s = \overline{M_1M_3}$ mit $s = 2\sqrt{d^2 - h^2}$. Damit ist der gesuchte Radius

$$R = r + \frac{d}{2} = \frac{4(d^2 - h^2) + 4h^2}{8h} + \frac{d}{2} = \frac{d^2}{2h} + \frac{d}{2} = \frac{d}{2h}(d + h)$$

Statt den Höhenunterschied h zu messen, könnte man auch die Gesamtbreite b der drei Stäbe messen. Es ist ja $s = b - d$ und somit $h = \sqrt{d^2 - \left(\frac{s}{2}\right)^2} = \sqrt{d^2 - \frac{(b-d)^2}{4}}$. Ein geringer Messfehler bei b wirkt sich aber unter Umständen bereits ziemlich stark bei h aus, sodass das Ergebnis weniger zuverlässig ist.
Zahlenbeispiel:
Variante 1: $d = 20\,\text{mm}$, $h = (4{,}4 \pm 0{,}1)\,\text{mm} \Rightarrow R = (55 \pm 1)\,\text{mm}$
Variante 2: $d = 20\,\text{mm}$, $b = (59{,}0 \pm 0{,}1)\,\text{mm} \Rightarrow R = (55 \pm 2)\,\text{mm}$

♠

Anwendung: Den Horizont waagrecht machen...

Für die Ästhetik einer Fotografie, auf welcher der Horizont zu sehen ist, ist es wichtig, dass der Horizont parallel zum Bildrand ist. Am besten, man beachtet dies schon zum Zeitpunkt der Aufnahme. Notfalls kann man es aber auch nachträglich (unter Qualitätsverlust) mit Bildbearbeitungssoftware erreichen, indem man das Bild um einen Winkel δ verdreht und aus dem gedrehten Bild anschließend ein möglichst großes Rechteck mit denselben Proportionen ausschneidet. Wieviel Fläche (Pixel) verliert man dabei?

Lösung:
Seien die Ausmaße des Originalfotos $a \times b$ cm^2, wobei $a : b$ üblicherweise bei Spiegelreflexkameras $3 : 2$ und bei Kompaktkameras $4 : 3$ ist. Dann haben wir mit den Bezeichnungen von Abb. 3.61: $e = 1/2\sqrt{a^2 + b^2}$, $\varepsilon = \arctan b/a$.

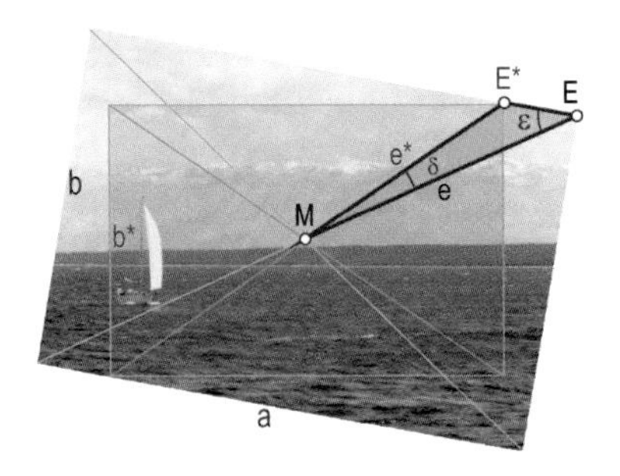

Abb. 3.61 Paralleldrehen

Das grün eingezeichnete schiefwinklige Hilfsdreieck MEE^* ist durch e, δ und ε festgelegt. Den Verkleinerungsfaktor des zugeschnittenen Bilds erhalten wir über den Sinussatz:

$$k = e^* : e = \sin\varepsilon : \sin(180^\circ - \varepsilon - \delta)$$

Die Ausmaße des neuen Rechtecks sind dann $a^* = k\,a$, $b^* = k\,b$, und der Flächenverlust (Pixelverlust) ist $(a^* \cdot b^*) : (a \cdot b) = k^2$.

Für einen Drehwinkel $\delta = 10^\circ$ beträgt der Verlust im 3:2-Format bereits 35%, im 4:3-Format 32%. Ab Drehwinkeln von etwa 20° verlieren wir mehr als die Hälfte der Pixel (bis zu 70%). Dabei ist noch nicht berücksichtigt, dass eine Drehung um einen beliebigen Winkel zusätzlich einen Qualitätsverlust nach sich zieht (verlustfrei sind nur Drehungen um Vielfache von 90°). ♠

Anwendung: Weitwurf in tieferes Gelände (Abb. 3.62)

Wir haben in Anwendung S. 106 (Abb. 3.36) berechnet, dass ein Steigwinkel von 45° eine optimale Wurfweite nach sich zieht. Dies gilt allerdings nur in horizontalem Gelände. Beim Werfen in abschüssiges Gelände wird sich u.U. ein kleinerer optimaler Winkel einstellen.

Abb. 3.62 Schiefer Wurf ins Gelände

Verwendet man den Zeitparameter t, so hat ein Punkt $P(x/y)$ auf der Wurfparabel die Koordinaten $x = v_0\,t\,\cos\alpha$, $y = v_0\,t\,\sin\alpha - g/2t^2$.
Aus der ersten Gleichung lässt sich t berechnen und dann in die zweite Gleichung einsetzen:

$$t = \frac{x}{v_0 \cos\alpha} \Rightarrow y = x\frac{\sin\alpha}{\cos\alpha} - \frac{g}{2}\frac{x^2}{v_0^2\cos^2\alpha}.$$

Die Wurfparabel hat also die Gestalt

$$y = a\,x^2 + b\,x \quad \text{mit} \quad a = -\frac{g}{2v_0^2\cos^2\alpha},\; b = \tan\alpha.$$

Wir schneiden nun zwei Wurfparabeln mit unterschiedlichen Abschusswinkeln:

$$y_1 = a_1x^2 + b_1x,\; y_2 = a_2x^2 + b_2x$$

$$y_1 = y_2 \Rightarrow a_1x^2 + b_1x = a_2x^2 + b_2x \Rightarrow (a_1 - a_2)x^2 + (b_1 - b_2)x = 0$$

Die Triviallösung $x = 0$ ist der Abschusspunkt. Die nicht triviale Lösung erhält man nach Division durch $x(a_1 - a_2) \neq 0$:

$$x_s = (b_2 - b_1) : (a_1 - a_2)$$

Wenn die Geländeneigung eine solche Wurfweite überhaupt zulässt, „überholt" ab der Schnittstelle die flachere Parabel die steilere. ♠

Anwendung: Brechungsgesetz (Abb. 3.63)
Nach dem Brechungsgesetz gilt für den Einfallswinkel α und den Ausfallswinkel β beim Übergang von Luft in Wasser $\sin\alpha : \sin\beta = 4 : 3$ Es gibt von der Atmosphäre her keine Totalreflexion, d.h. alle Lichtstrahlen werden – zumindest teilweise – ins Wasser abgelenkt.

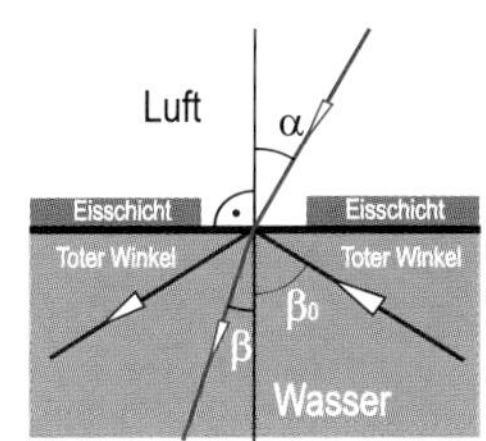

Abb. 3.63 Totalreflexion

Abb. 3.64 Die Situation im Wasser...

Umgekehrt gibt es aber einen kritischen Winkel β_0, ab dem kein Licht mehr vom Wasser durch die Oberfläche gelangt. β_0 ergibt sich für den Maximalwert 1 von $\sin\alpha$:

$$\frac{1}{\sin\beta} = \frac{4}{3} \Rightarrow \sin\beta_0 = \frac{3}{4} \Rightarrow \beta_0 \approx 48{,}6^\circ$$

Eine Robbe, die im toten Winkel anschwimmt (Abb. 3.63), kann den Inuit, der beim Luftloch in der Eisschicht auf sie wartet, nicht sehen: Die einzigen Lichtstrahlen, die zum Jäger führen, werden durch das Eis abgeschirmt. Auch der Inuit sieht die Robbe erst, wenn sie die Nasenlöcher aus dem Wasser streckt (Abb. 3.64)! ♠

Anwendung: Wer sieht wen?

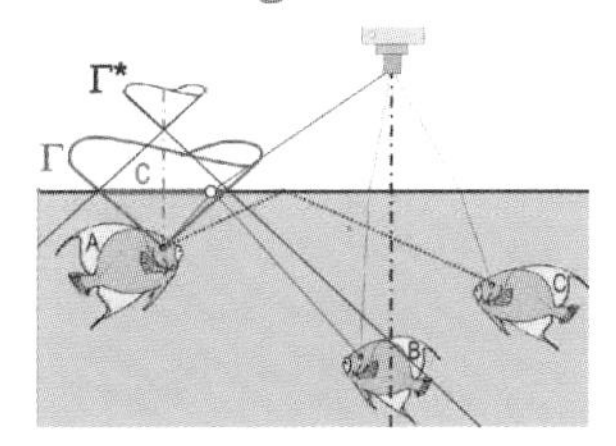

Abb. 3.65 Wer sieht hier wen? Keineswegs trivial!

Abb. 3.66 Totalreflexion außerhalb Γ^* (links ist der Spurkreis von Γ^* zu sehen)

Im ruhigen Wasserbecken (Abb. 3.65 links) sieht Fisch A (der Taucher)

- „alles" außerhalb des Pools, wenn auch zum Teil stark verzerrt. Das gebrochene Bild liegt innerhalb eines Kreises c auf der Oberfläche. Dieser Kreis ist Spurkreis eines Drehkegels Γ mit dem Öffnungswinkel $2 \times 48{,}6^\circ$;

- die Totalreflexionen jener Teile des Beckens, die außerhalb des reflektierten Kegels Γ^* liegen, z.B. Fisch C (besonders deutlich in Abb. 3.66 links);
- Reflexionen des übrigen Beckens (z. B. Fisch B) innerhalb c – als Folge von Teilreflexion (je ruhiger die Wasseroberfläche, desto deutlicher);
- die Fische B und C auch direkt!

Auf einer Fotografie von außerhalb des Beckens (etwa vom Sprungbrett) sieht man alle Fische – teilweise stark verzerrt. ♠

Anwendung: Brechung an einer Kugeloberfläche

Man leite mit der Näherung $\sin x \approx \tan x \approx x$ für kleine x (Anwendung S. 286) Formel (3.29) für die Brechung an einer sphärischen Oberfläche ab.

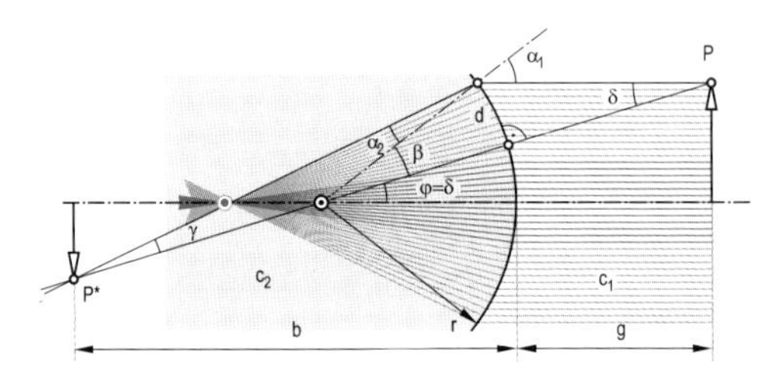

Abb. 3.67 Brechung an einer kugelförmigen Oberfläche

Lösung:
Mit den Bezeichnungen von Abb. 3.67 gelten für die Außenwinkel β und α_1 die Beziehungen

$$(1)\quad \beta = \alpha_2 + \gamma \qquad\qquad (2)\quad \alpha_1 = \delta + \beta$$

Sind c_1 und c_2 die Ausbreitungsgeschwindigkeiten des Lichts in den beiden Medien, dann gilt nach dem Brechungsgesetz (Anwendung S. 281)

$$n = c_1 : c_2 = \sin\alpha_1 : \sin\alpha_2 \approx \alpha_1 : \alpha_2 \quad\Rightarrow\quad (3)\quad \alpha_2 \approx \frac{1}{n}\alpha_1$$

Dies führt zu

$$\beta = \frac{1}{n}(\delta + \beta) + \gamma \;\Rightarrow\; \delta + \beta + n\gamma = n\beta \;\Rightarrow\; \delta + n\gamma = (n-1)\beta$$

Weiter gilt

$$\tan\delta \approx \delta \approx \frac{d}{g}, \quad \sin\beta \approx \beta \approx \frac{d}{r}, \quad \tan\gamma \approx \gamma \approx \frac{d}{b}$$

und somit die Näherungsformel

$$\frac{1}{g} + \frac{n}{b} = \frac{n-1}{r} \tag{3.29}$$

r ist der Kugelradius, g und b sind die Gegenstandsweite bzw. Bildweite. Die Linsengesetze in dieser einfachen Form gelten immer nur für kleine Winkel $\varphi = \delta$ in der Umgebung der optischen Achse (Gaußscher Raum), in Abb. 3.67 durch grüne Strahlen gekennzeichnet. Die orangen Strahlen in größerer Entfernung von der Achse hüllen eine „Brennlinie" ein, gehen also nicht mehr durch den Brennpunkt der Linse (Abb. 1.10 links). ♠

Anwendung: Wie entsteht ein Regenbogen? (Abb. 3.69)
Ein guter Moment, einen Regenbogen zu sehen, ist, wenn sich die tiefstehende Sonne nach einem Regenguss wieder zeigt (Abb. 3.68). Warum? Wie entsteht überhaupt ein Regenbogen?

Lösung:
Das Spektrum des sichtbaren Lichtes umfasst Wellenlängen zwischen 380 und 780 Nanometer (also etwas weniger als ein Tausendstel Millimeter). Die einzelnen Spektralfarben werden umso weniger beim Übergang in ein optisch dichteres Medium gebrochen, je niedriger die Frequenz ist. Violett wird dadurch stärker gebrochen als Rot; jenseits von Rot haben wir die wärmenden Infrarot-Strahlen, jenseits von Violett die schädlichen Ultraviolett-Strahlen.

Abb. 3.68 Zwei konzentrische Regenbögen (primär und sekundär)

Die Luft ist nun nach einem Regenguss voll von (kugelförmigen) Wassertröpfchen (Abb. 3.69). Diese sehen wir üblicherweise diffus als Nebel oder Wolken. Sei r die Richtung der einfallenden Lichtstrahlen. An jedem beliebigen Punkt der beleuchteten Kugelhälfte wird der Lichtstrahl teilweise an der Kugel reflektiert, teilweise ins Kugelinnere gebrochen (→ Strahl r_1).

Der Strahl wird aber durch die leicht unterschiedlichen Brechungskoeffizienten in die Spektralfarben „aufgefächert". r_1 trifft auf die innere Kugelwand und wird teilweise gebrochen, teilweise reflektiert (→ Strahl r_2). r_2 trifft wieder auf die Kugelwand und wird teilweise gebrochen (→ Strahl r_3), teilweise reflektiert, wobei die Auffächerung zwar „invertiert", wohl aber erhalten bleibt. Der austretende Strahl r_3 ist ein noch weiter aufgefächertes Strahlenbüschel, das reflektierte Restlicht „irrt weiter herum", wobei dem Lichtstrahl bei jeder Brechung durch die Aufteilung in reflektiertes und gebrochenes Licht Intensität „entzogen" wird.
Es zeigt sich nun, dass hauptsächlich r_3 für den Regenbogen-Effekt verantwortlich ist. Genauer: Für den *primären Regenbogen*. Bei nochmaliger Spiegelung und darauffolgendem Austritt entsteht ein *sekundärer Regenbogen* (Abb. 3.68). Dies hat schon René *Descartes* (1596 – 1650) vor fast 400 Jahren gewusst!
Wenn wir nicht nur einen, sondern unendlich viele parallele Lichtstrahlen in die Kugel schicken (Abb. 3.69), werden die meisten Strahlen – in alle möglichen Richtungen gebrochen – das Wassertröpfchen auf der Rückseite verlassen. Jene Strahlen, die an der Tröpfchen-Rückwand nahe dem kritischen Totalreflexionswinkel eintreffen, werden in Richtung r_3 relativ stark aufgefächert retour kommen. Abb. 3.69 illustriert, dass es bei einem gewissen Austrittswinkel ($\alpha \approx 43°$) ein ausgeprägtes Maximum an solchen Strahlen

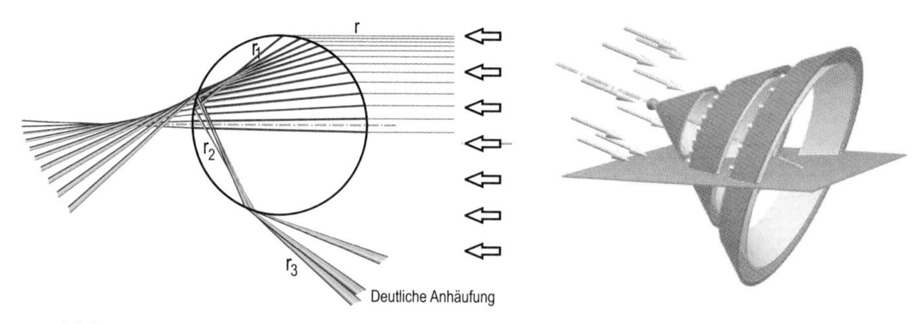

Abb. 3.69 Entstehung des Regenbogen

Abb. 3.70 Regenbogen als Drehkegel

r_3 gibt[1]. Für jedes Teilspektrum im gesamten Licht-Spektralspektrum – also jede Spektralfarbe – ist dieser Winkel leicht unterschiedlich (Violett... 42°, Rot... 44°). Betrachtet man das Tröpfchen unter diesem Winkel, überwiegt dort dann der zugehörige Farbanteil.
Dadurch sieht der Beobachter alle Regentröpfchen, die den Strahl r_3 unter dem Winkel α „abschicken", in der jeweiligen Spektralfarbe schillern. All diese Tröpfchen liegen verteilt auf einem Drehkegel, dessen Scheitel das Auge und dessen halber Öffnungswinkel α ist. Dieser Drehkegel erscheint also „projizierend" als Kreisbogen (Abb. 3.70). Das menschliche Auge unterscheidet sieben wesentlich verschiedene Farben, wobei Rot den *äußeren Rand* bildet. Beim sekundären Regenbogen – der sich übrigens für $\alpha \approx 51°$ einstellt – dreht sich die Reihenfolge wegen der zusätzlichen Spiegelung um!
Normalerweise sieht man je nach Sonnenstand maximal einen Halbkreisbogen. Beim Blick aus einem Flugzeug (über den Wolken) kann man jedoch bei hochstehender Sonne auch einen ganzen Bogen sehen. Weil der Kegel vom aktuellen Standplatz abhängig ist, sieht man beim Herumgehen stets einen neuen Regenbogen. Es hat also keinen Sinn, „nach dem Schatz zu suchen, der am Fuß des Regenbogens begraben liegt." ♠

Anwendung: Warum ist die untergehende Sonne rot?

Lösung:
Wenn die Sonne knapp über dem Horizont steht, fallen die Lichtstrahlen, die ja eigentlich das gesamte sichtbare Spektrum umfassen (siehe Anwendung S. 125), sehr schräg in die zur Erdoberfläche immer dichter werdende Atmosphäre ein. Die Strahlen werden dabei zunehmend in die Einzelfarben aufgefächert, wobei Violett am stärksten zum Lot gebrochen wird, Rot am wenigsten. Theoretisch erreicht uns also der Blauanteil des Lichts länger als der Rotanteil (Abb. 3.71). Dieser Blauanteil wird jedoch wegen der kürzeren Wellenlänge in der Atmosphäre zerstreut (deswegen ist der Himmel blau).

---

[1] Starten Sie das Demo-Programm `rainbow.exe`, um sich die Sachlage animiert anzusehen. Mehr Theorie dazu gibt es u. a. auf der interessanten Webseite
`http://www.geom.umn.edu/education/calc-init/rainbow/`
Siehe auch Steven *Janke*: *Modules in Undergraduate Mathematics and its Applications*, 1992.

Abb. 3.71 Roter Sonnenuntergang mit Verspätung...

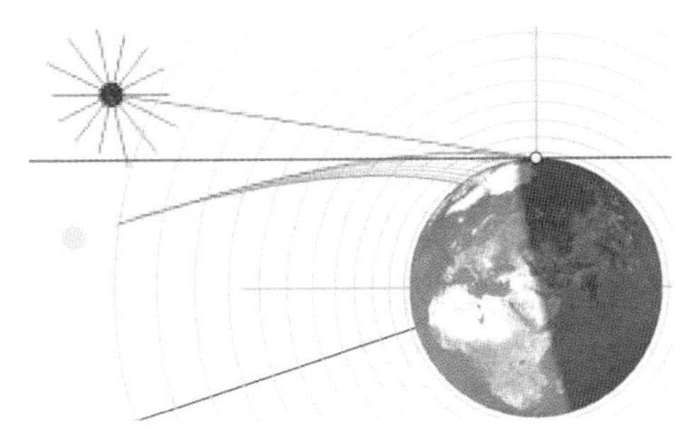

Abb. 3.72 Die Theorie dazu: Wir sehen um die Kurve!

Sinkt also die Sonne unter den Horizont ab, sieht man etwa fünf Minuten den Rotanteil immer noch (Abb. 3.72)!

Wir sehen also eine fünf Minuten andauernde Fiktion, weil wir „hardwaremäßig" verankert haben, dass sich ein Objekt in der Verlängerung des ins Auge einfallenden Lichtstrahls befindet! Irgendwann schaffen es auch die roten Lichtanteile nicht mehr „um die Kurve", und die Sonne „versinkt" unter ovalförmigen Deformationen.

Abb. 3.73 Noch eine Illusion: „Alpenglühen" in der Großstadt

Diametral gegenüber spielt sich gelegentlich am Horizont eine weitere Illusion ab: Das „Alpenglühen" (Abb. 3.73) – die Reflexion der letzten Sonnenstrahlen (Abb. 3.73). ♠

Anwendung: Ein stundenlanger Sonnenuntergang

Auf welchem Breitenkreis genügt die Reisegeschwindigkeit eines Flugzeugs ($\approx 800\,\mathrm{km/h}$), damit sich beim Flug in Richtung Westen der Sonnenstand nicht ändert?

Lösung:

Die Erde dreht sich in 24 Stunden so, dass die Sonne wieder eine vergleichbare Position einnimmt. Die Bahngeschwindigkeit v_0 eines Punktes am Äquator berechnet sich daher wie folgt: $\dfrac{40\,000\,\mathrm{km}}{v_0} = 24\,\mathrm{h} \Rightarrow v_0 = 1\,667\,\dfrac{\mathrm{km}}{\mathrm{h}}$.

(Das entspricht gemäß Anwendung S. 94 exakt 900 Seemeilen pro Stunde.) Fliegt ein Flugzeug mit dieser Geschwindigkeit über dem Äquator von Ost nach West, ändert sich die Sonnenposition nicht. v_0 liegt allerdings über der Schallgeschwindigkeit, und fast alle Passagierflugzeuge fliegen deutlich unter dieser Grenze. Der Umfang – und damit auch der Radius r – des zugehörigen Breitenkreises muss daher um den Faktor $\frac{800}{1\,667} = 0{,}48$ kleiner sein als jener des Äquators: $r = 0{,}48\,R$. Anderseits berechnet sich der Radius eines Breitenkreises nach der Formel $r = R\cos\varphi$, wobei φ die (nördliche oder auch südliche) geografische Breite ist. Somit ist $\cos\varphi = 0{,}48 \Rightarrow \varphi = 61{,}3°$.

Man bedenke, dass die Südspitze Grönlands etwa auf dieser geografischen nördlichen Breite liegt und die Flüge von Europa nach Nordamerika – nach Maßgabe der Wetterverhältnisse und Jet-Streams – wegen der kürzeren Wegstrecke in diesem Korridor abgewickelt werden. Es ist also durchaus nicht ungewöhnlich, dass bei einem solchen Transatlantikflug die Sonne stundenlang am Horizont „stehenbleibt". Sie kann bei Überschreitung des Breitenkreises und / oder Erhöhung der Reisegeschwindigkeit sogar kurzfristig „rückwärts wandern". ♠

Anwendung: Wahre und mittlere Ortszeit, Zonenzeiten

Die wahre Ortszeit ist so definiert, dass die Sonne um 12 Uhr Mittag ihren Höchststand erreicht. Somit haben alle Punkte mit gleicher geografischer Länge gleiche wahre Ortszeit. Nun bewegt sich die Erde auf Grund der Keplerschen Gesetze nicht gleichförmig durch's All. Dadurch schwankt der wahre Mittag um ±15 Minuten. Deshalb verwendet man den Begriff des mittleren Mittags bzw. der mittleren Ortszeit. Aus praktischen Gründen wurden Zonenzeiten (mittlere Zeiten für größere Gebiete) eingeführt. So entspricht die Mitteleuropäische Zeit der mittleren Ortszeit für Standorte am 15. östl. Längenkreis. Weil sich die Erde in einer Stunde um $360°/24 = 15°$ um ihre Achse dreht, entspricht die Sommerzeit dann der Osteuropäischen Zeit (30° ö.L.).

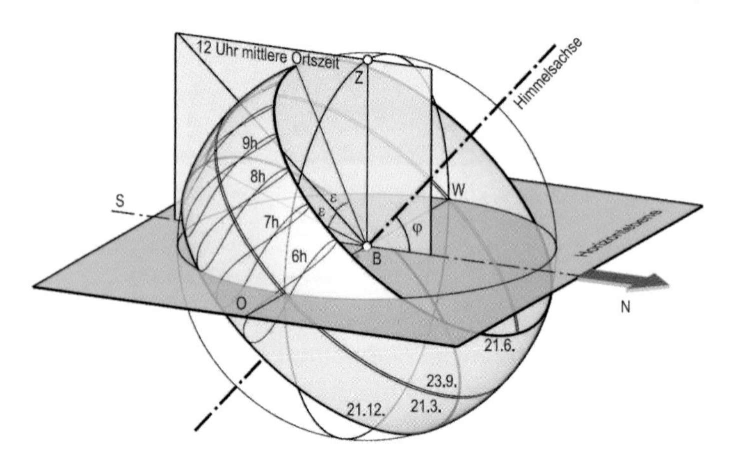

Abb. 3.74 Wenn man die Punkte auf der Himmelskugel markiert, wo die Sonne zu einer bestimmten vollen Stunde steht, bilden diese eine unsymmetrische Achterschleife. Mehr dazu unter `www.uni-ak.ac.at/geom`.

Die Volksrepublik China erstreckt sich von 74° ö.L. bis 135° ö.L., also über mehr als 60 Längengrade. Das reicht „normalerweise" für vier Zonenzeiten. Man hat sich allerdings – aus welchen Gründen auch immer – für eine einzige Zone, die „Pekingzeit", entschieden[2]. Ein Sonnenaufgang um eine bestimmte Uhrzeit (Pekingzeit) „irgendwo in China" kann demnach in einem Intervall von vier Stunden wahrer Ortszeit stattfinden. Wenn nun die Arbeitszeit etwa von 8-17 Uhr vorgegeben wäre, würde das bedeuten, dass man in Westchina die meiste Zeit des Jahres bei Dunkelheit zu arbeiten beginnen müsste. ♠

---

[2] `http://en.wikipedia.org/wiki/Time_zones_of_China`

4 Vektorrechnung

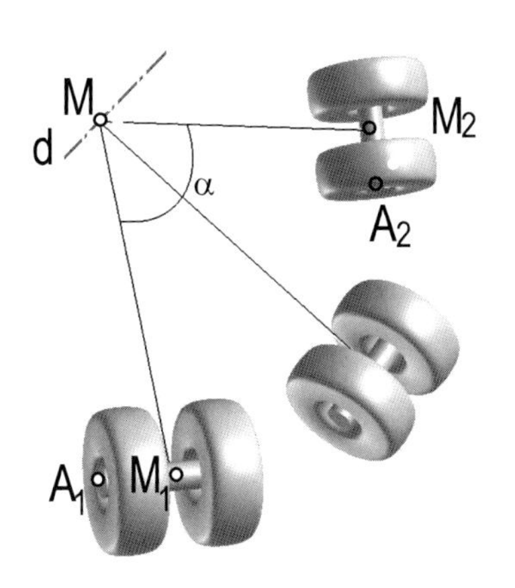

Die Vektorrechnung gewinnt durch die Verwendung des Computers enorm an Bedeutung. Mit ihrer Hilfe lassen sich auf elementare Weise komplexere Aufgaben der Raumgeometrie (Schnitt- und Maßaufgaben, Drehungen und Spiegelungen usw.), aber auch der Physik (Kräfteparallelogramm, Schwerpunkts- und Drehmomentsberechnung usw.) lösen.

Im Folgenden arbeiten wir meist im dreidimensionalen euklidischen Raum $\mathbb{R}^3$. Die angegebenen Formeln können durch sinngemäße Anwendung auch für die Vektorrechnung in der Ebene ($\mathbb{R}^2$) herangezogen werden: Die dritte Koordinate von Punkten bzw. die dritte Komponente von Vektoren wird dann einfach mit 0 angenommen (die Vektorrechnung kann aber auch sehr elegant zum Rechnen in höheren Dimensionen verwendet werden). Geraden der Zeichenebene entsprechen den z-parallelen („erstprojizierenden") Ebenen – und nicht etwa den Geraden des Raums!
Schon mit Vektoraddition und Skalierung lassen sich interessante Anwendungen finden. Durch Hinzunahme der beiden Arten von Vektormultiplikation hat man auch die Winkel-, Flächen und Volumsberechnung im Griff. Die Palette der Anwendungen reicht von der analytischen Geometrie über die Physik hin zu interessanten Sonnenstandsberechnungen.

Übersicht

4.1 Elementare Vektor-Operationen

Ortsvektoren

Denken wir uns ein dreidimensionales *Kartesisches Koordinatensystem* (Abb. 4.1). Die Koordinatenachsen x, y, z sind paarweise zueinander orthogonal. Jeder Raumpunkt P hat eindeutige Koordinaten $P(p_x, p_y, p_z)$. Der Vektor $\vec{p} = \overrightarrow{OP}$ vom Ursprung $O(0,0,0)$ zum Punkt P wird *Ortsvektor* von P genannt, und wir schreiben

$$\vec{p} = \begin{pmatrix} p_x \\ p_y \\ p_z \end{pmatrix} \quad \text{oder gelegentlich} \quad \vec{p}(p_x, p_y, p_z) \tag{4.1}$$

– die zweite Schreibweise ist platzsparender. Im Gegensatz zu Punkt*koordinaten* spricht man von Vektor*komponenten*.

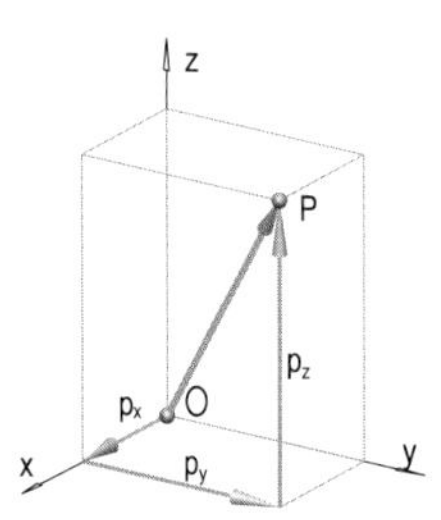

Abb. 4.1 Koordinatensystem und Ortsvektor

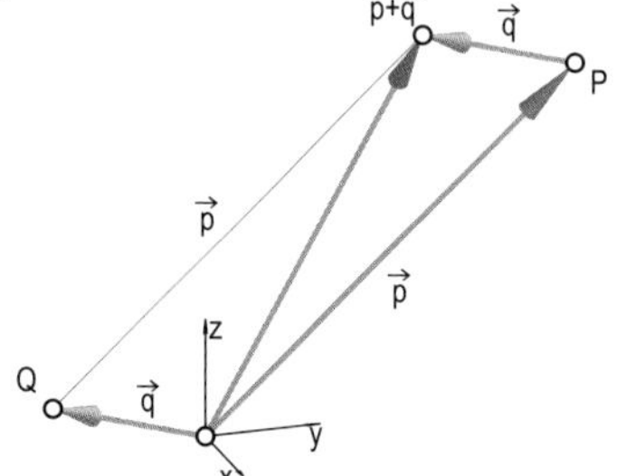

Abb. 4.2 Vektoraddition

Länge eines Vektors

Nach dem Pythagoreischen Lehrsatz gilt für den Abstand des Punktes P vom Ursprung des Koordinnatensystems und damit für die Länge seines Ortsvektors $\vec{p}$:

$$|\vec{p}| = \left| \begin{pmatrix} p_x \\ p_y \\ p_z \end{pmatrix} \right| = \sqrt{p_x^2 + p_y^2 + p_z^2} \tag{4.2}$$

Vektoraddition

Seien $\vec{p}(p_x, p_y, p_z)$ und $\vec{q}(q_x, q_y, q_z)$ zwei Vektoren (Abb. 4.2). Ihre Summe

$$\vec{p} + \vec{q} = \begin{pmatrix} p_x + q_x \\ p_y + q_y \\ p_z + q_z \end{pmatrix} = (p_x + q_x, p_y + q_y, p_z + q_z) \tag{4.3}$$

ist ein Vektor, der zu dem O gegenüberliegenden Eckpunkt des von $\vec{p}$ und $\vec{q}$ aufgespannten Parallelogramms zeigt (Abb. 4.2).

Schubvektoren

Interpretiert man $\vec{p}$ als Ortsvektor zum Punkt P und $\vec{q}$ als Translationsvektor (Schubvektor), dann ist $\vec{p} + \vec{q}$ der Ortsvektor zum verschobenen Punkt P^t.

In der Physik findet die Vektoraddition bei der „Kräfteaddition“ Anwendung (Anwendung S. 131).

„Dualismus“ eines Vektors:
Ein Vektor bestimmt also einerseits (als Ortsvektor interpretiert) einen Punkt, anderseits (als Schubvektor interpretiert) eine Translation. Diese gewöhnungsbedürftige Eigenschaft ist zugleich das Geheimnis der Vielseitigkeit der Vektorrechnung.

Das Wort *Dualismus* beschreibt in der Physik die Feststellung, dass jede Strahlung sich sowohl als Wellenvorgang als auch als Strom von Teilchen beschreiben lässt. Insbesondere lassen sich nur mit dem Dualismus Lichtwellen↔Lichtquanten verschiedene Eigenschaften des Lichtes erklären.

Anwendung: Kräfteparallelogramm oder Krafteck (Abb. 4.3)

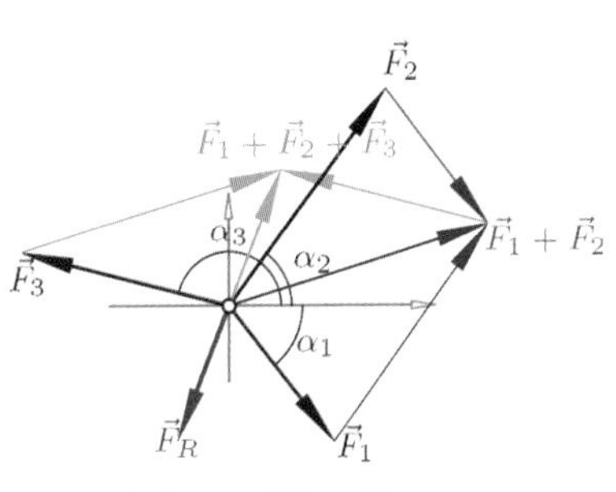

Abb. 4.3 Trigo-System

Zwei oder mehr Kräfte halten einander das Gleichgewicht, wenn ihre Summe den *Nullvektor* ergibt. Die Kräfte brauchen dabei nicht – wie im skizzierten Beispiel – in einer Ebene zu liegen.
Drei Kräfte F_1, F_2 und F_3 sind im Lageplan durch ihre Längen $|F_i|$ und Polarwinkel α_i gegeben. Man berechne die resultierende Kraft F_R, welche diesen drei Kräften das Gleichgewicht hält („Trigo“)!

Lösung:
Die Resultierende ist durch $\vec{F_R} = -(\vec{F_1} + \vec{F_2} + \vec{F_3})$ gegeben. In der Ebene kann man das auch so anschreiben:

$$\vec{F_i} = \begin{pmatrix} |F_i| \cos \alpha_i \\ |F_i| \sin \alpha_i \end{pmatrix} \Rightarrow \vec{F_R} = \begin{pmatrix} -\sum |F_i| \cos \alpha_i \\ -\sum |F_i| \sin \alpha_i \end{pmatrix}$$

Drei gleich lange und jeweils um 120° verdrehte Vektoren der Ebene ergeben in Summe den Nullvektor, woraus unmittelbar Formel (3.17) aus Anwendung S. 99 folgt. ♠

Anwendung: Leonardos Experiment zur Fliehkraft

Leonardo da Vinci ließ wie in Abb. 4.4 (die Skizze in der Mitte stammt von ihm) Kugeln rotieren. Die Kugeln werden sich bei konstanter Winkelgeschwindigkeit auf festen Kreisbahnen bewegen. Man erkläre den Neigungswinkel der Ketten.

Lösung:
Im Mittelpunkt jeder Kugel wirkt erstens das Gewicht G der Kugel, zweitens die Fliehkraft F (proportional zu Abstand von der Drehachse und zum Quadrat der Winkelgeschwindigkeit). Die resultierende Kraft R gibt die Neigung der Kette an (das Gewicht der Kette wird vernachlässigt).

Zahlenbeispiel: Abstand des Ketten-Aufhängepunkts 10 cm, Länge der Kette (bis zum Kugelmittelpunkt gerechnet) 14 cm. Bei welcher Winkelgeschwindigkeit stellen sich 45° ein?

$$F = G \Rightarrow m\,r\,\omega^2 = m\,g \Rightarrow \omega = \sqrt{\frac{g}{r}} = \sqrt{\frac{10\,\mathrm{m/s^2}}{(10 + 14\,\cos 45^\circ)\,\mathrm{cm}}} \approx \sqrt{\frac{10\,\mathrm{m}}{0{,}2\,\mathrm{m\,s^2}}} \approx \frac{7}{\mathrm{s}}$$

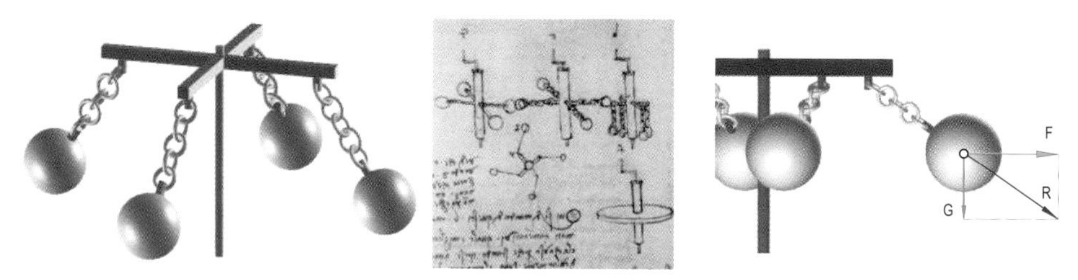

Abb. 4.4 Leonardos Experiment zur Fliehkraft

Die Kugeln drehen sich also etwas schneller als einmal pro Sekunde um die Achse (bei $\omega = \frac{2\pi}{\mathrm{s}}$ wäre es genau einmal). Das Ergebnis ist offensichtlich von der Kugelmasse unabhängig (vgl. Anwendung S. 103).

Steigert man die Winkelgeschwindigkeit, wird die Sache komplizierter. Auf Grund der Trägheit werden die Kugeln „nachhinken" und dann stärker als der Rest des Systems beschleunigt. Dies bewirkt kurzfristig eine überhöhte Fliehkraft, welche die Kugeln ein Stückchen zu weit „anhebt". Ist die Zusatzbeschleunigung zu Ende, stellt sich wieder ein Gleichgewicht ein. In den Computersimulationen in Abb. 4.4 sind solche instabilen Momentaufnahmen zu sehen. Bei konstanter Winkelgeschwindigkeit treffen die gedachten Verlängerungen der Kette die Drehachse in einem festen Punkt! ♠

Anwendung: Warum fliegt ein Flugzeug? (Abb. 4.5)

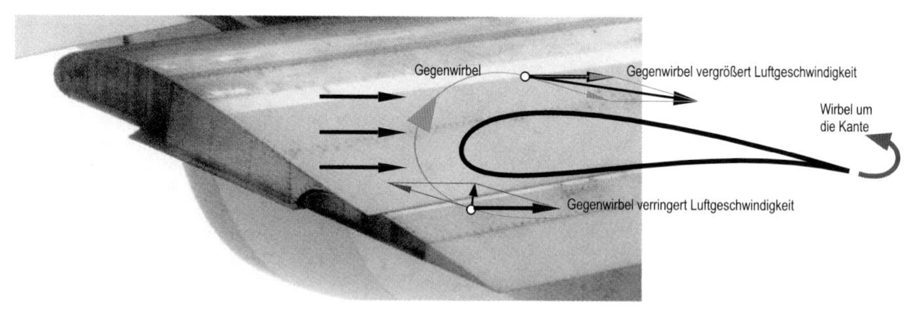

Abb. 4.5 Warum ein Flugzeug fliegt

Lösung:

Das Tragflügelprofil (bei schnelleren Flugzeugen meist symmetrisch, bei langsamen nach oben gekrümmt) hat hinten eine scharfe Kante. Beim „Anstellen" gegen den Wind entsteht dort ein Wirbel gegen den Uhrzeigersinn, der stark von der Geschwindigkeit v abhängt. (Flugzeuge mit symmetrischen Profilen haben für die Langsamflugphasen ausfahrbare Landeklappen, welche die beschriebene Wirbelbildung verstärken.)

Abb. 4.6 Flügelbewegungen beim Schmetterling (mittlere Frequenz)

Nach dem *Satz von der Erhaltung des Drehimpulses* entsteht um das Profil herum ein Wirbel im Uhrzeigersinn (Geschwindigkeit dem Betrag nach Δv). Bei zu großem Anstellwinkel reißt die Strömung ab und das Flugzeug sinkt unkontrolliert ab.
Längs des Gegenwirbels gibt es nun in jedem Punkt einen (nach Definition gerichteten und orientierten) Geschwindigkeitsvektor $\overrightarrow{\Delta v}$. Der Summenvektor $\vec{v} + \overrightarrow{\Delta v}$ ist an der Oberseite dadurch größer als an der Unterseite. Nach dem *Aerodynamischen Paradoxon* entsteht an der Seite der höheren Geschwindigkeit ein Unterdruck, also eine Auftriebskraft. Und die bewirkt, dass sich das Flugzeug in der Luft halten kann.

Abb. 4.7 Flossenbewegungen bei vergleichsweise niedrigen Frequenzen

Eine vereinfachte Erklärung, die gelegentlich zu finden ist, lautet: Der Weg der Luft an der Oberseite ist länger als der Weg an der Unterseite, daher muss oben eine größere Geschwindigkeit auftreten. Diese Erklärung ist zu simpel[1].
Flugfähige Tiere – wie die Schmetterlinge – erzeugen die notwendigen Wirbel übrigens durch synchrones Verdrehen ihrer Flügel (Abb. 4.6).

Bei sehr hoher Flügelschlagfrequenz verhält sich Luft wie ein dichteres Medium, und Fluginsekten können sich – ähnlich wie Wassertiere (Abb. 4.7) mittels Wasserwiderstand – an verdichteten Luftpolstern abstoßen.
Flugzeuge gleiten mit hoher Geschwindigkeit auf Luftpolstern, ähnlich wie – bei viel geringerer Geschwindigkeit – die Bodysurferin im Bild links. ♠

Vektorsubtraktion, Richtungsvektor

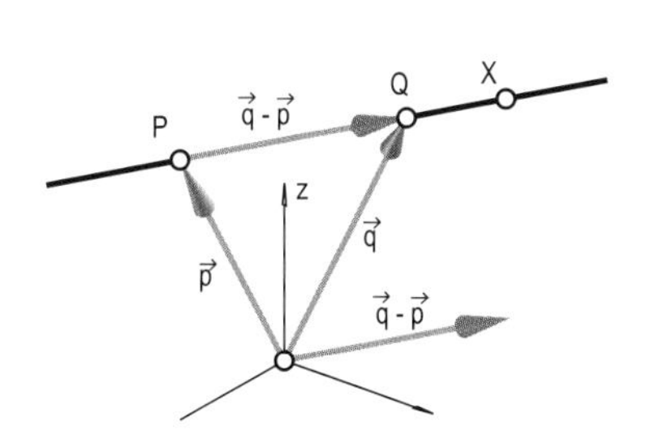

Abb. 4.8 Vektorsubtraktion

Seien wieder $\vec{p}$ und $\vec{q}$ die Ortsvektoren zu zwei Punkten P und Q (Abb. 4.8). Der Richtungsvektor $\overrightarrow{PQ}$ ist durch den Differenzvektor

$$\overrightarrow{PQ} = \vec{q} - \vec{p} = \begin{pmatrix} q_x - p_x \\ q_y - p_y \\ q_z - p_z \end{pmatrix} \qquad (4.4)$$

(„Spitze minus Schaft“) gegeben.

[1]Zu einer Vielzahl von theoretischen Berechnungen des Flugzeugbaus siehe auch `www.fh-hamburg.de/pers/Scholz/arbeiten/TextGroencke.pdf`

Anwendung: Abstand zweier Punkte
Der Abstand $\overline{PQ}$ zweier Punkte P und Q ergibt sich als *Länge des Differenzvektors* $\overrightarrow{PQ}$. ♠

Skalieren eines Vektors

Das Produkt des Vektors mit einer reellen Zahl λ (einem „Skalar") bewirkt die Skalierung aller Komponenten:

$$\lambda\vec{p} = \vec{p}\lambda = \begin{pmatrix} \lambda\, p_x \\ \lambda\, p_y \\ \lambda\, p_z \end{pmatrix}. \tag{4.5}$$

Insbesondere erhält man mit $\lambda = -1$ den zu $\vec{p}$ entgegengesetzten Vektor $-\vec{p}$.

Anwendung: Flaschenzug (Abb. 4.9)
Beim einfachen Flaschenzug (übrigens von *Archimedes* im 3. Jh. v. Chr. erfunden) hängt ein Objekt mit dem Gewicht $\overrightarrow{G}$ mittels einer beweglichen Rolle an einem Seil, das auf der einen Seite an einem Balken fix montiert ist, auf der anderen Seite über eine fix montierte Rolle umgelenkt wird. Am umgelenkten Seil genügt es, mit einer Kraft $\overrightarrow{F} > \frac{1}{2}\overrightarrow{G}$ zu ziehen, um das Objekt hochzuziehen. Man begründe dies. Man erkläre auch die mehrfachen Flaschenzüge in Abb. 4.9 Mitte und rechts.

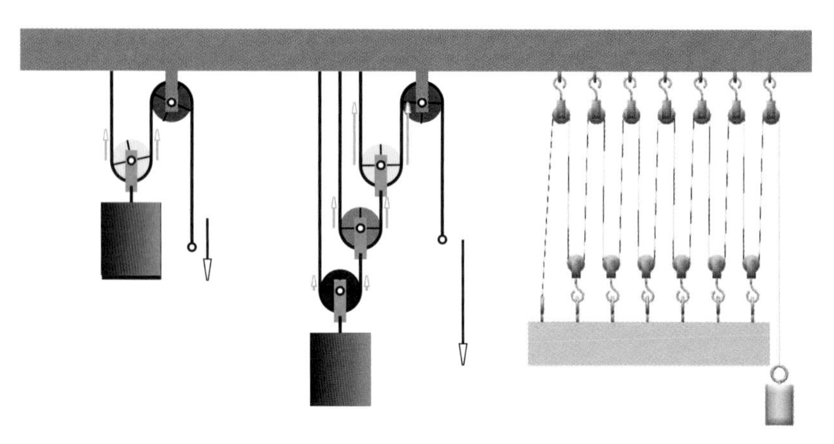

Abb. 4.9 Einfacher und mehrfacher Flaschenzug (rechts nach *Leonardo*)

Lösung:
Beim Hochheben wird Arbeitsenergie in potentielle Energie umgewandelt. Es gilt daher *Arbeit* = *Kraft* × *Weg* = *Gewicht* × *Hubstrecke*. Zieht man am umgelenkten Seil ein Stückchen s mit der Kraft $\overrightarrow{F}$, verrichtet man die Arbeit $s \cdot \overrightarrow{F}$. Weil die Rolle über dem Objekt beweglich ist und in jedem Augenblick die tiefste Lage einnehmen wird, verteilt sich die Änderung der Seillänge auf beide Seiten der Rolle, und die Hubstrecke ist nur $\frac{1}{2}s$. Die Gleichgewichtsbedingung lautet somit

$$s\,\overrightarrow{F} = \frac{1}{2}\,s\,\overrightarrow{G} \Rightarrow \overrightarrow{F} = \frac{1}{2}\,\overrightarrow{G}.$$

Ist $\overrightarrow{F} > \frac{1}{2}\overrightarrow{G}$, wird das Objekt hochgezogen.
Mit jeder zusätzlichen Rolle tritt dieser Effekt erneut auf: Es wird nur noch die Hälfte der Kraft benötigt und die Last wird nur halb so hoch gehoben. Bei n Umlenkrollen genügt folglich $\overrightarrow{F} > \frac{1}{2^n}\overrightarrow{G}$, wobei die Last um das Stückchen $\frac{1}{2^n}$ s gehoben wird. Bei drei Umlenkrollen wie in Abb. 4.9 Mitte genügt somit ein Achtel des Gewichts, um die Last im Gleichgewicht zu halten.
Der Flaschenzug rechts (nach einer Zeichnung von Leonardo da Vinci) erlaubt es, die 13-fache Last zu heben: Zieht man rechts eine Strecke s an, dann wird diese Strecke gleichmäßig auf 13 Teilstrecken aufgeteilt. ♠

Interpretiert als Ortsvektor zeigt $\lambda\vec{p}$ zu jenem Punkt, der aus P durch Streckung um den Faktor λ aus dem Koordinatenursprung entsteht.
Geometrisch interpretiert bedeutet die Multiplikation eines Vektors mit einer reellen Zahl also eine zentrische Streckung.
In der Physik lassen sich mit dieser Schreibweise elegant *Schwerpunktsberechnungen* durchführen:

Anwendung: Schwerpunkt S einer Strecke AB
Eine Strecke habe „Eigengewicht", wobei die Masse homogen verteilt ist. Dann stimmt der Schwerpunkt mit dem Mittelpunkt der Strecke AB überein:

$$\vec{s} = \frac{1}{2}(\vec{a} + \vec{b}) \tag{4.6}$$

Die Strecke wird also vom Schwerpunkt im Verhältnis 1 : 1 geteilt. ♠

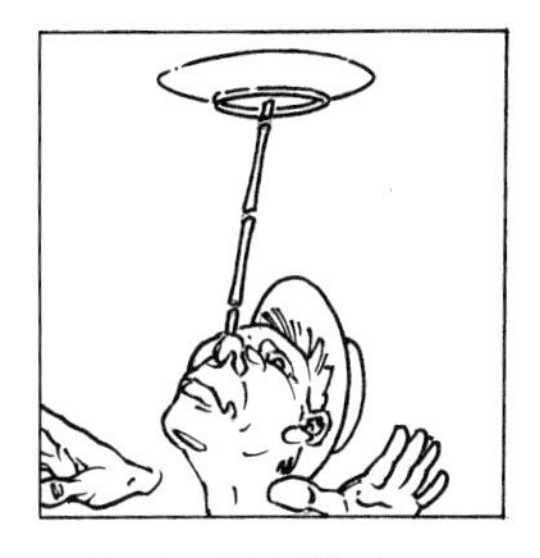

Abb. 4.10 Balance

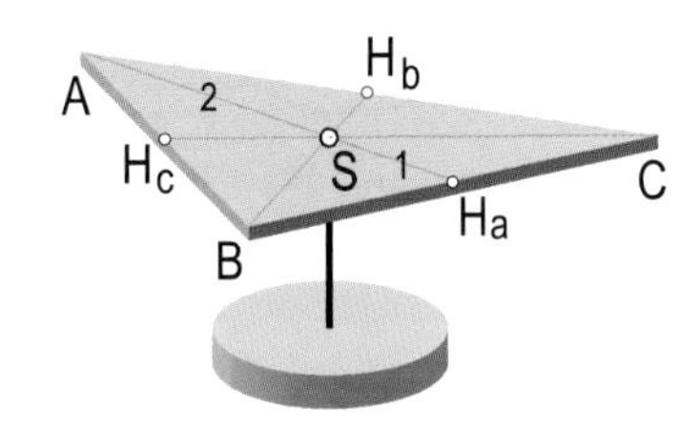

Abb. 4.11 Schwerpunkt eines Dreiecks

Anwendung: Schwerpunkt S eines Dreiecks ABC (Abb. 4.11)
Geometrisch ergibt sich der Schwerpunkt im Schnitt der Schwerlinien. Es gilt der wichtige Satz:

Man erhält den Schwerpunkt eines Dreiecks mit der Formel

$$\vec{s} = \frac{1}{3}(\vec{a} + \vec{b} + \vec{c}) \tag{4.7}$$

Die Schwerlinien eines Dreiecks teilen einander im Verhältnis 1 : 2.

Beweis:
Seien $H_a = \frac{1}{2}(\vec{b}+\vec{c})$ und $H_c = \frac{1}{2}(\vec{a}+\vec{b})$ die Halbierungspunkte von BC und AB. Dann gilt der Ansatz

$$\vec{s} = \vec{c} + u \cdot \overrightarrow{CH_c} = \vec{a} + v \cdot \overrightarrow{AH_a}$$

$$\Rightarrow \quad \vec{c} + u \cdot \left(\frac{1}{2}(\vec{a}+\vec{b}) - \vec{c}\right) = \vec{a} + v \cdot \left(\frac{1}{2}(\vec{b}+\vec{c}) - \vec{a}\right)$$

$$\Rightarrow \quad \frac{u}{2}\vec{a} + \frac{u}{2}\vec{b} + (1-u)\vec{c} = (1-v)\vec{a} + \frac{v}{2}\vec{b} + \frac{v}{2}\vec{c}.$$

Ein Vergleich der Skalare von $\vec{b}$ zeigt: $\frac{u}{2} = \frac{v}{2} \Rightarrow u = v$.
Die Skalare von $\vec{a}$ ergeben: $\frac{u}{2} = 1 - v = 1 - u \Rightarrow u = v = \frac{2}{3}$. Diese Lösungen für u und v induzieren auch die Gleichheit der Skalare von $\vec{c}$. Damit ist schon bewiesen, dass die Schwerlinien im Verhältnis $2:1$ geteilt werden. Setzen wir nun $u = v = \frac{2}{3}$ in den obigen Ansatz ein, so ergibt sich die gewünschte Formel (4.7). $\diamond$

♠

Den Schwerpunkt eines allgemeinen ebenen n-Ecks erhält man nicht, wenn man einfach die Ortsvektoren addiert und den Summenvektor mit $\frac{1}{n}$ multipliziert! Man muss vielmehr das Polygon in Dreiecke zerlegen („triangulieren"), die Einzelschwerpunkte und Einzelflächen ausrechnen und diese kombinieren. Wie dies geschieht, zeigt die noch abzuleitende Formel (4.16). Konkret werden wir in Anwendung S. 161 den Schwerpunkt eines allgemeinen Vierecks berechnen.
Im Spezialfall eines *regelmäßigen Polygons mit gerader Eckenanzahl* (Abb. 4.12) ist natürlich der Mittelpunkt der Schwerpunkt der Polygonfläche. Dasselbe gilt für alle Polygone, die aus den genannten durch Streckung oder Stauchung (d.h. durch „Affinität") hervorgehen, insbesondere für alle Parallelogramme.
Zeichnet man in einem Dreieck jene Geraden ein, welche das Dreieck in zwei gleich große Teile (i. Allg. ein Dreieck und ein Viereck) zerschneidet, so gehen diese verallgemeinerten Schwerlinien keineswegs durch den Schwerpunkt, sondern hüllen eine Kurve ein, vgl. dazu Anwendung S. 259).

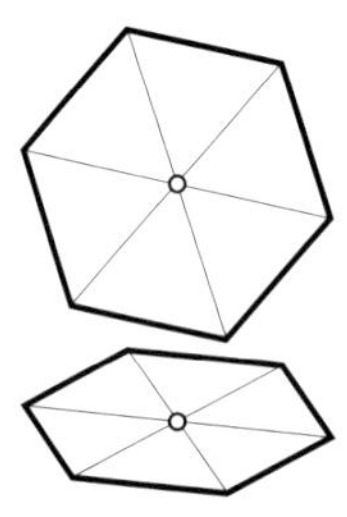

Abb. 4.12 Schwerpunkt einer 6-Eckfläche...

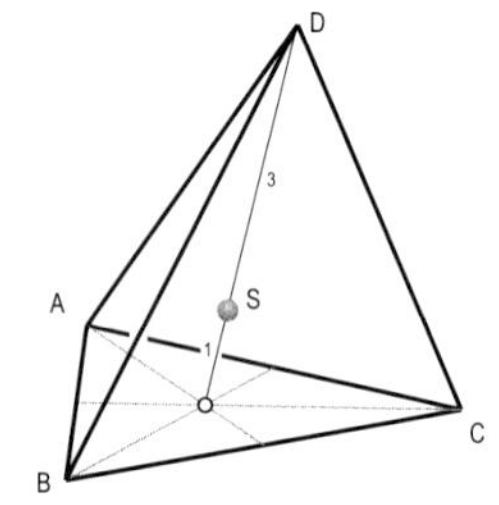

Abb. 4.13 ...und eines Tetraeders

Anwendung: **Schwerpunkt S eines Tetraeders $ABCD$** (das Tetraeder muss durchaus nicht regelmäßig sein, Abb. 4.13):

Geometrisch ergibt sich der Schwerpunkt im Schnitt der „Schwerebenen". Es gilt:

$$\vec{s} = \frac{1}{4}(\vec{a} + \vec{b} + \vec{c} + \vec{d}). \tag{4.8}$$

Der Schwerpunkt teilt die „Schwerlinien" im Verhältnis $1:3$.
Der Beweis erfolgt analog zu vorhin, indem wir statt der Halbierungspunkte H_a und H_c die Schwerpunkte von zwei Dreiecken wählen. Dabei ergibt sich $u = v = \frac{3}{4}$, was die angegebene Teilung der Schwerlinie beweist.
Der berechnete Schwerpunkt ist gleichzeitig Eckenschwerpunkt und Volumsschwerpunkt, nicht aber Kanten- oder Flächenschwerpunkt. Letzteres gilt nur für zentrisch symmetrische Körper! ♠

Wieder gilt die Formel *nur für Tetraeder*, nicht aber für allgemeine Polyeder mit $n > 4$ Eckpunkten. Jener Punkt, den man erhält, wenn man die Ortsvektoren $\vec{a_i}$ zu den Eckpunkten A_i wie folgt „mittelt“

$$\vec{s} = \frac{1}{n}(\vec{a_1} + \vec{a_2} + \cdots + \vec{a_n}) = \frac{1}{n}\sum_{i=1}^{n} \vec{a_i} \tag{4.9}$$

ist der sog. *Eckenschwerpunkt*, der sich einstellt, wenn man nur die Ecken des Polyeders materiell als gleich große Kugeln ausfertigt.

Darüber hinaus gibt es noch den sog. *Kantenschwerpunkt*, der auftritt, wenn das Polyeder nur als Drahtmodell ausgefertigt wird. Uns wird im Folgenden aber meist der *Volumenschwerpunkt* interessieren.

Bei zentrisch symmetrischen Polyedern ist anschaulich klar, dass der Mittelpunkt nicht nur Ecken- und Kantenschwerpunkt, sondern auch Volumsschwerpunkt ist. Insbesondere gilt das für regelmäßige Prismen sowie Quader und dazu „affinen“ Körpern (bei denen die Kanten nicht senkrecht zur Basisfläche stehen).

Parameterdarstellung einer Geraden

Ein beliebiger Raumpunkt X (Abb. 4.8) mit dem Ortsvektor $\vec{x}$ auf der Geraden PQ kann nun durch die Vektorgleichung

$$\vec{x} = \vec{p} + \lambda \overrightarrow{PQ} \quad (\lambda \text{ reell}) \tag{4.10}$$

beschrieben werden.

Zur geometrischen Anwendung seien zwei Beispiele angeführt:

Anwendung: Teilungspunkte auf einer Strecke

Den Punkten P und Q entsprechen die Werte $\lambda = 0$ und $\lambda = 1$. Punkten zwischen P und Q entsprechen Werte $0 < \lambda < 1$. Insbesondere gehört zum *Mittelpunkt* M der Wert

$$\lambda = \frac{1}{2} \Rightarrow \vec{m} = \vec{p} + \frac{1}{2}(\vec{q} - \vec{p}).$$

Damit ergibt sich

$$\vec{m} = \frac{1}{2}(\vec{p} + \vec{q}) \tag{4.11}$$

♠

Anwendung: Spiegelung eines Punktes Q an einem Punkt P

Für den gespiegelten Punkt Q^* ist $\lambda = -1$ zu setzen:

$$\vec{q^*} = \vec{p} - (\vec{q} - \vec{p}) = 2\vec{p} - \vec{q} \tag{4.12}$$

♠

Eine wichtige physikalische Anwendung der Parameterdarstellung einer Geraden liegt wieder in der Schwerpunktsberechnung:

Anwendung: Volumenschwerpunkt eines komplexeren Körpers (Abb. 4.14)

Ein Körper setze sich aus zwei einfachen Bausteinen (Massen M_1 und M_2, Volumenschwerpunkte S_1 und S_2) zusammen. Dann liegt der Gesamtschwerpunkt S auf der Geraden S_1S_2

$$\vec{s} = \vec{s_1} + \lambda \overrightarrow{S_1S_2}. \tag{4.13}$$

Nach dem *Hebelgesetz* gilt für den Parameter λ:

$$\lambda M_1 = (1-\lambda) M_2 \quad \Rightarrow \quad \lambda = \frac{M_2}{M_1 + M_2}. \tag{4.14}$$

Zusammen mit Gleichung (4.13) ergibt sich damit

$$\vec{s} = \frac{1}{M_1 + M_2} (M_1 \vec{s_1} + M_2 \vec{s_2}) \tag{4.15}$$

Bei homogenen Körpern kann man statt mit Massen auch mit Volumina rechnen! Dieser Vorgang kann bei mehr als zwei Teilkörpern wiederholt werden, wobei analogerweise gilt:

$$\vec{s} = \frac{1}{\sum M_i} \sum M_i \vec{s_i} \tag{4.16}$$

♠

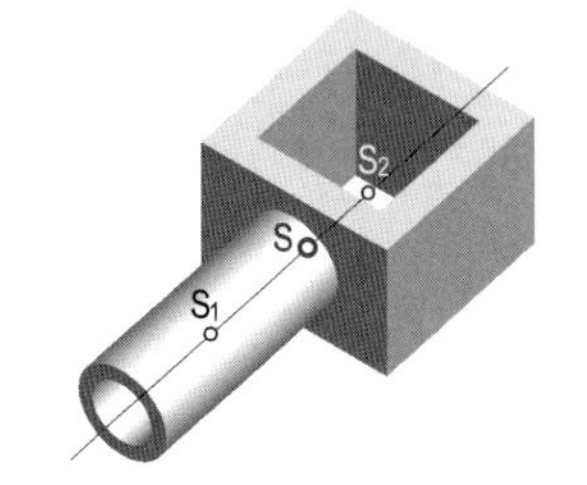

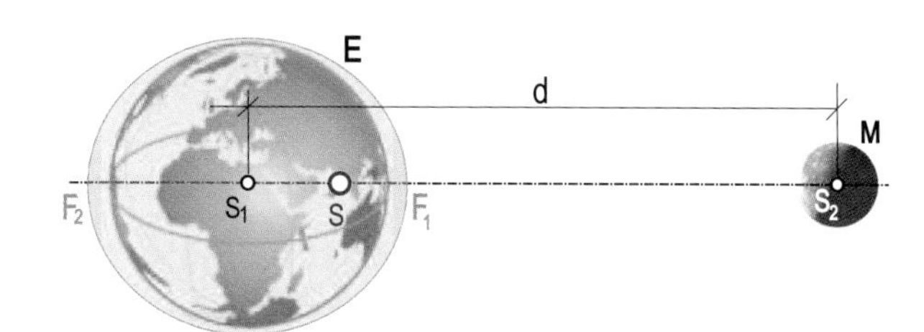

Abb. 4.14 Mehrere Bausteine

Abb. 4.15 Schwerpunkt Erde-Mond, *zwei* Flutberge

Anwendung: Gemeinsamer Schwerpunkt von Erde und Mond (Abb. 4.15)
Nach Formel (4.15) gilt mit $M_1 = 81 M_2$: $\vec{s} = \frac{1}{82}(81\vec{s_1} + \vec{s_2})$.
Wegen $d \approx 384000\,\text{km}$ liegt der gemeinsame Schwerpunkt also im Abstand $\frac{d}{82} \approx 4700\,\text{km}$ vom Erdmittelpunkt, d.h. noch innerhalb der Erdkugel (Erdradius $r \approx 6370\,\text{km}$). Erde und Mond rotieren um diesen gemeinsamen Schwerpunkt, d.h. die Erde „eiert".

Analogerweise „eiert" auch die Sonne um den gemeinsamen Schwerpunkt unseres Planetensystems. Man hat nun schon andere Sonnen (=„Sterne") entdeckt, die ebenfalls „eiern".

Mit der Tatsache, dass sich der Doppelplanet Erde-Mond um den gemeinsamen Schwerpunkt S dreht, kann man auch erklären, warum es *zweimal* am Tag Ebbe und Flut gibt (Abb. 4.15): Die beiden Flutberge sind erstens der mondnächste Punkt F_1 – bei ihm wirkt die Mondanziehung am stärksten, die Fliehkraft bei der Rotation um S dagegen minimal – und zweitens der genau gegenüberliegende Punkt F_2 – bei diesem ist die Fliehkraft bei der Rotation um S maximal, weil er von diesem mehr als 6 Mal so weit entfernt ist als der mondnächste Punkt. Die beiden Flutberge wandern auf Grund der Eigendrehung der Erde im Lauf von knapp 25 Stunden (die Erde muss sich „überdrehen", um den weiter gewanderten Mond „einzufangen", Abb. 7.51) von Ost nach West um die Erde (wie auch der Mond am Firmament).

♠

Anwendung: Volumenschwerpunkt einer regelmäßigen Pyramide
Seien $P_1, P_2, \ldots P_n$ die Eckpunkte und T die Spitze einer regelmäßigen n-seitigen Pyramide mit der Höhe h (Abb. 4.16). Die Pyramide lässt sich nun in n Tetraeder $MP_iP_{i+1}T$ zerlegen, deren Schwerpunkte S_i nach Formel (4.8)

die arithmetischen Mittel der jeweiligen vier Raumpunkte sind. Diese Teil-Schwerpunkte bilden ein regelmäßiges n-Eck im Abstand $\frac{h}{4}$ von der Basisebene. Weil alle Teil-Tetraeder dieselbe Masse haben, fällt der Gesamtschwerpunkt mit dessen Mittelpunkt zusammen und es gilt (wie übrigens natürlich auch beim Tetraeder):

$$\vec{s} = \vec{m} + \frac{1}{4}(\vec{t} - \vec{m}) = \frac{1}{4}(3\vec{m} + \vec{t})$$

♠

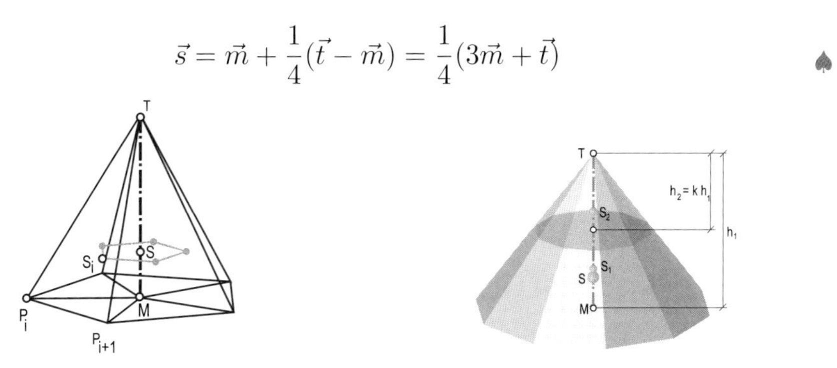

Abb. 4.16 Schwerpunkt einer Pyramide

Abb. 4.17 Pyramidenstumpf

Formel (4.15) funktioniert auch, wenn man von einem Körper einen zweiten „subtrahiert". In diesem Fall ist die abgezogene Masse negativ zu setzen.

Anwendung: Volumenschwerpunkt eines regelmäßigen Pyramidenstumpfs
Ein Pyramidenstumpf entsteht, wenn man von der Gesamtpyramide Π_1 eine Pyramide Π_2 wegschneidet (Abb. 4.17).
Die Pyramide Π_1 habe die Höhe h_1, die Masse M_1 und den Schwerpunkt S_1 mit $\overline{S_1T} = \frac{3}{4}h_1$. Die Pyramide Π_2 habe die Höhe $h_2 = kh_1$. Dann ist ihre Masse $M_2 = k^3\, M_1$. Für ihren Schwerpunkt S_2 gilt: $\overline{S_2T} = \frac{3}{4}h_2 = \frac{3k}{4}h_1$

$$\Rightarrow \overline{ST} = \frac{1}{M_1 - M_2}(M_1\, \overline{S_1T} - M_2\, \overline{S_2T}) =$$

$$= \frac{1}{M_1 - k^3 M_1}(M_1\, \frac{3}{4}h_1 - k^3\, M_1\, \frac{3k}{4}h_1)\overline{ST} = \frac{3(1-k^4)}{4(1-k^3)}\, h_1$$

Speziell: $k = \frac{1}{2} \Rightarrow \overline{ST} \approx 0{,}80\, h_1$, $k = \frac{3}{4} \Rightarrow \overline{ST} \approx 0{,}89\, h_1$ ♠

4.2 Skalarprodukt und Vektorprodukt

Vektoren können auf zwei verschiedene Weisen miteinander multipliziert werden. Beim Skalarprodukt ist das Ergebnis eine *reelle Zahl*, beim Vektorprodukt entsteht wieder ein *Vektor*. Beide Produkte spielen eine zentrale Rolle in der Vektorrechnung. Insbesondere verwendet man sie bei der Winkel-, Flächen- und Volumsbestimmung von Objekten. Weiters kann man damit u. a. Schnittaufgaben, Abstandsbestimmungen und Spiegelungen durchführen.

Skalarprodukt

Sind $\vec{a}(a_x, a_y, a_z)$ und $\vec{n}(n_x, n_y, n_z)$ zwei Vektoren, dann ist ihr Skalarprodukt durch

$$\vec{n} \cdot \vec{a} = \vec{a} \cdot \vec{n} = \begin{pmatrix} n_x \\ n_y \\ n_z \end{pmatrix} \cdot \begin{pmatrix} a_x \\ a_y \\ a_z \end{pmatrix} = n_x\, a_x + n_y\, a_y + n_z\, a_z \tag{4.17}$$

definiert. Ein wichtiger Satz besagt nun, dass $\vec{a}$ und $\vec{n}$ genau dann aufeinander senkrecht stehen, wenn ihr Skalarprodukt verschwindet:

$$\vec{n} \perp \vec{a} \quad \Leftrightarrow \quad \vec{a} \cdot \vec{n} = 0 \tag{4.18}$$

Der Satz ist eigentlich ein Spezialfall der Formel (4.36) und wird dort bewiesen.
Im zweidimensionalen Fall findet man zu einem Vektor $\vec{a}$ sofort alle möglichen Normalvektoren:

$$\vec{a} = \begin{pmatrix} a_x \\ a_y \end{pmatrix} \quad \Rightarrow \quad \vec{n} = \lambda \begin{pmatrix} -a_y \\ a_x \end{pmatrix}. \tag{4.19}$$

Mittels Vektorrechnung lässt sich folgender fundamentaler Satz der Raumgeometrie elegant beweisen:

Satz vom rechten Winkel: Ein rechter Winkel erscheint bei Normalprojektion nur dann als rechter Winkel, wenn mindestens einer der beiden Schenkel senkrecht zur Projektionsrichtung steht (parallel zur Projektionsebene ist).

Beweis:
Wir wählen ein Koordinatensystem so, dass die Projektionsebene mit der Koordinatenebene xy zusammenfällt. Die beiden Schenkel des rechten Winkels werden dort durch Richtungsvektoren $\overrightarrow{a}$ und $\overrightarrow{n}$ beschrieben, wobei wegen $\overrightarrow{a} \perp \overrightarrow{n}$ Formel (4.17) gilt. Bei Normalprojektion auf die xy-Ebene fällt einfach die z-Komponente weg. Sollen die beiden Normalprojektionen wieder einen rechten Winkel bilden, muss $a_x\, n_x + a_y\, n_y = 0$ gelten. Zählen wir diese Gleichung von Formel (4.17) ab, so erhalten wir $a_z\, n_z = 0$. Dies ist nur erfüllt, wenn entweder $a_z = 0$ und/oder $n_z = 0$ ist, also mindestens einer der beiden Vektoren horizontal (also parallel zur Bildebene) ist. ◇

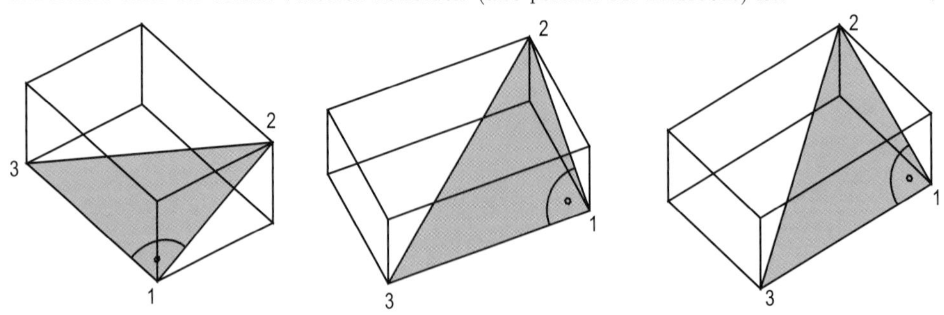

Abb. 4.18 Anwendung des Satzes vom rechten Winkel: Ein Quader wird auf verschiedene Arten so in einer Normalprojektion abgebildet, dass der eingezeichnete rechte Winkel „in wahrer Größe" zu sehen ist. Die Projektionsrichtung muss dabei senkrecht zur Kante 12 stehen, was auf unendlich viele Arten geschehen kann.

Vektorprodukt

Wenn $\vec{n}$ zusätzlich auf einen Vektor $\vec{b}$ normal stehen soll, müssen seine Komponenten die zusätzliche Bedingung $n_x\,b_x + n_y\,b_y + n_z\,b_z = 0$ erfüllen. Das sog. *Vektorprodukt*

$$\vec{n} = \vec{a} \times \vec{b} = \begin{pmatrix} a_x \\ a_y \\ a_z \end{pmatrix} \times \begin{pmatrix} b_x \\ b_y \\ b_z \end{pmatrix} = \begin{pmatrix} a_y\,b_z - a_z\,b_y \\ a_z\,b_x - a_x\,b_z \\ a_x\,b_y - a_y\,b_x \end{pmatrix} \tag{4.20}$$

ergibt einen Vektor, der beide Bedingungen erfüllt und damit sowohl auf $\vec{a}$ als auch auf $\vec{b}$ normal steht:

$$\vec{n} = \vec{a} \times \vec{b} \quad \Rightarrow \quad \vec{a} \bullet \vec{n} = \vec{b} \bullet \vec{n} = 0 \tag{4.21}$$

Beweis:
Wir rechnen für den Vektor $\vec{a}$ nach (analog für $\vec{b}$): Es ist

$$\vec{n} \bullet \vec{a} = \begin{pmatrix} a_y\,b_z - a_z\,b_y \\ a_z\,b_x - a_x\,b_z \\ a_x\,b_y - a_y\,b_x \end{pmatrix} \begin{pmatrix} a_x \\ a_y \\ a_z \end{pmatrix} = (a_y\,b_z - a_z\,b_y)a_x + (a_z\,b_x - a_x\,b_z)a_y + (a_x\,b_y - a_y\,b_x)a_z = 0$$

◇

Man beachte, dass die Reihenfolge der Vektoren eine Rolle spielt:

$$\vec{a} \times \vec{b} = -\vec{b} \times \vec{a}. \tag{4.22}$$

Wenn man gerne mit (2,2)-Determinanten rechnet, kann man sich Formel (4.20) auch wie folgt merken:

$$\vec{a} \times \vec{b} = \begin{pmatrix} \begin{vmatrix} a_y & b_y \\ a_z & b_z \end{vmatrix} \\ -\begin{vmatrix} a_x & b_x \\ a_z & b_z \end{vmatrix} \\ \begin{vmatrix} a_x & b_x \\ a_y & b_y \end{vmatrix} \end{pmatrix} \tag{4.23}$$

Anwendung: Gebäude mit Schrägdach (Abb. 4.19)
Man berechne den Normalvektor der Dachfläche PQR. Probe!

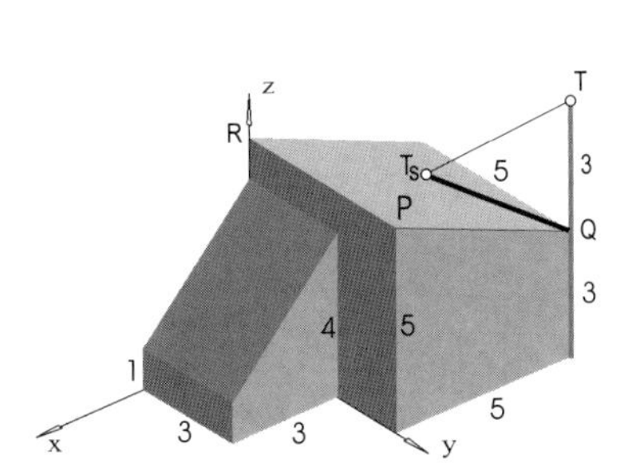

Abb. 4.19 Gebäude mit Schrägdach

Lösung:

Aus der Zeichnung (Abb. 4.19) liest man die Koordinaten der Punkte P, Q und R heraus: $P(0/5/5)$, $Q(-5/5/3)$, $R(0/0/5)$. Dann ist $\vec{n} = \overrightarrow{PQ} \times \overrightarrow{PR} =$

$$= \begin{pmatrix} -5 \\ 0 \\ -2 \end{pmatrix} \times \begin{pmatrix} 0 \\ -5 \\ 0 \end{pmatrix} = \begin{pmatrix} 0 \cdot 0 - (-2) \cdot (-5) \\ (-2) \cdot 0 - (-5) \cdot 0 \\ (-5) \cdot (-5) - 0 \cdot 0 \end{pmatrix} = \begin{pmatrix} -10 \\ 0 \\ 25 \end{pmatrix}$$

Probe: $\vec{n} \bullet \overrightarrow{PQ} = (-10) \cdot (-5) + 0 \cdot 0 + 25 \cdot (-2) = 0$, $\vec{n} \bullet \overrightarrow{PR} = (-10) \cdot 0 + 0 \cdot (-5) + 25 \cdot 0 = 0$.

Für viele Anwendungen ist es wichtig, dass der Normalvektor *nach außen* orientiert ist. Ggf. ist der Vektor also „umzudrehen“.

♠

Parameterfreie Gleichung einer Ebene

I. Allg. bestimmen drei Punkte P, Q, R eine Ebene (Abb. 4.19) mit einem eindeutig bestimmten Normalvektor

$$\vec{n} = \overrightarrow{PQ} \times \overrightarrow{PR}. \tag{4.24}$$

Für jeden anderen Punkt X der Ebene (Ortsvektor $\vec{x}$) gilt:

$$\overrightarrow{PX} \perp \vec{n} \Leftrightarrow \overrightarrow{PX} \bullet \vec{n} = 0.$$

Mit $\overrightarrow{PX} = \vec{x} - \vec{p}$ gilt

$$\vec{n} \bullet (\vec{x} - \vec{p}) = 0 \Rightarrow \vec{n} \bullet \vec{x} = \vec{n} \bullet \vec{p}$$

Dabei ist $\vec{n} \bullet \vec{p} = c$ konstant. Die Gleichung der Ebene lässt sich daher wie folgt anschreiben:

$$\vec{n} \bullet \vec{x} = c \tag{4.25}$$

Anwendung: Wie lautet die Gleichung der Ebene $\varepsilon = PQR$ in Abb. 4.19?
Lösung:
Mit den Ergebnissen von Anwendung S. 141 gilt

$$\varepsilon \cdots \begin{pmatrix} -10 \\ 0 \\ 25 \end{pmatrix} \bullet \vec{x} = \begin{pmatrix} -10 \\ 0 \\ 25 \end{pmatrix} \bullet \begin{pmatrix} 0 \\ 0 \\ 5 \end{pmatrix} = 125 \tag{4.26}$$

Wir haben dabei den Punkt R eingesetzt. Mit P oder Q hätte man natürlich dasselbe Ergebnis erhalten:

$$\begin{pmatrix} -10 \\ 0 \\ 25 \end{pmatrix} \bullet \begin{pmatrix} 0 \\ 5 \\ 5 \end{pmatrix} = \begin{pmatrix} -10 \\ 0 \\ 25 \end{pmatrix} \bullet \begin{pmatrix} -5 \\ 5 \\ 3 \end{pmatrix} = 125$$

Die Konstante $c = \vec{n} \bullet \vec{p} = \vec{n} \bullet \vec{q} = \vec{n} \bullet \vec{r}$ hängt noch von der Länge des Normalvektors ab, und diese wiederum von den Punkten P, Q und R. Statt $\begin{pmatrix} -10 \\ 0 \\ 25 \end{pmatrix} \bullet \vec{x} = 125$ können wir auch $\begin{pmatrix} -2 \\ 0 \\ 5 \end{pmatrix} \bullet \vec{x} = 25$ schreiben. In anderer Schreibweise lautet die Gleichung dann $-2\,x + 5\,z = 25$.

♠

Anwendung: **Symmetrieebene** σ zweier Punkte P und Q
Die Symmetrieebene kann als Ort jener Punkte des Raums interpretiert werden, die von P und Q gleichen Abstand haben.
Der Normalvektor $\vec{n_\sigma}$ von σ ist der Vektor $\overrightarrow{PQ}$: $\vec{n_\sigma} = \vec{q} - \vec{p}$. Als Punkt von σ wählen wir den Mittelpunkt von $\overline{PQ}$: $\vec{m} = \frac{1}{2}(\vec{q} + \vec{p})$. Damit gilt für σ die Gleichung $\vec{n_\sigma} \bullet \vec{x} = \vec{n_\sigma} \bullet \vec{m} = (\vec{q} - \vec{p}) \bullet \frac{1}{2}(\vec{q} + \vec{p})$ bzw.

$$\sigma \ldots (\vec{q} - \vec{p}) \bullet \vec{x} = \frac{1}{2}(\vec{q}^{\,2} - \vec{p}^{\,2}) \tag{4.27}$$

Im $\mathbb{R}^2$ lässt sich Gleichung (4.25) als parameterfreie Gleichung einer Geraden interpretieren. Formel (4.27) stellt die Gleichung der *Mittensymmetrale* (*Streckensymmetrale*) der Strecke $\overline{PQ}$ dar.

♠

4.3 Schnitt von Geraden und Ebenen

Im Raum treten folgende drei Schnittaufgaben häufig auf:

Schnittpunkt Gerade-Ebene

Seien eine Gerade $g = PQ$ durch ihre Parameterdarstellung $\vec{x} = \vec{p} + \lambda\,\overrightarrow{PQ}$ und eine Ebene ε durch ihre implizite (parameterfreie) Gleichung $\vec{n}\cdot\vec{x} = c$ gegeben. Dann muss der Schnittpunkt $S = g \cap \varepsilon$ beide Bedingungen erfüllen, und wir erhalten $\vec{n}\cdot(\vec{p} + \lambda\,\overrightarrow{PQ}) = c$. Damit ist der Parameterwert zum Punkt S

$$\lambda = \frac{c - \vec{n}\cdot\vec{p}}{\vec{n}\cdot\overrightarrow{PQ}} \tag{4.28}$$

Für $\vec{n}\cdot\overrightarrow{PQ} = 0$ ($g \parallel \varepsilon$ oder $g \subset \varepsilon$) versagt Formel (4.28), weil es keinen Schnittpunkt gibt bzw. alle Punkte in ε liegen.

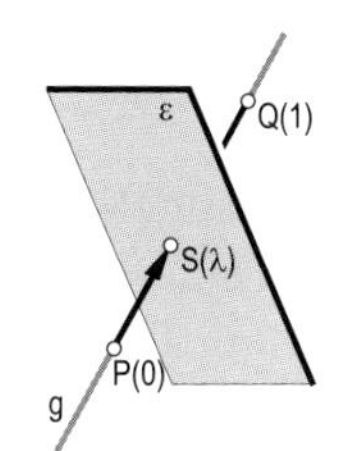

Abb. 4.20 Schnitt Ebene-Gerade

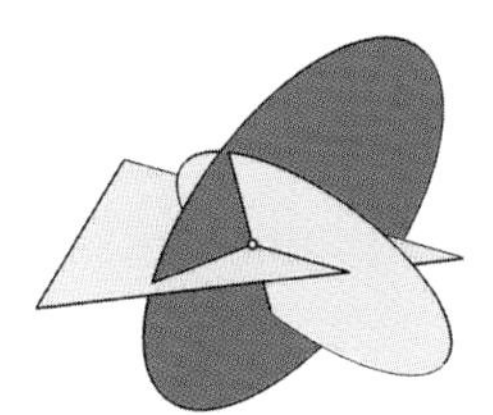

Abb. 4.21 Schnitt dreier Ebenen

Anwendung: Schatten eines Punktes (Abb. 4.19)
Es ist der Schatten T_s des Punktes $T(-5/5/6)$ auf die in Abb. 4.19 skizzierte Dachebene PQR bei einem Lichteinfall aus Richtung $(1, -2, -3)$ zu bestimmen.

Lösung:
Wir müssen die Gerade s durch T mit Richtungsvektor $\vec{s}$ mit der Dachebene schneiden ($\rightarrow T_s$).

Die Gleichung des Lichtstrahls $\vec{s}$ lautet $\vec{x} = \begin{pmatrix}-5\\5\\6\end{pmatrix} + \lambda\begin{pmatrix}1\\-2\\-3\end{pmatrix}$. Eingesetzt in Formel (4.26) $\begin{pmatrix}-10\\0\\25\end{pmatrix}\cdot\vec{x} = 125 \Rightarrow \begin{pmatrix}-10\\0\\25\end{pmatrix}\cdot\left[\begin{pmatrix}-5\\5\\6\end{pmatrix} + \lambda\begin{pmatrix}1\\-2\\-3\end{pmatrix}\right] = 125$ erhält man $200 - 85\lambda = 125 \Rightarrow$ $\lambda = \frac{75}{85} \approx 0{,}882$ und damit $\vec{t_s} = \begin{pmatrix}-5\\5\\6\end{pmatrix} + 0{,}882\begin{pmatrix}1\\-2\\-3\end{pmatrix} = \begin{pmatrix}-4{,}12\\3{,}24\\3{,}35\end{pmatrix}$ ♠

Anwendung: Anamorphosen
Betrachten wir Abb. 4.22 rechts: Eine (fiktive) Halbkugel wird von einem Augpunkt E (Grundriss E') auf die Grundebene γ projiziert. Dazu sind die Sehstrahlen EP mit γ zu schneiden: $P^c = EP \cap \gamma$. Aus der Position E kann man – mit einem Auge – den Raumpunkt vom Bildpunkt nicht unterscheiden (Abb. 4.22 links). Damit kann man leicht optische Täuschungen erzeugen, die man Anamorphosen nennt.

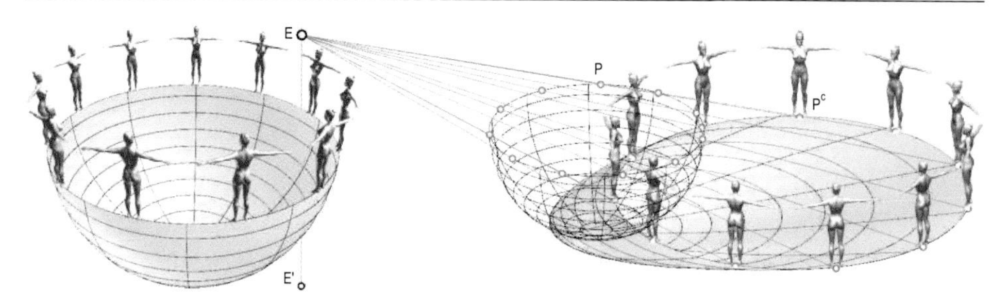

Abb. 4.22 Von der richtigen Position aus verschmelzen die Raumfiguren mit der Projektion

Zahlenbeispiel: Der Augpunkt $E(0/0/a)$ soll auf der z-Achse in der Höhe a liegen. $P(p_x/p_y/r)$ sei ein Punkt in der Höhe des Kugelradius r. Der Sehstrahl EP hat dann die Gleichung $\vec{x} = (0{,}0, a) + \lambda(p_x, p_y, r - a)$. Für den Schnittpunkt P^c mit γ $(z = 0)$ gilt die Bedingung: $a + \lambda(r - a) = 0 \Rightarrow \lambda = a/(a - r) =$ konstant. Damit ist $P^c(\lambda p_x/\lambda p_y/0)$. Weil das Teilverhältnis (EPP^c) konstant ist, sieht man Figuren konstanter Größe, die man wie in Abb. 4.22 rechts über den Punkten P^c aufstellt, genauso wie Figuren konstanter Größe am Kugelrand. ♠

Schnittpunkt dreier nicht-paralleler Ebenen

Seien $\vec{n_1} \cdot \vec{x} = c_1$, $\vec{n_2} \cdot \vec{x} = c_2$, $\vec{n_3} \cdot \vec{x} = c_3$ die Gleichungen dreier Ebenen (Abb. 4.21). Dann erfüllen die Koordinaten des Schnittpunktes $S(s_x, s_y, s_z)$ das lineare Gleichungssystem in 3 Unbekannten (Formel (4.29)), das z.B. mit der *Cramer*schen Regel gelöst werden kann.

$$\begin{aligned} n_{1x}s_x + n_{1y}s_y + n_{1z}s_z &= c_1 \\ n_{2x}s_x + n_{2y}s_y + n_{2z}s_z &= c_2 \\ n_{3x}s_x + n_{3y}s_y + n_{3z}s_z &= c_3 \end{aligned} \tag{4.29}$$

Hat das System keine Lösung, sind die Schnittgeraden von je zwei Ebenen entweder parallel oder identisch.
Die Hauptanwendung dieser Schnittaufgabe liegt in der Lösung der folgenden Aufgabe:

Schnittgerade zweier nicht-paralleler Ebenen

Die Schnittgerade g der Ebenen

$$\vec{n_1} \cdot \vec{x} = c_1, \ \vec{n_2} \cdot \vec{x} = c_2$$

habe die Gleichung $\vec{x} = \vec{s} + \lambda\vec{r}$. Der Richtungsvektor $\vec{r}$ steht senkrecht zu beiden Ebenennormalen:

$$\vec{r} = \vec{n_1} \times \vec{n_2}. \tag{4.30}$$

Wir brauchen jetzt noch einen Punkt $S(s_x, s_y, s_z)$ auf g. Ist $r_z \neq 0$ (allgemeiner Fall: $\vec{r}$ nicht parallel zur xy-Ebene), dann kann S in der Ebene $z = 0$ gefunden werden: Wir schneiden die Ebenen

$$\vec{n_1} \cdot \vec{x} = c_1, \ \vec{n_2} \cdot \vec{x} = c_2 \text{ und } z = 0$$

und erhalten das (3,3)-System

$$\begin{aligned} n_{1x}s_x + n_{1y}s_y + n_{1z}s_z &= c_1, \\ n_{2x}s_x + n_{2y}s_y + n_{2z}s_z &= c_2, \\ s_z &= 0, \end{aligned}$$

welches eigentlich nur ein (2,2)-System ist

$$\begin{aligned} n_{1x}s_x + n_{1y}s_y &= c_1 \\ n_{2x}s_x + n_{2y}s_y &= c_2 \end{aligned} \tag{4.31}$$

und z.B. wieder mit der *Cramer*schen Regel gelöst werden kann. Im Fall $r_z = 0$ verwendet man für $r_x \neq 0$ die Ebene $x = 0$, sonst die Ebene $y = 0$.

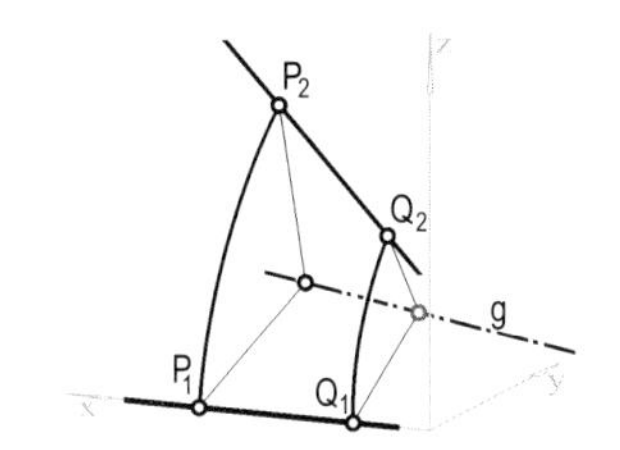

Abb. 4.23 Allgemeine Drehung

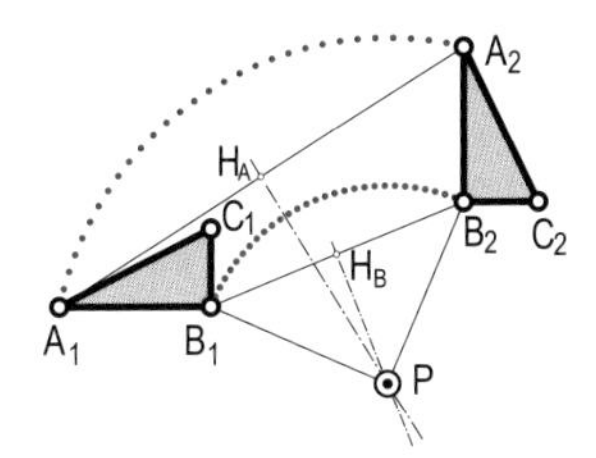

Abb. 4.24 Drehzentrum

Anwendung: Allgemeine Drehung im Raum (Abb. 4.23)
Eine Strecke PQ soll durch eine allgemeine Drehung aus der Lage P_1Q_1 in die neue Lage P_2Q_2 übergeführt werden. Die Drehachse ergibt sich im Schnitt der Symmetrieebenen von P_1P_2 und Q_1Q_2 mithilfe von Formel (4.27). Ein ausführlich durchgerechnetes Zahlenbeispiel findet man in Anwendung S. 167.
Zwei kongruente Dreiecke können i. Allg. nicht durch eine Drehung ineinander übergeführt werden. Dazu benötigt man eine *Schraubung* (Hauptsatz der räumlichen Kinematik, s.S.232). ♠

Im $\mathbb{R}^2$ gibt es nur eine entsprechende Schnittaufgabe, nämlich den *Schnitt zweier nicht-paralleler Geraden im* $\mathbb{R}^2$: Seien $\vec{n_1}\,\vec{x} = c_1$ und $\vec{n_2}\,\vec{x} = c_2$ (zweidimensionale Vektoren!) die Gleichungen zweier Geraden. Dann erfüllen die Koordinaten des Schnittpunktes $S(s_x, s_y)$ das lineare Gleichungssystem (4.31).

Anwendung: Drehzentrum (Abb. 4.24)
Man ermittle das Drehzentrum (den „Pol"), um welches das Dreieck $A_1B_1C_1$ (System Σ_1) gedreht werden muss, um mit dem kongruenten Dreieck $A_2B_2C_2$ (System Σ_2) zur Deckung zu gelangen.

Lösung:
P ergibt sich im Schnitt der Streckensymmetralen von A_1A_2 und B_1B_2 (wieder mit Formel (4.27) zu lösen).

Zahlenbeispiel:
$A_1(-3/0),\ B_1(0/0),\ A_2(1/0),\ B_2(1/-3)$

Normalvektoren $\overrightarrow{A_1A_2} = \begin{pmatrix} 4 \\ 0 \end{pmatrix}$, $\overrightarrow{B_1B_2} = \begin{pmatrix} 1 \\ -3 \end{pmatrix}$
Symmetralen (Formel (4.27)):

$$s_1 \cdots \begin{pmatrix} 4 \\ 0 \end{pmatrix} \bullet \vec{x} = \frac{1}{2}\left[\begin{pmatrix} 1 \\ 0 \end{pmatrix}^2 - \begin{pmatrix} -3 \\ 0 \end{pmatrix}^2 \right] = -4$$

$$s_2 \cdots \begin{pmatrix} 1 \\ -3 \end{pmatrix} \bullet \vec{x} = \frac{1}{2}\left[\begin{pmatrix} 1 \\ -3 \end{pmatrix}^2 - \begin{pmatrix} 0 \\ 0 \end{pmatrix}^2 \right] = 5$$

Das (2,2)-System hat damit die Form

$$\begin{aligned} 4 \cdot s_x + 0 \cdot s_y &= -4 \\ 1 \cdot s_x - 3 \cdot s_y &= 5 \end{aligned} \tag{4.32}$$

und das Drehzentrum daher die Koordinaten $(-1/-2)$.
Die Frage nach dem Drehwinkel φ wird in Formel (4.36) geklärt.

Die Tatsache, dass sich zwei gleichsinnig kongruente Dreiecke durch eine eindeutig bestimmte Drehung ineinander überführen lassen, ist von fundamentaler Bedeutung für die gesamte Bewegungslehre (siehe dazu S.223 ff). ♠

Anwendung: Umkreismittelpunkt eines Dreiecks

Man bestimme jenen Punkt des Dreiecks, der von allen drei Eckpunkten gleichen Abstand hat.

Lösung:
Seien ABC ein Dreieck und U sein Umkreismittelpunkt. U muss wegen der gleichen Abstände zu den Eckpunkten auf den Streckensymmetralen von AB und BC (bzw. AC) liegen. Der Radius r des Umkreises ist gleich der Länge der Strecke $\overline{UA}$.

Zahlenbeispiel:
Für $A(-3/0)$, $B(2/-4)$, $C(1/5)$ erhalten wir $U(0{,}8/-0{,}8)$ und $r = 3{,}88330$. ♠

4.4 Abstände, Winkel, Flächen und Volumina

Normieren eines Vektors, Einheitsvektor

Ein allgemeiner Vektor $\vec{v}$ hat nach Formel (4.2) die Länge $|\vec{v}| = \sqrt{v_x^2 + v_y^2 + v_z^2}$. Durch Skalieren von $\vec{v}$ mit dem Faktor $\lambda = \frac{1}{|\vec{v}|}$ erhalten wir den zugehörigen *Einheitsvektor* mit der Länge 1.

$$\vec{v_0} = \frac{1}{|\vec{v}|}\,\vec{v}. \tag{4.33}$$

Diesen Vorgang nennt man „Normieren" des Vektors. Einheitsvektoren werden üblicherweise durch den Index 0 gekennzeichnet.
Für jeden Einheitsvektor $\vec{v_0}$ gilt:

$$\vec{v_0} \bullet \vec{v_0} = \vec{v_0}^2 = 1 \tag{4.34}$$

Zahlenbeispiel: Der Vektor $\vec{v} = \begin{pmatrix} 1 \\ -2 \\ 2 \end{pmatrix}$ hat die Länge $\sqrt{1^2 + (-2)^2 + 2^2} = \sqrt{9} = 3$. Der zugehörige Einheitsvektor hat daher die Komponenten $\vec{v_0} = \frac{1}{3}\begin{pmatrix} 1 \\ -2 \\ 2 \end{pmatrix}$

Abtragen einer Strecke auf einer Geraden

Mittels normierter Vektoren (Einheitsvektoren) lassen sich Strecken auf gegebenen Geraden abtragen. Wenn wir z.B. einen Punkt R auf der Geraden PQ im Abstand d von P suchen, so ist dieser Punkt durch die Vektorgleichung

$$\vec{r} = \vec{p} + d\,\overrightarrow{PQ}_0, \tag{4.35}$$

festgelegt.

Winkelmessung

Einheitsvektoren sind auch der Schlüssel zur Winkelmessung im Raum. Seien $\vec{a_0}$ und $\vec{b_0}$ zwei Einheitsvektoren, die den Winkel φ miteinander einschließen. Dann gilt folgende wichtige Formel:

$$\cos\,\varphi = \vec{a_0} \bullet \vec{b_0} = \frac{\vec{a} \bullet \vec{b}}{|\vec{a}| \cdot |\vec{b}|} \tag{4.36}$$

Beweis:

Es ist mit den Bezeichnungen von Abb. 4.25 $\overrightarrow{ON} + \overrightarrow{NB} = \overrightarrow{OB}$ mit $\overrightarrow{ON} = \cos\varphi\,\vec{a_0}$ und $\overrightarrow{NB} = \sin\varphi\,\vec{n_0}$ $(\vec{n} \perp \vec{a})$. Dies führt zum Ansatz

$$\cos\varphi\,\vec{a_0} + \sin\varphi\,\vec{n_0} = \vec{b_0} \tag{4.37}$$

a) Quadrieren von (4.37):

$$\cos^2\varphi\,\underbrace{\vec{a_0}^2}_{1} + \sin\varphi^2\,\underbrace{\vec{n_0}^2}_{1} + 2\,\sin\varphi\cos\varphi\,\vec{a_0} \bullet \vec{n_0} = \underbrace{\vec{b_0}^2}_{1}.$$

Zusammen mit $\cos^2\varphi + \sin^2\varphi = 1$ folgt daraus die „Orthogonalitätsbedingung“

$$\vec{a_0} \bullet \vec{n_0} = 0.$$

b) Multiplizieren von (4.37) mit $\vec{a_0}$:

$$\cos\varphi\,\underbrace{\vec{a_0}^2}_{1} + \sin\varphi\,\underbrace{\vec{n_0} \bullet \vec{a_0}}_{0} = \vec{a_0} \bullet \vec{b_0} \Rightarrow \cos\varphi = \vec{a_0} \bullet \vec{b_0}$$

◇

Mit Formel (4.36) kann man den Winkel zweier Geraden oder zweier Ebenen berechnen, oder auch den Winkel zwischen einer Geraden und einer Ebene.

Anwendung: **Einfallswinkel des Lichtes** (Abb. 4.26)
Wie groß ist der Einfallswinkel α des Lichtstrahls $\vec{s}(1, 2, -1)$ zum Lot der horizontalen Basisebene π_1 und in weiterer Folge die Helligkeit der Ebene bzw. die zugehörige Energiezufuhr (vgl. Anwendung S. 165)?

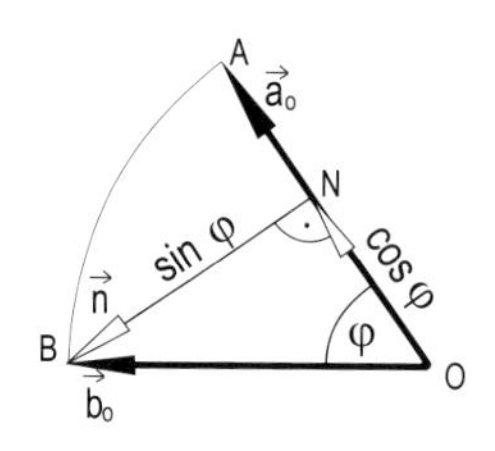

Abb. 4.25 Skalarprodukt

Abb. 4.26 Einfallswinkel und beste Ausnützung

Lösung:
Der Lichtstrahl weist nach unten, also messen wir den Winkel zur *negativen* z-Achse:

$$\vec{n} = \vec{n_0} = \begin{pmatrix} 0 \\ 0 \\ -1 \end{pmatrix}, \quad \vec{s_0} = \frac{1}{\sqrt{6}} \begin{pmatrix} 1 \\ 2 \\ -1 \end{pmatrix}$$

$$\cos\alpha = \vec{n_0} \cdot \vec{s_0} = 0{,}408 \Rightarrow \alpha \approx 66^\circ$$

Nach dem *Lambert*schen Gesetz ist die Helligkeit h der beleuchteten Fläche proportional zum Kosinus des Einfallswinkel ($0 \leq h \leq 1$). Wie hell ist daher die Basisebene?

$$h = 0{,}408 \approx 41\%$$

Ohne das *Lambert*sche Gesetz zu kennen, spürt die Fliege in Abb. 4.26 rechts, dass sie sich schneller in der Morgensonne aufwärmt, wenn sie ihre Flügel möglichst steil zum einfallenden Licht stellt. Bei den wechselwarmen Insekten kann dies lebenswichtig sein. ♠

Anwendung: Designer-Lampe (Abb. 4.27)

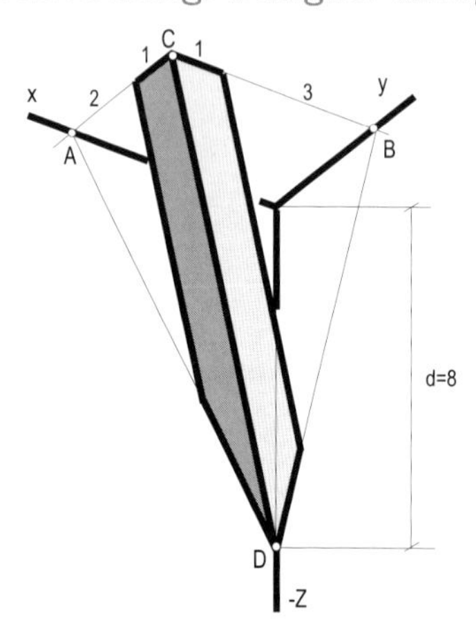

Abb. 4.27 Designer-Lampe

Ein Aluminium-Winkel dient als Reflektor einer Lampe. Man berechne

1. den Winkel BCD ($\cos\gamma = \overrightarrow{CB}_0 \cdot \overrightarrow{CD}_0$),
2. den Winkel ADB ($\cos\delta = \overrightarrow{DA}_0 \cdot \overrightarrow{DB}_0$) und
3. den Biegewinkel (Winkel β der Ebenen ACD und BCD).

Mögliche Zusatzfragen: Länge der Kanten, Fläche des Zuschnitts (siehe Fläche eines Dreiecks).

Lösung:
Mit den Bemaßungen von Abb. 4.27 haben die relevanten Punkte die Koordinaten $A(4/0/0)$, $B(0/3/0)$, $C(4/3/0)$, $D(0/0/-8)$. Dann erhalten wir mit $\cos\gamma = \overrightarrow{BC}_0 \cdot \overrightarrow{CD}_0$ den Winkel $\gamma \approx 65^\circ$ und mit $\cos\delta = \overrightarrow{DA}_0 \cdot \overrightarrow{DB}_0$ den Winkel $\delta \approx 33^\circ$.

Nun zur Berechnung des Biegewinkels: Der Winkel der Ebenen ACD und BCD wird als Winkel der beiden normierten Normalvektoren $\vec{n}_1$ und $\vec{n}_2$ gemessen. Von diesem wird das Supplement auf 180° angegeben, weil aus der gestreckten Lage (180°) gebogen werden muss ($\beta \approx 81°$). ♠

Abstand eines Punktes von einer Ebene

Sei T ein Raumpunkt und $\vec{n_0}\,\vec{x} = c$ die Gleichung einer Ebene ε. Dabei sei $\vec{n_0}$ bereits normiert. Dann hat T von ε den (vorzeichenbehafteten) Abstand

$$d = \overline{T\varepsilon} = \vec{n_0} \cdot \vec{t} - c. \tag{4.38}$$

Lotfußpunkt in einer Ebene

Insbesondere lässt sich damit bequem der Lotfußpunkt F des Punktes T auf die Ebene ε ermitteln:

$$\vec{f} = \vec{t} - d\,\vec{n_0} = \vec{t} - (\vec{n_0} \cdot \vec{t} - c)\,\vec{n_0}. \tag{4.39}$$

Anwendung: Hellster Punkt einer ebenen Fläche
T sei eine Lichtquelle. Man ermittle den Punkt F der Dachebene, der am stärksten beleuchtet ist (Abb. 4.19).

Lösung:
Es handelt sich dabei um den Lotfußpunkt aus T auf die Dachebene ε, weil in diesem Punkt der Einfallswinkel des Lichtes zum Lot gemessen minimal ist. ♠

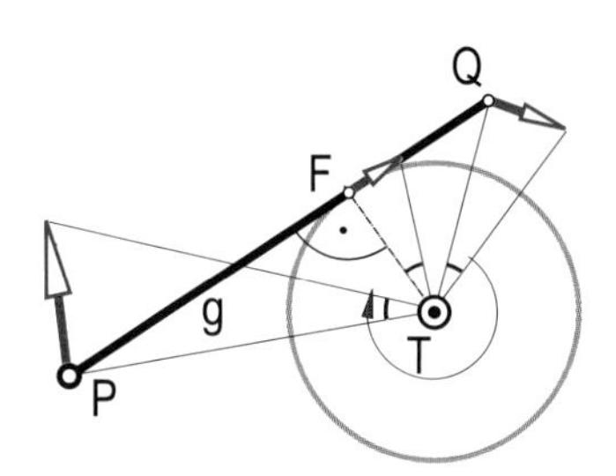

Abb. 4.28 Punkt mit minimaler Geschwindigkeit

Anwendung: Rotation einer Geraden (Abb. 4.28)
Eine Gerade g rotiert um einen Punkt T und hüllt dabei einen Kreis ein. Man ermittle jenen Punkt F auf g, der die geringste Bahngeschwindigkeit hat (d. i. der Berührpunkt mit dem Hüllkreis).

Lösung:
Wir sind in der Ebene. Die 3. Komponente der Vektoren wird also Null gesetzt. Wir verwenden Formel (4.39) mit $\vec{n_0} \perp \overrightarrow{PQ}$ (Formel (4.19)). ♠

Abstand eines Punktes von einer Geraden

Das Problem wurde schon bei den Schnittaufgaben behandelt: Um auf einer Geraden $g = PQ$ jenen Punkt F zu finden, der von einem gegebenen Punkt T den kleinsten Abstand hat (Lotfußpunkt), schneidet man die Normalebene ν von g durch T mit g (Abb. 4.29):

$$g = PQ \ldots \vec{x} = \vec{p} + \lambda\vec{r_0} \quad (\vec{r_0} \ldots \text{norm. Vektor}\overrightarrow{PQ})$$
$$\nu \ldots \vec{r_0} \cdot \vec{x} = \vec{r_0} \cdot \vec{t} = c$$

$$\nu \cap g \ldots \vec{r_0} \cdot (\vec{p} + \lambda\vec{r_0}) = c \Rightarrow \vec{r_0} \cdot \vec{p} + \lambda \underbrace{\vec{r_0}^2}_{1} = \vec{r_0} \cdot \vec{t}.$$

Somit ergibt sich der Parameter λ_F zu F und in weiterer Folge der Abstand $d = \overline{Tg}$

$$\lambda_F = \vec{r_0} \cdot (\vec{t} - \vec{p}), \quad d = \overline{TF}. \tag{4.40}$$

Anwendung: Kürzeste Distanz

Ein Flugzeug fliegt geradlinig (längs einer Geraden PQ) an einem Beobachter T vorbei. Wann ist es dem Beobachter am nächsten und wie groß ist dann die Distanz?

Zahlenbeispiel: $P(3/0/1)$, $Q(0/4/1)$, $T(0/0/0)$.

Lösung:

$$\overrightarrow{PQ} = \vec{r} = \begin{pmatrix} -3 \\ 4 \\ 0 \end{pmatrix} \Rightarrow \vec{r_0} = \frac{1}{5}\begin{pmatrix} -3 \\ 4 \\ 0 \end{pmatrix}, \quad \vec{t} - \vec{p} = \begin{pmatrix} -3 \\ 0 \\ -1 \end{pmatrix}$$
$$\lambda_F = \vec{r_0} \cdot (\vec{t} - \vec{p}) = \frac{9}{5} \Rightarrow \vec{F} = \begin{pmatrix} 3 \\ 0 \\ 1 \end{pmatrix} + \frac{9}{5} \cdot \frac{1}{5}\begin{pmatrix} -3 \\ 4 \\ 0 \end{pmatrix} = \begin{pmatrix} 1{,}92 \\ 1{,}44 \\ 1 \end{pmatrix}$$
$$d = |\vec{f} - \vec{t}| = 2{,}6$$

♠

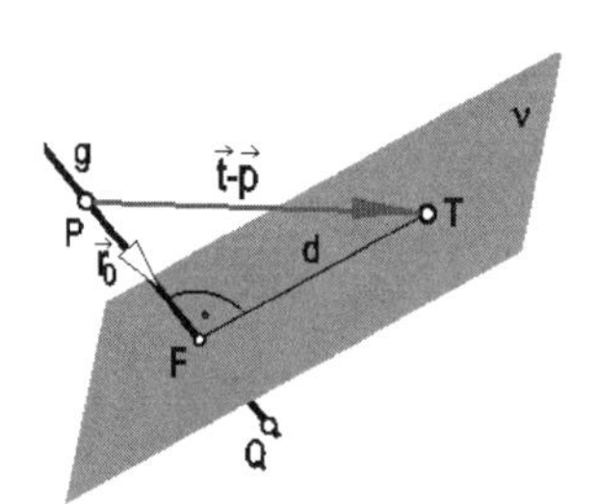

Abb. 4.29 Lotfußpunkt auf einer Geraden

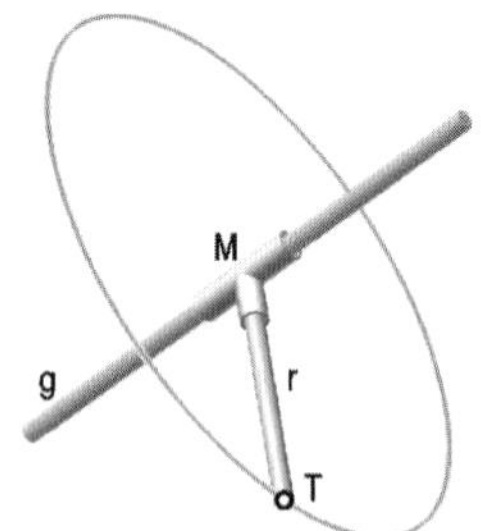

Abb. 4.30 Rotationskreis

Anwendung: Rotationskreis (Abb. 4.30)

Ein Punkt T rotiert um eine Gerade $g = PQ$. Wo liegt der Mittelpunkt M des Drehkreises und wie groß ist dessen Radius r?.

Lösung:

Der Mittelpunkt M des Kreises ist der Lotfußpunkt von T auf g, die Distanz $\overline{MT}$ gleich dem Radius. ♠

Abstand zweier windschiefer Geraden

Zwei Geraden $g = PQ$ und $h = RS$, die nicht in einer Ebene liegen, haben i. Allg. keinen Schnittpunkt (d.h., sie sind „windschief“). Als Abstand $d = \overline{gh}$ ist in sinnvoller Weise die Länge des Gemeinlots zu verstehen. Dieses hat die Richtung $\vec{n} = \overrightarrow{PQ} \times \overrightarrow{RS}$ (normiert $\vec{n_0}$). Es gilt folgende Vektorgleichung (Abb. 4.31): $\vec{p} + \overrightarrow{PF_g} + \overrightarrow{F_gF_h} = \vec{r} + \overrightarrow{RF_h}$, also $\vec{p} + \lambda\overrightarrow{PQ} + d\vec{n_0} = \vec{r} + \mu\overrightarrow{RS}$ bzw.

$$\lambda\overrightarrow{PQ} + d\vec{n_0} = \vec{PR} + \mu\overrightarrow{RS}. \tag{4.41}$$

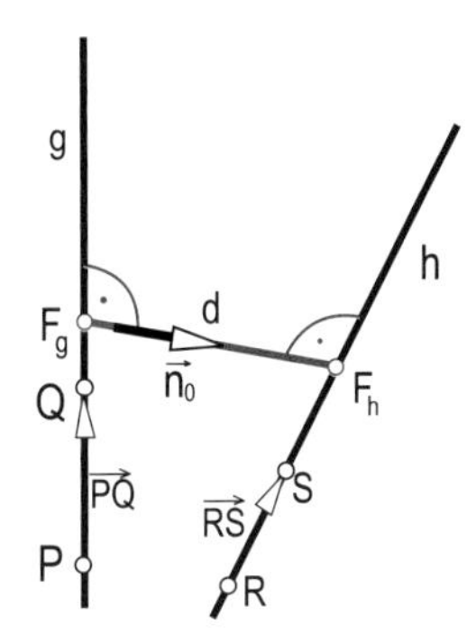

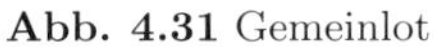

Abb. 4.31 Gemeinlot

Abb. 4.32 Annäherungen an Drehhyperboloide

Multipliziert man diese Gleichung mit $\vec{n_0}$, so ergibt sich wegen $\vec{n_0} \perp \overrightarrow{PQ} \Rightarrow \vec{n_0}\overrightarrow{PQ} = 0$, $\vec{n_0} \perp \overrightarrow{RS} \Rightarrow \vec{n_0}\overrightarrow{RS} = 0$ und $\vec{n_0}^2 = 1$

$$d = \vec{n_0} \cdot \overrightarrow{PR} \tag{4.42}$$

Wenn wir noch den Absolutbetrag von d heranziehen, ist d immer positiv.

Die Parameter λ und μ zu den Fußpunkten F_g und F_h erhält man durch Multiplikation von Gleichung (4.41) mit den Vektoren $\vec{n_h} = \overrightarrow{RS} \times \vec{n_0}$ und $\vec{n_g} = \overrightarrow{PQ} \times \vec{n_0}$:

$$\lambda = \frac{\vec{n_h} \cdot \vec{PR}}{\vec{n_h} \cdot \overrightarrow{PQ}}, \quad \mu = -\frac{\vec{n_g} \cdot \vec{PR}}{\vec{n_g} \cdot \overrightarrow{RS}}. \tag{4.43}$$

Anwendung: Drehhyperboloid (Abb. 4.33)

Eine Gerade g rotiert um eine Achse h und hüllt dabei ein einschaliges Drehhyperboloid ein[2]. Man berechne den Mittelpunkt M des Hyperboloids sowie den Kehlkreisradius r.

Lösung:

$M \in h$ ist Lotfußpunkt des Gemeinlots n von g und h, r ist der kürzeste Abstand der beiden Geraden.

Spiegelt man g an jener Ebene, die durch h und n festgelegt ist, erhält man eine Gerade $\overline{g}$, welche bei Rotation um h dasselbe Hyperboloid überstreicht.

[2]Zum einschaligen Drehhyperboloid bzw. in weiterer Folge auch zur HP-Fläche siehe etwa `www.cis.tugraz.at/ig/wresnik/dg/online/flaechen/node27.html`

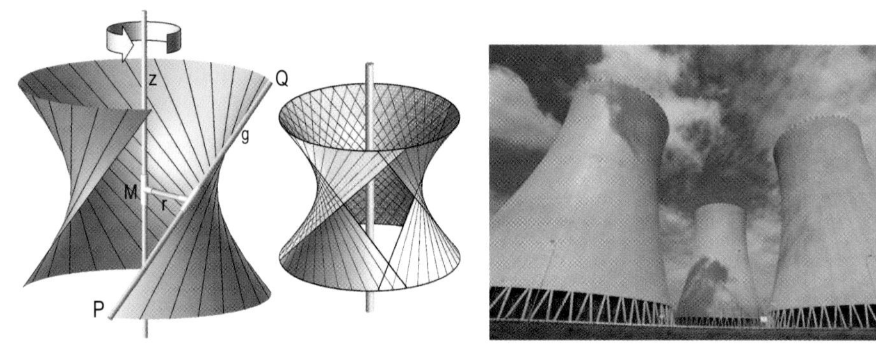

Abb. 4.33 Zwei Geradenscharen

Abb. 4.34 Umstrittene praktische Anwendung

Auf der Fläche liegen somit *zwei* Scharen von Geraden. Dies erlaubt eine stabile Bauweise riesiger dünnwandiger Gebilde in Form eines Hyperboloids.

Die Kühltürme von Atomkraftwerken (Abb. 4.34) sind ein typisches Beispiel dafür. Die Düsenform der Türme bewirkt eine Beschleunigung der Wasserdämpfe im oberen Drittel. ♠

Anwendung: Hyperbolisches Paraboloid (HP-Fläche) (Abb. 4.35)
Fällt man aus den Punkten einer Geraden g die lotrechten Treffgeraden auf eine Achse a, so erfüllen diese eine HP-Fläche Φ. a und das Gemeinlot n von a und g bilden die Erzeugenden von Φ im Scheitel S.

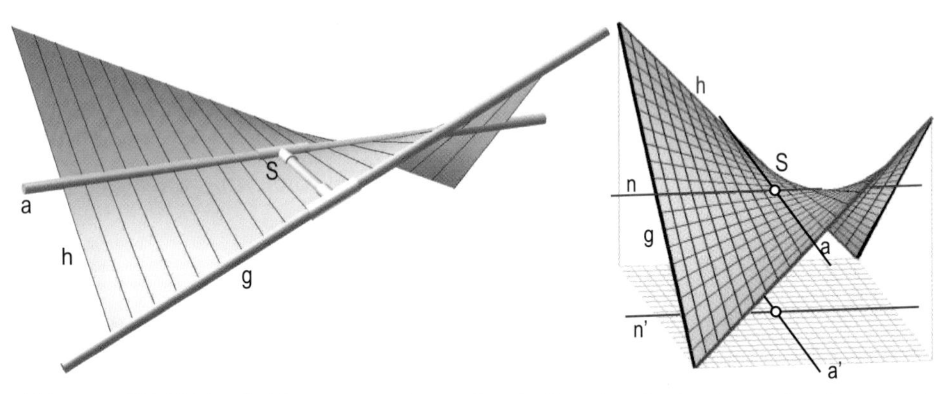

Abb. 4.35 HP-Fläche als Menge von orthogonalen Treffgeraden. Rechts: Zwei Geradenscharen!

Umgekehrt kann man eine beliebige Treffgerade – in Abb. 4.35 etwa die Randerzeugende h – wählen und die Schar der lotrechten Treffgeraden von n aufsuchen, so erhält man dieselbe Fläche. Somit trägt die HP-Fläche ebenfalls *zwei* unterschiedliche Geradenscharen. Diese Eigenschaft hat außer dem einschaligen Hyperboloid (Anwendung S. 151) keine andere Fläche! Nach dem Satz vom rechten Winkel (S. 140) bilden die beiden Scharen bei Normalprojektion auf die von a und n aufgespannte Ebene ein rechtwinkliges Gitter. Deshalb werden HP-Flächen mitunter zum Überdachen von rechteckigen Grundrissformen verwendet. ♠

Fläche eines Dreiecks (Parallelogramms)

Zur Flächenberechnung (Fläche eines Dreiecks) zieht man gerne das Vektorprodukt heran: Seien P, Q und R die Eckpunkte eines Dreiecks. Dann berechnet sich die Fläche A des Dreiecks wie folgt:

$$A = \frac{1}{2} |\overrightarrow{PQ} \times \overrightarrow{PR}| \qquad (4.44)$$

Die Fläche des von $\overrightarrow{PQ}$ und $\overrightarrow{PR}$ aufgespannten *Parallelogramms* ist doppelt so groß.

Beweis:
Der Beweis sei nur kurz angedeutet: Für die Dreiecksfläche gilt („Grundlinie mal Höhe halbe"):

$$A = \frac{1}{2} |\vec{a}| \, |\vec{b}| \sin \varphi.$$

Nun ist zu zeigen:

$$A = \frac{1}{2} |\overrightarrow{PQ} \times \overrightarrow{PR}|,$$

also

$$|\vec{a}| \, |\vec{b}| \sin \varphi = |\overrightarrow{PQ} \times \overrightarrow{PR}|.$$

Quadriert man beide Seiten der Gleichung, erhält man mit $\sin^2 \varphi = 1 - \cos^2 \varphi$ und

$$\cos \varphi = \vec{a_0} \bullet \vec{b_0} = \frac{1}{|\vec{a}||\vec{b}|} \vec{a} \bullet \vec{b}$$

(Formel (4.36)) mit etwas mühsamem Nachrechnen eine wahre Aussage. ◇

Anwendung: Der „räumliche Pythagoras"

In der Ebene gilt der Satz von Pythagoras: Schneidet man einen rechten Winkel (Ecke C) mit einer Geraden ab, dann lässt sich die Sehne $\overline{AB} = c$ aus den zugehörigen Abschnitten $\overline{AC} = a$ und $\overline{BC} = b$ auf den Schenkeln mit der Formel $c^2 = a^2 + b^2$ berechnen.
Der Satz lässt sich im Raum verallgemeinern: Schneidet man ein rechtwinkliges Dreibein (Ecke D) mit einer Ebene ab, dann lässt sich die Fläche d des Verbindungsdreiecks ABC aus den zugehörigen Flächen a, b und c der Dreiecke DAB, DBC und DAC mit der Formel $d^2 = a^2 + b^2 + c^2$ berechnen.

Beweis:
Sei D Ursprung eines kartesischen Koordinatensystems mit den Punkten $A(u/0/0)$, $B(0/v/0)$ und $C(0/0/w)$. Dann haben die Dreiecke ADB, BDC und CDA die Flächen

$$a = \frac{uv}{2}, \; b = \frac{vw}{2} \text{ und } c = \frac{wu}{2}$$

Die Fläche d des Dreiecks ABC ergibt sich durch das Vektorprodukt

$$d = \frac{1}{2} \cdot |\overrightarrow{AB} \times \overrightarrow{AC}| = \frac{1}{2} \cdot \left| \begin{pmatrix} -u \\ v \\ 0 \end{pmatrix} \times \begin{pmatrix} -u \\ 0 \\ w \end{pmatrix} \right| = \frac{1}{2} \cdot \left| \begin{pmatrix} vw \\ wu \\ uv \end{pmatrix} \right| = \frac{1}{2} \cdot \sqrt{(vw)^2 + (wu)^2 + (uv)^2}$$

Damit ist $d^2 = \frac{1}{4} [\,(vw)^2 + (wu)^2 + (uv)^2\,] = b^2 + c^2 + a^2$. ◇

♠

Anwendung: Man berechne die vordere Dreiecksfläche des gegebenen Walmdachs (Abb. 4.36).

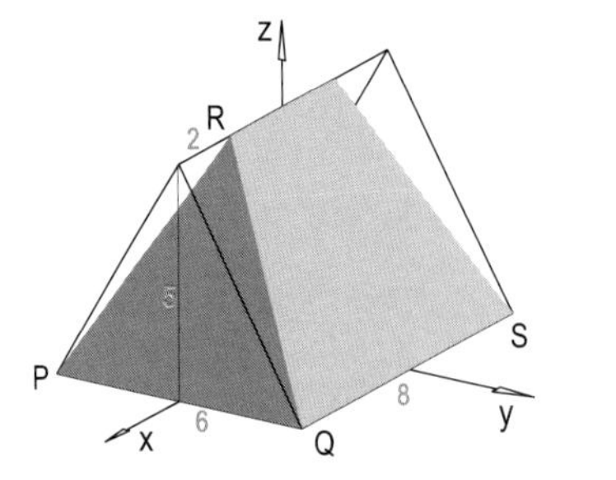

Abb. 4.36 Walmdach

$$\overrightarrow{PQ} = \begin{pmatrix} 0 \\ 6 \\ 0 \end{pmatrix}, \ \overrightarrow{PR} = \begin{pmatrix} -2 \\ 3 \\ 5 \end{pmatrix}$$

$$A = \frac{1}{2} \left| \begin{pmatrix} 0 \\ 6 \\ 0 \end{pmatrix} \times \begin{pmatrix} -2 \\ 3 \\ 5 \end{pmatrix} \right| = \frac{1}{2} \left| \begin{pmatrix} 30 \\ 0 \\ 12 \end{pmatrix} \right| = \frac{\sqrt{1044}}{2} \approx 16{,}2$$

♠

Volumen eines Tetraeders

Ist S ein weiterer Raumpunkt, der zusammen mit P, Q und R ein Tetraeder aufspannt, dann erhält man mit der Formel

$$V = \frac{1}{6} \overrightarrow{PS} \cdot (\overrightarrow{PQ} \times \overrightarrow{PR}) \tag{4.45}$$

dessen *Volumen*. Das Volumen des zugehörigen *schiefen Quaders* („Spat") ist sechs mal so groß.

Anwendung: **Volumen von konvexen Körpern** (Abb. 4.37)
Man bestimme das Volumen eines beliebigen konvexen Körpers.

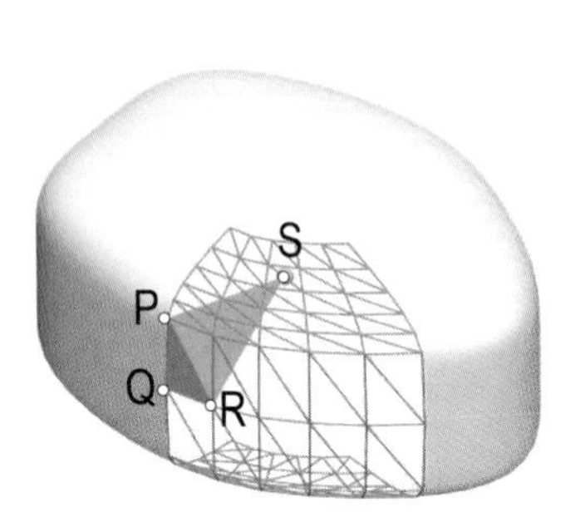

Abb. 4.37 Zerlegung eines Körpers

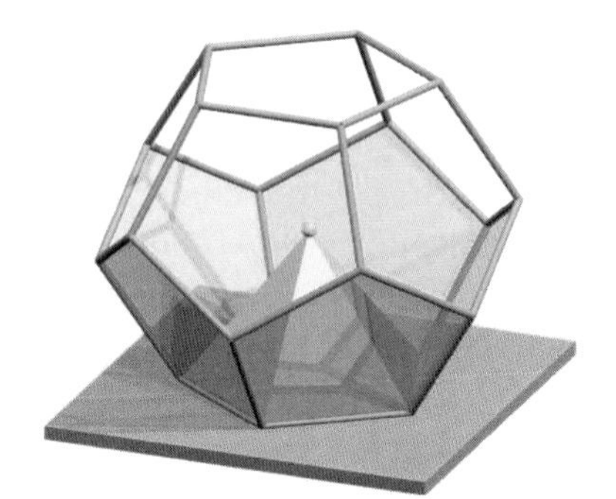

Abb. 4.38 Spezialfall

Lösung:
Wenn der Körper kein Polyeder ist, muss man ihn zunächst triangulieren (und damit durch ein Polyeder beliebig genau annähern). Nun sucht man einen Punkt S im Inneren des Körpers auf (etwa den Eckenschwerpunkt als arithmetisches Mittel aller Eckpunkte) und „verbindet" jedes Dreieck PQR des Körpers mit S zu einem Tetraeder. Das Gesamtvolumen ergibt sich als Summe aller Tetraeder-Volumina.
In Spezialfällen – wie beim Pentagondodekaeder in Abb. 4.38 – wird man regelmäßige Pyramiden statt der Tetraeder verwenden.
Der Körper kann auch „harmlos nicht-konvex" sein. Wichtig ist eigentlich nur, dass man einen Punkt S so finden kann, dass die „Facetten" (Tetraeder) einander nicht überlappen. ♠

Drehmomentsberechnung mittels Vektorprodukt

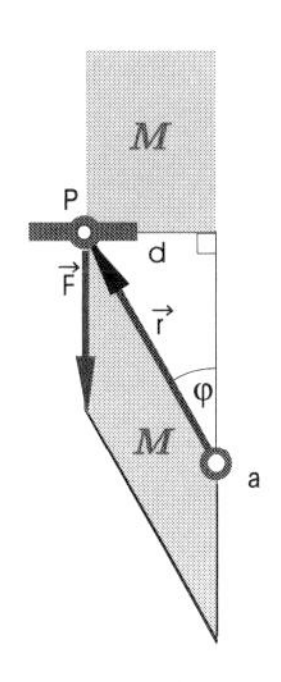

Abb. 4.39 Drehmoment bezüglich einer Achse...

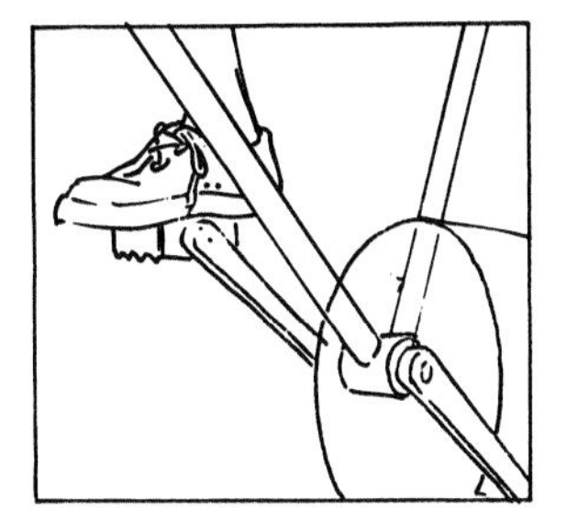

Abb. 4.40 ...in der Praxis

Anwendung: Drehmomente bezüglich einer Achse (Abb. 4.39)
Mittels des Vektorprodukts können auch Drehmomente berechnet werden.

„Drehmoment = Kraft × Kraftarm"

gilt beim gewöhnlichen Hebelgesetz. Greift die Kraft nicht senkrecht zum Hebelarm an, dann berechnet sich mit den Bezeichnungen von Abb. 4.39 der Kraftarm wie folgt:

$$\mathbf{M} = \underbrace{F\,d}_{\text{Rechteck}} = |\vec{F}|\,|\vec{r}|\sin\varphi = \underbrace{\left|\vec{F} \times \vec{r}\right|}_{\text{flächengleiches Parallelogramm}} .$$

Man beachte, dass das Vorzeichen und daher die Reihenfolge beim Vektorprodukt wichtig ist. ♠

4.5 Spiegelung

Spiegelung an einer Ebene

Sei $P(p_x, p_y, p_z)$ ein Raumpunkt und $\vec{n_0}\,\vec{x} = c$ die Gleichung der Spiegelebene σ ($\vec{n_0}$ normiert!). Dann ist nach Gleichung (4.38) $d = \vec{n_0} \cdot \vec{p} - c$ der orientierte Abstand $\overline{P\sigma}$. Für den spiegelsymmetrischen Punkt P^* gilt die Vektorgleichung

$$\overrightarrow{p^*} = \vec{p} - 2d\,\vec{n_0} = \vec{p} - 2(\vec{n_0} \cdot \vec{p} - c)\vec{n_0} \tag{4.46}$$

Im $\mathbb{R}^2$ lässt sich Formel (4.46) für die Spiegelung an der Geraden $\vec{n_0} \cdot \vec{x} = c$ verwenden.

Anwendung: Reflexpunkt in einer Ebene (Abb. 4.41)
Welcher Punkt R („Glanzpunkt") des spiegelnden Tetraeders σ zeigt vom Standpunkt des Beobachters P das Bild der Lichtquelle L?

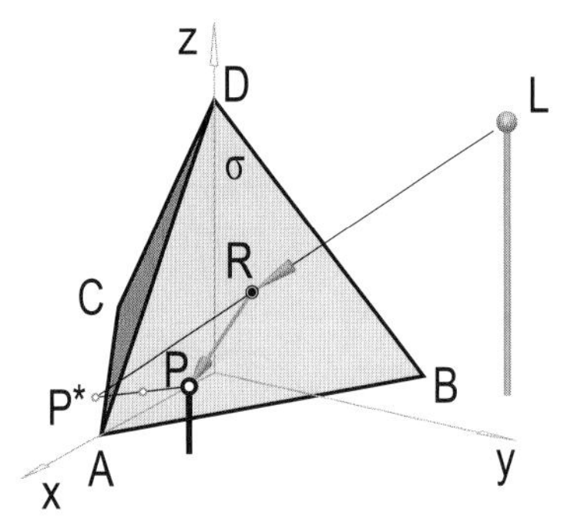

Abb. 4.41 Reflexpunkt in Theorie...

Abb. 4.42 ...und Praxis

Lösung:
Man spiegelt P an σ ($\to P^*$) und schneidet die Verbindungsgerade $g = LP^*$ mit σ ($\to R$).

In Glasscheiben ist der Reflexpunkt der Sonne meist recht klar zu erkennen (Abb. 4.42 links). Bei Spiegelungen im Wasser muss die Wasseroberfläche absolut glatt sein, sonst ist die Reflexion langgestreckt (Abb. 4.42). ♠

Anwendung: Belastetes Seil (Abb. 4.43)
Ein Seil gegebener Länge $s = 15$ wird zwischen zwei Auflagepunkten A und B mit einem Gewicht belastet. Man berechne die Position des Knickpunkts C.

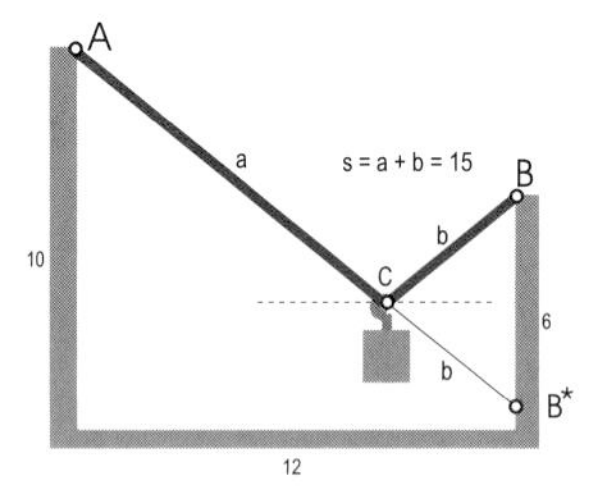

Abb. 4.43 Belastetes Seil

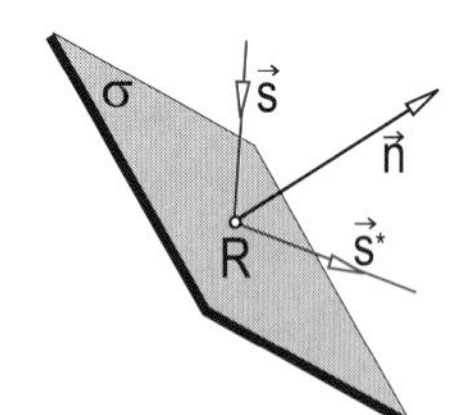

Abb. 4.44 Reflexion des Lichtstrahls

Lösung:
C liegt auf AB^*, wobei B^* durch Spiegelung aus B hervorgeht:
$\vec{c} = \vec{a} + \lambda(\vec{b}^* - \vec{a})$
$A(0{,}10)$, $B(12{,}6)$. $\overline{AB^*} = s$
Höhenunterschied $AB^* = \sqrt{s^2 - 12^2} = 9$
$\Rightarrow$ Höhe von $C = \frac{6+1}{2} = 3{,}5$
$\begin{pmatrix} 12\lambda \\ 10 - 9\lambda \end{pmatrix} = \begin{pmatrix} x \\ 3{,}5 \end{pmatrix} \Rightarrow \lambda = \frac{6{,}5}{9} \Rightarrow C(8{,}67/3{,}5)$ ♠

Spiegelt man „nur“ einen Vektor $\vec{v}$ an der Ebene σ, so erhält man dasselbe Ergebnis bei Spiegelung an der durch den Ursprung parallelverschobenen Ebene $\overline{\sigma} = \vec{n_0}\,\vec{x} = 0$. Es ist also in Gleichung (4.46) $c = 0$ zu setzen:

$$\overrightarrow{v^*} = \vec{v} - 2(\vec{n_0} \cdot \vec{v}) \cdot \vec{n_0} \tag{4.47}$$

Anwendung: Reflexion des Lichtstrahls (Abb. 4.44)
In einem Punkt $R(3/0/0)$ ist ein Spiegel mit vorgegebenener Normalenrichtung $\vec{n}(0/1/1)$ angebracht. In welche Richtung werden die einfallenden Sonnenstrahlen $\vec{s}(1/1/-2)$ reflektiert?
Lösung:

$$\vec{n_0} = \frac{1}{\sqrt{2}}\begin{pmatrix}0\\1\\1\end{pmatrix} \quad d = \vec{n_0} \bullet \vec{s} = \frac{1}{\sqrt{2}}\begin{pmatrix}0\\1\\1\end{pmatrix} \bullet \begin{pmatrix}1\\1\\-2\end{pmatrix} = -\frac{1}{\sqrt{2}}$$

$$\overrightarrow{s^*} = \vec{s} - 2d\vec{n_0} = \begin{pmatrix}1\\1\\-2\end{pmatrix} + \frac{2}{\sqrt{2}}\frac{1}{\sqrt{2}}\begin{pmatrix}0\\1\\1\end{pmatrix} = \begin{pmatrix}1\\2\\-1\end{pmatrix}$$

♠

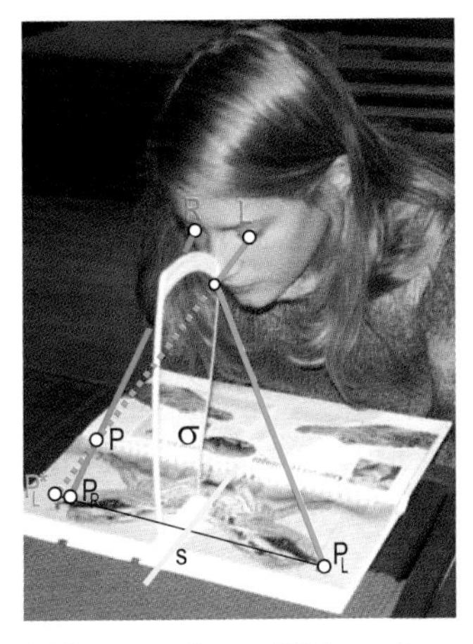

Abb. 4.45 Stereo-Bilder mit...

Abb. 4.46 ...und ohne Spiegel

Anwendung: Stereo-Bilder mit einem Spiegel (Abb. 4.45)
Wenn man in geeigneter Weise zwei Fotos einer Szene (eines davon spiegelverkehrt) so betrachtet, dass man sich mit beiden Augen auf eines der beiden – etwa das rechte – konzentriert (wobei zwischen die Augen ein lotrechter Spiegel gestellt wird), sieht man die Szene räumlich. Man erkläre diesen „Raumbild-Effekt".

Lösung:
Wenn man ein ebenes oder räumliches Objekt Φ in einem Spiegel betrachtet, sieht man ein bezüglich der Spiegelebene symmetrisches virtuelles Objekt Φ^* durch das „Spiegelfenster". Wenn wir also mit dem linken Auge das linke, spiegelverkehrte Bild *im Spiegel* betrachten, sehen wir ein nicht mehr spiegelverkehrtes Bild. Das rechte Auge sieht das rechte – ohnehin nicht spiegelverkehrte – Bild. Unter gewissen Voraussetzungen schneiden einander die zugehörigen Sehstrahlen vom rechten Auge zum rechten Bild und vom linken Auge zum gespiegelten linken Bild *im Raum*: Die beiden Fotos des Objekts müssen so erstellt worden sein, dass die Verbindungsgerade der beiden Kamera-Positionen (genauer: Linsenzentren) parallel zur Foto-Ebene waren. Dadurch kann man die Fotos dann so nebeneinander platzieren, dass alle zugehörigen Punkte P und P^* auf Parallelen zum unteren Bildrand liegen.

Wenn man Stereo-Bilder ohne Spiegel betrachtet, und diese z.B. am Bildschirm getrennt erkennbar sein sollen, kann man den räumlichen Eindruck durch Schielen erreichen – oder aber eine optische Brille verwenden, welche die Sehstrahlen „über Kreuz bringt“ (Abb. 4.46). ♠

Mehrfachspiegelungen

Anwendung: Doppelspiegel (Abb. 4.47, Abb. 4.50)

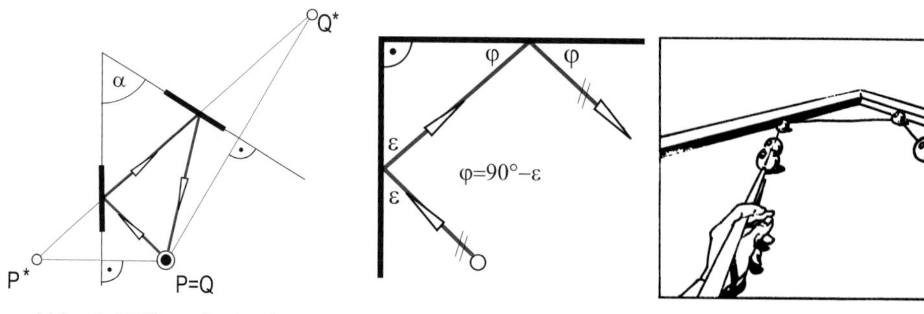

Abb. 4.47 Doppelspiegelung

Abb. 4.48 $\alpha = 90°$ (Billard)

Wenn man sich in einem Spiegel betrachtet, sieht man sich „spiegelverkehrt“. In einem Doppelspiegel mit einem *spitzen* Winkel α (Abb. 4.47: $\alpha = 60°$) kann man sich so sehen, wie einen „die anderen“ sehen.
Was passiert, wenn $\alpha = 90°$ bzw. $\alpha > 90°$ ist?

Lösung:
Wenn $\alpha = 90°$ ist, dann ist der doppelt reflektierte Strahl „genau parallel zum einfallenden Strahl“ (Abb. 4.48). Dies hat zur Folge, dass man das eine Auge mit dem anderen sieht und umgekehrt. Analoges gilt für die Gesichtshälften. Der Abstand vom Spiegel spielt keine Rolle. Beim Blick auf die Kante eines rechtwinkligen Doppelspiegels sieht man – getrennt durch die Kante – beide Gesichtshälften nicht spiegelverkehrt.
Bei stumpfen Winkeln $\alpha > 90°$ wird man bei zunehmender Distanz beim Blick in die Spiegelecke sich selbst gar nicht mehr sehen.
Obiges Beispiel kann mit $\alpha = 90°$ und $P \neq Q$ auch als „Billard-Beispiel“ interpretiert werden (Spielen über die „Bande“). ♠

Anwendung: Spiegelnde „Raumecke“ (Abb. 4.52)

Der Spezialfall $\alpha = 90°$ hat eine wichtige praktische Anwendung: Man betrachte ein spiegelndes „Raumeck“, das aus einem halben Würfel besteht (Abb. 4.52). Man beweise: Wenn man einen Laserstrahl in dieses Raumeck „hineinschießt“, wird dieser in jedem Fall parallel reflektiert.

Beweis:
Wir betrachten die Situation von oben, also im Grundriss: Dort erscheinen die Spiegelungen an den lotrechten Ebenen als ebene Spiegelungen an den zur Basisebene parallelen Ebenennormalen. Die Spiegelung an der horizontalen Ebene hingegen ist im Grundriss gar nicht zu erkennen, weil das Lot zur Basisebene „projizierend“ ist. Im Grundriss ist somit der eintretende Strahl nach den zweidimensionalen Überlegungen von vorhin (Abb. 4.48) parallel zum austretenden Strahl.

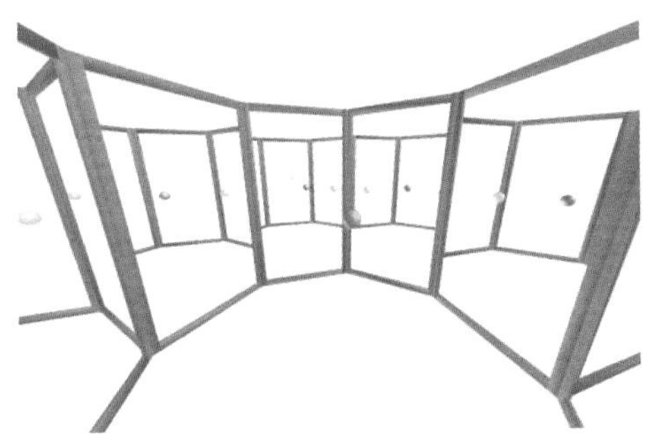

Abb. 4.49 Wie viele Kugeln?

Abb. 4.50 Verwirrspiel im verspiegelten Aufzug

Abb. 4.51 Raumeck in der Schifffahrt

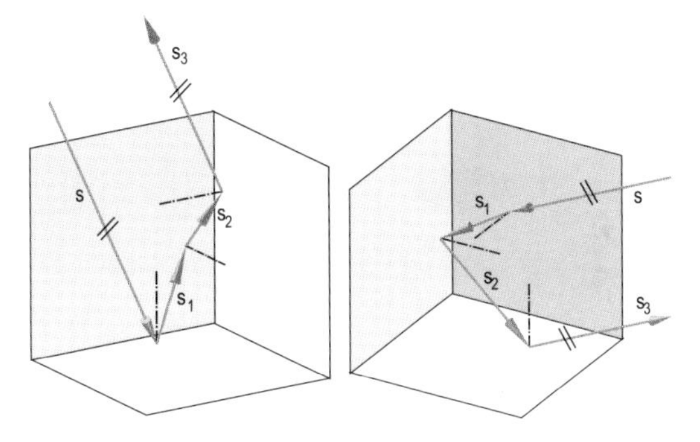

Abb. 4.52 Spiegelnde Raumecke

Analoges gilt für die Ansichten von vorne und rechts (Aufriss, Kreuzriss). Also ist der austretende Strahl auch im Raum parallel. ◇

Mit dieser Eigenschaft des verspiegelten Raumecks kann man Entfernungen messen. Insbesondere wurden z.B. am Mond solche Spiegelprismen aufgestellt, damit man verschiedene Versuche durchführen konnte (Verifizieren der Lichtgeschwindigkeit, Abstandsmessungen usw.). Auch in der Schifffahrt findet man solche Geräte an Brücken angebracht, damit Schiffe ihre Entfernung von den Pfeilern bestimmen können.

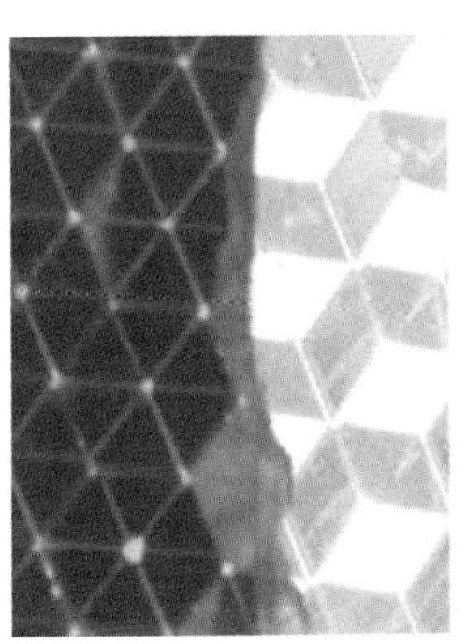

Abb. 4.53 „Katzenaugen" (Rückstrahler) beim Fahrrad bestehen aus lauter kleinen Raumecken!

Abb. 4.53 zeigt eine Anwendung aus dem täglichen Leben: Die „Katzenaugen", die an den Fahrradspeichen montiert werden, bestehen – unter der Lupe betrachtet – aus lauter kleinen Würfelecken, die, wenn sie von einem Auto angestrahlt werden, genau zum Autolenker reflektieren. Zusammen mit der Drehung der Reflektoren ergibt sich ein extrem wirksames und leuchtstarkes Warnsignal. ♠

4.6 Weitere Anwendungen

Anwendung: Platzregen (Abb. 4.54)
Jeder von uns hat sich schon einmal bei einem Regenguss gefragt: Wie schnell muss ich zum nächsten Unterstand laufen, um möglichst wenig nass zu werden. Muss es „so schnell wie möglich" sein?

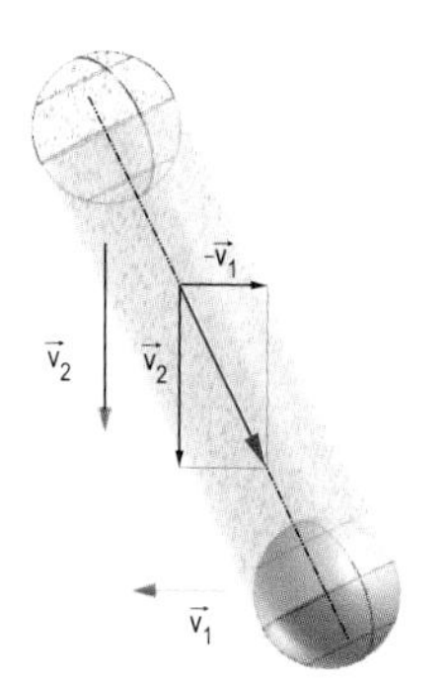

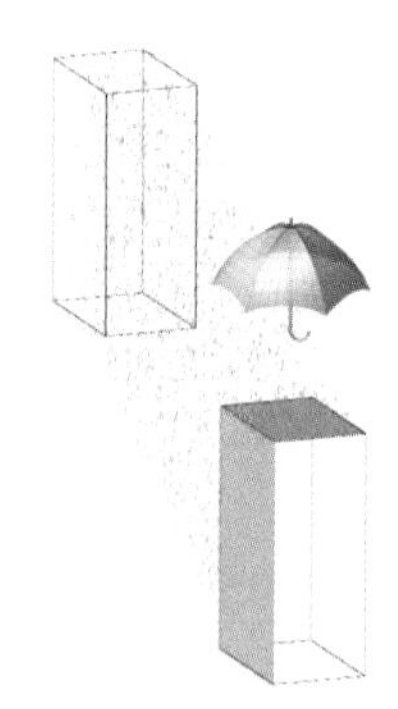

Abb. 4.54 Platzregen: Davonlaufen oder über sich ergehen lassen?

Lösung:
Wir bewegen zunächst eine Kugel (Radius r) horizontal eine Strecke s (Geschwindigkeitsvektor $\vec{v_1}$, Abb. 4.54 links). Die Regentropfen fallen lotrecht (Geschwindigkeitsvektor $\vec{v_2}$). Wegen des linearen Ablaufs beider Bewegungen kann die Kugel nur von Tropfen getroffen werden, die sich innerhalb jenes Volumens befinden, das die Kugel bei der Relativbewegung in Richtung $\vec{v_1} - \vec{v_2}$ erzeugt. Dies ist ein Drehzylinder mit Radius r und der Achsenrichtung $\vec{v_1} - \vec{v_2}$. Die Projektion der Achsenlänge in die horizontale Ebene ist immer s, womit das Volumen des Zylinders (das proportional zur Anzahl der Treffer ist) umso kleiner wird, je größer die Geschwindigkeit der Kugel ist. Die Devise heißt also: „So schnell wie möglich!"
Spielt die Form des bewegten Objekts eine Rolle? Wir betrachten den einfachen Fall eines Quaders, den wir wieder horizontal eine Strecke s bewegen (Abb. 4.54 rechts). Diesmal ist das Volumen, aus dem sich die Treffer rekrutieren, ein i. Allg. sechsseitiges schiefes Prisma, dessen Volumen nicht so leicht angebbar ist. Denken wir uns nun folgenden Spezialfall: Der Quader sei nach oben hin gegen den Regen abgeschirmt (die im Bild grün eingezeichneten Tropfen haben also keine Auswirkung). Wir bewegen den Quader so, dass nur die vordere Seitenfläche (mit der Fläche A) nass wird. Dann ist der Ort der treffenden Tropfen ein schiefes Prisma mit *konstantem* Volumen (wenn die Tropfen lotrecht fallen, ist das Volumen $A \times s$), und die Geschwindigkeit des Objekts spielt keine Rolle! Die Form des Objekts ist also sehr wohl von Bedeutung. Bei einem Regenguss eine Zeitung über den Kopf zu halten und dann flott den nächsten Unterstand aufzusuchen ist ein guter Ratschlag. Wenn der Regen – vom Wind gepeitscht – schräg einfällt, möglichst *gegen* die Windrichtung...

Eins scheint klar: Wenn man sich gar nicht bewegt, kriegt man am meisten ab. Doch nicht einmal das ist selbstverständlich: Mücken und andere kleine Insekten werden von Regentropfen in der Luft so gut wie nie getroffen: Jeder Tropfen hat eine Art „Bugwelle“ in der Luft, und diese schiebt das Insekt in weniger als einer Millisekunde zur Seite! Abb. 4.54 Mitte illustriert den Einschlag eines Regentropfens. Siehe dazu auch Anwendung S. 374. ♠

Anwendung: Schwerpunkt eines Vierecks (Abb. 4.55)
Gegeben sei Viereck $ABCD$. Man berechne seinen Flächenschwerpunkt sowie seinen Eckenschwerpunkt.

Lösung:
Wir zerlegen das Viereck in zwei Dreiecke ABC und ACD. Von diesen berechnen wir die Schwerpunkte S_1 und S_2 sowie die „Massen“ (=Flächen) m_1 und m_2. Der Gesamtschwerpunkt S hat dann mit Formel (4.15) den Ortsvektor

$$\vec{s} = \frac{1}{m_1 + m_2}(m_1\vec{s_1} + m_2\vec{s_2})$$

Der Eckenschwerpunkt ist einfach das „Mittel“ der Eckpunkte:

$$\vec{s_E} = \frac{1}{4}(\vec{a} + \vec{b} + \vec{c} + \vec{d})$$

Er stimmt im allgemeinen Fall natürlich nicht mit dem Flächenschwerpunkt überein. ♠

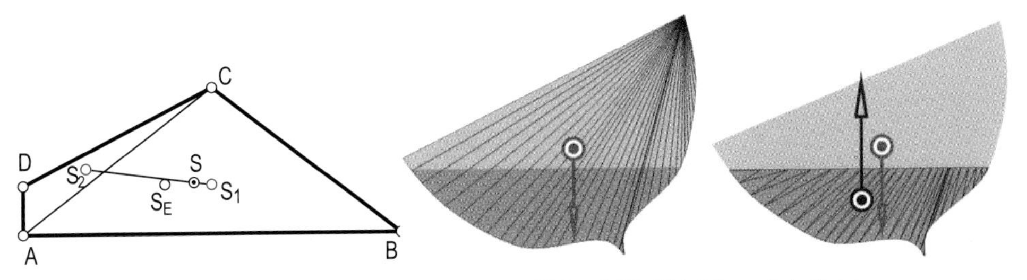

Abb. 4.55 Schwerpunkt des Vierecks

Abb. 4.56 Abtrieb und Auftrieb

Anwendung: Abtriebs- und Auftriebskräfte (Abb. 4.56)
Ein Schiffskörper sinkt – je nach Schwere des Schiffs – bis zu einem gewissen Level in das Wasser ein. Wie weit sinkt er ein? Welche Kräfte treten auf, und wann halten sie das Gleichgewicht? Was wird passieren, wenn der Rumpf schräg im Wasser liegt?

Lösung:
Wir vereinfachen den Gedankengang, indem wir nur einen charakteristischen Querschnitt des Schiffs betrachten. Die Durchführung der folgenden Berechnungen überlässt man natürlich dem Computer.

- Man kann sich nun das Gewicht in seinem Schwerpunkt angreifend denken (Abb. 4.56, links). Zu diesem Zweck triangulieren wir den Querschnitt. Der Gesamtschwerpunkt wird dann mit Formel (4.16) berechnet. Das Gewicht ist proportional zur Gesamtfläche.

- Der Auftrieb ist nach *Archimedes* gleich dem Gewicht der verdrängten Flüssigkeit. Die Kraft greift im Schwerpunkt des verdrängten Wassers an (Abb. 4.56, rechts). Wir schneiden die einzelnen Teildreiecke des Querschnitts mit der Wasseroberfläche. Liegt ein Dreieck ganz außer Wasser, liefert es keinen Beitrag. Liegt es ganz unter Wasser, bleiben Fläche und Schwerpunkt gleich. Ist bei einem Dreieck, das die Wasseroberfläche schneidet, der Teil unter Wasser wieder ein Dreieck, kann man sofort Fläche und Schwerpunkt ausrechnen. Sonst ist der abgeschnittene Teil ein Viereck, das in zwei Dreiecke zerlegt werden kann.
- Wenn der Auftrieb dem Betrag nach größer als der Abtrieb ist, wird das Schiff angehoben. Liegen die Schwerpunkte nicht übereinander, kommt ein Drehmoment hinzu. Die Querschnitte von Schiffen sind dabei so konstruiert, dass das Schiff automatisch „aufgestellt" wird. Man betrachte dazu das Demo-Program auf der Webseite zum Buch. Siehe auch Anwendung S. 259 bzw. Anwendung S. 260. ♠

Anwendung: Kardangelenk (Abb. 4.57)
Übertragung einer Drehung um eine Achse a auf eine Drehung um eine schneidende Achse b. Eine Gabel mit Achse a umfasst ein Kreuzgelenk, das wiederum eine Gabel mit Achse b antreibt. Der Winkel zwischen den beiden Achsen sei γ ($0° < \gamma < 90°$).
„Antriebswinkel" α und „Abtriebswinkel" β sind offensichtlich verschieden.

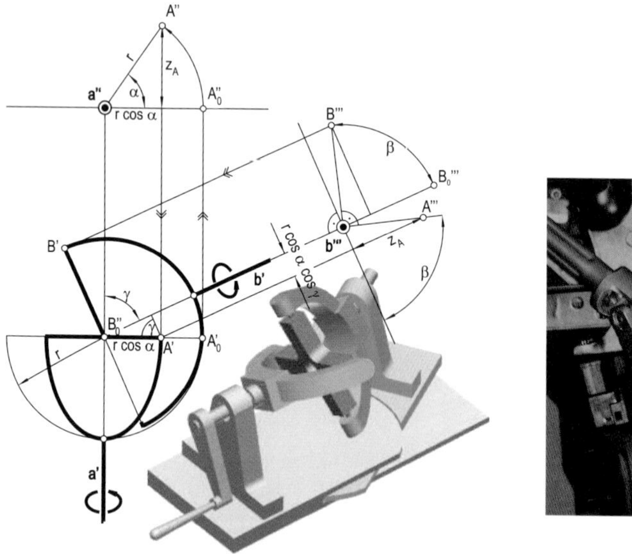

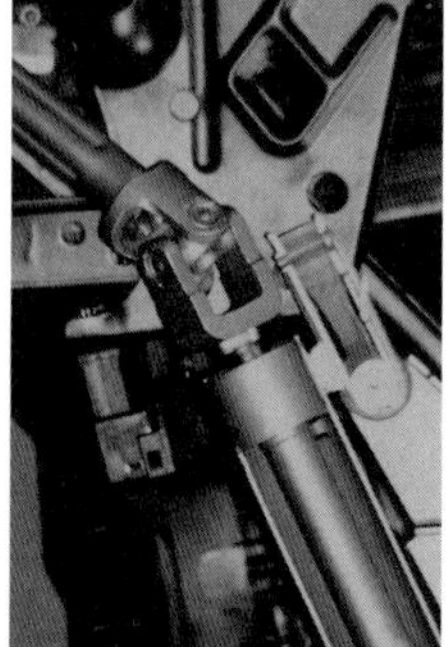

Abb. 4.57 Kardangelenk

Betrachten wir zunächst die Konstruktion einer allgemeinen Lage: Wir legen die Achsen a und b in die Grundrissebene. Aus dem Aufriss bzw. einem Seitenriss lässt sich dann folgende Beziehung ableiten:

$$\tan\beta = \frac{1}{\cos\gamma}\tan\alpha \qquad (4.48)$$

Die Konstruktion ist keineswegs trivial und verlangt solide Kenntnisse auf dem Gebiet der darstellenden Geometrie. Nun zur Lösung des Problems mittels Vektorrechnung:
Wir verknüpfen mit dem Gelenk ein kartesisches Koordinatensystem (xy-Ebene = Ebene ab, a sei die x-Achse). Der Gabelradius sei 1. In der Ausgangslage seien die Endpunkte A bzw. B des Kreuzgelenks so gelegen, dass A die Koordinaten $A_0(0/1/0)$ und B die Koordinaten $B_0(0/0/1)$ besitzt (Abb. 4.57).
Nun wird A um die Achse a durch den gegebenen Winkel α gedreht:

$$A(0/\cos\alpha/\sin\alpha).$$

Um die neue Lage von B zu ermitteln, wenden wir zwei überlagerte Drehungen an:

1. Drehung um a durch den noch nicht bekannten Winkel β. Dabei gelangt B_0 nach $B(0/\sin\beta/\cos\beta)$.

2. Drehung um die z-Achse durch den Winkel $-\gamma$. Die endgültigen Koordinaten von B sind dann

$$B(\sin\gamma\sin\beta/-\cos\gamma\sin\beta/\cos\beta).$$

Die Ortsvektoren zu A und B müssen einen rechten Winkel bilden (Kreuzgelenk!), es muss also gelten:

$$\begin{pmatrix} 0 \\ \cos\alpha \\ \sin\alpha \end{pmatrix} \cdot \begin{pmatrix} \sin\gamma\sin\beta \\ -\cos\gamma\sin\beta \\ \cos\beta \end{pmatrix} = 0$$

Dies führt zur Bedingung

$$-\cos\alpha\cos\gamma\sin\beta + \sin\alpha\cos\beta = 0, \qquad (4.49)$$

welche zu Formel (4.48) äquivalent ist. ♠

Anwendung: Sonnenstandsberechnungen (Abb. 4.58)
Sonnenlicht-Einfall zu geg. Datum, Uhrzeit z, geografischer Breite φ
Vereinbarung bezüglich Datums- und Zeitangaben:
1. Zeitangaben betreffen die „wahre Sonnenzeit“, d.h., die Sonne soll exakt um 12^h Mittag ihren Kulminationspunkt erreichen.
2. Die Erdbahn wird durch einen Kreis angenähert (die maximale Abweichung von der Bahnellipse liegt unter 1,5% des Kreisdurchmessers).

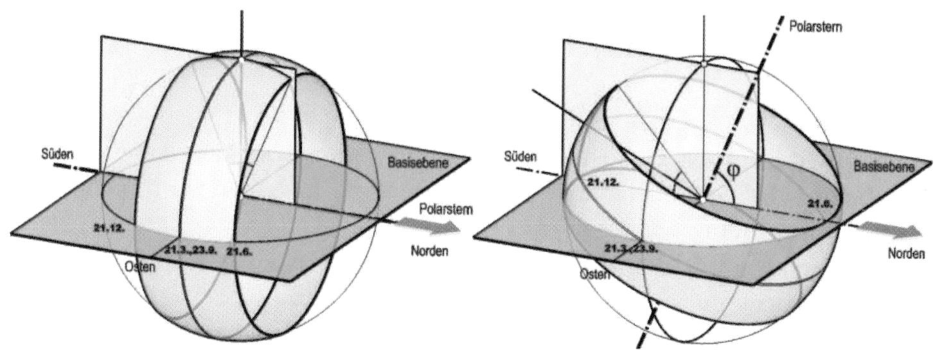

Abb. 4.58 Wo sich die Sonne aufhalten kann (Äquator bzw. jenseits des Polarkreises)

3. Die Sonnenstrahlen sind wegen der großen Entfernung der Sonne parallel.
4. Jeder Monat wird mit 30 Tagen gerechnet (360 Tage im Jahr). Dann dreht sich die Erde täglich um 1° um die Sonne.

Man berechne und diskutiere den Richtungsvektor zur Sonne in

a) Wien ($\varphi = 48°$) am 21. Dezember, $16h20$,
b) Nairobi ($\varphi = 0°$) am 20. Mai, 12^h bzw. 18^h,
c) Rio de Janeiro ($\varphi = 23°$ südlich) am 21. Juni, 12^h

mittels folgender Formel:

$$\vec{s} = c\begin{pmatrix} 0 \\ \cos\varphi \\ \sin\varphi \end{pmatrix} + \cos\omega\begin{pmatrix} 0 \\ -\sin\varphi \\ \cos\varphi \end{pmatrix} + \begin{pmatrix} \sin\omega \\ 0 \\ 0 \end{pmatrix}. \tag{4.50}$$

Abb. 4.59 Sonnenuntergänge im Abstand von einem Monat

Dabei ist (mit z als wahrer Sonnenzeit) $\omega° = 15°(12 - z)$ der Drehwinkel aus der Südlage. Die tagesspezifische Konstante c berechnet sich aus dem Drehwinkel α am „Bahnkreis" der Erde: $c = \tan(23{,}44° \sin\alpha)$. Die Ostrichtung ist im zugehörigen Koordinatensystem die x-Richtung, die Nordrichtung die y-Richtung, und die z-Achse zeigt immer zum Zenit. Dem Polarstern entspricht in diesem System die Richtung $(0, \cos\varphi, \sin\varphi)$.[3]

[3]Viel mehr zu Sonnenstandsberechnungen finden Sie in der *Geometrie und ihre Anwendungen in Kunst, Natur und Technik.*.

Lösung:

a) Wir haben $\alpha = -90°$, $z = 16{,}33$ und $\varphi = 48°$. Für diese typisch mitteleuropäische geografische Breite wird man zur Wintersonnenwende erwarten, dass die Sonne schon untergegangen ist. Die Rechnung ergibt allerdings ziemlich genau den Sonnenuntergang in Richtung WSW: $\vec{s} = (-0{,}91,\ -0{,}57,\ 0)$. Das liegt daran, dass um diese Zeit die Sonne wegen ihrer unregelmäßigen Bahn laut der mitteleuropäischen Winterzeit schon *vor* 12 Uhr kulminiert (wir rechnen aber die *wahre* Zeit).

b) Am Äquator sind ganzjährig 12-Stunden-Tage zu erwarten (Abb. 4.58 links). Für $\alpha \approx 60°$ steht die Sonne zu Mittag in Richtung $(0,\ 0{,}37,\ 1)$, also unter einem Höhenwinkel von knapp 70° im Norden (und nicht, wie man naiv annehmen möchte, im Zenit). Um 18 Uhr geht sie in Richtung WNW unter: $(-1,\ 0{,}37,\ 0)$.

c) Auf der südlichen Halbkugel sieht man nicht den Polarstern, sondern – im Süden unter dem Höhenwinkel der südlichen Breite – das Kreuz des Südens. Am 21. Juni ($\alpha = 90°$) erreicht die Sonne etwas weniger als 45° Höhenwinkel: $(0,\ 0{,}79,\ 0{,}75)$ und steht im Norden.

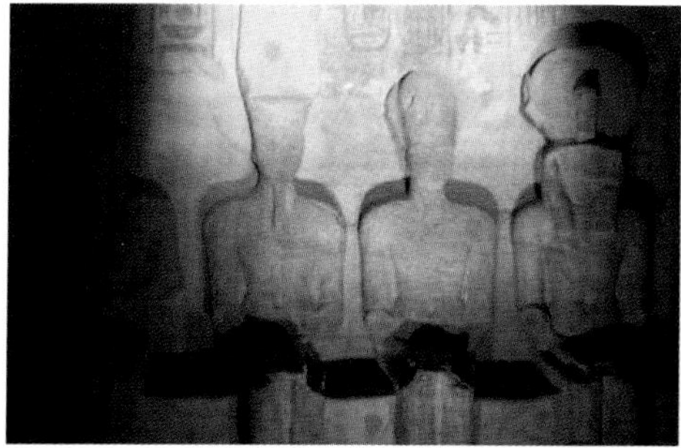

Abb. 4.60 Sonnenaufgang im Tempel von Abu Simbel

Abb. 4.58 zeigt, dass die Sonne eigentlich nur zu den Tag-Nacht-Gleichen im Westen untergeht. Die Fotomontage in Abb. 4.59 zeigt zwei Sonnenuntergänge im Abstand von einem Monat.
Die alten Ägypter hatten bereits ein profundes Wissen um die Sonnenstände. Abb. 4.60 zeigt einen Sonnenaufgang beim Tempel von Abu Simbel. Nur an zwei Tagen im Jahr ist im Allerheiligsten auch der ganz links zu erahnende Gott der Finsternis beleuchtet. ♠

Anwendung: Energiezufuhr durch Sonneneinstrahlung

Formel (4.50) erlaubt die Berechnung des normierten Richtungsvektors $\vec{s}$ zur Sonne. Die Helligkeit – und damit auch die Energiezufuhr – ist nach dem Lambertschen Gesetz proportional zum Kosinus des Einfallswinkels (Anwendung S. 147). Wenn man mit einem Computerprogramm für verschiedene Breitengrade für jeden Tag des Jahres in kurzen Zeitabständen (etwa alle fünf Minuten) die entsprechenden Werte addiert, lässt sich die theoretische Gesamtenergiezufuhr recht genau bestimmen. Man interpretiere das Diagramm in Abb. 4.61

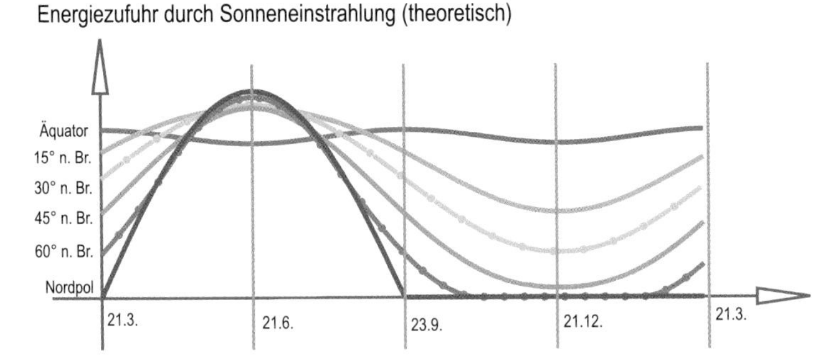

Abb. 4.61 Theoretische Sonnenenergiezufuhr auf der nördlichen Halbkugel

Lösung:
Vorausgeschickt muss werden, dass das Programm natürlich wolkenfreien Himmel voraussetzt.
Betrachten wir zunächst die Energiezufuhr am Äquator. Erwartungsgemäß schwankt diese nur wenig innerhalb des Kalenderjahrs.
Am Nordpol haben wir im Winter gar keine Energiezufuhr, während der Sommermonate aber gar nicht wenig. Insbesondere übertrifft die Zufuhr jene am Äquator während der Zeitspanne von Ende Mai bis Ende Juli! Die Erklärung dafür: Die Sonne steht am Nordpol am 21. Juni immerhin 23,44° über dem Horizont, und das 24 Stunden am Tag. Am Äquator schwankt zu dieser Zeit der Höhenwinkel zwischen 0° (in der Früh und am Abend) und $66{,}56° = 90° - 23{,}44°$ (zu Mittag), und das nur 12 Stunden am Tag.
Die gemäßigten Breiten haben im Hochsommer ebenfalls mehr Energiezufuhr als der Äquator (aber weniger als der Nordpol!), im Winter ist die Zufuhr deutlich geringer als im Tropengürtel. ♠

Anwendung: Beleuchtung einer Telefonzelle (Abb. 4.47)

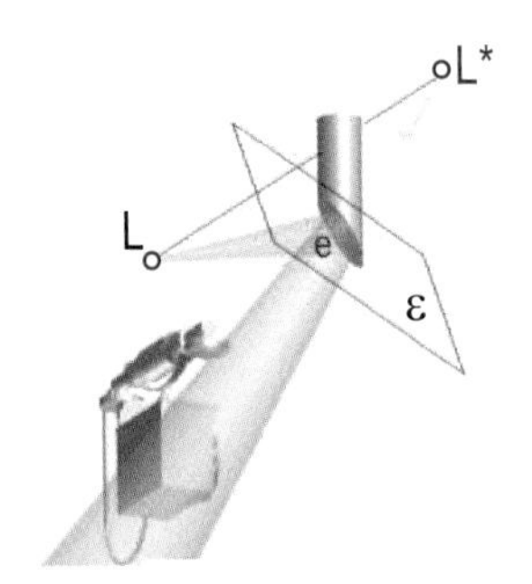

Eine punktförmige Lichtquelle L sendet einen Lichtkegel mit Spitze L aus (Spotlight). Dieser Kegel schneidet eine schräge Ebene ε nach einer Ellipse e. Die Ellipsenfläche wird spiegelnd ausgefertigt (etwa als Schrägschnitt eines Drehzylinders). Die reflektierten Strahlen bilden nun ebenfalls einen Drehkegel (Spotlight) durch e, dessen Spitze jener Punkt L^* ist, der durch Spiegelung von L an ε entsteht. Dabei sollte das Zentrum der Tastatur (Wählscheibe) auf der Achse des reflektierten Spotlights liegen. ♠

Anwendung: Sonnenkraftwerk (Abb. 4.62)
Mithilfe von Spiegeln werden die Sonnenstrahlen in einem Zentrum (Brennpunkt) gebündelt. Sei $\vec{s} = (4, 0, 3)$ die Richtung zur Sonne; $\vec{s}$ soll vom Punkt

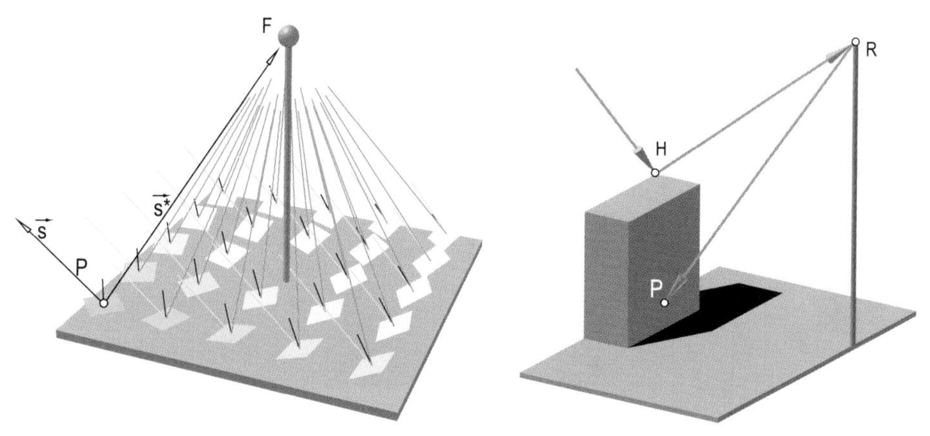

Abb. 4.62 Sonnenkollektor

Abb. 4.63 Sonnige Terrasse in Nordlage

$P(6,8,0)$ zum Brennpunkt $F(0,0,24)$ umgelenkt werden. Wie lautet der Normalvektor der schwenkbaren Spiegelebene?

Lösung:
Es ist $\vec{s}^* = \overrightarrow{PF} = (-6,-8,24)$ die neue Richtung des Lichtstrahls. Wir bilden die beiden Einheitsvektoren $\vec{s}_0 = \frac{1}{5}(4{,}0{,}3)$ und $\vec{s}_0^* = \frac{1}{26}(-6,-8{,}24)$. Deren Summenvektor $\vec{s}_0 + \vec{s}_0^*$ ist Normalvektor der gesuchten Ebene. ♠

Anwendung: Morgensonne trotz Nordlage (Abb. 4.63)
Im Punkt H befindet sich ein Heliostat (ein von einem Uhrwerk um die Polarsternrichtung gedrehter Spiegel). Der Lichtstrahl $\vec{s}$ wird dadurch auf einen Fixpunkt R auf einem Turm reflektiert. Der Strahl HR zeigt im Grundriss nach Norden und ist unter $\varphi°$ (geograph. Breite) zur Basisebene geneigt. Vom Punkt R kann der Lichtstrahl an einen beliebigen Punkt P reflektiert werden. Die (feste) Spiegelnormalenrichtung $\vec{n}$ in R ist die Winkelhalbierende von $\overrightarrow{RP}$ und $\overrightarrow{RH}$.

Das Dorf Viganella im Piemont galt bis 2006 als das „dunkelste Dorf Italiens", weil es fast drei Monate wegen der steilen Berge der Umgebung keine Sonne bekam. Mittlerweile lenkt ein 400 m über dem Dorf aufgestellter 40 m^2 großer computergesteuerter Spiegel die Sonne in den Wintermonaten exakt auf die Piazza um. ♠

Anwendung: Drehung um eine allgemeine Gerade (Abb. 4.64)
Zwei Flugzeugräder sollen durch eine Drehung aus der Funktionsstellung in den Flugzeugkörper verfrachtet werden. Man berechne die Drehachse und den Drehwinkel.

Lösung:
Sei M_1 der Mittelpunkt des Rades in der Ausgangsstellung und A_1 ein Punkt auf der Radachse. In der Endstellung sei der Radmittelpunkt nach M_2 und der Achsenpunkt nach A_2 gelangt. Dann ergibt sich die Drehachse d im Schnitt der Symmetrieebenen σ_M und σ_A der Strecken $\overline{M_1M_2}$ und $\overline{A_1A_2}$. Der Bahnkreis des Radmittelpunktes liegt in einer zu d normalen Ebene ν (Mittelpunkt M). Der Drehwinkel α ist dann der Winkel M_1MM_2.

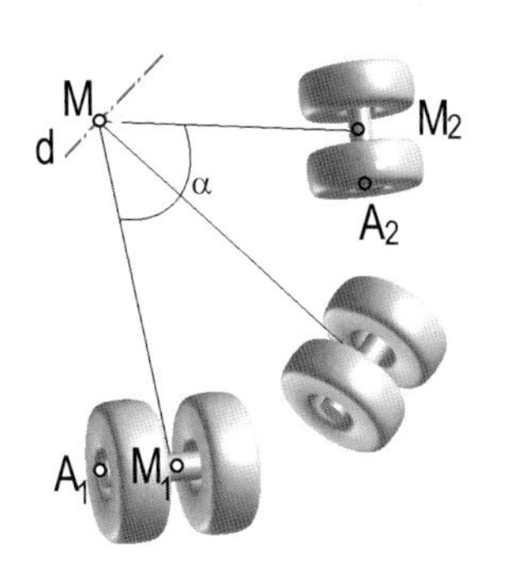

Abb. 4.64 Drehung der Flugzeugräder in Theorie und Praxis

Wir rechnen das Beispiel zur Übung mit konkreten Zahlen ausführlich durch: Es sei also z.B. $M_1(3/0/0)$, $M_2(1/2/2)$, $A_1(4/0/0)$, $A_2(1/2/1)$ gegeben.

1. Ermittlung der Symmetrieebenen:
   Mit Formel (4.27) gilt

$$\sigma_A \dots (\vec{a_2} - \vec{a_1}) \bullet \vec{x} = \frac{1}{2}(\vec{a_2}^2 - \vec{a_1}^2) \Rightarrow$$

$$\Rightarrow \begin{pmatrix} -3 \\ 2 \\ 1 \end{pmatrix} \bullet \vec{x} = \frac{1}{2}(6-16) = -5 \Rightarrow \sigma_A \cdots -3x+2y+z=-5$$

$$\sigma_M \dots (\vec{m_2} - \vec{m_1}) \bullet \vec{x} = \frac{1}{2}(\vec{m_2}^2 - \vec{m_1}^2) \Rightarrow$$

$$\Rightarrow \begin{pmatrix} -2 \\ 2 \\ 2 \end{pmatrix} \bullet \vec{x} = \frac{1}{2}(9-9) = 0 \Rightarrow \sigma_M \cdots -2x+2y+2z=0$$

2. Drehachse $d = \sigma_M \cap \sigma_A$
   Wir suchen einen Punkt $P \in d$ mit $z = 0$:

$$-2x+2y=0 \wedge -3x+2y=-5 \Rightarrow x=5,\ y=5 \Rightarrow P(5/5/0)$$

   Der Richtungsvektor $\vec{r}$ von d steht auf $\vec{m}_2 - \vec{m}_1$ und $\vec{a}_2 - \vec{a}_1$ normal:

$$\Rightarrow \quad \vec{r} = \begin{pmatrix} -2 \\ 2 \\ 2 \end{pmatrix} \times \begin{pmatrix} -3 \\ 2 \\ 1 \end{pmatrix} = \begin{pmatrix} -2 \\ -4 \\ 2 \end{pmatrix} \Rightarrow d \cdots \vec{x} = \begin{pmatrix} 5 \\ 5 \\ 0 \end{pmatrix} + t \begin{pmatrix} -2 \\ -4 \\ 2 \end{pmatrix}$$

3. Normalebene $\nu \perp d$, $\nu \ni M_1$ (und automatisch $\nu \ni M_2$)

$$\vec{r} \bullet \vec{x} = \vec{r} \bullet \vec{M_1} = \begin{pmatrix} -2 \\ -4 \\ 2 \end{pmatrix} \bullet \begin{pmatrix} 3 \\ 0 \\ 0 \end{pmatrix} = -6 \Rightarrow \nu \cdots \begin{pmatrix} -2 \\ -4 \\ 2 \end{pmatrix} \bullet \vec{x} = -6$$

4. Schnitt der Normalebene mit der Drehachse: $M = \nu \cap d$

$$\begin{pmatrix} -2 \\ -4 \\ 2 \end{pmatrix} \bullet \left[\begin{pmatrix} 5 \\ 5 \\ 0 \end{pmatrix} + t \begin{pmatrix} -2 \\ -4 \\ 2 \end{pmatrix} \right] = -6$$

$$-30 + 24t = -6 \Rightarrow t = 1 \Rightarrow \vec{M} = \begin{pmatrix} 5 \\ 5 \\ 0 \end{pmatrix} + 1 \begin{pmatrix} -2 \\ -4 \\ 2 \end{pmatrix} = \begin{pmatrix} 3 \\ 1 \\ 2 \end{pmatrix}$$

5. Drehwinkel α

$$\overrightarrow{MM_1} = \begin{pmatrix} 0 \\ -1 \\ -2 \end{pmatrix},\ \overrightarrow{MM_2} = \begin{pmatrix} -2 \\ 1 \\ 0 \end{pmatrix} \Rightarrow \cos\alpha = \frac{\overrightarrow{MM_1} \bullet \overrightarrow{MM_2}}{\sqrt{5}\cdot\sqrt{5}} = -\frac{1}{5} \Rightarrow \alpha \approx 101{,}54^\circ$$

♠

5 Funktionen und ihre Ableitungen

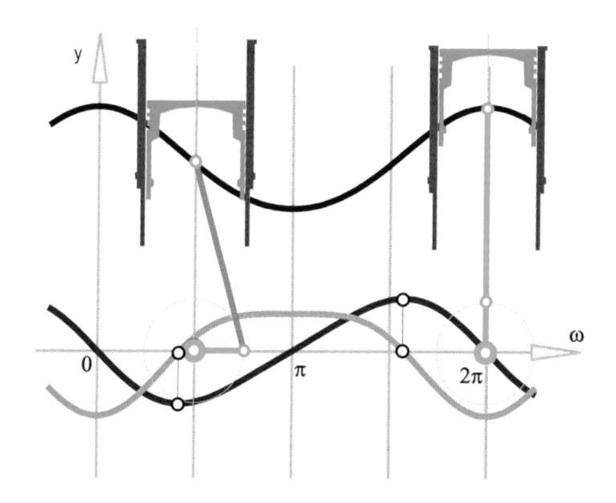

Unter einer reellen Funktion $y = f(x)$ versteht man grob gesagt eine Zuordnungsvorschrift für eine reelle Zahl x. In der Mathematik und deren Anwendungen, aber auch in der Natur spielen einige Funktionen eine zentrale Rolle. Dazu gehören u. a. die Potenzfunktionen der Gestalt $y = x^n$, die Winkelfunktionen $y = \sin x$, $y = \tan x$, etc. und die Exponentialfunktionen $y = a^x$ und ihre Umkehrfunktionen.

Neben den mathematisch exakt bestimmten Funktionen spielen in der angewandten Mathematik auch die sog. empirischen Funktionen eine wichtige Rolle. Sie sind meist durch eine Anzahl von Messwerten (Stützstellen) festgelegt – die Zwischenpunkte werden interpoliert.

Bei der Lösung physikalischer, technischer und geometrischer Probleme benötigt man oft die „Ableitungsfunktion" $y = f'(x)$ der Funktion. Sie lässt sich mittels einfacher Regeln der Differentialrechnung ermitteln und wird zur Beantwortung zahlreicher Probleme herangezogen.

Im Zeitalter des Computers werden Funktionen nicht nur vom Rechner dargestellt, sondern mitunter auch differenziert. Dabei ergeben sich nicht selten numerische Probleme, die erörtert werden. Insgesamt ist der Einsatz des Computers aber durchaus sinnvoll und erlaubt das Lösen von sog. transzendenten (nicht algebraischen) Gleichungen mit ausreichender Genauigkeit.

Übersicht

5.1 Reelle Funktion und Umkehrfunktion

Zum besseren Verständnis wollen wir zunächst ein Diagramm besprechen, das auf Grund von Messserien gefunden wurde.
Anwendung: Laktatwerte im Blut bei Belastung (Abb. 5.1)
Es handelt sich dabei um den Zusammenhang zwischen der Milchsäurekonzentration (Laktat-Konzentration) im Blut und der Belastungsintensität des menschlichen Körpers.

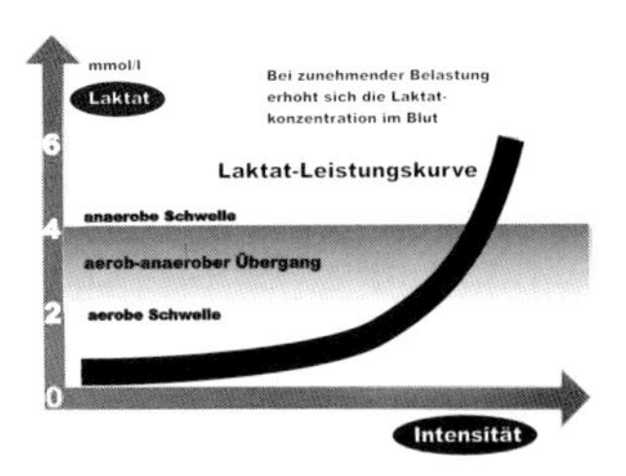

Abb. 5.1 Laktatwerte...

...im Blut bei Belastung: Bei jeder Bewegung produzieren die Muskeln neben Energie auch Laktat. Bei lang andauernder großer Anstrengung übersäuern die Muskeln, weil sie nicht entsprechend mit mehr Sauerstoff versorgt werden können. Bei einem Laktatwert von bis zu 2 mmol pro Liter arbeitet der Organismus „aerob" und ist in der Lage, einen hohen Anteil der benötigten Energie durch die sauerstoffintensive Verbrennung von Körperfett zu gewinnen – ohne die wertvollen und nur langfristig regenerierbaren Glykogen-Speicher in Muskeln und Leber zu schnell aufzubrauchen.

Im „anaeroben Bereich" muss zunehmend auf diese Energiespeicher zugegriffen werden – bis bei vollständiger Entleerung des Glykogens eine völlige Erschlaffung des Körpers eintritt. Diese Erfahrung machen viele Langstreckenläufer, wenn sie ihr Tempo in der Anfangs-Phase des Laufs nicht bewusst zügeln und so zu früh in die anaerobe Phase gelangen. Auf der Abszisse (üblicherweise die x-Achse) wird die Belastung aufgetragen. Auf der Ordinate (üblicherweise die y-Achse) werden dann hinreichend viele gemessene Laktatwerte aufgetragen und „irgendwie" glatt verbunden. ♠

Nach diesem „Aufwärmbeispiel" wollen wir nun einige Begriffe klären, die für eine exaktere weitere Vorgangsweise notwendig sind.
Unter den reellen Zahlen $\mathbb{R}$ versteht man die Menge aller „Dezimalzahlen". Taschenrechner bzw. Computer arbeiten z.B. – in aller Regel – nur mit abbrechenden Dezimalzahlen, d.h. nur mit einer Teilmenge selbst der rationalen Zahlen, sowie in weiterer Folge mit Funktionen, die darauf angewendet werden.
Geometrisch lassen sich die reellen Zahlen auf der *Zahlengeraden* veranschaulichen, d. h., die Punkte einer Geraden und die reellen Zahlen entsprechen einander in eindeutiger Weise. Eine Teilstrecke entspricht einem Intervall der reellen Zahlen.Die Menge $\{x | \ a \leq x \leq b\}$ wird als *abgeschlossenes Intervall* $[a, b]$ bezeichnet, die Menge $\{x | \ a < x < b\}$ als *offenes Intervall* $]a, b[$.

Definition und Graph einer Funktion

Als reelle Funktion $y = f(x)$ definiert auf $[a, b]$ bezeichnet man jene Vorschrift, die jeder reellen Zahl $x \in [a, b]$ genau eine reelle Zahl y zuordnet.
x wird als unabhängige Variable bzw. Argument bezeichnet, y als abhängige Variable bzw. Funktionswert. Das Intervall, in dem x definiert ist, heißt Definitionsmenge **D** ($\{x\} = [a, b]$), jenes auf das x abgebildet wird, Bildmenge oder Wertemenge **B**. ($\{y\} = [c, d]$).

Der Funktionswert kann das Ergebnis einer mathematischen Berechnung sein, oder aber einfach ein Messwert.
Kehren wir noch einmal zu unserem „Aufwärmbeispiel" zurück und werden wir ein bisschen konkreter:

Anwendung: Laktatkonzentration als Funktionsgraph (Abb. 5.1)
Im Diagramm Abb. 5.1 bezeichnet x die sportliche Belastung des Körpers, die zwar recht subjektiv ist, aber recht gut durch die aktuelle Herzfrequenz gemessen werden kann. Diese Belastung liegt natürlich innerhalb gewisser Grenzen – abhängig von Alter und der Trainiertheit des Sportlers. Zu jeder Herzfrequenz gibt es – relativ konstant – einen Laktatwert im Blut. Das bedeutet, dass der Sportler bei Kenntnis seiner spezifischen „Laktatfunktion" aus der Pulsfrequenz klare Rückschlüsse auf seine momentane Laktatkonzentration ziehen kann.
Auf dieser Erkenntnis baut die Sportmedizin auf, wenn sie Trainingspläne erstellt. Optisch gesehen ist klar: Bei steigender Herzfrequenz nimmt auch der Laktatgehalt im Blut zu. Dieser Zusammenhang ist jedoch keineswegs linear, sondern der Laktatgehalt nimmt exponentiell zu. Wir werden bald sehen, was darunter zu verstehen ist.
Auf Grund von Messungen genügt es, sich auf die Bereiche $\mathbf{D} = [40, 230]$ (Pulsgrenzwerte) und $\mathbf{B} = [0{,}3;\ 10]$ (Laktatgrenzwerte) zu beschränken. Aussagen, die über die Messwerte hinausgehen, sind Spekulationen, die mit Vorsicht zu genießen sind. ♠

Um den Graph der Funktion zu zeichnen (Abb. 5.2), trägt man in einem Kartesischen Koordinatensystem zu jedem $x \in \mathbf{D}$ das zugehörige $y = f(x)$ auf. Der Graph ist i. Allg. eine Linie, die jedoch nicht wie im Bild rechts aussehen kann, da nach Definition eine Funktion nur dann vorliegt, wenn $x \to y$ eindeutig ist: Jede *y-Parallele* darf den Graphen einer Funktion *maximal einmal* schneiden!

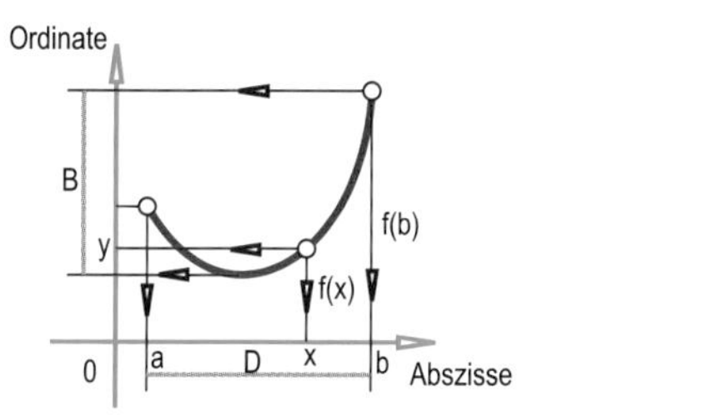

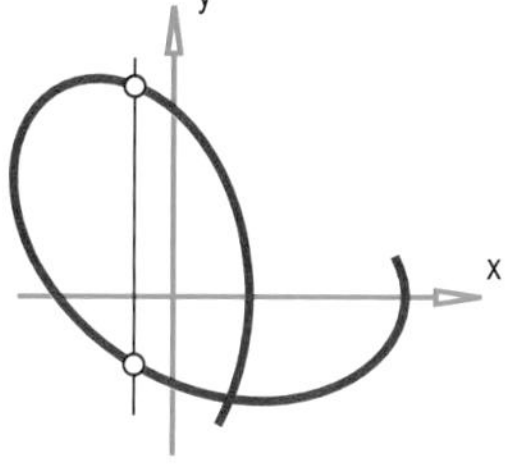

Abb. 5.2 Graph einer Funktion (rechts: keine Funktion!)

Umkehrfunktion

Sei $y = f(x)$ definiert in $\mathbf{D} = [a, b]$. Dann wird jedem $x \in \mathbf{D}$ genau ein $y \in \mathbf{B}$ zugeordnet (Abb. 5.3 links). Oft braucht man nun den Begriff der *Umkehrfunktion* bzw. *inversen Funktion*:

Entspricht jedem $y \in \mathbf{B}$ genau ein $x \in \mathbf{D}$, so heißt $y = f(x)$ umkehrbar.

Es gilt der unmittelbar einsichtige Satz:

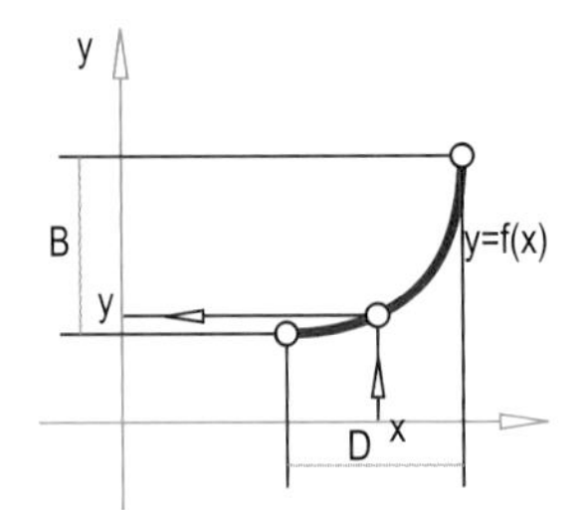

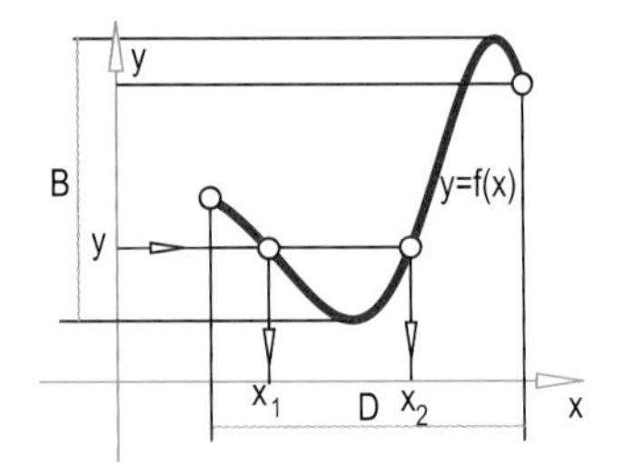

Abb. 5.3 Umkehrbare und nicht umkehrbare Funktion

Eine Funktion ist dann umkehrbar (invertierbar), wenn sie ständig wächst oder fällt, also „monoton" ist.

Anwendung: Rückschlüsse aus den Laktatwerten

Unsere Laktatfunktion ist umkehrbar: Sie steigt monoton, d.h., bei höherer Herzfrequenz produziert der Körper mehr Laktat. Weil das Laktat dann nicht so ohne weiteres aus dem Blut verschwindet, kann man aus dem Laktatspiegel nach einer extremen sportlichen Leistung Rückschlüsse auf die Belastung ziehen. ♠

Wir wollen nun an Hand einfacher Beipiele zeigen, wie die Umkehrfunktion (inverse Funktion) praktisch berechnet werden kann, wenn eine mathematische Formel für die Funktion vorliegt, bzw. wie sie grafisch gefunden werden kann, wenn sie nur empirisch angegeben ist.

In der Mathematik bezeichnet man die Umkehrfunktion einer Funktion f mit f^{-1} oder auch f^*, wobei der erste Ausdruck nicht mit $\frac{1}{f}$ verwechselt werden darf. Uneinheitlicher ist die Bezeichnungsweise auf den gängigen Taschenrechnern. Dort sind etwa für die Umkehrfunktion der Tangens-Funktion Bezeichnungen wie

INV TAN, TAN-1, ATAN, ARCTAN

zu finden.

Anwendung: Lineare Funktion und ihre Umkehrung

Man bestimme die Umkehrfunktion der linearen Funktion $f(x) = kx + d$

Lösung:

„Auflösen" nach x:

$$x = \frac{y-d}{k} = \frac{1}{k}y - \frac{d}{k} = f^{-1}(y)$$

Von den beiden auftretenden Variablen ist nun y unabhängig, x hingegen davon abhängig. Weil es in der Mathematik üblich ist, die unabhängige Variable mit x und die abhängige mit y zu bezeichnen, werden formal bei $x = f^{-1}(y)$ die Variablen getauscht $(x \leftrightarrow y)$ und wir erhalten mit $y = f^*(x)$ die *inverse Funktion* zu $y = f(x)$

$$y = \frac{1}{k}x - \frac{d}{k}$$ ♠

Die Umkehrung einer linearen Funktion ist also wieder eine lineare Funktion. Dies wird sofort klar, wenn wir bedenken, dass das Vertauschen der Koordinaten eines Punktes geometrisch eine Spiegelung an der Winkelsymmetrale

$y = x$ der Koordinatenachsen („1. Mediane") bedeutet (Abb. 5.4). Wenden wir diese Spiegelung auf alle Punkte P^{-1}von $x = f^{-1}(y)$ an, so erhalten wir die inverse Funktion $y = f^{-1}(x)$. Da $y = f(x)$ denselben Graphen hat wie $x = f^{-1}(y)$ gilt:

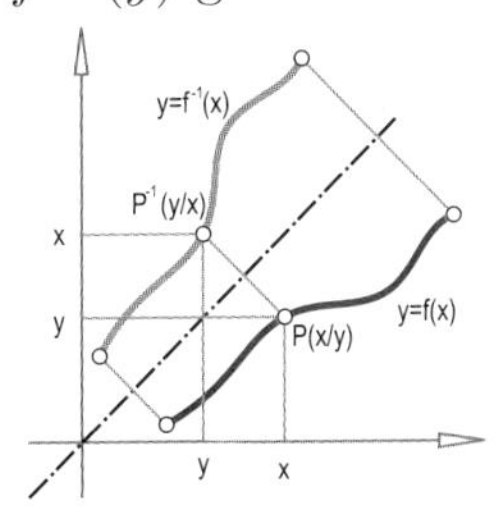

Abb. 5.4 Variablenaustausch

Die Graphen von $y = f(x)$ und $y = f^{-1}(x)$ sind zueinander spiegelbildlich bezüglich der 1. Mediane.

Bei empirisch festgelegten Funktionen wird man sich mit dieser Spiegelung zufrieden geben.

Anwendung: Umrechnung zwischen *Celsius* und *Fahrenheit*

Man gebe die Zuordnungsfunktion $f : C \to F$ und deren Umkehrfunktion $f^{-1} : F \to C$ an. Welcher Temperatur in C entsprechen $451°F$?[1] Welche Temperatur wird in C und F mit demselben Wert angegeben?

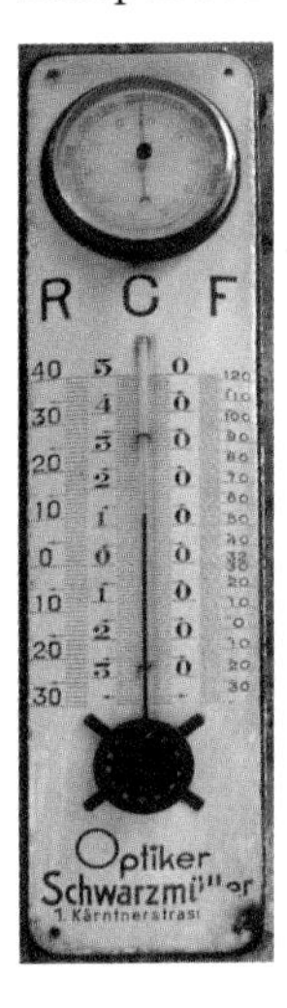

Lösung:

In Anwendung S. 16 haben wir Formeln für die Umrechnung der beiden linearen Temperaturskalen abgeleitet. Bezeichnen wir diesmal die Temperatur in C als x und jene in F mit y.

Mit den Überlegungen von Anwendung S. 172 haben wir damit folgende Funktion bzw. Umkehrfunktion:

$$f \cdots y = \frac{9}{5}x + 32, \quad f^{-1} \cdots y = \frac{5}{9}(x - 32) \qquad (5.1)$$

So entsprechen $451°F$ dem Wert $\frac{5}{9}(451° - 32°)C \approx 233°C$. Mittels Vertauschen der Ziffern merkt man sich leicht, dass $61°F$ circa $16°C$ entsprechen.

Wenn $C = F$ sein soll, müssen x und y gleich groß sein:

$$x = \frac{9}{5}x + 32 \Rightarrow -\frac{4}{5}x = 32 \Rightarrow x = -40 \Rightarrow -40°C = -40°F$$

Dasselbe Ergebnis stellt sich ein, wenn wir entweder die Umkehrfunktion $\frac{5}{9}(x - 32)$ mit x gleichsetzen oder aber – was aufwändiger ist – Funktion und Umkehrfunktion in Formel (5.1) schneiden (=gleichsetzen). ♠

Anwendung: Parabel und inverse Funktion (Abb. 5.5)

Die „Einheitsparabel" hat „in Grundstellung" die Gleichung

$$y = x^2$$

[1] Für Cineasten: In der Verfilmung einer Novelle von Ray Bradbury geht es um die Entzündungstemperatur von Papier. Siehe dazu `http://www.destgulch.com/movies/f451`.

Der Graph ist nicht im ganzen Definitionsbereich $-\infty \leq x < \infty$ monoton, daher dort auch nicht umkehrbar. Beschränken wir uns aber auf positive x-Werte, so ist der Graph monoton steigend und die Funktion daher umkehrbar. Man gebe die Gleichung der Umkehrfunktion an.

Lösung:
Funktion: $y = x^2$ mit $0 \leq x < \infty \Rightarrow\ x = +\sqrt{y}$ mit $0 \leq y < \infty$
Inverse Funktion (vertauschen von x und y):

$$y = +\sqrt{x} \text{ mit } 0 \leq x < \infty$$

Alle Parabeln sind zueinander ähnlich (das gilt *nicht* für die anderen Kegelschnitte, also Ellipsen und Hyperbeln). Der Graph der Parabel

$$y = a\,x^2 \ (0 \leq x < \infty)$$

sieht also genauso aus wie die Einheitsparabel, wenn man die Zeicheneinheit mit dem Faktor $\sqrt{a}$ multipliziert. Die Umkehrfunktion lautet dann

$$y = \sqrt{\frac{x}{a}} \text{ mit } 0 \leq x < \infty$$

♠

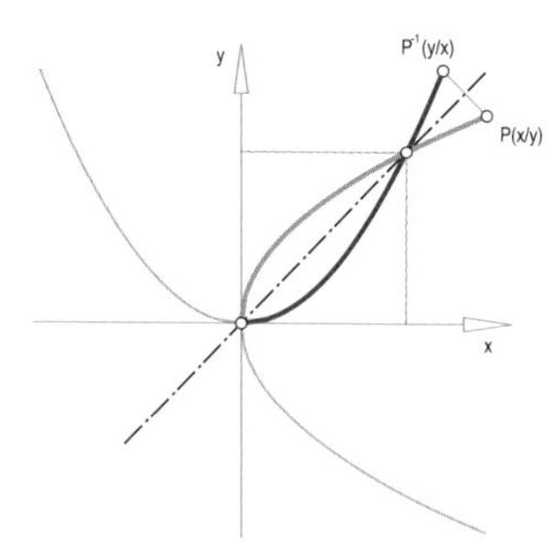

Abb. 5.5 Inverse Parabeln bzw....

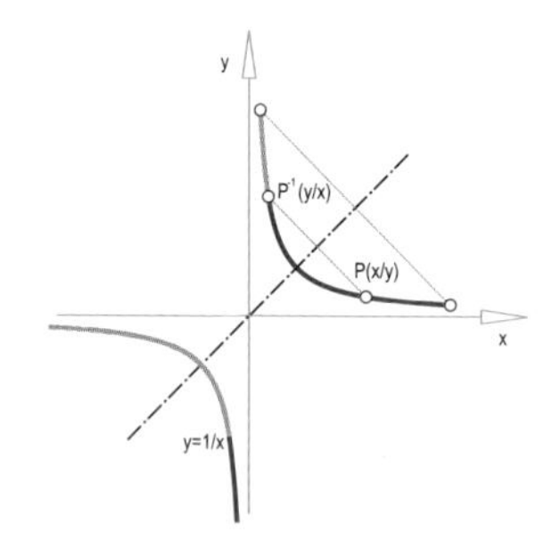

Abb. 5.6 ...gleichseitige Hyperbel

Anwendung: Gleichseitige Hyperbel und inverse Funktion (Abb. 5.6)
Bei einer gleichseitigen Hyperbel stehen die Asymptoten aufeinander senkrecht. Man kann diese daher so drehen, dass die Koordinatenachsen ihre Asymptoten sind. Dann lautet die Funktionsgleichung

$$y = \frac{a}{x} \ (-\infty < x < \infty,\ x \neq 0)$$

Wie lautet die Umkehrfunktion?

Lösung:
Funktion: $y = \frac{a}{x}$, Variablentausch: $x = \frac{a}{y}$. Inverse Funktion: $y = \frac{a}{x}$ $(x \neq 0)$
Die Funktion ist also zu sich selbst invers.

Die Scheitel ergeben sich für $x = \frac{a}{x} \Rightarrow x^2 = a \Rightarrow x = y = \pm\sqrt{a}$.
Gleichseitige Hyperbeln nehmen unter den Hyperbeln eine analoge Stellung ein wie die Kreise unter den Ellipsen. Auch die gleichseitigen Hyperbeln sind – wie die Parabeln und die Kreise – alle zueinander ähnlich.
Abb. 5.7 zeigt eine praktische Anwendung, wo der Funktionsgraph eine gleichseitige Hyperbel ist: Der Zusammenhang zwischen Sehwinkel φ (in Grad und über die Diagonale gemessen) und Brennweite f eines Objektivs ist indirekt proportional. Die Umkehrfunktion ist ebenfalls von derselben Bauart.

♠

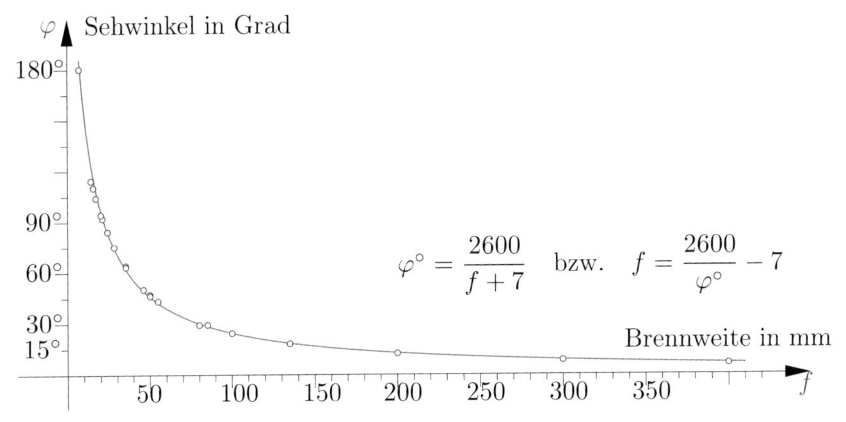

Abb. 5.7 Der Zusammenhang zwischen Sehwinkel φ und Brennweite b ist indirekt proportional: je größer die Brennweite, desto kleiner der Sehwinkel. Aufgrund von Angaben der Herstellerfirmen lassen sich die angegebenen Näherungsformeln berechnen. Im Graph der Funktion wurden die offiziellen Angaben mittels kleiner Kreise markiert.

5.2 Potenz-, Exponential- und Logarithmusfunktion

Eine Funktion der Bauart $y = x^n$ mit konstantem Exponenten und variabler Basis nennt man *Potenzfunktion*.

Spezielle Potenzfunktionen haben wir schon des öfteren betrachtet. Für $n = 1$ ist die Funktion linear (der Graph ist eine Gerade), für $n = 2$ quadratisch (der Graph ist eine Parabel), für $n = 3$ „kubisch" (der Graph ist eine *kubische Parabel*). Die Potenzfunktionen kann auch negativ sein, wobei die Regel $x^{-n} = \frac{1}{x^n}$ zum Tragen kommt. Als einfaches Beispiel haben wir bereits die Funktion $y = \frac{1}{x}$ – ihr Graph ist eine gleichseitige Hyperbel – betrachtet.
Im weiteren Sinn darf n überhaupt jede Bruchzahl bzw. reelle Zahl sein. Dabei gilt die Regel $x^{\frac{p}{q}} = \sqrt[q]{x^p}$.
Es gilt offensichtlich: *Die Potenzfunktionen* $y = x^n$ *und* $y = \sqrt[n]{x}$ *sind invers. Ihre Graphen sind daher spiegelsymmetrisch bzgl. der 1. Mediane.*

Anwendung: Punkteberechnung beim Zehnkampf (Abb. 5.8)
Für die Bewerbe beim Zehnkampf gilt die Formel

$$y = a|b - x|^c$$

für die Punktezahl y (a, b und c sind dabei Konstanten, wobei b immer jener Grenzwert ist, über bzw. unter dem es keine Punkte mehr gibt). x ist die tatsächlich erzielte Leistung. Man diskutiere die Funktion für $a = 25{,}44$, $b = 18$ und $c = 1{,}81$ (100 m-Lauf) bzw. $a = 51{,}39$, $b = 1{,}5$ und $c = 1{,}05$ (Kugelstoß). Mit welcher Laufzeit erzielt man 500 Punkte?

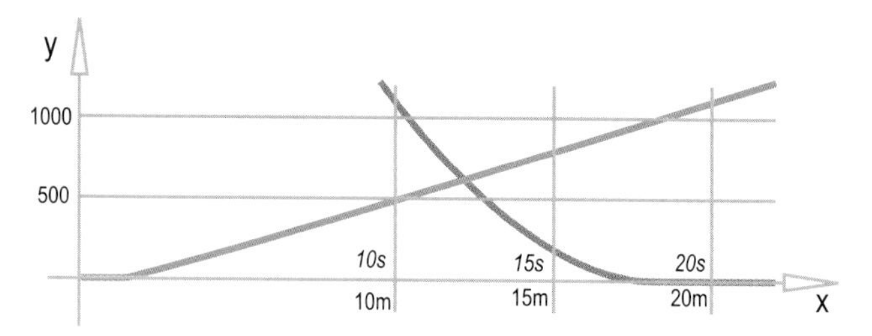

Abb. 5.8 Punkte beim Zehnkampf

Lösung:
Im Falle des 100 m-Laufes lautet die Formel $y = 25{,}44(18-x)^{1{,}81}$, beim Kugelstoßen $y = 51{,}39(x-1{,}5)^{1{,}05}$. Der Verlauf der Funktionsgraphen ist in Abb. 5.8 zu sehen. Beim Kugelstoßen nehmen die Punkte fast linear mit der Weite zu. Beim Lauf werden extrem gute Leistungen (um die 10 s) entsprechend „überproportional honoriert".
Um x bei Vorgabe von y zu berechnen, bildet man die Umkehrfunktion:

$$y = 25{,}44(18-x)^{1{,}81} \Rightarrow \left(\frac{y}{25{,}44}\right)^{\frac{1}{1{,}81}} = 18 - x \Rightarrow x = 18 - \left(\frac{y}{25{,}44}\right)^{0{,}5525}$$

Für $y = 500$ ist $x \approx 12{,}8$ Sekunden. ♠

Anwendung: Gleichmäßiges Aufblasen eines Ballons (Abb. 5.9)
Das Volumen eines Ballons werde gleichmäßig durch Lufteinpumpen vergrößert, wobei der Ballon im Wesentlichen seine Gestalt beibehält. Wie ändern sich Längenmaßstab bzw. Oberfläche?

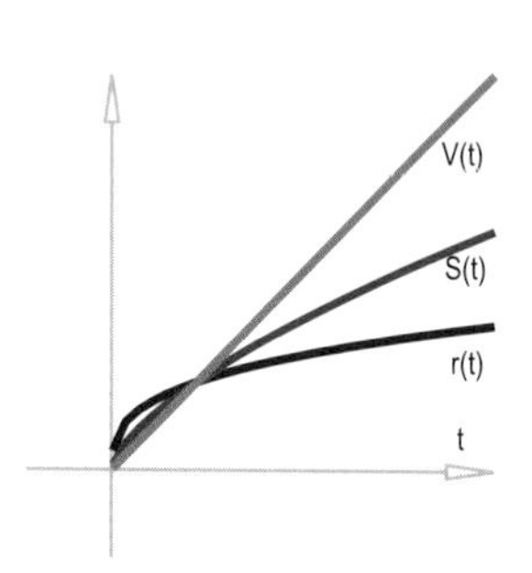

Abb. 5.9 Aufblasen eines Ballons

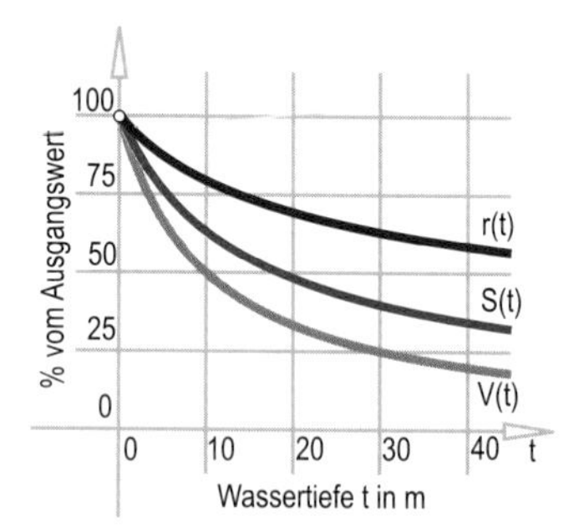

Abb. 5.10 Ballon unter Wasser

Lösung:
Wir wissen aus dem Abschnitt über ähnliche Objekte, dass sich das Volumen mit der dritten Potenz des Längenmaßstabs r, die Oberfläche S mit dem Quadrat ändert. Tragen wir nun auf der x-Achse („Abszisse") die Zeit t auf. Nach Voraussetzung vergrößert sich das Volumen linear zur Zeit. Dann ändert sich der Längenmaßstab mit der dritten Wurzel der Zeit: $r(t) = t^{1/3}$, die Oberfläche mit dem Quadrat des Längenmaßstabs: $S(t) = \left(t^{1/3}\right)^2 = t^{2/3}$. Abb. 5.9 zeigt die entsprechenden Diagramme.

Die Rechnung wurde ohne die Gasgesetze gemacht (vgl. nächste Anwendung). Der Luftdruck innerhalb des Ballons wird bis zu dessen Zerplatzen leicht ansteigen, was das tatsächliche Volumen bzw. die tatsächliche Oberfläche verringert. Beim Aufpumpen eines Fahrradschlauchs wird der Schlauch durch den äußeren Mantel an seiner Ausdehnung gehindert. Dadurch steigt wunschgemäß nicht das Volumen, sondern der Innendruck. ♠

Anwendung: Untertauchen eines Ballons (Abb. 5.10)
Ein Ballon wird unter Wasser gedrückt. Wie ändern sich a) das Volumen, b) der Längenmaßstab, c) die Oberfläche?

Lösung:
Seien V_0, r_0 und S_0 die Ausgangsgrößen für Volumen, Radius und Oberfläche des Ballons, sowie $p_0 = 1\,\text{bar}$ der Ausgangsdruck an der Oberfläche.
Diesmal ist die Abszisse die Wassertiefe t. Es gilt – bei konstanter Temperatur – das Gasgesetz von *Boyle-Mariotte*: $p\,V = p_0\,V_0 = \text{const}$. Der Außendruck p nimmt pro 10 m Wassertiefe um 1 bar zu:

$$p = 1 + \frac{t}{10} = x\,\text{bar} \quad \text{mit} \quad x = 1 + \frac{t}{10}$$

Damit gilt für Volumen, Radius und Oberfläche des Ballons:

$$V = \frac{V_0}{p} = V_0\,x^{-1}, \; r = r_0\,x^{-1/3}, \; S = S_0\,x^{-2/3}$$

Abb. 5.10 illustriert die Abhängigkeiten recht übersichtlich, indem auf der Ordinate die Prozentzahlen vom Ausgangswert eingetragen werden. ♠

In Anwendung S. 177 war die Abhängigkeit des Volumens V vom Ausgangsvolumen V_0 indirekt proportional zu einem „Tiefenfaktor" t_1. Betrachten wir nun folgende Fragestellung:

Anwendung: Abnahme der Helligkeit (Abb. 5.11)
In einem See nimmt die Intensität von Licht pro 1 m Wassertiefe um $p = 7\%$ ab. Welche Intensität verbleibt in x Metern Tiefe? In welcher Tiefe sind noch 50% von der ursprünglichen Intensität übrig?

Abb. 5.11 Links: Deep Blue. Rechts: Rot ist die Tarnfarbe unter Wasser!

Lösung:
Sei L_0 die Lichtintensität an der Oberfläche. In 1 m Tiefe haben wir nur mehr die Intensität $L(1) = 0{,}93\,L_0$, in 2 m Tiefe $L(2) = 0{,}93\,(0{,}93\,L_0) = 0{,}93^2\,L_0$, in 3 m Tiefe $L(3) = 0{,}93\,(0{,}93\,L(1)) = 0{,}93^3\,L_0$, in x m Tiefe somit offensichtlich

$$L(x) = 0{,}93^x\,L_0$$

Für $x = 9$ erhält man auf diese Weise $L(9) = 0{,}520\,L_0$, für $x = 10$ $L(10) = 0{,}484\,L_0$. Irgendwo zwischen 9 m und 10 m Tiefe haben wir also nur noch die halbe Lichtintensität.

Die verschiedenen Lichtanteile verlieren ihre Intensität sehr unterschiedlich. Deswegen herrschen in größerer Tiefe Blau- und Grüntöne vor. Blut erscheint einem Taucher in 30 Meter Tiefe grünlich! Die Rotanteile verschwinden zuerst. Deswegen ist Rot eine gute Tarnfarbe unter Wasser, die nur im Blitzlicht so auffällig erscheint wie in Abb. 5.11 rechts! ♠

So analog die Aufgabenstellungen in Anwendung S. 177 und Anwendung S. 177 zunächst schienen: Sie führen auf wesentlich verschiedene Funktionen. Man beachte, dass in der Formel $L(x) = 0{,}93^x\,L_0$ die Basis 0,93 konstant und die Hochzahl x variabel ist.

Eine Funktion der Bauart $y = a^x$ mit konstanter Basis und variablem Exponenten nennt man *Exponentialfunktion* zur Basis a.

Ein typisches Beispiel für eine Exponentialfunktion ist die Verzinsung von Kapital:

Anwendung: Monatliche Verzinsung
Die Formel für die Verzinsung eines Ausgangskapitals K_0 über x Jahre mit jährlicher Kapitalisierung (Zinssatz p Prozent) lautet:

$$K = K_0\,a^x \quad \text{mit} \quad a = 1 + \frac{p}{100}$$

Wie lautet die verfeinerte Formel für monatliche Verzinsung, wenn jeweils am Jahresende dasselbe Kapital herauskommen soll?

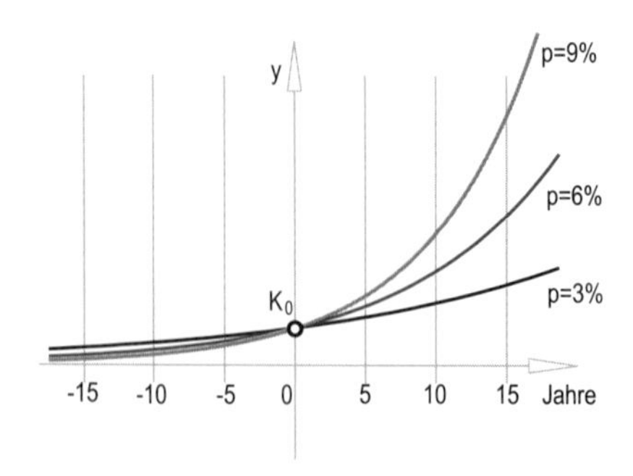

Abb. 5.12 Verschiedene Zinssätze

Lösung:
Sei q der monatliche Zinssatz in Prozent. Dann gilt nach x Monaten $K = K_0\,(1+\frac{q}{100})^x$. Insbesondere muss nach 12 Monaten gelten:

$$K_0\,(1+\frac{q}{100})^{12} = K_0\,(1+\frac{p}{100}) = K_0\,a \Rightarrow 1+\frac{q}{100} = \sqrt[12]{a} \Rightarrow q = 100(\sqrt[12]{a}-1)$$

Somit haben wir

$$K = K_0\,b^{12x} \quad \text{mit} \quad b = \sqrt[12]{a}$$

♠

Anwendung S. 178 zeigt, dass auch die monatliche (oder jede andere Verzinsung) auf eine Exponentialfunktion führt. Durch Verfeinern könnten wir sogar „sekündlich“ verzinsen:

$$K = K_0\,\left(\sqrt[\sigma]{a}\right)^{\sigma\,x} = K_0\,a^x$$

Dabei ist $\sigma \approx 3 \cdot 10^7$ die Anzahl der Sekunden eines Jahres. Nun haben wir eine Funktion, die uns zu „jeder Zeit“ $x \in \mathbb{R}$ den Wert des Kapitals angibt. Abb. 5.12 zeigt die zugehörigen Exponentialfunktionen für $p = 3\%$ ($y = 1{,}03^x$), $p = 6\%$ ($y = 1{,}06^x$) und $p = 9\%$ ($y = 1{,}09^x$). Wir wählen für $x = 0$ den momentanen Zeitpunkt. Auch für negative Zeiträume macht die Berechnung des Kapitals Sinn. Man kann sich zum Beispiel fragen, wie viel Kapital man zu einem gewissen Zeitpunkt ansparen hätte müssen, um zum jetzigen Zeitpunkt das Kapital K_0 ausbezahlt zu bekommen.

Das Studium der Exponentialgraphen in Abb. 5.12 zeigt, dass ein doppelt so hoher oder gar dreimal so hoher Zinssatz auf längere Zeit gesehen unproportional mehr Kapital „erzeugt“. Dies kann für den Sparer gut sein, für den Kreditnehmer aber den Ruin bedeuten.

Ohne Beweis gilt folgender durchaus nicht triviale Satz (siehe dazu Abb. 5.13 bzw. Anwendung S. 213):

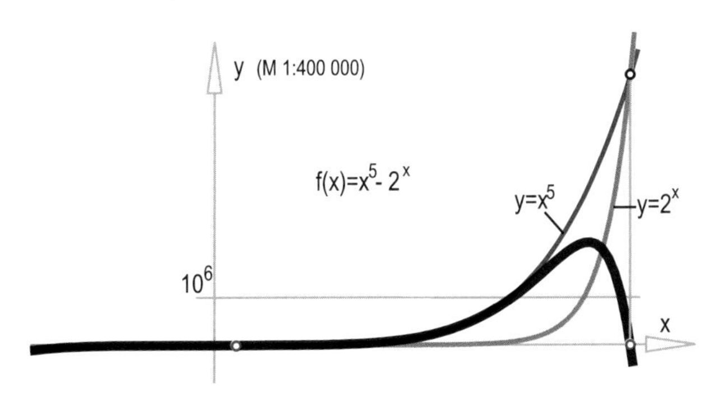

Abb. 5.13 Exponentialfunktion versus Potenzfunktion

Jede Exponentialfunktion a^x mit noch so kleiner Basis $a > 1$ „überholt“ irgendwann jede Potenzfunktion x^n mit noch so großem Exponenten n.

Dies bedeutet, dass die Exponentialfunktionen „langfristig gesehen“ unaufholbar sind.

Anwendung: Verzinsung über sehr lange Zeit

Nur als theoretische Zahlenspielerei: Angenommen, man hätte vor 2 000 Jahren eine Geldeinheit (1 E) auf die Bank getragen und diese sich verpflichtet, über alle Zeiten den konstanten aber niedrigen jährlichen Zinsatz von $p = 0{,}5\%$ (1%, 1,5%) Zinsen zu zahlen. Wie viele Geldeinheiten hätte man jetzt auf der Bank?

Lösung:

$p = 0{,}5\% \cdots 1{,}005^{2000} \cdot 1\,\mathrm{E} \approx 2 \cdot 10^4$ E
$p = 1{,}0\% \cdots 1{,}010^{2000} \cdot 1\,\mathrm{E} \approx 4 \cdot 10^8$ E
$p = 1{,}5\% \cdots 1{,}015^{2000} \cdot 1\,\mathrm{E} \approx 9 \cdot 10^{12}$ E

Nur um sich eine Vorstellung machen zu können: Wenn wir uns statt einer Geldeinheit einen Kilometer Wegstrecke denken, dann entspricht die letzte Zahl $9 \cdot 10^{12}$ km etwa einem Lichtjahr.

♠

Im Anhang (Mathematik in der Musik) findet man ein interessantes Anwendungs-Beispiel: Die Länge der Luftsäulen bei Blasinstrumenten nimmt exponentiell mit der Tontiefe zu (Anwendung S. 427).

Logarithmus und Exponentialgleichung

In der Praxis tritt häufig eine Gleichung der Form $a^x = c$ auf, welche *Exponentialgleichung* genannt wird. Um sie zu lösen, braucht man die *Umkehrfunktion der Exponentialfunktion*. Man muss ja die Hochzahl „herunterbringen“. Wir definieren:

Die Umkehrfunktion der Exponentialfunktion $y = a^x$ heißt Logarithmus zur Basis a: $y = {}_a\log x$. Der Logarithmus von x zur Basis a ist also jene Zahl y, zu der man a erheben muss, um x zu erhalten.

Nun haben wir

$$a^y = x \Rightarrow y = {}_a\log x \tag{5.2}$$

In der Praxis begnügt man sich mit dem „Zehnerlogarithmus“ ${}_{10}\log x$ (der Index 10 wird meist weggelassen) und dem „natürlichen Logarithmus“ $\ln x$ (gelegentlich auch $\operatorname{Log} x$ genannt). In diesen Fällen ist die Basis 10 bzw. die *Euler*sche Zahl, die im Anhang genauer besprochen wird.

$$\mathrm{e} \approx 2{,}71828183$$

Beide Logarithmen sind am Taschenrechner implementiert, am PC ist es meistens nur der natürliche Logarithmus. Wie der Rechner den Logarithmus berechnet, werden wir im Abschnitt über Potenzreihen sehen. (Wir brauchen uns allerdings nicht darum kümmern.)

Für Logarithmen gelten folgende wichtige Rechenregeln:

$$\begin{aligned} {}_a\log x_1 + {}_a\log x_2 &= {}_a\log (x_1 \cdot x_2) \\ {}_a\log x_1 - {}_a\log x_2 &= {}_a\log \frac{x_1}{x_2} \\ n \cdot {}_a\log x &= {}_a\log x^n \\ \frac{1}{n}{}_a\log x &= {}_a\log \sqrt[n]{x} \end{aligned} \tag{5.3}$$

Beweis:
Der Beweis geschieht rein formalistisch mittels der Potenzrechenregeln. Wir begnügen uns mit dem Beweis der ersten Behauptung, alle anderen Beweise erfolgen analog: Weil sich die Logarithmusfunktion und die Exponentialfunktion „aufheben", gilt immer $y = {}_a\log a^y$. Also gilt

$${}_a\log x_1 + {}_a\log x_2 = {}_a\log\left[a^{({}_a\log x_1 + {}_a\log x_2)}\right] =$$

$$= {}_a\log\left[a^{{}_a\log x_1} \cdot a^{{}_a\log x_2}\right] = {}_a\log (x_1 \cdot x_2) \qquad \diamond$$

Mittels Logarithmieren kann man also das Multiplizieren und Dividieren von Zahlen auf das Addieren und Subtrahieren reduzieren. Das Potenzieren und Wurzelziehen lässt sich auf das Multiplizieren bzw. Dividieren von Zahlen reduzieren. Dies ist auch heute noch eine der wichtigsten Anwendungen der Logarithmenrechnung. Computer-intern wird ständig damit gerechnet. Die Erfindung der Logarithmen-Tabellen war eine der wichtigsten in der angewandten Mathematik (die Logarithmenrechnung wurde von *John Napier* (1550 – 1617) erfunden, der 1614 die ersten Logarithmentabellen veröffentlichte).
Der Zusammenhang zwischen den verschiedenen Logarithmen ist durch konstante Faktoren gegeben. Kennt man etwa a-Logarithmus einer Zahl x, dann kennt man bereits jeden anderen Logarithmus – etwa den b-Logarithmus. Es gilt nämlich die Formel

$${}_b\log x = k \cdot {}_a\log x \quad \text{mit} \quad k = \frac{1}{{}_a\log b} = \text{const} \tag{5.4}$$

Beweis:
Es ist nach Definition $x = b^{{}_b\log x}$. Dann ist auch

$${}_a\log\left(x\right) = {}_a\log\left(b^{{}_b\log x}\right).$$

Diese Gleichung lässt sich nach den Rechenregeln für Logarithmen umformen zu

$${}_a\log x = {}_b\log x \cdot {}_a\log b,$$

woraus folgt

$${}_b\log x = \frac{1}{{}_a\log b}{}_a\log x$$

Die Graphen der verschiedenen Logarithmusfunktionen gehen auseinander durch Skalieren in y-Richtung hervor (Abb. 5.14). Die Kenntnis von Formel (5.4) ist für den Programmierer manchmal notwendig, weil der Computer nur den natürlichen Logarithmus $\ln x$ „kennt". Die angepasste Formel lautet

$${}_b\log x = \frac{\ln x}{\ln b}$$

Anwendung: Abkühlen einer Flüssigkeit

Eine Flüssigkeit mit der Temperatur 97° kühle bei Zimmertemperatur (22°)

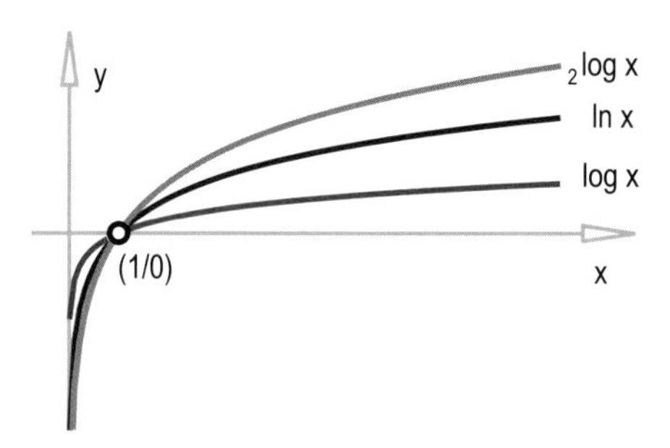

Abb. 5.14 Logarithmen mit verschiedener Basis

aus. Nach zehn Minuten hat sie eine Temperatur von 76°. Welche Temperatur hat sie nach n Minuten? Wann erreicht sie Körpertemperatur (37,0°)?

Lösung:
Die anfängliche Temperaturdifferenz beträgt $\Delta = 75°$, nach zehn Minuten nur mehr $\Delta_{10} = 54°$. Wenn sich Δ pro Minute um den Faktor k verkleinert, hat sie sich nach zehn Minuten um den Faktor k^{10} verkleinert: $\Delta_{10} = k^{10}\Delta$, also

$$54 = 75 \cdot k^{10} \Rightarrow k = \sqrt[10]{\frac{54}{75}} = 0{,}96768$$

Nach n Minuten ist die Temperatur t_n somit

$$t_n = 22° + 0{,}96768^n \cdot 75°.$$

Wenn $t_n = 37°$ ist, haben wir

$$37° = 22° + 0{,}96768^n \cdot 75° \Rightarrow 0{,}96768^n = 0{,}20000$$

Wir bilden von beiden Seiten der Gleichung den natürlichen Logarithmus und erhalten

$$\ln(0{,}96768^n) = \ln 0{,}20000 \Rightarrow n \cdot \ln 0{,}96768 = \ln 0{,}20000 \Rightarrow n \approx 49$$

Nach ca. 49 Minuten hat die Flüssigkeit also Körpertemperatur.

Wie schnell eine Flüssigkeit die Außentemperatur annimmt, hängt von der Isolierfähigkeit des Behälters, aber natürlich auch von der Größe der Kontaktfläche zur Luft ab: Tiefe Seen erwärmen sich im Frühsommer daher langsamer als flache. ♠

Anwendung: Abzinsung

Mit welchem Barwert B kann eine in 5 Jahren fällige Schuld von 60 000 GE heute abgelöst werden, wenn ein jährlicher Zinssatz von 7% zugrundegelegt wird? Wie hoch ist eine jährliche Rückzahlungsrate (fällig am Jahresende) anzusetzen? Man verwende und beweise dazu die in der Finanzmathematik wichtige Formel

$$1 + q + q^2 + \cdots + q^{n-1} = \frac{1-q^n}{1-q} \tag{5.5}$$

Lösung:

Der Barwert B ist nach einem Jahr $1{,}07\,B$ „wert“, nach 5 Jahren daher $1{,}07^5\,B = 60\,000 \Rightarrow B = 42\,779$ GE.
Sei R die jährliche Rate. Dann ist

$$1{,}07^4\,R + 1{,}07^3\,R + 1{,}07^2\,R + 1{,}07^1\,R + 1{,}07^0\,R = 60\,000$$

Wir berechnen die Summe mit Formel (5.5). Der „Beweis“ der Formel besteht im simplen Nachrechnen (Ausmultiplizieren) der äquivalenten Formel

$$(1 + q + q^2 + \cdots + q^{n-1})(1 - q) = 1 - q^n.$$

Damit haben wir

$$\frac{1 - 1{,}07^5}{1 - 1{,}07}\,R = 60\,000 \Rightarrow R = 10\,433$$ ♠

Anwendung: Ein unfaires Angebot
Einem Inserat in einer Tageszeitung ist folgender Text entnommen: „*Dachterrassenwohnung, ...,* € 456 000. *Finanzierung: Einmalerlag* € 150 000, *monatlich* € 570 (Anmerkung: auf 30 Jahre)...“.
Was fällt dabei auf? Was passiert, wenn der Zinssatz 5% beträgt?
Lösung:
Nach einer Überschlagsrechnung wird sich jeder Käufer für die angebotene Finanzierung entscheiden. Denn auch wenn man die €456 000 in Bar besäße, ist die Teilzahlung viel günstiger: Selbst wenn man ohne Zins und Zinseszins rechnet, ist nämlich

$$150\,000 + 30 \cdot 12 \cdot 570 = 355\,200$$

ein wesentlich kleinerer Betrag. Welche Bank gibt jemandem einen *negativen* Zinssatz?
Die Erklärung des Verkäufers: Das Ganze werde durch billige Yen-Kredite finanziert. Wenn die Yen-Kredite nicht mehr so günstig wären, könne man ja auf andere Währungen „umschulden“. Alles kein Problem!?
Angenommen, man muss also umschulden und einen – immer noch günstigen – „einheimischen“ Kredit mit jährlich $p = 5\%$ Zinsen aufnehmen. Wir berechnen die monatliche Rate M wie folgt: Nach dem Einmalerlag sind noch $456\,000 - 150\,000 = 306\,000$ € fällig. Nach Anwendung S. 178 gilt $b = \sqrt[12]{1 + p/100} = 1{,}00407$. Wie in Anwendung S. 182 beziehen wir alle Beträge auf denselben Zeitpunkt, etwa den nach 30 Jahren bzw. $12 \cdot 30\ (= 360)$ Monaten. Dabei verwenden wir Formel (5.5):

$$306\,000\,b^{360} = M\,(b^{359} + b^{358} + \cdots + b^2 + b + 1) = M\,\frac{1 - b^{360}}{1 - b} \Rightarrow M = 1\,615€$$

Die monatliche Belastung beträgt also in einem solchen durchaus wahrscheinlichen Fall knapp das Dreifache dessen, was dem Käufer zum Zeitpunkt des Ankaufs genannt wurde. Und das über einen Zeitraum von 30 Jahren! ♠

Anwendung: Exponentielles Wachstum

Eine bestimmte Bakterienkultur vermehre sich pro Minute um 12%. Wann hat sie sich verzehnfacht bzw. vertausendfacht?

Lösung:

$10 = 1{,}12^x \Rightarrow \ln 10 = x \ln 1{,}12 \Rightarrow \dfrac{\ln 10}{\ln 1{,}12} \approx 20$

$1\,000 = 1{,}12^x \Rightarrow x = \dfrac{\ln 1\,000}{\ln 1{,}12} \approx 60$

Nach 20 Minuten ist eine Verzehnfachung eingetreten, nach nur einer Stunde bereits eine Vertausendfachung! Das Immun-System des Körpers kann übrigens Einmal-Infektionen mit bis zu 150 Millionen Keimen „neutralisieren".

Bei dieser speziellen Rechnung wäre übrigens wegen $\log 10 = 1$ und $\log 1000 = 3$ der 10-er Logarithmus günstiger gewesen, am PC steht diese Funktion jedoch nicht immer zur Verfügung. ♠

Anwendung: ^{14}C-Methode zur Altersbestimmung

Das radioaktive Kohlenstoffisotop ^{14}C zerfällt nach dem Tod eines Lebewesens (Tier oder Pflanze) im Körper desselben mit einer Halbwertszeit von $5\,730 \pm 40$ Jahren. Wie alt ist eine Mumie, bei der nur noch 40% ^{14}C-Gehalt festgestellt wird?

Lösung:

Sei G_0 der ^{14}C-Gehalt des lebenden Menschen und G jener der gefundenen Mumie. Sei nun x das Alter der Mumie, gemessen in Einheiten von 5 730 Jahren. Dann ist

$$G = 0{,}5^x G_0 \Rightarrow 0{,}4 = 0{,}5^x \Rightarrow x = \frac{\log 0{,}4}{\log 0{,}5} = 1{,}3219.$$

Das Alter der Mumie ist somit $1{,}3219 \cdot (5\,730 \pm 40) = 7\,575 \pm 53$ Jahre. ♠

Anwendung: Abnahme des Luftdrucks

Der atmosphärische Luftdruck b nimmt nach jeweils $h_0 = 5{,}5\,\text{km}$ Höhe auf die Hälfte des vorigen Wertes ab. Wie groß ist b in $h\,\text{km}$ Höhe, wenn auf Meeresniveau $b_0 (\approx 1\,\text{bar})$ gemessen wird? Wie groß ist der Luftdruck am Mount Everest (knapp 9 km Seehöhe)? In welcher Höhe herrschen $0{,}8\,b_0$?

Lösung:

Wir messen die Höhe h wieder als Vielfaches x der „Einheit" h_0: $x = \dfrac{h}{h_0}$. Der entsprechende Luftdruck b ist dann

$$b = 0{,}5^x\, b_0$$

In knapp 9 km Höhe ($\Rightarrow x \approx 1{,}6$) ist $b \approx \dfrac{1}{3} b_0$.

Aus $0{,}5^x\, b_0 = 0{,}8\, b_0$ folgt $x = \dfrac{\ln 0{,}8}{\ln 0{,}5} \approx 0{,}32 \Rightarrow h = 1\,770\,\text{m}$. In dieser Höhe beträgt der Relativ-Luftdruck nur noch 80%.

Eine Seehöhe von max. 9 km wird als die absolut oberste Schranke angesehen, in der ein Mensch kurzfristig (stundenweise) ohne künstliche Sauerstoffzufuhr überleben kann. Deswegen wird in Flugzeugen auch immer darauf hingewiesen, dass bei Druckabfall in der Kabine die Sauerstoffmasken zu verwenden sind.
Beim Tauchen in Bergseen ist zu berücksichtigen, dass die Dekompression deutlich stärker ist als am Meeresniveau. In 40 m Tiefe herrscht bei einem Außendruck von nur 0,8 bar ein Gesamtdruck von 4 bar + 0,8 bar = 4,8 bar. Das Verhältnis beim Auftauchen ist aber $\frac{4{,}8}{0{,}8} = 6$, das beim Tauchen auf Meeresniveau erst bei 50 m Tiefe auftritt. Während das kurzfristige Abtauchen auf 40 m noch als harmlos eingestuft wird, braucht man beim Abtauchen auf 50 m jedoch *unbedingt* einen „Dekompressions-Stop" (üblicherweise mehrere Minuten bewegungsarmes Schweben in 5 m Tiefe), um „bends" zu verhindern (siehe Anwendung S. 54). ♠

Anwendung: Luftdruck vs. Wasserdruck

Warum nimmt der Luftdruck exponentiell ab, der Wasserdruck aber linear?

Lösung:

Flüssigkeiten (Wasser) lassen sich im Gegenteil zu Gasen (Luft) durch Druck praktisch nicht mehr verdichten. Eine „Wassersäule" von 10 m Höhe ist also immer gleich schwer (⇒ lineare Zunahme), während eine entsprechende „Luftsäule" proportional zum Druck (Gewicht) der bereits über ihr liegenden Gasmengen immer stärker komprimiert und damit schwerer wird (⇒ exponentielle Zunahme!). ♠

Anwendung: Bevölkerungswachstum (Abb. 5.15)

Exponentielles Wachstum muss irgendwann zum Kollaps führen. Insbesondere kann daher Bevölkerungswachstum nicht auf die Dauer exponentiell vor sich gehen. Man interpretiere die Graphen in Abb. 5.15.

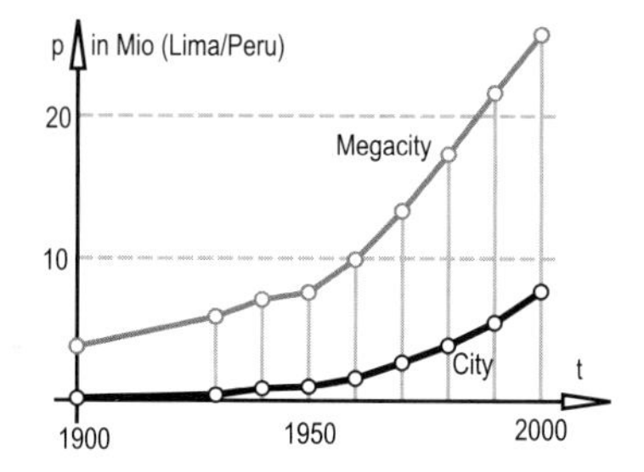

Abb. 5.15 Bevölkerungsstatistik Lima und Lima-Megacity

Lösung:

Das Wachstum der City sieht beinahe exponentiell aus. Das Wachstum der Megacity hingegen ist in den letzten Jahrzehnten „nur" linear, ab 1990 sogar abgeschwächt. Die „Differenz" der beiden Graphen – also die Anzahl der Personen, die zwar im Großraum Lima leben, nicht aber in der eigentlichen Stadt – zeigt zwar immer noch steigende Tendenz, aber man bemerkt bereits einen „Knick nach unten". Siehe dazu auch Anwendung S. 191. ♠

Logarithmische Diagramme

In Lehrbüchern der Physik, Chemie oder Biologie findet man oft Diagramme, in denen exponentielle Änderungen linear erscheinen. Dies wird durch sog. logarithmische Skalen bewerkstelligt: Eine oftmalige Multiplikation einer Zahl mit dem selben Faktor bewirkt nämlich im logarithmischen Diagramm stets die gleiche Addition, womit das Problem „linearisiert" wird. Damit kann man – zumindest grafisch – rasch Lösungen bestimmter Aufgaben finden (Anwendung S. 186, 5.24).

Anwendung: Exponentielles Wachstum mit logarithmischer Skala

Nigeria hatte im Jahr 2001 etwa 125 Millionen Einwohner und eine jährliche Zuwachsrate von 3,5%. Brasilien hingegen hatte 160 Millionen Einwohner und eine Zuwachsrate von 2,1%. Wann übersteigt die Einwohnerzahl Nigerias jene Brasiliens? Man zeichne ein logarithmisches Diagramm.

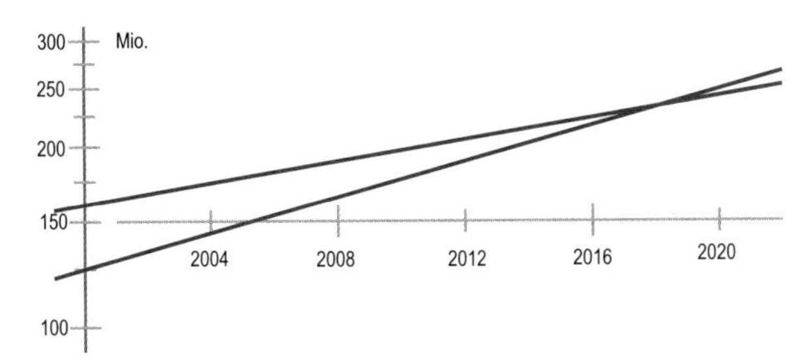

Abb. 5.16 Logarithmisches Bevölkerungsdiagramm

Lösung:
Mathematisch ist das Problem unschwer zu lösen:

$$125 \cdot 10^6 \cdot 1{,}035^x = 160 \cdot 10^6 \cdot 1{,}021^x \Rightarrow 1{,}014^x = 1{,}28$$

$$\Rightarrow x = \frac{\log 1{,}28}{\log 1{,}014} \approx 18$$

Nach ca. 18 Jahren ist es also so weit.
In einem logarithmischen Diagramm (Abb. 5.16) tragen wir auf der Ordinate nicht die Anzahl y der Individuen, sondern deren Logarithmus $\log y$ auf (die Basis ist beliebig). Weil der Logarithmus linear ansteigt, ergibt sich der Zeitpunkt des Überholens der Populationen im Schnitt zweier Geraden.
Bevölkerungsprognosen sind immer mit Ungenauigkeiten (im konkreten Fall sind die Daten teilweise geschätzt) und Vermutungen (konstante Wachstumsrate) behaftet. Die Zukunft wird zeigen, ob die angegebenen Zahlen einigermaßen der Realität entsprochen haben. Allein schon der schleifende Schnitt der beiden Geraden deutet darauf hin, dass das Ergebnis nicht allzu exakt sein wird. Es gibt aber Prognosen aus der Vergangenheit, die sehr wohl zutreffend waren: So lebten im Jahr 1950 etwa 2,4 Milliarden Menschen auf der Erde, und der jährliche Zuwachs betrug 43 Millionen, was einer Wachstumsrate von 1,78% entspricht. Daraufhin prognostizierte man für das Jahr 2000 knapp 6 Milliarden Menschen (genauer: 5,85), was bekanntlich ziemlich genau eintraf. ♠

Anwendung: Der gute alte Rechenstab (Rechenschieber)... (Abb. 5.17)
...ist auf logarithmischen Skalen aufgebaut und ermöglicht die mechanisch-optische Durchführung der Grundrechnungsarten (und mehr). Um z.B. die Multiplikation 2×3 auszuführen, schiebt man die 1 der beweglichen „Zunge" über die 2 auf der Skala darunter und wandert mit der Anzeige zur 3 auf der Zunge. Dadurch hat man die Logarithmen von 2 und 3 addiert: $\log 2 + \log 3 = \log 6$. Auf der unteren Skala steht dort natürlich 6.

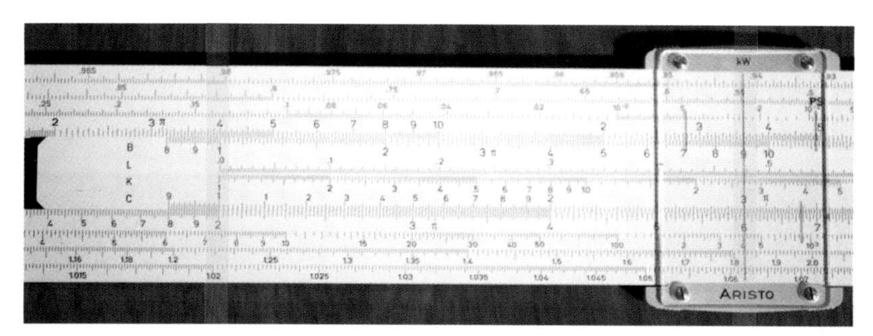

Abb. 5.17 $2 \times 3 = 6$, ausgeführt am Rechenschieber

Bis zur Erfindung des Taschenrechners und der weiten Verbreitung von PCs waren Rechenschieber in Schule, Wissenschaft und Technik unentbehrlich. ♠

Anwendung: Doppelt logarithmische Skalen (Abb. 5.18, links)
Gelegentlich findet man auch Diagramme, in denen die Werte auf beiden Koordinatenachsen logarithmisch aufgetragen werden. Man interpretiere die beiden Diagramme in Abb. 5.18, wo der Energieaufwand verschiedener Tiere für die verschiedenen Fortbewegungsarten eingetragen ist (a... Schwimmen, b... Fliegen, c... Laufen).

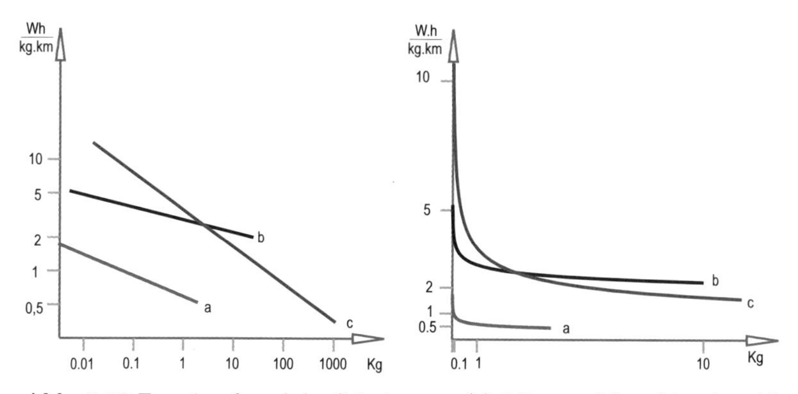

Abb. 5.18 Energieaufwand des Schwimmens (a), Fliegens (b) und Laufens (c)

Lösung:
Das keineswegs triviale Diagramm links[2] ist für Nicht-Mathematiker nur schwer verständlich:

[2]Nach McMahon und Bonner: *On Size and Life*. Scientific American Books. New York, 1983.

Auf der Abszisse ist die Körpermasse aufgetragen. Um sowohl kleine Tiere von nur wenigen Gramm Masse als auch große Landsäugetiere „unter einen Hut bringen“ zu können, wurde ein logarithmischer Maßstab gewählt.
Auf der Ordinate wurde der Energieaufwand pro Kilogramm Körpermasse und zurückgelegtem Kilometer aufgetragen. Offenbar ergibt sich ein linearer Zusammenhang zur Masse, wenn dieser Energieaufwand ebenfalls logarithmisch verzerrt wird.
Für den nicht so geschulten Diagramm-Leser ist das Bild rechts ohne Verzerrung der Daten aussagekräftiger. Die relevanten Informationen sind dort klarer zu erkennen – wobei man sich die großen Landsäugetiere mit einer Masse von 500 kg und mehr trotzdem mühelos vorstellen kann:

Abb. 5.19 Schwimmen, laufen oder fliegen?

1. Schwimmen ist (zumindest für Fische – im konkreten Fall wurden Lachse untersucht) die weitaus effizienteste Fortbewegungsart. Das liegt wohl daran, dass die Schwerkraft „wegfällt“.

2. Spätestens ab 10 kg Körpermasse ist es effizienter, an Land zu laufen statt zu fliegen (flugunfähige Strauße mit 50 – 150 kg Masse!).

3. Kleine Tiere haben relativ gesehen einen immens höheren Energieaufwand, um „Kilometer zu machen“. Um den Energiehaushalt stabil zu halten (vgl. Anwendung S. 61) muss eine Spitzmaus täglich mehr als ihr Eigengewicht hochwertige (tierische) Nahrung fressen, während der Elefant mit 7% seines Eigengewichts minderwertiger Nahrung (Gras) auskommt.

Säugetiere brauchen auch im „Leerlauf“ viel Energie zur Aufrechterhaltung ihres Stoffwechsels. Reptilien sind da wesentlich genügsamer. Dafür sind Säugetiere auch bei kühlen Temperaturen „einsatzbereit“ und wesentlich ausdauernder als Reptilien. Die Wissenschaft ist sich noch nicht sicher, ob die Dinosaurier, die in jedem Fall den Reptilien zugerechnet werden, wechselwarm waren oder schon damals – wie heute ihre einzigen Nachfahren, die Vögel – warmblütig waren. Jedenfalls gibt es nach dem Aussterben der großen Saurier-Arten bei den Landtieren in der „oberen Gewichtsklasse“ nur mehr Säugetiere. ♠

5.3 Ableitungsfunktion einer reellen Funktion

Wenn der Funktionsgraph $y = f(x)$ keine Knicke oder Sprünge aufweist, gibt es in jedem Punkt $P(x/f(x))$ eine berührende Gerade t, die man *Tangente* nennt. Sie lässt sich als *Grenzlage* jener Sehne s definieren, die man erhält, wenn man P mit einen „Nachbarpunkt" $Q(x+h/f(x+h))$ verbindet (Abb. 5.20):

$$t = \lim_{Q \to P} s = \lim_{h \to 0} s$$

Der Anstieg der Tangente sagt einiges über die Gestalt der Kurve in der Umgebung von P aus. Ist z.B. die Tangente waagrecht (Anstieg 0), dann besitzt der Funktionsgraph einen Extremwert (Minimum oder Maximum) oder einen Wendepunkt in P.
Wenn die Tangente den Neigungswinkels α besitzt, dann gilt die Beziehung

$$\tan\alpha = \lim_{h \to 0} \frac{f(x+h) - f(x)}{h} \tag{5.6}$$

Dieser Wert wird als *Ableitung* der Funktion $f(x)$ an der Stelle x bezeichnet und kurz als $f'(x)$ bezeichnet. Es gilt also:

Die Ableitung $f'(x)$ einer Funktion $f(x)$ an der Stelle x liefert den Tangens des Neigungswinkels der Tangente: $f'(x) = \tan\alpha$.

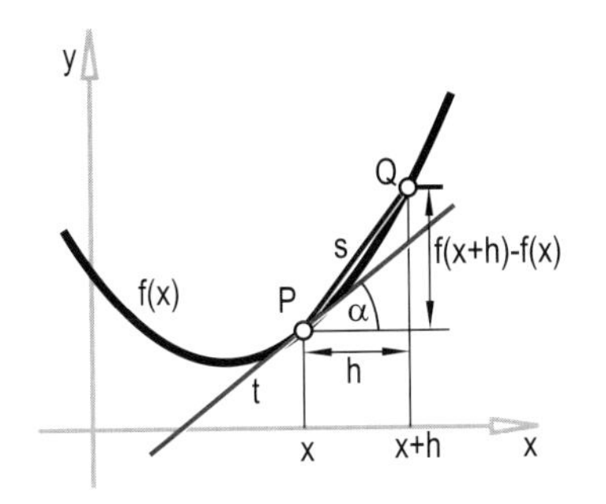

Abb. 5.20 Sehne, Tangente

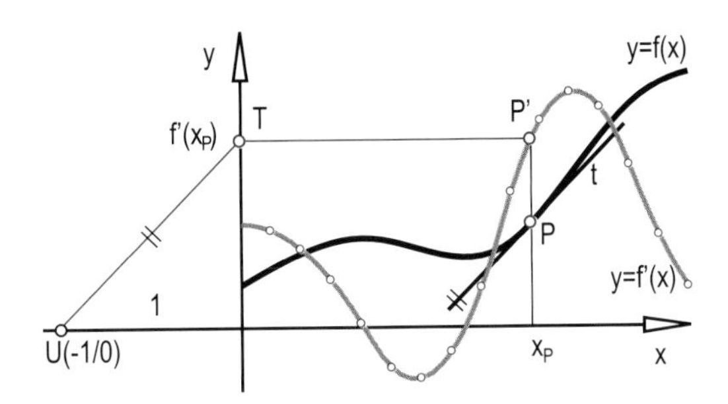

Abb. 5.21 Grafisches Differenzieren

Lässt man x den gesamten Definitionsbereich durchlaufen, dann liefert der Ausdruck $f'(x)$ eine neue Funktion, die *Ableitungsfunktion.* Wir werden bald sehen, dass für mathematisch festgelegte Funktionen die Ableitungsfunktion nach einfachen Regeln direkt zu berechnen ist. Bei empirisch erfassten Funktionen muss man sich mit „grafischer Genauigkeit" zufriedengeben und wird sich auf qualitative Fragen beschränken, etwa: Wo hat die Funktion ein Maximum bzw. Minimum?
Den Vorgang des „Ableitens" nennt man auch *Differenzieren*, das Rechnen mit Ableitungen fällt unter den Begriff *Differentialrechnung.*

Grafisches Differenzieren

Mit grafischer Genauigkeit funktioniert in allen Fällen die Methode des *grafischen Differenzierens* (Abb. 5.21). Die Ableitungsfunktion $y = f'(x)$ entsteht punktweise wie folgt:
Man wählt einen beliebigen Punkt P der zu differenzierenden Funktion $f(x)$ und zeichnet dort – mit grafischer Genauigkeit – die Tangente t ein. Verschiebt man t parallel durch den Hilfspunkt $U(-1/0)$ auf der x-Achse, so schneidet diese Gerade die y-Achse nach Definition in einem Punkt T mit der Höhe $f'(x)$. Der zugehörige Punkt P' der Ableitungsfunktion liegt in Höhe von T über (oder unter) P. Es ist somit $P'(x_P/y_T)$.
Wählt man $U(-\lambda/0)$, dann ist die Ableitungskurve um das λ-fache überhöht.

Anwendung: Radtour in die Berge (Abb. 5.22)
Ein „Radcomputer" misst erstens die Radumdrehungen, zweitens die dazugehörige Zeit und drittens mittels Höhenmesser die zugehörige Höhe. Wie kann er damit ein Höhenprofil der Strecke bzw. ein Steigungsprofil erstellen (unabhängig, ob man dazwischen Pausen einlegt)?
Lösung:
Sei u der konstante Radumfang. Wir messen in einem kleineren Zeitintervall Δt die Anzahl n der Radumdrehungen und den Höhenunterschied Δy. Daraus ergeben sich die Wegstrecke Δs und die Durchschnittsgeschwindigkeit v

$$\Delta s = n\,u, \qquad v = \frac{\Delta s}{\Delta t}$$

im fraglichen Intervall. Interessant ist nur $\Delta s > 0$, sonst wird gerade pausiert. Die zugehörige Wegstrecke Δx in der Normalprojektion (im Grundriss) berechnet sich aus

$$\Delta x = \sqrt{(\Delta s)^2 - (\Delta y)^2}$$

Grafisch kommen wir nun bereits von jedem Punkt (x, y) auf der oberen Kurve in Abb. 5.22 zum Nachbarpunkt $(x + \Delta x, y + \Delta y)$. Durch ständige Wiederholung ergibt sich ein Polygonzug, der eine Annäherung an das Bergprofil unter der Straße darstellt. Je geringer Δt gewählt wird, desto genauer stimmt die Kurve, wobei in der Praxis wegen der nicht extrem genau messbaren Höhendifferenz ein Kompromiss geschlossen werden muss (ca. alle 20 Sekunden wird gemessen).
Den durchschnittlichen Steigungswinkel α erhalten wir aus der Beziehung $\tan\alpha = \Delta y/\Delta x$ (mit hundert multipliziert ist das die im Straßenverkehr angegebene Steigung in Prozent). Die untere Kurve in Abb. 5.22 ist das Steigungsprofil, dessen Ordinaten proportional zu $\tan\alpha$ sind, dessen Punkte also die Koordinaten $(x, c \cdot \tan\alpha)$ haben (c ist die Skalierungskonstante). Es handelt sich folglich im Wesentlichen um die Ableitungskurve des Bergprofils.

Radfahrer, die „ihre" Kurven auswerten wollen, bevorzugen Diagramme, die den oben beschriebenen zwar sehr ähneln, aber auf der Abszisse nicht die Normalprojektion der Wegstrecke aufgetragen haben, sondern die auf der Straße gemessene Wegstrecke: Dann sind die Δx-Intervalle durch

$\Delta s = \Delta x \,/ \cos\alpha$ zu ersetzen. Weil aber selbst bei Steigungen $\alpha < 8°$ immer noch $\cos\alpha > 0{,}99$ gilt, kann man den Unterschied optisch fast vernachlässigen.

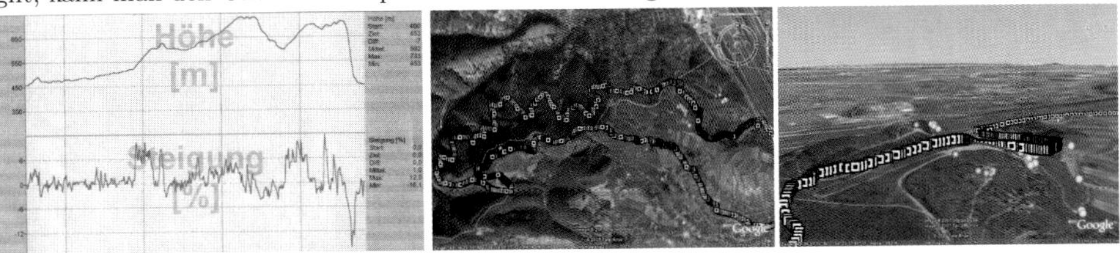

Abb. 5.22 Profil einer Radtour in die Berge. Detaillierte 3D-Information über die eigene Radtour oder jene eines virtuellen anderen Fahrers.

Die *Garmin Edge Serie* bietet als GPS gestützter Fahrradcomputer die Möglichkeit, gegen einen virtuellen Partner zu fahren. Dazu werden Trackinformationen von sich selbst oder anderen Bikern auf das Gerät gespielt und man kann in Echtzeit und unter denselben Geländebedingungen (Neigung, Untergrund, etc.) mit bzw. gegen die gespeicherten Informationen fahren. Die jeweilige Position des virtuellen Partners (Vorsprung / Rückstand) wird am Grafikdisplay angezeigt. Man kann seine eigenen Informationen beispielsweise auf `www.motionbased.com` hochladen und andere zum virtuellen Mitfahren / Duell auffordern. Ebenso kann man dort Trackdaten herunterladen und Tracks nachfahren (ebenfalls mit / gegen den virtuellen Partner). Software Download unter `www.garmin.com` ♠

Anwendung: Trends in der Bevölkerungsentwicklung (Abb. 5.23)

Mittels grafischer Differentiation kann man die Bevölkerungsentwicklung besser analysieren. Man diskutiere Abb. 5.23 (vgl. Anwendung S. 185). Die Funktion $f(x)$ zeigt die Bevölkerungsentwicklung des Stadtkerns der Großstadt Lima, die Funktion $g(x)$ jene des gesamten Ballungsraums.

Lösung:

Nullstellen in der Ableitungsfunktion zeigen Stagnation an, Extremstellen (Maxima und Minima) Trendwenden. So erkennt man deutlich, dass zwischen 1940 und 1950 beinahe ein Nullwachstum stattgefunden hat (sowohl bei der Megacity als auch der eigentlichen Stadt). Weiters ist beim Wachstum der Megacity 1990 der Höhepunkt bereits überschritten, während der Zuwachs des Stadtkerns ungebrochen anhält. ♠

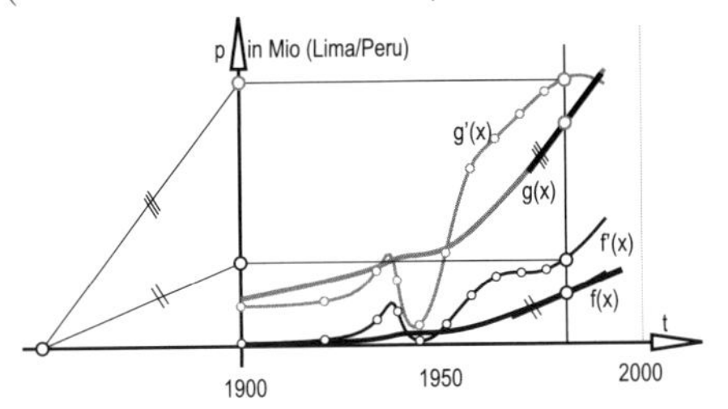

Abb. 5.23 Trends bzw. Trendwenden in der Bevölkerungsentwicklung

Schreibweisen

Techniker und Physiker verwenden gerne die sog. *Differentialschreibweise*. Man schreibt dann statt $f'(x)$

$$f'(x) = \frac{d}{dx} f(x) \quad \text{oder noch kürzer} \quad f'(x) = \frac{df}{dx}.$$

Das Hauptargument für diese Schreibweise ist, dass in den verschiedenen Anwendungen die unabhängige Variable keineswegs immer x heißt. Diese ist z.B. oft die Zeit t. Um anzudeuten, dass man nicht nach x sondern einer anderen Variablen (etwa t) ableitet, hat sich das Symbol

$$\dot{f} = \frac{d}{dt} f(t) = \frac{df}{dt}$$

eingebürgert.

Physikalische Interpretationen der Ableitung

Neben der geometrischen Interpretation der Ableitung (Anstieg der Tangente) gibt es verschiedenste physikalische Interpretationen. Dazu zwei wichtige Beispiele:

1. Momentangeschwindigkeit als Ableitung der Weg-Zeit-Funktion
Aus der Physik kennen wir die grundlegende Formel

$$s = v \cdot t \quad \text{bzw.} \quad v = \frac{s}{t}$$

Die Geschwindigkeit ist also der Quotient aus Wegstrecke und dafür benötigter Zeit. Diese Formel gilt aber nur, wenn die Geschwindigkeit während des gesamten Bewegungsvorgangs konstant ist – oder aber man erhält als Quotient eben die *Durchschnittsgeschwindigkeit*. Je kürzer das Zeitintervall nun gewählt wird, desto genauer stimmt die Durchschnittsgeschwindigkeit mit der Momentangeschwindigkeit überein. Letztere erhält man exakt durch einen Grenzübergang, ebenso wie man aus der Sehne einer Kurve exakt die Tangente erhält. Dieser Grenzübergang wird aber genau beim Differenzieren vollzogen.

Wenn wir die Wegstrecke als Funktion $s = s(t)$ der Zeit auffassen, ist deren Ableitung $v = v(t)$ die „Geschwindigkeitsfunktion“: $v = \dot{s} = \frac{ds}{dt}$

2. Momentanbeschleunigung als Ableitung der Geschwindigkeit-Zeit-Funktion
Ganz analoge Überlegungen gelten für die Beschleunigung als Ableitung der Geschwindigkeitsfunktion in Abhängigkeit von der Zeit.

Wenn wir die Geschwindigkeit als Funktion $v = v(t)$ der Zeit auffassen, ist deren Ableitung $a = a(t)$ die „Beschleunigungsfunktion“: $a = \dot{v} = \frac{dv}{dt}$

Anwendung: Aus der Physik sind für den freien Fall die Formeln

$$s = \frac{g}{2} t^2 \quad , \quad v = g\,t, \qquad a = g \ (= 9{,}81 \frac{\text{m}}{s^2})$$

bekannt. Man zeige, dass $v = \dot{s}$ bzw. $a = \dot{v}$ gilt.

Lösung:
Wir werden gleich Formeln kennenlernen, die das Nachrechnen des Sachverhalts zu einem „Einzeiler“ machen. Um aber das Verständnis für den Grenzübergang zu fördern, wollen wir diesen auch wirklich einmal durchführen:

Nach Ablauf von t Sekunden ist ein beliebiger Körper (unter Vernachlässigung des Luftwiderstandes) $\frac{g}{2}t^2$ Meter gefallen. Nach Verlauf einer „kleinen" Zeitspanne dt beträgt die Wegstrecke $\frac{g}{2}(t+dt)^2$ Meter. In der Zeit dt hat der Körper also die Strecke

$$ds = \frac{g}{2}(t+dt)^2 - \frac{g}{2}t^2 = \frac{g}{2}[t^2+2tdt+(dt)^2-t^2] = \frac{g}{2}[2tdt+(dt)^2] = g\,[t+\frac{dt}{2}]\,dt$$

Meter zurückgelegt. Für die Durchschnittsgeschwindigkeit v in dem kurzen Zeitintervall dt haben wir also

$$v = \frac{g\,[t+\frac{dt}{2}]\,dt}{dt} = g\,[t+\frac{dt}{2}]$$

Nun lassen wir dt „unendlich klein" werden. Dann ergibt sich der Wert für die Momentangeschwindigkeit mit $v = g\,t$.

Zur Momentanbeschleunigung: Nach t Sekunden erhöht der Körper in der kurzen Zeitspanne dt die Bahngeschwindigkeit von $g\,t$ auf $g\,(t+dt)$. Die durchschnittliche Beschleunigung (=Geschwindigkeitsänderung / Zeit) beträgt daher

$$a = \frac{g\,(t+dt) - g\,t}{dt} = \frac{g\,dt}{dt} = g$$

Hier brauchen wir nicht einmal einen Grenzübergang durchführen: die Beschleunigung ist bereits unabhängig von dt.

Offensichtlich erhält man die Beschleunigung durch *zweimaliges Differenzieren* der Weg-Zeit-Funktion. Symbolisch schreibt man $a = \ddot{s}$. ♠

5.4 Differentiationsregeln

Wir wollen im Folgenden systematisch Regeln herleiten, die uns das Differenzieren leicht machen.

Die Ableitung einer einfachen Klasse von Funktionen können wir sofort berechnen: Die Ableitung einer linearen Funktion $f(x) = kx + d$ liefert den konstanten Wert k. Insbesondere verschwindet die Ableitung der konstanten Funktion $f(x) = d$:

$$(k\,x+d)' = k \tag{5.7}$$

Beweis:

a) Rein grafisch: Der Graph der Funktion ist ja eine Gerade mit konstanter Steigung. Also ist auch der Tangens des Neigungswinkels α konstant.

b) Durch Grenzübergang:

$$f'(x) = \lim_{h\to 0} \frac{\overbrace{[k(x+h)+d]}^{f(x+h)} - \overbrace{[kx+d]}^{f(x)}}{h} = \lim_{h\to 0}\frac{kh}{h} = \lim_{h\to 0} k = k$$

Für $k = 0$ ist daher auch $f'(x) = 0$. ◇

Die Funktion $s(t) = v_0\,t + s_0$ beschreibt z.B. die Wegstrecke bei konstanter Geschwindigkeit: Es ist ja $\dot{s} = v_0$.

Besonders häufig braucht man die Ableitung der Sinus- bzw. Kosinusfunktion (Abb. 5.25):

$$(\sin x)' = \cos x, \quad (\cos x)' = -\sin x \tag{5.8}$$

Beweis:
Wir beweisen den ersten Teil. Es ist zu zeigen:

$$(\sin x)' = \lim_{h\to 0} \frac{\sin(x+h) - \sin x}{h} = \cos x$$

Wir verwenden dazu die bekannte Formel

$$\sin\alpha - \sin\beta = 2\cos\frac{\alpha+\beta}{2}\sin\frac{\alpha-\beta}{2}$$

sowie die in Anwendung S. 105 abgeleitete Formel (3.21). Dann erhalten wir:

$$(\sin x)' = \lim_{h\to 0} \frac{\sin(x+h) - \sin x}{h} = \lim_{h\to 0} \frac{2\cos(x+\frac{h}{2})\sin\frac{h}{2}}{h} =$$

$$= \lim_{h\to 0} \cos(x+\frac{h}{2}) \underbrace{\frac{\sin\frac{h}{2}}{\frac{h}{2}}}_{1} = \cos x$$

◇

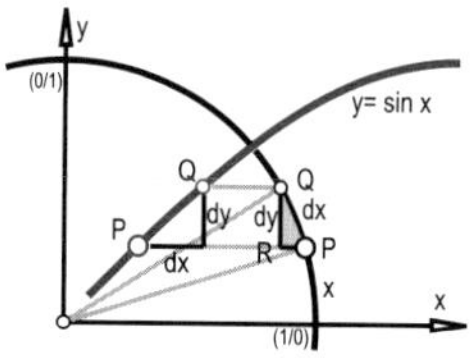

Abb. 5.24 $(\sin x)' = \cos x$

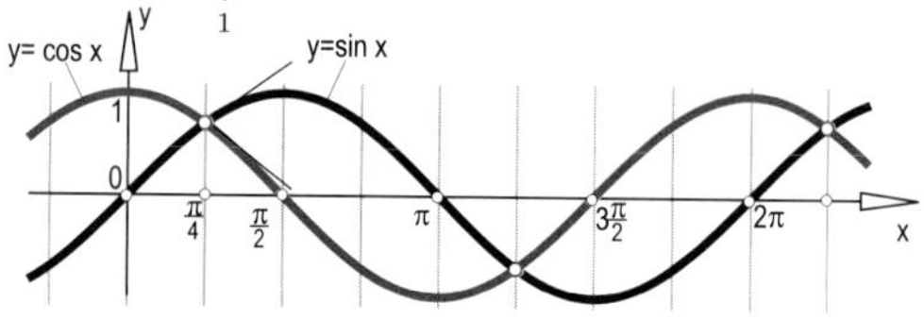

Abb. 5.25 $\sin x$ und $\cos x$

Ein anschaulich leicht nachvollziehbarer geometrischer Beweis der Beziehung

$$y = \sin x \Rightarrow y' = \frac{dy}{dx} = \cos x$$

könnte auch wie folgt aussehen (Abb. 5.24):
Wir betrachten den Einheitskreis und auf ihm zwei Punkte P und Q, die zu den Kurswinkeln x und $x+dx$ gehören. Der Kreisbogen (und damit im Grenzfall die Kreissehne) von P nach Q hat also die Länge dx. Durch P denken wir uns eine x-Parallele, durch Q eine y-Parallele. Die beiden Geraden schneiden einander in einem Punkt R. Die Figur PQR ist bei kleinem Winkel schon „beinahe" ein rechtwinkliges Dreieck mit der Hypothenuse dx und dem Winkel $x + dx$ (als Normalenwinkel zwischen Kreistangente in Q und der y-Richtung) bei Q. Der Höhenunterschied dy von P und Q ist $\overline{RQ} = dy$. Dieser Wert kann offensichtlich definitionsgemäß auch als Zuwachs der Funktion $y = \sin x$ interpretiert werden, wenn x um dx erhöht wird. Es gilt zunächst näherungsweise, aber beim Grenzübergang exakt, die zu beweisende Beziehung $\frac{dy}{dx} = \cos x$.
Solche Beweise werden von puristischen Mathematikern nicht sehr gerne gesehen, sind aber in technischen Büchern durchaus üblich. Das Rechnen mit „unendlich kleinen Größen" funktioniert erstaunlicherweise recht gut. Man muss sich nur der Gefahr von schwer erkennbaren Denkfehlern bewusst sein (Anwendung S. 273).

Anwendung: Unter welchem Winkel schneiden einander die Funktion $y = \sin x$ und $y = \cos x$ (Abb. 5.25)?
Lösung:
Die beiden Funktionen sind „periodisch", wiederholen sich also immer wieder (die *Periodenlänge* ist 2π). Im Intervall $[0,2\pi]$ schneiden sie die Graphen zweimal:

$$\sin x = \cos x \Rightarrow \frac{\sin x}{\cos x} = 1 \Rightarrow \tan x = 1 \Rightarrow x_1 = \frac{\pi}{4},\ x_2 = \frac{5\pi}{4}$$

In x_1 hat die Sinuslinie eine Tangente mit dem Anstieg $y'(\pi/4) = \cos\pi/4 = 1/\sqrt{2}$. Der Neigungswinkel zur x-Achse ist also 35,264°. Analog hat die Kosinuslinie in x_1 eine Tangente mit dem Anstieg $y'(\pi/4) = -\sin\pi/4 = -1/\sqrt{2}$, also einen Neigungswinkel von −35,264°. Der Schnittwinkel ist somit 70,53°. ♠

Die „Königin" der Funktionen

Es gibt – bis auf eine multiplikative Konstante – genau eine Funktion, die sich nicht ändert, wenn man sie differenziert, und zwar die *Euler*sche Funktion $y = e^x$:

$$(e^x)' = e^x \tag{5.9}$$

Beweis:
Es ist zu zeigen, dass

$$(e^x)' = \lim_{h\to 0} \frac{e^{x+h} - e^x}{h} = e^x \lim_{h\to 0} \frac{e^h - 1}{h} = e^x$$

ergibt. Man muss also zeigen:

$$\lim_{h\to 0} \frac{e^h - 1}{h} = 1 \tag{5.10}$$

Ohne den Beweis jetzt im Detail auszuführen (dazu bräuchten wir Hilfssätze, die wir nicht hergeleitet haben): Es ist hochwahrscheinlich, dass *Euler* „seine Zahl" e so definiert hat, dass der Grenzwert in Formel (5.10) den Wert 1 annimmt, und zwar als

$$\lim_{n\to\infty} (1 + \frac{1}{n})^n = 2{,}71828183\cdots$$

Dann ist

$$e^h = \lim_{n\to\infty} (1 + \frac{1}{n})^{nh} = \lim_{n\to\infty} (1 + \frac{h}{nh})^{nh} = \lim_{m\to\infty} (1 + \frac{h}{m})^m$$

Ab jetzt nur mehr kursorisch: Unter Verwendung des *Binomischen Lehrsatzes* (s.S. 361)

$$(a+b)^m = a^m + m\,a^{m-1}b + \frac{m(m-1)}{2}a^{m-2}b^2 + \cdots + m\,a\,b^{m-1} + b^m$$

folgt mit $a = 1$ und $b = h/m$ weiter für e^h:

$$\Rightarrow e^h = 1 + m\frac{h}{m} + \frac{m(m-1)}{2}(\frac{h}{m})^2 + \cdots = 1 + h + h^2(\cdots)$$

woraus

$$\frac{e^h - 1}{h} = 1 + h(\cdots)$$

folgt. Lässt man $h \to 0$ konvergieren, ist der Grenzwert tatsächlich 1. ◇

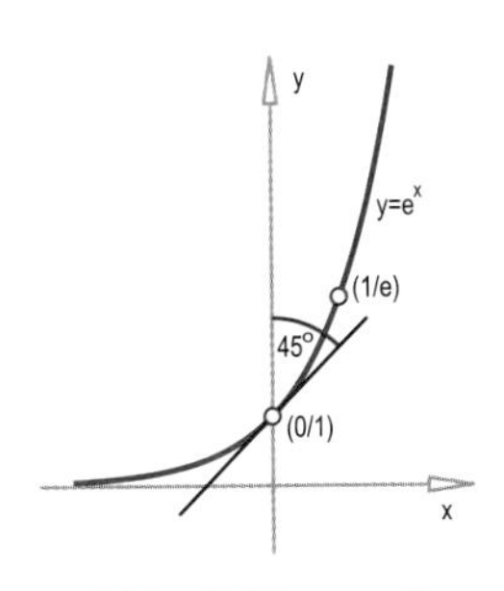

Abb. 5.26 $y = e^x$

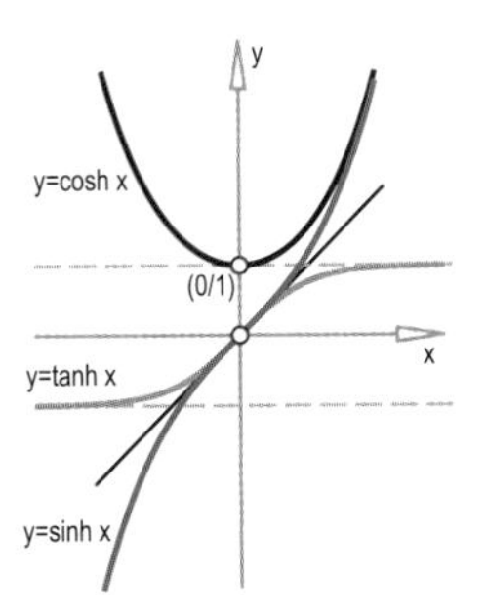

Abb. 5.27 $y = \cosh x,\ y = \sinh x,\ y = \tanh x$

Diese schöne Eigenschaft der *Euler*-Funktion hat enorme Folgen für die gesamte Mathematik. Man könnte $y = e^x$ aus diesem Grund die „Königin der Funktionen" nennen (vgl. auch Anhang A). Aus ihr lassen sich viele andere Funktionen „komponieren", etwa die *hyperbolischen Funktionen* (Abb. 5.27, siehe auch Anwendung S. 202)

$$\cosh x = \frac{e^x + e^{-x}}{2}, \quad \sinh x = \frac{e^x - e^{-x}}{2}, \quad \tanh x = \frac{\sinh x}{\cos h} = \frac{e^x - e^{-x}}{e^x + e^{-x}}$$

die wir im Zusammenhang mit der „Kettenlinie“ noch kennenlernen werden (Anwendung S. 328). Über den Umweg der komplexen Zahlen gibt es sogar einen Zusammenhang zu den Winkelfunktionen (Anwendung S. 202). Der Beweis dafür lässt sich mittels der sog. Potenzreihenentwicklung führen, die wir in Kapitel 7 noch besprechen werden.

Anwendung: Unter welchem Winkel schneidet $y = e^x$ die y-Achse?
Für alle Punkte auf der y-Achse ist $x = 0$. Die Funktion $y = e^x$ schneidet die Achse also im Punkt $(0/e^0 = 1)$. Die Ableitung dort ist ebenfalls $e^0 = 1$, das heißt, die Tangente hat den Anstieg $\tan \alpha = 1$, bildet also $45°$ zur x-Achse und damit auch $45°$ zur y-Achse (Abb. 5.26). ♠

Als nächstes zeigen wir noch einige wichtige Grundregeln, mit denen man schon recht komplexe Funktionen ableiten kann.
Im folgenden seien $f(x)$ und $g(x)$ zwei Funktionen mit den Ableitungen $f'(x)$ und $g'(x)$. Es ist daher

$$f'(x) = \lim_{h \to 0} \frac{f(x+h) - f(x)}{h}, \quad g'(x) = \lim_{h \to 0} \frac{g(x+h) - g(x)}{h}$$

Unmittelbar einsichtig ist die Tatsache, dass *multiplikative Konstanten* „herausgehoben“ werden können, während *additive Konstanten* verschwinden:

$$(k \cdot f + d)' = k \cdot f' \tag{5.11}$$

Beweis:
Mit $F(x) = k \cdot f(x) + d$ gilt

$$F' = \lim_{h \to 0} \frac{[k\, f(x+h) + d] - [k\, f(x) + d]}{h} = k \lim_{h \to 0} \frac{f(x+h) - f(x)}{h} = k\, f'(x)$$

◇

Zahlenbeispiel: Die Ableitung der Funktion $y = 6 \cos x + 2$ lautet $y' = -6 \sin x$.

Ebenso einfach ist die

$$\text{Summenregel:} \quad (f+g)' = f' + g' \tag{5.12}$$

Beweis:

$$(f+g)'(x) = \lim_{h \to 0} \frac{[f(x+h) + g(x+h)] - [f(x) + g(x)]}{h} =$$
$$= \lim_{h \to 0} \frac{[f(x+h) - f(x)] + [g(x+h) - g(x)]}{h} = f' + g'$$

Die Formel stimmt natürlich nur, wenn f' und g' existieren. Das gilt auch für Formel (5.13) und Formel (5.17)!

◇

Anwendung: Man ermittle das erste positive Maximum der Funktion $f(x) = \frac{x}{2} + \sin x$ (Abb. 5.28)

Lösung:
Ein Maximum tritt auf, wenn die Funktion eine waagrechte Tangente besitzt, also der Neigungswinkel α der Tangente 0 ist. Es muss also sein:

$$\tan \alpha = f'(x) = 0$$

Nach der Summenregel ist

$$f' = (\frac{x}{2})' + (\sin x)' = \frac{1}{2} + \cos x = 0 \Rightarrow \cos x = -\frac{1}{2} \Rightarrow x = \frac{2\pi}{3}$$

In der Umgebung des Punktes $(\frac{2\pi}{3} / \frac{\pi}{3} - \frac{\sqrt{3}}{2})$ welchselt f' das Vorzeichen. Links des Punktes gilt $y' > 0$, rechts davon $y' < 0$. Es liegt also tatsächlich ein Maximum vor.

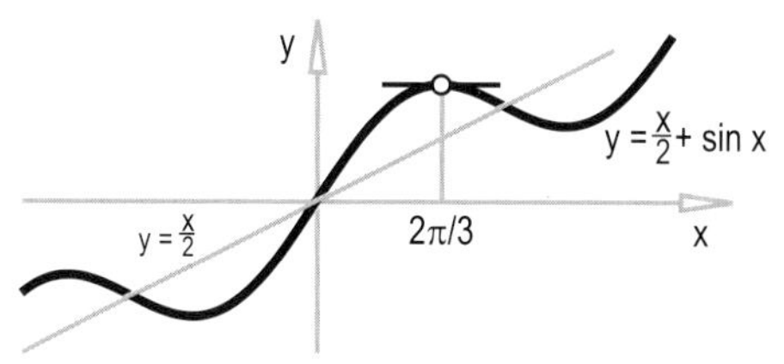

Abb. 5.28 $f(x) = \frac{x}{2} + \sin x$

Die Kurve „windet" sich übrigens um die *Leitgerade* $y = \frac{x}{2}$ (Abb. 5.28).

Bei diesem Beispiel ist es wichtig, im *Bogenmaß* und nicht im Gradmaß zu rechnen. Ihr Taschenrechner muss also auf *RAD* eingestellt sein und nicht auf *DEG*. Die Einstellung *GRAD* bezieht sich übrigens auf die sog. *Neugrad*, mit denen wir in diesem Rahmen nicht rechnen (sie finden im Vermessungswesen praktische Anwendung). Die Einteilung des rechten Winkels in 90 Einheiten stammt von den alten Griechen, die ja noch nicht mit dem Zehnersystem rechneten. Letzteres wurde erst vor etwa 1 000 Jahren von Indien über die arabische Mathematik nach Europa „exportiert". ♠

Weiters gilt die

$$\text{Produktregel: } (f \cdot g)' = f' \cdot g + f \cdot g' \tag{5.13}$$

Beweis:
Nach Definition gilt für $F(x) = f(x) \cdot g(x)$

$$F'(x) = \Big(f(x) \cdot g(x)\Big)' = \lim_{h \to 0} \frac{f(x+h) \cdot g(x+h) - f(x) \cdot g(x)}{h}$$

Nun verwenden wir einen Trick: Wir subtrahieren einen Ausdruck und addieren ihn gleich wieder, um „das Gleichgewicht wiederherzustellen". Durch geschicktes Zusammenfassen ergeben sich durch diese vermeintliche Komplizierung neue „Konstellationen".

$$F' = \lim_{h \to 0} \frac{f(x+h) \cdot g(x+h) \overbrace{- f(x) \cdot g(x+h) + f(x) \cdot g(x+h)}^{\text{dies ist der Trick!}} - f(x) \cdot g(x)}{h}$$

$$= \lim_{h \to 0} \frac{f(x+h) - f(x)}{h} g(x+h) + f(x) \lim_{h \to 0} \frac{g(x+h) - g(x)}{h} = f'g + fg'$$

◇

Mithilfe der Produktregel kann man folgende grundlegende Differentiationsregel zur *Ableitung der Potenzfunktion* $y = x^n$ beweisen:

$$(x^n)' = n \cdot x^{n-1} \tag{5.14}$$

Beweis:
Wir nehmen zunächst an, dass n eine natürliche Zahl ist. In weiterer Folge werden wir den Satz auch für beliebige reelle Zahlen zeigen (Formel (5.25)).
Der Beweis wendet das Verfahren der „vollständigen Induktion" an: Wir wissen bereits, dass der Satz für $n = 1$ gilt: $(x^1)' = 1 \cdot x^0 = 1$ („Induktionsanfang"). Wir sagen nun: Angenommen, der

Satz stimmt für n. Wenn ich dann zeigen kann, dass er auch für $n+1$ gilt, dann kann ich wie folgt argumentieren: Für $n = 1$ gilt der Satz, daher auch für $n+1 = 2$. Daher gilt er auch für $n = 3$ usw.
Es gelte also $(x^n)' = n \cdot x^{n-1}$.
Zu zeigen ist: $(x^{n+1})' = (n+1) \cdot x^n$.
Dies geschieht unter Anwendung der Produktregel:

$$(x^{n+1})' = (x \cdot x^n)' = 1 \cdot (x^n) + x \cdot (n \cdot x^{n-1}) = x^n + n \cdot x^n = (n+1) \cdot x^n$$

◇

Anwendung: Wurfparabel

Die Wurfparabel hat die Gleichung $y = a\,x^2 + b\,x + c$. Man bestimme die Koeffizienten a, b und c so, dass die Wurfweite in ebenem Gelände 20 m und die Wurfhöhe 8 m ist. Wie gross ist der Abwurfwinkel α?

Lösung:

Der Koordinatenursprung soll der Einfachheit halber auf der Parabel liegen $(0 = 0^2\,a + 0\,b + c \Rightarrow c = 0)$. Der Scheitelpunkt muss dann aus Symmetriegründen die Koordinaten $(10/8)$ haben, sodass gilt:
$8 = 10^2\,a + 10\,b + 0 \Rightarrow b = 0{,}8 - 10\,a$. Weiters muss dort die Tangente waagrecht sein, also $y'(10) = 0$ gelten. Unter Anwendungen der bisherigen Regeln ist

$$y' = 2a\,x + b$$

Also gilt $20\,a + b = 0 \Rightarrow 20\,a + 0{,}8 - 10a = 0 \Rightarrow a = -0{,}08 \Rightarrow b = 1{,}6$. Damit ist $y'(0) = \tan\alpha = 1{,}6$, sodass der Abwurfwinkel $\alpha = 58{,}0^\circ$ erforderlich ist.♠

Als nächste Regel sei die *Quotientenregel* angeführt (sie lässt sich analog zur Produktregel beweisen):

$$\text{Quotientenregel: } \left(\frac{f}{g}\right)' = \frac{f' \cdot g - f \cdot g'}{g^2} \tag{5.15}$$

Anwendung: Man berechne die Ableitung der Tangensfunktion $y = \tan x$ und zeige, dass die Tangensfunktion die x-Achse unter 45° schneidet.
Lösung:

Der Tangens ist als Quotient definiert:

$$\tan x = \frac{\sin x}{\cos x}$$

Nach der Quotientenregel lautet die Ableitung

$$(\tan x)' = \frac{\cos x \cos x - \sin x(-\sin x)}{\cos^2 x} = \frac{\cos^2 x + \sin^2 x}{\cos^2 x}$$

Je nachdem, ob wir durchkürzen oder vorher $\cos^2 x + \sin^2 x = 1$ verwenden, erhalten wir daher

$$(\tan x)' = 1 + \tan^2 x \quad \text{bzw.} \quad (\tan x)' = \frac{1}{\cos^2 x} \tag{5.16}$$

Die Tangensfunktion ist wieder periodisch (Periode π). Ihre Nullstellen ergeben sich für $\tan x = 0$ $(\Rightarrow x = 0,\ \pm\pi,\ \pm 2\pi,\ \cdots)$. Dort ist die Ableitung $(\tan x)'(0) = 1$, d.h., die Tangente ist unter $\alpha = 45^\circ$ geneigt $(\tan\alpha = 1)$.

♠

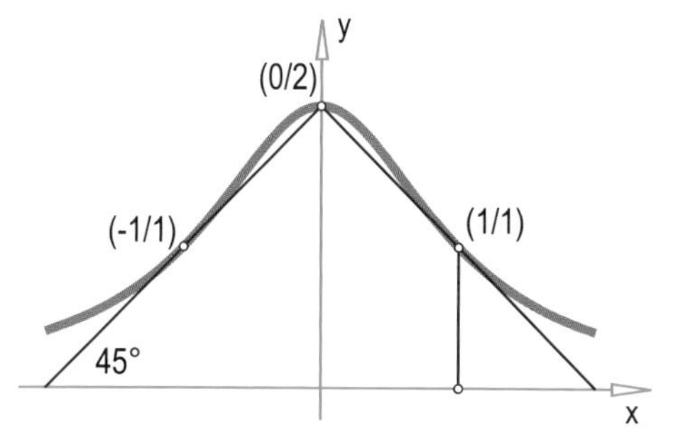

Abb. 5.29 Glockenförmig, aber nicht die „echte" Glockenkurve

Anwendung: Glockenförmige Kurve (Abb. 5.29)
Man zeige, dass die Funktion $y = 2/(1+x^2)$ im Punkt $(0/2)$ ein Maximum besitzt und die Kurventangenten in den Punkten $(\mp 1/1)$ unter $\pm 45°$ zur x-Achse geneigt sind.
Lösung:

Nach der Quotientenregel gilt

$$y' = \frac{0 \cdot (1+x^2) - 2 \cdot 2x}{(1+x^2)^2} = -\frac{4x}{(1+x^2)^2} \Rightarrow y'(0) = 0$$

Für $x < 0$ ist $y' > 0$, das heißt die Kurve steigt bis $x = 0$ an und hat dort ein Maximum.
Für $x = \pm 1$ $(\Rightarrow y = 1)$ ist $y' = \tan\alpha = \mp 1 \Rightarrow \alpha = \mp 45°$.
Die Kurve sieht durchaus glockenförmig aus, sollte aber nicht mit der berühmten *Gauß*schen Glockenkurve (Abb. 7.3) verwechselt werden.

♠

Sehr häufig brauchen wir die sog. *Kettenregel*, die bei „verschachtelten Funktionen" anzuwenden ist:

$$\text{Kettenregel:} \quad \Big(f[g(x)]\Big)' = f'[g(x)] \cdot g'(x) \tag{5.17}$$

Der Ausdruck $f'[g(x)]$ wird „äußere Ableitung", der Ausdruck $g'(x)$ „innere Ableitung" genannt. Der Techniker bzw. Physiker bevorzugt die Differentialschreibweise:

$$\frac{df}{dx} = \frac{df}{dg} \cdot \frac{dg}{dx} \tag{5.18}$$

Beweis:
Die Differentialschreibweise ist eigentlich die Abkürzung für folgende Grenzwertüberlegung:

$$\Big(f[g(x)]\Big)' = \lim_{h \to 0} \frac{f[g(x+h)] - f[g(x)]}{h} =$$
$$= \frac{f[g(x+h)] - f[g(x)]}{g(x+h) - g(x)} \cdot \frac{g(x+h) - g(x)}{h} = f'[g(x)] \cdot g'(x)$$

◇

Die Anwendung der Kettenregel erlernt man am besten durch Beispiele:

Anwendung: Man bestimme die Ableitungen der Funktionen

$$y = \mathrm{e}^{2x}, \; y = \mathrm{e}^{\sin x}, \; y = \cos(3x^2 + 1), \; y = \tanh x = \frac{e^x - e^{-x}}{e^x + e^{-x}}.$$

Lösung:

$$y = \mathrm{e}^{2x} \Rightarrow y' = \mathrm{e}^{2x} \cdot 2 = 2y$$
$$y = \mathrm{e}^{\sin x} \Rightarrow y' = \mathrm{e}^{\sin x} \cdot \cos x$$
$$y = \cos(3x^2+1) \Rightarrow y' = [-\sin(3x^2+1)] \cdot (6x) = -6x \sin(3x^2+1)$$

$$y = \frac{e^x - e^{-x}}{e^x + e^{-x}} \Rightarrow y' = \frac{(e^x + e^{-x})(e^x + e^{-x}) - (e^x - e^{-x})(e^x - e^{-x})}{(e^x + e^{-x})^2}$$
$$\Rightarrow (\tanh x)' = 1 - \tanh^2 x \tag{5.19}$$

♠

Für die *Ableitung der inversen Funktion* gilt folgender Satz:

$$\left(f^{-1}[f(u)]\right)' = \frac{1}{f'(u)} \tag{5.20}$$

Seine Anwendung besteht hauptsächlich darin, dass man elegant Formeln für die Ableitung neuer Funktionstypen herleiten kann.

Beweis:
Ist g die Umkehrfunktion von f, dann sind die zugehörigen Graphen spiegelsymmetrisch zur ersten Mediane. Hat die Tangente an f den Neigungswinkel α, dann hat die spiegelsymmetrische Tangente an g den komplementären Neigungswinkel, für den gilt:

$$\tan(\frac{\pi}{2} - \alpha) = \frac{1}{\tan\alpha}$$

Eine andere sehr einfache Variante des Beweises basiert auf der Kettenregel: Wenn g die Umkehrfunktion von f ist, dann gilt zunächst

$$g[f(u)] = u \Rightarrow (\text{Differenzieren nach } u) \left(g[f(u)]\right)' = 1$$

und weiter nach der Kettenregel

$$g'[f(u)] \cdot f'(u) = 1 \Rightarrow g'[f(u)] = \frac{1}{f'(u)}$$

◇

Anwendung: Ableitung des Arcus Tangens (Abb. 5.30 links)
Die zur Tangensfunktion $y = \tan x$ inverse Funktion heißt Arcus tangens („der Bogen, der zum Tangens gehört"). Man berechne die Ableitung von $y = \arctan x$.

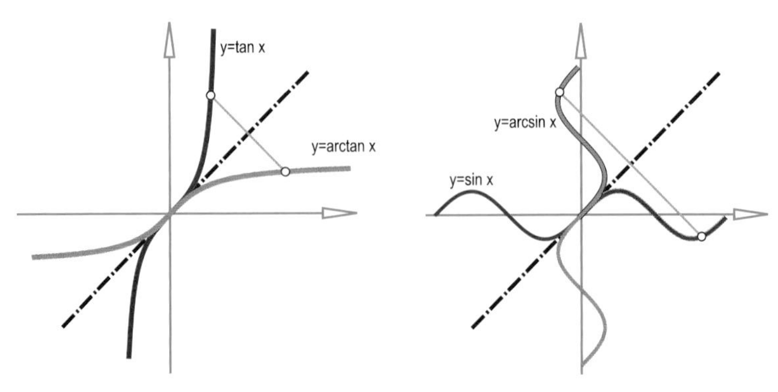

Abb. 5.30 $\arctan x$ und $\arcsin x$

Lösung:

Es gilt $$\Big(\arctan(\tan u)\Big)' = \frac{1}{(\tan u)'} = \frac{1}{1+\tan^2 u}$$

Setzen wir nun $\tan u = x$, dann haben wir

$$(\arctan x)' = \frac{1}{1+x^2} \tag{5.21}$$

Analog gilt für die Ableitung der Umkehrfunktion von $\tanh x$ gemäß Formel (5.19):

$$(\text{artanh } x)' = \frac{1}{1-x^2} \tag{5.22}$$

Die Funktion heißt „Area tangens hyperbolicus“. Wir brauchen sie bei der Integralrechnung. ♠

Anwendung: Ableitung des Arcus Sinus (Abb. 5.30 rechts)
Die zur Sinusfunktion $y = \sin x$ inverse Funktion heißt Arcus sinus („der Bogen, der zum Sinus gehört“). Man berechne die Ableitung von $y = \arcsin x$.

Lösung:

Es gilt $$\Big(\arcsin(\sin u)\Big)' = \frac{1}{(\sin u)'} = \frac{1}{\cos u} = \frac{1}{\sqrt{1-\sin^2 u}}$$

Setzen wir nun $\sin u = x$, dann haben wir

$$(\arcsin x)' = \frac{1}{\sqrt{1-x^2}} \tag{5.23}$$

Wir dürfen die Sinuskurve nur im Intervall $[0,\, 2\pi]$ spiegeln, sonst ist $y = \arcsin x$ nicht eindeutig. ♠

Anwendung: Ableitung der Logarithmus-Funktion
Die zur Exponentialfunktion $y = \mathrm{e}^x$ inverse Funktion ist der *natürliche Logarithmus* (*Logarithmus naturalis*). Man berechne die Ableitung von $y = \ln x$.

Lösung:

Es gilt $$\Big(\ln(\mathrm{e}^u)\Big)' = \frac{1}{(\mathrm{e}^u)'} = \frac{1}{\mathrm{e}^u}$$

Setzen wir nun $\mathrm{e}^u = x$, dann haben wir die einfache Formel

$$(\ln x)' = \frac{1}{x} \tag{5.24}$$

♠

Mittels Formel (5.20) wollen wir jetzt beweisen:

Formel (5.14) zum Ableiten der Potenzfuntionen $y = x^n$ gilt für alle $n \in \mathbb{R}$. (5.25)

Beweis:
Nach Formel (5.20) können wir auch die „Wurzelfunktionen“ ableiten, denn die zur Potenzfunktion $y = x^n$ inverse Funktion ist die Wurzelfunktion

$$y = x^{\frac{1}{n}} = \sqrt[n]{x}.$$

Nach dem Satz über die Ableitung der inversen Funktion gilt

$$(\sqrt[n]{u^n})' = \frac{1}{n \cdot u^{n-1}}$$

Setzen wir nun $u^n = x$, dann ist nach den Potenz-Rechenregeln

$$u^{n-1} = x^{\frac{n-1}{n}} = x^{1-\frac{1}{n}}$$

und damit

$$(x^{\frac{1}{n}})' = (\sqrt[n]{x})' = \frac{1}{n \cdot x^{1-\frac{1}{n}}} = \frac{1}{n} x^{\frac{1}{n}-1}$$

Wir brauchen uns diese Regel aber nicht zu merken: Setzen wir nämlich $\frac{1}{n} = m$, dann nimmt die Formel die wohlbekannte Form an:

$$(x^m)' = m \cdot x^{m-1} \quad \text{mit} \quad m = \frac{1}{n}$$

Mithilfe der Produktregel zeigt man nun leicht, dass die Formel auch gilt, wenn man $m = \frac{k}{n} = k\frac{1}{n}$ setzt. Also gilt die Regel für alle Bruchzahlen und – weil jede reelle Zahl ja beliebig genau durch eine Bruchzahl angenähert werden kann – sogar für alle reelle Hochzahlen (auch für $n = 0$, weil ja $x^0 = 1$ konstant und die Ableitung damit 0 ist). ◇

Relativ oft ist $y = \sqrt{x} = x^{\frac{1}{2}}$ abzuleiten. Nach Formel (5.14) ist dann $y' = \frac{1}{2} \cdot x^{-\frac{1}{2}} = \frac{1}{2\sqrt{x}}$. Dies wollen wir uns merken:

$$(\sqrt{x})' = \frac{1}{2\sqrt{x}} \tag{5.26}$$

Anwendung: Hyperbolische Funktionen (Abb. 5.27)
Mittels der Funktion e^x werden die sog. hyperbolischen Funktionen definiert:

$$\sinh x = \frac{e^x - e^{-x}}{2}, \quad \cosh x = \frac{e^x + e^{-x}}{2} \tag{5.27}$$

Man zeige: $(\sinh x)' = \cosh x$, $(\cosh x)' = \sinh x$.

Lösung:

$$\left(\frac{e^x - e^{-x}}{2}\right)' = \frac{1}{2}(e^x - e^{-x}(-1)) = \cosh x$$

$$\left(\frac{e^x + e^{-x}}{2}\right)' = \frac{1}{2}(e^x + e^{-x}(-1)) = \sinh x$$

Mittels der imaginären Einheit i ($i^2 = -1$) (siehe Abschnitt A) lassen sich ganz analoge Formeln für die gewöhnliche Sinus- bzw. Kosinus-Funktion ableiten:

$$\sin x = \frac{e^{ix} - e^{-ix}}{2i}, \quad \cos x = \frac{e^{ix} + e^{-ix}}{2} \tag{5.28}$$

Auch hier kann man ganz leicht die ohnehin schon bekannten Beziehungen $(\sin x)' = \cos x$, $(\cos x)' = -\sin x$ zeigen. ♠

Anwendung: Man zeige folgende Formel für die Ableitung der allgemeinen Exponentialfunktion:

$$(a^x)' = \ln a \cdot a^x \tag{5.29}$$

Lösung:
Es ist $a = e^{\ln a}$ und somit

$$a^x = \left(e^{\ln a}\right)^x = e^{\ln a \cdot x} \Rightarrow (a^x)' = e^{\ln a \cdot x} \cdot \ln a = a^x \cdot \ln a$$ ♠

Wenn die Verschachtelung der Funktionen komplexer ist, muss die Kettenregel öfter angewandt werden. Auch dazu einige Übungen:

Anwendung: Weitere Beispiele zur Kettenregel
Man bestimme durch wiederholte Anwendung der Kettenregel die Ableitungen der Funktionen
$y = \mathrm{e}^{\sin 2x}$, $y = \ln(1 + \mathrm{e}^{2x})$, $y = \cos(3\sin x^2 + 1)$, $y = \arcsin(\cos 2x)$.
Lösung:

$$y = \mathrm{e}^{\sin 2x} \Rightarrow y' = \mathrm{e}^{\sin 2x} \cdot \cos 2x \cdot 2$$

$$y = \ln(1 + \mathrm{e}^{2x}) \Rightarrow y' = \frac{1}{1 + \mathrm{e}^{2x}} \cdot \mathrm{e}^{2x} \cdot 2$$

$$y = \cos(3\sin x^2 + 1) \Rightarrow y' = -\sin(3\sin x^2 + 1) \cdot (3\,\cos x^2) \cdot (2x)$$

$$y = \arcsin(\cos 2x) \Rightarrow y' = \frac{1}{\sqrt{1 - \cos^2 2x}} \cdot (-\sin 2x) \cdot 2 = -2$$ ♠

Anwendung: Harmonische Schwingung (Abb. 5.31)
Wir bewegen einen Punkt P mit konstanter Winkelgeschwindigkeit ω auf einem Kreis um den Ursprung (Radius r) und betrachten seine Normalprojektion Q auf die y-Achse. Der projizierte Punkt Q schwingt harmonisch auf und ab. Bezeichnet φ den *Polarwinkel* des Kreispunktes P und t die verstrichene Zeit, dann gilt für die Höhe von Q:

$$y = r\,\sin\varphi = r\,\sin\omega t$$

Man bestimme die Momentangeschwindigkeit bzw. Momentanbeschleunigung von Q.
Lösung:
Die Bahn von Q ist in Abhängigkeit von der Zeit t gegeben. Folglich brauchen wir nur die „erste und die zweite Ableitung“ nach der Zeit ($\dot{y}$ und $\ddot{y}$) zu bilden. Nach der Kettentregel gilt:

$$y = r\,\sin\omega t \Rightarrow \dot{y} = r\,\omega\,\cos\omega t \Rightarrow \ddot{y} = r\,\omega^2\,(-\sin\omega t)$$

Wir sehen also: Bahngeschwindigkeit und Beschleunigung von Q ändern sich auch harmonisch. Die Momentangeschwindigkeit steigt linear mit der Winkelgeschwindigkeit von P, die Beschleunigung hingegen quadratisch.

Für die Bahngeschwindigkeit des Kreispunktes P gilt: $v = r\,\omega$. Der Kreisumfang beträgt $U = 2\pi\,r$. Damit beträgt die Umlaufzeit von P

$$T = \frac{U}{v} = \frac{2\pi}{\omega}$$

Dieselbe Zeit braucht der Punkt Q, um einen Durchgang der harmonischen Schwingung auszuführen.
In der Praxis hat man oft diese Zeit gegeben. Daraus berechnet man die Winkelgeschwindigkeit $\omega = \dfrac{2\pi}{T}$ und man erhält

$$y = r\,\sin\omega t = r\,\sin\frac{2\pi\,t}{T}$$

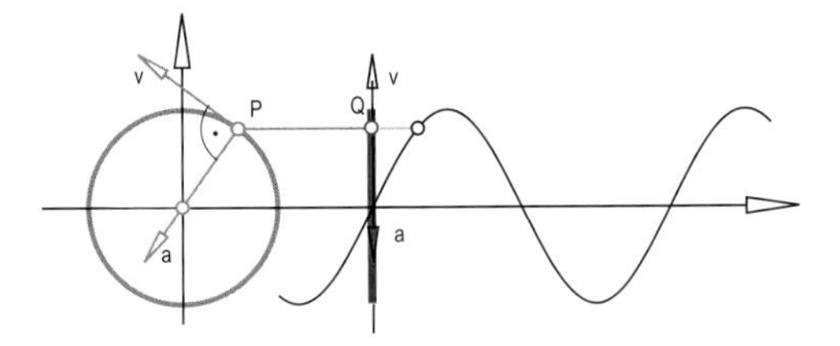

Abb. 5.31 Harmonische Schwingung

$$\dot{y} = r\,\omega\,\cos\omega t = \frac{2\pi\,r}{T}\cos\frac{2\pi\,t}{T} = v\,\cos\frac{2\pi\,t}{T}$$

$$\ddot{y} = -r\,\omega^2\,\sin\omega t = -\frac{4\pi^2 r}{T^2}\sin\frac{2\pi\,t}{T} = -\frac{4\pi^2}{T^2}y$$

Der Bahngeschwindigkeitsvektor bzw. der Beschleunigungsvektor von Q sind also die Normalprojektionen der entsprechenden Vektoren des Kreispunktes P auf die y-Achse. Beim Ausdruck $\frac{4\pi^2 r}{T^2}$ handelt es sich übrigens um die *Zentripetalbeschleunigung* des Punkts P. ♠

Anwendung: In welchem Augenblick haben beim Kardangelenk die beiden Wellen gleiche Winkelgeschwindigkeit? (Abb. 5.32, vgl. auch Abb. 4.57)

Lösung:

In Anwendung S. 162 haben wir für das Kardangelenk die Formel für den Abtriebswinkel β bei gegebenem Antriebswinkel α abgeleitet (dabei ist γ der konstante Neigungswinkel der beiden Achsen):

$$\tan\beta = \frac{1}{\cos\gamma}\tan\alpha \Rightarrow \beta = \arctan\frac{\tan\alpha}{\cos\gamma}$$

Wir lassen nun die Antriebsachse mit konstanter Winkelgeschwindigkeit ω rotieren. Nach der Zeit t hat sie sich um den Winkel $\alpha = \omega\cdot t$ gedreht. Dann gilt für den Abtriebswinkel

$$y(t) = \arctan\frac{\tan\omega t}{c} \quad \text{mit} \quad c = \cos\gamma$$

Die Ableitung $\dot{y} = \frac{dy}{dt}$ ist nun die momentane Änderung des Abtriebswinkels dy in der Zeit dt, also die Winkelgeschwindigkeit der Abtriebsachse. Wir wollen nur das *Verhältnis* der beiden Winkelgeschwindigkeiten untersuchen und können daher $\omega = 1$ setzen.

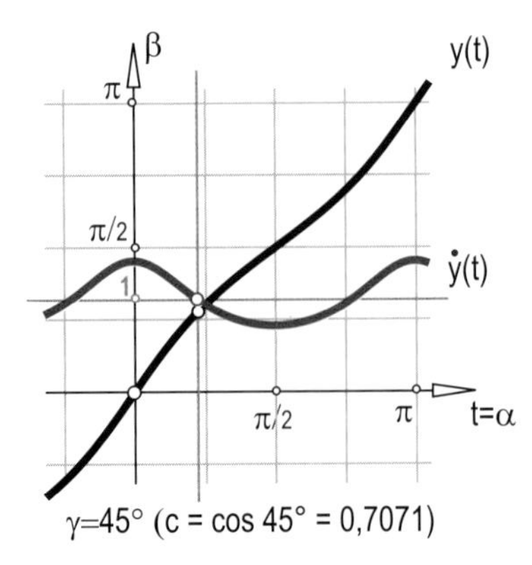

Abb. 5.32 Abtriebswinkel und Verhältnis der Winkelgeschwindigkeiten

Nun bilden wir die Ableitung $\dot{y}$ mittels der Kettenregel, Formel (5.21) für die Ableitung des Arcus tangens und Formel (5.16) für die Ableitung des Tangens:

$$\dot{y} = [\arctan \frac{\tan t}{c}]' \cdot [\frac{\tan t}{c}]' = \frac{1}{1+\left(\frac{\tan t}{c}\right)^2} \cdot \frac{1}{c}\,[1+\tan^2 t] = c\,\frac{1+\tan^2 t}{c^2+\tan^2 t}$$

Zum Startpunkt $t = 0$ ($\alpha = \beta = 0$) haben wir $\dot{y}(0) = \frac{1}{c} = \frac{1}{\cos\gamma}$, zum Zeitpunkt $t = \frac{\pi}{2}$ ($\alpha = \beta = \frac{\pi}{2} = 90°$) haben wir $\dot{y}(\frac{\pi}{2}) = c = \cos\gamma$, weil der Bruch

$$\frac{1+\tan^2 t}{c^2+\tan^2 t} = \frac{\frac{1}{\tan^2 t}+1}{\frac{c^2}{\tan^2 t}+1}$$

für $t \to \frac{\pi}{2}$ ($\Rightarrow \tan t \to \infty$) gegen 1 konvergiert.
Jetzt können wir auch berechnen, wann die augenblicklichen Winkelgeschwindigkeiten gleich sind: Es muss $\dot{y} = 1$ gelten, also

$$c\,\frac{1+\tan^2 t}{c^2+\tan^2 t} = 1 \Rightarrow c + c\tan^2 t = c^2 + \tan^2 t \Rightarrow \tan^2 t(c-1) = c(c-1)$$

$$\Rightarrow \tan t = \tan\alpha = \pm\sqrt{c} \Rightarrow \tan\beta = \pm\frac{\tan\alpha}{c} = \pm\frac{1}{\sqrt{c}}$$

Zahlenbeispiel: $\gamma = 45° \Rightarrow c = \cos 45° = 0{,}7071$ (Abb. 5.32).
Das Verhältnis der Winkelgeschwindigkeiten hat in der Ausgangslage $\alpha = 0°$ den Wert $\dot{y}(0) = 1{,}4142$, nimmt für $\alpha = 40{,}06°$, $\beta = 49{,}94°$ den Wert 1 an und verringert sich für $\alpha = 90°$ auf $\dot{y}(\frac{\pi}{2}) = 0{,}7071$. ♠

Anwendung: Kolbengeschwindigkeit beim *Otto*-Motor (Abb. 5.33)

Man analysiere die Geschwindigkeitsverhältnisse des abgebildeten Schubkurbelgetriebes.

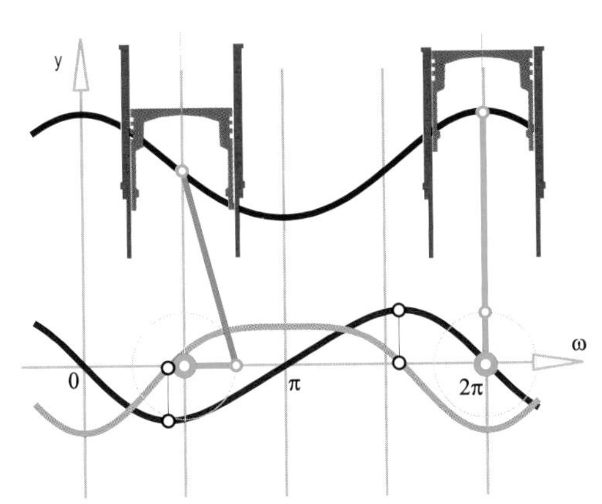

Abb. 5.33 Geschwindigkeits- und Beschleunigungsanalyse beim *Otto*-Motor

In Anwendung S. 104 haben wir die Wegstrecke y des Kolbenbolzens beim *Otto*-Motor in Abhängigkeit vom Drehwinkel α der Kurbelwelle bestimmt:

$$y = r\,\cos\alpha + \sqrt{s^2 - r^2\sin^2\alpha}$$

Während einiger Umdrehungen kann α bei konstanter Winkelgeschwindigkeit ω proportional zur Zeit t angenommen werden:

$$\alpha = \omega\, t$$

Damit haben wir

$$y = r\,\cos(\omega\, t) + \sqrt{s^2 - r^2 \sin^2(\omega\, t)}$$

Weil wir nur qualitativ analysieren wollen, dürfen wir $\omega = 1$ setzen. Die erste Ableitung nach t liefert nun die Momentangeschwindigkeit des Kolbens:

$$\dot{y} = -r\,\sin t + \frac{2\,r^2 \sin t \cos t}{2\sqrt{s^2 - r^2 \sin^2 t}} = r\,\sin t \left[\frac{r\,\cos t}{\sqrt{s^2 - r^2 \sin^2 t}} - 1\right]$$

Für $\sin t = 0$ ($t = \alpha = 0,\, \pi,\, 2\pi, \cdots$), also in höchster bzw. tiefster Lage, steht der Kolben für einen Augenblick still. Man schließt daraus leicht, dass $\dot{y}$ keine weiteren Nullstellen haben kann. Dann müsste nämlich

$$\frac{r\,\cos t}{\sqrt{s^2 - r^2 \sin^2 t}} - 1 = 0$$

sein, und das ist bei $s > r$ nie der Fall.

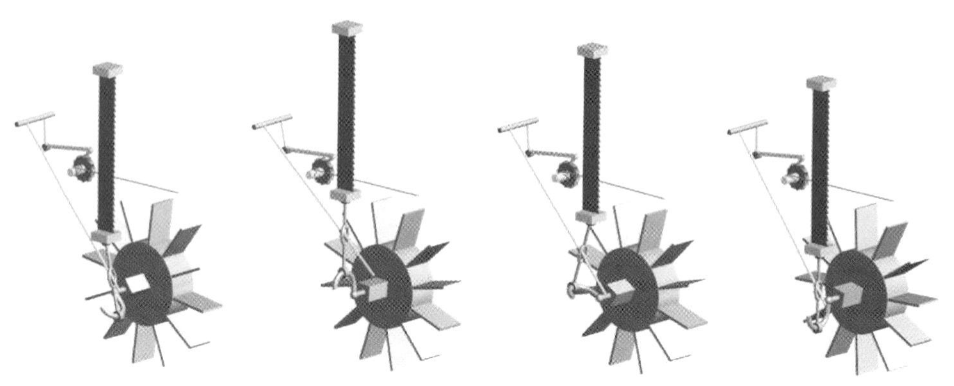

Abb. 5.34 Schubkurbelgetriebe bei einer hydraulischen Säge

Interessanter ist, wo die Kolbengeschwindigkeit maximal wird. Dort muss die Beschleunigung das Vorzeichen wechseln, also Null sein. Zu diesem Zweck müssten wir noch einmal differenzieren und dann $\ddot{y} = 0$ setzen. Dies ist im konkreten Fall schon ein recht mühseliges Unterfangen.
Abb. 5.33 zeigt die Graphen der Funktionen y, $\dot{y}$ und $\ddot{y}$, erstellt mit dem Programm `otto_analysis.exe`. Eingegeben wurde dabei nur die Gleichung $y = y(t)$. Der Computer kann dann selbständig „differenzieren“ und auch Nullstellen dieser Funktionen bilden, wie wir gleich besprechen werden.

Schubkurbeln gestatten ein Wechselspiel zwischen einer Auf-Ab-Bewegung und einer Rotation. So braucht man in der Technik solche Getriebe immer dann, wenn eine Rotation in eine Schwingung umgewandelt werden soll. Man kann etwa das Sägeblatt einer hydraulischen Säge über ein Wasserrad antreiben (Abb. 5.34). Die von Leonardo da Vinci bis ins Detail entwickelte Säge findet noch heute Verwendung.

♠

5.5 Differenzieren mit dem Computer

Differenzieren ist – wie wir gesehen haben – ein relativ einfacher Prozess, weil nach einigen wenigen Regeln systematisch vorgegangen werden kann. Beim wiederholten Ableiten werden die Ergebnisse jedoch nicht selten recht komplex. Mit solchen Ergebnissen dann exakt weiterzurechnen (wie in Anwendung S. 205), erfordert oft schon viel mathematische Erfahrung. Wenn uns das Ergebnis zu komplex erscheint, werden wir sinnvollerweise den Computer in die Berechnungen einbinden.
Der Computer „kann" differenzieren, wenn die Gleichung $y = f(x)$ einer Funktion explizit bekannt ist. Wir unterscheiden dabei die exakte Differentiation, die mit algebraischen Methoden erfolgt, und die näherungsweise Differentiation. Beide Methoden sind von großer Bedeutung.
Beim näherungsweisen Differenzieren kann man in der angegebenen Formel

$$f'(x) = \frac{df}{dx} \approx \frac{f(x+\varepsilon) - f(x)}{\varepsilon} \tag{5.30}$$

ε „sehr klein" wählen, z.B. $\varepsilon = 10^{-12}$. Dies birgt allerdings die Gefahr, dass ein „Ziffernschwund" auftritt, weil der Computer zwar sehr genau, aber unter Umständen doch noch zu ungenau für dermaßen „winzige Unterschiede" rechnet.
Die Formel lässt sich modifizieren und liefert dann i. Allg. wesentlich stabilere Ergebnisse:

$$f'(x) = \frac{df}{dx} \approx \frac{f(x+\varepsilon) - f(x-\varepsilon)}{2\,\varepsilon} \tag{5.31}$$

Jetzt genügt ein vergleichsweise „wesentlich größeres" ε, etwa $\varepsilon = 10^{-7}$, um eine ebenso gute Annäherung zu erzielen. Man betrachte dazu folgendes Beispiel:

Anwendung: Genauigkeitsverlust durch Ziffernschwund
Die exakte Ableitung der Tangensfunktion $f(x) = \tan x$ ist die Funktion $f'(x) = 1 + \tan^2 x$. Der Wert $f'(0{,}5)$ ist exakt bzw. mit den angegebenen Näherungsformeln Formel (5.30) bzw. Formel (5.31) zu berechnen.

Lösung:
Der „exakte" Wert lautet: $f'(0{,}5) = 1{,}298\,446\,410\,409\,5$. Die Näherungen für $\varepsilon = 10^{-7}$ lauten $f'(0{,}5) \approx 1{,}298\,446\,481\,154$ bzw. $f'(0{,}5) \approx 1{,}298\,446\,410\,333$. Formel (5.30) nähert also etwa auf nur 7 Kommastellen an, Formel (5.31) hingegen immerhin auf 9 Stellen. Wenn man nun aber glaubt, durch Verkleinerung von ε höhere Genauigkeit erreichen zu können, irrt man gewaltig: Für $\varepsilon = 10^{-10}$ stimmen die Näherungen nur mehr auf 5 bzw. 6 Kommastellen. Dies verschlimmert sich bei noch kleinerem ε: Bei $\varepsilon = 10^{-13}$ stimmen gar nur 3 Kommastellen, bei $\varepsilon = 10^{-14}$ noch 2, bei $\varepsilon = 10^{-15}$ kommt in beiden Fällen 1,30 heraus und ab $\varepsilon = 10^{-16}$ „bricht das System zusammen", d.h. die Ergebnisse sind völlig irrelevant.

Im konkreten Fall ergeben sich mit Formel (5.30) für $\varepsilon = 10^{-8}$ (immer noch nur 7 Kommastellen) und mit Formel (5.31) für $\varepsilon = 10^{-6}$ (10 Kommastellen) die besten Ergebnisse. ♠

Anwendung S. 207 und auch das noch folgende Beispiel sollen zeigen, dass man dem Computer nicht blind vertrauen soll. Er rechnet keineswegs „beliebig genau“, und durch Ziffernschwund können seltsame Ergebnisse zustande kommen!
Die zweite Ableitung kann näherungsweise aus der ersten berechnet werden:

$$f''(x) = (f'(x))' \approx \frac{f'(x+\varepsilon) - f'(x-\varepsilon)}{2\,\varepsilon} \tag{5.32}$$

Es muss darauf hingewiesen werden, dass solche Annäherungen numerisch nicht sehr zuverlässig sind. Insbesondere ist die Wahl von ε sehr kritisch und unter Umständen von der Art der Funktion abhängig. Eine Alternative zu Formel (5.32) ist die leicht ableitbare Formel

$$f''(x) \approx [f(x+\varepsilon) - 2\,f(x) + f(x-\varepsilon)]/\varepsilon^2$$

(hier sieht man am Nenner, dass ε keinesfalls zu klein gewählt werden darf).

Anwendung: Starker Genauigkeitsverlust bei der zweiten Ableitung
Man berechne die exakte zweite Ableitung der Tangensfunktion $f(x) = \tan x$ und berechne $f''(0{,}5)$ exakt bzw. mit der angegebenen Näherungsformel Formel (5.32).
Lösung:

Wir haben $f' = 1 + \tan^2 x$ und erhalten durch erneutes Differenzieren mittels der Kettenregel

$$f''(x) = 0 + \underbrace{2\tan x \cdot}_{\text{äußere A.}} \underbrace{(1+\tan^2 x)}_{\text{innere Abl.}}$$

Der „exakte“ Wert lautet: $f''(0{,}5) = 1{,}418\,689\,014$. Die Näherung für $\varepsilon = 10^{-4}$ ist $f''(0{,}5) \approx 1{,}418\,689\,069$ und stimmt immerhin auf 6 Kommastellen. Bei $\varepsilon = 10^{-6}$ stimmen nur mehr 3 Kommastellen, für $\varepsilon < 10^{-8}$ ist das Ergebnis eine Ansammlung von irrelevanten Ziffern. ♠

5.6 Lösen von Gleichungen der Form f(x) = 0

Die Schnittpunkte eines Funktionsgraphen $y = f(x)$ mit der Abszisse $y = 0$ heißen Nullstellen bzw. Lösungen der Gleichung $f(x) = 0$. Solche Lösungen lassen sich nur in Spezialfällen mittels Formeln berechnen. I. Allg. muss man sich mit Näherungen begnügen. Algebra-Systeme haben Module, mit denen man die Lösungen beliebig genau berechnen kann.
Dazu muss ein Intervall $[a,\,b]$ angegeben werden, in dem die Lösungen zu suchen sind. Im Prinzip werden zunächst für eine genügend große Zahl von

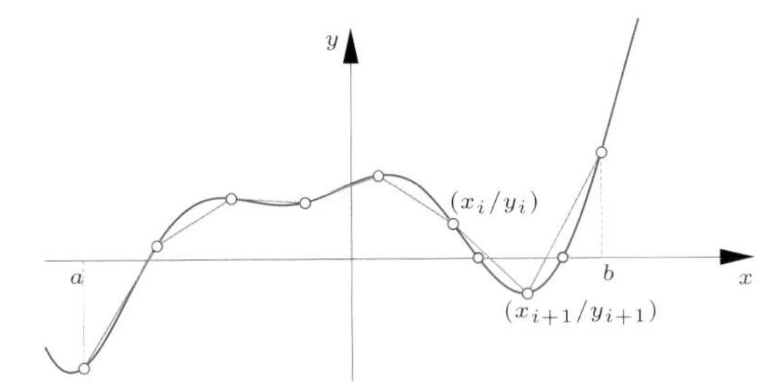

Abb. 5.35 Nullstellen mittels Annäherung durch Polygon

gleichverteilten x-Werten $x_i \in [a, b]$ die Funktionswerte $y_i = f(x_i)$ berechnet. Sind die Vorzeichnen aller y_i gleich, vermutet man, dass keine Lösung vorhanden ist. Um möglichst keine Lösung zu übersehen, wird man – im Zeitalter der schnellen Computer – dutzende oder besser hunderte x_i-Werte testen (vgl. Anwendung S. 32).
Wechseln bei den Funktionswerten im Intervall $[x_i, x_{i+1}]$ die Vorzeichen (Abb. 5.35 rechts), muss dazwischen eine Nullstelle liegen. Wenn die x-Werte nahe genug beisammen liegen, kann man die Kurve durch jene Gerade ersetzen, die von den Punkten (x_i/y_i) und (x_{i+1}/y_{i+1}) aufgespannt wird und erhält rasch eine Näherung x_0 für die Nullstelle:

$$\begin{pmatrix} x_i \\ y_i \end{pmatrix} + t \begin{pmatrix} x_{i+1} - x_i \\ y_{i+1} - y_i \end{pmatrix} = \begin{pmatrix} x_0 \\ 0 \end{pmatrix} \Rightarrow x_0 = x_i + t(x_{i+1} - x_i) \text{ mit } t = \frac{-y_i}{y_{i+1} - y_i}$$

Nur im Glücksfall wird nun $y_0 = f(x_0)$ genau Null sein. Wenn $|y_0|$ noch zu groß ist, kann man zur Verbesserung des Ergebnisses den Vorgang der linearen Annäherung wiederholen und dabei als ersten Punkt den neu berechneten Punkt (x_0/y_0) verwenden, als zweiten jenen der beiden Punkte (x_i/y_i) und (x_{i+1}/y_{i+1}), der bezüglich des neuen Punkts auf der anderen Seite der Abszisse liegt.

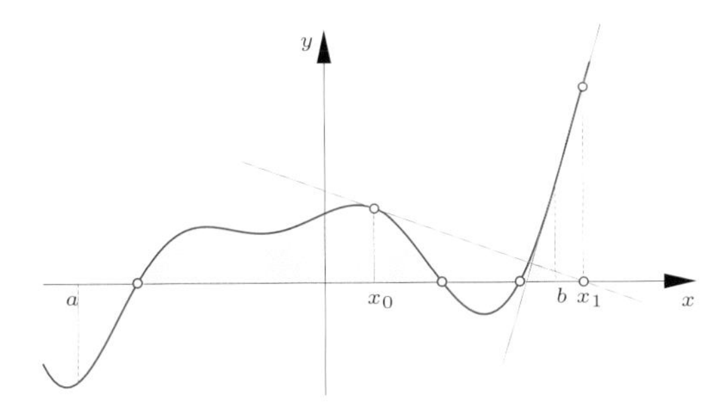

Abb. 5.36 Nullstellen mittels *Newton*

Wenn die Funktion in der Umgebung der Nullstelle „harmlos“ ist – sie darf z.B. nicht stark oszillieren – konvergiert das folgende nach *Newton* benannte Näherungsverfahren sehr schnell: Man wählt einen Startwert x_0. Zu ihm gehört der Punkt (x_0/y_0). Dort wird die Kurve in erster Näherung durch ihre Tangente ersetzt, deren Steigung durch die Ableitung $f'(x_0) = y_0'$ gegeben ist. Schneiden wir statt der Kurve deren Tangente mit der x-Achse, dann erhalten wir einen neuen Wert x_1:

$$\begin{pmatrix} x_0 \\ y_0 \end{pmatrix} + t \begin{pmatrix} 1 \\ y'_0 \end{pmatrix} = \begin{pmatrix} x_1 \\ 0 \end{pmatrix} \Rightarrow x_1 = x_0 - \frac{y_0}{y'_0}$$

Meist wird dieser neue Wert eine bessere Näherung für die Nullstelle sein, und man kommt durch zwei oder drei Wiederholungen (Iterationen) des Vorgangs rasch an die echte Nullstelle heran. Man kann aber auch „Pech" haben und aus dem Intervall $[a, b]$ hinausgeraten (Abb. 5.36). In dem Fall versucht man es einfach mit einem anderen Startwert, oder aber man hofft – nicht selten zu Recht –, dass das Verfahren so stabil ist, dass es sich schon bei der nächsten Wiederholung „stabilisiert". Man findet dann allerdings bei mehreren Nullstellen nicht immer leicht die richtige.
In der Praxis kann man die beiden Verfahren erfolgreich mischen: Mittels Polygonverfahren (linearer Annäherung) lokalisiert man die Nullstellen recht genau. In kleinen Intervallen findet dann das sehr effiziente *Newton*sche Verfahren die richtige Nullstelle mit hoher Wahrscheinlichkeit. Wenn nicht, muss man das Intervall weiter verkleinern.

Anwendung: Einfüllen von Flüssigkeit (Abb. 5.37)
In eine hohle halbkugelförmige Schale mit Innendurchmesser 20 cm wird 1 Liter Wasser gegossen. Wie hoch steht das Wasser?

Lösung:
Die Formel für das Volumen einer Kugelkappe

$$V = \frac{\pi h^2}{3}(3r - h) \tag{5.33}$$

werden wir in Anwendung S. 312 mittels des Prinzips von *Cavalieri* herleiten (h bedeutet die Höhe der Kugelschicht). Mit $r = 10\,\text{cm}$ und $V = 1\,000\,\text{cm}^3$ haben wir

$$1\,000 = \frac{\pi h^2}{3}(30 - h) \Rightarrow f(h) = \pi h^3 - 30\pi h^2 + 3\,000 = 0$$

Die Gleichung besitzt im Intervall [0,10] nur eine Lösung, nämlich $h = 6{,}355$. Das Wasser steht also ca. 6,4 cm hoch. ♠

Abb. 5.37 Kugelschale mit Flüssigkeit

Abb. 5.38 Eintauchen einer Kugel

Anwendung: Eintauchen einer Kugel (Abb. 5.38)
Wie weit sinkt eine Kugel (Dichte $\varrho < 1$) in Wasser ein?

Lösung:
Das Beispiel ist Anwendung S. 210 ähnlich. Wir können zur Vereinfachung den Kugelradius mit 1 festsetzen. Die Eintauchtiefe t gibt dann das Verhältnis zum Radius an.
Das Volumen der Kugel ist somit $V = \frac{4\pi}{3}$ und der unter Wasser liegende Kugelteil hat das Volumen $V_W = \frac{\pi t^2}{3}(3-t)$. Setzen wir Auftriebs- und Abtriebskraft ins Gleichgewicht, so erhalten wir

$$\varrho\frac{4\pi}{3} = \frac{\pi t^2}{3}(3-t)$$

Damit erhalten wir

$$f(t) = t^3 - 3t^2 + 4\varrho = 0.$$

Für $\varrho = 1\frac{\mathrm{g}}{\mathrm{cm}^3}$ ist wegen $f(2) = 0$ die triviale Lösung $t = 2$ gefunden (die Kugel sinkt zur Gänze ein). Für $\varrho = 0{,}5$ ist natürlich $f(1) = 0 \Rightarrow t = 1 \;\Rightarrow$ die Kugel sinkt genau zur Hälfte ein. Abb. 5.38 illustriert die Situation für $\varrho = 0{,}63$. In diesem Fall ist im Intervall $[0/2]$ $t \approx 1{,}175$ die einzige Lösung, d.h. die Höhe der herausragenden Kugelkappe beträgt etwa 5/6 des Kugelradius. ♠

Anwendung: „Aufwicklung“ eines Kreissektors zu einem Drehkegel

Von einem Kreissektor vom Radius $s = 10$ cm wird der Mantel eines Drehkegels mit $270\,\mathrm{cm}^3$ Volumen angefertigt. Man berechne die Größe des Zentriwinkels des Kreissektors.

Lösung:
Sei α der halbe Öffnungswinkel des Drehkegels. Dann gilt für Radius r, Höhe h und Volumen V des Kegels

$$r = s\sin\alpha, \quad h = s\cos\alpha \Rightarrow V = \frac{\pi r^2 h}{3} = \frac{\pi}{3}s^3\sin^2\alpha\cos\alpha$$

Konkret haben wir demnach

$$\frac{\pi}{3}10^3\sin^2\alpha\cos\alpha = 270 \Rightarrow \sin^2\alpha\cos\alpha = 0{,}25783$$

Mit $\sin^2\alpha + \cos^2\alpha = 1$ erhalten wir

$$\sin^2\alpha\sqrt{1-\sin^2\alpha} = 0{,}25783 \Rightarrow x\sqrt{1-x} = 0{,}257831 \text{ (mit } x = \sin^2\alpha)$$

oder nach Quadrieren

$$x^2(1-x) - 0{,}257831^2 = 0 \Rightarrow f(x) = x^3 - x^2 + 0{,}0664768 = 0$$

Diese Gleichung hat drei Lösungen für $x = \sin^2\alpha$, von denen nur die positiven relevant sind:

$$x_1 = -0{,}232265 < 0 \quad x_2 = 0{,}310506 \quad x_3 = 0{,}921759$$

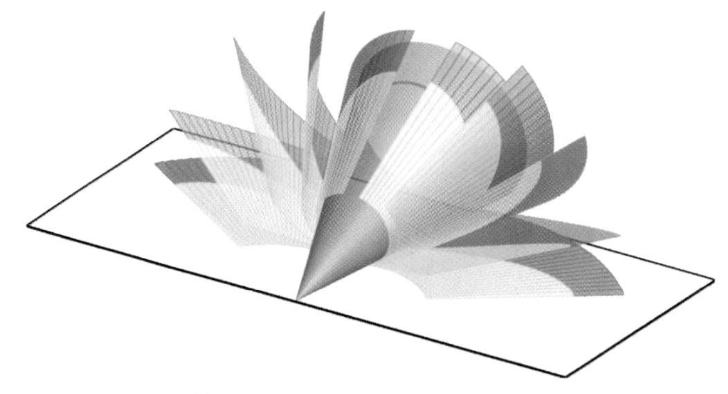

Abb. 5.39 Auf- und Abwickeln...

Wir haben also zwei reelle Lösungen für α:

$$\sin^2\alpha_1 = 0{,}310506 \Rightarrow \alpha_1 = 34{,}18^\circ, \quad \sin^2\alpha_2 = 0{,}921759 \Rightarrow \alpha_2 = 73{,}76^\circ$$

Anderseits gilt für den Zentriwinkel ω des Kreissektors (im *Gradmaß*) gemäß Formel (3.18)

$$\omega^\circ = 360^\circ \sin\alpha$$

Die beiden Lösungen für ω sind daher

$$\omega_1^\circ = 202{,}2^\circ \quad \omega_2^\circ = 345{,}6^\circ$$

♠

Anwendung: Exakte zeitliche Simulation eines Planetenumlaufs

Nach den beiden ersten *Kepler*schen Gesetzen ist die Bahnkurve eines Planeten P um die Sonne S eine Ellipse mit S als Brennpunkt. Die Bahn wird mit ständig wechselnder Geschwindigkeit durchlaufen, wobei „in gleichen Zeiten gleiche Flächen überstrichen werden" (Abb. 5.40). So einfach diese Theorie klingt, ist es doch unmöglich, mittels elementarer Funktionen die Bahnellipse mathematisch so zu beschreiben, dass sie „nach der Zeit parameterisiert" ist.

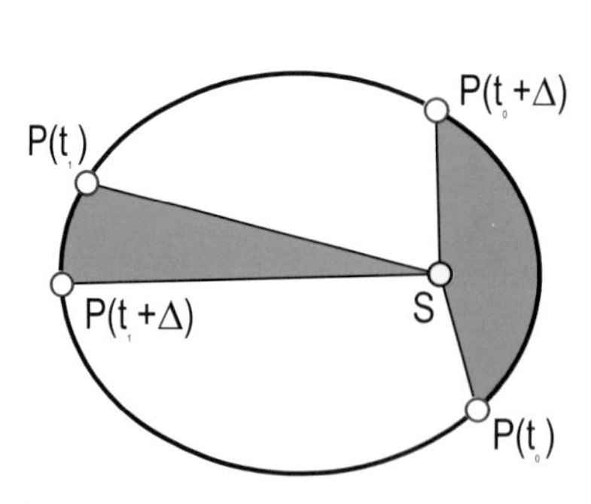

Abb. 5.40 Zweites *Kepler*sches Gesetz

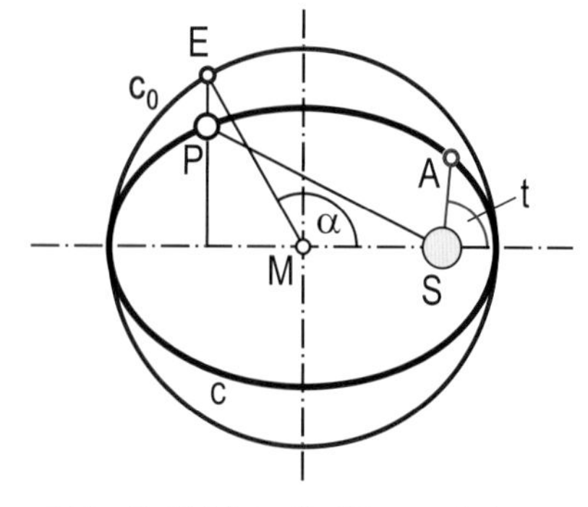

Abb. 5.41 Virtuelle Planetenbahnen

Kepler löste das Problem, indem er neben dem zu untersuchenden Planeten zwei virtuelle Planeten betrachtete (Abb. 5.41): den „mittleren Planeten" A und den „exzentrischen Planeten" E. A durchläuft die selbe Bahnellipse c

wie P (Mittelpunkt M, Halbachsenlängen a, b), allerdings mit *konstanter Winkelgeschwindigkeit* – wobei A und P die gleiche Gesamtumlaufzeit haben. Der exzentrische Planet E durchläuft den Hauptscheitelkreis c_0 der Bahnellipse (Mittelpunkt M, Radius a) als steter Begleiter von P auf einer Parallelen zur Nebenachse der Ellipse (Abb. 5.41). Er ergibt sich also, wenn man den Abstand von P von der Hauptachse mit dem konstanten Faktor a/b vergrößert.

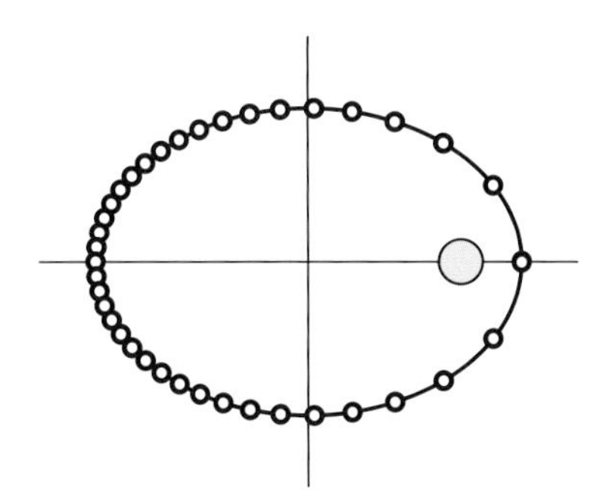

Abb. 5.42 „Stroboskop-Aufnahme"

Abb. 5.43 Galilei und sein Fernrohr

Offensichtlich genügt es, den Kurswinkel α von E zu berechnen, um dann durch Stauchung mit dem reziproken Faktor b/a die Position von P zu berechnen. *Kepler* hat nun eine Beziehung zwischen dem gesuchten Winkel α und dem zur verstrichenen Zeit proportionalen Kurswinkel t von A – die „*Kepler* Gleichung" – abgeleitet:

$$f(\alpha) = \alpha - \varepsilon \sin \alpha - t = 0 \quad \text{mit} \quad \varepsilon = \sqrt{1 - \left(\frac{b}{a}\right)^2} \tag{5.34}$$

Die für die Form der Ellipse maßgebliche *numerische Exzentrizität* ε wird in astronomischen Tabellen angegeben. Bei Vorgabe der Zeit t kann α als einzige reelle Nullstelle von Formel (5.34) mit unserem Verfahren gefunden werden.

Abb. 5.42 zeigt eine Anzahl von Planetenpositionen nach gleichen Zeitintervallen. Die Hauptachse der Bahnellipse heißt *Apsidenlinie*. Auf ihr befindet sich das *Perihel* (die sonnennächste Position) und das *Aphel* (die am weitesten entfernte Position). Deutlich ist die höhere Bahngeschwindigkeit in Sonnennähe zu erkennen. Für unsere Erde ist die numerische Exzentrizität mit $\varepsilon \approx \frac{1}{60}$ recht klein und die Bahnellipse daher fast kreisförmig. Trotzdem ist das Winterhalbjahr der nördlichen Halbkugel immerhin sechs Tage kürzer als das entsprechende Sommerhalbjahr. Dies wird kalendermäßig dadurch ausgeglichen, dass

1. Der Februar nur 28 Tage hat,
2. Sowohl Juli als auch August 31 Tage haben,
3. Der Herbst zwei Tage später als die übrigen Jahreszeiten beginnt.

♠

Anwendung: Potenzfunktion versus Exponentialfunktion

Wann „überholt" die Exponentialfunktion $y = 2^x$ die Potenzfunktion $y = x^5$? (Abb. 5.13)

Lösung:
Beim „Überholen“ gilt

$$2^x = x^5 \Rightarrow f(x) = 2^x - x^5 = 0$$

Die beiden Lösungen sind $x_1 = 1{,}1773$ und $x_2 = 22{,}4400$. Der Wert $(x_2)^5 = 2^{(x_2)}$ ist übrigens mit der Abschätzung $2^{10} \approx 10^3$ recht groß, nämlich $\approx 2^{2,4} \cdot 10^6 \approx 5 \cdot 10^6$.

Wir haben schon gesagt, dass jede Exponentialfunktion jede noch so „mächtige“ Potenzfunktion überholt. Beim Aufsuchen der „Überholstelle“ treten jedoch bald numerische Schwierigkeiten auf. Z. B. versagt das Verfahren bereits beim Aufsuchen der Nullstellen von $f(x) = 2^x - x^6 = 0$, während $f(x) = 2^x - x^{5,969} = 0$ noch lösbar ist (zur Nullstelle $x_2 \approx 29$ gehört dann der Wert $2^{29} \approx 0{,}5 \cdot 10^{10}$).

5.7 Weitere Anwendungen

Anwendung: Populationsstatistik
Sei $f(x)$ der Anteil der Bevölkerung eines Landes, der gerade x Jahre alt ist ($f(x) \in [0, 1]$). Man diskutiere diese Funktion an Hand der Abbildung 5.44.

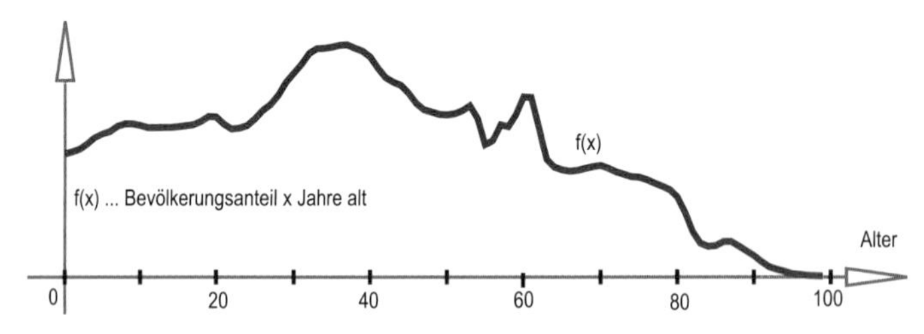

Abb. 5.44 Statistik Österreich 2003 (`www.statistik.at`)

Lösung:
Wenn wir die Altersklassifizierung nur auf Jahre genau machen, ist $f(x)$ keine glatte Funktion, sondern eine „Treppenfunktionen“ („Balkendiagramme“ mit Balkenbreite 1). In „entwickelten Ländern“ nimmt der Anteil der Bevölkerung $f(x)$ erst irgendwo ab 80 stark ab: $f(100)$ ist schon praktisch Null – auch bei Völkern, bei denen „viele“ Menschen über 100 Jahre alt sind. Daher kann man sich auf das menschliche Maximalalter von ≈ 100 Jahren beschränken. Auffällig ist, dass in einem typisch europäischen Land wie Österreich die Anzahl der Neugeborenen ständig abnimmt. In einem typischen Entwicklungsland ist dies umgekehrt. Dort ist allerdings die Sterblichkeit – auch und vor Allem in jungen Jahren – wesentlich höher.
$f(i)$ ist der Anteil der Personen, die gerade i Jahre alt sind. Weil jeder Person genau ein Alter zugeordnet wird, ist

$$\sum_{i=0}^{m} f(i) = 1.$$

Die Fläche unter dem Funktionsgraph hat also den Wert 1. Im Diagramm ist die Ordinate extrem überhöht, sonst könnte man nichts erkennen. ♠

Anwendung: Rekonstruktion von Datum und Uhrzeit

Die Vektorgleichung (4.50) für den Lichtstrahl zum Datum α (α Tage Abstand vom 21. März) zur Uhrzeit z gestattet umgekehrt auch die Berechnung von α und z bei Angabe des (normierten) Richtungsvektors zur Sonne $\vec{s}_0(s_x, s_y, s_z)$ (die geografische Breite φ muss bekannt sein). Zunächst berechnet man die Hilfsgrößen ω und μ mittels

$$\omega = \arctan \frac{s_x}{s_z \cos\varphi - s_y \sin\varphi}, \quad \mu = \arctan \sqrt{\frac{\sin^2\omega}{s_x^2} - 1}. \tag{5.35}$$

Dann ergeben sich z und α wie folgt (α ist zweideutig und entspricht dem Winkel α°):

$$z = 12 - \frac{1}{15}\omega^\circ, \quad \alpha_1^\circ = \arcsin \frac{\mu}{23{,}44^\circ}, \quad \alpha_2^\circ = 180^\circ - \alpha_1^\circ. \tag{5.36}$$

♠

Anwendung: Geldwert zu verschiedenen Zeitpunkten

Drei Kaufwerber bieten für ein Haus folgende Angebote: A zahlt 200 000 € sofort, B will 100 000 € anzahlen und in 4 Jahren 120 000 € aufbringen, C schlägt in 3 Jahren 230 000 € vor. Welches Angebot ist für den Verkäufer am günstigsten, wenn mit 5% bzw. 3,5% Verzinsung jährlich gerechnet wird?

Abb. 5.45 Geldwert zu verschiedenen Zeitpunkten...

Lösung:

Wir beziehen alle Geldwerte auf den Zeitpunkt „in 4 Jahren": Bei 5% Verzinsung entsprechen dann die drei Angebote folgenden Beträgen (in 100 000 €-Einheiten):

$A = 2{,}0 \cdot 1{,}05^4 \approx 2{,}43$, $B = 1{,}0 \cdot 1{,}05^4 + 1{,}2 = 2{,}415$, $C = 2{,}3 \cdot 1{,}05^1 = 2{,}41$.

Die drei Angebote sind fast gleich, A bietet am meisten. Bei nur 3,5% Verzinsung lauten die Beträge:

$A = 2{,}0 \cdot 1{,}03^4 \approx 2{,}25$, $B = 1{,}0 \cdot 1{,}03^4 + 1{,}2 = 2{,}33$, $C = 2{,}3 \cdot 1{,}03^1 = 2{,}37$.

Diesmal sind die Spannen schon etwas größer und C ist der Bestbieter. ♠

Anwendung: Kalter Kaffee (Abb. 5.46)
Nur wenn wir es in der Früh besonders eilig haben, trinken wir den Kaffee in einem Schluck unmittelbar nach dem Aufgießen. Dabei geben wir vorher noch Milch aus dem Kühlschrank dazu, damit wir uns nicht den Mund verbrennen. Wenn allerdings zwischen dem Aufgießen des Kaffees und dem Trinken der „Melange“ mehrere Minuten vergehen, stellt sich dem Genießer folgende Frage (die Mischung soll noch möglichst warm sein): Soll man die Milch gleich in den Kaffee geben oder erst unmittelbar vor dem Trinken?

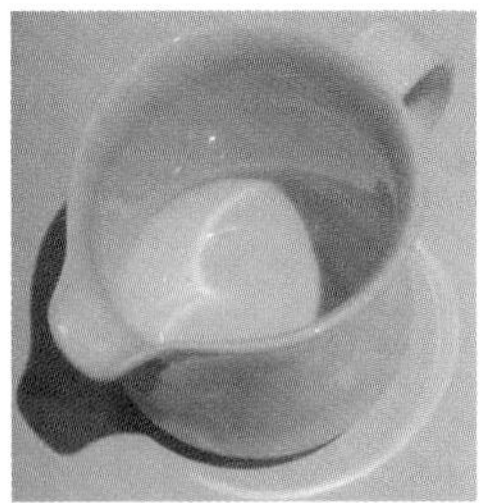

Abb. 5.46 Kalte oder warme Milch? (rechts Stereo-Bild, siehe auch Abb. 4.46)

Lösung:
Wir haben den Abkühlungsvorgang schon in Anwendung S. 181 besprochen und dabei mit den Temperaturdifferenzen zur Zimmertemperatur gerechnet. Sei zum Ausgangszeitpunkt k die Temperaturdifferenz des schwarzen Kaffees, und m jene der Milch ($m < 0$). Die Milchmenge mache einen Bruchteil q der Kaffeemenge aus. Nach dem Energieerhaltungssatz ist die Temperaturdifferenz der „Sofort-Mischung“

$$\Delta = \frac{k + q\,m}{1 + q}$$

Diese verringert sich nach t Minuten um einen Faktor $\mu = \lambda^t$ (mit $\lambda < 1 \Rightarrow \mu < 1$) auf

$$\Delta_t = \mu\,\Delta = \mu\,\frac{k + q\,m}{1 + q}.$$

Mischen wir erst nach t Minuten, dann haben wir

$$\overline{\Delta_t} = \frac{(\mu\,k) + q\,m}{1 + q}.$$

Wir bilden

$$\Delta_t - \overline{\Delta_t} = \frac{qm}{1 + q}\,(\mu - 1).$$

Dieser Ausdruck ist wegen $m < 0$ und $\mu - 1 < 0$ positiv, sodass die „Sofortmischung“ weniger ausgekühlt ist. Der Unterschied ist dabei umso auffälliger, je wärmer es im Zimmer ist (weil dann $|m|$ größer ist) bzw. je mehr Milch man dazu gibt. Von der Aufgusstemperatur des Kaffees ist er offensichtlich unabhängig.

In Abb. 5.46 rechts sieht man deutlich sog. Brennlinien. Dabei handelt es sich um Kurven, die von einer Vielzahl von reflektierten Lichtstrahlen eingehüllt werden. Mehr dazu im Abschnitt über Hüllkurven.

♠

Anwendung: Splinekurven

Man lege durch $n+1$ Punkte $P_1(u_1/v_1)$, $P_2(u_2/v_2)$, $\ldots P_{n+1}(u_{n+1}/v_{n+1})$ (die sog. „Knoten") einen „kubischen Spline". Diese Aufgabe tritt auf, wenn man beliebige glatte Kurven („Freiformkurven") durch Mausklick am Bildschirm entwerfen will.

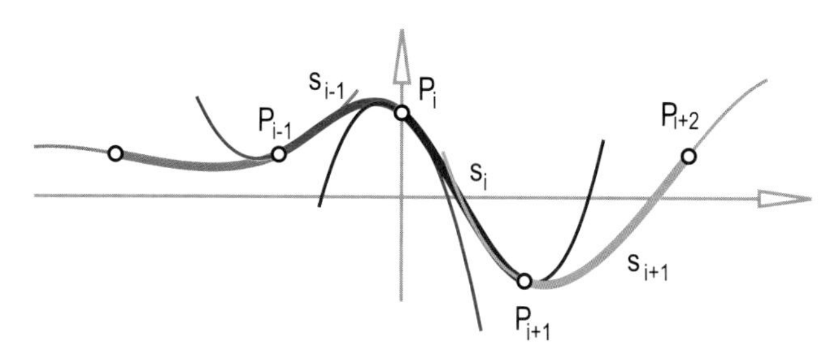

Abb. 5.47 Zusammensetzung eines kubischen Splines aus Parabeln 3. Ordnung

Lösung:
Im Abschnitt über lineare Gleichungssysteme haben wir in Anwendung S. 23 eine Parabel n-ter Ordnung durch $n+1$ Punkte festgelegt. Je höher die Punkteanzahl, desto mehr neigen solche Parabeln zum Oszillieren (speziell im Randbereich). Deswegen hat man sich in der Computergrafik folgendes ausgedacht (Abb. 5.47):
Betrachten wir vier benachbarte Knoten P_{i-1}, P_i, P_{i+1} und P_{i+2} und in diesen Punkten (zunächst noch beliebig wählbare) Tangenten. Dann legen je zwei Nachbarpunkte samt ihren Tangenten eine kubische Parabel fest (eine Tangente zählt ja so viel wie ein sehr nahe gelegener weiterer Kurvenpunkt). Die kubischen Parabelbögen berühren einander (so etwas ist unter dem Namen C_1-*Stetigkeit* bekannt). Wir werden gleich sehen, dass man die Tangenten nun so wählen kann, dass die Parabeln die gleiche Krümmung haben (man spricht dann von C_2-*Stetigkeit*). Alle n Parabelbögen zusammen ergeben dann den kubischen Spline.
Für den i-ten Parabelbogen s_i von P_i nach P_{i+1} machen wir den Gleichungsansatz

$$y = a_i\,t^3 + b_i\,t^2 + c_i\,t + d_i \;(i = 1, \ldots, n)$$

Das gibt für jede Parabel vier Unbekannte a_i, b_i, c_i und d_i, insgesamt also $4\,n$ Unbekannte! Für $t = 0$ soll sich dabei der Punkt P_i ergeben, woraus bereits n Unbekannte zu berechnen sind:

$$v_i = d_i \;(i = 1, \ldots, n)$$

Bleiben noch $3\,n$ Unbekannte a_i, b_i, c_i, die man berechnen kann, wenn man $3\,n$ von einander unabhängige lineare Gleichungen findet.

Für $t = 1$ soll sich der Punkt P_{i+1} ergeben:

$$v_{i+1} = a_i + b_i + c_i + d_i \Rightarrow a_i + b_i + c_i = v_{i+1} - v_i \ (i = 1, \ldots, n) \tag{5.37}$$

(n lineare Gleichungen).
Nun zu den Tangenten, die ja durch die erste Ableitung

$$\dot{y} = 3\,a_i\,t^2 + 2\,b_i\,t + c_i \ (i = 1, \ldots, n)$$

der Parabel festgelegt sind. Dazu brauchen wir die Tangente einer Nachbarparabel – etwa der linken s_{i-1}, die nur für $i > 1$ existiert:

$$\dot{y} = 3\,a_{i-1}\,t^2 + 2\,b_{i-1}\,t + c_{i-1}$$

Dort muss sich für $t = 1$ derselbe Wert einstellen wie bei der i-ten Parabel s_i zum Parameter $t = 0$:

$$3\,a_{i-1} + 2\,b_{i-1} + c_{i-1} = c_i \ (i = 2, \ldots, n) \tag{5.38}$$

(zusätzliche $n - 1$ lineare Gleichungen).
Jetzt dasselbe für die zweiten Ableitungen (die ja zusammen mit der ersten Ableitung die Krümmung festlegen):
Die zweite Ableitung der i-ten Parabel lautet

$$\ddot{y} = 6\,a_i\,t + 2\,b_i,$$

die der linken Nachbarparabel s_{i-1} genauso mit anderem Index. Mit denselben Überlegungen wie vorhin gilt:

$$6\,a_{i-1} + 2\,b_{i-1} = 2\,b_i \ (i = 2, \ldots, n) \tag{5.39}$$

(zusätzliche $n - 1$ lineare Gleichungen). Insgesamt haben wir jetzt $3\,n - 2$ Gleichungen gefunden. Die letzten beiden kann man vorgeben, indem man z.B. im Anfangs- bzw. Endknoten die Krümmung – und damit die zweite Ableitung – Null setzt:

$$2\,b_1 = 0, \quad 6\,a_n + 2\,b_n = 0 \tag{5.40}$$

Man kann dieses ($3n$,$3n$)-Gleichungssystem wegen der vielen Nullen in den Determinanten sehr effizient auflösen (das entsprechende „Trigonal-Verfahren“ stammt von *Gauss*). Es stellt sich heraus, dass die Rechenzeit nur linear (und nicht wie im allgemeinen Fall quadratisch) mit der Anzahl der Knoten anwächst.

Normalerweise sehen kubische Splines „erwartungsgemäß“ aus (was beim Designen einer Freiformkurve wichtig ist). Man sollte aber unbedingt relativ gleiche Abstände zwischen den Kontrollpunkten wählen. Ein Nachteil ist jedoch, dass jede Änderung eines Kontrollpunktes den *gesamten* Kurvenverlauf beeinflusst. Deshalb werden von Zeichenprogrammen auch andere Splinetypen (z.B. *Bezier*-Splines) angeboten, auf die wir hier nicht eingehen. ♠

Anwendung: Annäherung einer Punktwolke durch eine Gerade

Man zeige: Seien $P_1(x_1/y_1), \cdots, P_n(x_n/y_n)$ Punkte der Ebene, dann haben diese Punkte von der sog. *Regressionsgeraden* durch den „Schwerpunkt“ $S(\overline{x}/\overline{y})$ mit dem Anstieg $k = \sum_{i=1}^{n}(x_i - \overline{x})(y_i - \overline{y}) / \sum_{i=1}^{n}(x_i - \overline{x})^2$ in Summe minimalen *quadrierten* Abstand.

Beweis:

Sei die Gerade r gegeben durch $y = kx + d$. Es ist naheliegend, r durch den „Schwerpunkt“ $S(\overline{x}/\overline{y})$ der Punktwolke zu legen, sodass gilt: $d = \overline{y} - k\,\overline{x}$. Der Normalabstand $\overline{Pr}$ eines Punkts $P(x/y)$ von dieser Geraden r mit Neigungswinkel $\alpha = \arctan k$ zur x-Achse ist proportional zur Differenz Δy der y-Werte von P und r an der Stelle x ($\overline{Pg} = \Delta y \cdot \cos\alpha$). Es genügt also, in

$$\sum \Delta y^2 = \sum[y_i - (kx_i + d)]^2 = \sum[y_i - (kx_i + \overline{y} - k\,\overline{x})]^2 =$$
$$= \sum[(y_i - \overline{y})^2 + k^2(x_i - \overline{x})^2 - 2k(y_i - \overline{y})(x_i - \overline{x})]$$

den Wert von k so zu wählen, dass ein Minimum vorliegt. Dazu müssen wir die Ableitung nach k Null setzen:

$$\sum[2k(x_i - \overline{x})^2 - 2(y_i - \overline{y})(x_i - \overline{x})] = 0$$
$$\Rightarrow k\sum(x_i - \overline{x})^2 = \sum(y_i - \overline{y})(x_i - \overline{x}),$$

womit obige Behauptung gezeigt ist. ◇

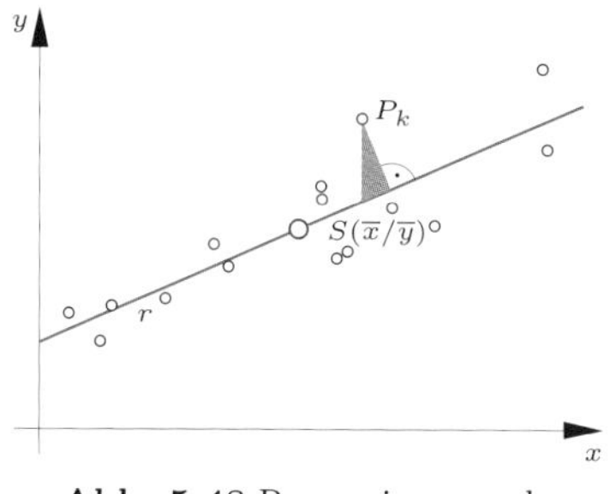

Abb. 5.48 Regressionsgerade

Die Regressionsgerade spielt in der Statistik (Anwendung S. 387) eine wichtige Rolle: Wenn die Abweichung der Punkte von der Geraden gering ist, lassen sich Prognosen über den Rand der Punktwolke hinaus machen. ♠

Anwendung: Belastung eines Insektenflügels (Abb. 5.49)

Insekten flattern sehr schnell mit ihren Flügeln. Man schätze ab, welcher Maximalbeschleunigung die Außenteile der Flügel des abgebildeten Windenschwärmer (Flügelspannweite 8 cm) ausgesetzt sind.

Lösung:

Die Flügelbewegung ist im Idealfall „harmonisch“, das Weg-Zeit-Diagramm der Flügelspitzen daher eine Sinuskurve.

Abb. 5.49 Schwärmer im Flug (zwei Ansichten)

Die Flügelenden sollen eine Amplitude s haben. Die Frequenz des Flügelschlags sei n. Die Sinusfunktion $y = s\,\sin(2\pi\, n\, t)$ pendelt im Zeit-Intervall $[0,1]$ n Mal auf und ab, ist also geeignet, die Situation innerhalb einer Sekunde zu simulieren. Die Beschleunigung ergibt sich durch zweimaliges Differenzie-

ren nach der Zeit: $\ddot{y} = -s(2\pi\, n)^2 \sin(2\pi\, n\, t)$. Die Maximalbeschleunigung ist somit $4\pi^2\, s\, n^2 \approx 40\, s\, n^2$.
Konkret ergibt sich für den abgebildeten Schmetterling für die grob geschätzten Werte $s = 1\text{cm} = 0{,}01\text{m}$ und $n = 60$ eine fast 150-fache Erdbeschleunigung. Ähnliche Werte gelten auch für die Kolibris. Bienen haben etwa eine Frequenz von $n = 200$ und eine Amplitude von $s = 2\text{mm} = 0{,}002\text{m}$. Die Außenflügel werden dann maximal mit über $300g$ beschleunigt.

Insekten können durchaus mit größeren Beschleunigungen fertig werden. Fliegen und Libellen halten bei ihren schnellen Wendemanövern mit ihrem ganzen Körper bis zu $30g$ stand. Die Flügelteile sind viel belastbarer, weil sie keine lebenswichtigen Organe beinhalten. Ihre Belastbarkeit ist umso größer, je kleiner die Insekten sind: Die für die Festigkeit verantwortlichen Querschnittsflächen sind dann im Verhältnis zum Gewicht wesentlich größer, wie wir in Kapitel 2 ausführlich besprochen haben. Kurzfristige Beschleunigungen von $300g$ sind für einen Bienenflügel kein Problem. ♠

Anwendung: Effizienz beim Flügel- bzw. Flossenschlag (Abb. 5.50)
Die sog. Strouhal-Zahl S entspricht der Frequenz des Flügelschlages oder der Flossenbewegung multipliziert mit ihrer Amplitude und dividiert durch die Vorwärtsgeschwindigkeit. Die höchste Effektivität wird bei Werten zwischen 0,2 und 0,4 erreicht. Die Zahl ist bei der Fortbewegung von fliegenden und schwimmenden Tieren einsetzbar, sogar unabhängig von deren Größe, also von der Mücke über die Vögel oder Fledertiere bis hin zum Bartenwal[3].

Abb. 5.50 Verschiedene Frequenzen bei riesigen und winzigen Warmblütern

Beim Schwärmer in Anwendung S. 219 erhält man mit

$$S = \frac{\frac{60}{\text{s}}\, 0{,}01\text{m}}{v} = 0{,}3 \Rightarrow v = 2\frac{\text{m}}{\text{s}}$$

bei einer Fluggeschwindigkeit von etwa $2\,\text{m/s}$ die größte Effizienz. Bleibt ein Insekt oder Vogel in der Luft stehen (Abb. 5.50 rechts), nimmt die Strouhal-Zahl einen unendlich großen Wert an, was „Null Effektivität" gleich kommt – zumindest was die Überwindung von Distanzen anbelangt. ♠

[3] `http://www.umweltjournal.de/fp/archiv/NaturKosmos/5545.php`

6 Kurven und Flächen

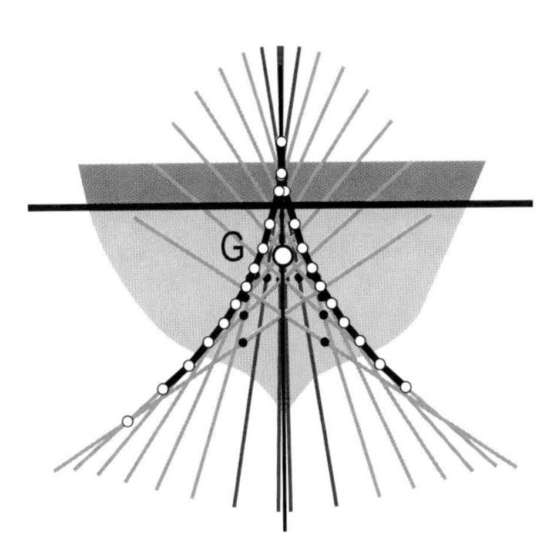

Dieses Kapitel kann als Fortsetzung des Kapitels über Vektoren gesehen werden. Neben den Vektoren kommen auch sog. Matrizen, insbesondere Drehmatrizen ins Spiel, mit denen elegant Drehungen in der Ebene und im Raum beschrieben werden können. Naturgemäß wird nun oft von Kongruenzbewegungen gesprochen, die in der Bewegungslehre (Kinematik) angesiedelt sind.

Der Hauptsatz der ebenen Kinematik besagt, dass man zwei kongruente Lagen eines Objekts stets durch eine Drehung ineinander überführen kann. Das Analogon im Raum (der Hauptsatz der räumlichen Kinematik) lehrt, dass man zwei kongruente Lagen eines Objekts stets durch eine Schraubung ineinander überführen kann. Im Grenzfall spricht man von Momentandrehungen bzw. von Momentanschraubungen.

In diesem Kapitel werden wichtige Beispiele für mathematisch beschreibbare Kurven (etwa die Kegelschnitte) und Flächen gegeben, wobei immer wieder ihre Erzeugung durch Bewegung im Vordergrund steht. Anwendungen in Natur und Technik finden sich in großer Zahl.

Bei Kongruenzbewegungen treten oft Hüllkurven und Hüllflächen auf, die ebenfalls besprochen werden. Zu ihrer Berechnung ist die Differentialrechnung notwendig. Hüllkurven und -flächen spielen in der gesamten Bewegungslehre eine zentrale Rolle.

Übersicht

6.1 Kongruenz-Bewegungen

In diesem Abschnitt wollen wir uns näher mit Translation, Drehung und Schraubung befassen. Es sind dies jene Transformationen der Ebene bzw. des Raums, die „formerhaltend" sind, also die gegenseitige Lage von Punkten eines bewegten Objekts nicht verändern.
Zur Vektorrechnung tritt nun das Rechnen mit Rotationsmatrizen.

Translation

Sei $P(p_x/p_y/p_z)$ ein Punkt des Raums mit dem Ortsvektor $\vec{p}$. Eine Parallelverschiebung (Translation) des Punkts nach P_1 (Ortsvektor $\vec{p_1}$) längs eines Schubvektors $\vec{t}$ wird durch eine einfache Vektoraddition bewerkstelligt:

$$\vec{p_1} = \vec{p} + \vec{t} \quad \text{oder ausführlich} \quad \vec{p_1} = \begin{pmatrix} p_x + t_x \\ p_y + t_y \\ p_z + t_z \end{pmatrix} \tag{6.1}$$

Im $\mathbb{R}^2$ wird die dritte Komponente einfach weggelassen.

Drehung im $\mathbb{E}^2$ um den Koordinatenursprung

Wird der Punkt $P(p_x/p_y)$ um den Nullpunkt durch den Winkel φ gedreht, so hat der neue Punkt P_1 gemäß Abb. 6.1 den Ortsvektor

$$\vec{p_1} = \begin{pmatrix} \cos\varphi\, p_x - \sin\varphi\, p_y \\ \sin\varphi\, p_x + \cos\varphi\, p_y \end{pmatrix} \tag{6.2}$$

Im Folgenden verwenden wir nun die abkürzende Schreibweise

$$\vec{p_1} = \begin{pmatrix} \cos\varphi\, p_x - \sin\varphi\, p_y \\ \sin\varphi\, p_x + \cos\varphi\, p_y \end{pmatrix} = \begin{pmatrix} \cos\varphi & -\sin\varphi \\ \sin\varphi & \cos\varphi \end{pmatrix} \cdot \vec{p} = \mathbf{R}(\varphi) \cdot \vec{p}. \tag{6.3}$$

Das übersichtliche Zahlenschema

$$\mathbf{R}(\varphi) = \begin{pmatrix} \cos\varphi & -\sin\varphi \\ \sin\varphi & \cos\varphi \end{pmatrix} \tag{6.4}$$

wird *Drehmatrix* (*Rotationsmatrix*) genannt. Über Matrizen werden wir im nächsten Abschnitt ausführlicher sprechen.
Formel (6.4) gilt auch für die Drehung von Vektoren.

Anwendung: Lichtstrahl nach Brechung (Abb. 6.2)
Nach dem Brechungsgesetz von *Snellius* (die Formel wird in Anwendung S. 281 abgeleitet) gilt für Einfallswinkel α und Ausfallswinkel β

$$\frac{\sin\alpha}{\sin\beta} = n = \text{const} \Rightarrow \beta = \arcsin\frac{\sin\alpha}{n}, \tag{6.5}$$

wobei n eine materialabhängige Brechungskonstante ist ($n = 4/3$ beim Übergang von Luft nach Wasser). Der in Wasser eintretende Lichtstrahl habe die Richtung $\vec{l} = (-1, -2)$. Welche Richtung $\vec{r}$ hat der Lichtstrahl im Wasser?

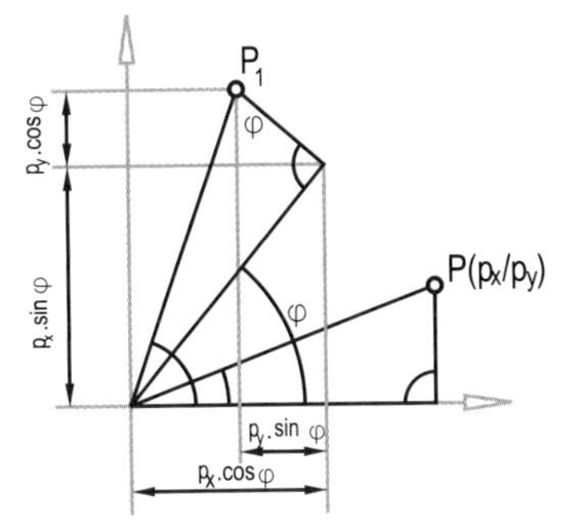

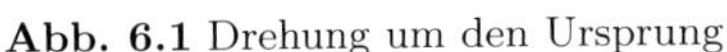

Abb. 6.1 Drehung um den Ursprung

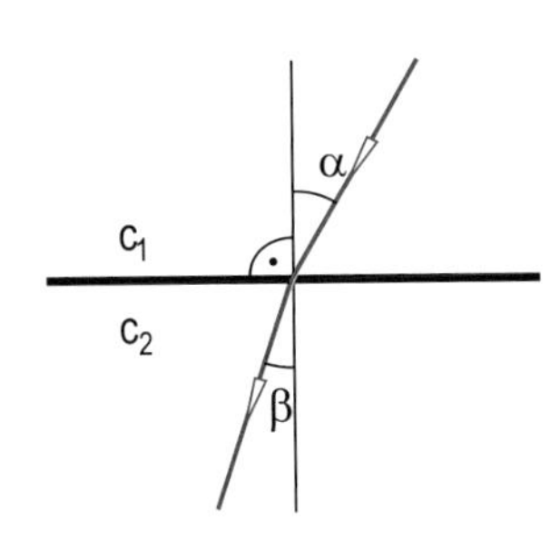

Abb. 6.2 Lichtbrechung

Lösung:
Es ist $\alpha = \arctan 1/2 = 26{,}565° \Rightarrow \beta = 19{,}597°$. Der Vektor ist also durch den Winkel $\varphi = \alpha - \beta = 6{,}968°$ zu verdrehen. Mit $\sin\varphi = 0{,}1213$ und $\cos\varphi = 0{,}9926$ ist

$$\vec{r} = \begin{pmatrix} 0{,}9926 \cdot (-1) - 0{,}1213 \cdot (-2) \\ 0{,}1213 \cdot (-1) + 0{,}9926 \cdot (-2) \end{pmatrix} = \begin{pmatrix} -0{,}750 \\ -2{,}107 \end{pmatrix}$$ ♠

Drehung im $\mathbb{E}^2$ um einen allgemeinen Punkt

Sei $C(c_x/c_y)$ ein allgemeines Drehzentrum C (Ortsvektor $\vec{c}$) und φ wieder der Drehwinkel. Dann brauchen wir drei Schritte zur Drehung eines Punktes P um C:

1. Verschieben von P um $-\vec{c}$
   $\mapsto$ Hilfspunkt H mit Ortsvektor $\vec{h} = \vec{p} - \vec{c}$,
2. Drehung von H um den Ursprung
   $\mapsto$ Hilfspunkt H_1 mit Ortsvektor $\vec{h_1} = \mathbf{R}(\varphi) \cdot \vec{h}$,
3. Verschieben von H_1 um $\vec{c}$
   $\mapsto$ Endresultat P_1 mit Ortsvektor $\vec{p_1} = \vec{h_1} + \vec{c}$

Insgesamt hätten wir auch schreiben können:

$$\vec{p_1} = \mathbf{R}(\varphi) \cdot (\vec{p} - \vec{c}) + \vec{c} \tag{6.6}$$

Hauptsatz der ebenen Kinematik

Für die ebene Bewegungslehre ist der schon in Anwendung S. 145 angesprochene Satz von großer Bedeutung:

Zwei beliebige Lagen einer starren ebenen Figur lassen sich stets durch eine Drehung ineinander überführen.

Da im Lauf einer „Kongruenzbewegung“ ebene Figuren ihre Gestalt nicht ändern, gilt der Satz in jedem Augenblick der Bewegung, auch wenn diese noch so komplex sein sollte. Das augenblicklich aktuelle Drehzentrum heißt *Momentanpol*. Weil bei einer Drehung die Bahnkurven stets Kreise um das Drehzentrum sind, gilt weiters folgender Satz über die Bahnnormalen:

In jedem Augenblick verlaufen bei einer ebenen Kongruenzbewegung die Bahnnormalen durch einen festen Punkt, den Momentanpol.

Beispiele dazu sind in der folgenden Anwendung und Anwendung S. 239 zu finden.

Anwendung: Trochoidenbewegung („Planetenbewegung")

Bei dieser Bewegung handelt es sich um die Überlagerung zweier allgemeiner ebener Drehungen: Rotiert ein Punkt R um einen festen Punkt F, und ein weiterer Punkt C um den bewegten Punkt R mit proportionaler Winkelgeschwindigkeit, dann liegt eine sog. Planetenbewegung vor. Man überlege sich, dass dieselbe Bewegung auch durch eine Kreisrollung erzeugt werden kann, und gebe die zugehörigen Kreisradien an.

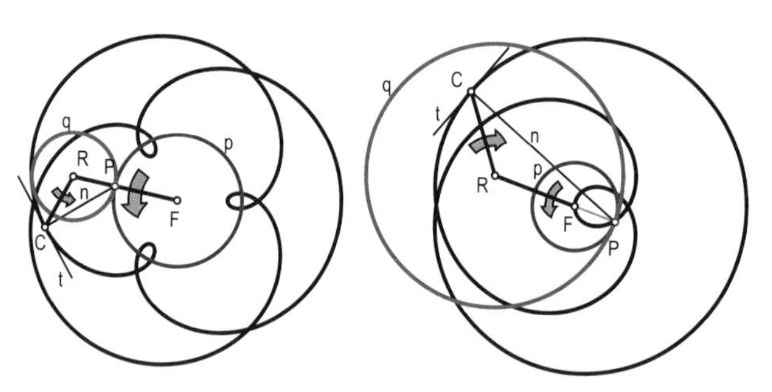

Abb. 6.3 Aufradlinien (Trochoiden)

Lösung:
Denken wir uns zunächst die Punkte F und R fest, und um sie zwei gummibeschichtete Räder p und q, die einander berühren (Abb. 6.3). Dreht man p, dann dreht sich automatisch und proportional q (z.B. w mal so schnell). Ein mit q fest verbundener Punkt C rotiert dabei um R.
Nun hält man p fest und dreht stattdessen die axiale Verbindung FR mit der festen Länge s. Dann rollt q auf p, R rotiert um F und das fixe Radienverhältnis garantiert die Proportionalität der Drehungen. Der Punkt C beschreibt die gewünschte Trochoide.

Wegen der Gummibeschichtung sind gleiche Kreisbögen aufeinander bezogen. Sind r_p und r_q die Kreisradien ($r_p + r_q = s$), dann gilt stets: $r_p = w\, r_q$. Aus den beiden Bedingungen folgt

$$r_q(w+1) = s \;\Rightarrow\; r_q = \frac{s}{w+1},\; r_p = \frac{s\,w}{w+1}.$$

Das Verhältnis der Radien ist also umgekehrt proportional zum Verhältnis der Winkelgeschwindigkeiten ($r_q : r_p = 1 : w$). Lässt man auch negative Radien zu, ergeben sich unter Umständen sog. Inradlinien, weil der „Rollkreis"

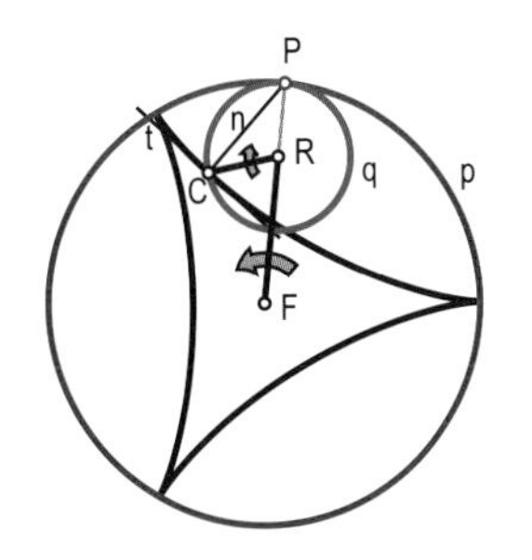

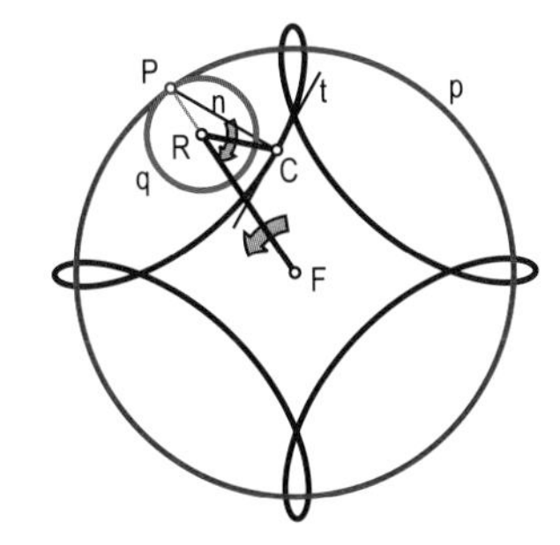

Abb. 6.4 Inradlinien (Trochoiden)

auf der Innenseite des „Rastkreises" rollt (Abb. 6.4). In jedem Fall hat der Berührpunkt der Kreise die Momentangeschwindigkeit Null und ist daher der Momentanpol, durch den alle Bahnnormalen n laufen (Bahnnormalensatz S.224). Die Bahntangente t des Punktes C ist daher senkrecht zu seiner Verbindung mit P (siehe Abb. 4.24).

Der Name Planetenbewegung kommt tatsächlich aus der Astronomie: Die Planeten drehen sich um die Sonne. Wenn wir sie beobachten, kommt dazu noch die Eigendrehung der Erde. Dadurch erscheinen Planetenbahnen am Firmament komplexer als gewöhnliche Sternbahnen.

Unter den Trochoiden befinden sich für das spezielle Übersetzungsverhältnis $1 : -1$ die Ellipsen (Anwendung S. 237), für andere spezielle Verhältnisse ergeben sich ganze Scharen von Kurven, die irgendwo in der Mathematik eine Rolle spielen, etwa das kartesische Vierblatt aus Anwendung S. 33.

♠

Im Raum drehen wir nicht um Punkte, sondern um Achsen. Der einfachste Fall ist dabei die Drehung um die z-Achse bzw. dazu parallele Achsen.

Drehung um vertikale Achsen

Solche Drehungen lassen sich auf den zweidimensionalen Fall zurückführen. Wird ein Punkt $P(p_x, p_y, p_z)$ um die z-Achse durch den Winkel φ gedreht, so hat der neue Punkt P_1 gemäß Formel (6.2) den Ortsvektor

$$\vec{p_1} = \begin{pmatrix} \cos\varphi\, p_x - \sin\varphi\, p_y \\ \sin\varphi\, p_x + \cos\varphi\, p_y \\ p_z \end{pmatrix} = \begin{pmatrix} \cos\varphi & p_x & - & \sin\varphi & p_y & + & 0 & p_z \\ \sin\varphi & p_x & + & \cos\varphi & p_y & + & 0 & p_z \\ 0 & p_x & + & 0 & p_y & + & 1 & p_z \end{pmatrix}. \tag{6.7}$$

Wieder schreiben wir abkürzend mittels einer Drehmatrix

$$\vec{p_1} = \begin{pmatrix} \cos\varphi & -\sin\varphi & 0 \\ \sin\varphi & \cos\varphi & 0 \\ 0 & 0 & 1 \end{pmatrix} \cdot \vec{p} = \mathbf{R}_z(\varphi) \cdot \vec{p} \tag{6.8}$$

Die Drehmatrix $\mathbf{R}_z(\varphi)$ geht also aus der Matrix $\mathbf{R}(\varphi)$ in Formel (6.4) durch Ergänzung mittels Nullen bzw. einer Eins hervor:

$$\mathbf{R}_z(\varphi) = \begin{pmatrix} \cos\varphi & -\sin\varphi & 0 \\ \sin\varphi & \cos\varphi & 0 \\ 0 & 0 & 1 \end{pmatrix} \tag{6.9}$$

Abb. 6.5 Drehungen um vertikale Achsen

Eine Drehung um eine allgemeine z-parallele Achse wird bewerkstelligt, indem man die Achse mittels Translation zur z-Achse macht, die obige Drehmatrix anwendet und zurückschiebt.

Drehung um allgemeine Achsen durch den Ursprung

Abb. 6.6 Drehungen um allgemeine Achsen

Durch Vertauschen der Koordinaten lassen sich analoge Formeln für die Drehung um die beiden anderen Koordinatenachsen aufstellen.
So ist etwa die Drehmatrix für die Drehung um die x-Achse gegeben durch

$$\mathbf{R}_{\mathrm{x}}(\varphi) = \begin{pmatrix} 1 & 0 & 0 \\ 0 & \cos\varphi & -\sin\varphi \\ 0 & \sin\varphi & \cos\varphi \end{pmatrix} \tag{6.10}$$

Eine Drehung um eine *allgemeine Gerade g durch den Koordinatenursprung* durch den Winkel φ lässt sich immer als Kombination spezieller Drehungen deuten. So hat *Euler* gezeigt, dass alle Drehungen erfasst werden, wenn man erstens um die z-Achse, zweitens um die x-Achse und drittens noch einmal um die z-Achse dreht. Die zugehörigen Drehwinkel heißen *Euler*sche Drehwinkel.

Anwendung: Kardangelenk (vgl. auch Abb. 4.57)
Wir erinnern uns an das Kardangelenk, das die Übertragung der Drehung um eine Achse a in eine – nicht proportionale – Drehung um eine schneidende Achse b ermöglicht. Der Punkt A der ersten Gabel wird um die x-Achse durch

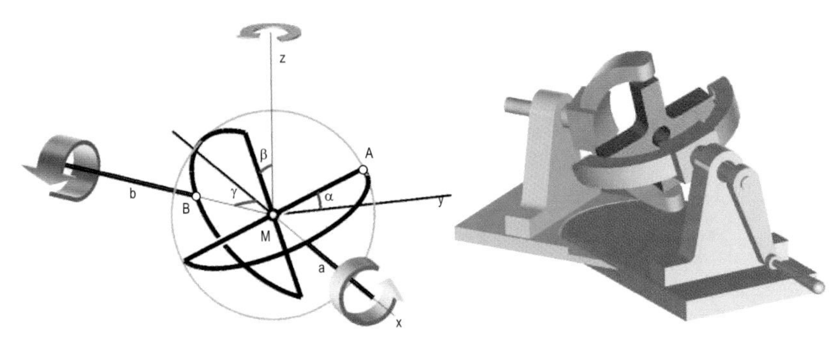

Abb. 6.7 Kardangelenk in Theorie und Praxis

den Winkel α verdreht. Der Punkt B der zweiten Gabel wird zunächst um die x-Achse durch einen Winkel $\beta = \arctan \frac{\tan\alpha}{\cos\gamma}$ (vgl. Kapitel 2, Formel (4.48)) und schließlich um die z-Achse durch den Winkel γ verdreht.
Die Ortsvektoren $\vec{a}$ und $\vec{b}$ der Punkte A und B lassen sich in Matrizenschreibweise somit sofort angeben (r sei der Radius der Gabeln):

$$\vec{a} = \mathbf{R}_{\mathrm{x}}(\alpha)\begin{pmatrix} r \\ 0 \\ 0 \end{pmatrix}, \quad \vec{b} = \mathbf{R}_{\mathrm{z}}(\gamma)\left[\mathbf{R}_{\mathrm{x}}(\beta)\begin{pmatrix} 0 \\ 0 \\ r \end{pmatrix}\right]$$

♠

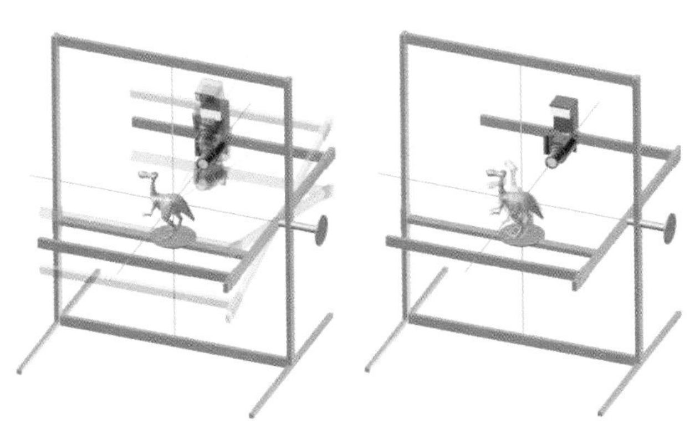

Abb. 6.8 Veränderung von Höhenwinkel und Azimutalwinkel

Anwendung: Allgmeine Ansichten eines Objekts

Man erkläre die „Fotografiermaschine“ in Abb. 6.8 bzw. Abb. 6.9.

Lösung:
Um ein Objekt von allen möglichen Blickrichtungen zu betrachten bzw. zu fotografieren, kann man ökonomisch wie folgt vorgehen: Die Kamera ist um eine feste waagrechte Achse schwenkbar und das Objekt ist unabhängig davon um eine vertikale Achse drehbar. So kann man jede beliebige Blickrichtung einstellen und daher eine beliebige Normalprojektion erzeugen.
Fotografien sind aber Zentralprojektionen. Für das Bild von Bedeutung sind der Zielpunkt (der scharf gestellte Punkt im Zentrum des Bildes) und die Distanz (der Abstand vom Linsenzentrum zum Zielpunkt). ♠

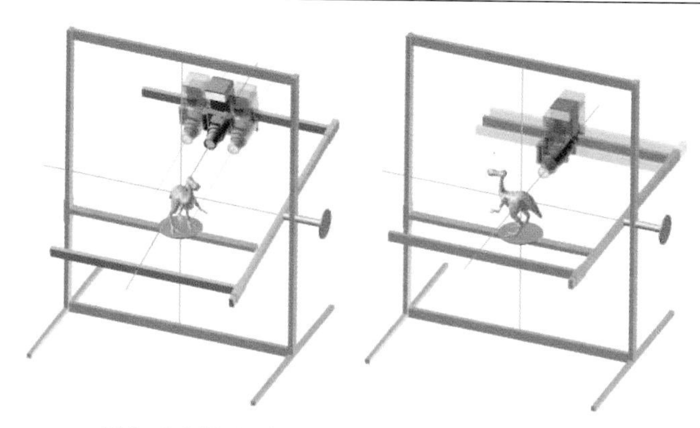

Abb. 6.9 Veränderung von Zielpunkt und Distanz

Anwendung: Drehung des Firmaments im Laufe eines Tages
Im Laufe eines Tages bleibt die Erdkugel in etwa an der selben Position auf ihrer Bahn um die Sonne (genau genommen dreht sie sich etwa 1° um die Achse der Bahnebene). Relativ gesehen rotieren also die Sonnenstrahlen (und natürlich auch die Positionen der „Fixsterne" am Firmament) um die Erdachse („um den Polarstern"). Diese Achse zeigt – auf die horizontale Basisebene π projiziert – nach Norden und ist zu π unter jenem Winkel geneigt, welcher der geografischen Breite φ entspricht (das Lot schließt nämlich mit der Erdachse den Komplementärwinkel $90^\circ - \varphi$ ein).

Die Erdachse zeigt momentan zu einem Stern, den wir Polarstern nennen. Im Laufe von ca. 25 700 Jahren rotiert die Erdachse allerdings um eine „Kreiselachse", die senkrecht zur Bahnebene steht (siehe dazu etwa: `http://www.eduvinet.de/gebhardt/astronomie/praezession.html`). Immerhin war für die alten Ägypter beim „Einnorden" ihrer Pyramiden vor ca. 4 500 Jahren unser jetziger Polarstern keineswegs jener Stern, der fix am Nachthimmel blieb.)

♠

Drehungen um allgemeine Achsen

Drehungen mit Achsen, die nicht durch den Koordinatenursprung verlaufen, werden in Analogie zum zweidimensionalen Fall wie folgt bewerkstelligt: Wenn C ein beliebiger Punkt auf der Drehachse ist, verschieben wir zunächst die Drehachse und den zu drehenden Punkt um $-\vec{c}$, drehen dann um die parallelverschobene Achse und schieben wieder zurück (Schubvektor $\vec{c}$).

Anwendung: Rotoidenbewegung (Abb. 6.10)
Unter einer Rotoidenbewegung versteht man die Zusammensetzung zweier proportionaler Drehungen um rechtwinklig „kreuzende" (windschiefe) Achsen. Solche Bewegungen treten als Relativbewegung bei *Schneckenradgetrieben* auf, mit deren Hilfe eine Drehung um eine Achse auf eine rechtwinklig kreuzende Achse übertragen werden soll.

Ein Punkt wird um die z-Achse (Achse a) durch den Winkel α gedreht und gleichzeitig um die *mit gedrehte* Rotationsachse b durch einen proportionalen Winkel $\beta = n\,\alpha$ (Abb. 6.10 a). Dasselbe Ergebnis erreicht man, wenn *zuerst* um die zur x-Achse parallelen Achse durch $(0/-r/0)$ durch den Winkel β und *danach* um die z-Achse durch α gedreht wird. Ein Punkt P (Ortsvektor $\vec{p}$)

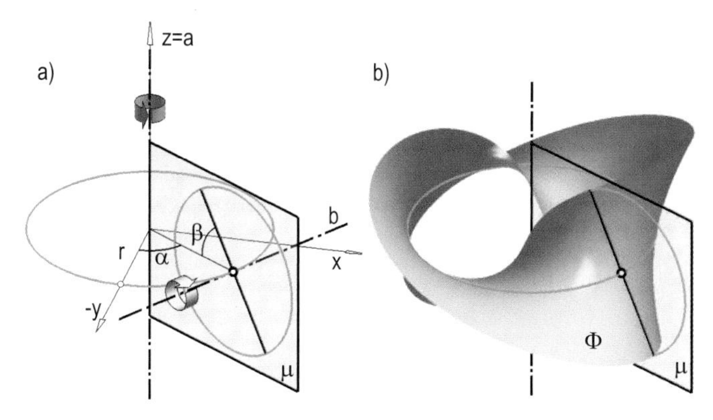

Abb. 6.10 Rotoidenbewegung

hat nach dieser Drehung dann den Ortsvektor

$$\vec{p_1} = \mathbf{R}_z(\alpha)\Big[\mathbf{R}_x(\beta)\,(\vec{p} - \begin{pmatrix} 0 \\ -r \\ 0 \end{pmatrix}) + \begin{pmatrix} 0 \\ -r \\ 0 \end{pmatrix}\Big]$$

Abb. 6.10b zeigt, welche Fläche entsteht, wenn man z.B. alle Punkte transformiert, die auf einer Erzeugenden liegen, die b senkrecht schneidet und a trifft. ♠

Anwendung: Alles rankt sich um die Flugparabel

Abb. 6.11 Alles rankt sich um die Flugparabeln...

In Abb. 6.11 treten unterschiedliche, teilweise kompliziertere Flugbahnen auf. Trotzdem haben diese eines gemeinsam: Die Bahnen eines nicht zusätzlich bewegten Körperteils werden z.B. bei einem idealen Salto ebene Kurven sein, die sich bei gleichförmiger Rotation um eine längs einer Flugparabel bewegten Achse durch den Körperschwerpunkt einstellen. ♠

Schraubung

Wird ein Punkt $P(p_x/p_y/p_z)$ um eine Achse durch den Winkel φ gedreht und gleichzeitig längs dieser Achse *proportional* verschoben, so spricht man von einer *Schraubbewegung.* Das Verhältnis **c** zwischen Schubstrecke und Drehwinkel φ heißt *Parameter* der Schraubung. Ist die Schraubachse die z-Achse, so hat der neue Punkt P_1 den Ortsvektor

$$\vec{p_1} = \mathbf{R}_z(\varphi) \cdot \vec{p} + \varphi \begin{pmatrix} 0 \\ 0 \\ \mathbf{c} \end{pmatrix} = \begin{pmatrix} \cos\varphi\, p_x - \sin\varphi\, p_y \\ \sin\varphi\, p_x + \sin\varphi\, p_y \\ p_z + \mathbf{c}\varphi \end{pmatrix} \tag{6.11}$$

Für feste Koordinaten von P beschreibt Gleichung (6.11) bereits die Bahnkurve von P bei Schraubung um die z-Achse mit Parameter $\mathbf{c}$. Man spricht von der *Parameterdarstellung* der Schraublinie. Im folgenden Abschnitt wollen wir eine ganze Reihe solcher Parameterdarstellungen erarbeiten.

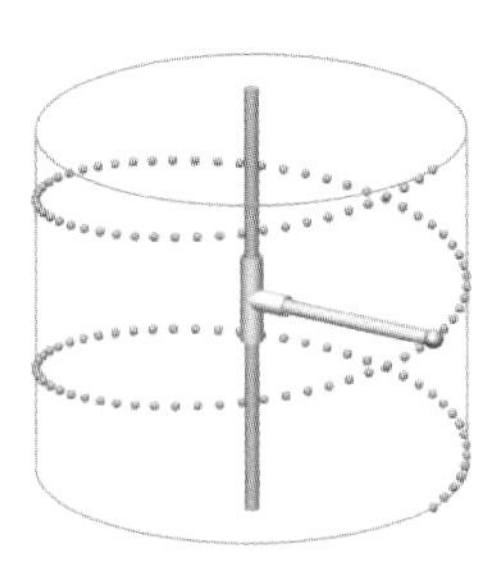

Abb. 6.12 Schraubung

Abb. 6.13 Designer-Radständer

Anwendung: **Autobahnauffahrt** (Abb. 6.14)
Eine 6 m breite, im Grundriss kreisförmige, konstant ansteigende Straße soll einen Höhenunterschied von 12 m überwinden. Dabei soll eine 270°-Drehung vollzogen werden und längs der Mittellinie eine Steigung von 10% auftreten. Wie groß ist der Mittenradius r_m bzw. die Steigung längs der inneren Randlinie?

Abb. 6.14 Autobahnauffahrt bzw. Vergleichbares. . .

Die Länge der Mittellinie *im Grundriss* ist wegen der 10%igen Steigung 120 m. Ein Kreisbogen mit Radius r_m und Zentriwinkel 270° hat die Länge $270\frac{\pi}{180} r_m = 4{,}712\, r_m \Rightarrow r_m = 120\,\mathrm{m}/4{,}712 \approx 25{,}5m$. Für den inneren Straßenrand ist $r = r_m - 3\,\mathrm{m} = 22{,}5\,\mathrm{m}$, die Kreisbogenlänge im Grundriss $\approx 106{,}03\,\mathrm{m}$, die Steigung also $12\,\mathrm{m}/106{,}03\,\mathrm{m} \approx 11{,}32\%$.
Für den Schraubparameter gilt:

$$\mathbf{c} = \frac{12\,\mathrm{m}}{\frac{3\pi}{2}} = 2{,}546\,\mathrm{m}.$$

In dem in der Skizze angedeuteten Koordinatensystem haben Schraublinien auf der Straße mit Radius r_0 die Gleichung

$$\vec{x}(\varphi) = \mathbf{R}_z(\varphi) \cdot \begin{pmatrix} 0 \\ -r_0 \\ 0 \end{pmatrix} + \begin{pmatrix} r_m \\ r_m \\ \mathbf{c}\,\varphi \end{pmatrix} \quad (0 \leq \varphi \leq \frac{3\pi}{2})$$

Diese Gleichung wurde verwendet, um Abb. 6.14 zu erzeugen. Weiters wurden dort sog. *Böschungsflächen* eingezeichnet, die beim ansteigenden Teil der Straße sog. *Schraubtorsen* sind. ♠

Abb. 6.15 „Elliptische“ Wendeltreppe (Ober- und Untersicht) und „gewöhnliche“ Wendeltreppe

Anwendung: Wendeltreppe (Abb. 6.15)
Wendeltreppen entstehen üblicherweise durch Verschraubung eines „Prototypen“ einer Stufe. Die glatt polierte Unterseite nennt man „Wendelfläche“. Das Stiegengeländer besteht aus Schraublinien. In Abb. 6.15 wurde die Treppe einer „Stauchung“ unterworfen, sodass der Grundriss der Schraublinien ellipsenförmig und nicht kreisförmig ist. Man schreibe die Gleichung der oberen Geländerkurve an, wenn die Geländerhöhe 1 m beträgt, die Basisellipse die Extremdurchmesser 2 m und 1 m hat und bei einer vollen Umdrehung 4 m Höhenunterschied überwunden werden.

Lösung:
Wir kümmern uns zunächst nicht um die Stauchung. Dann ist die Kurve eine Schraublinie mit Radius $r_0 = 2$ und Parameter $\mathbf{c} = \frac{4}{2\pi}$. Sei die Zylinderachse die z-Achse und der erste Punkt des Geländers habe die Koordinaten $P(r_0/0/1)$. Dann lautet die Gleichung der Schraublinie

$$\vec{p_1} = \begin{pmatrix} r_0 \cos\varphi \\ r_0 \sin\varphi \\ 1 + \mathbf{c}\,\varphi \end{pmatrix}$$

Die Stauchung wird erreicht, indem die y-Koordinate mit $1/2$ multipliziert wird. ♠

Hauptsatz der räumlichen Kinematik

Folgender Satz ist von fundamentaler Bedeutung für die räumliche Bewegungslehre:

Zwei beliebige Lagen eines starren Gebildes lassen sich stets durch eine Schraubung ineinander überführen.

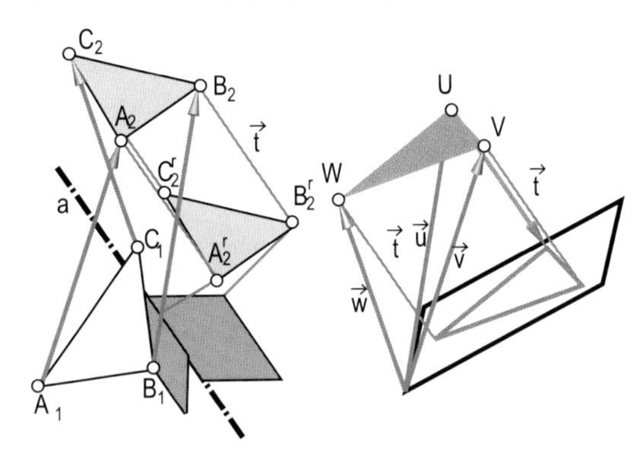

Abb. 6.16 Hauptsatz der räumlichen Kinematik

Beweis:
Die beiden kongruenten Körper lassen sich durch zwei zugeordnete (und damit auch kongruente) Dreiecke $\Delta_1 = A_1B_1C_1$ und $\Delta_2 = A_2B_2C_2$ festlegen (Abb. 6.16). Wir nehmen nun an, es gibt eine Schraubung, die Δ_1 in Δ_2 überführt, und zeigen, dass man tatsächlich in eindeutiger Weise deren Achse und Parameter bestimmen kann.
Eine Schraubung ist eine Komposition aus Drehung um und Schiebung längs der Drehachse a. Die Vektoren

$$\vec{u} = \overrightarrow{A_1A_2},\ \vec{v} = \overrightarrow{B_1B_2} \text{ und } \vec{w} = \overrightarrow{C_1C_2}$$

lassen sich daher in die Schubkomponente $\vec{t}$ parallel zu a und die Drehkomponente normal zu a zerlegen. Für alle drei Vektoren ist $\vec{t}$ gleich, sodass $\vec{u}-\vec{t}$, $\vec{v}-\vec{t}$ und $\vec{w}-\vec{t}$ normal zu a stehen.
Interpretieren wir $\vec{u}$, $\vec{v}$ und $\vec{w}$ als Ortsvektoren dreier Punkte U, V und W, so bilden diese eine Ebene $\varepsilon \perp a$ im Normalabstand $s = |\vec{t}|$ vom Ursprung, wobei s die Länge der Schubstrecke ist. Der Normalvektor $\vec{a}$ von ε ist Richtungsvektor der Schraubachse und parallel zu $\vec{t}$. Wir erhalten ihn durch

$$\vec{a} = \overrightarrow{UV} \times \overrightarrow{UW} = (\vec{v}-\vec{u}) \times (\vec{w}-\vec{u})$$

Wir normieren den Vektor noch

$$\vec{a_0} = \frac{1}{|\vec{a}|}\vec{a}$$

und erhalten die Gleichung von ε mit

$$\varepsilon \ldots \vec{a_0} \cdot x = \vec{a_0} \cdot \vec{u} = c$$

Der Normalabstand s des Koordinatenursprungs von ε ist nach Formel (4.38) gleich der Konstanten der Ebene $s = c$. Der Schubvektor ist nun mit $\vec{t} = s\vec{a_0}$ bekannt. Wenden wir jetzt auf das Dreieck Δ_2 die umgekehrte Schiebung $-\vec{t}$ an, so erhalten wir ein neues Dreieck Δ_2^r, das aus Δ_1 durch Drehung um eine Achse hervorgeht. Die zugehörige Drehachse ist die gesuchte Schraubachse. Man findet sie im Schnitt der Symmetrieebenen von $A_1A_2^r$ und $B_1B_2^r$.

Bei einer beliebigen räumlichen Kongruenzbewegung sind je zwei „Nachbarlagen" kongruent. Die zugehörige Schraubung heißt dann Momentanschraubung, die Schraubachse Momentanachse.

◇

Anwendung: Auffinden der Schraubung

Man finde jene Schraubung, die das Dreieck $A_1(-3/0/0)$, $B_1(0/0/0)$, $C_1(0/2/0)$ in das kongruente Dreieck $A_2(1/0/2)$, $B_2(1/-3/2)$, $C_2(3/-3/2)$ überführt.
Lösung:

Mit den Bezeichnungsweisen des obigen Beweises haben wir

$$\vec{u} = \overrightarrow{A_1A_2} = \begin{pmatrix}4\\0\\2\end{pmatrix}, \quad \vec{v} = \overrightarrow{B_1B_2} = \begin{pmatrix}1\\-3\\2\end{pmatrix}, \quad \vec{w} = \overrightarrow{C_1C_2} = \begin{pmatrix}3\\-5\\2\end{pmatrix}$$

und

$$\vec{a} = (\vec{v} - \vec{u}) \times (\vec{w} - \vec{u}) = \begin{pmatrix}-3\\-3\\0\end{pmatrix} \times \begin{pmatrix}-1\\-5\\0\end{pmatrix} = \begin{pmatrix}0\\0\\12\end{pmatrix}$$

Der Vektor ist leicht zu normieren:

$$\vec{a_0} = \begin{pmatrix}0\\0\\1\end{pmatrix}$$

Die Schraubachse ist parallel zur z-Achse. Die Ebene ε hat die Gleichung

$$\begin{pmatrix}0\\0\\1\end{pmatrix} \cdot \vec{x} = \begin{pmatrix}0\\0\\1\end{pmatrix} \cdot \begin{pmatrix}4\\0\\2\end{pmatrix} = 2,$$

sodass mit $s = 2$ gilt:

$$\vec{t} = s\,\vec{a}_0 = \begin{pmatrix}0\\0\\2\end{pmatrix}$$

Wir subtrahieren $\vec{t}$ von A_2, B_2, C_2 und erhalten

$$A_2^r(1/0/0), \; B_2^r(1/-3/0), \; C_2^r(3/-3/0)$$

Nun bilden wir gemäß Formel (4.27) die Symmetrieebene der Strecken $A_1A_2^r$ und $B_1B_2^r$:

$$\sigma_1 \cdots \begin{pmatrix}4\\0\\0\end{pmatrix} \cdot \vec{x} = \frac{1}{2}\left[\begin{pmatrix}1\\0\\0\end{pmatrix}^2 - \begin{pmatrix}-3\\0\\0\end{pmatrix}^2\right] = -4$$

$$\sigma_2 \cdots \begin{pmatrix}1\\-3\\0\end{pmatrix} \cdot \vec{x} = \frac{1}{2}\left[\begin{pmatrix}1\\-3\\0\end{pmatrix}^2 - \begin{pmatrix}0\\0\\0\end{pmatrix}^2\right] = 5$$

Die Schnittgerade a dieser beiden lotrechten Ebenen ist die Schraubachse. Sie ist z-parallel und geht durch den Punkt $(-1/-2/0)$.

♠

6.2 Matrizenrechnung und einige Anwendungen

Wir rechnen im Folgenden mit allgemeinen Matrizen. Die brauchen wir für einige Anwendungen wie Koordinatentransformationen, aber auch für Aufgaben aus der Betriebswirtschaft.

Eine (n,m)-Matrix $\mathbf{A}$ *ist nichts anderes als ein rechteckiges Zahlenschema mit n Zeilen und m Spalten.* Die dazu *transponierte Matrix* $\mathbf{A}^T$ ist eine (m,n)-Matrix, die durch Vertauschen von Zeilen und Spalten entsteht.

Auch Vektoren sind in diesem Sinn Matrizen. Ein gewöhnlicher dreidimensionaler Vektor kann als (1,3)-Matrix aufgefasst werden, der transponierte Zeilenvektor als (3,1)-Matrix. Unsere Rotationsmatrizen von vorhin sind – wenn wir im Raum rechnen – (3,3)-Matrizen, in der Ebene (2,2)-Matrizen.

Jede Zeile bzw. jede Spalte einer Matrix wird als *Zeilenvektor* bzw. *Spaltenvektor* bezeichnet.

Mit Matrizen kann man – wie wir andeutungsweise bei den Rotationsmatrizen gesehen haben – schreibtechnisch verwirrende Sachverhalte (mit vielen Indizes) sehr übersichtlich darstellen. In der Betriebswirtschaft werden sie verwendet, um grosse Mengen von untereinander abhängigen Daten zu verwalten. Der große Schreibvorteil besteht nun darin, dass man mittels der sog. Matrizenmultiplikation Aufgaben bewältigen kann, die sonst fast an die Schmerzgrenze des gerade noch Lesbaren gehen.
Die Definition der *Multiplikation von zwei Matrizen* lautet wie folgt:
Sei $\mathbf{A}$ eine (m,n)-Matrix und $\mathbf{B}$ eine (n,k)-Matrix. $\mathbf{A}$ muss so viele Spalten haben, wie $\mathbf{B}$ Zeilen hat. Dann definieren wir, dass das Ergebnis der Multiplikation $\mathbf{A}\cdot\mathbf{B}$ eine (m,k)-Matrix $\mathbf{C}$ sein soll. Ihre Elemente c_{ij} sind das jeweilige Skalarprodukt des i-ten Zeilenvektors von $\mathbf{A}$ mit dem j-ten Spaltenvektor von $\mathbf{B}$.
Ausführlich geschrieben sieht die Definition so aus:

$$\mathbf{A}=\begin{pmatrix} a_{11} & a_{12} & \cdots & a_{1n} \\ a_{21} & a_{22} & \cdots & a_{2n} \\ \vdots & \vdots & \cdots & \vdots \\ a_{m1} & a_{m2} & \cdots & a_{mn} \end{pmatrix},\quad \mathbf{B}=\begin{pmatrix} b_{11} & b_{12} & \cdots & b_{1k} \\ b_{21} & b_{22} & \cdots & b_{2k} \\ \vdots & \vdots & \cdots & \vdots \\ b_{n1} & b_{n2} & \cdots & b_{nk} \end{pmatrix}$$

$$\Rightarrow \mathbf{C}=\mathbf{A}\cdot\mathbf{B}=\begin{pmatrix} c_{11} & \cdots & \cdots \\ \vdots & \vdots & \vdots \\ \cdots & c_{ij} & \cdots \\ \vdots & \vdots & \vdots \\ \cdots & \cdots & c_{nk} \end{pmatrix} \text{ mit } c_{ij}=a_{i1}b_{1j}+a_{i2}b_{2j}+\cdots+a_{in}b_{nj} \tag{6.12}$$

Anwendung: Man multipliziere den Vektor $\vec{v}=\begin{pmatrix}4\\-5\end{pmatrix}$ einmal „von links" und einmal „von rechts" mit der Matrix $\mathbf{A}\begin{pmatrix}1 & -2\\ 3 & -1\end{pmatrix}$, indem man ihn einmal als Zeilen- und das andere mal als Spaltenvektor auffasst.
Lösung:

$$\vec{v}^T\cdot\mathbf{A}=(4\ \ -5)\cdot\begin{pmatrix}1 & -2\\ 3 & -1\end{pmatrix}=(4\cdot 1+(-5)\cdot 3\quad 4\cdot(-2)+(-5)\cdot(-1))=\begin{pmatrix}-11\\-3\end{pmatrix}^T$$

$$\mathbf{A}\cdot\vec{v}=\begin{pmatrix}1 & -2\\ 3 & -1\end{pmatrix}\cdot\begin{pmatrix}4\\-5\end{pmatrix}=\begin{pmatrix}1\cdot 4+(-2)\cdot(-5)\\ 3\cdot 4+(-1)\cdot(-5)\end{pmatrix}=\begin{pmatrix}14\\17\end{pmatrix}.$$

Das Beispiel zeigt, dass die Reihenfolge beim Multiplizieren eine Rolle spielt. Aus einem Zeilenvektor wird wieder ein Zeilenvektor, aus einem Spaltenvektor ein Spaltenvektor. ♠

Wechsel des Koordinatensystems

Wir können uns ein Koordinatensystem durch ein sog. *räumliches Dreibein* festgelegt denken. Es besteht aus paarweise zueinander senkrechten Einheitsvektoren ($\vec{e}$, $\vec{f}$, $\vec{g}$) und dem Ortsvektor $\vec{t}$ zum Ursprung T. Für die „Basisvektoren" gilt:

$$\vec{e}^{\,2}=\vec{f}^{\,2}=\vec{g}^{\,2}=1,\quad \vec{e}\cdot\vec{f}=\vec{e}\cdot\vec{g}=\vec{f}\cdot\vec{g}=0 \tag{6.13}$$

Wir bezeichnen die beiden Matrizen, die man durch das Dreibein festlegen kann, mit $\mathbf{K}$ und $\mathbf{K}^T$:

$$\mathbf{K} = \begin{pmatrix} e_x & e_y & e_z \\ f_x & f_y & f_z \\ g_x & g_y & g_z \end{pmatrix}, \quad \mathbf{K}^T = \begin{pmatrix} e_x & f_x & g_x \\ e_y & f_y & g_y \\ e_z & f_z & g_z \end{pmatrix} \tag{6.14}$$

Mit Formel (6.13) erkennt man, dass das Produkt von $\mathbf{K}$ und $\mathbf{K}^T$ die sog. *Einheitsmatrix* $\mathbf{E}$ ergibt. Die Produktmatrix ist ja so definiert, dass ihre Elemente die Skalarprodukte der entsprechenden Zeilen- und Spaltenvektoren ist. Man darf sogar die Matrizen vertauschen (dies ist etwas schwieriger zu zeigen), sodass insgesamt gilt:

$$\mathbf{K} \cdot \mathbf{K}^T = \mathbf{K}^T \cdot \mathbf{K} = \mathbf{E} = \begin{pmatrix} 1 & 0 & 0 \\ 0 & 1 & 0 \\ 0 & 0 & 1 \end{pmatrix} \tag{6.15}$$

Matrizen mit dieser Eigenschaft nennt man übrigens *Orthogonalmatrizen.*

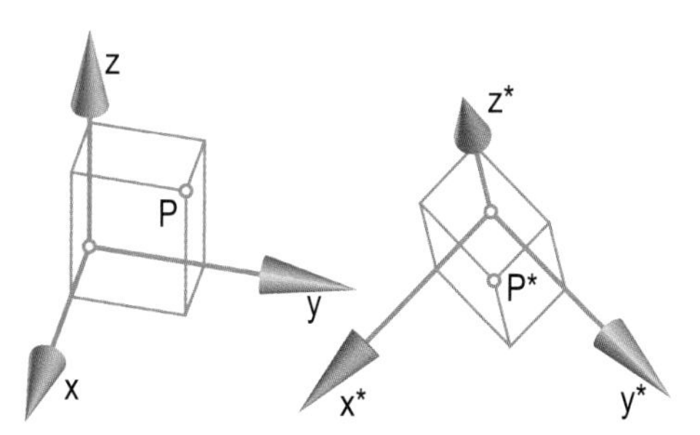

Abb. 6.17 Bewegung des Koordinatensystems

Wir bewegen nun ein *räumliches Dreibein* von einer Lage in eine andere und nehmen dabei einen mit dem System fest verbundenen Punkt P mit (Abb. 6.17). Bezogen auf die momentane Lage des Dreibeins hat der Punkt also konstante Koordinaten bzw. einen konstanten Ortsvektor $\vec{p}$. Welchen Ortsvektor hat der Punkt P^* bezogen auf das ursprüngliche Koordinatensystem? Umgekehrt: Wenn im Ausgangssystem ein Punkt den Ortsvektor p^* hat, welchen Ortsvektor hat er im neuen System?
Die Matrizenrechnung liefert die übersichtlichen Formeln

$$\vec{p^*} = \vec{t^*} + \mathbf{K}^T \cdot \vec{p}, \quad \vec{p} = \mathbf{K} \cdot (\vec{p^*} - \vec{t^*}) \tag{6.16}$$

Beweis:
Es gilt zunächst: $\vec{e} \cdot \vec{p} = p_x$, $\vec{f} \cdot \vec{p} = p_y$, $\vec{g} \cdot \vec{p} = p_z$. Denn wenn ε den Winkel zwischen $\vec{e}$ und $\vec{p}$ bezeichnet, gilt ja

$$\cos\varepsilon = \frac{\vec{e} \cdot \vec{p}}{|\vec{e}| \cdot |\vec{p}|} = \frac{\vec{e} \cdot \vec{p}}{|\vec{p}|} \Rightarrow \vec{e} \cdot \vec{p} = |\vec{p}| \cdot \cos\varepsilon = p_x, \text{ usw.}$$

Weiters gilt:

$$\vec{p} = \vec{p^*} - \vec{t^*}$$

Damit gilt nach Definition Formel (6.12)

$$\mathbf{K}\cdot(\overrightarrow{p}^* - t^*) = \begin{pmatrix} e_x & e_y & e_z \\ f_x & f_y & f_z \\ g_x & g_y & g_z \end{pmatrix} \cdot \begin{pmatrix} p_x \\ p_y \\ p_z \end{pmatrix} = \begin{pmatrix} \overrightarrow{e}\cdot\overrightarrow{p} \\ \overrightarrow{f}\cdot\overrightarrow{p} \\ \overrightarrow{g}\cdot\overrightarrow{p} \end{pmatrix} = \begin{pmatrix} p_x \\ p_y \\ p_z \end{pmatrix} = \overrightarrow{p}$$

und der rechte Teil der Formel ist bewiesen. Nun multiplizieren wir die rechte Gleichung von links mit $\mathbf{K}^T$:

$$\mathbf{K}^T\cdot\mathbf{K}\cdot(\overrightarrow{p}^* - \overrightarrow{t}^*) = \mathbf{K}^T\cdot\overrightarrow{p}$$

Nun ist aber $\mathbf{K}^T\cdot\mathbf{K} = \mathbf{E}$ (Formel (6.15)). Wenn man einen Vektor mit $\mathbf{E}$ multipliziert, „passiert nichts“. Damit haben wir – nach Addition von $\vec{t}^*$ auf beiden Seiten – die linke Gleichung in Formel (6.16) vor uns. ◇

6.3 Parameterisierung von Kurven

Parameterdarstellung eines Kreises im $\mathbb{R}^2$

Ein Kreis „in Hauptlage“ (Mittelpunkt $M(0/0)$, Radius r) lässt sich sofort parameterisieren – er entsteht ja durch Rotation des Punktes $(r/0)$ um den Koordinatenursprung (der Drehwinkel u wird zwecks Berechnung mit dem Computer im Bogenmaß angegeben):

$$\vec{x}_0 = \begin{pmatrix} r\cos u \\ r\sin u \end{pmatrix} \quad (0 \le u \le 2\pi) \tag{6.17}$$

Soll nun der Mittelpunkt (das Drehzentrum) der Punkt $M(m_x/m_y)$ sein, dann haben wir

$$\vec{x} = \vec{x}_0 + \vec{m} = \begin{pmatrix} r\cos u + m_x \\ r\sin u + m_y \end{pmatrix} \quad (0 \le u \le 2\pi) \tag{6.18}$$

Schnitt eines Kreises mit einer Geraden

Sei nun $\vec{n}\cdot\vec{x} = c$ die parameterfreie Gleichung einer Geraden g. Der Schnittpunkt mit einem allgemeinen Kreis erfüllt dann die Bedingung

$$\vec{n}\cdot\begin{pmatrix} r\cos u + m_x \\ r\sin u + m_y \end{pmatrix} = c$$

Die führt auf die Gleichung des Typs $P\cos u + Q\sin u + R = 0$:

$$\underbrace{n_x r}_{P}\cos u + \underbrace{n_y r}_{Q}\sin u + \underbrace{n_x m_x + n_y m_y - c}_{R} = 0,$$

also eine quadratische Gleichung in u. Reelle Lösungen stellen sich ein für $\overline{gM} \le r$.

Anwendung: Satellit im Erdschatten, Mondfinsternis (Abb. 6.18)
Ein Satellit umkreise die Erde in einer Höhe von 500 km (dies erzwingt übrigens eine Umlaufzeit von ca. 1,5 Stunden). Wie lange ist er im Erdschatten?

Lösung:
Das Problem ist i.w. zweidimensional, d.h., wir können uns die kreisförmige Satellitenbahn in der Zeichenebene denken:

$$\vec{x} = \begin{pmatrix} r\cos u \\ r\sin u \end{pmatrix} \quad \text{mit} \quad r = R + 500\text{km}, \; R = 6\,370\,\text{km}$$

Das Streiflicht an den Erdumriss ist die Schnittgerade:

$$\begin{pmatrix} 0 \\ 1 \end{pmatrix} \cdot \vec{x} = \begin{pmatrix} 0 \\ 1 \end{pmatrix} \cdot \begin{pmatrix} 0 \\ R \end{pmatrix} = R$$

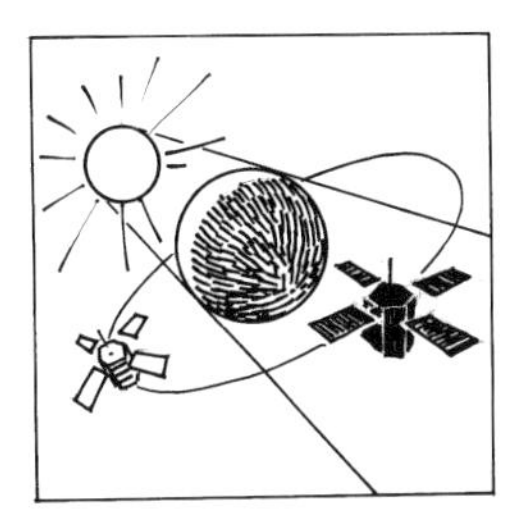

Abb. 6.18 Satellit ...

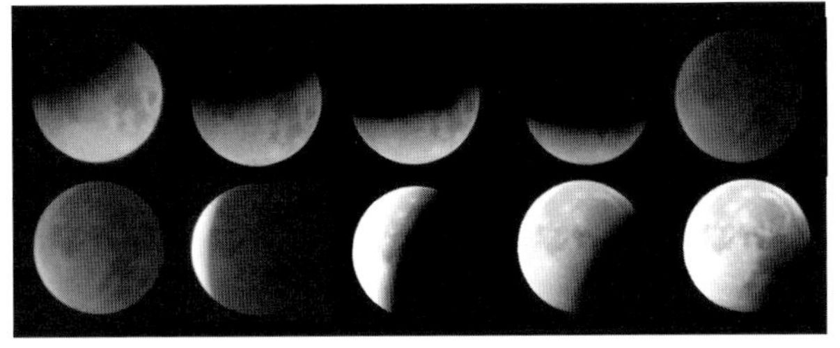

Abb. 6.19 ... bzw. Mond im Erdschatten ($3\frac{1}{2}$ h)

Nun schneiden wir Gerade und Kreis:

$$\begin{pmatrix} 0 \\ 1 \end{pmatrix} \cdot \begin{pmatrix} r\cos u \\ r\sin u \end{pmatrix} = R \Rightarrow \sin u = \frac{R}{R+500} = 0{,}9272 \Rightarrow u = 68^\circ$$

Die zweite Lösung $u = 180^\circ - 68^\circ$ ist nicht relevant. Der Satellit ist im Intervall $-68^\circ < u < 68^\circ$ im Erdschatten, also $\frac{2\cdot 68}{360}\,1{,}5\,\text{h} \approx 34\,min$.
In der Praxis ist diese Zeit sogar kürzer: Das Streiflicht wird in der Erdatmosphäre zum Lot gebrochen, wobei der energieärmere Rot-Anteil des Lichtes stärker gebrochen wird. Dieses Phänomen tritt bei der Mondfinsternis auf, wo eben statt des Satelliten der Mond im Erdschatten verschwindet. Das gebrochene Rotlicht trifft den Mond wegen dessen großer Entfernung *immer*, weswegen der Mond „blutrot“ wird, nicht aber völlig dunkel (Abb. 6.19). ♠

Anwendung: Spezielle Ellipsenbewegung (Abb. 6.20)
Gegeben seien zwei sich rechtwinklig schneidende Geraden, auf denen sich zwei Punkte A und B bewegen. Dabei soll die Strecke $s = \overline{AB}$ konstante Länge haben. Dann beschreibt jeder Punkt C auf der Strecke AB eine Ellipse. Man beweise dies. Wie wird die Bahnkurve punktweise ermittelt?

Beweis:
Wenn man A auf der ersten Geraden a frei wählt, ergibt sich B auf der zweiten Geraden b im Schnitt mit einem Kreis um A mit Radius s.

Sei $M = a \cap b$. Man betrachte das Rechteck $MAPB$ und seinen Umkreis q (Mittelpunkt R). Die Diagonalen MP und AB sind zur Achse a gleich geneigt (Neigungswinkel α). Man betrachte nun die Punkte K bzw. N auf MP bzw. b auf der a-Parallelen durch C. Die Strecke $\overline{MK}$ ist gleich lang wie $\overline{AC}$, folglich konstant. K wandert somit auf einem Kreis um M. Weiters ist $\overline{NK}$ stets proportional zu $\overline{NC}$, denn es ist ja mit $t = \overline{RC}$ = konstant

$$\frac{\overline{NC}}{\overline{NK}} = \frac{(s/2+t)\cos\alpha}{(s/2-t)\cos\alpha} = \frac{s/2+t}{s/2-t}$$

Somit entsteht die Bahnkurve von C durch Streckung des Bahnkreis von K und ist eine Ellipse.◇

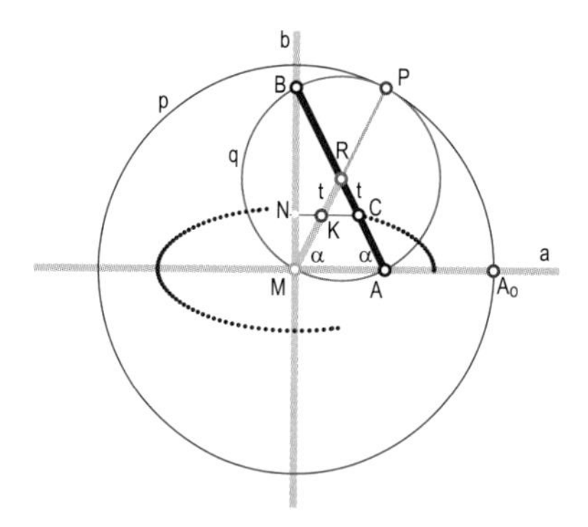

Abb. 6.20 Spezielle und allgemeine...

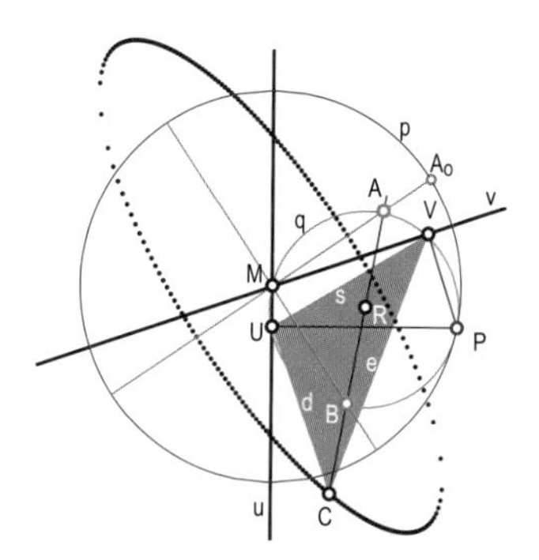

Abb. 6.21 ...Ellipsenbewegung

Wegen $\overline{MP} = \overline{AB} = s$ hat q konstanten Radius $s/2$. P liegt für jede Lage von AB auf einem Kreis p um M mit doppelt so großem Radius s. Weil der Punkt P als Schnitt der Bahnnormalen von A und B entsteht, ist er der Momentanpol der Bewegung (Bahnnormalensatz S.224). Der Kreis q kann als Peripheriekreis über der Strecke AP gedeutet werden (vgl. Abb. 3.48). Nach dem Peripheriewinkelsatz ist dann $\angle ARP = 2\angle AMP$. Daraus folgt, dass die Kreisbögen A_0P (auf p gemessen) und AP (auf q gemessen) gleich lang sind, und das für jede Lage von P. Man kann also sagen: der Kreis q rollt im doppelt so großen Kreis p ohne zu gleiten. Eine Ellipsenbewegung kann also auch durch spezielle Kreisrollung (Radienverhältnis 2 : 1) erzeugt werden. Es handelt sich also um eine spezielle Inradrollung (Anwendung S. 224). ♠

Schnitt zweier Kreise in der Ebene

Der Schnitt zweier Kreise lässt sich auf den Schnitt eines Kreises mit einer Geraden zurückführen: Die Verbindungsgerade der Schnittpunkte verläuft orthogonal zur Verbindung der beiden Mittelpunkte.

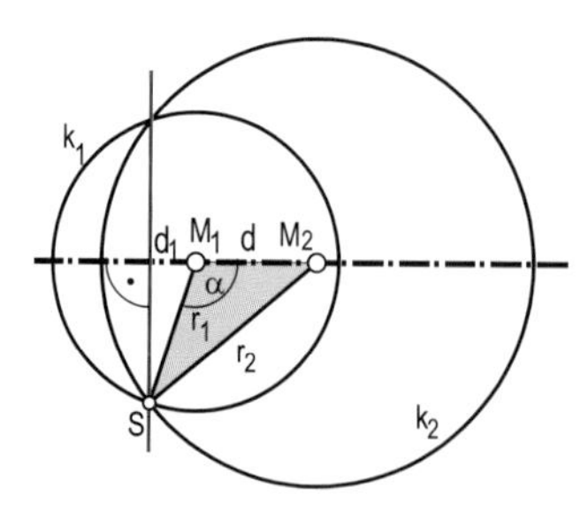

Abb. 6.22 Schnitt zweier Kreise

Ihr Abstand d_1 vom ersten Kreismittelpunkt ergibt sich aus dem Kosinussatz (mit den Bezeichnungen der nebenstehenden Figur)

$$r_2^2 = d^2 + r_1^2 - 2d\underbrace{r_1\cos\alpha}_{d_1}$$

$$\Rightarrow d_1 = \frac{d^2 + r_1^2 - r_2^2}{2d}$$

Anwendung: Allgemeine Ellipsenbewegung (Abb. 6.21)

Gegeben seien zwei unter beliebigem Winkel schneidende Geraden u und v, auf denen sich zwei Punkte U und V bewegen. Dabei soll die Strecke $s = \overline{UV}$ konstante Länge haben. Dann beschreibt jeder mit der Strecke UV starr verbundene Punkt C (mit $\overline{UC} = d$ und $\overline{VC} = e$) eine Ellipse. Wie kommt man zur entsprechenden Lage von C, wenn eine Position von U gegeben ist?

Lösung:
Der Kreis um U mit Radius s schneidet aus v zwei mögliche Positionen von V aus. Die Kreise um U mit Radius d bzw. um V mit Radius e liefern den gesuchten Punkt C (2 Möglichkeiten).

Der Schnittpunkt $M = u \cap v$ ist Mittelpunkt der Bahnkurve. Der Kreis q durch U, V und M (Mittelpunkt R) heißt Rollkreis. Er kann als Peripheriekreis über der Strecke UV gedeutet werden, weil der Winkel $\angle UMV$ konstant ist (vgl. Abb. 3.48); somit hat q unabhängig von der Wahl von U einen festen Durchmesser. Nach dem Satz von Thales ist jener Punkt P, der M im Rollkreis gegenüberliegt, der Schnitt der Bahnnormalen von U und V, also der Momentanpol (Bahnnormalensatz S.224), und der Radius des Kreises p um M durch P ist ebenfalls konstant. Die Kreise p und q haben das Radienverhältnis $2:1$, und q berührt stets p von innen.

Betrachten wir nun die Bahn des Punktes A, der sich auf dem Rollkreis gegenüber von C befindet. Nach dem „Peripheriewinkelsatz“ ist der Zentriwinkel $\angle PRA$ doppelt so groß wie der Randwinkel $\angle PMA$. Daraus folgt, dass der am Kreis p gemessene Bogen PA_0 gleich groß ist wie der am Kreis q gemessene Bogen PA. Weil das für jede Lage von C gilt, liegt eine echte Rollung von q in p vor, sind die beiden Kreisbögen stets gleich lang und es liegt eine echte Kreisrollung wie bei der vorhin beschriebenen Ellipsenbewegung vor. Dabei wandert A offensichtlich auf der Geraden MA_0. Analoges gilt für den Gegenpunkt B von A am Rollkreis. Die beiden Bahngeraden von A und B stehen aufeinander senkrecht. Die Strecke AB hat konstante Länge. Somit kann man dieselbe Bewegung auch erreichen, wenn man A auf der festen Geraden MA und B auf der festen, dazu senkrechten Geraden MB führt. Weiter im Beweis siehe vorangegangenes Beispiel. ♠

Anwendung: Gelenksvierecke

In der Technik werden sehr häufig folgende Mechanismen verwendet: Ein erster Stab LA rotiert um seinen fixen Lagerpunkt L, ein zweiter Stab MB um seinen fixen Lagerpunkt M. Die Bewegung der Stäbe ist durch den Steg AB fester Länge gekoppelt. Jeder weitere mit dem Steg fest verbundene Punkt C beschreibt eine sog. Koppelkurve.

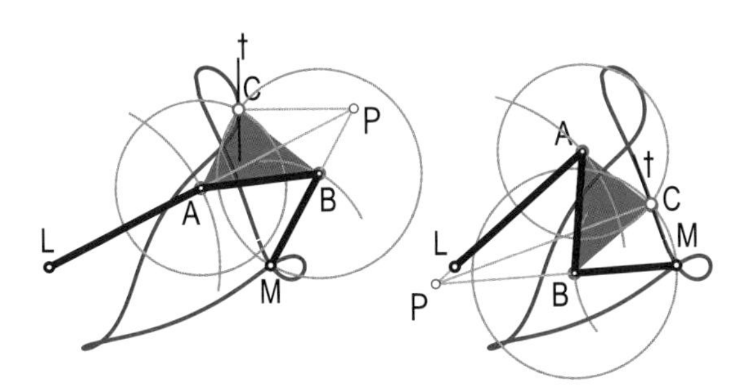

Abb. 6.23 Typische Koppelkurve (zwei Momentaufnahmen)

Wie wird bei Vorgabe des ersten Stabs LA die momentane Lage von C berechnet? Man gebe auch die Bahntangente und Momentangeschwindigkeit von C an.

Lösung:
Alles läuft auf den Schnitt zweier Kreise hinaus. Zunächst wird B im Schnitt

des Kreises um M mit Radius $\overline{MB}$ mit dem Kreis um A mit Radius $\overline{AB}$ gefunden (zwei Möglichkeiten). Dann findet sich C im Schnitt des Kreises um A mit dem Radius $\overline{AC}$ mit dem Kreis um B mit dem Radius $\overline{BC}$. Diesmal ist wegen des Umlaufsinns ABC nur ein Schnittpunkt zulässig.
Die Bahntangente von C lässt sich nach dem leicht ermitteln: Wir kennen ja die Bahnkreise von A und B. Die zugehörigen Bahnnormalen sind die Trägergeraden der Arme LA und MB. Sie schneiden einander nach dem Satz über die Bahnnormalen (S.224) im Momentanpol P. Die Bahntangente in C steht dann senkrecht zum Polstrahl PC. Der Abstand $\overline{PC}$ vom Momentanpol (Drehzentrum) ist gleichzeitig proportional zur Momentangeschwindigkeit von C. ♠

Anwendung: Kran zum Löschen der Schiffsfracht

In welche Richtung bewegt sich der Seilhaken des in Abb. 6.24 abgebildeten Schiffskrans?

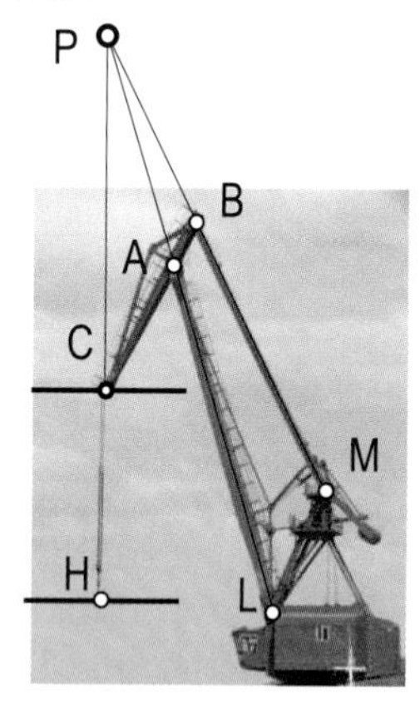

Abb. 6.24 Schiffskran

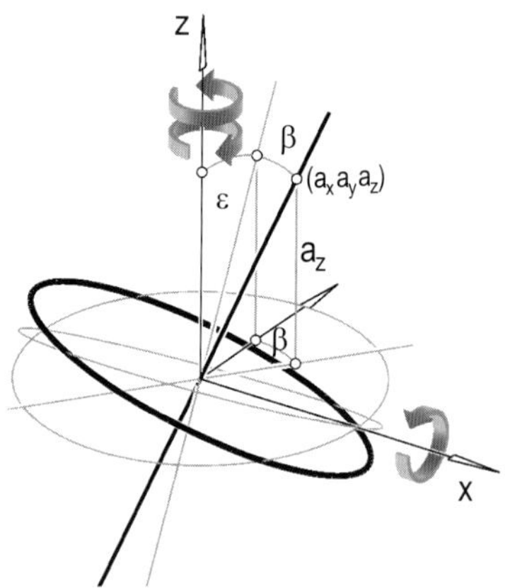

Abb. 6.25 Kreis im Raum

Lösung:
Man erkennt ein Gelenkviereck $LABM$ mit den fixen Punkte L und M, um welche die Punkte A und B kreisen. Damit ergibt sich der Momentanpol P und die Bahntangente im Punkt C, die – wie zu erwarten war – waagrecht ist. Der Haken H liegt immer genau unter C und hat bei konstanter Seillänge ebenfalls eine horizontale Tangente. ♠

Parameterdarstellung eines Kreises im $\mathbb{R}^3$

Im Raum sieht die Situation i. Allg. viel komplizierter aus. Wir betrachten zunächst den Spezialfall, dass der Kreismittelpunkt der Koordinatenursprung und die Kreisachse die z-Achse ist:

$$\vec{x}_0 = \begin{pmatrix} r\,\cos u \\ r \sin u \\ 0 \end{pmatrix} \quad (0 \le u \le 2\pi) \tag{6.19}$$

Wir wollen nun einen Kreis durch Rotation eines Punktes um eine allgemeine Achse erzeugen. Sei

$$\vec{a} = \begin{pmatrix} a_x \\ a_y \\ a_z \end{pmatrix} \quad \text{mit} \quad \sqrt{a_x^2 + a_y^2 + a_z^2} = 1$$

der *normierte* Richtungsvektor der Drehachse. Die Achse enthalte den Koordinatenursprung. Betrachten wir zu den folgenden Überlegungen Abb. 6.25: Wir gelangen zur Achsenrichtung, wenn wir die z-Achse durch einen Winkel $-\varepsilon$ um die x-Achse drehen und anschließend durch den Winkel $-\beta$ um die z-Achse drehen.
Dabei gelten die Beziehungen

$$\cos\varepsilon = a_z,\ \sin\varepsilon = \sqrt{a_x^2 + a_y^2} = s \quad \text{bzw.} \quad \cos\beta = \frac{a_x}{s},\ \sin\beta = \frac{a_y}{s}. \tag{6.20}$$

Die Verdrehung der Kreispunkte (6.19) um die x-Achse (Drehwinkel $-\varepsilon$) liefert

$$\vec{x}_1 = \mathbf{R}_\text{x}(-\varepsilon)\cdot\vec{x}_0 = \begin{pmatrix} r\cos u \\ r\,a_z\sin u \\ r\,s\sin u \end{pmatrix},$$

die weitere Verdrehung um die z-Achse liefert schließlich

$$\vec{x}_2 = \mathbf{R}_\text{z}(-\beta)\cdot\vec{x}_1 = \begin{pmatrix} \frac{r}{s}(a_x\cos u + a_y\,a_z\sin u) \\ \frac{r}{s}(a_y\cos u - a_x a_z\sin u) \\ r\,s\sin u \end{pmatrix}.$$

Jetzt können wir noch einen beliebigen Mittelpunkt $M(m_x/m_y/m_z)$ angeben und haben die allgemeine – keineswegs einfache, aber oft nützliche – Parameterdarstellung des Kreises gefunden:

$$\vec{x} = \begin{pmatrix} m_x + \frac{r}{s}(a_x\cos u + a_y\,a_z\sin u) \\ m_y + \frac{r}{s}(a_y\cos u - a_x\,a_z\sin u) \\ m_z + r\,s\sin u \end{pmatrix} \quad (s = \sqrt{a_x^2 + a_y^2},\ 0 \le u < 2\pi). \tag{6.21}$$

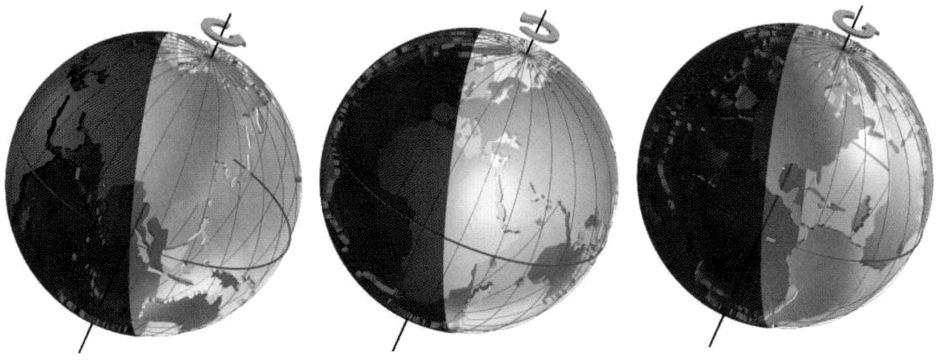

Abb. 6.26 Und sie dreht sich doch...

Anwendung: Schattengrenze auf der Erdkugel

Die Tag-Nacht-Grenze auf der Erde ist ein Großkreis in einer Ebene senkrecht zur Lichtstrahlrichtung. In welchen Punkten vorgegebener geografischer Breite φ geht die Sonne gerade auf bzw. unter?

Lösung:

Der normierte Lichtstrahlvektor ist Richtungsvektor $\vec{a}$ der Achse des Eigenschattenkreises, der Erdradius R der Kreisradius.
Wir erhalten die gesuchten Punkte am Breitenkreis im Schnitt der Schattengrenze mit der Ebene $z = R\sin\varphi$. Es ist also

$$R\,s\,\sin u = R\sin\varphi \Rightarrow u = \arcsin\frac{\sin\varphi}{s}$$

Für $\sin\varphi > s$ gibt es keine reelle Lösung: Auf dem zugehörigen Breitenkreis ist entweder 24 h Tag oder 24 h Nacht. ♠

Abb. 6.27 Die Kugel ist nicht abwickelbar

Anwendung: Die Kugel ist nicht abwickelbar

An dieser Stelle passt ein kurzer Exkurs in die Kartografie. Bekanntlich ist es nicht möglich, die Oberfläche einer Kugel in die Ebene auszubreiten, ohne sie stark zu deformieren. Abb. 6.27 illustriert, dass die Schale einer einigermaßen kugelförmigen Mandarine immer noch gekrümmt bleibt, obwohl sie an mehreren Stellen „aufgerissen" wurde (Mandarinen sind leicht schälbar, weil sie eine schwach ausgebildete innere Fruchtwandschicht haben).

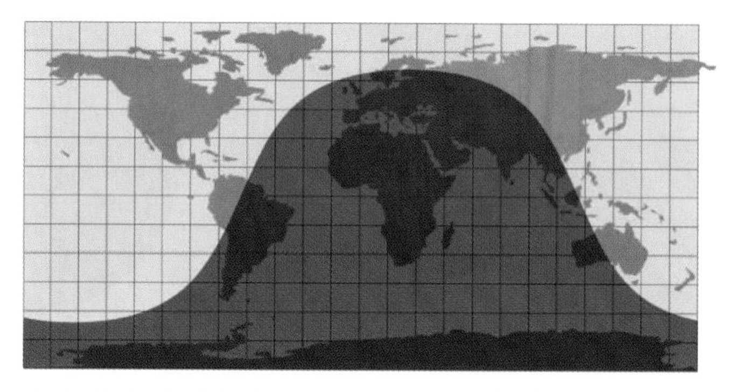

Abb. 6.28 Die Schattengrenze im verzerrenden Koordinatennetz

Es gibt nun ungezählte Verfahren, um die Kugeloberfläche irgendwie in die Ebene zu transformieren. Keine davon kann langen-, flächen- und winkeltreu gleichzeitig sein. Die einfachste Methode ist, Längen- und Breitengrad eines Punktes als kartesische Koordinaten zu interpretieren. In diesem Koordinatennetz wird die Kugel auf ein Rechteck abgebildet. Abb. 6.28 zeigt, wie sich die Schattengrenze von Abb. 6.26 Mitte in diesem stark verzerrenden Koordinatennetz abbildet. Wie stark diese Transformation die Kugeloberfläche deformiert, erkennt man am besten bei der Antarktis. Die Schattenkurve ist augenfällig keine Sinuslinie, wie man vielleicht annehmen könnte (vgl. auch Abb. 2.35). Der Erddrehung entspricht im Koordinatennetz eine Linksschiebung. ♠

Anwendung: Kürzeste Flugroute (Abb. 6.71)
Die kürzeste Flugroute von P nach Q ist ein Großkreis, also ein Kreis mit der Erdmitte M als Mittelpunkt. Die Kreisachse ist Normalvektor der Ebene PQM und der Kreis hat den Radius $R = 6\,370\,\text{km}$ plus der Flughöhe (beim Flugzeug 10 km, bei Satelliten zwischen 150 km und $36\,000 km$). ♠

Schnitt eines Kreises mit einer Ebene

Sei $\vec{n} \cdot \vec{x} = c$ die Gleichung einer Ebene ε und k ein allgemeiner Kreis mit Radius r. Setzen wir $\vec{x}$ aus Gleichung (6.21) in die Ebenengleichung ein, so erhalten wir wieder einmal eine Gleichung vom Typus

$$P \sin u + Q \cos u + R = 0$$

(vgl. S.107). Sie hat zwei reelle Lösungen, wenn die Spurgerade von ε in der Kreisebene von der Kreisachse einen Abstand $\leq r$ hat.

Schnitt zweier Kreise im Raum

Zwei Kreise c_1 und c_2 im Raum haben i. Allg. natürlich keine Schnittpunkte, wohl aber, wenn sie auf einer gemeinsamen Kugel (Mitte K, Radius ϱ) liegen. In einem solchen Fall müssen sich erstens die Achsen in einem Punkt K (dem Kugelmittelpunkt) schneiden und zweitens muss für beide Kreise gelten:

$$\overline{K M_i}^2 + r_i^2 = \varrho^2$$

Anwendung: „*Monge*sches Kugelverfahren" (Abb. 6.29)
Um die Durchdringungskurve zweier Drehflächen mit schneidenden Achsen zu ermitteln, wählt man Hilfskugeln um den Schnittpunkt der Achsen mit (fast) beliebigem Radius. Eine solche Kugel schneidet jede Fläche nach einem oder mehreren Kreisen. Je zwei Kreise auf verschiedenen Flächen haben potentielle Schnittpunkte, die der Durchdringungskurve angehören. Die Radien der Hilfskugeln dürfen nicht zu klein oder zu groß gewählt werden, weil sonst u.U. die Schnittkreise nicht reell ausfallen. ♠

Anwendung: Abstandkreise auf der Kugel (Sphärische Trigonometrie)
Man berechne jene Punkte am 15. östl. Längenkreis, die von London (am Nullmeridian, $\varphi = 51{,}5°$ n. Br.) 2000 km weit entfernt sind. Geht dort die Sonne eine Stunde früher auf?

Lösung:
Zu 2000 km Abstand (auf der Kugel längs eines Großkreises gemessen) gehört auf der Erdkugel (Radius $R = 6370\,\text{km}$, Umfang $40\,000\,\text{km}$) ein Zentriwinkel von $18°$. Der Radius r des Abstandkreises beträgt dann

$$r = R \sin 72° = 1968\,\text{km}.$$

Der Mittelpunkt des Kreises hat vom Ursprung den Abstand

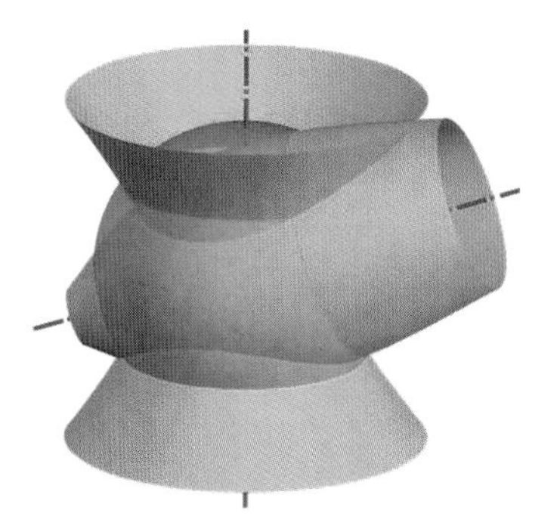

Abb. 6.29 *Monge*sches Kugelverfahren

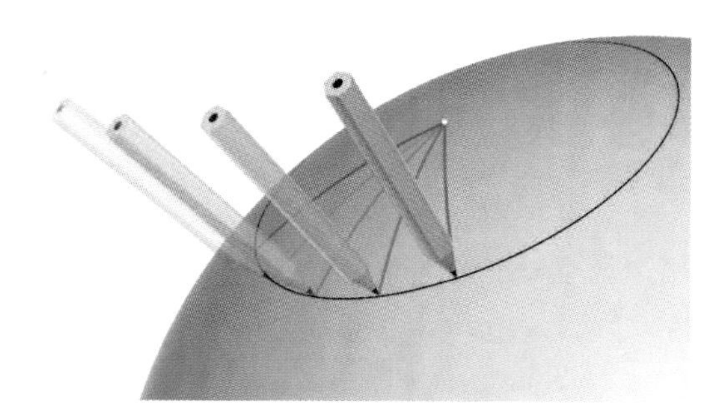

Abb. 6.30 Abstandkreis auf einer Kugel

$$a = \sqrt{R^2 - r^2}$$

Die Trägerebene des Abstandkreises hat die Gleichung

$$\begin{pmatrix} 0 \\ -\cos\varphi \\ \sin\varphi \end{pmatrix} \vec{x} = \begin{pmatrix} 0 \\ -\cos\varphi \\ \sin\varphi \end{pmatrix} \begin{pmatrix} 0 \\ -a\cos\varphi \\ a\sin\varphi \end{pmatrix},$$

also

$$-\cos\varphi\, y + \sin\varphi\, z = a(\cos^2\varphi + \sin^2\varphi) = a$$

Die Trägerebene des 15. Längenkreises ($\lambda = 15°$) hat die Gleichung

$$-\cos\lambda\, x + \sin\lambda\, y = 0.$$

Für die Schnittgerade der beiden Ebenen finden wir unmittelbar eine Parameterdarstellung:

$$x = \tan\lambda\, t,\ \ y = t,\ \ z = (a + \cos\varphi\, t)/\sin\varphi$$

Für uns interessant sind die geografischen Breiten der beiden Schnittpunkte. Der eine liegt mit 37,5° n. Br. an der Südküste Siziliens, der andere mit 68° n. Br. nördlich des Polarkreises an der norwegischen Eismeerküste. Die beiden Punkte sind etwa 3500 km von einander entfernt. Berlin liegt ziemlich genau zwischen den beiden Punkten. Am selben Breitengrad wie London wird die Sonne am 15. östlichen Längengrad das ganze Jahr über eine Stunde früher aufgehen. In Sizilien sind die Tageslängen während des Jahres ausgeglichener (im Sommer kürzer, im Winter länger) als in London. Die Sonne geht somit im Winter mehr als eine Stunde vorher auf, im Sommer weniger als eine Stunde vorher. Umgekehrtes gilt für das nördliche Skandinavien. Besagter Punkt am 68. Breitengrad liegt sogar nördlich des Polarkreises und hat in der zweiten Dezemberhälfte sogar eine Polarnacht! Das könnte man auch so formulieren: Sonnenaufgang = Sonnenuntergang um 12h Mittag. ♠

Anwendung: Abstandskreise auf gekrümmten Flächen

Ein zweidimensionales Wesen auf einer Fläche kann erstaunlicherweise feststellen, ob und wie stark „seine Trägerfläche“ gekrümmt ist, ohne in den 3-dimensionalen Raum auszuweichen: Es muss nur einen Kreis mit Radius r zeichnen (Abb. 6.31) und dessen Umfang abmessen. Ist dieser Umfang $2\pi \cdot r$, dann lebt es auf einer parabolischen Fläche (speziell: in einer Ebene), ist der Umfang größer, dann auf einer hyperbolischen Fläche. Wesen auf elliptischen Flächen – wie wir auf der Erdkugel – stellen fest, dass der Umfang kleiner als erwartet ist.

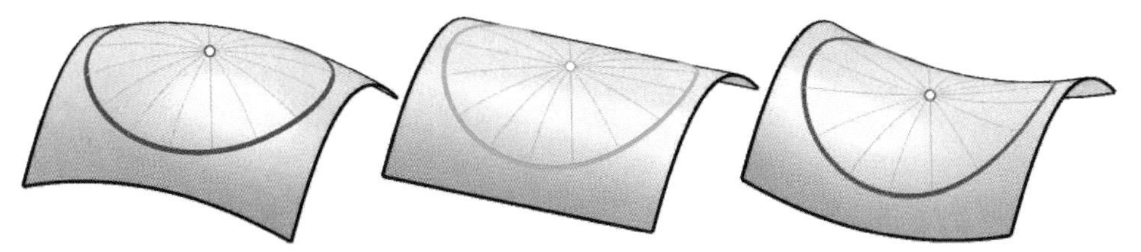

Abb. 6.31 Abstandskreise auf verschiedenartig gekrümmten Flächen

Wenn wir z.B. auf der Erdkugel um den Nordpol einen Kreis mit einem Radius von $r = 10\,000$ km (ein Viertel des Erdumfangs) zeichnen, so liegen alle Kreispunkte am Äquator. Dessen Umfang beträgt 40 000 km. Es ist aber $2\pi \cdot r \approx 62\,800$ km. Unsere Trägerfläche ist also stark elliptisch gekrümmt.♠

Verschiedene Arten der Kurvendarstellung

Eine Kurve der Ebene kann auf vier Arten dargestellt werden:

1. *Explizite Darstellung*
   Wenn die Kurve keine Tangenten parallel zur y-Achse hat, kann sie als Funktionsgraph interpretiert und der y-Wert *explizit* angegeben werden:

   $$y = f(x) \quad x_1 \leq x \leq x_2$$

   In Vektorschreibweise ist ein Kurvenpunkt durch die Koordinaten $(x/f(x))$ festgelegt, die zugehörige Tangente wird durch den Richtungsvektor $\begin{pmatrix} 1 \\ f'(x) \end{pmatrix}$ bestimmt. Typische Beispiele sind die im vorangegangenen Kapitel besprochenen Grundfunktionen $y = x^n$, $y = \sin x$, $y = \cos x$, $y = \tan x$ und $y = e^x$ (alle genannten Funktionen haben keine Einschränkung für x), sowie (mit Einschränkung auf gewisse Intervalle) deren Umkehrfunktionen.

2. *Parameterdarstellung*
   Wenn die Kurve auch y-parallele Tangenten besitzt, verwendet man die Parameterdarstellung

   $$\overrightarrow{x} = \overrightarrow{x}(u) = \begin{pmatrix} x(u) \\ y(u) \end{pmatrix} \quad u_1 \leq u \leq u_2$$

Die zum Kurvenpunkt gehörige Tangente ist durch den Richtungsvektor $\begin{pmatrix} \dot{x}(u) \\ \dot{y}(u) \end{pmatrix}$ festgelegt. Ein klassisches Beispiel dafür ist der Kreis

$$\overrightarrow{x} = \begin{pmatrix} \cos u \\ \sin u \end{pmatrix} \quad 0 \leq u \leq 2\pi.$$

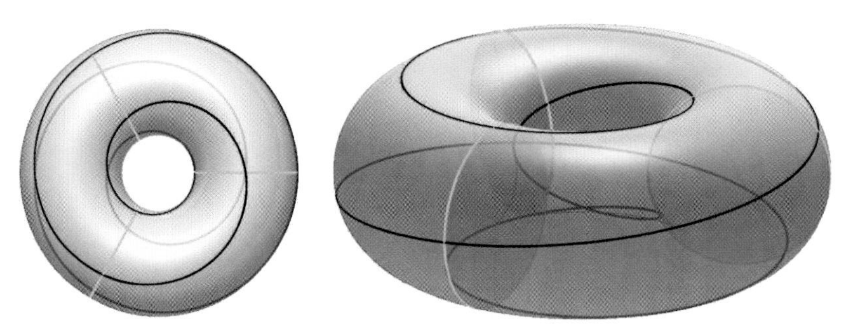

Abb. 6.32 Raumkurve mittels Parameterdarstellung

Im „Zeitalter des Computers" ist diese Kurvenbeschreibung die am meisten verwendete, weil sie die allgemeinste ist. Sie funktioniert auch gut für Raumkurven, wo einfach eine dritte Gleichung für z dazukommt. Zur Illustration diene die Gleichung einer Rotoide (Abb. 6.32, links: Draufsicht, rechts: allgemeine Ansicht), die sich einem Torus entlangschlängelt (vgl. auch Abb. 6.59):

$$\vec{x} = \begin{pmatrix} (a - b\,\cos n\,u)\cos u \\ (a - b\,\cos n\,u)\sin u \\ b\,\sin(n\,u) \end{pmatrix} \quad (\text{speziell: } 0 \leq u \leq 6\pi,\ n = -\frac{1}{3})$$

3. *Darstellung in Polarkoordinaten* (Abb. 6.42)
Manchmal rechnet man günstigerweise mit sog. *Polarkoordinaten*, bei denen der Abstand r vom Koordinatenursprung in Abhängigkeit vom Polarwinkel φ angegeben wird:

$$r = r(\varphi) \quad \varphi_1 \leq \varphi \leq \varphi_2$$

Die zum Kurvenpunkt gehörige Tangente schließt mit dem Radialstrahl den Kurswinkel

$$\psi = \arctan \frac{r(\varphi)}{\dot{r}(\varphi)} \tag{6.22}$$

ein (Beweis in Anwendung S. 248). Ein klassisches Beispiel für die Beschreibung einer Kurve in Polarkoordinaten ist die *logarithmische Spirale* (Abb. 6.35)

$$r = r_0\, e^{k\,\varphi} \quad (k = \text{konstant},\ \varphi \in \mathbb{R}) \tag{6.23}$$

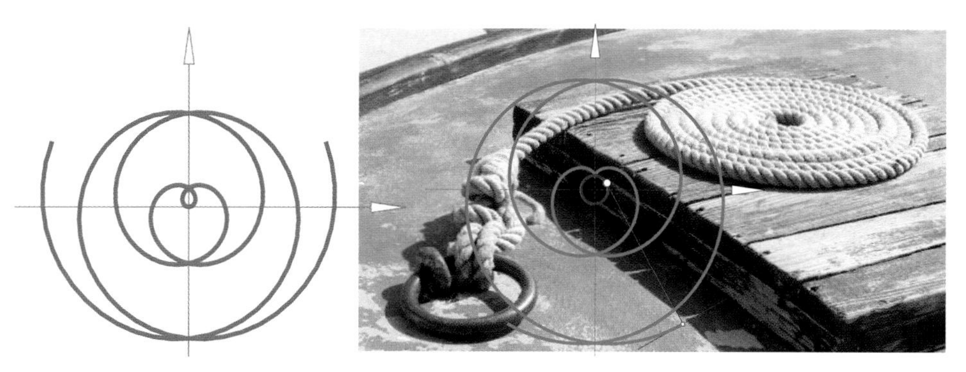

Abb. 6.33 Links: Archimedische Spirale, rechts eine praktische Annäherung derselben. Genau genommen ist die Mittellinie des Seils eine sog. Kreisevolvente, die entsteht, wenn man einen Faden von einem Drehzylinder (rot eingezeichnet) „abspult".

und – zum Vergleich – die *archimedische Spirale* (Abb. 6.33 links)

$$r = k\,\varphi \quad (k = \text{konstant},\ \varphi \in \mathbb{R}) \tag{6.24}$$

Bei ihr nimmt der Polarabstand „pro Umdrehung" um einen konstanten Wert $2\pi k$ zu, was in Abb. 6.33 rechts schön zu erkennen ist.

Polarkoordinaten lassen sich problemlos in kartesische Koordinaten umrechnen und umgekehrt (S. 251), sodass die Darstellung der Kurve in Polarkoordinaten gleichwertig zu einer Parameterdarstellung ist.

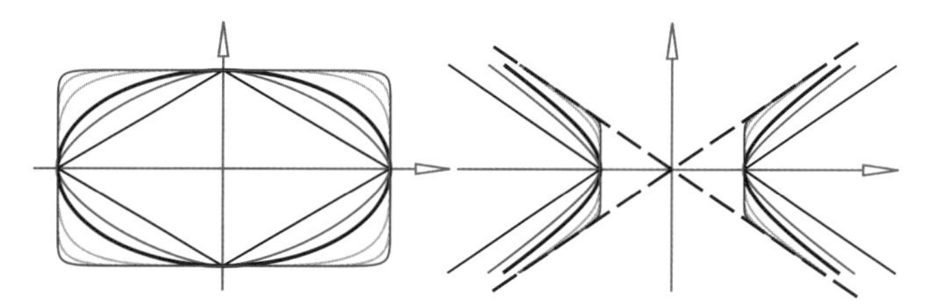

Abb. 6.34 Superellipsen bzw. Superhyperbeln

4. *Implizite Darstellung*
Diese Darstellung einer Kurve ist uns auch schon gelegentlich untergekommen. In ihr ist keine Koordinate explizit dargestellt. Die Kurventangente erhält man durch *implizites Differenzieren*, worauf aber nicht näher eingegangen werden soll. Als Beispiel sei wieder der Kreis angeführt (Radius r, Mittelpunkt $M(m_x/m_y)$:

$$(x - m_x)^2 + (y - m_y)^2 = r^2$$

oder – als Verallgemeinerung – die sog. Superellipsen

$$(x/a)^n + (y/b)^n = 1,$$

unter denen sich für $n = 2$ die echte Ellipse mit den Achsenlängen $2a$ und $2b$ befindet. In Abb. 6.34 links sind solche Kurven für $n = 1,\ 1{,}5,\ 2,\ 4,\ 8$

und 16 (von innen nach außen) zu sehen. Bei $(x/a)^n - (y/b)^n = 1$ stellen sich analog „Superhyperbeln" ein (Abb. 6.34 rechts).

Anwendung: Man beweise Formel (6.22) und zeige damit: *Der „Kurswinkel" der logarithmischen Spirale ist konstant* (Abb. 6.35)

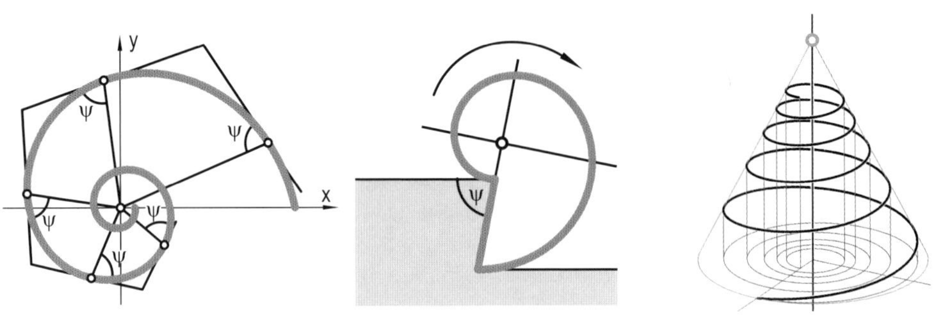

Abb. 6.35 Konstanter Kurswinkel bei der logarithmischen Spirale (rechts: räumliche Interpretation)

Beweis:
Wir zeigen Formel (6.22) mittels Abb. 6.36: Es gilt offensichtlich für $d\varphi \to 0$:

$$\tan\psi = \frac{r\,d\varphi}{dr} = \frac{r}{\frac{dr}{d\varphi}} = \frac{r(\varphi)}{\dot{r}(\varphi)}$$

◇

Bei der logarithmischen Spirale (Formel (6.23)) gilt

$$\dot{r}(\varphi) = k\,r_0\,e^{k\,\varphi} = k\,r(\varphi) \Rightarrow \psi = \arctan 1/k = \text{konstant.}$$

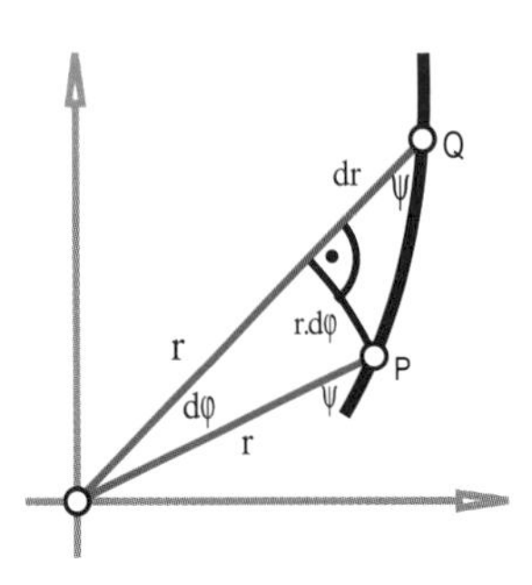

Abb. 6.36 Zum Beweis

Abb. 6.37 Schmetterling, Chamäleon

Schmetterlinge orientieren sich bei Tag an der Sonne, in der Nacht am Mondlicht. Sie „visieren" mit einer ihrer vielen *Omatidien* (kegelförmiger Ausschnitt ihres Facettenauges) die in beiden Fällen „unendlich" weit entfernte Lichtquelle an (Abb. 6.37 links). Die Lichtstrahlen sind untereinander parallel, sodass sie „nur mehr zu flattern" brauchen, um geradeaus zu fliegen.
Wenn nun Nachtfalter, Motten usw. auf eine künstliche Lichtquelle (womöglich gar ein Feuer) treffen, fliegen sie bei dem Versuch, geradeaus daran vorbeizufliegen, wegen des konstanten Kurswinkels längs einer logarithmischen Spirale auf die Lichtquelle zu.

Ebenfalls nach dem Prinzip des konstanten Kurswinkels rollt das Chamäleon seinen Schwanz ein (Abb. 6.37 rechts). Die Wirbellängen verhalten sich einigermaßen „exponentiell". Eine Schlange hingegen rollt sich nach einer archimedischen Spirale ein, weil bei jeder Windung ihr (einigermaßen konstanter) Körperdurchmesser dazukommt (vgl. Abb. 6.33). Auch die Schallplattenrille ist so gesehen eine archimedische Spirale. ♠

Anwendung: Schneckengehäuse (Abb. 6.38, Abb. 6.39)
Warum sind die Umrisse von Schneckengehäusen (Muschelschalen, Nautilusschalen) im Grundriss logarithmische Spiralen?

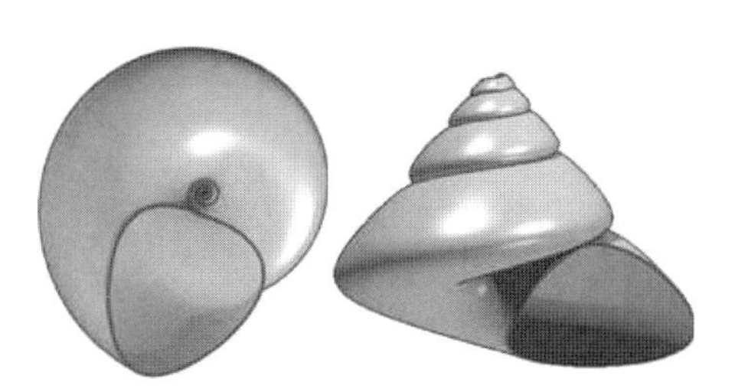

Abb. 6.38 Schnecke mittels Computer

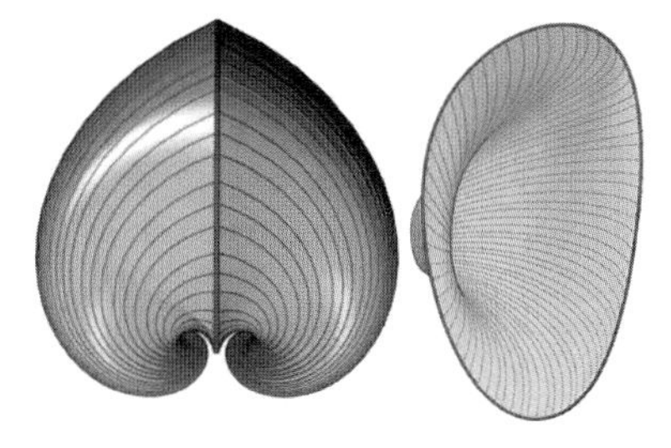

Abb. 6.39 Muschel mittels Computer

Lösung:
Schnecken haben offensichtlich folgende „Wachstumsstrategie“:

- Das Tier wächst „um eine Achse“ (offenbar, um kompakt zu bleiben).
- Die Vergrößerung dr des Achsenabstandes ist direkt proportional zum bisherigen Maximalabstand r (Proportionalitätsfaktor k).
- Die Zunahme $d\varphi$ des Drehwinkels ist proportional zur Abstandszunahme dr.

Abb. 6.40 Links- oder rechts rum? 200 Millionen Jahre alte Ammoniten

„Von oben gesehen“, also in Richtung der Achse gesehen (Abb. 6.35 rechts), gilt für den Rand der Schneckenschale somit die Beziehung

$$dr = k\,r\,d\varphi$$

Wir haben soeben (in Anwendung S. 246) festgestellt, dass diese Eigenschaft für die logarithmische Spirale gilt:

$$\frac{r}{\dot{r}} = \frac{1}{k} \Rightarrow \frac{\dot{r}}{r} = k \Rightarrow \frac{dr}{r} = k\,d\varphi$$

Folgt das Wachstum den angeführten Prinzipien, kann es zeitlich gesehen auch unregelmäßig vor sich gehen, ohne dass sich die geometrische Form ändert. Findet die Schnecke also saisonweise mehr Nahrung, wird sie schneller wachsen, ansonsten kann sie zwischendurch durchaus Wachstumspausen einlegen, ohne dass man ihr es später „ansieht".

Wir haben soeben eine „Differentialgleichung" durch einen Vergleich gelöst. Das Beispiel könnte deswegen auch im nächsten Kapitel stehen, wo wir allgemeine Lösungsstrategien für einfache Differentialgleichungen angeben.

Bei Schneckenhäusern oder Muscheln, die sich „dreidimensional ausbreiten", kann man von einer Links- bzw. Rechtsspiralung sprechen. Bei so gut wie allen Schnecken vergrößert sich das Gehäuse im Uhrzeigersinn (mathematisch negativ), wenn man von oben draufsieht. Nicht so beim „Schneckenkönig". Er „dreht rechts". Bei den Ammoniten in Abb. 6.40 gibt es – zumindest auf den ersten Blick – kein oben und unten. Daher kann man auch nicht sagen, in welcher Richtung die Spiralung verläuft. ♠

Anwendung: Kurs halten!

Was passiert, wenn man mit dem Flugzeug oder Schiff über große Distanzen einen konstanten Kurswinkel einschlägt (vgl. auch Anwendung S. 410)?

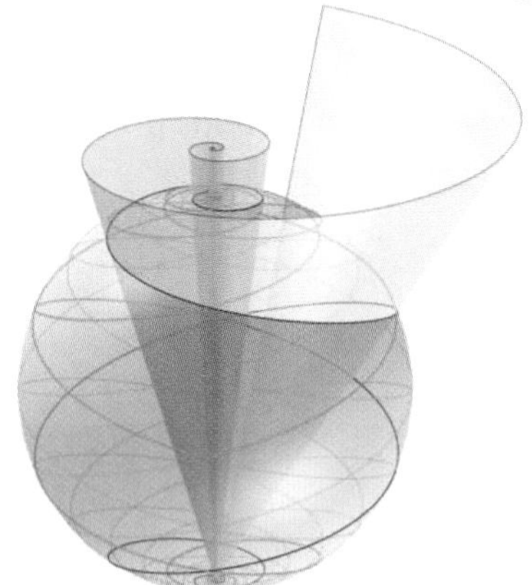

Abb. 6.41 Irrfahrten auf der Kugel: Mit Kompass (links) und ohne (rechts)

Lösung:

Man bewegt sich nicht auf einem Großkreis (der wäre die kürzeste Verbindung vom Start zum Ziel, Anwendung S. 267), sondern beginnt – wie eine Motte, die um das Licht kreist – einen der Pole spiralenförmig zu umrunden. Die exakte Lösung erhält man, indem man etwa aus dem Südpol auf die Tangentialebene im Nordpol projiziert (Abb. 6.41 links). Diese sog. *stereografische Projektion* ist, wie z.B. in der *Geometrie und ihren Anwendungen in Kunst, Natur und Technik* gezeigt wird, winkeltreu. Die Längenkreise der Kugel bilden sich in der Tangentialebene als Radialstrahlen durch den Nordpol ab, und der konstante Kurswinkel erzeugt eine logarithmische Spirale. Auf die Kugel zurückprojiziert erhält man eine *Loxodrome* auf der Kugel.

Ausnahmen: Fährt man genau nach Norden oder Süden, bewegt man sich auf einem Längenkreis, fährt man in Richtung Osten oder Westen, auf einem Breitenkreis. In Polnähe bedeutet letzteres einen recht großen Umweg. Sie kennen sicher die Fragestellung: Ein Bär marschiert 10 km nach Süden, 10 km nach Westen und schließlich 10 km nach Norden. Am Ende stellt er fest, dass er am Ausgangspunkt angelangt ist. Welche Farbe hat der Bär? Zur Lösung siehe Abb. 1.16. ♠

Formeln für das Umrechnen zwischen kartesischen Koordinaten und Polarkoordinaten

1. Gegeben sei ein Punkt $P(x/y)$ (Abb. 6.42). Dann ist sein Abstand vom Ursprung
$$r = \sqrt{x^2 + y^2}$$
und den Kurswinkel berechnet man unter Berücksichtigung des Vorzeichens (sign) der Koordinaten etwa mittels
$$\tan\varphi = \frac{y}{x} \Rightarrow \varphi = \begin{cases} \operatorname{sign} x \cdot \arctan\frac{y}{x}, \text{wenn } x \neq 0 \\ \operatorname{sign} y \cdot \frac{\pi}{2}, \text{ wenn } x = 0 \end{cases}$$

2. Gegeben sei ein Punkt in Polarkoordinaten $P(r;\,\varphi)$. Dann sind seine kartesischen Koordinaten
$$x = r\,\cos\varphi, \quad y = r\,\sin\varphi$$

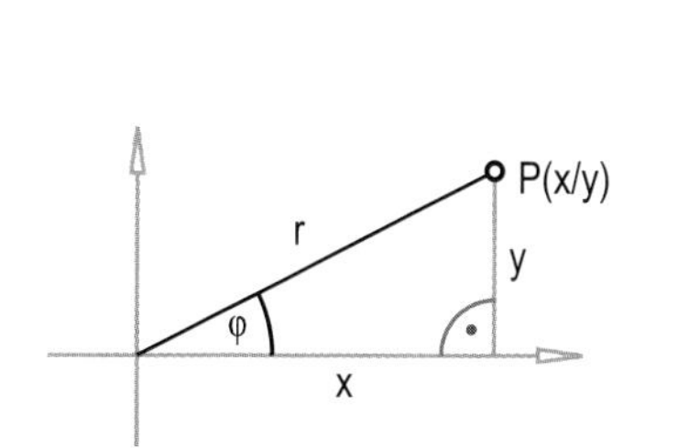

Abb. 6.42 Polarkoordinaten

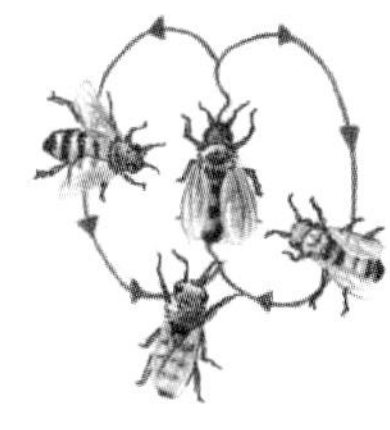

Abb. 6.43 Bienen und Polarkoordinaten

Bienen und Polarkoordinaten: Tanzbienen zeigen ihren Schwestern, wo sich eine Futterquelle befindet, indem sie einen Tanz aufführen (Abb. 6.43). Die Mittelachse der Tanzfigur gibt die Richtung (den Polarwinkel φ zum Sonnenfußpunkt) an, die Frequenz der Hinterleibsbewegung längs dieser Richtung ist ein Maß für die Entfernung r.

Kegelschnitte

Neben den Geraden und den Kreisen sind die wichtigsten Kurven die Kegelschnitte. Es handelt sich um Kurven 2. Ordnung, d. h. sie haben mit einer Geraden maximal zwei Schnittpunkte gemeinsam. Wenn man den Schnitt mit einer Tangente doppelt zählt und auch „komplexe" Lösungen zulässt (Abschnitt A), hat ein Kegelschnitt *immer genau zwei Schnittpunkte.*
Der Name *Kegelschnitt* deutet es schon an: Es handelt sich um die ebenen Schnitte eines Drehkegels. Dazu gehören die *Ellipse* (der Kreis ist ein Spezialfall davon), die *Parabel* und die *Hyperbel.* Entscheidend ist die Lage der Schnittebene. Denken wir uns den Drehkegel lotrecht aufgestellt, sodass alle Erzeugenden (und auch Tangentialebenen) den gleichen Neigungswinkel zur horizontalen Basisbene β bilden (Abb. 6.44). Der Kegel sei in beide Richtungen „unendlich groß". Dann schneiden alle Ebenen σ, die flacher als die Tangentialebenen sind, Ellipsen aus, und alle Ebenen, die steiler sind, Hyperbeln. Im Grenzfall treten Parabeln auf. Kegelschnitte waren seit der Antike

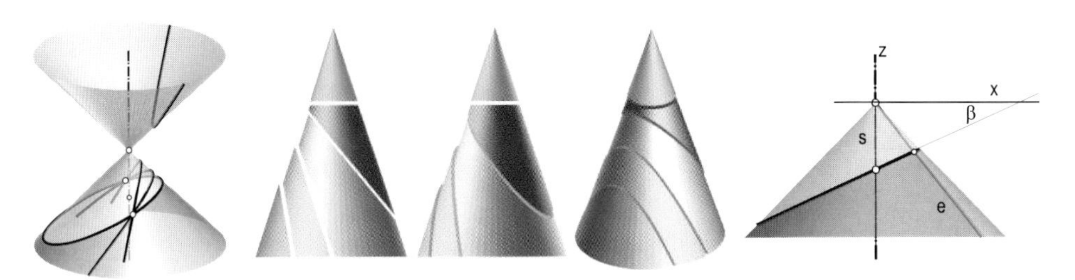

Abb. 6.44 Kegelschnitte

von zentralem Interesse für die Mathematik und die mit ihr verwandten Disziplinen – man könnte also ganze Vorlesungen darüber abhalten. Wir wollen hier nur einige wichtige – insbesondere allen Kegelschnitten gemeinsame – geometrische Eigenschaften anführen.

- Kegelschnitte haben immer zwei *Brennpunkte*, wenn man zulässt, dass einer der beiden – und zwar im Grenzfall der Parabel – ins Unendliche rücken kann. Diese Brennpunkte lassen sich geometrisch als Berührpunkte mit jenen beiden Kugeln interpretieren, die dem Kegel eingeschrieben sind und gleichzeitig die Schnittebene σ berühren. Sie werden nach ihrem Entdecker die *Dandelin*schen Kugeln (*G. P. Dandelin*, 1794-1847) genannt. Für die Ellipse bzw. Hyperbel lässt sich mittels dieser Kugeln zeigen, dass die Summe bzw. der Betrag der Differenz der Abstände jedes Kegelschnittspunkts von den Brennpunkten konstant ist. Den Spezialfall der Parabel werden wir wegen seiner großen technischen Bedeutung genauer unter die Lupe nehmen (Anwendung S. 256).

- Die *Parallelprojektion* des Kegelschnitts auf eine feste Ebene ist wieder ein Kegelschnitt von gleichem Typus, also eine Kurve mit den bekannten Brennpunkteigenschaften. Dementsprechend ist auch der „Grundriss" – also die Ansicht von oben – wieder ein Kegelschnitt vom gleichen Typus. Der Grundriss der Kegelspitze ist dabei einer der beiden Brennpunkte.

  Denken wir uns zur Vereinfachung den Kegel wie in Abb. 6.44 unter 45° geböscht (wir interessieren uns nur für den Grundriss). Dann haben die Erzeugenden e die Parameterdarstellung $\vec{x} = r\,(\cos\varphi, \sin\varphi, -1)^T$. Dabei ist r der Radialabstand von der lotrechten Achse und φ der Rotationswinkel. Die Schnittebene mit dem Neigungswinkel β durch den Punkt $(0/0/-s)$ hat die Gleichung $\sigma \cdots \varepsilon x - z = s$ (mit $\varepsilon = \tan\beta$). Für den Schnittpunkt $e \cap \sigma$ ergibt sich dadurch die Beziehung

$$r = \frac{s}{1 + \varepsilon\cos\varphi}, \tag{6.25}$$

  welche als Darstellung der Schnittkurve in *Polarkoordinaten* dienen kann. Der charakteristische Wert $\varepsilon = \tan\beta$ heißt *numerische Exzentrizität*. Für $\varepsilon = 0$ liegt offensichtlich ein Kreis mit Radius r_0 vor, für $0 < |\varepsilon| < 1$ wird der Nenner nie Null, sodass wir es mit einer Ellipse zu tun haben. Für $|\varepsilon| = 1$ stellt sich eine Parabel, für $|\varepsilon| > 1$ eine Hyperbel ein.

Abb. 6.45 Kreisbilder (vgl. Abb. A.15)

Abb. 6.46 Hyperbolische Schattengrenze

- Bei *Zentralprojektion* (Projektion aus einem festen Punkt auf eine feste Ebene) kann sich der Typ ändern, das Ergebnis ist aber stets wieder ein Kegelschnitt. Eine Ellipse (im Spezialfall auch ein Kreis) kann z.B. in eine Hyperbel transformiert werden. Ebendas tritt in der Fotografie, die ja eine Zentralprojektion aus dem optischen Zentrum der Linse auf eine fotoempfindliche Filmebene ist, immer wieder auf. Abb. 6.45 zeigt ellipsenförmige Kreisbilder und ein hyperbelförmiges (allerdings sieht man im Bild immer nur Teile eines Hyperbelasts). Auch Schatten von Kreisen bei Zentralbeleuchtung sind oft Hyperbeln (Abb. 6.46).

Anwendung: Scheitel und Brennpunkte eines Kegelschnitts

Man gebe die Koordinaten der Hauptscheitel, des Mittelpunkts und der Brennpunkte des Kegelschnitts $r(\varphi) = \dfrac{r_0}{1 + \varepsilon \cos\varphi}$ an. Weiters berechne man ε und r_0 bei gegebenen Abstand $2a$ der Hauptscheitel bzw. Abstand $2e$ der Brennpunkte.

Lösung:

Der erste Brennpunkt F_1 ist der Koordinatenursprung. Die Hauptscheitel stellen sich für $\varphi = 0$ und $\varphi = \pi$ ein. Es ist $r(0) = \dfrac{r_0}{1+\varepsilon}$, sodass der erste Hauptscheitel die Koordinaten $A(\dfrac{r_0}{1+\varepsilon}/0)$ und der zweite die Koordinaten $B(\dfrac{-r_0}{1-\varepsilon}/0)$ hat. Damit ist die Länge der Hauptachse

$$\overline{AB} = 2a = \frac{r_0}{1+\varepsilon} + \frac{r_0}{1-\varepsilon} = \frac{2r_0}{1-\varepsilon^2}.$$

Der Mittelpunkt ist durch

$$M(\frac{1}{2}\Big[\frac{r_0}{1+\varepsilon} + \frac{-r_0}{1-\varepsilon}\Big]/0) \Rightarrow M(\frac{r_0\,\varepsilon}{\varepsilon^2-1}/0)$$

gegeben. Seine x-Koordinate $\overline{MF_1} = e = \left|\dfrac{r_0\,\varepsilon}{1-\varepsilon^2}\right|$ (e wird als *lineare Exzentrizität* bezeichnet). Der zweite Brennpunkt F_2 ist zu F_1 spiegelsymmetrisch bzgl. M: $F_2(\dfrac{2r_0\,\varepsilon}{\varepsilon^2-1}/0)$.

Sei nun $2a$ und $2e$ gegeben. Dann ist

$$\frac{e}{a} = \left| \frac{\frac{r_0\,\varepsilon}{\varepsilon^2-1}}{\frac{r_0}{1-\varepsilon^2}} \right| = \varepsilon \quad \text{und weiter} \quad r_0 = a(1-\varepsilon^2).$$

♠

Anwendung: Orten einer Schallquelle

An drei Orten F_1, F_2 und F_3, deren gegenseitige Lage bekannt ist, hört man eine Explosion, und zwar zu den Zeitpunkten t_1, t_2 und t_3. Wo fand die Explosion statt?

Lösung:

Sei S die Position, an der die Explosion stattgefunden hat, und $s_1 = \overline{SF_1}$ bzw. $s_2 = \overline{SF_2}$. Bezeichnet c die Schallgeschwindigkeit zum gegebenen Zeitpunkt, dann gilt $s_2 - s_1 = c\,(t_2 - t_1)$. Somit liegt S auf einer Hyperbel mit den Brennpunkten F_1 und F_2 ($2e = 2\overline{F_1F_2}$) und $2a = c\,(t_2 - t_1)$. Ihre Gleichung lautet

$$r(\varphi) = \frac{r_0}{1+\varepsilon\,\cos\varphi} \quad \text{mit } \varepsilon = \frac{e}{a} \text{ und } r_0 = a(1+\varepsilon^2).$$

Analog liegt S auf einer (konfokalen) Hyperbel mit den Brennpunkten F_1 und $F3$ und der Gleichung

$$r(\varphi) = \frac{r_0}{1+\varepsilon\,\cos(\varphi+\varepsilon)} \quad \text{mit angepasstem } a \text{ bzw. } e.$$

ε ist dabei der Winkel bei F_1 im Dreieck $F_1F_2F_3$. Der Schnitt dieser konfokalen Kegelschnitte führt auf eine quadratische Gleichung (Anwendung S. 108) für $\cos\varphi$, also auf zwei Lösungen für φ. Die richtige Lösung erkennt man durch Probieren.

Leicht modifiziert – nämlich durch Einführung von Kugelkoordinaten – wird diese Methode verwendet, um das Epizentrum eines Erdbebens zu ermitteln. Vor der Einführung des GPS war diese Methode außerdem weit verbreitet, um Positionen von Schiffen auf hoher See zu ermitteln. ♠

Unter den bemerkenswerten physikalischen Eigenschaften der Kegelschnitte soll hier nur das *erste* Kepler*sche Gesetz* erwähnt werden:

Die Relativbahnen der Planeten bzw. Asteroiden und Kometen um die Sonne sind Ellipsen, und die Sonne ist einer der beiden Brennpunkte.

Anwendung: Der Komet kommt...

Die elliptischen Bahnen der Planeten unseres Sonnensystems verlaufen einigermaßen in einer Ebene. Dies gilt – leider – auch für die Asteroiden (kleine Gesteinsbrocken) und Kometen. Seit Jahrtausenden zittert die Menschheit vor einem Kometeneinschlag, der alles Leben vernichten könnte. Tatsächlich hat vor 65 Millionen Jahren ein Komet unter entsetzlichen Verwüstungen die bis dahin so erfolgreiche Klasse der Saurier ausgelöscht. Immer wieder gibt es potentiell gefährliche Konstellationen, wenn auch die Wahrscheinlichkeit

des Eintreffens einer Katastrophe „kurzfristig" – etwa in den nächsten 10 000 Jahren – recht gering ist.
Die elliptische Erdbahn ist durch die Gleichung $r = \dfrac{r_1}{1+\frac{1}{60}\cos\varphi}$ gegeben.
Ein Komet bewege sich in derselben Ebene auf der elliptischen Bahn $r = \dfrac{r_2}{1+0{,}7\,\cos(\varphi+\delta)}$. Dabei ist δ der konstante Verdrehungswinkel der beiden Ellipsenhauptachsen. Wo liegen die Schnittpunkte – und damit potentielle Kollisionspunkte der beiden konfokalen Kegelschnitte?

Lösung:
Durch Gleichsetzen der Radien erhalten wir

$$\frac{r_1}{1+\frac{1}{60}\cos\varphi} = \frac{r_2}{1+0{,}7\,\cos(\varphi+\delta)}.$$

Diese Gleichung haben wir in Anwendung S. 108 bereits gelöst.

Die Planetenbahnen selbst überschneiden einander niemals, sodass auch keine Kollision auftreten kann.
Völlig harmlos sind die Sternschnuppen (Meteoride), die nur 1 bis 10 mm Durchmesser haben. Sie sind weder im Lauf der Nacht noch im Lauf des Jahres gleich häufig zu sehen:
Zunächst einmal sieht man die meisten Sternschnuppen knapp vor Sonnenaufgang. Wenn wir auf der Erde stehen, bewegen wir uns wegen der Erddrehung auf einem Breitenkreis. Zugleich bewegt sich die ganze Erde in eine Richtung, die wegen der annähernd kreisförmigen Bahn senkrecht zur Sonnenrichtung ist. Nun fährt die Erde sozusagen in einen Schwarm von Meteoriden hinein. Jene Punkte am Breitenkreis, an denen gerade Morgenstimmung herrscht, werden vom „Teilchenregen" am intensivsten bombardiert – Punkte auf der gegenüberliegenden Seite sind abgeschirmt. Sie werden nur von Teilchen erwischt, welche die Erde gerade „überholen" wollen.
Des Weiteren treten Sternschnuppen gehäuft Ende Juli / Anfang August auf: In dieser Zeitspanne kreuzt die Erde den Meteorstrom der Perseiden, das ist eine schlauchartige ellipsenförmige Zone, in der es von kleinen Teilchen (Resten eines vor etwa 80 000 Jahren zerborstenen Kometen) nur so wimmelt[1]. Die Teilchen kommen im Wesentlichen aus jener der Fortschreitrichtung der Erde entgegengesetzten Richtung, und nach den Regeln der Perspektive sieht es dann so aus, als ob zahlreiche Sternschnuppen von einem Punkt am Firmament (dem momentanen Fernpunkt der Fortschreitrichtung) ihren Ausgang nehmen. ♠

6.4 Hüllkurven

Wenn eine Gerade g bewegt wird, hüllt sie eine Kurve ein. Der einfachste Fall ist, dass eine Gerade um einen Punkt M rotiert. Dann hüllt sie einen Kreis mit der Mitte M und dem Radius $r = \overline{Mg}$ ein. I. Allg. gilt folgender Satz:

Sei eine Geradengleichung in Abhängigkeit von einem Parameter (z.B. der Zeit) t gegeben: $a(t)\,x + b(t)\,y = c(t)$. Dann erhält man den Berührpunkt mit der Hüllkurve c, indem man die Gerade mit der „Ableitungsgeraden" $\dot a(t)\,x + \dot b(t)\,y = \dot c(t)$ schneidet.

[1]Dieter B. Herrmann: Die Kosmos Himmelskunde, Kosmos Verlag / München 2005

Beweis:
Sei $\overrightarrow{c}(t) = \begin{pmatrix} u(t) \\ v(t) \end{pmatrix}$ die Gleichung der Hüllkurve c. Diese hat dann im Punkt $C(u(t)/v(t))$ die Tangente

$$\overrightarrow{x}(t) = \begin{pmatrix} u(t) \\ v(t) \end{pmatrix} + \lambda \begin{pmatrix} \dot{u}(t) \\ \dot{v}(t) \end{pmatrix}$$

Durch Multiplikation mit dem Normalvektor $\begin{pmatrix} \dot{v}(t) \\ -\dot{u}(t) \end{pmatrix}$ erhalten wir die parameterfreie Darstellung

$$\dot{v}\, x - \dot{u}\, y = \dot{v}\, u - \dot{u}\, v$$

Die Tangentengleichung beschreibt auch die Gerade g. Leiten wir die Gleichung nach t ab, so erhalten wir wieder eine Gerade (die „Ableitungsgerade“ $\dot{g}$):

$$\ddot{v}\, x - \ddot{u}\, y = \ddot{v}\, u + \dot{v}\, \dot{u} - (\ddot{u}\, v + \dot{u}\, \dot{v}) = \ddot{v}\, u - \ddot{u}\, v$$

Offensichtlich erfüllt das Zahlenpaar $x = u$ und $y = v$ beide Geradengleichungen und somit ist $C(u/v)$ der Schnittpunkt der Geraden. ◇

Hüllkurven von Geraden sind oft als sog. *Brennkurven* in spiegelnden Gefäßen deutlich sichtbar (Abb. 6.47, Abb. 5.46 rechts). Ist das Gefäß drehzylindrisch, liegt im Grundriss eine Spiegelung der Lichtstrahlen am Kreis vor (Abb. 3.51).

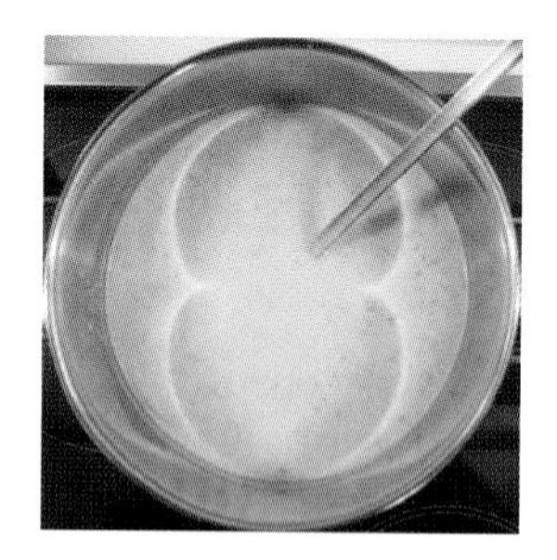

Abb. 6.47 Hüllkurven im Kochtopf (2 Lichtquellen)

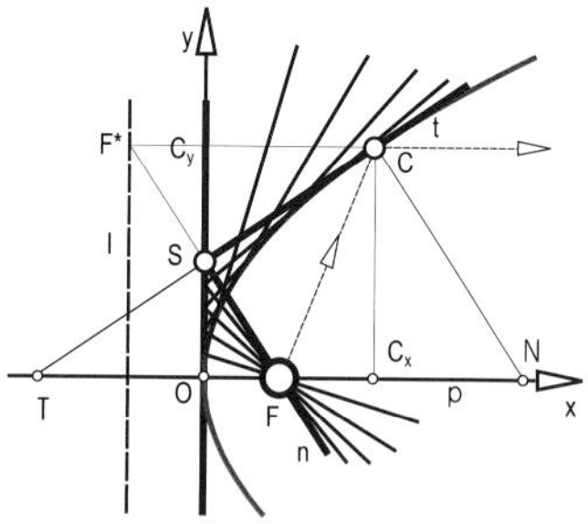

Abb. 6.48 Parabel als Hüllkurve

Anwendung: Parabel als Hüllkurve (Abb. 6.48)
Ein Rechtwinkelhaken wird so geführt, dass der Scheitel auf der y-Achse wandert und einer der Schenkel durch einen festen Punkt $F(a/0)$ geht. Man berechne die Gleichung der Hüllkurve des zweiten Schenkels.
Lösung:

Sei $S(0/t)$ der Scheitel des Rechtwinkelhakens. Dann ist $\overrightarrow{n} = \overrightarrow{SF} = \begin{pmatrix} a \\ -t \end{pmatrix}$ Normalvektor der Trägergeraden g des zweiten Schenkels. Somit ist

$$g \cdots \begin{pmatrix} a \\ -t \end{pmatrix} \overrightarrow{x} = \begin{pmatrix} a \\ -t \end{pmatrix} \cdot \begin{pmatrix} 0 \\ t \end{pmatrix} \Rightarrow a\, x - t\, y = -t^2$$

Durch Differenzieren nach t erhalten wir die Ableitungsgerade

$$\dot{g} \cdots -y = -2\, t \Rightarrow y = 2\, t$$

Wir schneiden die beiden Geraden g und $\dot{g}$, indem wir $y = 2\, t$ in die Gleichung von g einsetzen:

$$a\, x - t\, (2\, t) = -t^2 \Rightarrow x = \frac{t^2}{a}$$

Die Darstellung der Hüllkurve lautet somit

$$x = \frac{t^2}{a}, \; y = 2\,t \quad \text{bzw.} \quad y^2 = 4a\,x$$

und beschreibt eine Parabel. Die y-Achse ist Scheiteltangente, der Koordinatenursprung O ist der Scheitel und F ist der Brennpunkt.

Abb. 6.49 Parabolscheinwerfer

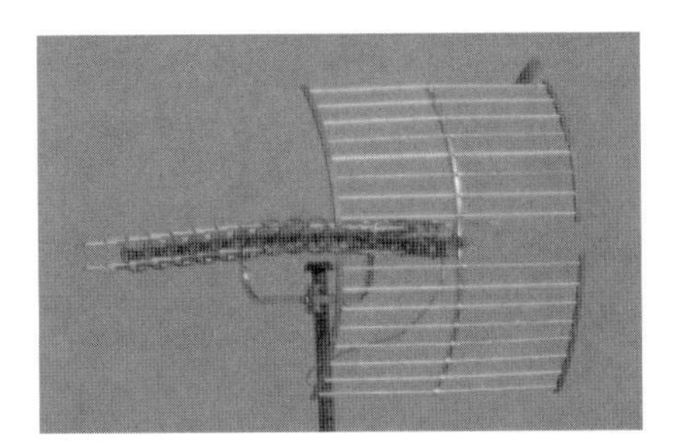

Abb. 6.50 Parabolischer Zylinder

Bezeichne C_x die Projektion des Parabelpunkts C auf die x-Achse (Abb. 6.48) und C_y die Projektion auf die y-Achse. Aus $y = 2t \Rightarrow \overline{OS} = \overline{SC_y}$ lassen sich unmittelbar die wichtigsten Eigenschaften der Parabel folgern:

1. Spiegelt man F an der Tangente, so liegt dieser „Gegenpunkt" F^* stets auf der y-Parallelen $x = -a$ (der „Leitgeraden" l). Wegen der Spiegelung gilt die „klassische Parabeldefinition"
$$\overline{CF} = \overline{CF^*}.$$
Die Parabel ist also der Ort jener Punkte, die von einem festen Punkt F und einer festen Geraden l gleichen Abstand haben.
2. Die Brennstrahlen FC werden so an der Parabel reflektiert, dass sie achsenparallel austreten (ebenfalls als Folge der Spiegelung). Diese schöne Eigenschaft wird beim Scheinwerfer ausgenutzt (Abb. 6.49). Umgekehrt werden achsenparallel eintreffende Strahlen im Brennpunkt gebündelt, was z.B. bei Radioteleskopen und „Satellitenempfängern" ausgenutzt wird (Abb. 6.50).
3. Die Subnormale $\overline{C_xN}$ hat die konstante Länge $2a$.
4. Die Subtangente $\overline{C_xT}$ wird vom Scheitel halbiert. Ebenso wird der Tangentenabschnitt $\overline{CT}$ von der Scheiteltangente halbiert ($\overline{TS} = \overline{CS}$). ♠

Anwendung: Geraden-Hüllkurve bei der Ellipsenbewegung (Abb. 6.51)
Ein Stab XY konstanter Länge wird so geführt, dass X auf der x-Achse und Y auf der y-Achse wandert. Man berechne die Hüllkurve (Demoprogramm `astroid.exe`).

Lösung:
Sei $a = \overline{XY}$ die Länge des Stabs und φ sein Winkel zur x-Achse. Dann ist $X(a\,\cos\varphi/0)$ und $Y(0/a\,\sin\varphi)$. Durch Einsetzen dieser Koordinatenpaare überzeugt man sich, dass die Trägergerade $g = XY$ durch

$$\frac{x}{a\,\cos\varphi} + \frac{y}{a\,\sin\varphi} = 1$$

beschrieben wird. Wir formen um zu

$$g \cdots \sin\varphi\, x + \cos\varphi\, y = a \sin\varphi \cos\varphi$$

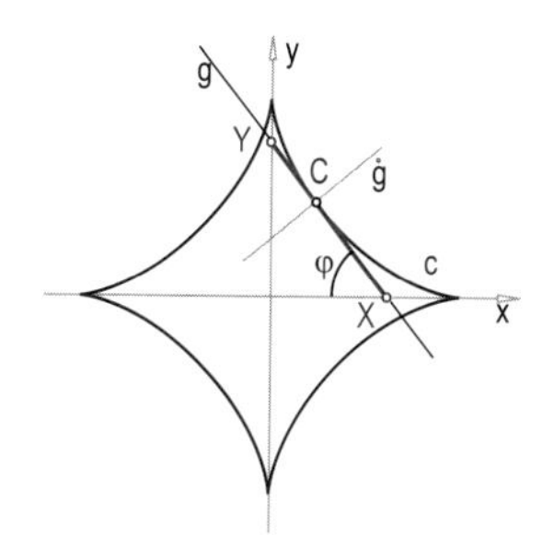

Abb. 6.51 Astroide als Hüllkurve

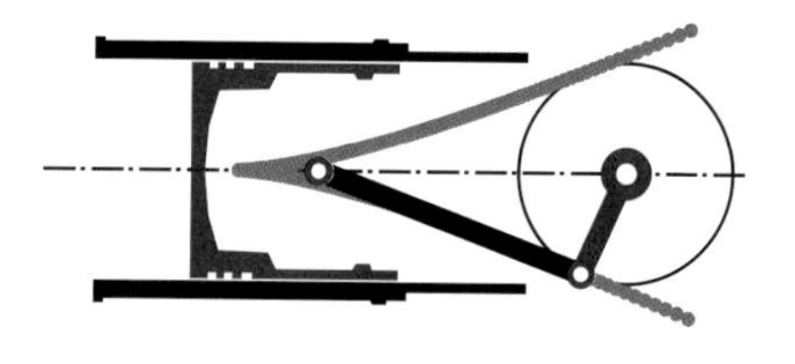

Abb. 6.52 Platzbedarf der Pleuelstange

Diesmal ist natürlich φ der Parameter. Wenn wir nach φ differenzieren, erhalten wir die Ableitungsgerade

$$\dot{g} \cdots \cos\varphi\, x - \sin\varphi\, y = a[\cos\varphi \cos\varphi + \sin\varphi\,(-\sin\varphi)]$$

Um den Schnittpunkt $C = g \cap \dot{g}$ zu berechnen – zufälligerweise sind die beiden Richtungsvektoren von g und $\dot{g}$ stets zueinander senkrecht, weil ihr Skalarprodukt immer verschwindet (Abb. 6.51)– multiplizieren wir die Gleichung von g mit $\sin\varphi$, jene von $\dot{g}$ mit $\cos\varphi$ und addieren die beiden Gleichungen (dadurch wird y eliminiert):

$$(\sin^2\varphi + \cos^2\varphi)\, x = a[\sin^2\varphi\, \cos\varphi + \cos^3\varphi - \sin^2\varphi\, \cos\varphi]$$

Mit $\sin^2\varphi + \cos^2\varphi = 1$ erhalten wir $x = a\, \cos^3\varphi$. Analog ergibt sich $y = a\, \sin^3\varphi$. Die dadurch beschriebene vierspitzige Kurve ist unter dem Namen *Astroide* bekannt.

Mit $\cos\varphi = \sqrt[3]{\frac{x}{a}}$ bzw. $\sin\varphi = \sqrt[3]{\frac{y}{a}}$ und $\sin^2\varphi + \cos^2\varphi = 1$ kann man φ elimieren:

$$\sqrt[3]{x^2} + \sqrt[3]{y^2} = \sqrt[3]{a^2} = \text{const}$$

Durch zweimaliges Kubieren lässt sich dann erkennen, dass die Kurve von 6. Ordnung ist. ♠

Geradenhüllbahnen braucht man immer wieder, um Platzbedarf bei bewegten Getrieben festzustellen (Abb. 6.52). Beim Entwickeln eines Getriebes arbeitet man heute sinnvollerweise mit Computeranimationen. Dann hat man aber selten eine brauchbare Parameterdarstellung der bewegten Geraden $g(t)$ zur Verfügung. In einem solchen Fall kann man sich behelfen, indem man zwei „Nachbargeraden" an den Positionen $g(t-\varepsilon)$ und $g(t+\varepsilon)$ betrachtet – mit „sehr kleinem ε" (mit Rücksicht auf numerische Instabilitäten darf man ε aber nicht *zu* klein wählen; erfahrungsgemäß ist $\varepsilon = 10^{-4}$ ein guter Wert) – und folgenden Satz verwendet:

Der Schnittpunkt zweier „Nachbargeraden" liefert ebenfalls den Berührpunkt mit der Hüllkurve.

Beweis:
Der Satz gilt offensichtlich bei der gewöhnlichen Rotation um einen Fixpunkt. Nach dem Hauptsatz der ebenen Kinematik kann aber jede noch so komplizierte Bewegung in jedem Augenblick als infinitesimale Rotation interpretiert werden. ◇

Der obige Satz gilt nicht nur für Hüllkurven von Geraden, sondern ganz allgemein für Hüllkurven von beliebigen Kurven („Berührung" hat ja immer nur etwas mit der Kurventangente und nicht mit der Krümmung zu tun). Man muss also nur zwei „Nachbarkurven" schneiden und erhält Punkte der Hüllkurve.

Anwendung: Hüllkurve eines Kreises (Abb. 6.53)
Man ermittle ohne Verwendung von Differentialrechnung die Hüllkurve(n) eines Kreises k, dessen Mitte M eine Kurve m (z.B. eine Ellipse) durchläuft.

Lösung:
Man schneidet je zwei „Nachbarkreise", was stets zwei Punkte liefert, und zwar auf der Normalen zu m durch M. Richtig miteinander verbunden ergeben sich dann zwei Kurvenzüge. Wenn m eine Ellipse ist, ist der äußere Ast stets oval und annähernd ellipsenförmig, der innere Ast kann – bei genügend großem Kreisradius – Spitzen aufweisen.
Abb. 6.53 lässt sich übrigens räumlich interpretieren (Umriss eines Torus bei Normalprojektion). ♠

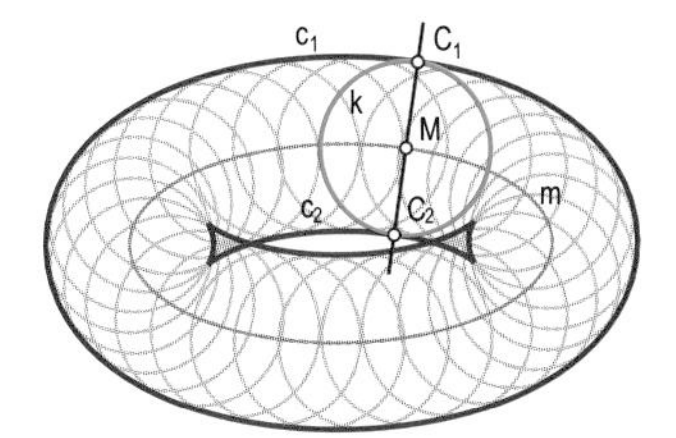

Abb. 6.53 Hüllkurven beim Kreis

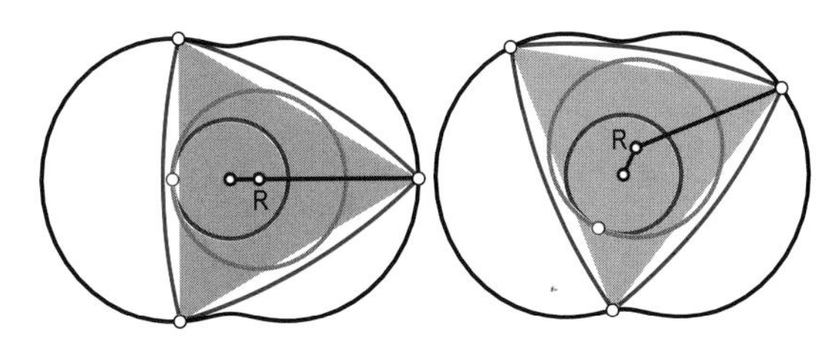

Abb. 6.54 Wankelmotor

Anwendung: Hüllkurven beim Wankelmotor (Abb. 6.54)
Eine praktische Anwendung der Ermittlung von allgemeinen Hüllkurven ist beim Wankelmotor gegeben. Dort wird ein gleichseitiges Dreieck (Kernstück des Kolbens) durch Zahnräder bewegt (und dabei innerhalb des Kolbenraums – einer Trochoide – umgewendet).
Die Hüllkurven der Dreieckseiten passen ohne Schwierigkeit in den Kolbenraum. Zwecks höherer Verdichtung (und gleichzeitig besserer Abdichtung) kann man das Kernstück „auffetten", solange die Hüllkurve gerade noch im Kolbenraum Platz hat. In Abb. 6.54 geschieht dies mittels Kreisbögen (in der Praxis hat man sich für ein leicht davon abweichendes, noch mehr verdichtendes Profil entschieden). ♠

Anwendung: Stabilität eines Schiffs (Abb. 6.57)
Ein Schiff sinkt auf Grund des Eigengewichts ins Wasser ein. Man möchte nun meinen, das ausschließliche Kriterium für die Stabilität des Schiffes bei hohem Wellengang ist, dass der Schwerpunkt möglichst tief liegt. Ein tiefer Schwerpunkt ist zwar wünschenswert, entscheidend ist aber die Lage des sog. „Metazentrums" M, welches die Spitze der Hüllkurve aller „Auftriebsgeraden" ist (die Auftriebgerade ist die Senkrechte durch den Schwerpunkt

des verdrängten Wassers; relativ zum schaukelnden Schiff ist sie dann natürlich nicht mehr senkrecht). Die Lage des Zentrums wird entscheidend von der Rumpfform beeinflusst. Je höher M über dem Schwerpunkt G des Schiffsprofils liegt, desto stabiler ist das Schiff. Man überlege sich, warum das so ist.

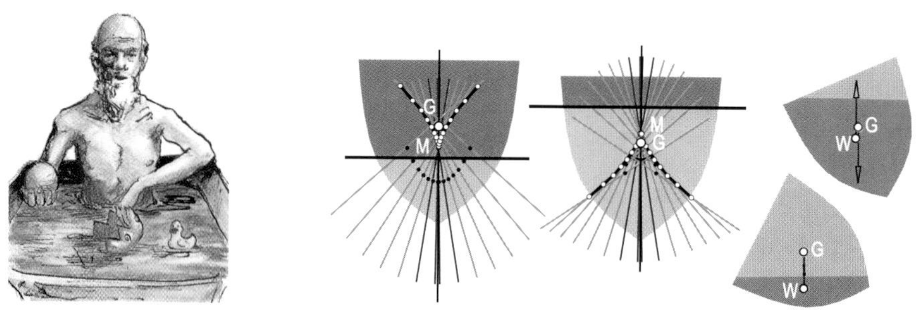

Abb. 6.55 Der Erfinder persönlich... **Abb. 6.56** Metazentrum bei ungünstigem Schiffsprofil

Lösung:
In Anwendung S. 161 wurde eine Schräglage des Schiffsrumpfs betrachtet. Für sie lässt sich der Schwerpunkt des verdrängten Wassers berechnen. Die Auftriebskraft wirkt dort nach oben. Wenn das auftretende Drehmoment das Schiff aufrichten soll, muss die „Auftriebsgerade“ a so am Schwerpunkt G des Querschnitts vorbei gehen, dass G unterhalb von a liegt. Das aufrichtende Drehmoment ist proportional zum Normalabstand $\overline{aG}$. Betrachten wir nun eine Serie von aufeinander folgenden Schräglagen und tragen die Auftriebsgerade im „Querschnitts-System“ ein. Dann ergibt sich dort eine Serie von Geraden, die eine Kurve einhüllen. Diese „Metakurve“ hat auf der Symmetrale des Querschnitts einen Scheitel. Weil die Auftriebsgerade in Nicht-Schräglage mit der Symmetralen übereinstimmt, hat die Kurve dort eine Spitze (das Metazentrum M). Dieses muss nach obigen Überlegungen auf jeden Fall über G liegen, und zwar möglichst weit, damit für alle Kurventangenten – bis zu einem maximalen Neigungswinkel – G immer auf der richtigen Seite liegt.

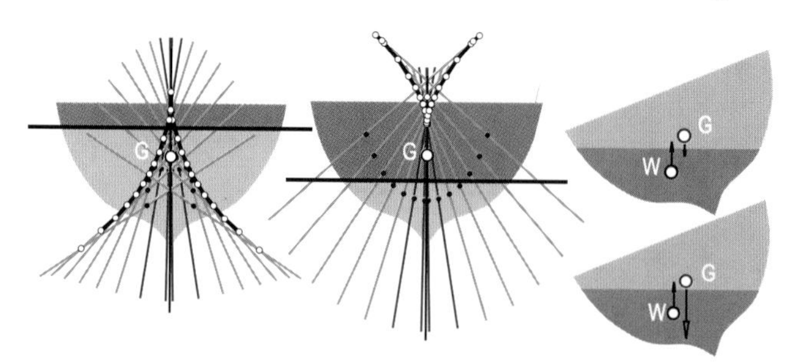

Abb. 6.57 Metazentrum beim typischen Schiffsprofil

Die heutigen Segelschiffe sind oft so konstruiert, dass sie sich *immer* aufrichten. Dies wird erreicht, indem man den Kiel mit Blei beschwert.

♠

Anwendung: Gefährliche Profile (Abb. 6.56)

Liegt das Metazentrum (Anwendung S. 259) unter dem Schwerpunkt, sinkt das Schiff bei ungünstigen Bedingungen (insbesondere, wenn durch hohen Wellengang immer mehr Wasser in den Schiffsrumpf gelangt).

Abb. 6.58 Metazentrumsveränderung durch eingedrungenes Wasser

Über Untergänge von vermeintlich unsinkbaren Schiffen gibt es unzählige Berichte. So kenterte am 28. September 1994 die Fähre „Estonia" vor der polnischen Küste. Im eiskalten Wasser ertranken 852 Menschen. Die Werft wollte mittels eines naturgetreu nachgebauten Modells beweisen, dass der Untergang durch schlechte Wartung und nachträgliche Änderungen hervorgerufen wurde. Die Simulation der wirklichen Verhältnisse auf See ist jedoch immer noch mangelhaft. Auf der Webseite zum Buch finden Sie das Demo-Program `stormy_ocean.exe`. Sie können verschiedene Profile auswählen und dann stürmische See simulieren. Die Prognose, ob das gewählte Objekt untergehen wird oder nicht, wird mittels der relativ aufwändigen Berechnung des Metazentrums vollzogen. ♠

6.5 Flächen

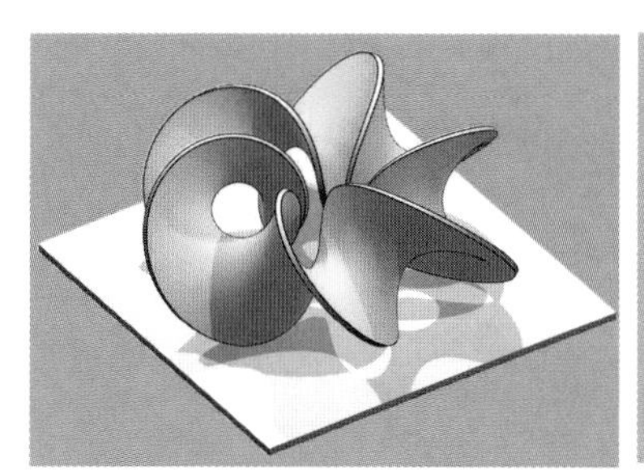
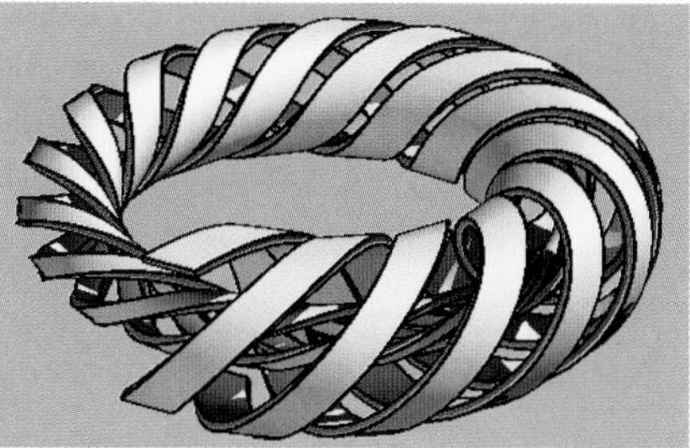

Abb. 6.59 Regelfläche, „Escher-Torus"

Wenn eine Kurve c im Raum bewegt wird, überstreicht sie eine Fläche, die i. Allg. „doppelt gekrümmt" ist. Dies gilt auch, wenn die „erzeugende Kurve" geradlinig ist. In diesem Fall spricht man von *Regelflächen* (Abb. 6.59 links: „Rotoidenwendelfläche", siehe auch Abb. 6.10). Die erzeugende Kurve kann im Lauf der Bewegung auch ihre Form verändern (Abb. 6.59 rechts: „*Escher-Torus*", Abb. 6.60).
Die erzeugenden Kurven c können Kreise, Kreisteile oder auch andere Kurven sein. Abb. 6.60 zeigt solche Flächen als Teile von Schneckengehäusen.
Sind alle Kreise gleich groß und kann man eine Kugel so rollen lassen, dass sie die Fläche längs der erzeugenden Kreise berührt, liegt der wichtige Spezialfall

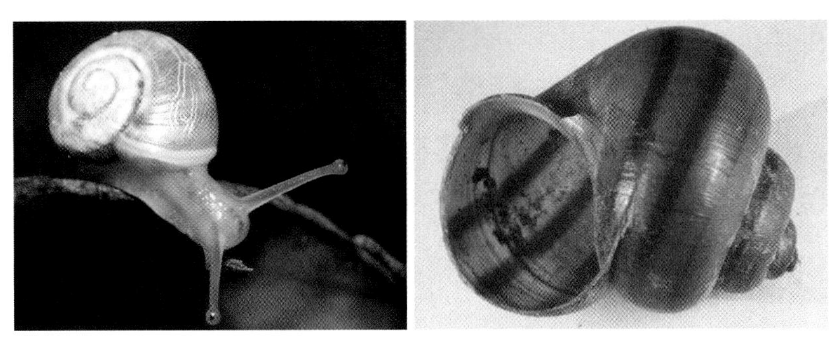

Abb. 6.60 Spiralflächen in der Natur

einer *Rohrfläche* vor (Abb. 6.61 „Feng-Shui-Spirale" und Skulptur in Berlin). Zu den Rohrflächen gehört als bekanntestes Beispiel neben dem Drehzylinder und der Kugel auch der Torus (Abb. 7.37). Torusteile treten in der Praxis sehr häufig auf (Abb. 6.62, Anwendung S. 262).

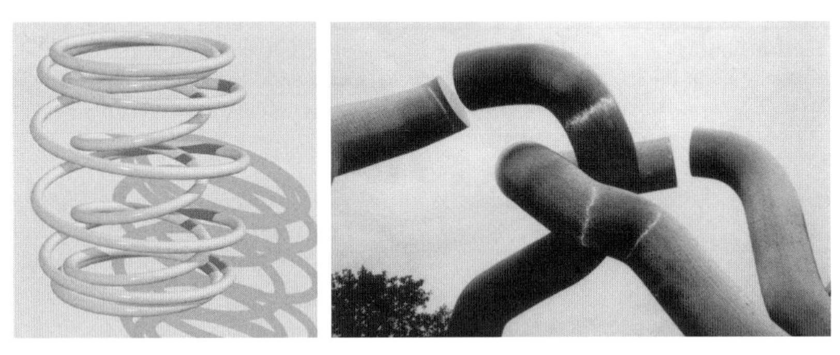

Abb. 6.61 Rohrflächen

Anwendung: Begrenzungsflächen von technischen Objekten

Man gebe für die in Abb. 6.62 abgebildeten Objekte die Begrenzungsflächen an.

Lösung:
Der Lagerhalter setzt sich aus folgenden Teilen zusammen:

- Der Hauptteil besteht aus zwei Hohlzylindern Z_1 und Z_2, die durch einen Vierteltorus T miteinander verbunden sind (ein Teil ist zur besseren Innenansicht herausgeschnitten).

- Die Schellen bestehen aus prismatischen – also ebenflächig begrenzten – Teilen P, die durch Halbzylinder Z_3 bzw. Viertelzylinder Z_4 miteinander verbunden sind.

Das Kugelgelenk soll *gleichförmig* die Drehung um eine Achse auf eine andere Achse übertragen (dies stellt eine Verbesserung gegenüber dem Kardangelenk dar (vgl. Bsp. Anwendung S. 162 und Anwendung S. 226)! Es setzt sich aus folgenden Teilen zusammen:

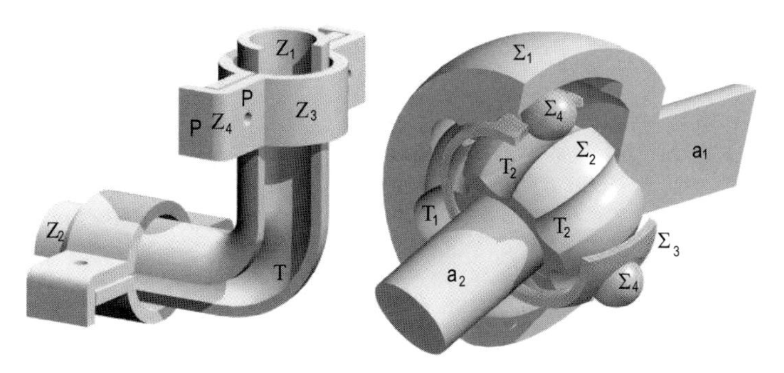

Abb. 6.62 Torusflächen bei einem Lagerhalter und einem Kugelgelenk

- Die beiden Achsen a_1 und a_2 sind durch Vollzylinder materialisiert, die fest mit zwei Kugelteilen Σ_1 und Σ_2 verbunden sind. Die Achse a_1 ist zusammen mit dem aufgesetzten Hohlkugelteil Σ_1 in der Hälfte durchgeschnitten, um einen Blick auf das Innenleben zu ermöglichen.
- Zwischen der äußeren Hohlkugel Σ_1 und der inneren Kugelzone Σ_2 ist eine dünnwandige Kugelschicht Σ_3 fix an Σ_1 montiert. Sie ist mit kreisförmigen Löchern versehen, in denen Kugeln Σ_4 rollen können.
- Diese rollenden Kugeln können sich sowohl auf der Innenwand von Σ_1 als auch auf der Außenwand von Σ_2 in torusförmigen Bahnen T_1 und T_2 bewegen. Dies ermöglicht eine konstante Übertragung der Drehung bei beliebig verstellbarem Winkel. ♠

Drehflächen entstehen, wenn eine Kurve c um eine feste Achse rotiert. Diese Kurve braucht nicht in einer „Meridianebene“ durch die Achse liegen, wenngleich man sich dann die Form der Fläche leichter vorstellen kann. Man kann aber die Punkte von c in eine solche Meridianebene drehen. Die so entstehende Kurve c_0 erzeugt bei Rotation dieselbe Fläche (Abb. 6.65).

Abb. 6.63 Wenn ein Wasserstrahl „abreißt“...

Wenn ein Wasserstrahl aus einem Wasserhahn fließt und wegen der immer größeren Fallgeschwindigkeit schließlich „abreißt“ (vgl. Anwendung S. 272), bilden sich innerhalb von Bruchteilen von Millisekunden drehflächenförmige Tropfen (Abb. 6.63). Die einzige Form, die man vergeblich sucht, ist die klassische Tropfen- oder Tränenform, die nach oben hin spitz zuläuft.

Schraubflächen entstehen beim Verschrauben einer Kurve. Auch hier gibt es natürlich verschiedene Arten der Erzeugung. Von der Anschauung her hat

Abb. 6.64 Tau tropft langsam von der Baumrinde

man die Fläche am besten im Griff, wenn man einen *Profilschnitt* senkrecht zur Achse und/oder einen *Meridianschnitt* kennt (Abb. 6.66 zeigt eine Schraubrohrfläche, links durch einen Kreis erzeugt, rechts mit Profilschnitten).

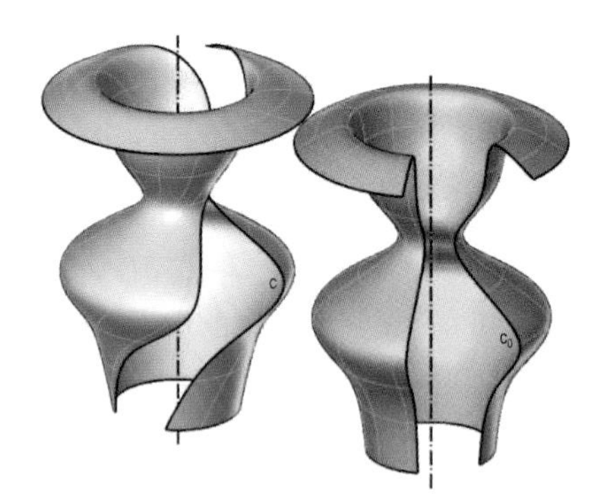

Abb. 6.65 Drehfläche, auf 2 Arten erzeugt

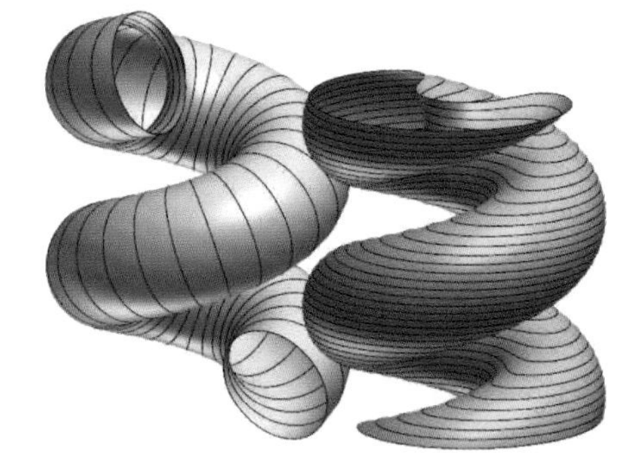

Abb. 6.66 Schraubfläche, auf 2 Arten erzeugt

Die einzelnen Lagen sowie die Bahnkurven der erzeugenden Kurve nennt man *Parameterlinien.* Um sie mit unterschiedlichen Namen zu bezeichnen, spricht man von v-Linien und u-Linien: Bei den v-Linien wird der Bewegungsparameter $v = v_0$ festgehalten, sodass man die Lage der Kurve c zum Parameter v_0 erhält. Analog sind die u-Linien Bahnen von Punkten auf c, bei denen der Kurvenparameter $u = u_0$ konstant bleibt.

Die v-Linien auf Regelflächen, Drehflächen, Schraubflächen, Spiralflächen sind der Reihe nach Geraden, Parallelkreise, Schraublinien und räumliche Spiralen.

Flächen können durchaus mehreren der besprochenen Flächenklassen angehören. So sind Drehzylinder, Kugel und Torus gleichzeitig Drehfläche und Rohrfläche. Wenn eine Fläche durch Verschraubung einer Kugel entsteht („Schraubrohrfläche“), ist sie gleichzeitig Schraub- und Rohrfläche. Solche Flächen traten im Barock häufig als Säulen auf. In der Technik werden sie als Rutschen verwendet (Abb. 3.30).

Ist die erzeugende Kurve c eine Gerade und schneiden einander je zwei „Nachbarlagen“ der Geraden in einem Punkt (der auch Fernpunkt sein kann), dann ist die Fläche *abwickelbar*, d.h. ohne Deformierung in die Ebene ausbreitbar

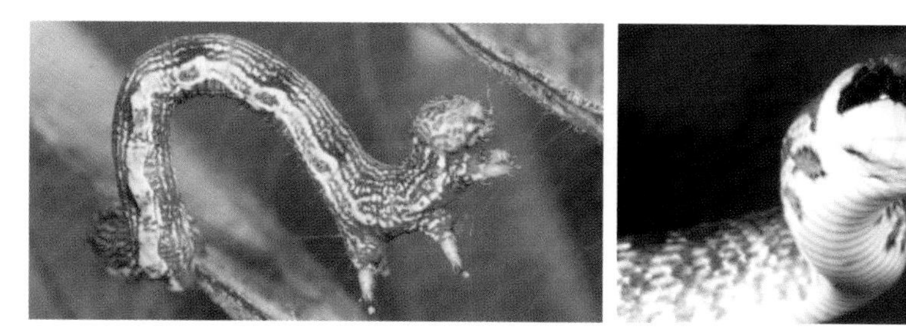

Abb. 6.67 Rohrflächen sind in der Natur häufig

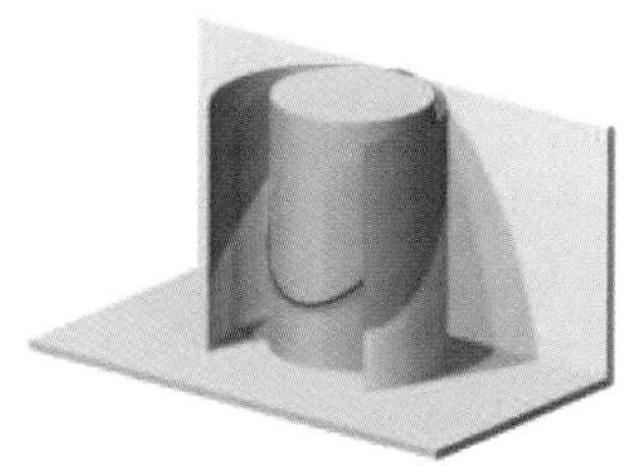

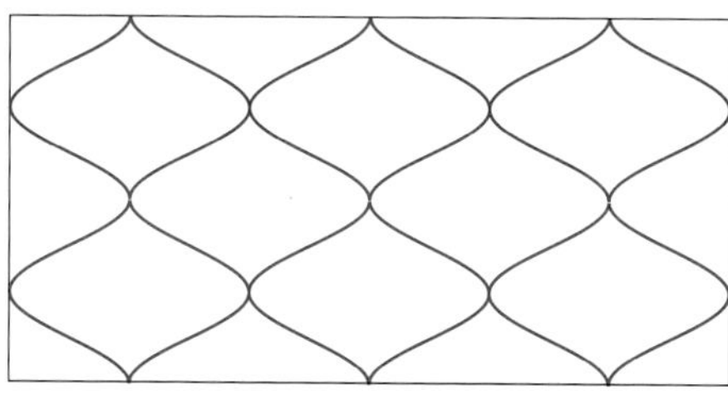

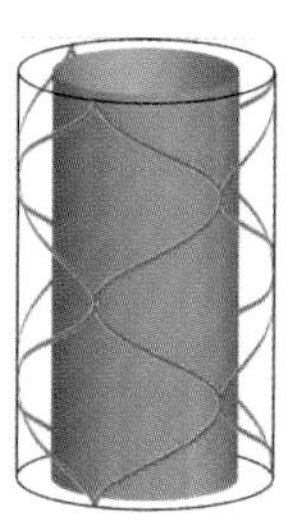

Abb. 6.68 Abwicklung bzw. Aufwicklung eines Drehzylinders. Rechts: „Parkettierung"

(Abb. 6.68). Es gibt nur wenige abwickelbare Flächen: Die Zylinder (auch wenn sie keine Drehzylinder sind), die Kegel (auch wenn sie keine Drehkegel sind) und die Tangentenflächen von Raumkurven.
Kennt man von allen Kurvenlagen die mathematische Gleichung, dann spricht man von mathematisch definierten Flächen, sonst von Freiformflächen.

6.6 Weitere Anwendungen

Anwendung: Zuschnitt einer Rohrverbindung

Zwei Wasserrohre aus Edelstahl sollen wie in (Abb. 6.69) miteinander verschnitten („durchdrungen") werden. Man ermittle eine Parameterdarstellung der Schnittkurve und damit den Zuschnitt des dünneren Rohrs.

Die Dicke des Stahlblechs soll vernachlässigt werden. Etwaige Berechnungen stimmen dann bei dünnen Blechen (z.B. 2 mm Dicke) etwa auf Millimeter genau, was in der Praxis ausreicht (die Rohre werden verschweißt).

Lösung:
Wir identifizieren die Achsen der beiden Drehzylinder Φ_1 und Φ_2 mit der y-Achse und der z-Achse. Die Radien der Zylinder seien r_1 und r_2.
Die in der yz-Ebene liegende Erzeugende e des lotrechten Zylinders Φ_2 soll nun um die z-Achse rotieren (Drehwinkel u) und mit dem liegenden Zylinder Φ_1 geschnitten werden:

$$e \cdots \vec{x} = \begin{pmatrix} r_2 \cos u \\ r_2 \sin u \\ t \end{pmatrix}, \quad \Phi_1 \cdots x^2 + z^2 = r_1^2 \;\Rightarrow\; e \cap \Phi_1 \cdots (r_2 \cos u)^2 + t^2 = r_1^2$$

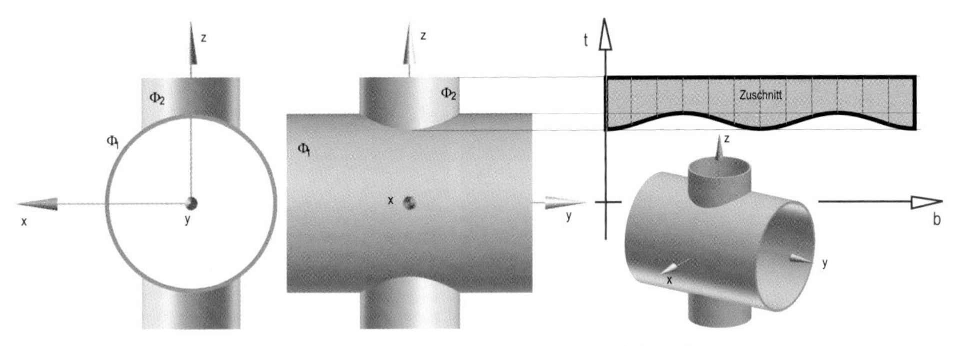

Abb. 6.69 Rohrverbindung aus Edelstahl, Zuschnitt

Wir haben somit $t(u) = \pm\sqrt{r_1^2 - r_2^2\cos u^2}$ und eine Parameterdarstellung $\vec{x}(u)$ der i. Allg. aus zwei Teilen bestehenden Durchdringungskurve gefunden. In den Normalprojektionen in Richtung der Zylinderachsen erscheinen die beiden Kurventeile als Kreise bzw. Kreisbögen, in der Normalprojektion auf die von den Achsen aufgespannte Ebene (die yz-Ebene) liegen beide Kurvenprojektionen auf der gleichseitigen Hyperbel

$$z^2 - y^2 = (r_1^2 - r_2^2\cos u^2) - r_2^2\sin u^2 = r_1^2 - r_2^2$$

„in zweiter Hauptlage“ (Abb. 6.69 Mitte links).

Beim Zuschnitt (der Abwicklung bzw. Verebnung) von Φ_2 hat der Punkt die zugehörige Bogenlänge $b = r_2\,u$ als Abszisse und den t-Wert als Ordinate. In einem kartesischen (b,t)-Koordinatensystem ist die bezüglich der xy-Ebene symmetrische zweigeteilte Durchdringungskurve festgelegt durch die Parameterdarstellung $b = r_2\,u,\ t = \pm\sqrt{r_1^2 - r_2^2\cos^2 u}$ $(0 \le u \le 2\pi)$.

Ist r_1 deutlich größer als r_2, erinnert die abgewickelte Kurve an eine Sinuskurve, hat aber verschiedene Krümmungen in den oberen bzw. unteren Scheiteln. Die t-Werte schwanken zwischen $\sqrt{r_1^2 - r_2^2}$ und r_1. Aus Symmetriegründen ist nur ein Teil der Kurve interessant.

Für $r_1 = r_2$ zerfällt die Kurve in zwei Ellipsen, und die Abwicklung in zwei Sinuskurven (Abb. 7.56). ♠

Anwendung: Eine nicht-triviale „Parkettierung“ eines Dreikantstabs

In Anlehnung an Abb. 6.68 nehme man eine – vorläufig in einer Ebene liegende – Sinuslinie wie in Abb. 6.70 links (Scheitel C, A, D) und spiegle sie an CD ($A \to B$). Die beiden ebenen Sinuslinien werden jetzt auf einen sinusförmigen Zylinder mit horizontaler Erzeugendenrichtung AB projiziert, wobei die Punkte C und D fest bleiben und die Scheitel A und B „zurück versetzt“ werden. Damit entsteht ein einfach gekrümmtes pappelblattartiges Flächenstück, das zu einer Art „Parkettierung“ eines Dreikantstabs geeignet ist:

Spiegelt man die Gerade CD an der zurück versetzten Geraden AB, erhält man eine Gerade z. die als Drehachse dienen soll. Rotiert man das „Pappelblatt“ $ABCD$ zweimal um $\pm 120°$, dann kann man bei entsprechneder Wahl von $\overline{AB}$ erreichen, dass sich die (blau eingezeichneten) „Blätter“ einander

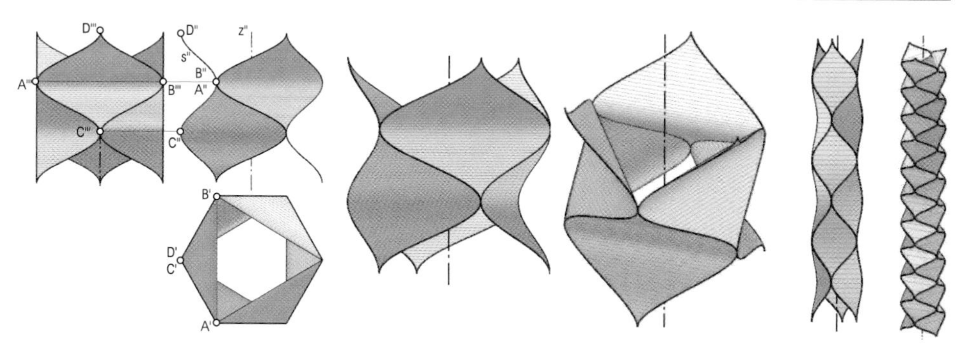

Abb. 6.70 Zylinder, von Sinuslinien erzeugt (Talia Nadermann und Sebastian Gomez)

berühren.
Rotiert man diesen „Blattkranz" um $\pm 60°$ um die Achse und verschiebt ihn längs der Achse um $\overline{CD}/2$, passt der dermaßen verschraubte (rot eingezeichnete) Blattkranz nahtlos mit dem Ausgangsblattkranz zusammen. Durch wiederholte Anwendung dieser Schraubung lassen sich ästhetische und sehr stabile Gebilde wie in Abb. 6.70 rechts herstellen. Für die Darstellung mit dem Computer sind Parameterdarstellungen für die „Blattränder" von Vorteil. Man gebe diese an und zeige, dass diese Kurven ebene Sinuslinien sind.

Lösung:
Seien a, b und h die Maße des wie in Abb. 6.70 links umschriebenen Quaders. Damit sich die gespiegelten Zylinderteile berühren, muss $b/2 : a/2 = \tan 60° = \sqrt{3}$ ($\Rightarrow b = \sqrt{3}\,a$) sein. Eine mögliche Parameterdarstellung der beiden spiegelsymmetrischen Schnittlinien der Zylinder lautet nun

$$\vec{x} = \begin{pmatrix} x \\ y \\ z \end{pmatrix} = \begin{pmatrix} \pm\frac{\sqrt{3}a}{4}\,(1+\cos u) \\ \frac{a}{8}\,(3+\cos u) \\ h\,\frac{u}{2\pi} \end{pmatrix}$$

Für $0 \le u \le 2\pi$ erhält man den in Abb. 6.70 links dargestellten Teil. Es gilt $x/\sqrt{3} \mp 2\,y = \text{const}$, weshalb die Kurven in z-parallelen Ebenen liegen (Bild links unten). Die Blattränder sind also nicht nur in der Projektion, sondern auch im Raum Sinuslinien.

Bei konstantem Verhältnis $h : a$ erhalten wir ähnliche Gebilde. Variiert man $h : a$, erhält man affin gestreckte bzw. gestauchte Blattkränze (im Bild rechts sind Varianten zu sehen). Um den Zuschnitt (die Abwicklung) eines „Pappelblatts" zu berechnen, brauchen wir die Integralrechnung.

♠

Anwendung: Analyse der kürzesten Flugroute

Wir wollen auf kürzestem Weg mit einer Reisegeschwindigkeit von $800\,\mathrm{km}/h$ von Wien (16° ö.L.; 48° n.Br.) direkt nach Los Angeles (135° w.L.; 35° n.Br.) fliegen. (In der Praxis spielt nicht nur die Entfernung eine Rolle, sondern auch die Windrichtungen in $10 - 11\,\mathrm{km}$ Flughöhe. Im konkreten Beispiel nützen die Flugzeuge bei Retour-Flug die sog. „Jetstreams" über den Azoren aus.) Wie lange ist die Flugstrecke? Wo befindet man sich nach n Stunden? Wo

und wann erreicht man den nördlichsten Punkt? In welcher Richtung fliegt man weg (abgesehen von der vorgegebenen Richtung der Startbahn)?
Lösung:

1. Der kürzeste Weg auf einer Kugel ist ein Großkreis, also ein Kreis mit der Kugelmitte als Zentrum. Wir berechnen die kartesischen Koordinaten von Wien (P) und Los Angeles (Q). P und Q spannen zusammen mit dem Erdmittelpunkt M (dem Koordinatenursprung) die Kreisebene auf. Deren Normalvektor $\vec{a}$ legt die Parameterdarstellung des Bahnkreises fest.
2. Wir bestimmen die Parameterwerte u_P und u_Q, die zu P und Q führen. Die Flugstrecke f bzw. die Gesamtflugzeit sind dann

$$f = (u_Q - u_P)\,R \qquad (R = 6\,380\,\text{km}) \quad \text{bzw.} \quad T = \frac{f}{800}h$$

3. Pro Stunde überfliegen wir 800 km, also $\frac{800}{40\,000} = \frac{1}{50}$ des gesamten Erdumfangs. Das entspricht einem Drehwinkel von $\Delta u = \frac{2\pi}{50}$. Nach n Stunden befindet man sich an der Position $u = u_P + n\cdot\Delta u$.
4. Im nördlichsten Punkt ist $z = r\,s\,\sin u$ maximal, also $u_0 = \pi/2$. Dieser Punkt wird nach $\frac{u_0 - u_P}{\Delta u}$ Stunden erreicht.
5. Die „Starttangente“ $\vec{t}$ liegt in der Kreisebene ($\Rightarrow\ \vec{t} \perp \vec{a}$) und steht senkrecht zum Ortsvektor des Startpunkts P ($\Rightarrow\ \vec{t} \perp \vec{p}$), sodass gilt $\vec{t} = \vec{a} \times \vec{p}$. Die Ost-West-Richtung $\vec{w}$ in der Tangentialebene von P wird vom Normalvektor der Meridiankreisebene AMN gebildet ($N(0/0/R)$ ist der Nordpol), die Nordrichtung ergibt sich mit $\vec{n} = \vec{a} \times \vec{w}$. Damit haben wir den Abflugwinkel ε mit

$$\cos\varepsilon = \frac{\vec{t}\cdot\vec{n}}{|\vec{t}|\cdot|\vec{n}|}$$

♠

Anwendung: Schnittpunkt zweier Flugrouten (Abb. 6.71)
Ein Flugzeug fliege entlang eines Großkreises von A nach B, ein anderes von C nach D (konstante Flughöhen 10 km). Wo ist der potentielle Treffpunkt?

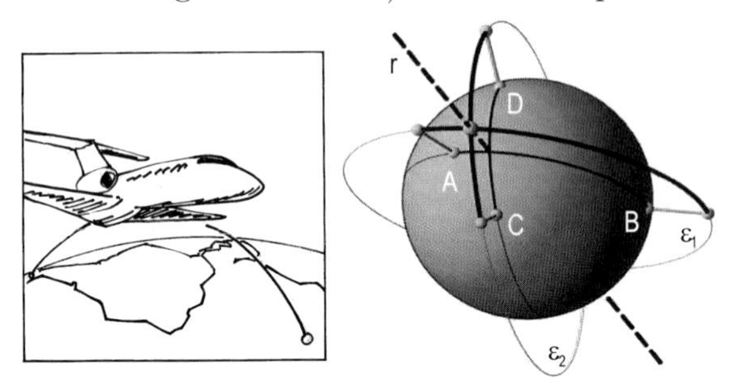

Abb. 6.71 Zwei Flugbahnen und ihr potentieller Treffpunkt

Lösung:

Sei M der Erdmittelpunkt. Dann liegen die Flugbahnen in den Großkreisebenen $\varepsilon_1 = ABM$ und $\varepsilon_2 = CDM$. Der potentielle Schnittpunkt liegt demnach auf der Schnittgeraden der beiden Ebenen, und zwar in 10 km Höhe.
Wir bestimmen die Normalvektoren der Ebenen:

$$\varepsilon_1 \cdots \overrightarrow{n_1} = \overrightarrow{AM} \times \overrightarrow{BM}, \quad \varepsilon_2 \cdots \overrightarrow{n_2} = \overrightarrow{CM} \times \overrightarrow{DM}$$

Der Richtungsvektor $\vec{r}$ der Schnittgeraden steht senkrecht auf beide Vektoren:

$$\vec{r} = \overrightarrow{n_1} \times \overrightarrow{n_2}$$

Er lässt sich normieren ($\overrightarrow{r_0} = \vec{r}/|\vec{r}|$) und zum Ortsvektor $\vec{s}$ des Schnittpunkts skalieren:

$$\vec{s} = \pm(6\,370 + 10)\,\text{km}\cdot\overrightarrow{r_0}$$

Welches Vorzeichen relevant ist, hängt von der Angabe ab.

♠

Anwendung: Positionsbestimmung eines Flugzeugs (Abb. 6.72)
Wie kann ein Flugzeug durch Messen der Abstände zu drei festen Punkten A, B und C (etwa mittels Laser oder Radar) seine Position bestimmen?

Lösung:
Seien a, b und c die Abstände der Flugzeugposition P zu den drei Fixpunkten A, B und C. Dann liegt P im Schnitt dreier Kugeln Σ_A, Σ_B und Σ_C um diese Punkte mit den entsprechenden Radien. Je zwei Kugeln schneiden einander längs eines Kreises k_{AB}, k_{AC} und k_{BC} (vgl. Anwendung S. 111). Die Trägerebenen zweier solcher Schnittkreise – z.B. ε_{AB}, ε_{AC} – schneiden einander längs einer Geraden s. Diese ist mit einer der drei Kugeln zu schneiden (dadurch ergeben sich zwei mögliche Positionen P, von denen nur „die obere" in Frage kommt. ♠

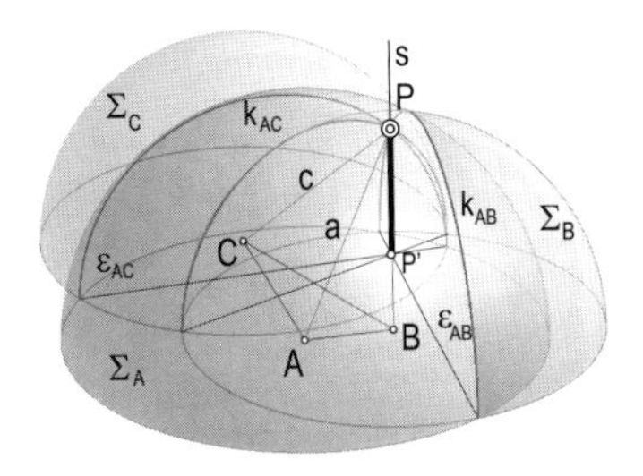

Abb. 6.72 Positionsbestimmung

Abb. 6.73 GPS für Flugzeuge, Schiffe und Autos

Anwendung: Global Positioning System (GPS) (Abb. 6.73)
Das GPS hat eine Revolution in der Ortsbestimmung ausgelöst. Mittels eines handlichen Geräts weiß man jederzeit auf wenige Meter genau (!) seine genaue Position. Dies wird ermöglicht, indem eine relativ kleine Anzahl (24) von strategisch verteilten Satelliten ständig Signale aussendet, die ihre aktuelle Position und die zugehörige exakte Uhrzeit beinhalten. Wie kann das Gerät damit die eigene Position bestimmen?

Lösung:
Im Prinzip arbeitet GPS so wie in Anwendung S. 269 beschrieben: Man erhält über Funk die aktuellen Positionen A_1, B_1 und C_1 von (mindestens) drei Satelliten und zieht für eine erste Berechnung eine Position Q heran, die am besten in der Nähe der tatsächlichen Position P ist (z.B. die zuletzt berechnete Position). Damit ergeben sich die Entfernungen $a_1 = \overline{A_1Q}$, $b_1 = \overline{B_1Q}$ und $c_1 = \overline{C_1Q}$. Schneidet man jetzt wie in Anwendung S. 269 drei Kugeln um A_1, B_1 und C_1 miteinander, erhält man natürlich Q als Lösung. Man übernimmt aber die neuen Positionen A_2, B_2 und C_2 der sich doch sehr schnell bewegenden Satelliten und rechnet mit den alten Abständen. Damit erhält man eine „Mischposition" Q_{12}. Diese stimmt natürlich für $P \neq Q$ weder mit Q noch mit P überein. Der Abstand $d = \overline{QQ_{12}}$ ist allerdings ein Maß für den Fehler: Je kleiner d ist, desto näher ist Q an der tatsächlichen Position P.

Nun machen wir folgendes: Wir führen die eben beschriebene „Rechnung mit Probe“ mehrmals durch, indem wir die Koordinaten von $Q(q_x/q_y/q_z)$ systematisch variieren und beobachten, in welche Richtung sich der Abstand d verkleinert: Man berechnet z.B. die Werte von d, indem man nur den x-Wert variiert. Dann kann man durch relativ grobe Interpolation einen besseren q_x-Wert finden. Nun variiert man den q_y-Wert und danach den q_z-Wert, um sich an das Ergebnis heranzutasten. Zwischenzeitlich wird man immer wieder mit neuen Satellitenpositionen rechnen, um etwaige Positionsänderungen miteinzubeziehen.

Wie die schrittweise (*iterative*) Suche nach der Lösung optimiert werden kann, ist eine durchaus anspruchsvolle Aufgabe, die aber hier nicht weiter besprochen werden soll. ♠

Anwendung: Positionsbestimmung in früheren Zeiten

GPS ist vor allem in der Schifffahrt von unschätzbarem Vorteil: Man kann sich in den Weiten des Ozeans sonst sofort verlieren. Wie wurde früher auf hoher See die Position bestimmt?

Abb. 6.74 Portugiesische Galeere

Abb. 6.75 Was, wenn das GPS ausfällt?

Lösung:

Die Bestimmung der geografischen Breite φ ist relativ einfach: So erscheint z.B. auf der nördlichen Halbkugel der Polarstern unter dem Höhenwinkel φ (auf der südlichen Halbkugel verwendete man das *Kreuz des Südens*). Man konnte auch – unter Verwendung von Tabellen – auf Grund des Sonnenhöchststandes Rückschlüsse auf φ ziehen (dies haben angeblich schon die Wikinger getan).

Sehr viel schwieriger war auf den Ozeanen die Ermittlung des Längengrades (das bekannte Greenwich-Observatorium im Osten der Stadt London wird seit 1885 international als am Nullmeridian liegend anerkannt). Um den aktuellen Längengrad festzustellen, muss man auf hoher See eine absolut präzise Uhr zur Verfügung haben, was erst im 19. Jhdt. technisch machbar war. Das Problem war tatsächlich gravierend, und es kam nicht selten vor, dass ein Kapitän zwischen dem Festland und einer angepeilten entfernten Insel nach wochenlanger Fahrt und einem zwischenzeitlichen Sturm „die Nerven verlor“ und am richtigen Breitenkreis in der falschen Richtung zurückfuhr, weil er glaubte, sein Ziel verfehlt zu haben. ♠

7 Infinitesimalrechnung

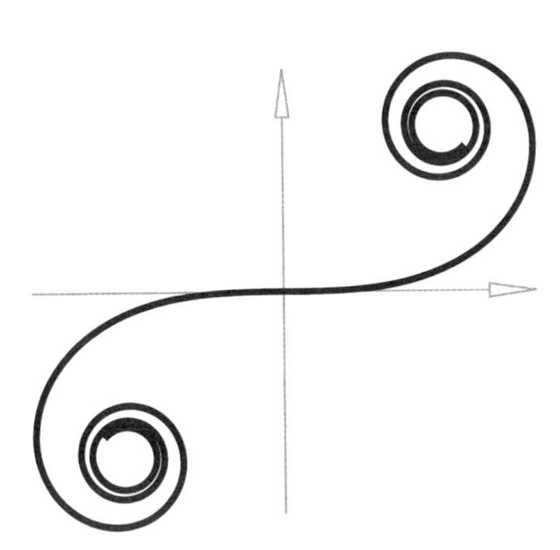

Wir wissen schon aus Kapitel 5, dass man durch Differenzieren *Auskunft über den momentanen Zuwachs einer Funktion* erhält. Dieser Zuwachs kann geometrisch oder auch physikalisch interpretiert werden (Steigung der Tangente, Momentanbeschleunigung usw.). In diesem Kapitel werden wir weitere Anwendungsgebiete kennenlernen, etwa die Extremwertaufgaben oder Potenzreihenentwicklungen.

Die Umkehrung der Differentialrechnung ist die Integralrechnung. Grob gesprochen erhalten wir *Auskunft über das Maß des Flächenzuwachses* unter der durch eine Funktion beschriebenen Kurve, wenn wir die Funktion integrieren. Auch diese Eigenschaft kann in mehrfacher Hinsicht interpretiert werden. Geometrisch interpretiert kann man damit Flächen, Volumina oder Bogenlängen berechnen, physikalisch interpretiert Schwerpunkte, Momente oder Energiebedarf. Aber auch Wahrscheinlichkeiten, Lebenserwartungen und vieles mehr fallen in das Gebiet der Integralrechnung. Die Fülle der Anwendungen ist so riesig, dass wir hier nur ausgewählte Kapitel anstreifen können.

Oft genug bereitet das Integrieren von Funktionen Kopfzerbrechen oder aber es ist nicht möglich. In jedem Fall kann man Integrale aber numerisch auswerten, was im Zeitalter des Computers immer mehr an Bedeutung gewinnt.

Übersicht

7.1 Rechnen mit unendlich kleinen Größen

Differentialrechnung und Integralrechnung sind nicht wesentlich verschieden. Beide rechnen mit „unendlich kleinen" (infinitesimalen) Größen, sodass man in beiden Fällen von *Infinitesimalrechnung* spricht. Generell kann man sagen, dass Berechnungsvorgänge für nicht-lineare Probleme oft „infinitesimale Überlegungen" erfordern. Diese neue Denkweise ist natürlich gewöhnungsbedürftig, lässt sich aber durchaus erlernen. Das Entscheidende ist, sich die Dinge zunächst als „sehr klein" – aber noch nicht infinitesimal („unendlich klein") – vorzustellen, und dann einen *Grenzübergang* zu vollziehen. Faszinierend dabei ist, dass die Sachverhalte infinitesimal betrachtet nicht selten viel einsichtiger sind, als wenn man das mitunter recht komplexe Ergebnis betrachtet.

Anwendung: Verjüngung eines Wasserstrahls (Abb. 7.1)
Wenn ein Wasserstrahl gleichmäßig aus einem Hahn austritt, entsteht eine Drehfläche, die sich nach unten verjüngt. Wie sieht deren Meridiankurve aus?

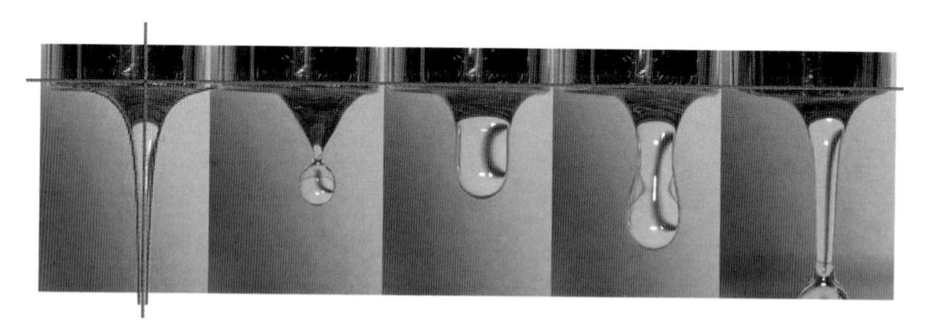

Abb. 7.1 Durchgehender und unterbrochener Wasserstrahl

Lösung:

Sei Q_0 der Ausgangsquerschnitt des Strahls. Die Anfangsgeschwindigkeit sei v_0. In der Zeit dt tritt $dV = Q_0\, v_0\, dt$ Wasser aus. Nach t Sekunden hat das ausgetretene Wasser die Geschwindigkeit $v = v_0 + g\,t$ und für den Querschnitt $Q = Q(t)$ gilt

$$Q_0\, v_0\, dt = Q\, v\, dt \;\Rightarrow\; Q(t) = \frac{Q_0\, v_0}{v_0 + g\, t}$$

Nachdem der Querschnitt im Idealfall kreisförmig sein wird, haben wir für den Radius x des Strahlquerschnitts

$$x(t) = \frac{1}{\sqrt{\pi}}\sqrt{\frac{Q_0\, v_0}{v_0 + g\, t}}$$

und für den zurückgelegten Weg (vgl. Formel (1.28))

$$s(t) = v_0\, t + \frac{g}{2}\, t^2,$$

womit die Meridiankurve in Parameterdarstellung bereits beschrieben ist.

In der Praxis wird der Strahl seine Form zwischendurch immer wieder ändern, wenn das Wasser nicht vollkommen gleichmäßig nachströmt. Insbesondere werden sich bei geringeren Wassermengen bzw. nach einer gewissen Zeit Tropfen bilden (vgl. Abb. 6.63). ♠

Wir haben schon mehrmals infinitesimale Überlegungen gemacht. Erinnern wir uns, dass wir die Tangente im Punkt P einer Kurve zunächst als Verbindungsgerade mit einem sehr nahe gelegenen „Nachbarpunkt" Q gedeutet haben. Vollzieht man den Grenzübergang $Q \to P$, stimmt die Gerade PQ exakt mit der Tangente überein. Diesen geometrischen Grenzübergang konnten wir rechnerisch durch das „Ableiten" (Differenzieren) bewerkstelligen. Als Ergebnis erhielten wir den Tangens des Neigungswinkels der Tangente.
Die erste Ableitung einer Funktion ist also ein Maß für die Änderung des Funktionswerts. Man kann eine Funktion i. Allg. beliebig oft ableiten. Die zweite Ableitung liefert dann ein Maß für die Änderung der Tangentenneigung, usw. Im folgenden Abschnitt wollen wir darauf näher eingehen.
Um zum vorsichtigen Umgang mit infinitesimalen Gedankengängen anzuregen, zitieren wir sinngemäß das berühmte

Anwendung: Paradoxon des *Zenon aus Elea* ($\approx$ 450 v. Chr., Abb. 7.2)
Eine Schildkröte bewegt sich mit konstanter Geschwindigkeit von $1\,\frac{\mathrm{m}}{\mathrm{s}}$ (diese Zahl ist natürlich etwas hoch gegriffen, aber das ist hier nicht wesentlich) und hat 10 m Vorsprung. Ein schneller Läufer (in *Zenon*'s Beispiel der berühmte *Achilleus*) bewegt sich 10 mal so schnell. Wann holt er die Schildkröte ein?

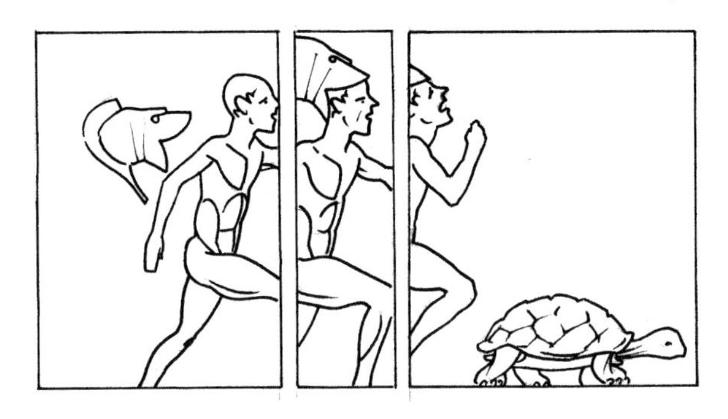

Abb. 7.2 *Achilleus* und die Schildkröte

Lösung:
Folgender Gedankengang hat „einen Haken":
Wenn der Läufer die Stelle erreicht, wo die Schildkröte gestartet ist, ist diese 1 m weitergekrochen. Wenn der Läufer diese neue Position der Schildkröte erreicht, ist diese 0,1 m weitergekrochen. Wenn der Läufer diese neue Position der Schildkröte erreicht, ist diese 0,01 m weitergekrochen usw. Man kann das unendlich oft wiederholen, die Schildkröte ist immer voran. Also kann die Schildkröte nie eingeholt werden...
Der Fehler in diesem Gedankengang ist eigentlich nur die Schlussfolgerung:

Mit den unendlich vielen Sätzen wird nämlich nur ein recht kurzer Zeitraum beschrieben: $1\,\mathrm{s}+0{,}1\,\mathrm{s}+0{,}01\,\mathrm{s}+\cdots = 1{,}1111\cdots$ s. Was *nach* diesem Zeitraum passiert, ist eine andere Sache.
Jetzt zur „wirklichen" Lösung des Problems:
Für die Wege muss gelten: $s_2 = s_1 + 10\,\mathrm{m}$. Sei zum Zeitpunkt des Überholens die Zeit T verstrichen. Dann ist

$$10\,\frac{\mathrm{m}}{\mathrm{s}}\,T = 1\,\frac{\mathrm{m}}{\mathrm{s}}\,T + 10\,\mathrm{m} \Rightarrow T = 1,\dot{1}\,\mathrm{s} \Rightarrow s = 1,\dot{1}\,\mathrm{m}$$ ♠

7.2 Kurvendiskussion

Das Zeichnen eines – noch so komplexen – Funktionsgraphen ist im Zeitalter der Computer leicht geworden. Auf der Webseite zum Buch finden Sie ein Programm `function2d.exe`, welches jeden Funktionsgraph optimiert in die Zeichenfläche einträgt.
Oft sind aber nicht allgemeine Kurvenpunkte von praktischem Interesse, sondern Punkte mit waagrechten Tangenten, sog. *Minima* bzw. *Maxima*. Gelegentlich sind auch die sog. *Wendepunkte* wichtig, wo eine Kurve von einer „Rechtskurve" in eine „Linkskurve" übergeht (und umgekehrt).
Es gilt der fundamentale Satz:

Die Extremwerte einer Kurve $y = f(x)$ müssen die Bedingung $y'(x) = 0$ erfüllen, die Wendepunkte die Bedingung $y''(x) = 0$.

Beweis:
Der erste Teil ist trivial: In einem Minimum oder Maximum (also einem Extremum) muss die Kurventangente waagrecht sein, also $y' = 0$ gelten.
Nun betrachten wir jenen Teil des Graphen von $y(x)$, der rechtsgekrümmt ist. Wenn wir die Tangenten bei wachsendem x betrachten, so nimmt deren Steigung $y'(x)$ kontinuierlich ab. Der Zuwachs von y' ist also negativ: $\dfrac{dy'}{dx} = y'' < 0$. Analog gilt für Linkskurven: $y'' > 0$. Der Übergangspunkt (Wendepunkt) muss daher $y'' = 0$ erfüllen.

Die genannten Bedingungen sind zwar notwendig, aber nicht „hinreichend" für die Existenz von Extrema bzw. Wendepunkten:
Ist an einer Stelle x_0 nicht nur $y'(x_0) = 0$, sondern auch $y''(x_0) = 0$, dann liegt ein sog. *Sattelpunkt* vor.
Ist an einer Stelle x_0 nicht nur $y''(x_0) = 0$, sondern auch $y'''(x_0) = 0$, dann liegt ein *Wendepunkt höherer Ordnung* oder ein *Flachpunkt* vor.
In der Rechenpraxis zeichnet man jedoch den Graphen zunächst mit dem Computer und überprüft solche Spitzfindigkeiten dann „optisch".

◇

Anwendung: ***Gauß*sche Glockenkurve** (Abb. 7.3)
Man betrachte die von *Gauß* eingeführte „Normalverteilungskurve"

$$y = \frac{1}{\sqrt{2\pi}}\,e^{-\dfrac{x^2}{2}} \tag{7.1}$$

Wo hat die Kurve Extremwerte bzw. Wendepunkte? Man berechne die Steigung der „Wendetangenten".

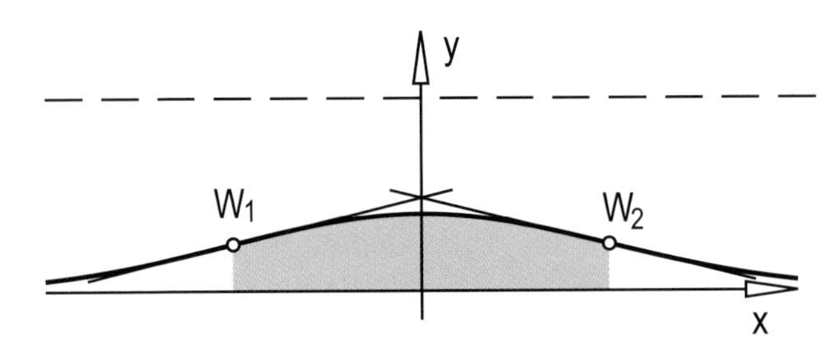

Abb. 7.3 *Gauß*'sche Glockenkurve

Lösung:
Weil x nur in quadratischer Form vorkommt, ist $y(x) = y(-x)$. Die Kurve ist also bzgl. der y-Achse symmetrisch. Wie die Exponentialfunktion besitzt sie keine Nullstelle, sondern nähert sich der x-Achse auf beiden Seiten asymptotisch an.
Wir bilden zunächst die erste Ableitung. Dabei ist $c = \frac{1}{\sqrt{2\pi}}$ eine multiplikative Konstante. Es gilt nach der Kettenregel:

$$y' = c \cdot e^{-\frac{x^2}{2}} \cdot (-x) = -x\,y$$

Wegen $y \neq 0$ gilt $y' = 0$ (Extremwert) nur für $x = 0$. Offensichtlich liegt ein Maximum vor.
Zur Berechnung der Wendepunkte benötigen wir die zweite Ableitung. Nach der Produktregel ist

$$y'' = -(1 \cdot y + x \cdot y') = -(y - x^2 \cdot y) = (x^2 - 1)\,y$$

Es ist, wie zu erwarten war, $y''(0) < 0$, was bestätigt, dass in $x = 0$ ein Maximum vorliegt. Wendepunkte treten i. Allg. bei $y'' = 0$ auf. Da stets $y \neq 0$ gilt, muss $x^2 - 1 = 0$ sein, also $x_w = \mp 1$. Die entsprechenden y-Werte sind wegen der Symmetrie der Kurve beide gleich: $y_w = c\,e^{-\frac{1}{2}} = \frac{1}{\sqrt{2\pi\,e}}$. Die Wendetangenten haben die Steigung $y'_w = \mp(-x_w\,y_w) = \pm y_w$.

Die Glockenkurve oder Normalverteilungskurve hat in der Wahrscheinlichkeitstheorie eine fundamentale Bedeutung. Wir werden ihr noch einmal bei der Flächenberechnung begegnen. Die Wendepunkte der Kurve haben mit der sog. „Streuung bzw. Varianz einer Verteilung" zu tun. ♠

Anwendung: Scheitelkrümmungskreis einer Parabel

Welchen Krümmungsradius ϱ hat die Grundparabel $y = a\,x^2$ an der Stelle $x = 0$? Man verwende dazu die Formel

$$\varrho = \frac{(1 + y'^2)^{\frac{3}{2}}}{y''} \tag{7.2}$$

Lösung:
Es ist $y' = 2a\,x$ und $y'' = 2a$. Nach Formel (7.2) ist dann

$$\varrho(x) = \frac{\left(1 + (2a\,x)^2\right)^{\frac{3}{2}}}{2a} \Rightarrow \varrho(0) = \frac{1}{2a}$$

♠

Anwendung: Krümmungskreise der Sinuslinie
Man zeige, dass die Nullstellen und Wendepunkte der allgemeinen Sinuskurve $y = a\,\sin(b\,x + c)$ ident sind. Man berechne den Scheitelkrümmungsradius.
Lösung:
Es ist $y' = a\,b\,\cos(b\,x + c)$ und $y'' = -a\,b^2\,\sin(b\,x + c) = -b^2\,y$. Die Bedingungen für die Nullstellen ($y = 0$) und die Wendepunkte ($y'' = 0$) sind daher ident. Wenn $\sin(b\,x + c) = 0$ gilt, dann ist $\cos(b\,x + c) = \pm 1$. Daher haben die Wendetangenten die Steigung $\pm a\,b$.
Im Scheitel $x = x_s$ ist $y'(x_s) = 0$ und $y(x_s) = \pm a$. Daraus folgt $y''(x_s) = \mp a\,b^2$.
Nach Formel (7.2) ist dann $\varrho(x_s) = \mp \dfrac{1}{a\,b^2}$.

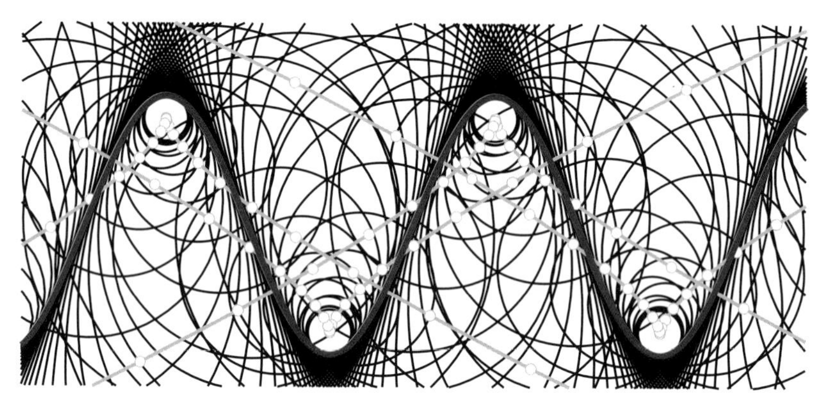

Abb. 7.4 Krümmungskreise einer Sinuslinie

Für den Prototyp der Sinuslinie $y = \sin x$ ist $a = b = 1$ und $c = 0$. Die Wendetangenten sind dann unter $45°$ geneigt und der Scheitelkrümmungskreis hat den Radius $\varrho(x_s) = 1$. Abb. 7.4 zeigt eine allgemeine Sinuslinie mit einer Anzahl von Krümmungskreisen. Der Ort der Mittelpunkte der Krümmungskreise (hellblau eingezeichnet) wird Evolute genannt. Diese Kurve hat ihre Fernpunkte in Richtungen normal zu den Wendetangenten.

♠

7.3 Extremwertaufgaben

Wir haben soeben recht theoretisch Extremwerte einer Funktion $y = f(x)$ ermittelt, indem wir die Nullstellen der ersten Ableitung aufgesucht haben. Dafür gibt es in der angewandten Mathematik viele Beispiele. Das Problem besteht eigentlich nur im Auffinden der sog. *Zielfunktion* $f(x)$. Meist heißen die Variablen natürlich nicht x und y. Solche Anwendungen nennt man gern „Extremwertaufgaben“. Wir wollen an Hand einiger Beispiele die Vorgangsweise klar machen.

Anwendung: Herstellen einer Papierschachtel mit maximalem Volumen

Ein rechteckiger Kartonbogen soll so bearbeitet werden, dass daraus eine möglichst große Papierschachtel entsteht.

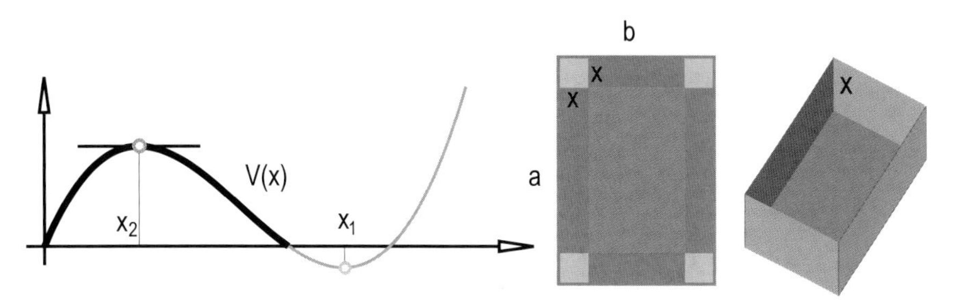

Abb. 7.5 Schachtel aus Rechteck

Lösung:

Mit den Bezeichnungen von Abb. 7.5 gilt: Gegeben sind die Abmessungen a und b des Bogens. Wir schneiden nun an den vier Ecken kleine Quadrate der Seitenlänge x aus. Wenn wir dann die entstandenen Rechtecke falten und zusammenheften, haben wir eine Kartonschachtel mit den Ausmaßen $(a-2x)\times(b-2x)\times x$ gebastelt. Ihr Volumen beträgt $V=(a-2x)(b-2x)x$. Dieses Volumen hängt also von x ab und soll ein Maximum einnehmen. $V(x)$ ist unsere Zielfunktion. Bedingung für ein Maximum ist $V'(x)=0$.

Wir multiplizieren aus: Es ist

$$V(x)=(ab-2b\,x-2a\,x+4x^2)x=4\,x^3-2(a+b)x^2+ab\,x$$

und damit

$$V'(x)=12\,x^2-4(a+b)x+ab$$

$V'(x)=0$ liefert eine quadratische Gleichung mit den Lösungen

$$x_{1,2}=\frac{4(a+b)\pm\sqrt{16(a+b)^2-4\cdot 12\cdot(ab)}}{24}$$

Wir kürzen durch 4 und vereinfachen

$$x_{1,2}=\frac{(a+b)\pm\sqrt{(a+b)^2-3ab}}{6}=\frac{(a+b)\pm\sqrt{a^2-ab+b^2}}{6}$$

Welche der beiden Lösungen ist nun die richtige? Dies können wir entweder aus der Computerzeichnung erkennen, oder aber wir bilden die zweite Ableitung, was im vorliegenden Fall gerade noch vertretbar ist:

$$V''(x)=24\,x-4(a+b)$$

Setzen wir $x_{1,2}$ ein, dann erhalten wir

$$V''(x_{1,2}) = 24\,\frac{(a+b) \pm \sqrt{a^2 - ab + b^2}}{6} - 4(a+b) = \pm 4\sqrt{a^2 - ab + b^2}$$

Es ist also $V''(x_1) > 0$ und $V(x_1)$ ein Minimum, während $V''(x_2) < 0$ ist und x_2 somit zum maximalen Volumen führt. ♠

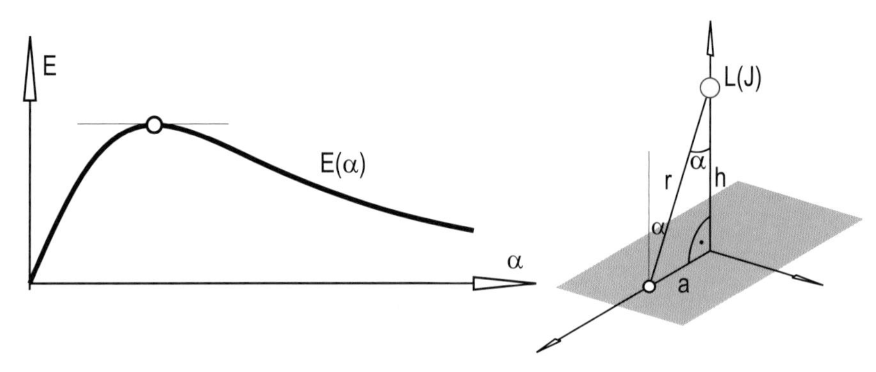

Abb. 7.6 Lichtintensität

Anwendung: Optimale Ausleuchtung (Abb. 7.6)
Wie hoch muss eine Lichtquelle über einer waagrechten Ebene angebracht werden, damit ein bestimmter Punkt P in festgelegter seitlicher Entfernung a von der Quelle möglichst gut ausgeleuchtet wird? Dabei gilt für die Beleuchtungsstärke E in Abhängigkeit vom Abstand r, dem Einfallswinkel α und der (konstanten) Intensität J der Lichtquelle (Lichtstärke)

$$E = \frac{J}{r^2}\cos\alpha$$

Lösung:
Die Zielfunktion E hängt diesmal von zwei Variablen, nämlich r und α, ab. Die beiden Variablen sind jedoch nicht voneinander unabhängig, denn es gilt $\frac{a}{r} = \sin\alpha$, also $r^2 = \frac{a^2}{\sin^2\alpha}$. Damit haben wir

$$E(\alpha) = \frac{J}{a^2}\sin^2\alpha\cos\alpha$$

Der positive Faktor $\frac{J}{a^2}$ bewirkt nur eine Skalierung der Zielfunktion, sodass die vereinfachte Funktion

$$\tilde{E}(\alpha) = \sin^2\alpha\cos\alpha$$

dieselben Extrema aufweisen wird. Für diese Extrema muss gelten: $\tilde{E}' = 0$. Dabei meinen wir natürlich die Ableitung nach der Variablen α. Diese erhalten wir mittels der Produktregel:

$$\tilde{E}'(\alpha) = \frac{d\tilde{E}(\alpha)}{d\alpha} = 2\sin\alpha\cos\alpha\cos\alpha + \sin^2\alpha(-\sin\alpha) = 0$$

Wir können $\sin\alpha \neq 0 \Rightarrow \alpha \neq 0$ voraussetzen. Dies ist ja nur möglich, wenn die Lichtquelle direkt über P ist. Kürzen durch $\sin\alpha$ ist also erlaubt, und es gilt

$$2\cos^2\alpha - \sin^2\alpha = 0 \Rightarrow 2\cos^2\alpha = \sin^2\alpha \Rightarrow \tan^2\alpha = 2 \Rightarrow \tan\alpha = \pm\sqrt{2}$$

Für optimale Ausleuchtung muss sich die Lichtquelle also in der Höhe

$$h = \frac{a}{\tan\alpha} = \frac{a}{\sqrt{2}}$$

befinden. ♠

Anwendung: Balken mit maximaler Tragfähigkeit (Abb. 7.7)
Aus einem zylindrischen Baumstamm von gegebenem Durchmesser d ist ein Balken von größter Tragfähigkeit W herauszuschneiden. Wie ist das Verhältnis Breite : Höhe ($b : h$), wenn folgende Formel gilt:

$$W = c\,b\,h^2 \quad (c > 0 \cdots \text{Materialkonstante})$$

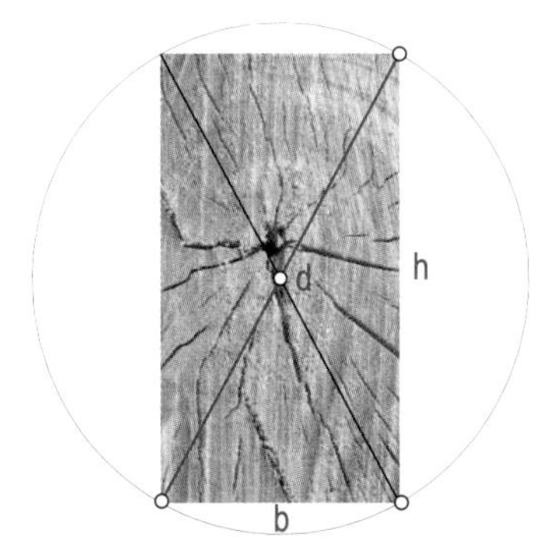

Abb. 7.7 Tragkraft in Theorie...

Abb. 7.8 ... und Praxis

Lösung:
W hängt von b und h ab. Anderseits hängen b und h durch die Beziehung $b^2 + h^2 = d^2$ voneinander ab. Somit ist

$$W(b) = c\,b(d^2 - b^2) = c\,(d^2\,b - b^3)$$

$W(b)$ nimmt ein Maximum an, wenn die Ableitung nach b verschwindet:

$$\frac{dW}{db} = c\,(d^2 - 3\,b^2) = 0$$

Damit erhält man b und in weiterer Folge h:

$$\Rightarrow b = (\pm)\frac{d}{\sqrt{3}} \Rightarrow h = \frac{d\sqrt{2}}{\sqrt{3}} \Rightarrow b : h : d = 1 : \sqrt{2} : \sqrt{3}$$

Abb. 7.8 zeigt, dass Balken mit diesem Querschnitt sehr wohl in der Praxis verwendet werden. Warum Gebilde manchmal trotzdem einstürzen (wie die abgebildete ehemalige Reichsbrücke in Wien, die 1976 zerbrach), hängt von einer Vielzahl von Faktoren ab. Mit ein Grund ist natürlich, dass die Tragfähigkeit nur mit dem Quadrat des Maßstabs steigt, während das Eigengewicht der Objekte mit der dritten Potenz ansteigt. Das heißt, die Balken eines Brückenmodells sind im Vergleich wesentlich tragfähiger bzw. belastbarer als die Balken der echten Brücke (siehe dazu Kapitel 2). ♠

Anwendung: Optimale Dachneigung

Wie groß muss der Neigungswinkel α einer Dachfläche gewählt werden, damit Regenwasser so rasch wie möglich abrinnt?

Lösung:

Die Zeit t, die das Regenwasser benötigt, soll als Funktion des Neigungswinkels α angegeben werden. Sei Δx ein kleines Stückchen in Richtung der Horizontalen. Die entsprechende Sparrenlänge ist dann

$$\Delta s = \frac{\Delta x}{\cos\alpha}.$$

Der Höhenunterschied beträgt $\Delta h = \Delta x \tan\alpha$. Der Geschwindigkeitszuwachs, also die Ablaufbeschleunigung, beträgt somit

$$\Delta v = \sqrt{2g\,\Delta h} = \sqrt{2g\,\tan\alpha\,\Delta x}.$$

Der Zeitzuwachs Δt beim Abrinnen entlang Δs ist

$$\Delta t = \frac{\Delta s}{\Delta v} = \frac{\frac{\Delta x}{\cos\alpha}}{\sqrt{2g\,\tan\alpha\,\Delta x}}$$

Für das Quadrat des Zeitzuwachses gilt somit

$$(\Delta t)^2 = \frac{\frac{(\Delta x)^2}{\cos^2\alpha}}{2g\,\tan\alpha\,\Delta x} = \frac{1}{2g}\frac{\Delta x}{\cos^2\alpha\,\tan\alpha} = \frac{1}{g}\frac{\Delta x}{2\sin\alpha\cos\alpha} = \frac{1}{g}\frac{\Delta x}{\sin 2\alpha}$$

Wenn der Zeitzuwachs minimal sein soll, dann auch sein Quadrat. Der Kehrwert davon ist dann aber *maximal*. Wir können also sagen: Δt wird minimal, wenn der Ausdruck $\sin 2\alpha$ maximal wird:

$$\frac{d}{d\alpha}\sin 2\alpha = 0 \Rightarrow 2\cos 2\alpha = 0 \Rightarrow 2\alpha = 90^\circ \Rightarrow \alpha = 45^\circ$$

Bei einem Dachneigungswinkel $> 45^\circ$ vergrößert sich der Abflussweg, der zur Überwindung der horizontalen Strecke Δx benötigt wird, schon so weit, dass wieder mehr Zeit zum Abfließen benötigt wird. Der Winkel 45° stellt also den besten „Kompromiss" zwischen der Kürze des Abflussweges Δx und der Beschleunigung infolge Gefälle dar. ♠

Anwendung: Brechungsgesetz von *Snellius* (Abb. 7.9)
Wir betrachten zwei verschieden dichte optische Medien I und II, in denen sich das Licht mit den Geschwindigkeiten c_1 und c_2 ausbreitet. Die beiden Medien seien durch eine Ebene getrennt. Durch Versuche wurde immer wieder bestätigt, dass an der Übergangsstelle (Knickstelle) für die Winkel α und β zum Lot der Trennebene das Brechungsgesetz

$$\frac{\sin\alpha}{\sin\beta} = \frac{c_1}{c_2}$$

gilt. Man zeige, dass diesem von *Snellius* aufgestellten Gesetz das Fermatsche Prinzip zugrunde liegt, nach dem das Licht jenen Weg von A nach B „sucht", auf dem es in kürzester *Zeit* zu B gelangt.

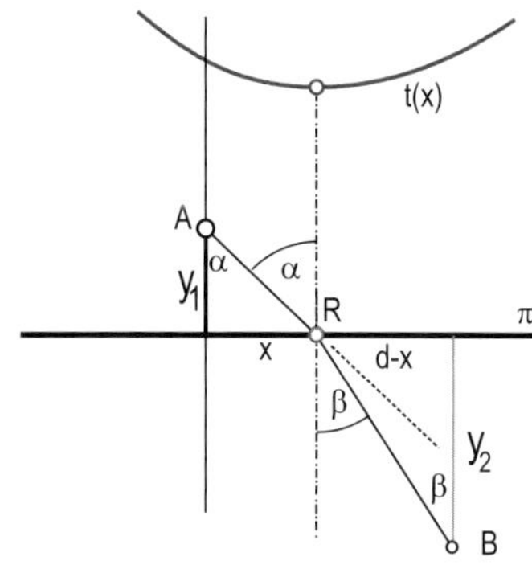

Abb. 7.9 Gesamtzeitfunktion bei der Brechung und Bildhebung

Lösung:
Das Problem kann in jener Ebene ε betrachtet werden, welche A und B enthält und senkrecht zur Trennebene π steht. Wir identifizieren die Schnittgerade $\varepsilon \cap \pi$ mit der x-Achse. Den Punkten weisen wir die Koordinaten $A(0/y_1)$ und $B(d/y_2)$ zu. Der Knickpunkt habe die Koordinaten $R(x/0)$. Es gilt: Zeit = Weg / Geschwindigkeit. Die „Gesamtzeitfunktion" hat daher die Gestalt

$$t(x) = \frac{\overline{AR}}{c_1} + \frac{\overline{RB}}{c_2} = \frac{\sqrt{y_1^2 + x^2}}{c_1} + \frac{\sqrt{y_2^2 + (d-x)^2}}{c_2}$$

Soll die Gesamtzeit ein Minimum werden, dann muss $t'(x) = 0$ gelten:

$$t'(x) = \frac{1}{c_1}\frac{2x}{2\sqrt{y_1^2 + x^2}} + \frac{1}{c_2}\frac{2(d-x)(-1)}{2\sqrt{y_2^2 + (d-x)^2}} = 0$$

bzw.

$$t'(x) = \frac{1}{c_1}\frac{x}{\overline{AR}} - \frac{1}{c_2}\frac{d-x}{\overline{RB}} = 0$$

Mit $\dfrac{x}{\overline{AR}} = \sin\alpha$ und $\dfrac{d-x}{\overline{RB}} = \sin\beta$ vereinfacht sich die Gleichung zu

$$\frac{1}{c_1}\sin\alpha - \frac{1}{c_2}\sin\beta = 0$$

Daraus folgt das Brechungsgesetz:

$$\Rightarrow \frac{\sin\alpha}{\sin\beta} = \frac{c_1}{c_2}$$

Betrachtet man alle Strahlen, die durch B verlaufen, und wendet auf sie das Brechungsgesetz an, so hüllen diese – in ihrer Verlängerung auf die Seite von B – eine Kurve, die sog. *Diakaustik*, ein (Abb. 7.9, rechts). Ein Betrachter in A kann nun die Position von B nur erahnen und vermutet sie im Berührpunkt B^* mit der Diakaustik. Der senkrechte Stab durch B erscheint dadurch seltsam „gehoben". ♠

Anwendung: Volumsgrößtes kegelförmiges Cocktailglas (Abb. 7.10)
Bei welchem Öffnungswinkel 2α hat das Cocktailglas mit gegebener Mantellinie s (Kegel) das größte Volumen?

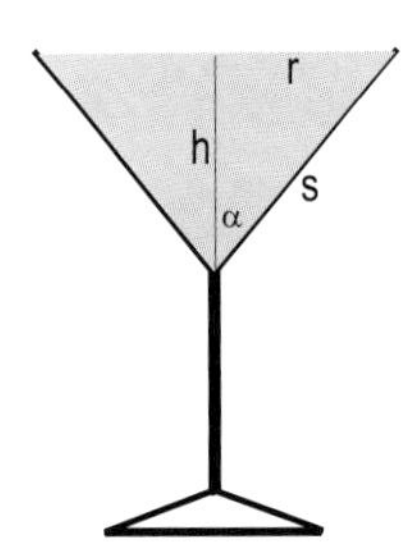

Abb. 7.10 Kegelförmiges Cocktailglas

Abb. 7.11 Optimierung

Lösung:
Das Volumen des Kegels ist

$$V = \frac{1}{3}\pi\, r^2\, h = \frac{1}{3}\pi\,(s\,\sin\alpha)^2\, s\,\cos\alpha = \frac{1}{3}\pi\, s^3\,\sin^2\alpha\,\cos\alpha$$

Es wird maximal, wenn der Ausdruck $\tilde{V}(\alpha) = \sin^2\alpha\,\cos\alpha$ maximal wird, wenn also $\frac{d}{d\alpha}\tilde{V} = 0$ ist:

$$2\sin\alpha\cos\alpha\cos\alpha + \sin^2\alpha(-\sin\alpha) = 0 \Rightarrow 2\sin\alpha\cos^2\alpha = \sin\alpha\sin^2\alpha$$

Der Fall $\sin\alpha = 0 \Rightarrow \alpha = 0$ führt zu einem Minimum, sodass wir durch $\sin\alpha \neq 0$ kürzen können und

$$2\cos^2\alpha = \sin^2\alpha \Rightarrow \tan^2\alpha = 2 \Rightarrow \tan\alpha = \sqrt{2} \Rightarrow \alpha \approx 55°$$

erhalten. Der Öffnungswinkel des Kegels beträgt somit $2\alpha \approx 110°$. ♠

Anwendung: Maximale Wurfweite am schrägen Hang (Abb. 7.12)
Unter welchem Winkel α muss abgeschossen werden, um auf einem Hang mit dem Neigungswinkel ε möglichst weit zu werfen?

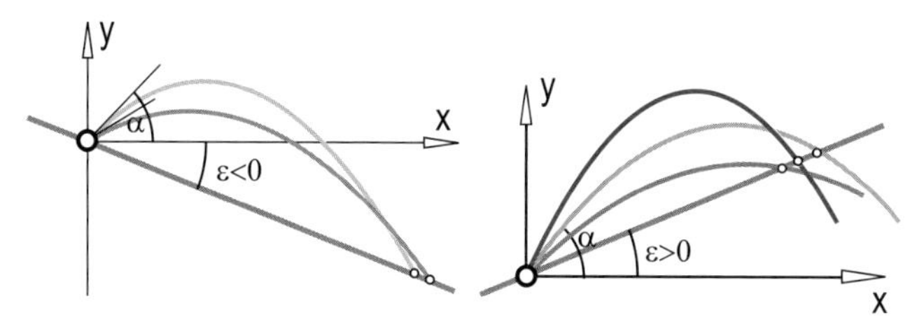

Abb. 7.12 Wurf am schrägen Hang

Lösung:
Wir hatten schon des öfteren mit der Wurfparabel zu tun:

$$(1) \quad x = v_0 t \cos\alpha, \quad (2) \quad y = v_0 t \sin\alpha - \frac{g}{2}t^2$$

Wir schneiden sie nun mit dem schrägen Hang:

$$(3) \quad y = x \tan\varepsilon = k\, x$$

Aus (1) und (3) folgt:

$$y = k\, x = k\, v_0\, t \cos\alpha \Rightarrow y \tan\alpha = k\, v_0 t \sin\alpha$$

Einsetzen in (2) liefert

$$y = \frac{y \tan\alpha}{k} - \frac{g}{2} \cdot \frac{y^2}{k^2 v_0^2 \cos^2\alpha}$$

Man darf durch y kürzen, wenn man die Triviallösung $y = 0$ ausschließt:

$$\frac{g}{2} \cdot \frac{y}{k^2 v_0^2 \cos^2\alpha} = \frac{\tan\alpha}{k} - 1 \Rightarrow y = \frac{2}{g} k^2 v_0^2 \cos^2\alpha \left(\frac{\sin\alpha}{k\cos\alpha} - 1\right)$$

$$\Rightarrow y = \frac{2}{g} k v_0^2 (\sin\alpha\cos\alpha - k\cos^2\alpha)$$

y nimmt ein Extremum an, wenn der Ausdruck

$$f(\alpha) = \sin\alpha\cos\alpha - k\cos^2\alpha = \frac{\sin 2\alpha}{2} - k\cos^2\alpha$$

ein Extremum annimmt, also für $f'(\alpha) = 0$:

$$f'(\alpha) = \cos 2\alpha + 2k\cos\alpha\sin\alpha = \cos 2\alpha + k\sin 2\alpha = 0 \Rightarrow \tan 2\alpha = -\frac{1}{k}$$

Zahlenbeispiel:
$\varepsilon = -45^\circ$ (nach unten geneigter Hang):

$$k = \tan\varepsilon = -1 \Rightarrow \tan 2\alpha = 1 \Rightarrow 2\alpha = 45^\circ \Rightarrow \alpha = 22{,}5^\circ$$

$\varepsilon = 45^\circ$ (nach oben geneigter Hang):

$$k = \tan\varepsilon = 1 \Rightarrow \tan 2\alpha = -1 \Rightarrow 2\alpha = 135^\circ \text{ (!)} \Rightarrow \alpha = 67{,}5^\circ$$

♠

7.4 Reihenentwicklung

Bis vor wenigen Jahrzehnten war das Rechnen mit Winkelfunktionen, Logarithmen und Exponentialfunktionen eine recht mühsame Sache. Wenn man genau arbeiten wollte, musste man ständig in Tabellenbüchern nachschlagen und darüber hinaus die Werte interpolieren. In der angewandten Mathematik gab man sich – mit Recht – meist mit weniger Genauigkeit zufrieden und arbeitete mit dem „Rechenschieber" oder „Rechenstab".
Dann kamen die elektronischen Taschenrechner auf, und Sinus-Werte oder Logarithmen erschienen „blitzartig" (in weniger als einer Sekunde) auf der Anzeige. Heute braucht ein gewöhnlicher PC nur (Bruchteile von) Mikrosekunden, um dieselbe Aufgabe zu bewerkstelligen. Wie ist das möglich?
Des Rätsels Lösung ist, dass man die nicht-algebraischen (transzendenten) Funktionen durch algebraische Potenzfunktionen – eine sog. *Potenzreihe* – beliebig genau annähern kann. Und für letztere braucht man „nur" multiplizieren und dividieren zu können, wenn man die Ableitungen der Funktion kennt.
Unter gewissen Einschränkungen gilt die fundamentale Formel von *Taylor*:

$$f(x) = \sum_{k=0}^{\infty} \frac{f^{(k)}(x_0)}{k!}(x - x_0)^k \tag{7.3}$$

x_0 heißt *Anschlussstelle*. Die Zahl $k!$ (sprich k Fakultät oder auch k Faktorielle) ist eine Abkürzung für $k \cdot (k-1) \cdot (k-2) \cdots 3 \cdot 2 \cdot 1$. Es erweist sich als günstig, zusätzlich $0! = 1$ zu definieren.
Die Voraussetzung lautet, dass $|x - x_0|$ „klein genug" sein muss. Meistens reicht $|x - x_0| < 1$.

Beweis:
Ausführlich angeschrieben soll also gelten

$$f(x) = f(x_0) + \frac{f'(x_0)}{1!}(x - x_0) + \frac{f''(x_0)}{2!}(x - x_0)^2 + \frac{f'''(x_0)}{3!}(x - x_0)^3 \cdots$$

Wir machen den Ansatz

$$f(x) = a_0 + a_1(x - x_0) + a_2(x - x_0)^2 + a_3(x - x_0)^3 \cdots$$

und versuchen die Koeffizienten a_k zu bestimmen. Dies geschieht durch wiederholtes Differenzieren:

$$f'(x) = 1 \cdot a_1 + 2 \cdot a_2(x - x_0) + 3 \cdot a_3(x - x_0)^2 + 4 \cdot a_4(x - x_0)^3 + \cdots$$
$$f''(x) = 2 \cdot 1 \cdot a_2 + 3 \cdot 2 \cdot a_3(x - x_0) + 4 \cdot 3 \cdot a_4(x - x_0)^2 + \cdots$$
$$f'''(x) = 3 \cdot 2 \cdot 1 \cdot a_3 + 4 \cdot 3 \cdot 2 \cdot a_4(x - x_0) + 5 \cdot 4 \cdot 3 \cdot a_5(x - x_0)^2 + \cdots$$

Setzt man in allen diesen Gleichungen $x = x_0$ ein, so erhält man

$$f(x_0) = a_0 \Rightarrow a_0 = f(x_0) = \frac{f(x_0)}{0!} \text{ (wegen } 0! = 1)$$
$$f'(x_0) = 1 \cdot a_1 \Rightarrow a_1 = f'(x_0) = \frac{f'(x_0)}{1!} \text{ (wegen } 1! = 1)$$
$$f''(x_0) = 2 \cdot 1 \cdot a_2 \Rightarrow a_2 = \frac{f''(x_0)}{2!}$$
$$f'''(x_0) = 3 \cdot 2 \cdot 1 \cdot a_3 \Rightarrow a_3 = \frac{f'''(x_0)}{3!}$$
$$\vdots$$
$$f^{(k)}(x_0) = k \cdot (k-1) \cdots 3 \cdot 2 \cdot 1 \cdot a_k \Rightarrow a_k = \frac{f^{(k)}(x_0)}{k!}$$

◇

Für die Anschlussstelle $x_0 = 0$ wurde die Formel schon vor *Taylor* von *MacLaurin* aufgestellt:

$$f(x) = f(0) + \frac{f'(0)}{1!}x + \frac{f''(0)}{2!}x^2 + \frac{f'''(0)}{3!}x^3 \cdots \tag{7.4}$$

Wieder muss $|x - x_0|$ klein genug sein. Formel (7.4) ermöglicht bereits die Berechnung der meisten grundlegenden transzendenten Funktionen.

Anwendung: Reihenentwicklung der e-Funktion

Man zeige:

$$e^x = 1 + x + \frac{x^2}{2!} + \frac{x^3}{3!} + \frac{x^4}{4!} \cdots \tag{7.5}$$

Lösung:
Wir „beweisen“ dies durch simples Nachrechnen: Die *Euler*-Funktion kann beliebig oft abgeleitet werden, ohne dass sie sich ändert:

$$(e^x)' = (e^x)'' = \cdots = e^{(k)}(x) = e^x$$

Somit gilt $e^{(k)}(0) = e^0 = 1$, und damit haben wir bereits Formel (7.5). ♠

Nicht viel schwerer sind die Reihenentwicklungen der Sinus- bzw. Kosinus-Funktion zu berechnen:

Anwendung: Reihenentwicklung der Sinusfunktion (Abb. 7.13)

Man zeige:

$$\sin x = x - \frac{x^3}{3!} + \frac{x^5}{5!} - \frac{x^7}{7!} + \cdots, \tag{7.6}$$

$$\cos x = 1 - \frac{x^2}{2!} + \frac{x^4}{4!} - \frac{x^6}{6!} + \cdots \tag{7.7}$$

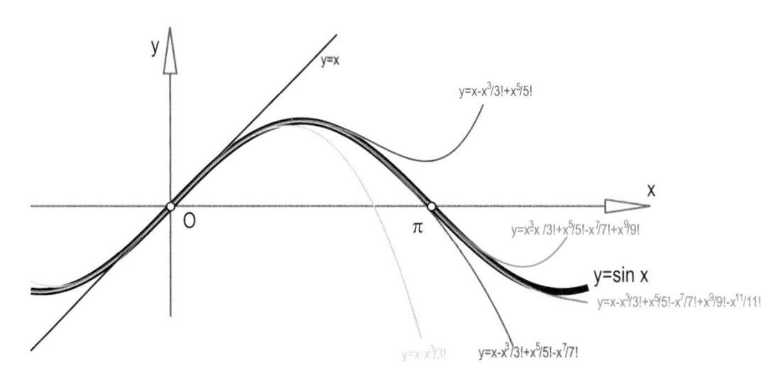

Abb. 7.13 Approximation der Sinus-Funktion durch *Taylor*-Reihen

Beweis:
Es ist $(\sin x)' = \cos\, x$, $(\sin x)'' = -\sin(x)$, $(\sin x)''' = -\cos x$. Die vierte Ableitung ist wieder die Funktion selbst $((\sin x)^{(4)} = \sin x \cdots)$, sodass sich die Ableitungen periodisch wiederholen. Somit gilt $\sin 0 = 0$, $\sin' 0 = 1$, $\sin'' 0 = 0$, $\sin''' 0 = -1$, $\cdots$ und damit haben wir den Teil für die Sinus-Funktion in Formel (7.6). Die Entwicklung des Kosinus verläuft analog. ◇

♠

Anwendung: Nützliche Näherungen für trigonometrische Funktionen

Zeigen Sie folgende häufig verwendeten Näherungen „für kleines x“ und testen Sie die Güte der Näherung für verschiedene $x < 0{,}5$:

$$\sin x \approx \tan x \approx \sqrt{2(1-\cos x)} \approx x$$

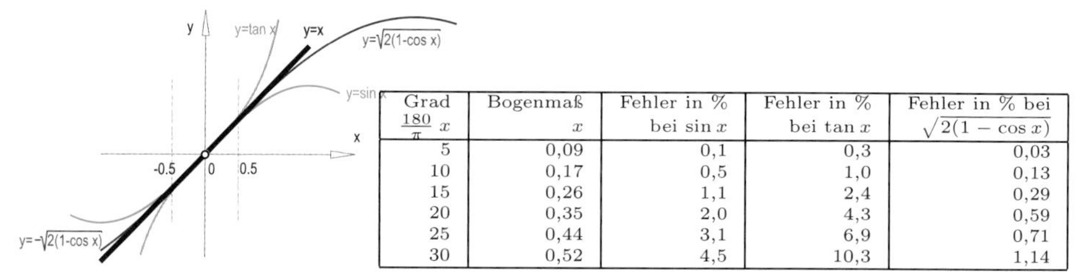

Grad $\frac{180}{\pi}x$	Bogenmaß x	Fehler in % bei $\sin x$	Fehler in % bei $\tan x$	Fehler in % bei $\sqrt{2(1-\cos x)}$
5	0,09	0,1	0,3	0,03
10	0,17	0,5	1,0	0,13
15	0,26	1,1	2,4	0,29
20	0,35	2,0	4,3	0,59
25	0,44	3,1	6,9	0,71
30	0,52	4,5	10,3	1,14

Abb. 7.14 Vier Funktionen, die sich in der Umgebung von $x = 0$ wenig unterscheiden

Beweis:
$\sin x \approx x$ folgt unmittelbar aus $\sin x = x - \frac{x^3}{3!} + \cdots = x + x^3(\cdots)$, weil ja x^3 für kleines x schon *sehr* klein ist.
Weiters ist

$$\tan x = \frac{\sin x}{\cos x} \approx \frac{x}{1 - \frac{x^2}{2!} + \cdots} \approx x$$

Schließlich ist

$$\sqrt{2(1-\cos x)} = \sqrt{2(1-(1-\frac{x^2}{2!}\cdots))} \approx x$$

(bei negativem x ist der negative Wurzelaudruck $-\sqrt{2(1-\cos x)}$ heranzuziehen).

◇

Aus der Tabelle erkennt man: Der Fehler ist beim Sinus für $x^\circ < 20^\circ$ und beim Tangens für $x^\circ < 15^\circ$ kleiner als 2%. Die beste Näherung ergibt sich für $\sqrt{2(1-\cos x)}$, wo der Fehler erst ab $x > 30^\circ$ erwähnenswert ist (was auch aus Abb. 7.14 qualitativ erkennbar ist)! Wir brauchen die angegebenen Näherungen u. a. zur Ableitung der Schwingungsdauer des Pendels (Anwendung S. 319).

♠

Die allgemeine Formel (7.3) von *Taylor* brauchen wir für die Reihenentwicklung des Logarithmus:

Anwendung: Reihenentwicklung für $\ln x$ (Abb. 7.16)

Man zeige:

$$\ln x = (x-1) - \frac{(x-1)^2}{2} + \frac{(x-1)^3}{3} - \frac{(x-1)^4}{4} + \cdots \qquad (7.8)$$

Lösung:
Die Ableitungen der Funktion $f(x) = \ln x$ ergeben sich zunächst mit $f' = \frac{1}{x} = x^{-1}$, $f'' = (-1)x^{-2}$, $f''' = (-1)(-2)x^{-3}$, $f^{(4)} = (-1)(-2)(-3)x^{-4}$, ...
Weil wir nicht durch 0 dividieren dürfen, entwickeln wir an der Anschlussstelle $x_0 = 1$, wo gilt:

$$f(1) = 0,\ f'(1) = 1,\ f''(1) = -1,$$
$$f'''(1) = (-1)(-2),\ f^{(4)}(1) = (-1)(-2)(-3),\ \cdots$$

Damit ist offensichtlich

$$\frac{f^{(k)}(1)}{k!} = \frac{(-1)^{k-1}}{k}$$

und Formel (7.8) „verifiziert". ♠

Bis zu welcher Potenz entwickelt werden muss, damit das Ergebnis genau genug ist, hängt von der jeweiligen Reihe ab, und auch davon, wie sehr der Funktionswert x von der Anschlussstelle x_0 differiert. Meist wird irgendwo zwischen der 11. und 15. Potenz abgebrochen.

Anwendung: Näherungsformel für Körperausdehnung (Anwendung S. 288)
Wird ein Körper mit Länge L_1 um die Temperatur Δt erwärmt, so vergrößert sich seine Länge auf L_2 nach der Formel

$$L_2 = L_1 \sqrt[3]{1 + \gamma\, \Delta t}$$

γ ist eine Materialkonstante. Man zeige: Bei geringer Ausdehnung kann man gut mit der Näherungsformel

$$L_2 = L_1 \, (1 + \frac{\gamma}{3}\, \Delta t)$$

arbeiten.
Lösung:
Wir setzen $x = \gamma\, \Delta t$ und entwickeln die Funktion

$$f(x) = \sqrt[3]{1 + x}$$

in eine Potenzreihe mit Anschlussstelle 0:

$$f(x) = (1+x)^{\frac{1}{3}} \Rightarrow f'(x) = \frac{1}{3}\,(1+x)^{-\frac{2}{3}} \Rightarrow f''(x) = \frac{1}{3}\,(-\frac{2}{3})\,(1+x)^{-\frac{5}{3}} \text{ usw.}$$

An der Anschlussstelle $x_0 = 0$ ist $(1+x)^u = 1$ für jede Hochzahl u, und somit gilt:

$$f(x) = 1 + \frac{1}{3}\, x - \frac{2}{9 \cdot 2!}\, x^2 + \cdots$$

Für kleines x ist $x^2/9$ noch viel kleiner (z.B. $x = 0{,}001 \Rightarrow x^2/9 \approx 0{,}0000001$) und kann getrost vernachlässigt werden, da die Längenmessung ohnehin nur beschränkt genau ist. ♠

Anwendung: Umrechnung von Fischaugen-Fotografien
Wenn man in einem Innenraum möglichst viel vom Raum fotografieren will, muss man ein Weitwinkelobjektiv verwenden. Die Wendeltreppe in Abb. 7.15 konnte nur noch mit einem sog. Fischaugenobjektiv vollständig erfasst werden. Solche Bilder lassen sich nachträglich mittels Potenzreihenentwicklung in Ultra-Weitwinkelaufnahmen (rechts) „zurückrechnen".

Lösung:
Bei einer gewöhnlichen Fotografie handelt es sich um eine „Perspektive", also eine Projektion aus dem Zentrum des Linsensystems auf die fotoempfindliche Schicht. Diese Abbildung ist „geradentreu": Geraden im Raum bilden sich geradlinig ab. Sei P^c das perspektivische Bild eines Raumpunkts P. Sein Abstand vom Bildzentrum (dem Hauptpunkt der Perspektive) sei r.

Abb. 7.15 Links: Fischaugen-Bild, rechts: Weitwinkelaufnahme

Verzerren wir eine Perspektive nun so, dass alle Punkte aus dem Zentrum mit einem vom Abstand r abhängigen Faktor $x = f(r)$ gestreckt oder gestaucht werden. Diese Abstandsfunktion $f(r)$ kann eine beliebige stetige Funktion sein.
Fischaugen-Bilder entstehen tatsächlich so: Weit vom Hauptpunkt entfernte Bildpunkte werden Richtung Zentrum „gerückt". Zu einem vorgegebenen Fischaugen-Bild (x ist bekannt) muss man nun „nur noch" die Umkehrfunktion $g(x) = f^{-1}(x)$ finden, welche die Punkte wieder „wegrückt". Wie auch immer diese Funktion $g(x)$ aussehen mag: Sie besitzt eine Potenzreihenentwicklung mit Anschlussstelle 0 der Form $g(x) = \sum_{k=0}^{\infty} a_k\, x^k$. Weil die Verzerrung in Zentrumsnähe gegen Null geht, haben wir $g(x) = x$ für kleine x, also $a_0 = 0$ and $a_1 = 1$. Die Reihenentwicklung hat somit die Form

$$g(x) \approx x + a_2\, x^2 + a_3\, x^3 + a_4\, x^4 + a_5\, x^5 \ldots$$

Die Koeffizienten kann man im Computerzeitalter durch interaktives Herumprobieren finden. Dabei muss man versuchen, gekrümmte Bilder von geradlinigen Kanten gerade zu strecken (Abb. 7.15 rechts). Wenn eine Fischaugenlinse einmal kalibriert ist, ist jedes weitere Bild schnell entzerrt. ♠

Anwendung: Konvergenzprobleme bei der Sinus-Funktion

Wir haben bis jetzt stillschweigend die Konvergenzbedingung $|x - x_0|$ „klein genug" vorausgesetzt. Günstig ist es, $|x - x_0| < 1$ anzunehmen, weil dann $(x - x_0)^k$ schon gegen Null konvergiert. Was macht nun aber der Computer, wenn z.B. $\sin 7{,}3$ zu berechnen ist?

Lösung:
Nun, zunächst dürfen beliebige Vielfache von 2π zu x addiert oder subtrahiert werden, ohne dass sich der Sinuswert ändert. Es ist also $\sin 7{,}3 = \sin(7{,}3 - 2\pi) = \sin 1{,}01681$. Auch dieser Wert erfüllt noch nicht die Bedingung $|x| < 1$. Wir können aber die Formel $\sin x = \cos(\pi/2 - x)$ verwenden. Es ist also $\sin 1{,}01681 = \cos 0{,}55398$, wobei die Kosinusreihe konvergiert.

Das beschriebene Verfahren erscheint zunächst reichlich kompliziert. Deswegen hat es ja auch relativ lange gedauert, bis der Sinuswert „auf Knopfdruck" zur Verfügung stand. Es wird nämlich ein Mini-Computerprogramm aufgerufen, das alle möglichen Fälle abdecken muss. Dieses Programm ist heutzutage üblicherweise „auf Chip gebrannt", also hardware-mäßig implementiert und deswegen so schnell. ♠

Anwendung: Konvergenzprobleme bei der e-Funktion bzw. $\ln$-Funktion
Man berechne $e^{-2{,}34}$ bzw. $\ln 16{,}98$ mittels Reihenentwicklung.

Lösung:
Wir können uns wegen $e^{-x} = \dfrac{1}{e^x}$ auf positive Argumente x beschränken. Aber auch 2,34 passt nicht in den erwünschten (weil schnell konvergierenden) Bereich $x < 1$. Wenn aber $e = 2{,}71828\cdots$ eingespeichert ist, gilt $e^{2{,}34} = e \cdot e \cdot e^{0{,}34}$, und für $x = 0{,}34$ konvergiert die Reihenentwicklung sehr gut.

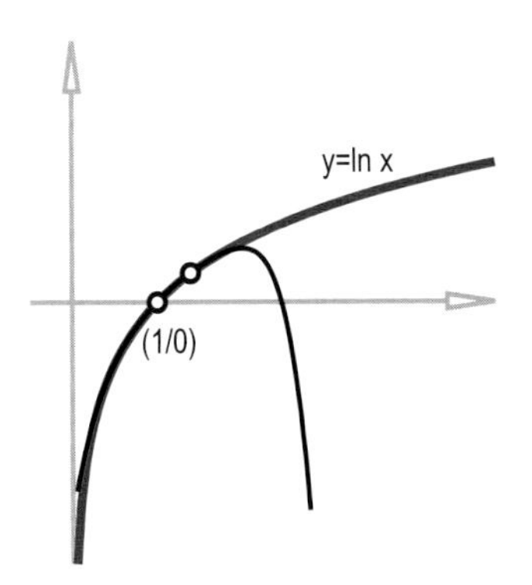

Abb. 7.16 $y = \ln x$ und Polynom 6. O.

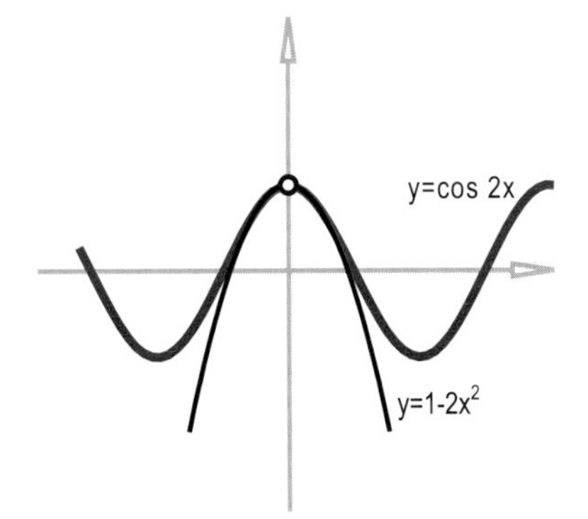

Abb. 7.17 Schmiegparabel 2. Ordnung

Bei der Berechnung von $\ln x$ ist das Konvergenzintervall in der Umgebung von 1 aufzusuchen (Abb. 7.16). Man wird Zahlen außerhalb des Intervalls $[1, e]$ so lange durch e dividieren oder mit e multiplizieren, bis die Zahl zwischen 1 und e liegt. Jede Division / Multiplikation erniedrigt /erhöht den Logarithmus um 1. Ist die Zahl dann kleiner als $\sqrt{e} = 1{,}64872\cdots$, kann man die Reihenentwicklung starten. Sonst dividiert man durch $\sqrt{e}$, wodurch der Logarithmus um 0,5 erniedrigt wird, und entwickelt erst jetzt. Im konkreten Fall kann man 16,98 zweimal durch e und einmal durch $\sqrt{e}$ dividieren. Der Logarithmus des Divisionsergebnisses $1{,}3938\cdots$ kann dann berechnet werden ($0{,}33204\cdots$). Zu diesem ist 2,5 zu addieren. Abb. 7.16 zeigt die schlechte Annäherung der Taylorfunktion, wenn man zu weit von 1 entfernt ist. Daran ändert im Fall des Logarithmus auch eine Entwicklung bis zu sehr hohen Potenzen wenig. ♠

Anwendung: Schmiegparabel (Abb. 7.17)
Die ersten drei Summanden der *Taylor*-Reihe geben die Gleichung der „Schmiegparabel" der Funktion an der Anschlussstelle an. Diese Parabel nähert dort den Funktionsgraph sehr gut an. Man ermittle die Schmiegparabel von $f(x) = \cos 2x$ an der Stelle $x_0 = 0$.

Lösung:
Die Reihenentwicklung von $f(x)$ lautet mit Formel (7.6)

$$f(x) = 1 - \frac{(2x)^2}{2!} + \frac{(2x)^4}{4!} - \cdots$$

Es ist also $a_0 = 1$, $a_1 = 0$ und $a_2 = -2$. Die Schmiegparabel hat die Gleichung

$$y = 1 - 2\,x^2$$

Abb. 7.17 illustriert, wie gut die Parabel die Kurve annähert. ♠

Anwendung: Drei Typen von Flächenpunkten (Abb. 7.18)
Man kann die Überlegungen von Anwendung S. 290 in den Raum ausdehnen. Wir betrachten einen beliebigen Punkt P einer allgemeinen krummen Fläche und passen dort ein kartesisches Koordinatensystem so an, dass P Ursprung und die Flächennormale in P die z-Achse ist. Jeder ebene Schnitt der Fläche durch die z-Achse ergibt eine Raumkurve, die in P eine Schmiegparabel besitzt. Man kann zeigen, dass alle diese Schmiegparabeln ein (hyperbolisches oder elliptisches) Paraboloid oder einen parabolischen Zylinder bilden (Abb. 7.18). Dementsprechend spricht man von einem elliptischen, hyperbolischen oder parabolischen Flächenpunkt.

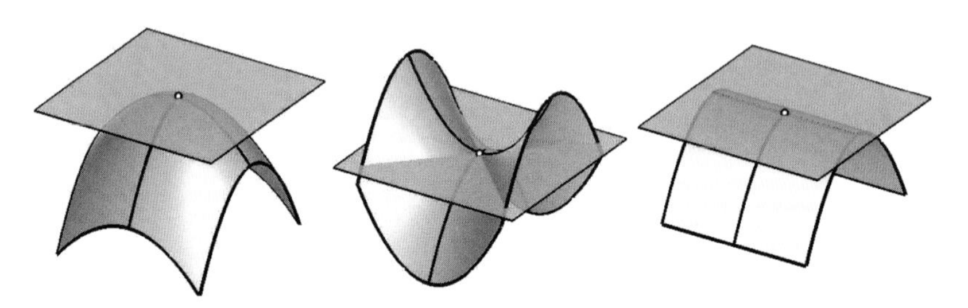

Abb. 7.18 Elliptischer, hyperbolischer und parabolischer Punkt einer Fläche

Man kann sich nun bei der Untersuchung von noch so komplizierten Flächen näherungsweise auf die genannten Flächen beziehen und braucht keine weiteren Fälle zu unterscheiden.
Insbesondere gilt folgender wichtige Satz:

Eine Fläche ist genau dann abwickelbar, wenn sie aus lauter parabolischen Punkten besteht. Notwendige (aber keineswegs hinreichende) Bedingung ist, dass die Fläche aus lauter Geraden besteht. Optisch erkennt man eine abwickelbare Fläche daran, dass sämtliche Umrissanteile bei beliebiger Betrachtungsrichtung geradlinig sind.

Damit ist klar, dass doppelt gekrümmte Flächen wie Kugel, Torus, Hyperboloid usw. nicht abgewickelt werden können. Allgemeine Kegel, Zylinder und Torsen (Tangentenflächen von Raumkurven) hingegen sind abwickelbar.

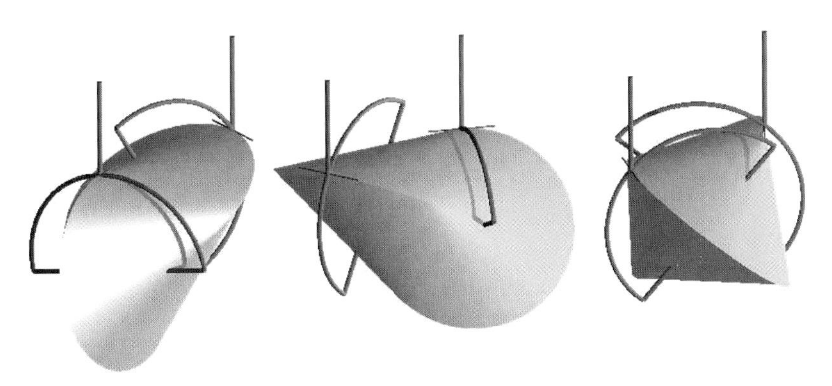

Abb. 7.19 Das Oloid gehört zu den abwickelbaren Flächen. Alle Erzeugenden sind gleich lang. Der Körper lässt sich mittels zweier modifizierter Kardangelenke geschickt umwenden, was technisch ausgenutzt wird (z.B. zum Effizienten Durchmischen von Teichanlagen).

Wenn die Fläche abwickelbar ist, muss es längs jeder Flächengeraden einen berührenden parabolischen Zylinder geben. Daraus folgt, dass der *Umriss der Fläche nur aus geradlinigen Teilen* bestehen kann. Dies ist ein recht gutes Erkennungsmerkmal für die Abwickelbarkeit. Abb. 7.19 zeigt die Umwendung eines *Oloids* (*Wobbler*) mittels zweier Kardangelenke. In jeder Lage hat das Objekt geradlinige Umrissteile. Es ist nämlich abwickelbar. Man sehe sich dazu das Demo-Programm `wobbler.exe` an. ♠

Anwendung: Grenzwertbestimmung mittels Reihenentwicklung

Man bestimme folgende Grenzwerte:

$$\lim_{x\to 0}\frac{\sin x}{x},\quad \lim_{x\to 0}\frac{\frac{x^2}{2}+\cos x-1}{x^4},\quad \lim_{x\to 0}\frac{e^x-1}{x}$$

Lösung:

Alle drei Ausdrücke sind für den Grenzwert $x=0$ unbestimmt, nämlich „$\frac{0}{0}$“. Wir setzen die Reihenentwicklungen ein, können dann durch Potenzen von x dividieren und erhalten „vernünftige Werte“:

$$\lim_{x\to 0}\frac{\sin x}{x}=\lim_{x\to 0}\frac{x-\frac{x^3}{3!}\cdots}{x}=1-\frac{x^2}{3!}+\cdots=1$$

$$\lim_{x\to 0}\frac{\frac{x^2}{2}+\cos x-1}{x^4}=\lim_{x\to 0}\frac{\frac{x^2}{2}+(1-\frac{x^2}{2!}+\frac{x^4}{4!}-\frac{x^6}{6!}+\cdots)-1}{x^4}=$$

$$=\lim_{x\to 0}(\frac{1}{4!}-\frac{x^2}{6!}+\cdots)=\frac{1}{24}$$

$$\lim_{x\to 0}\frac{e^x-1}{x}=\lim_{x\to 0}\frac{(1+x+\frac{x^2}{2!}+\cdots)-1}{x}=\lim_{x\to 0}(1+\frac{x}{2!}+\cdots)=1$$

♠

Eine weitere Anwendung der Potenzreihen werden wir im Abschnitt über bestimmte Integrale kennenlernen.

7.5 Integrieren als Umkehrvorgang des Differenzierens

Wir können bereits Funktionen differenzieren. Es stellt sich die Frage, ob wir bei Kenntnis der Ableitung $f'(x)$ bereits auch wissen, wie die Funktion $f(x)$ selber aussieht.

Die Antwort lautet: Im Prinzip ja. Wenn wir nämlich in jedem x-Wert die Ableitung $f'(x)$ zur Verfügung haben, dann auch die Tangentenrichtung. Kennen wir einen Punkt P_0 der Kurve mit dem x-Wert x_0, dann gehen wir dort ein Stückchen der Tangente entlang zu einem neuen Punkt P_1 mit dem x-Wert $x_1 = x_0 + \Delta x$. Dort kennen wir wieder die Tangentenrichtung und gelangen analog zu einem Nachbarpunkt P_2 mit dem x-Wert $x_2 = x_1 + \Delta x$, usw. Auf diese Weise erhalten wir ein „Näherungspolygon", das umso genauer mit dem Funktionsgraphen von $f(x)$ übereinstimmen wird, je kleiner die Schrittweite Δx war. Der Polygonzug konvergiert für $\Delta x \to 0$ gegen den Funktionsgraphen $f(x)$.

Ein kleines Problem war da noch: Wir mussten den Anfangspunkt P_0 – also den Funktionswert $f(x_0)$ – kennen. Oder doch nicht? Wenn wir einen beliebigen Punkt mit dem x-Wert x_0 als Anfangspunkt wählen, erhalten wir dennoch eine Kurve, deren Ableitung gemäß unserer Konstruktionsvorschrift immer $f'(x)$ ist. Diese Kurve unterscheidet sich nur durch Parallelverschiebung längs der y-Achse von der ursprünglichen Lösung.

Im Folgenden bezeichnen wir eine Funktion $G(x)$ als *Stammfunktion* einer Funktion $g(x)$, wenn $G'(x) = g(x)$ gilt. Klarerweise ist $f(x)$ Stammfunktion von $f'(x)$. Dann gilt folgender Satz:

Jede Funktion hat unendlich viele Stammfunktionen, die durch Parallelverschiebung zur Deckung gebracht werden können. Alle Stammfunktionen sind also zu einem Prototyp kongruent.

Die beschriebene Konstruktionsvorschrift (Aneinanderhängen unendlich kurzer Tangentenstücke) bezeichnet man als *Integrieren* der Funktion $g(x)$, die Stammfunktion $G(x)$ als das *unbestimmte Integral* der Funktion (unbestimmt deswegen, weil ja Parallelverschiebungen längs der y-Achse möglich sind). Man schreibt symbolisch

$$G(x) = \int g(x)\,dx.$$

Insbesondere gilt

$$f(x) = \int f'(x)\,dx.$$

Anwendung: Grafisches Integrieren

Der Coradi Integraph (Abb. 7.20) zeichnet zu einer vorgegebenen Ausgangsfunktion eine Stammfunktion. Man muss dazu nur mit einem Zeichenstift die zu integrierende Kurve nachfahren (obere Kurve).

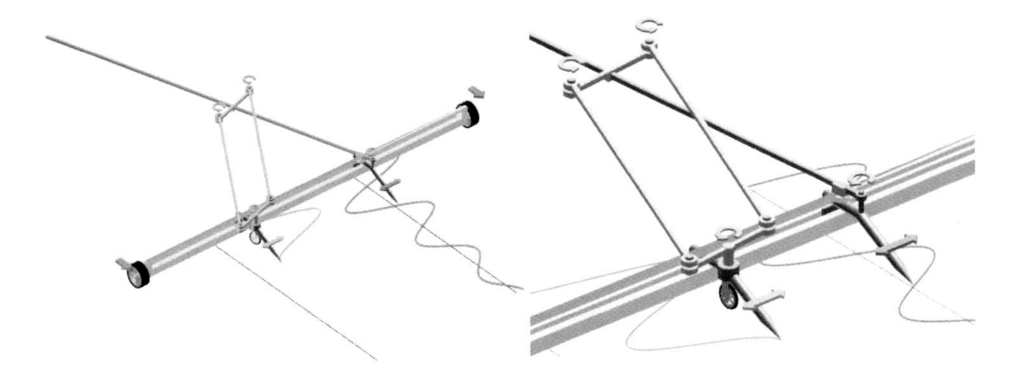

Abb. 7.20 Coradi Integraph (rechts: Vergrößerung)

Über ein kompliziertes Gestänge wird der Winkel zwischen dem kleinen Schneiderad und der horizontalen Achse proportional zum Funktionswert der Kurve eingestellt. Als Ergebnis wird von einem Zeichenstift die untere Kurve gezeichnet. In jedem Punkt dieser Kurve ist der Funktionswert der Ausgangskurve die Steigung der Tangente. ♠

Differenzieren und Integrieren sind also inverse Operationen, so wie Multiplizieren und Dividieren, Quadrieren und Wurzelziehen, Sinus und Arcus Sinus, oder auch e^x und $\ln x$.
Damit können wir bereits folgende wichtige Regel beweisen:

$$\int x^n\,dx = \frac{x^{n+1}}{n+1} + C \quad (n \in \mathbb{R},\ n \neq -1) \tag{7.9}$$

Dabei ist $C \in \mathbb{R}$ die sog. *Integrationskonstante.*

Beweis:
Wir brauchen nur zu zeigen, dass, wenn man die rechte Seite differenziert, die linke Seite der Gleichung herauskommt. Tatsächlich ist nach den schon bekannten Differentiationsregeln

$$\left(\frac{x^{n+1}}{n+1} + C\right)' = \left(\frac{1}{n+1} \cdot x^{n+1}\right)' = \frac{1}{n+1} \cdot (n+1) \cdot x^{n+1-1} = x^n$$

◇

In Formel (7.9) mussten wir $n = -1$ ausschließen, weil man ja nicht durch Null dividieren darf. Wir kennen aber auch das Ergebnis von $\int x^{-1}\,dx = \int \frac{1}{x}\,dx$:

$$\int \frac{1}{x}\,dx = \ln|x| + C \tag{7.10}$$

Das Betragszeichen ist notwendig, weil der Logarithmus einer negativen Zahl (im Reellen) nicht definiert ist.

Beweis:
Wir unterscheiden zwei Fälle und differenzieren wieder die rechte Seite:

$$x > 0 \Rightarrow |x| = x: \quad (\ln x + C)' = \frac{1}{x}$$

$$x < 0 \Rightarrow |x| = -x: \quad (\ln(-x) + C)' = -\frac{1}{-x} = \frac{1}{x}$$

◇

Weiters gilt (Beweis einfach durch Differenzieren):

$$\int \sin x\,dx = -\cos x + C, \quad \int \cos x\,dx = \sin x + C, \quad \int e^x\,dx = e^x + C. \qquad (7.11)$$

In der Praxis braucht man sehr oft folgenden Satz, in dem $G(x)$ die Stammfunktion von $g(x)$ bedeutet, also $G'(x) = g(x)$ gilt:

$$\int g(a\,x + b)\,dx = \frac{1}{a} G(a\,x + b) + C. \qquad (7.12)$$

Beweis:
Wir brauchen dazu die Kettenregel (innere Ableitung!)

$$\left(\frac{1}{a} G(a\,x + b) + C\right)' = \frac{1}{a} \cdot G'(a\,x + b)\,a = G'(a\,x + b) = g(a\,x + b)$$

◇

Anwendung: Man berechne folgende Stammfunktionen:

$$\int \sin(a\,x + b)\,dx, \quad \int (2x - 3)^6\,dx, \quad \int e^{\frac{x+1}{3}}\,dx, \quad \int \frac{dx}{1 - 3x}$$

Lösung:
Mit Formel (7.11) und Formel (7.12) ist

$$\int \sin(a\,x + b)\,dx = \frac{1}{a}(-\cos(a\,x + b)) + C;$$

mit Formel (7.9) und Formel (7.12) ist

$$\int (2x - 3)^6\,dx = \frac{1}{2} \frac{(2x - 3)^7}{7} + C;$$

mit Formel (7.11) und Formel (7.12) ist

$$\int e^{\frac{x+1}{3}}\,dx = \frac{1}{\frac{1}{3}} \cdot e^{\frac{x+1}{3}} + C = 3\,e^{\frac{x+1}{3}} + C;$$

mit Formel (7.10) und Formel (7.12) ist

$$\int \frac{dx}{1 - 3x} = \frac{1}{-3} \ln|1 - 3x| + C.$$

Auf die Bezeichnung der Variablen kommt es natürlich nicht an. Es ist daher $\int \sin\alpha\,d\alpha = -\cos\alpha + C$ oder $\int dt = t + C$, usw.

♠

Generell gilt die Formel

$$\int g[h(x)]\, h'(x)\, dx = G[h(x)] + C \tag{7.13}$$

Beweis:
Analog zu oben mit der Kettenregel (innere Ableitung!). ◇

Es muss also bei verschachtelten Funktionen „irgendwie" die innere Ableitung dabeistehen.

Anwendung: Man berechne folgende Stammfunktionen:

$$\int \sin^2 x \cos x\, dx, \int 2xe^{x^2}\, dx, \int \frac{3}{x} \ln x\, dx, \int x(3x^2-1)^6\, dx$$

Lösung:
Zu den folgenden Lösungen ist stets die Probe durch Differenzieren zu machen!

$\int \sin^2 x \cos x\, dx = \int [\sin x]^2 \cos x\, dx = ?$

Wir setzen $g(x) = x^2$ und $h(x) = \sin x$. Dann ist $h'(x) = \cos x$. Es steht also die innere Ableitung schon da, und wir können schreiben:

$$\int [\sin x]^2 \cos x\, dx = \frac{\sin^3 x}{3} + C.$$

$\int 2xe^{x^2}\, dx = e^{x^2} + C$, da $2x$ die Ableitung von x^2 ist.

$\int \frac{3}{x} \ln x\, dx = 3 \cdot \int \frac{1}{x} \ln x\, dx = 3\frac{(\ln x)^2}{2} + C$, da $\frac{1}{x}$ die Ableitung von $\ln x$ ist.

$\int x(3x^2-1)^6\, dx = \frac{1}{6} \int 6x(3x^2-1)^6\, dx = \frac{1}{6}\frac{(3x^2-1)^7}{7} + C$, da $6x$ die Ableitung von $3x^2$ ist. ♠

Wenn die innere Ableitung nicht vorkommt, muss man mit allen möglichen Tricks versuchen, das Integral umzuformen. Wir werden dazu im nächsten Abschnitt ein Beispiel kennenlernen. Selbst geschicktes Umformen führt manchmal nicht zum Erfolg. So ist z. B. das in der Wahrscheinlichkeitstheorie bedeutende

$$\int e^{-x^2}\, dx$$

zum Leidwesen vieler Anwender nur näherungsweise lösbar.

Ohne uns aber auf die Spitzfindigkeiten der Integralrechnung einzulassen, wollen wir im nächsten Abschnitt erste wichtige Anwendungen betrachten. Dazu brauchen wir die fundamentale Tatsache, dass man mit Stammfunktionen Flächen bestimmen kann.

Zum Abschluss dieses Abschnitts noch ein recht praxisorientiertes Beispiel:

Anwendung: Optimale Rasenbewässerung

Ein Rasensprenger soll so bewegt werden, dass er einen rechteckigen Rasenstreifen gleichmäßig bewässert. Wie sieht diese Bewegung aus?

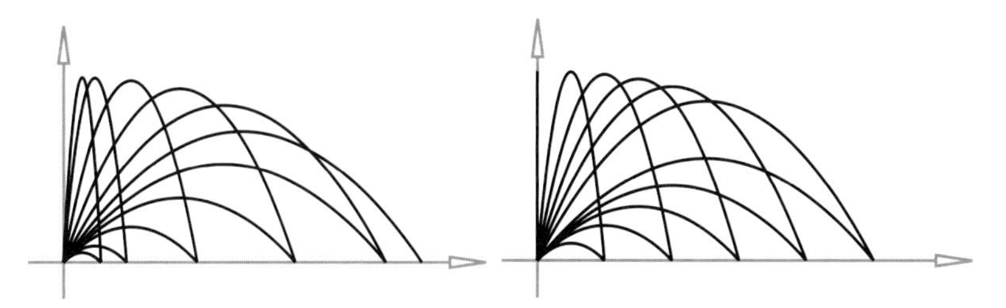

Abb. 7.21 Normaler und optimierter Rasensprenger

Lösung:
Jeden Augenblick verlässt Wasser mit der Anfangsgeschwindigkeit v_0 den Rasensprenger im Punkt A und bewegt sich auf einer Wurfparabel, bis es den Rasen trifft. Die „Wurfweite" haben wir in Anwendung S. 106 berechnet:

$$w(\alpha) = \frac{1}{g} v_0^2 \sin 2\alpha$$

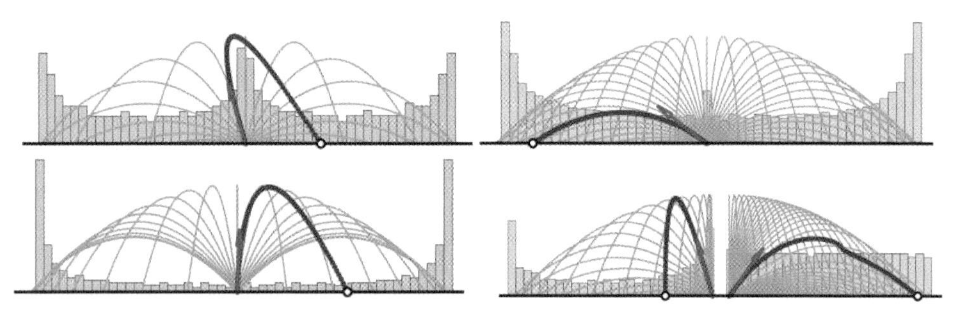

Abb. 7.22 Rasensprenger-Varianten mit zugehörigem Ergebnis in einer Simulation

Ändert man den Winkel α kontinuierlich mit der Zeit t:

$$\alpha = \alpha(t),$$

so wandert der Aufprallpunkt B des Wassers hin und her. Sein Abstand vom Punkt A ist dann $w(\alpha(t))$. Bei $\alpha = 45°$ erreicht er die Maximalentfernung. Die momentane „Wandergeschwindigkeit" v_B von B erhalten wir, indem wir nach der Zeit differenzieren:

$$v_B = \frac{dw}{dt} = (\text{Kettenregel}) = \frac{dw}{d\alpha} \cdot \frac{d\alpha}{dt} = \frac{2}{g} v_0^2 \cos 2\alpha \cdot \frac{d\alpha}{dt}$$

Bei optimaler Bewässerung muss v_B konstant sein, sodass

$$\frac{d\alpha}{dt} = \frac{1}{c_0 \cos 2\alpha}$$

sein muss (dabei ist c_0 eine Konstante). So eine Gleichung nennt man übrigens *Differentialgleichung*. Wenn wir sie lösen wollen, müssen wir die Variablen trennen. Dann erhalten wir

$$dt = c_0 \cos 2\alpha \, d\alpha.$$

Jetzt können wir beide Seiten integrieren:

$$\int dt = \int c_0 \cos 2\alpha \, d\alpha$$

und erhalten

$$t = \frac{c_0}{2} \sin 2\alpha.$$

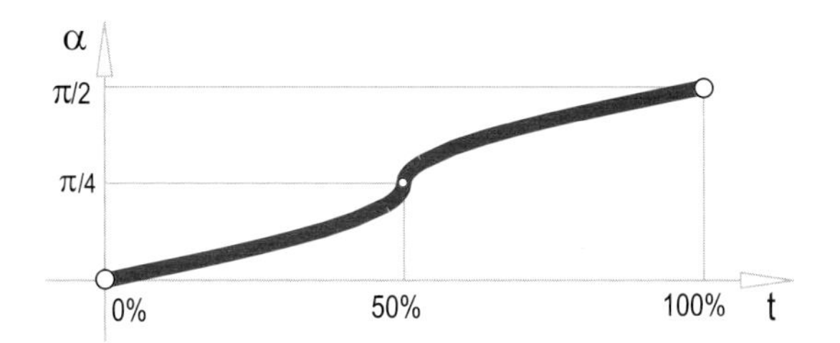

Abb. 7.23 Die optimierte Funktion $\alpha(t)$ für den Rasensprenger

Nun lässt sich $\alpha(t)$ berechnen:

$$\alpha = \frac{1}{2} \arcsin \frac{2t}{c_0} = \frac{1}{2} \arcsin k\,t$$

Die Lösung ist keineswegs trivial. Weil der arcsin nur für Argumente mit dem Betrag ≤ 1 definiert ist, muss man für $k\,t > 1$ auf die Formel

$$\alpha = \frac{\pi}{2} + \frac{1}{2} \arcsin(k\,t - 2)$$

ausweichen. Betrachtet man den Graphen der beschriebenen Funktion (Abb. 7.23), so erkennt man, dass man in der Praxis den Rasensprenger entweder nur für Winkel bis 40° oder aber für Winkel über 50° realisieren sollte: Im Bereich von $\alpha = 45°$ ist die Bewegung wegen der senkrechten Tangente zu ruckartig. In den beschränkten Intervallen kann man sich dann auf einen linearen Zuwachs von α bei zunehmender Zeit beschränken. Jedenfalls sind die – durchaus verbreiteten – Rasensprenger mit „harmonischem“ Schwung nicht optimal, wie man in Abb. 7.21 links erkennt. ♠

7.6 Interpretationen des bestimmten Integrals

Der folgende Satz ist für uns von großer Bedeutung:

Sei $G(x)$ Stammfunktion von $g(x)$, also $G'(x) = g(x)$. Dann gibt das *bestimmte Integral* einer Funktion

$$\int_a^b g(x)\,dx = G(x)\Big|_a^b = G(b) - G(a) \tag{7.14}$$

die Maßzahl der Fläche unter der Kurve $g(x)$ im Intervall $[a, b]$ an.

Normalerweise sind wir nicht so kleinlich beim Gebrauch gewisser Ausdrücke. Man könnte statt *Maßzahl der Fläche* einfach *Fläche* sagen. Nur wollen wir uns nicht auf physikalische Dimensionen festlegen. Wenn wir die Abszisse z.B. als Anziehungskraft interpretieren und die Ordinate als Wegstrecke (Anwendung S. 305), dann ist die Maßzahl der Fläche die im Zeitintervall $[a, b]$ geleistete Arbeit (oder potentielle Energie), weil ja gilt:

$$\text{Arbeit} = \text{Kraft} \times \text{Weg}$$

Beweis:
Wir zerlegen die Fläche zwischen der x-Achse und der Kurve $g(x)$ in lauter kleine Rechteckstreifen der Breite dx. Die Fläche beginnt bei Null und nimmt mit jedem Rechteckstreifen um den Wert $g(x) \cdot dx$ zu.
Nun betrachten wir die Funktion $G(x)$. Sie kann an der Stelle a jeden beliebigen Wert $G(a)$ haben und nimmt bei Zunahme des x-Wertes um ein sehr kleines dx genauso zu wie ihre Tangente, also um $G'(x) \cdot dx = g(x) \cdot dx$. Bei b erreicht sie den Wert $G(b)$ und ist damit um den Wert $G(b) - G(a)$ angewachsen.
Der Zuwachs der Fläche und jener der Stammfunktion sind identisch. Daher stellt $G(b) - G(a)$ die Gesamtfläche dar. ◇
Mit variabler oberer Grenze x erhalten wir dann

$$\int_a^x g(u)\,du = G(x) - G(a) = G(x) + C$$

und haben schwarz auf weiß den *Zusammenhang zwischen dem bestimmten und unbestimmten Integral* vor uns stehen.

Anwendung: Fläche unter der Sinuskurve

Man berechne jene Fläche, den ein Ast der Sinuskurve im positiven Bereich mit der x-Achse einschließt.

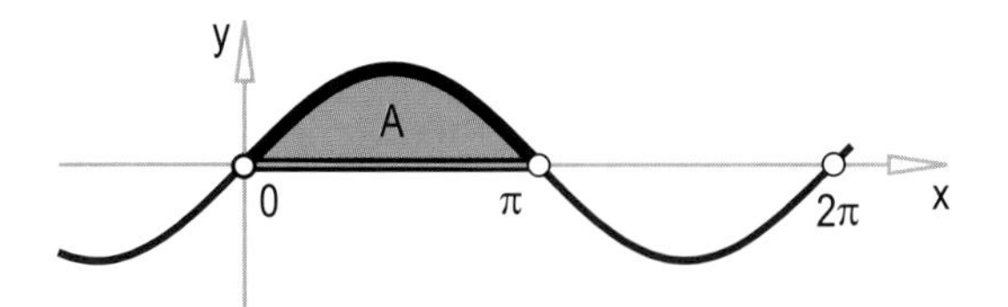

Abb. 7.24 Fläche unter der Sinuskurve

Lösung:
Zwei benachbarte Nullstellen der Sinuskurve sind $a = 0$ und $b = \pi$. Dazwischen ist der Sinus positiv, daher auch die Fläche A, und es gilt

$$A = \int_0^\pi \sin x\,dx = -\cos x\Big|_0^\pi = -\cos\pi - (-\cos 0) = -(-1) - (-1) = 2$$

Im letzten Rechenschritt kam eine Serie von Minuszeichen vor, und da kann man sich leicht verrechnen. In einem solchen Fall sollte man die unmittelbar einsichtige Formel

$$-G(x)\Big|_a^b = +G(x)\Big|_b^a$$

verwenden. Konkret haben wir also

$$-\cos x\Big|_0^\pi = +\cos x\Big|_\pi^0 = \cos 0 - \cos \pi = 1 - (-1) = 2$$

Das bestimmte Integral „reagiert" auf einen Vorzeichenwechsel und rechnet die Fläche dann negativ. Tatsächlich hat man mit

$$\int_0^{2\pi} \sin x \, dx = -\cos x\Big|_0^{2\pi} = +\cos x\Big|_{2\pi}^0 = \cos 0 - \cos 2\pi = 1 - 1 = 0$$

keineswegs die Gesamtfläche im üblichen Sinn berechnet, sondern im besten Fall den trivialen Sachverhalt bewiesen, dass sich die beiden vorzeichenbehafteten Teilflächen „aufheben" (Abb. 7.27).

♠

Anwendung: Fläche von Kreis und Ellipse (Abb. 7.25, Abb. 7.26)

Man berechne mittels Integralrechnung die Flächenformeln von Kreis und Ellipse.

Lösung:

Jeder weiß heute die Flächenformel eines Kreises. Die Ableitung dieser Formel erfordert aber die Integralrechnung.

Ein Kreis um den Koordinatenursprung mit Radius r ist nach *Pythagoras* durch die implizite Formel $x^2 + y^2 = r^2$ gegeben. Explizit lässt sich y nur zweideutig durch $y = \pm\sqrt{r^2 - x^2}$ bestimmen. Wir müssen daher den unteren Halbkreis ausschließen und die Fläche des Halbkreises berechnen. Sie ist

$$\frac{A}{2} = \int_{-r}^{+r} \sqrt{r^2 - x^2} \, dx \tag{7.15}$$

Für einen „geübten Integrierer" mag dieses Integral problemlos zu berechnen sein. Es erfordert aber doch einiges an Rechenarbeit und die Lösung ist keineswegs „mit freiem Auge" ersichtlich.

Wir schlagen daher einen anderen Weg ein: Wir unterteilen den Kreis in „unendlich viele" Sektoren mit dem Öffnungswinkel $d\varphi$. Die Fläche dA eines solchen „Elementarsektors" ist gleich der Fläche eines gleichschenkeligen Dreiecks mit der Höhe r und der Grundlinie $r\,d\varphi$:

$$dA = \frac{r^2}{2} \, d\varphi$$

Jetzt ist

$$A = \int_0^{2\pi} dA = \int_0^{2\pi} \frac{r^2}{2} \, d\varphi = \frac{r^2}{2} \int_0^{2\pi} d\varphi = \frac{r^2}{2} \, \varphi\Big|_0^{2\pi} = \pi \, r^2.$$

Die Flächenformel für den Kreis ist somit abgeleitet. Zudem kennen wir nachträglich das Ergebnis des Integrals (7.15):

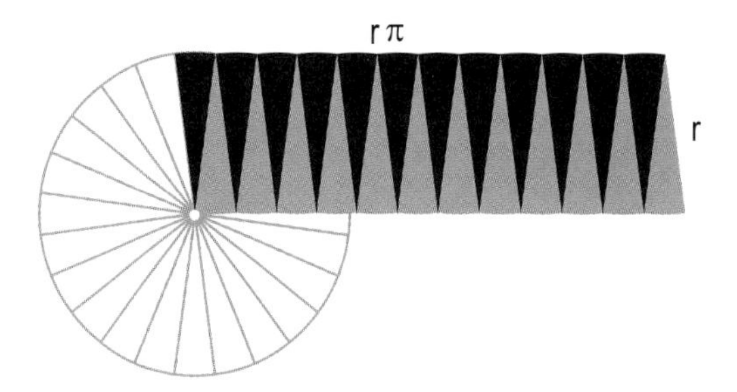

Abb. 7.25 Fläche des Kreises...

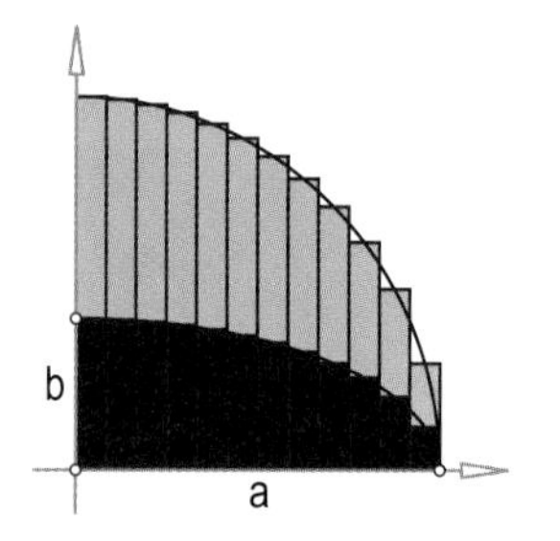

Abb. 7.26 ...und der Ellipse.

$$\int_{-r}^{+r} \sqrt{r^2 - x^2}\, dx = \frac{\pi}{2}\, r^2 \tag{7.16}$$

Rein heuristisch kommen wir – sogar ohne Integralrechnung – noch einfacher zum Ergebnis: Wir denken uns den Kreis in n gleich große Sektoren zerlegt (Abb. 7.25). Nun legen wir diese Sektoren so aneinander, dass die zugehörigen Kreisbögen abwechselnd gegenüberliegen. Für $n \to \infty$ wird aus der so erhaltenen Figur ein Rechteck mit den Seitenlängen r und $\pi\, r$ (halber Umfang) und der Fläche $\pi\, r^2$.

Eine Ellipse „in Hauptlage" mit der Hauptachsenlänge $2a$ und der Nebenachsenlänge $2b$ (Abb. 7.26) ist durch die implizite Gleichung

$$\frac{x^2}{a^2} + \frac{y^2}{b^2} = 1$$

beschrieben, also explizit durch

$$y = \pm \frac{b}{a} \sqrt{a^2 - x^2}.$$

Unter Verwendung von Formel (7.16) erhalten wir unmittelbar die Fläche der Ellipse:

$$\frac{A}{2} = \int_{-a}^{+a} \frac{b}{a} \sqrt{a^2 - x^2}\, dx = \frac{b}{a}\, \frac{\pi}{2}\, a^2 \;\Rightarrow A = \pi\, a\, b \tag{7.17}$$

♠

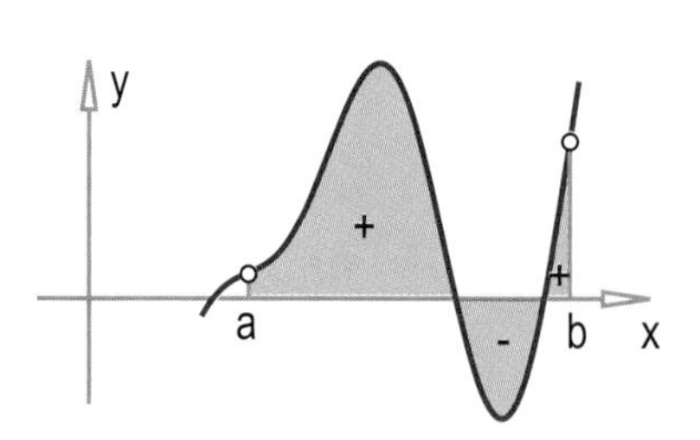

Abb. 7.27 Vorzeichenbehaftete Fläche

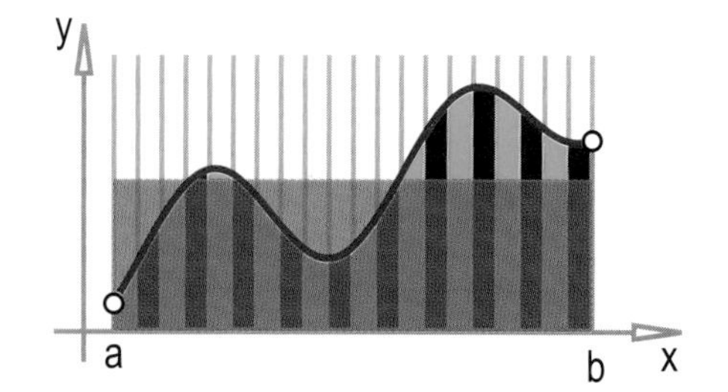

Abb. 7.28 Durchschnittswert

Wenn wir die Fläche unter einem Funktionsgraph $f(x)$ kennen, können wir den *durchschnittlichen Funktionswert* $\overline{f}$ berechnen. Es gilt nämlich

$$\overline{f} = \overline{f(x)} = \frac{1}{b-a} \int_a^b f(x)\, dx \tag{7.18}$$

Beweis:
Wir führen den Beweis ganz heuristisch (und deswegen hoffentlich besser verständlich): Denken wir uns ein dünnwandiges Aquarium mit sehr vielen schmalen vertikalen Lamellen (Abb. 7.28). Nun füllen wir in jede Lamelle solange Wasser ein, bis dieses so hoch steht wie der auf der Glasscheibe aufgemalte Funktionsgraph. Die eingefüllte Wassermenge kann als Maß für die Fläche $\int_a^b f(x)\,dx$ unter dem Graphen interpretiert werden. Nun ziehen wir die Lamellen heraus. Das Wasser wird dann einen dünnen Quader mit gleichem Volumen (und gleicher Querschnittsfläche) bilden, dessen Länge $b-a$ ist, und dessen Höhe die durchschnittliche Wasserhöhe $\overline{f(x)}$ in den einzelnen Lamellen war. Aus der Flächengleichheit folgt obige Formel. ◇

Anwendung: Durchschnittlicher Wert der Parabel $y = x^n$ in [0,1]

Lösung:
Die Fläche der Parabel ist

$$A = \int_0^1 x^n\,dx = \frac{x^{n+1}}{n+1}\bigg|_0^1 = \frac{1}{n+1}.$$

Damit ist der Durchschnittswert

$$\overline{y} = \frac{\frac{1}{n+1}}{1-0} = \frac{1}{n+1}$$

Die Parabel $y = x^n$ teilt damit die Fläche des Einheitsquadrats im Verhältnis $1 : n$. Im Spezialfall $n = 2$ hat dies schon *Archimedes* im 3. Jh. v. Chr. mit elementaren Methoden bewiesen! ♠

Anwendung: Schwerpunkt des Halbkreises

Man berechne den durchschnittlichen positiven Sinuswert und damit den Schwerpunkt des Halbkreises.

Lösung:
Mit Anwendung S. 298 und Formel (7.18) gilt:

$$\overline{|\sin x|} = \frac{2}{\pi} \qquad (7.19)$$

♠

Nun betrachten wir einen Halbkreis mit Radius r und zerteilen ihn in viele kleine Sektoren, die durch Dreiecke angenähert werden können (Abb. 7.29). Ein Dreiecksschwerpunkt S_i hat die Polarkoordinaten x und $\frac{2}{3}r$, weil der Schwerpunkt die Schwerlinie im Verhältnis 2 : 1 teilt.
Alle Dreiecke haben gleiche Fläche, sind also „gleich schwer". Der Ortsvektor zum Gesamtschwerpunkt ist demnach das arithmetische Mittel der Ortsvektoren zu den Einzelschwerpunkten. Die durchschnittliche Abszisse ist natürlich $s_x = 0$, die durchschnittliche Ordinate ist wegen der gleichmäßigen Verteilung der Einzelschwerpunkte das Mittel aus $\frac{2}{3}r\,\sin x$, also im Grenzfall

$$s_y = \frac{2}{3}r\,\overline{\sin x} = \frac{2}{3}r\,\frac{2}{\pi} = \frac{4}{3\pi}r \approx 0{,}424\,r.$$

Die Formel lässt sich verallgemeinern, um auch von einem beliebigen Kreissektor mit dem Öffnungswinkel α den Schwerpunkt zu finden. Wir stellen den Sektor symmetrisch zur y-Achse auf und brauchen mit denselben Überlegungen dann den durchschnittlichen Sinuswert $\overline{s}$ im Bereich $\frac{\pi}{2}-\frac{\alpha}{2}$ und $\frac{\pi}{2}+\frac{\alpha}{2}$, der nach Formel (7.18)

$$s = \frac{1}{\alpha}\int_{\frac{\pi}{2}-\frac{\alpha}{2}}^{\frac{\pi}{2}+\frac{\alpha}{2}} \sin x\,dx = \frac{1}{\alpha}\left[\,\cos\left(\frac{\pi}{2}-\frac{\alpha}{2}\right)-\cos\left(\frac{\pi}{2}+\frac{\alpha}{2}\right)\right] = \frac{2}{\alpha}\sin\frac{\alpha}{2}$$

ist. Dann ist

$$y_s = \frac{2}{3}r\,s = \frac{4}{3\alpha}r\,\sin\frac{\alpha}{2}$$

Für $\alpha = \pi$ haben wir obige Formel.

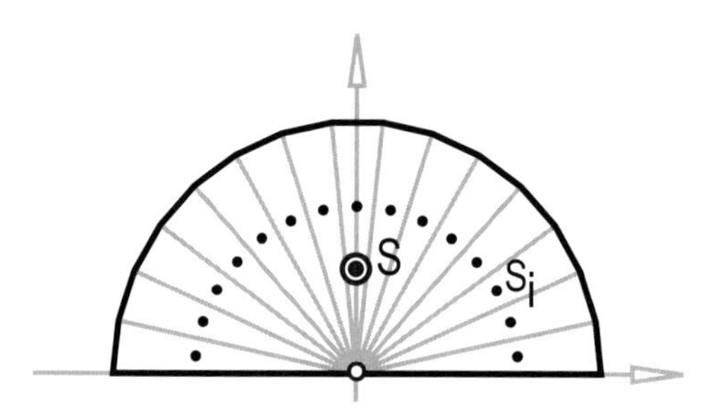

Abb. 7.29 Schwerpunkt des Halbkreises

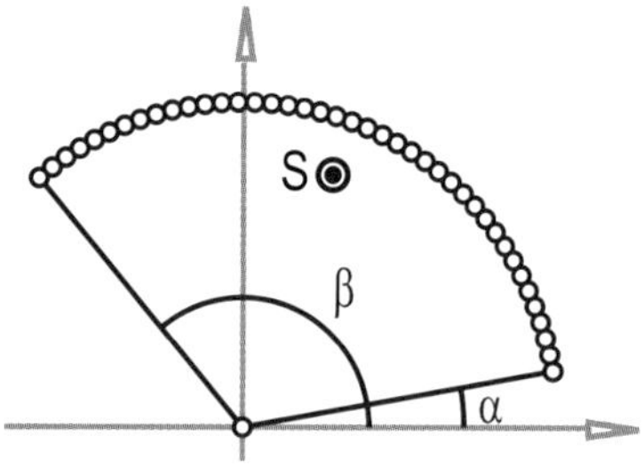

Abb. 7.30 Linienschwerpunkt

Anwendung: Linienschwerpunkt eines Kreisbogens

Man berechne den Linienschwerpunkt des Kreisbogens in Abb. 7.30.

Lösung:

Die Punkte des Kreisbogens seien durch

$$(r\,\cos\varphi/r\,\sin\varphi) \qquad \varphi \in [\alpha,\,\beta]$$

beschrieben. Dann hat der Linienschwerpunkt als Koordinaten die mit r multiplizierten durchschnittlichen Kosinus- bzw. Sinuswerte:

$$\overline{\cos\varphi} = \frac{1}{\beta-\alpha}\int_{\alpha}^{\beta}\cos\varphi\,d\varphi = \frac{1}{\beta-\alpha}\sin\varphi\Big|_{\alpha}^{\beta} = \frac{\sin\beta-\sin\alpha}{\beta-\alpha}$$

$$\overline{\sin\varphi} = \frac{1}{\beta-\alpha}\int_{\alpha}^{\beta}\sin\varphi\,d\varphi = -\frac{1}{\beta-\alpha}\cos\varphi\Big|_{\alpha}^{\beta} = \frac{\cos\alpha-\cos\beta}{\beta-\alpha}$$

Der Flächenschwerpunkt des Halbkreises (Abb. 7.29) kann offensichtlich auch als Linienschwerpunkt jenes konzentrischen Halbkreises gedeutet werden, auf dem die Schwerpunkte der einzelnen Teildreieckchen liegen.

♠

Anwendung: Kinetische Energie als bestimmtes Integral (Abb. 7.32)

Man leite die Formel

$$W = \frac{m\,v^2}{2} \tag{7.20}$$

für die kinetische Energie bei einer Translationsbewegung ab.

Abb. 7.31 Umwandlung von Muskelenergie in kinetische Energie

Lösung:
Kinetische Energie W „besitzt" ein Körper, der sich bewegt. Um einen Körper von einer Geschwindigkeit v_1 auf eine Geschwindigkeit v_2 zu beschleunigen, ist Energie (Arbeit) nötig.
Ganz allgemein ist der infinitesimale Energiezuwachs dW in jedem Augenblick wegen der Beziehung *Arbeit = Kraft × Weg* proportional zur momentan aufgewendeten Kraft F und der infinitesimalen Wegstrecke ds:

$$dW = F\,ds \tag{7.21}$$

Weiters ist *Kraft = Masse × Beschleunigung*, wobei die Beschleunigung a die erste Ableitung der Momentangeschwindigkeit v nach der Zeit t ist:

$$F = m\,a = m\,\frac{dv}{dt}$$

Nach der Kettenregel gilt weiter

$$F = m\,\frac{dv}{ds}\,\frac{ds}{dt}$$

Nun ist aber $\frac{ds}{dt} = v$ die Momentangeschwindigkeit, sodass insgesamt gilt:

$$F = m\,v\,\frac{dv}{ds}$$

Damit ist zusammen mit Formel (7.21)

$$dW = F\,ds = m\,v\frac{dv}{ds}ds = m\,v\,dv$$

und somit

$$W = \int_{v_1}^{v_2} m\,v\,dv = \frac{1}{2}m\,v_2^2 - \frac{1}{2}m\,v_1^2.$$

Diese Energie muss zugeführt werden, um einen Körper von v_1 auf v_2 zu beschleunigen.
Wenn die Anfangsgeschwindigkeit $v_1 = 0$ war, haben wir die Formel (7.20) für die kinetische Energie. ♠

Abb. 7.32 Kinetische Energie

Abb. 7.33 Potentielle Energie

Anwendung: Potentielle Energie

Man leite die Formel für die potentielle Energie

$$W = m\,g\,h \tag{7.22}$$

mittels Integralrechnung ab.

Lösung:

Wieder ist *Arbeit* = *Kraft* × *Weg*. Die Kraft ist dabei das Gewicht $F = m\,g$. Der Energiezuwachs beim Heben um das kleine Stückchen ds ist somit

$$dW = F\,ds = m\,g\,ds.$$

Wir heben den Körper von der Höhe h_1 bis zur Höhe h_2 und haben

$$W = \int_{h_1}^{h_2} m\,g\,ds = m\,g\,s\Big|_{h_1}^{h_2} = m\,g\,h_2 - m\,g\,h_1.$$

Für $h = h_2$ und $h_1 = 0$ erhalten wir Formel (7.22). ♠

Anwendung: Potentielle Energie bei sehr großem Höhenunterschied

Man berechne jene Energie, die notwendig ist, um einen Körper der Masse m von der Erdoberfläche in eine *sehr große* Höhe zu transportieren.

Lösung:

Die Kraft, die es zu überwinden gilt, ist das Gewicht $F = m\,g$. Eigentlich handelt es sich dabei um die Anziehungskraft der Erde auf unseren Körper. Für geringe Höhenunterschiede ist die Erdbeschleunigung g natürlich bis auf einige Kommastellen unverändert. Aber „schon" in der Höhe $R = 6\,370\,\text{km}$ (dabei ist R der Erdradius; wir haben also doppelten Abstand zum Erdmittelpunkt) wirkt nach den Erkenntnissen von *Newton* nur mehr $\frac{1}{4}$ der Anziehungskraft: Die Anziehung nimmt nämlich mit dem Quadrat der Entfernung ab. Die angepasste Gewichtsformel lautet daher

$$F(x) = \frac{m\,g}{x^2},$$

wobei x unsere aktuelle Höhe in Erdradien bedeutet (gemessen vom Erdmittelpunkt). Tragen wir nun auf der Abszisse die Höhe x auf.
Jetzt kommt das „infinitesimale Denken“, von dem schon des Öfteren die Rede war, zum Zug: Wir heben nun unseren Körper ein kleines Stückchen dx. Im kleinen Bereich dx ändert sich die aktuelle Erdbeschleunigung nicht. (Das ist es, was wir meinen, wenn wir sagen: „Im Kleinen“ sind die Dinge oft einfacher.) Um also unseren Körper ein kleines Stückchen dx zu heben, müssen wir die Arbeit $dW = \frac{m\,g}{x^2} \cdot dx$ verrichten (Arbeit = Kraft × Weg!).
Die winzig kleine Arbeit dW kann als Fläche des schmalen Rechtecks $F(x) \times dx$ interpretiert werden, die Summe all der Arbeitsleistungen ist die Maßzahl der Fläche unter der Kurve:

$$W(x)_{x_1}^{x_2} = \int_{x_1}^{x_2} \frac{m\,g}{x^2}\,dx = m\,g \int_{x_1}^{x_2} x^{-2}\,dx$$

Das vorliegende Integral ist einfach zu lösen:

$$\int_{x_1}^{x_2} x^{-2}\,dx = \frac{x^{-1}}{-1}\Big|_{x_1}^{x_2} = -\frac{1}{x}\Big|_{x_1}^{x_2}.$$

Somit haben wir

$$W = m\,g\,(\frac{1}{x_1} - \frac{1}{x_2})$$

Wenn wir $x_1 = 1$ setzen, also von der Erdoberfläche abheben, und x_2 gegen unendlich wandern lassen ($\frac{1}{x_2} \to 0$), erhalten wir – in unserem angepassten Koordinatensystem, wo eine Einheit einem Erdradius entspricht – die Maßzahl

$$W_{x=1}^{\infty} = m\,g$$

für die Arbeit. Wollen wir ins internationale Maßsystem zurückrechnen, müssen wir noch mit $R = 6\,370\,000\,\mathrm{m}$ multiplizieren:

$$W_R^{\infty} = m\,g\,R = F\,R \tag{7.23}$$

Es ist also einfach das Gewicht F mit dem Erdradius R zu multiplizieren. Welcher Wert auch immer dabei herauskommt: Er ist nicht unendlich groß, und das hat für die gesamte Menschheit eine enorme Bedeutung. Man braucht nicht unendlich viel Energie, um das Schwerefeld der Erde zu verlassen! ♠

Anwendung: Fluchtgeschwindigkeit von der Erde

Obwohl dieses Beispiel keine Integralrechnung erfordert, *muss* es einfach an dieser Stelle kommen: Man berechne mittels Formel (7.23) jene Geschwindigkeit, die eine Rakete unbedingt benötigt, um das Schwerefeld der Erde verlassen zu können.

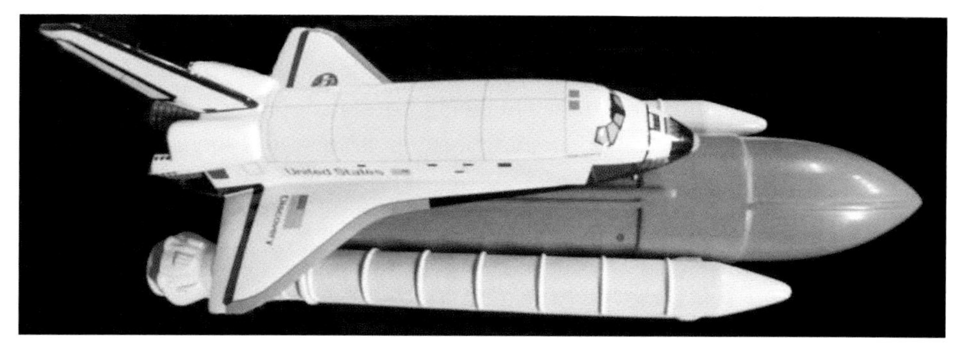

Abb. 7.34 Space Shuttle mit Trägerraketen – nicht zum Verlassen des Schwerefelds gedacht!

Lösung:
Die zu verrichtende Arbeit $m\,g\,R$ wird im physikalischen Sinn in potentielle Energie umgewandelt. Lässt man den Gegenstand (die Raumkapsel) wieder zurückfallen, wandelt sich diese Form der Energie wieder in kinetische Energie $m\,v^2/2$ um. Die theoretische Aufschlagsgeschwindigkeit (der Luftwiderstand spielt nur in der allerletzten Phase des Eintritts in die dichten Atmosphärenschichten eine Rolle) lässt sich damit berechnen:

$$m\,g\,R = \frac{m\,v^2}{2} \Rightarrow 2\,g\,R = v^2 \Rightarrow v = \sqrt{2\,g\,R}$$

$$\Rightarrow v \approx \sqrt{20\frac{m}{s^2} \cdot 6{,}37 \cdot 10^6 m} \approx 11{,}2\frac{\text{km}}{\text{s}} \approx 40\,000\frac{\text{km}}{\text{h}}.$$

Wie beim freien Fall „üblich", hängt v nicht von der Masse ab. Umgekehrt ist v die kritische Geschwindigkeit, welche die Rakete erreichen muss, um von der Erde nicht wieder „eingefangen" zu werden.

Natürlich muss man sich „ein bisschen Treibstoff aufbehalten", um im Weltall Kurskorrekturen durchführen zu können. Bei Flügen zum Mond lässt man zusätzlich die Raumkapsel vom Schwerefeld des Mondes „einfangen". ♠

Volumina und Oberflächen

Folgender praktisch oft anwendbarer Satz ist etwa 400 Jahre alt und stammt von *Bonaventura Cavalieri*:

Prinzip von Cavalieri: Sind die Querschnitte zweier Körper mit einer Ebene flächengleich und gilt das auch für alle dazu parallelen Ebenen, dann sind ihre Volumina gleich.

Beweis:
Wir denken uns einen „Stapel" von dünnen zylindrischen Scheiben von beliebigem Querschnitt (Abb. 7.36). Das Volumen ändert sich nicht, wenn man die horizontale Position der Scheiben ändert. Durch Verfeinerung (Grenzübergang) gilt der Sachverhalt auch für „unendlich dünne" Scheiben (man spricht von „Elementarscheiben"). ◇

Analog gilt für ebene Figuren:
Sind die Schnittsehnen zweier Figuren mit einer Geraden gleich lang und gilt das auch für alle dazu parallelen Geraden, dann sind ihre Flächen gleich.

Unmittelbar einsichtig ist folgende Modifikation des Satzes von *Cavalieri*: *Wenn man zwei Körper so zwischen zwei parallelen Ebenen einspannen kann, dass ihre Querschnitte im* Durchschnitt *flächengleich sind, sind ihre Volumina gleich.*

Abb. 7.35 Methode von *Archimedes...*

Abb. 7.36 ... und Prinzip von *Cavalieri*

Anwendung: Schiefe Prismen und Pyramiden

Schiefe Prismen und Pyramiden haben damit dasselbe Volumen V wie gerade Prismen und Pyramiden:

$$V = \text{Grundfläche} \times \text{Höhe bzw. } V = \frac{1}{3} \times \text{Grundfläche} \times \text{Höhe} \tag{7.24}$$

Durch Verfeinerung gilt der Satz auch für Zylinder und Kegel mit beliebigem Querschnitt. ♠

Anwendung: Volumen eines Kegels

Man zeige, dass das Volumen eines allgemeinen Kegels (einer allgemeinen Pyramide) ein Drittel des Volumens eines entsprechenden Zylinders (Prismas) beträgt (Formel (7.24)).

Beweis:
Es genügt, den jeweiligen Prototyp des Kegels mit der Höhe 1 zu betrachten. Jeder ähnliche Kegel geht durch zentrische Vergrößerung oder Verkleinerung aus dem Prototyp hervor.
Sei G die Maßzahl der Grundfläche des Prototyps. Nun betrachten wir die Querschnittsfläche G_x des Kegels im Abstand $x \in [0,1]$ von der Spitze. Sie ändert sich quadratisch mit x:

$$G_x = x^2 \cdot G$$

Nach Anwendung S. 301 besitzt die Funktion $y = x^2$ im Intervall $[0,1]$ den Durchschnittswert $\overline{y} = \frac{1}{3}$. Somit ist die durchschnittliche Querschnittsfläche ein Drittel der Grundfläche G. Das Volumen des Kegels entspricht also dem eines Zylinders mit gleicher Höhe und ähnlicher, aber auf ein Drittel verkleinerter Grundfläche, oder dem Volumen eines Zylinders mit gleicher Basis und einem Drittel der Höhe. Siehe auch Anwendung S. 323. ◇

♠

Anwendung: Durchschnittlicher Kugelquerschnitt

Man zeige, dass das Volumen einer Kugel mit Radius r gleich dem Volumen eines Drehzylinders mit Radius $r_z = \sqrt{2/3}\, r$ und Höhe $2r$ ist und berechne daraus den „durchschnittlichen Kugelquerschnitt".

Lösung:
r_z erhalten wir durch gleichsetzen der Volumina von Kugel und Zylinder:

$$\frac{4\pi}{3} r^3 = \pi\, r_z^2\, 2r \Rightarrow r_z = \sqrt{\frac{2}{3}}\, r$$

Der durchschnittliche Querschnitt ergibt sich dann nach der Umkehrung des Prinzips von *Cavalieri* mit $Q = \pi r_z^2 = \frac{2}{3}\pi r^2$ und beträgt somit $2/3$ der Fläche eines Großkreises.

Das Volumen eines einer Halbkugel umschriebenen Drehzylinders ist folglich $\frac{3}{2}$ mal so groß wie das der Halbkugel. Subtrahiert man von diesem Volumen wie in Abb. 7.35 einen Drehkegel (mit einem Drittel des Zylindervolumens – oder halbem Kugelvolumen), so hat das neue Gebilde dasselbe Volumen wie die Halbkugel. Diese Entdeckung stammt von *Archimedes*, der so stolz darauf war, dass er sie auf seinen Grabstein schreiben ließ. Sein Beweis, der das Prinzip von *Cavalieri* vorwegnimmt (!): In der Schichtenebene der Höhe z hat die Kugel einen Querschnitt der Fläche $\pi(r^2 - z^2)$. Der Kreisring, den die Ebene aus dem kegelförmig ausgehöhlten Drehzylinder ausschneidet, hat den Außenradius r und den Innenradius z (der Kegel ist ja unter 45° geneigt) und somit dieselbe Fläche.

♠

Anwendung: Volumen eines Torus (Abb. 7.37)

Man zeige, dass das Volumen eines Ringtorus mit den Radien a, b gleich dem Volumen eines Drehzylinders mit Radius b und Höhe $2\pi a$ ist.

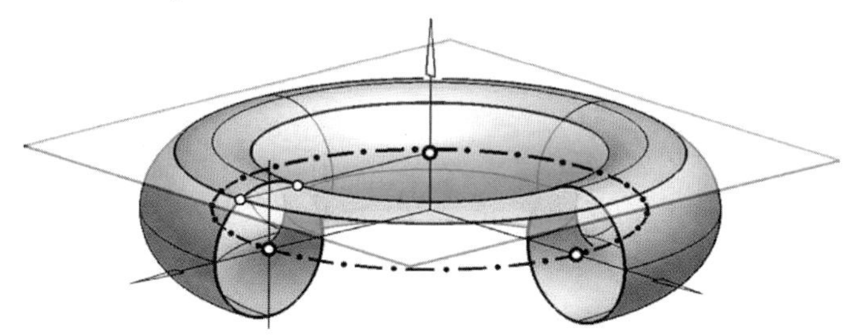

Abb. 7.37 Schichtenkreise des Torus

Lösung:

Der Torus lässt sich in seine „Plattkreisebenen“ einspannen, auf denen er aufliegt. Ein Schnitt parallel zu diesen Ebenen in der beliebigen Höhe z liefert einen Kreisring mit den Radien $r_{1,2} = a \pm \varrho$ (mit $\varrho = \sqrt{b^2 - z^2}$), dessen Fläche

$$A = \pi\,(r_1^2 - r_2^2) = \pi\,((a+\varrho)^2 - (a-\varrho)^2) = 4a\pi\,\varrho$$

als Fläche eines Rechtecks mit den Seiten $2a\pi$ und 2ϱ interpretiert werden kann. 2ϱ ist aber genau die Länge der Meridiankreissehne in der Höhe z. Dieses Rechteck wird als achsenparalleler Schnitt eines volumsgleichen Drehzylinders interpretiert.

♠

Man kann also nach Anwendung S. 308 einen Torus zu einem Drehzylinder „geradebiegen“ (Abb. 7.38), ohne dass sich sein Volumen ändert (es handelt sich natürlich nur um eine gedachte Verbiegung. In der Praxis würden Risse und Verformungen entstehen). Dabei wird die kreisförmige Bahn des Mittelpunkts des Meridiankreises in ein gleich langes Geradenstück gestreckt. Sogar die Oberfläche des Torus stimmt mit jener des Drehzylinders überein, weil die in derselben Höhe gelegenen „Oberflächenelemente“ in Summe den symmetrischen Oberflächenelementen des Zylinders entsprechen.

Dieser Gedankengang kann verallgemeinert werden: Der rotierende Meridian kann beliebige Gestalt haben. Der Schwerpunkt der Meridianfläche übernimmt die Rolle des Kreismittelpunkts. Folgende nützliche Formeln wurden

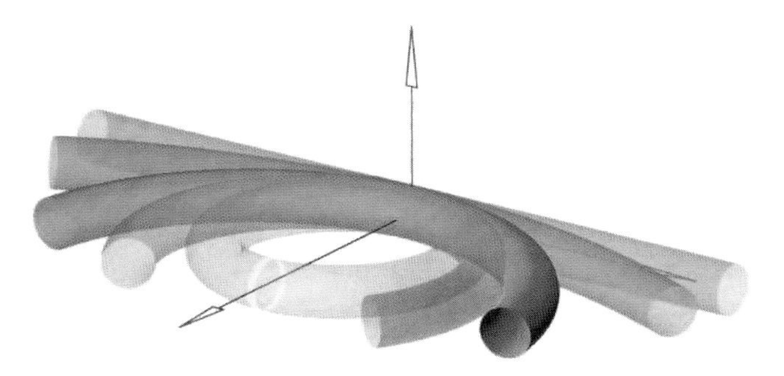

Abb. 7.38 Verbiegung des Torus zum Drehzylinder

fast zeitgleich mit dem Prinzip von *Cavalieri* von Paul Guldin um 1600 bewiesen. Man findet allerdings diese Regeln – wenn auch ohne schlüssigen Beweis – mit fast den gleichen Worten wie bei *Guldin* bereits in den „Collectiones“ des griechischen Mathematikers *Pappos von Alexandrien*, der 1300 Jahre vorher gelebt hat (!).

1. Guldinsche Regel: Der Inhalt der Mantelfläche einer Drehfläche ist gleich dem Produkt aus der Länge des auf einer Seite der Drehachse liegenden erzeugenden Meridians m und der Länge des Weges, den der *Linienschwerpunkt* von m bei einer vollen Drehung um die Drehachse zurücklegt.

2. Guldinsche Regel: Das Volumen eines Drehkörpers ist gleich dem Produkt aus dem Inhalt der auf einer Seite der Drehachse liegenden erzeugenden Meridianfläche und der Länge des Weges, den der *Flächenschwerpunkt* bei einer vollen Drehung um die Drehachse zurücklegt.

Man kann also *jeden* Drehkörper zu einem Zylinder „geradebiegen“, ohne dass sich seine Oberfläche bzw. sein Volumen ändert. Dabei wird die kreisförmige Bahn des Linien- bzw. Flächenschwerpunkts von m in eine gleich lange Gerade gestreckt. Auf den exakten Beweis mittels der Methoden der Integralrechnung wird hier verzichtet.

Anwendung: Oberfläche und Volumen eines Torus

Man leite die Formeln für den Ringtypus ($a > b$) mit den *Guldin*schen Regeln ab.

Lösung:
Der Meridian m ist ein Kreis mit Radius b. Für $a > b$ liegt m ganz auf einer Seite der Drehachse. Linienschwerpunkt und Flächenschwerpunkt stimmen beim geschlossenen Kreis überein. Der Weg des Schwerpunkts ist in beiden Fällen $2\pi\, a$. Also ist

$$S = 2\pi\, b \cdot 2\pi\, a, \quad V = \pi\, b^2 \cdot 2\pi\, a$$

♠

Anwendung: Volumen der Kugel

Man verifiziere mittels der 2. *Guldin*schen Regel die ohnehin schon mehrfach verwendete Formel für das Volumen der Kugel.

Lösung:

Die Kugel entsteht durch Rotation eines Halbkreises m („Längenkreis“). Die Fläche des Halbkreises ist $\frac{\pi}{2}r^2$. In Anwendung S. 301 haben wir den Schwerpunkt des Halbkreises berechnet. Sein Abstand von der Rotationsachse ist $\frac{4}{3\pi}r$. Die Wegstrecke des Schwerpunkts ist somit $2\pi\,\frac{4}{3\pi}r = \frac{8}{3}r$ und das Volumen der Kugel somit nach *Guldin*

$$V = \frac{8}{3}r\,\frac{\pi}{2}r^2 = \frac{4\pi}{3}r^3 \tag{7.25}$$

♠

Anwendung: Oberfläche der Kugelzone

Man berechne die Oberfläche der Kugelzone (und als Spezialfall die Gesamtoberfläche der Kugel) mit der 1. *Guldin*schen Regel.

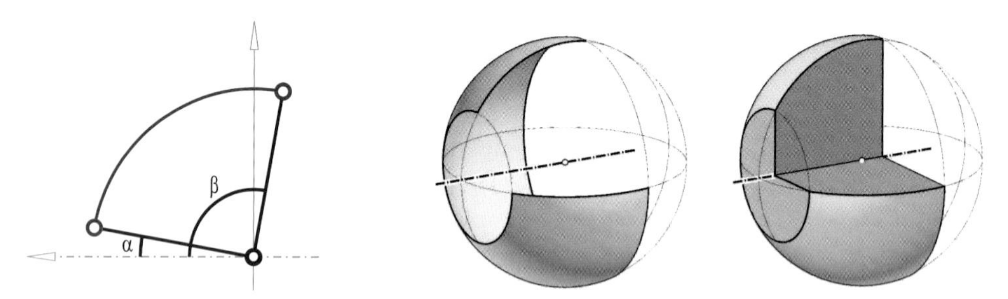

Abb. 7.39 Oberfläche und Volumen einer Kugelzone

Lösung:

Das Kugelsegment entstehe durch Rotation des Kreisbogens

$$(r\,\cos\varphi/r\,\sin\varphi) \quad \varphi \in [\alpha,\,\beta]$$

um die y-Achse. Der *Linienschwerpunkt* des Kreisbogens hat nach Anwendung S. 302 den Abstand

$$r\,\frac{\sin\beta - \sin\alpha}{\beta - \alpha}$$

von der Rotationsachse. Der Weg des Schwerpunkts ist 2π mal so lang. Die Länge des Kreisbogens ist $r\,(\beta-\alpha)$. Somit gilt nach der 1. *Guldin*schen Regel

$$S = 2\pi\,r\,\frac{\sin\beta - \sin\alpha}{\beta - \alpha}\cdot r\,(\beta - \alpha) = 2\pi\,r^2(\sin\beta - \sin\alpha) \tag{7.26}$$

Eine interessante Anwendung dieser Formel findet sich in Anwendung S. 325.

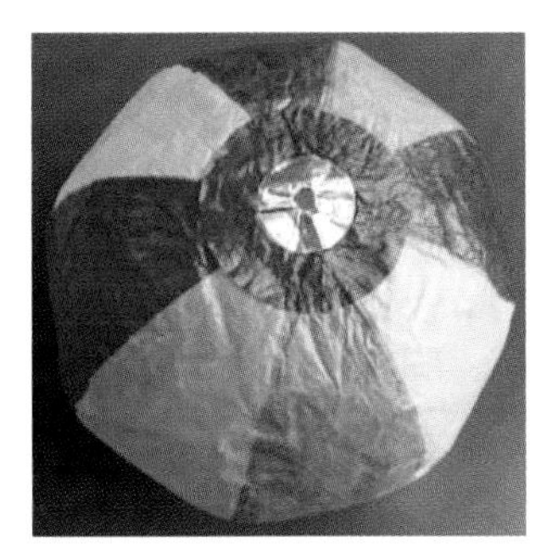

Abb. 7.40 Annäherung der Kugeloberfläche durch Drehzylinderteile

Der Spezialfall $\alpha = -\frac{\pi}{2}$, $\beta = \frac{\pi}{2}$ liefert die wohlbekannte Formel für die Oberfläche der gesamten Kugel:

$$S = 4\pi\, r^2 \tag{7.27}$$

Diese Formel sieht man heuristisch auch wie folgt ein: Man nähert die Kugel durch Teile von n halben Drehzylindern (Radius r) an. Diese schneiden einander längs Halbellipsen. Im Grenzfall ($n \to \infty$) erhält man die glatte Kugeloberfläche. Die Drehzylinderteile lassen sich abwickeln und gehen dabei in linsenförmige Gebilde über: Die elliptischen Schrägschnitte bilden sich als Sinuslinien ab. Die Länge einer solchen Linse ist der halbe Umfang der Kugel ($l = \pi\, r$), die Breite ist – für große n – ein n-tel des Kugelumfangs ($b = 2\pi\, r/n$). Die Linse können wir nach Formel (7.19) in ein Rechteck der Breite $\frac{2}{\pi}\, b = \frac{4r}{n}$ umwandeln. Die n Teilflächen ergeben daher eine Gesamtfläche von $n \cdot \pi\, r \cdot \frac{4r}{n} = 4\pi\, r^2$. ♠

Die *Guldin*schen Regeln können umgekehrt zur Berechnung von *Flächenschwerpunkten* verwendet werden. So kann man über das Volumen V der Kugel und die Fläche A des Halbkreises den Abstand s des Schwerpunkts des Halbkreises von der Rotationsachse berechnen (vgl. Anwendung S. 309):

$$s = \frac{1}{2\pi}\,\frac{V}{A}$$

Man löst also ein zweidimensionales Problem durch „Ausweichen" in die dritte Dimension. Dies haben wir uns schon einmal zunutze gemacht, als wir die Kurven 2. Ordnung (an sich zweidimensionale Kurven) als Schnitte eines Drehkegels im Raum interpretiert haben.

Bis jetzt haben wir die Integralrechnung nur insofern in die Volums- bzw. Oberflächenberechnungen einfließen lassen, als wir mit dem Prinzip von *Cavalieri* und den *Guldin*schen Regeln Sätze verwendet haben, deren exakter Beweis die Integralrechnung erfordert. Man kann das Volumen von Drehflächen bzw. deren Mantelfläche aber auch direkt berechnen:

Rotiert ein Funktionsgraph $y = f(x)$ ($x \in [a,\, b]$) um die x-Achse, dann gelten für Oberfläche S und Volumen V die Formeln

$$S = 2\pi \int_a^b y\,\sqrt{1 + y'^2}\,dx, \quad V = \pi \int_a^b y^2\,dx \tag{7.28}$$

Beweis:
Wir zerschneiden die Drehflächen in dünne Scheibchen (Abb. 7.41), die Kegelstümpfe mit der Höhe dx sind. Ein solcher „Elementar-Kegelstumpf" hat die Mantelfläche dS. Um sie zu berechnen, brauchen wir das „Bogenelement" ds von $f(x)$. Nach *Pythagoras* gilt:

$$ds = \sqrt{dx^2 + dy^2} = \sqrt{1 + \left(\frac{dy}{dx}\right)^2}\, dx = \sqrt{1 + y'^2}\, dx \tag{7.29}$$

Die verlängerte Sehne (im Grenzfall Tangente) vom Kurvenpunkt P bis zur x-Achse (Schnittpunkt T) ist Mantelerzeugende. Die Spitze des Kegelstumpfs ist T, die Strecke $\overline{TP}$ soll t heißen. Dann ist $dS = \pi[(y + dy)(t + ds) - y\, t] = \pi[y\, ds + t\, dy + dy\, ds]$. Wegen $y : t = dy : ds$ gilt $t\, dy = y\, ds$ und wir haben $dS = \pi[2y\, ds + dy\, ds]$. Beim Grenzübergang $dx \to 0 \Rightarrow dy \to 0,\ ds \to 0$ wird das Produkt $dy\, ds$ „von höherer Ordnung kleiner" als dy bzw. ds und kann somit vernachlässigt werden. Damit haben wir $dS = 2\pi\, y \sqrt{1 + y'^2}\, dx$, und die Integration liefert die obige Formel für S.
Wesentlich leichter ist die Formel für das Volumen abzuleiten: Das Volumen dV des Elementar-Kegelstumpfs ist für „unendlich kleines" dx nicht vom Volumen eines „Elementar-Zylinders" zu unterscheiden, und es gilt

$$dV = \pi\, y^2\, dx,$$

woraus durch Integration schon die angegebene Formel folgt. ◇

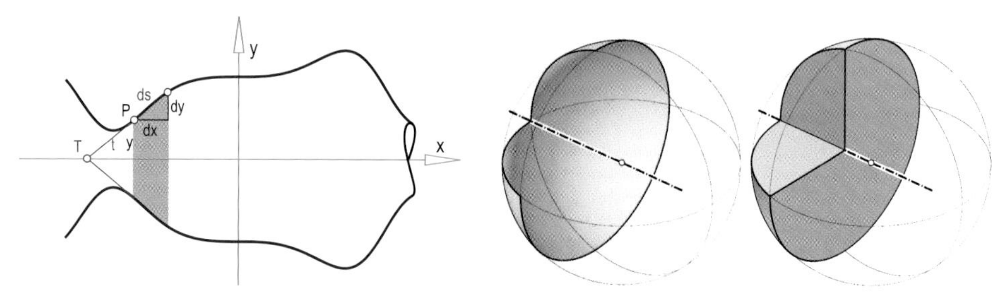

Abb. 7.41 Zur Oberfläche einer Drehfläche

Abb. 7.42 Kugelkappe

Anwendung: Volumen und Oberfläche einer Kugelkappe

Man berechne den Rauminhalt einer Kugelkappe (Kalotte) mit der Höhe h.
Lösung:
Für den Meridian der Kugel gilt $x^2 + y^2 = r^2 \Rightarrow y = \pm\sqrt{r^2 - x^2}$. Es ist nach Formel (7.28)

$$V = \pi \int_{r-h}^{r} y^2\, dx = \pi \int_{r-h}^{r} (r^2 - x^2)\, dx = \pi \left[r^2\, x - \frac{x^3}{3}\right]_{r-h}^{r}$$

$$= \pi \left[r^3 - \frac{r^3}{3} - r^2(r - h) + \frac{(r-h)^3}{3}\right] = \frac{\pi}{3} h^2 (3r - h)$$

Weiters ist

$$S = 2\pi \int_{r-h}^{r} y\sqrt{1 + y'^2}\, dx$$

Es ist $y' = \dfrac{-2x}{2\sqrt{r^2 - x^2}} = -\dfrac{x}{y}$ und somit

$$S = 2\pi \int_{r-h}^{r} y\sqrt{1 + (\frac{x}{y})^2}\, dx = 2\pi \int_{r-h}^{r} y\sqrt{\frac{x^2 + y^2}{y^2}}\, dx =$$

$$= 2\pi \int_{r-h}^{r} r\,dx = 2\pi r x \Big|_{r-h}^{r} = 2\pi r h$$

Wir vergleichen dieses Ergebnis mit dem von Anwendung S. 310: Dort hatten wir für den Spezialfall $\beta = \frac{\pi}{2}$

$$S = 2\pi\, r^2 (1 - \sin\alpha)$$

Tatsächlich stimmen wegen $h = r - r\sin\alpha$ die Formeln überein. ♠

Anwendung: Rauminhalt eines Trinkglases

Ein Trinkglas habe die Gestalt einer Drehfläche, die durch Rotation einer Sinuslinie entsteht. Man berechne den maximalen Inhalt des Trinkglases für $a = 3{,}2\,\text{cm}$, $b = 0{,}8\,\text{cm}$ und $h = 12\,\text{cm}$.

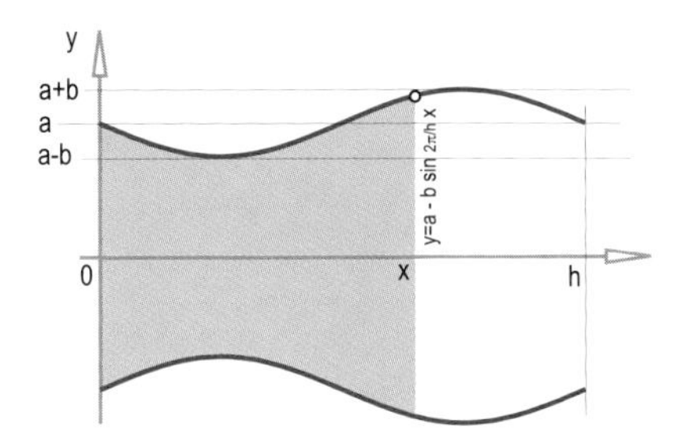

Abb. 7.43 Rotation einer Sinuslinie (Trinkglas)

Lösung:
Die Sinuskurve wird durch $y = a - b\,\sin\frac{2\pi}{h}x$ beschrieben. Für das Volumen gilt:

$$V = \pi \int_0^h y^2\,dx = \pi \int_0^h (a - b\,\sin\frac{2\pi}{h}x)^2\,dx =$$

$$= \pi \left[a^2 \int_0^h dx - 2ab \int_0^h \sin\frac{2\pi}{h}x\,dx + b^2 \int_0^h \sin^2\frac{2\pi}{h}x\,dx \right] =$$

$$= \pi \left[a^2 h + 2ab \underbrace{\frac{h}{2\pi}\cos\frac{2\pi}{h}x \Big|_0^h}_{0} + b^2 \int_0^h \underbrace{\frac{1}{2}(1 - \cos 2\frac{2\pi}{h}x)}_{\text{gemäß Formel (3.15)}}\,dx \right] =$$

$$= \pi \left[a^2 h + 0 + b^2 \frac{h}{2} - \underbrace{\frac{b^2}{2} \int_0^h \cos\frac{4\pi}{h}x\,dx}_{0} \right] = \pi h \left[a^2 + \frac{b^2}{2} \right]$$

Die Zwischenrechnung erforderte einmal den Übergang zum doppelten Winkel. Für die angegebenen Werte ergibt sich $V \approx 400\,\text{cm}^3 = 0{,}4\,l$.

Das Integral auszurechnen war schon relativ mühsam. Wir werden bald ein Näherungsverfahren kennenlernen, mit dem wir den Wert beliebig genau mittels Computer berechnen können. Dann lässt sich auch die naheliegende Frage beantworten, wo die Markierung $0{,}25\,l$ angebracht werden muss. ♠

7.7 Näherungsweises Integrieren

Wir haben gesehen, dass die Integralrechnung in der angewandten Mathematik eine große Rolle spielt. In der Praxis tritt dabei aber oft ein Problem auf: Wir können das in Frage stehende Integral nicht formelmäßig auswerten. Man kann aber jedes bestimmte Integral näherungsweise berechnen. Dazu hat *Kepler* einen entscheidenden Beitrag mit seiner sog. Fassregel geliefert:

Keplersche Fassregel: $$\int_a^b f(x)\,dx \approx \frac{b-a}{6}\left[f(a) + 4\,f(\frac{a+b}{2}) + f(b)\right]$$

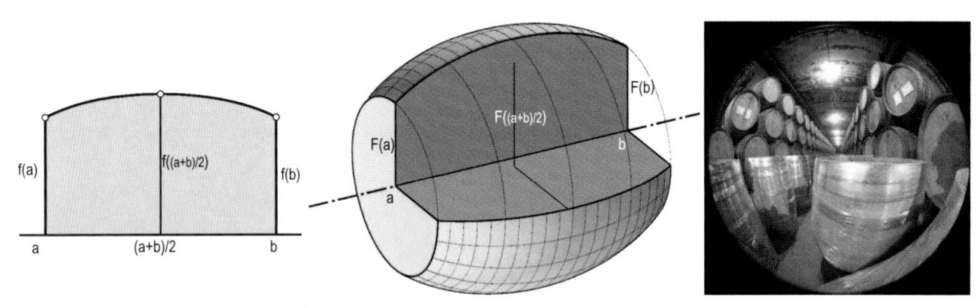

Abb. 7.44 Fassregel: Fläche unter der Kurve und entsprechendes Volumen des Drehkörpers

Beweis:
Der Beweis sei nur angedeutet: Wir ersetzen die Kurve durch eine Parabel der Form $y = a_2\,x^2 + a_1\,x + a_0$ (vgl. Anwendung S. 23). Die Abweichung wird gering bleiben, wenn die Kurve ohnehin parabelähnlich aussieht – wie etwa der Meridian eines Fasses (Abb. 7.44).
Um die Rechnung etwas abzukürzen, beschränken wir uns auf die Parabel $y = x^2 + c$, die durch Streckung bzw. Schiebung immer auf die allgemeine Form gebracht werden kann.
Der Durchschnittswert dieses Prototyps ist

$$\overline{f(x)} = \frac{1}{b-a}\int_a^b (x^2 + c)\,dx = \frac{1}{b-a}\left[\frac{b^3 - a^3}{3} + c(b-a)\right] =$$
$$= \frac{b^2 + a\,b + a^2}{3} + c = \frac{a^2 + b^2 + (a+b)^2 + 6c}{6}$$

Diese Ausdrücke berechnen wir aus

$$f(a) = a^2 + c,\ f(b) = b^2 + c,\ f(\frac{a+b}{2}) = \frac{(a+b)^2}{4} + c$$
$$\Rightarrow a^2 = f(a) - c,\ b^2 = f(b) - c,\ (a+b)^2 = 4\,f(\frac{a+b}{2}) - 4c$$

und erhalten mit

$$\overline{f(x)} = \frac{1}{6}\left[f(a) + 4\,f(\frac{a+b}{2}) + f(b)\right]$$

wegen $A = (b-a)\overline{f}$ die obige Regel. ◇

Zunächst berechnete man mit der *Kepler*schen Regel reine Flächen. *Kepler* ermittelte aber das Volumen eines Fasses damit, indem er sich statt $f(a)$ die Fläche des Deckels $F(a)$, statt $f(b)$ die Fläche des Bodens $F(b)$ und statt $f((a+b)/2)$ die Fläche des mittleren Querschnitts $F((a+b)/2)$ dachte. Dann funktioniert die Regel auch für die Funktion $F(x) = \pi\,f^2(x)$ und liefert als Ergebnis das Volumen – nur hat die Funktion $F(x)$ eben eine andere Bedeutung, und ihr Graph entspricht nicht jenem des Meridians (Abb. 7.44).

Nach dem soeben Gesagten funktioniert die Fassregel eigentlich auch für beliebige – also auch nicht rotationssymmetrische – Körper, von denen man die Randquerschnitte und den Mittenquerschnitt kennt.

Anwendung: Wie brauchbar ist die Keplersche Fassregel?

Man berechne den Fehler, den die Fassregel beim Kugel-, Kegel- und Zylindervolumen macht.

Lösung:

Bei der Kugel wird $\int_{-r}^{r} \pi(r^2 - x^2)dx$ geschätzt. Dabei ergibt die Fassregel

$$V = \frac{2r}{6}(0 + 4\pi r^2 + 0) = \frac{4\pi}{3} r^3$$

Das ist die exakte Formel (Anwendung S. 309)!

Beim Drehzylinder haben wir

$$V = \frac{h}{6}(\pi r^2 + 4\pi r^2 + \pi r^2) = \pi r^2 h$$

und beim Drehkegel

$$V = \frac{h}{6}\left(0 + 4\pi\left(\frac{r}{2}\right)^2 + \pi r^2\right) = \frac{\pi}{3} r^2 h.$$

Wiederum keine Abweichung vom exakten Ergebnis (Anwendung S. 307)!

Zusatzaufgabe:

Motiviert durch diese Ergebnisse testen wir noch zwei Körper: Bei der Kugelkappe ergibt die Näherungsformel

$$V = \frac{h}{6}\left[0 + 4\pi\left(r^2 - (r - \frac{h}{2})^2\right) + \pi\left(r^2 - (r-h)^2\right)\right] = \frac{\pi h^2}{3}(3r - h)$$

Auch hier stimmt's exakt (Anwendung S. 312)!

Beim Torus lautet die exakte Formel: $V = 2\pi^2 a b^2$ (S. 309). Die Näherung liefert

$$V \approx \frac{2b}{6}\left[0 + 4\pi\left((a+b)^2 - (a-b)^2\right) + 0\right] = \frac{16\pi}{3} a b^2$$

und liegt diesmal etwa 18% daneben. ♠

Die Fassregel zieht nur drei Kurvenpunkte (bzw. Querschnitte) heran und ist – wie wir gerade gesehen haben – oft genug eine gute Näherung, insbesondere bei der Volumsberechnung von einfachen Drehflächen. Bei der Flächenberechnung in der Ebene ist sie bei parabelähnlichen Funktionen ebenfalls erstaunlich genau.

Für komplexere Kurven bzw. Körper wählt man $2m + 1$ Stützpunkte in gleichem Abstand $h = \dfrac{b-a}{2m}$ und erhält dann m aneinandergrenzende Näherungsparabeln. Die entsprechenden Teilflächen wertet man nach der Fassregel aus und summiert sie zur Gesamtfläche. Dabei treten die Randwerte

$f(a)$ und $f(b)$ nur einmal auf, die „ungeraden Stützpunkte“ wieder vier mal, die „geraden Stützpunkte“ aber je zwei mal (weil ja dort zwei Parabelbögen zusammenstoßen). Die entsprechende Formel wird heute von Computern verwendet:

Simpson'sche Näherungsfomel:

$$\int_a^b f(x)\,dx \approx \frac{h}{3}\left[f(a) + 4\,f(a+h) + 2\,f(a+2h) + 4\,f(a+3h) + \cdots\right.$$

$$\left.\cdots + 4\,f(b-3h) + 2\,f(b-2h) + 4\,f(b-h) + f(b)\right] \quad \text{mit } h = \frac{b-a}{2m}$$

Anwendung: Man berechne $\int_0^1 \frac{dx}{1+x^2}$ exakt bzw. mittels Näherungsformel bei fünf Stützstellen.

Lösung:
Die exakte Lösung $\displaystyle\int_0^1 \frac{dx}{1+x^2} = \arctan 1 - \arctan 0 = \frac{\pi}{4} = 0{,}785398\cdots$

ist in diesem Fall bekannt. Nun die fünf gleichverteilten Stützpunkte:

$$h = \frac{1}{4} \longrightarrow (0/1),\ (\frac{1}{4}/\frac{16}{17}),\ (\frac{1}{2}/\frac{4}{5}), (\frac{3}{4}/\frac{16}{25}), (1/\frac{1}{2})$$

Damit erhalten wir nach *Simpson*

$$\int_0^1 \frac{dx}{1+x^2} \approx \frac{1}{12}[1 + 4\,\frac{16}{17} + 2\,\frac{4}{5} + 4\,\frac{16}{25} + \frac{1}{2}] = 0{,}785392\cdots$$

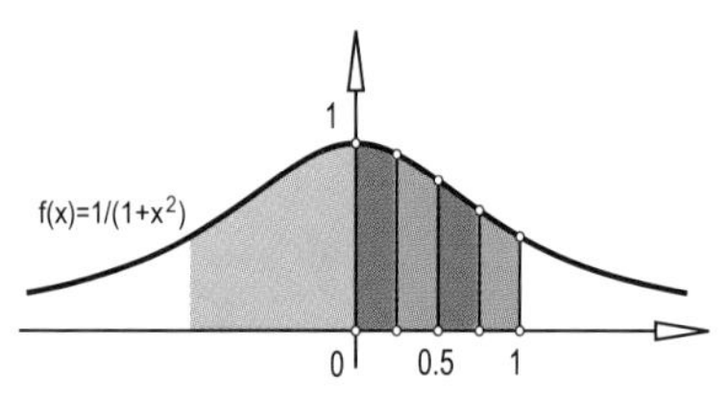

Abb. 7.45 Stützstellen für Simpson–Formel

Wir sehen, dass bei dieser „harmlosen“ Funktion schon bei wenigen Stützstellen gute Resultate erzielt werden.

Mit $\pi/4 = \arctan 1 \Rightarrow \pi = 4\arctan 1$ kann man am Computer die Zahl π sehr genau berechnen (π ist nicht in jeder Programmierumgebung vordefiniert!). Der Computer berechnet den arctan mittels Entwicklung in eine *Taylor*-Reihe (Potenzreihenentwicklung).

♠

Anwendung: **Fläche unter der *Gauß*schen Glockenkurve** (vgl. Anwendung S. 274)
In der Wahrscheinlichkeitsrechnung (Kapitel 8) spielt diese Fläche eine fundamentale Rolle.

$$\Phi(t) = \frac{1}{\sqrt{2\pi}} \int_{-\infty}^{t} e^{-\frac{x^2}{2}}\,dx$$

Einziges Problem: Das Integral ist nur näherungsweise berechenbar. Noch dazu geht es um unendlich große Intervalle, wo selbst tausende gleichverteilte Stützstellen ein ungenaues Ergebnis liefern. Man überlege sich einen Ausweg aus dem Dilemma.
Lösung:

Die Kurve $e^{-\frac{x^2}{2}}$ ähnelt rein optisch der Funktion $\frac{1}{1+x^2}$ (Abb. 7.3). Sie hat bei $x = 0$ ein Maximum und ist „fast Null" für $|x| > 5$: $f(-5) = f(5) \approx 3 \cdot 10^{-6}$. Die Fläche von $-\infty$ bis -5 ist mit $\approx 3 \cdot 10^{-7}$ vernachlässigbar, ebenso jene von 5 bis ∞. Praktisch die gesamte Fläche (0,9999994 von 1) ergibt sich im Intervall $[-5{,}5]$, und dort genügen wenige Stützstellen.
Eine völlig andere Lösung erhalten wir wie folgt:
Die Potenzreihenentwicklung der Funktion $y = e^{-x^2}$ lautet gemäß Formel (7.5)

$$e^{-x^2} = 1 - x^2 + \frac{x^4}{2!} - \frac{x^6}{3!} + \frac{x^8}{4!} \cdots$$

Wir brauchen

$$\int_a^b e^{-x^2}\,dx = \int_a^b \left(1 - x^2 + \frac{x^4}{2!} - \frac{x^6}{3!} + \frac{x^8}{4!} \cdots\right) dx =$$

$$= \left[x - \frac{x^3}{3} + \frac{x^5}{5 \cdot 2!} - \frac{x^7}{7 \cdot 3!} + \frac{x^9}{9 \cdot 4!} \cdots\right]_a^b$$

Man kann nun nachweisen, dass diese Reihenentwicklung für jedes x konvergiert, allerdings *sehr* schlecht für große $|x|$. Für $|x| < 1$ allerdings konvergiert die Funktion sehr gut, und man kann auch mit ihr Wahrscheinlichkeiten berechnen. ♠

Anwendung: Klothoide oder Wickelkurve (Abb. 7.46)
Im Straßenbau braucht man Kurven, die kontinuierlich ihre Krümmung vergrößern oder verkleinern, damit man beim Kurvenfahren das Lenkrad gleichmäßig verdrehen kann. Diese Kurven sind ohne Beweis in Parameterdarstellung (Parameter t) durch folgende nicht direkt berechenbaren Integrale gegeben:

$$x = \int_0^t \cos\frac{x^2}{2A^2}\,dx, \quad y = \int_0^t \sin\frac{y^2}{2A^2}\,dy \tag{7.30}$$

Die Integrale lassen sich durch die Simpson'sche Näherungsformel berechnen.

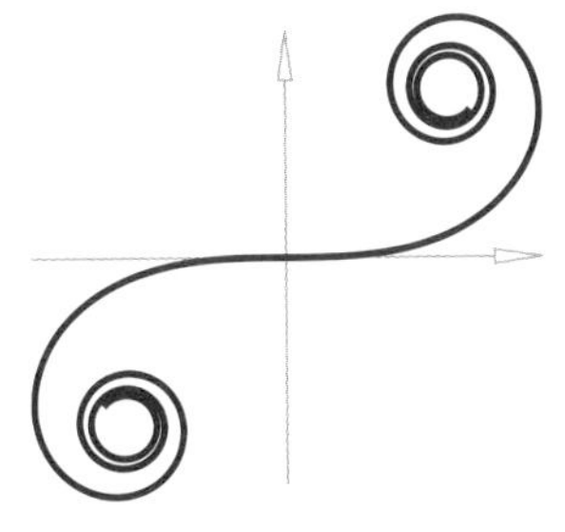

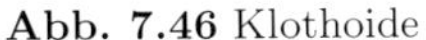

Abb. 7.46 Klothoide

Abb. 7.47 Turbulenzen über dem Atlantik

Kurven, die annähernd Klothoidenform haben, findet man auch in der Natur. Abb. 7.47 zeigt, dass auch auf Wetterkarten manchmal solche Formen zu finden sind, so als ob Turbulenzen „das Lenkrad gleichmäßig verdrehen". ♠

Die Simpson'sche Formel funktioniert offensichtlich auch, wenn die zu integrierende Funktion nicht durch mathematische Formeln angegeben ist, sondern nur durch eine ungerade Anzahl gleichmäßig verteilter Messwerte. Wenn die Messwerte ungleichmäßig verteilt sind, wird man die Kurve durch Splinekurven annähern und dann eine gleichmäßige Verteilung vornehmen.

Anwendung: Durchschnittliche Tauchtiefe, Luftverbrauch (Abb. 7.48)
Tauchcomputer zeichnen in regelmäßigen Intervallen die aktuelle Tiefe des Tauchers auf und errechnen daraus u. a. den Luftverbrauch bzw. den Stickstoffanteil im Blut. Man gebe bei gegebenem „Zeit-Tauchtiefen-Diagramm" $d = d(t)$ die durchschnittliche Tauchtiefe D an und leite daraus eine Formel für den Luftverbrauch ab.

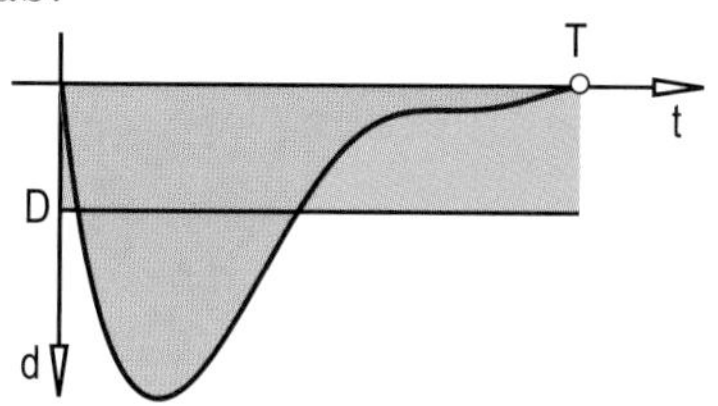

Abb. 7.48 Schneller Abstieg, langsamer Aufstieg, Dekompressionsstop

Lösung:
Abb. 7.48 zeigt ein typisches „Tauchprofil": Der Taucher sucht so schnell wie möglich die Maximaltiefe auf, verbleibt dort eine gewisse Zeit („bottom time"), taucht nicht zu schnell (max. 15 – 20 m pro Minute!) bis in etwa 5 m Tiefe auf und verbleibt dort mehrere Minuten vor dem endgültigen Verlassen des Wassers.
Sei T die Gesamt-Tauchzeit. Die durchschnittliche Tauchtiefe ist nach Formel (7.18)

$$D = \frac{1}{T} \int_0^T d(t)\, dt \tag{7.31}$$

Weil der Außendruck alle 10 m um 1 bar zunimmt, herrscht in d m Tiefe ein Druck von $1 + \frac{d}{10}$ bar. Das Ventil der Pressluftflasche muss mit demselben Druck Luft in die Lunge drücken, damit diese nicht kollabiert. Somit ist der Luftverbrauch proportional zum Außendruck. In der Zeit T wird an der Oberfläche die Luftmenge $V_0 = cT$ verbraucht. In jedem kleinen Zeitintervall dt ist dort $dV_0 = c\, dt$. Im selben Zeitintervall wird in d m Tiefe

$$dV = c\,(1 + \frac{d(t)}{10})\, dt$$

benötigt. Damit ist der Gesamt-Luftverbrauch

$$V = c \int_0^T (1 + \frac{d(t)}{10})\, dt = c \int_0^T dt + \frac{c}{10} \int_0^T d(t)\, dt$$

und somit nach Formel (7.31)

$$V = cT + \frac{c}{10}\, T\, D = cT\,(1 + \frac{D}{10}) = V_0\,(1 + \frac{D}{10})$$

♠

7.8 Weitere Anwendungen

Anwendung: Schwingungsdauer des Pendels (Abb. 7.49)
Man zeige, dass die Schwingungsdauer $T \approx 2\pi\sqrt{L/g}$ für kleine Öffnungswinkel φ unabhängig von φ ist.

Lösung:
Im Punkt P ist die Normalbeschleunigung $g \sin\omega$. Dies erinnert uns an die Rotation eines Punktes P_0 um einen festen Punkt – auch dort hatten wir die selben Beschleunigungsverhältnisse (Anwendung S. 203). Die Schwingungsdauer von P entspricht der Umlaufdauer des Punktes P_0 am Hilfskreis c. Dessen Radius ist $r = L\sin\varphi$. Der Umfang von c ist somit $U = 2\pi \sin\varphi\, L$. Die Bahngeschwindigkeit v von P_0 ist gleich der Geschwindigkeit von P im tiefsten Punkt. Der Höhenunterschied von P ist $\Delta = L(1 - \cos\varphi)$. Im tiefsten Punkt ist dessen potentielle Energie vollständig in kinetische Energie umgewandelt:

$$m\, g\, \Delta = m\,\frac{v^2}{2} \Rightarrow v = \sqrt{2g\Delta} = \sqrt{2(1-\cos\varphi)\, L\, g}.$$

Damit haben wir die gesuchte Umlaufzeit

$$T = \frac{U}{v} = \frac{2\pi\, L\, \sin\varphi}{\sqrt{2(1-\cos\varphi)}\,\sqrt{L\,g}} = 2\pi\, \underbrace{\frac{\sin\varphi}{\sqrt{2(1-\cos\varphi)}}}_{\approx 1} \cdot \sqrt{\frac{L}{g}}$$

Nun verwenden wir die Näherungen aus Anwendung S. 286, die besagen, dass sowohl $\sin\varphi$ als auch $\sqrt{2(1-\cos\varphi)}$ recht gut mit φ übereinstimmen, der Bruch also näherungsweise 1 ist. Für kleines φ ist T also tatsächlich von φ unabhängig. Über die Güte der Näherung gibt die folgende rechts stehende Tabelle Auskunft:

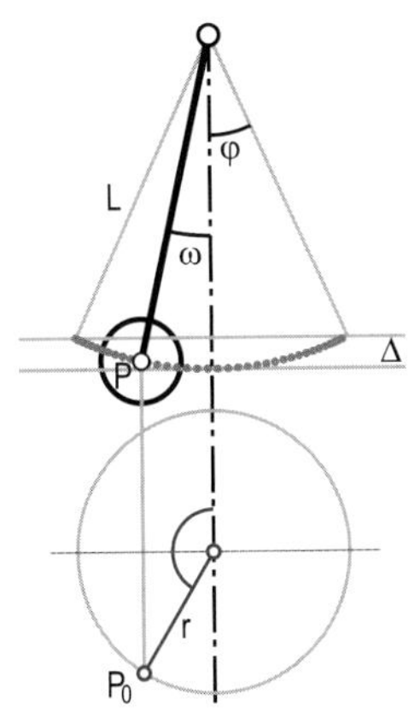

Abb. 7.49 Pendel

φ	Bogenmaß	$\frac{\sin\varphi}{\sqrt{2(1-\cos\varphi)}}$	Fehler in %
5°	0,09	0,99905	0,1
10°	0,17	0,99619	0,4
15°	0,26	0,99144	0,9
20°	0,35	0,98481	1,5
25°	0,44	0,97630	2,4
30°	0,52	0,96593	3,4
35°	0,61	0,95372	4,6

Ein Vergleich mit der Tabelle in Anwendung S. 286 zeigt, dass sich die Fehler durch die beiden Annäherungen teilweise sogar „aufheben“. Der Fehler durch die Näherung des Bruchs ist für $\varphi < 15°$ (langes Pendel mit kleiner Auslenkung) praktisch vernachlässigbar (siehe auch Anwendung S. 12). ♠

Anwendung: Durchschnittliche Helligkeit des Mondes (Abb. 7.50)
Man berechne die durchschnittliche Helligkeit des Mondes in der Übergangsphase vom Halbmond zum Vollmond (Neumond).

Lösung:
Der Mond wird von der Sonne beleuchtet, wobei wegen seiner exakten Kugelform und der annähernd parallelen Lichtstrahlen stets genau eine Hälfte beleuchtet ist. Die Eigenschattengrenze ist ein Großkreis des Mondes, der von der Erde gesehen als Ellipse e erscheint, deren Hauptachse den Mondumriss in zwei gleiche Hälften teilt (die Hauptscheitel der Ellipse liegen also am Umriss). Die beleuchtete Mondfläche setzt sich somit aus der Fläche eines Halbkreises und der halben Fläche der Ellipse e zusammen. Betrachtet man ein volles Mondintervall (von Vollmond zu Vollmond 29,53 Tage), dann ist die durchschnittlich beleuchtete Fläche „aus Symmetriegründen" gleich der Halbmondfläche. Dies bedeutet nun keineswegs, dass zwischen Halbmond und Vollmond (Neumond) durchschnittlich 3/4 (1/4) der Fläche beleuchtet ist, wie wir gleich sehen werden:

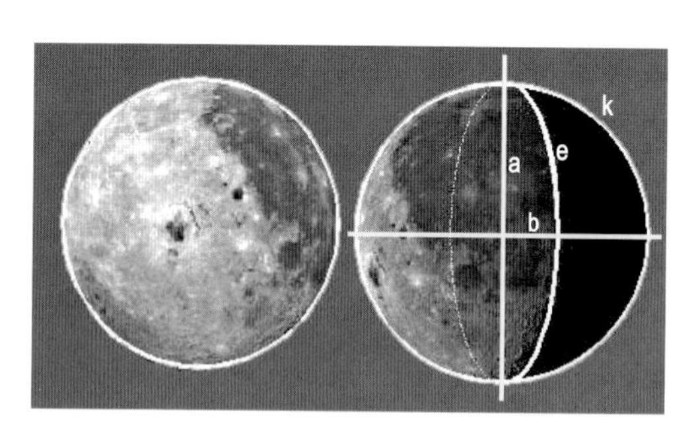

Abb. 7.50 Vollmond, abnehmender Mond

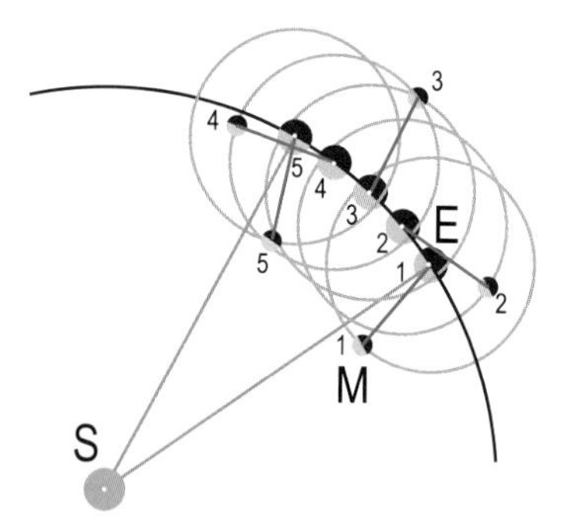

Abb. 7.51 Drehung des Mondes

Sei a der Radius des Umrisskreises und b die halbe Nebenachse des elliptischen Rands der Mondsichel. Dann gilt für die beleuchtete Fläche mit Formel (7.17):

$$A = \frac{\pi}{2}a^2 \pm \frac{\pi}{2}a\,b = \frac{\pi}{2}\,a(a \pm b)$$

Nachdem die gesamte Mondscheibe die Fläche $A_\circ = \pi a^2$ hat, ist der Anteil der beleuchteten Fläche (und damit die Helligkeit h)

$$h = \frac{A}{A_\circ} = \frac{a \pm b}{2a} = \frac{1}{2}(1 \pm \frac{b}{a})$$

Wir nehmen vereinfachend an, dass die Mondbahn kreisförmig und die Mondrotation gleichmäßig ist (was der Realität recht nahe kommt). Sei T die Zeit zwischen Halbmond und Vollmond ($T \approx 7\,d$). In dieser Zeit beträgt der Drehwinkel in etwa $\pi/2$ (also $90°$) – man muss allerdings bedenken, dass sich die Erde mitsamt dem Mond in diesen 7 Tagen um immerhin etwa $7°$ um die Sonne dreht, die Sonnenstrahlen also nicht während des gesamten

Zeitraums aus einer Richtung kommen (in Abb. 7.52 ist die Monddrehung durch 12 Zwischenlagen veranschaulicht). Da der Winkel nicht quantitativ in die folgenden Überlegungen eingeht, ändert sich nichts am „Durchschnitts-Ergebnis".

Nach t Tagen ist damit der Drehwinkel $\varphi = \frac{t}{T}\frac{\pi}{2}$. Die halbe Nebenachse b der Ellipse ist offensichtlich proportional zu $\sin\varphi$ (Abb. 7.51) und die aktuelle Mondhelligkeit differiert von der Helligkeit des Halbmonds um den Wert $\Delta h = \frac{1}{2}\sin\varphi$. Nach Formel (7.19) ist der durchschnittliche Sinuswert $\frac{2}{\pi}$, und damit ist $\overline{\Delta h} = \frac{1}{\pi} \approx 0{,}32$. In der Woche, wo der Halbmond zum Vollmond anwächst, hat der Mond also im Durchschnitt circa $0{,}5 + 0{,}32 = 82\%$ seiner Maximalhelligkeit, in der Woche, wo der Halbmond zum Neumond abnimmt, nur circa $0{,}5 - 0{,}32 = 18\%$.

Tatsächlich ist es so, dass man von einem Tag vor dem Vollmond bis einem Tag danach subjektiv immer noch den Eindruck hat, es sei gerade genau Vollmond. Den „wahren" Vollmond erkennt man am besten daran, dass an diesem Tag der Mond einigermaßen zum selben Zeitpunkt gegenüber der untergehenden Sonne vom Horizont abhebt, während er in den vorangehenden Tagen bereits etwa 50 Minuten pro Tag *vorher* aufgegangen ist. Deswegen machen Taucher ihren „Nachttauchgang" gerne ein oder zwei Tage vor dem Vollmond knapp nach Sonnenuntergang, um zur Not auch ohne Lampenschein eine durchaus akzeptable Mindestbeleuchtung vorzufinden.

Die von der geografischen Breite abhängige Neigung der Mondsichel ist geometrisch leicht erklärt: Sonne und Mond bewegen sich relativ gesehen einigermaßen in einer Ebene. Beide gehen in gemäßigten Breiten in einem flacheren Höhenwinkel auf bzw. unter als in tropischen Gegenden. Der untergehende zunehmende Mond wird in Äquatorgegend also eher „von unten" beschienen und die Mondsichel „liegt waagrecht". Auf der südlichen Halbkugel wandert die Sonne im entgegengesetzten Umlaufsinn, weil sie zu Mittag ja i. Allg. im Norden steht. Dadurch zeigt die Sichel in die andere Richtung als bei uns.

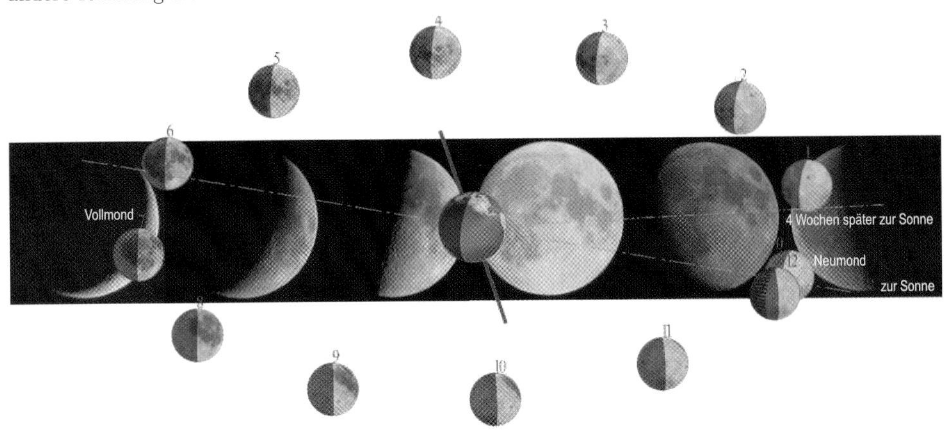

Abb. 7.52 Mondphasen in Theorie und Praxis

Die Computersimulation in Abb. 7.52 zeigt einen etwa vierwöchigen Zyklus, der sich im Nordwinter abspielt (am Nordpol herrscht tiefe Polarnacht). Man erkennt, dass bei Neumond (Position 0) der Winkel zwischen Erdachse und Richtung zur Sonne bzw. zum Mond annähernd gleich sind. Als Folge davon wandern Sonne und Mond auf fast identischen Bahnen am Firmament (nur in dieser Phase kann es zu einer Sonnenfinsternis kommen). Knapp 15 Tage später (zwischen den Positionen 6 und 7) ist Vollmond. Nun ist der Winkel zwischen Erdachse und Richtung zum Mond ein ganz anderer als der zwischen Erdachse und Richtung zur Sonne. Die Mondbahn am Firmament wird also deutlich von der Sonnenbahn abweichen (im Nordwinter viel steiler sein). Im Winter 2005/2006 erreichte der Mond wegen der extremalen Mondbahnneigung von 5,2% einen (alle 18,2 Jahre wiederkehrenden) besonders großen Höhenwinkel.

Analog gibt es im Südwinter auf der Antarktis in der mehrmonatigen Polarnacht eine tagelang andauernde Phase, in welcher der volle oder fast volle Mond den Kaiserpinguinen (Abb. 1.40) den mühsamen Weg zu ihren Brutstätten ausleuchtet (`www.diereisederpinguine.de`).
Noch eine Bemerkung: Wie unendlich schön muss umgekehrt die „Erdsichel" vom Mond aus erscheinen (Abb. 6.26)! Nachdem der Mond uns immer die selbe Seite zuwendet, gibt es auf dem Mond keinen „Erdaufgang" oder „Erduntergang". Auf der uns zugewandten Seite ist die Erde – wegen der elliptischen Umlaufbahn leicht eiernd – i. W. immer am selben Platz am Firmament und macht dort die „Erdphasen" durch.

♠

Anwendung: Effektive Stromstärke

Strommessgeräte für Wechselstrom zeigen nicht die maximale Stromstärke I_{max} an, sondern die quadratisch gemittelte Stromstärke I_{eff}, auch effektive Stromstärke genannt. Man berechne diese für $I = I_{\text{max}} \cos \omega t$ (t ist die Zeit, ω die Winkelgeschwindigkeit der rotierenden stromerzeugenden Spule).

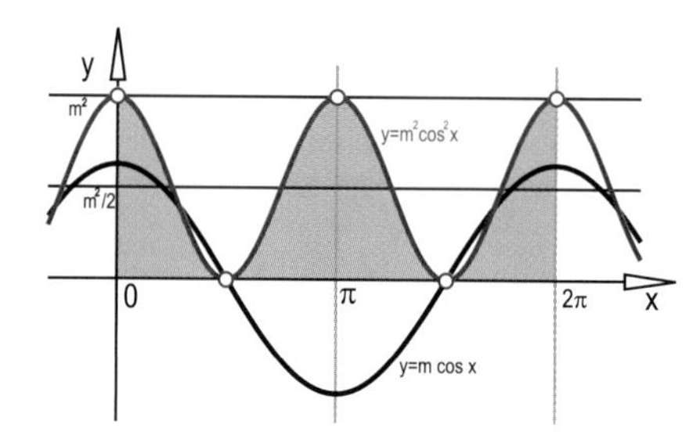

Abb. 7.53 Der durchschnittliche Wert von $y = (m\ \cos x)^2$ ist $m^2/2$

Lösung:
Wir setzen $x = \omega t$ und $m = I_{\text{max}}$. Dann gilt $I^2 = m^2 \cos^2 x$. Der durchschnittliche Funktionswert von I^2 im Intervall $[0, \pi]$ ist $\frac{1}{\pi} \int_0^\pi I^2 dx$. Den Durchschnittswert kann man aber auch ohne Rechnung sofort angeben, wenn man die Formel $\cos^2 x = \frac{1}{2}(1 + \cos 2x)$ heranzieht, die sich aus den Additionstheoremen ableiten lässt (vgl. Formel (3.15)). Die Funktion $y = m^2 \cos^2 x$ hat demnach eine Sinuslinie als Graph (Abb. 7.53), welche die x-Parallele $y = m^2/2$ als Mittellinie besitzt. Somit ist ihr Mittelwert im fraglichen Intervall $m^2/2$. I_{eff} ist definiert als Wurzel aus diesem Mittelwert, und wir haben

$$I_{\text{eff}} = \frac{I_{\text{max}}}{\sqrt{2}}$$

♠

Anwendung: Fettreserven in der Hüftgegend

Der Fettgürtel um die Hüfte ist im Volksmund unter dem Namen „Schwimmreifen" bekannt. Man schätze seine Masse ab.

Lösung:
Wir nähern das in Frage stehende Gebilde durch einen affin verzerrten Halbtorus an (Abb. 7.54 links). Sein Meridianschnitt sei eine Halbellipse mit der Höhe 20 cm und der Breite b. Die Fläche der Halbellipse ist $10\pi\, b/2\, \text{cm}^2 \approx 15\, b\, \text{cm}^2$. Der ideale Hüftumfang (ohne Reifen) sei 80 cm. Dann hat der Reifen

Abb. 7.54 Verschiedene Schwimmreifen (links: affin verzerrter Halbtorus)

nach der Guldinschen Regel (Anwendung S. 309) das Volumen $1200\,b\,\mathrm{cm}^3$. Jeder zusätzliche Zentimeter speichert also etwa 1 kg Fett (Fett ist leichter als Wasser).

Um 1 kg Fett „für immer" zu verlieren, muss man etwa 40 000 KJoule (oder 10 000 Kilokalorien) abbauen. Der Mensch verbraucht am Tag etwa ein Viertel davon. Theoretisch müsste man also 4 Tage ausschließlich Wasser trinken, um b um einen Zentimeter zu verringern (man nimmt tatsächlich zunächst vor Allem in der Hüftgegend ab oder zu). Am besten – weil dauerhaft – reduziert man die Kalorienzufuhr geringfügig über einen längeren Zeitraum.

Der maximale Auftrieb des echten Schwimmreifens in Abb. 7.54 rechts lässt sich schnell abschätzen: Es liegt ein (leicht abgeplatteter) Torus vor. Bei 10 cm Durchmesser ist die Fläche des Meridianschnitts etwa $25\,\pi \approx 80\,\mathrm{cm}^2$. Bei einem mittleren Durchmesser von 35 cm (Umfang $35\,\pi \approx 110$ cm) haben wir ein Volumen von etwa 9 Litern und damit vollständig untergetaucht einen Auftrieb von etwa 90 Newton. Das reicht problemlos, um den Kopf eines Kindes gänzlich über Wasser zu halten.

♠

Anwendung: Volumen eines Pyramidenstumpfs (Abb. 7.55)

Schon die alten Ägypter verwendeten – ohne Beweis – die Formel für das Volumen eines quadratischen Pyramidenstumpfs (untere Kantenlänge a, obere Kantenlänge b, Höhe h):

$$V = \frac{h}{3}\,(a^2 + ab + b^2)$$

Man beweise die Formel mittels des Prinzips von *Cavalieri*.

Beweis:

Der Querschnitt der Pyramide ändert sich quadratisch mit der Seitenlänge x: $A(x) = x^2$. Der Durchschnittswert der Funktion $A(x)$ ist (vgl. Anwendung S. 301)

$$\overline{A} = \frac{1}{a-b}\int_b^a x^2\,dx = \frac{1}{a-b}\,\frac{x^3}{3}\Big|_b^a = \frac{a^3-b^3}{3(a-b)} = \frac{a^2+ab+b^2}{3}.$$

Der Inhalt des volumsgleichen Prismas entsteht durch Multiplikation von $\overline{A}$ mit der Höhe h.

Die ägyptische (und auch babylonische) Mathematik kannte keine strengen Beweise. Es wurden dadurch auch Formeln verwendet, die nur in Spezialfällen stimmen, etwa eine falsche Formel zur Berechnung des Flächeninhalts eines allgemeinen Vierecks, von dem die Seitenlängen bekannt sind – und das damit noch nicht eindeutig festgelegt ist.

◇

Der Vorteil dieser Überlegung: Der Beweis lässt sich unmittelbar auf beliebige Pyramiden- bzw. Kegelstümpfe anwenden. Siehe auch Anwendung S. 307.

♠

Anwendung: Volumen einer Balkenverbindung (Abb. 7.56)
Man berechne das Volumen der Vereinigung zweier kongruenter Drehzylinder mit rechtwinklig schneidenden Achsen (Radius r, Höhe h).

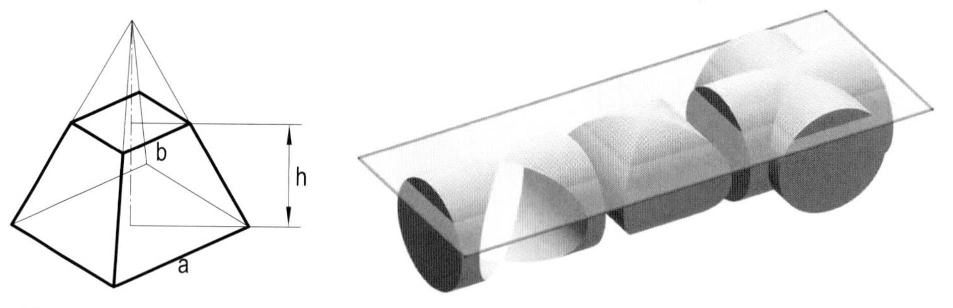

Abb. 7.55 Pyramidenstumpf

Abb. 7.56 Balkenverbindung

Lösung:
Es ist anschaulich klar, dass das Volumen der *Vereinigung* der beiden Zylinder gleich dem Gesamtvolumen der beiden zylindrischen Balken ist, vermindert um das (doppelt gezählte) Volumen des *Durchschnitts* der beiden Zylinder (dies ist eine fundamentale Regel der sog. *Boole*schen Algebra, auf die wir hier nicht näher eingehen). Wir berechnen also zunächst das Volumen des Durchschnitts.
Als Bezugsebene wählen wir die von den Zylinderachsen aufgespannte horizontale Symmetrieebene. Der Querschnitt des Durchschnitts mit einer Ebene parallel dazu im Abstand z liefert ein Quadrat mit der Fläche

$$A = (2\varrho)^2 = 4\,\varrho^2 \quad (\text{mit } \varrho = \sqrt{r^2 - z^2}).$$

Der Durchschnitt ist einer Kugel mit dem Radius r umschrieben. Der Schichtenkreis der Kugel in der Höhe z hat die Fläche $\overline{A} = \pi\,\varrho^2$. Die Querschnittsflächen der Kugel und unseres Durchschnittsvolumens gehen also durch Multiplikation mit der Konstanten $\dfrac{4}{\pi}$ ineinander über. Das Kugelvolumen ist $\frac{4\pi}{3}\,r^3$, also ist das gesuchte Durchschnittsvolumen

$$V_1 \cap V_2 = \frac{4}{\pi} \cdot \frac{4\pi}{3}\,r^3 = \frac{16}{3}\,r^3.$$

Denselben Wert erhalten wir auch, wenn wir wie in Anwendung S. 307 den durchschnittlichen Querschnitt des Objekts mit 2/3 des Maximal-Querschnitts $(2r)^2$ annehmen (das Schichten-Quadrat ist ja stets dem Schichtenkreis einer Kugel umschrieben):

$$V_1 \cap V_2 = \frac{2}{3} \cdot (2r)^2 \cdot 2r = \frac{16}{3}\,r^3.$$

Ein drittes Mal erhalten wir denselben Wert mit der *Kepler*schen Fassregel (S. 314), obwohl die ja nur eine Näherung zu sein bräuchte:

$$V = \frac{2r}{6}\,(0 + 4\,(2r)^2 + 0) = \frac{16}{3}\,r^3$$

Das Volumen der Balkenverbindung ist schließlich

$$V_1 \cup V_2 = V_1 + V_2 - V_1 \cap V_2 = 2\,(\pi r^2\,h) - \frac{16}{3}\,r^3.$$

♠

Anwendung: Navigationsprobleme beim GPS

Wenn wir uns in flachem Gelände befinden, gibt es stets „mehr als genug" Satelliten, die zur Navigation mittels GPS verwendet werden können. Bei einer Wanderung im Gebirge ist es allerdings häufig so, dass Satelliten erst ab einem gewissen Höhenwinkel φ „sichtbar" sind. Wie viele sichtbare Satelliten ergeben sich in flachem Gelände? Ab welchem φ wird es kritisch?

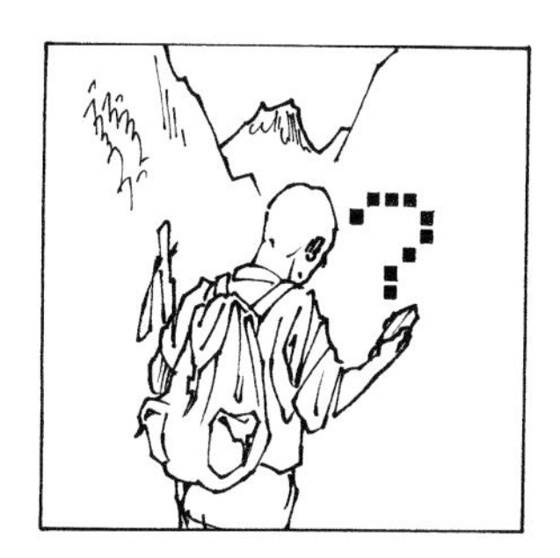

Abb. 7.57 Navigation: Berge und...

Abb. 7.58 ...Häuser als Hindernis.

Lösung:

Sei $R = 6\,370\,\text{km}$ der Erdradius. Die 24 Navigationssatelliten, die die Erde in $h = 20\,000\,\text{km}$ Höhe (Abstand $r = R + h$ vom Erdmittelpunkt) umkreisen, verteilen sich recht gleichmäßig auf eine Kugelschale mit der Fläche $S = 4\pi\, r^2$. Der „sichtbare Bereich" stellt näherungsweise eine Kugelkappe dar, deren Fläche sich aus Formel (7.26) mit $\beta = \dfrac{\pi}{2}$ berechnet

$$S^* = 2\pi\, r^2(1 - \sin\alpha).$$

Damit haben wir durchschnittlich

$$24 \cdot \frac{S^*}{S} = 12\,(1 - \sin\alpha)$$

„brauchbare" Satelliten. α ist dabei nicht mit dem Höhenwinkel φ identisch, sondern es gilt nach Abb. 7.59

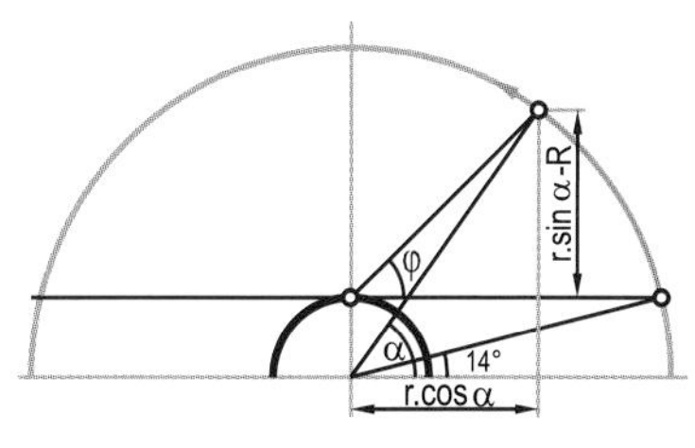

Abb. 7.59 Satelliten

$$\tan\varphi = \frac{r\,\sin\alpha - R}{r\,\cos\alpha}$$

Für $\varphi = 0$ stellt sich $\alpha = \arcsin\frac{R}{r} \approx 0{,}25$ (14°) ein. Dadurch ergeben sich durchschnittlich acht Satelliten. Zur exakten Positionsbestimmung braucht man „nur" vier Satelliten.

Soviele sieht man gerade noch für

$$\alpha = \frac{2}{3}\ (\approx 42^\circ) \Rightarrow \tan\varphi \approx 0{,}48 \Rightarrow \varphi \approx 26^\circ.$$

Und eine solche Einschränkung ist bei einer Bergwanderung relativ leicht vorhanden (Abb. 7.57), ganz zu Schweigen von einer Wanderung in der Großstadt (Abb. 7.58)!

Es sind tatsächlich Bestrebungen im Gange, die Zahl der Navigationssatelliten auf mindestens 32 aufzustocken. Sonst wird das Navigieren von Autos in engen Großstadtgassen zum Problem! ♠

Anwendung: Gewicht eines Antilopenhorns (Abb. 7.60)

Antilopen haben spiralenförmige Hörner mit charakteristischem Querschnitt. Der Umfang u des Basisquerschnitts und die Höhe h des Horns lassen sich relativ leicht schätzen. Die Dichte der Hornmasse ist etwa $2\,\mathrm{g/cm^3}$. Welche Last hat die Antilope zu tragen?

Abb. 7.60 Kudu, Onyx, Nyala

Lösung:

Hörner wachsen nach sog. „Helispiralen". Kennt man einen Querschnitt (alle anderen sind dazu ähnlich), kann man ihr Volumen nach dem Prinzip von *Cavalieri* mit dem eines Kegels von gleichem Querschnitt gleichsetzen. Es geht also um die Höhe, nicht aber um die Länge der gekrümmten Mittellinie! Wenn der Umfang u gegeben ist und der Querschnitt nicht extrem langgestreckt ist, begnügen wir uns mit folgender Näherung: Wir ersetzen den Querschnitt durch einen Kreis mit gleichem Umfang und verkleinern dann die Fläche dieses Kreises z.B. mit 2/3 – schließlich ist der Kreis jener geschlossene Linienzug, der bei gegebenem Umfang eine maximale Fläche umschließt. Der entsprechende volumsgleiche Kegel ist dann ein Drehkegel mit dem Volumen

$$V \approx \frac{2}{3}\Big(\frac{u}{2\pi}\Big)^2 \pi\,\frac{h}{3} \approx \frac{h\,u^2}{60}$$

Zahlenbeispiel: $u = 20\,\mathrm{cm}$, $h = 90\,\mathrm{cm} \Rightarrow V \approx 600\,\mathrm{cm}^3$. Beide Hörner zusammen hätten damit schätzungsweise etwas mehr als 2 kg Masse. Teile der Hörner sind allerdings hohl, sodass man das Gewicht etwas darunter anzusetzen hat.

Im Gegensatz zu den Geweihträgern werfen Hornträger ihren „Kopfschmuck" (den sie gelegentlich als gefährliche Waffe einsetzen, wie etwa die Onyx-Antilope in Abb. 7.60 Mitte) nicht alljährlich ab, können daher nicht abgewogen werden. Die obige Schätzung hat daher durchaus praktischen Wert. Problematischer als das Gewicht dürften die großen Hebelkräfte sein, die bei langen Hörnern auftreten. ♠

 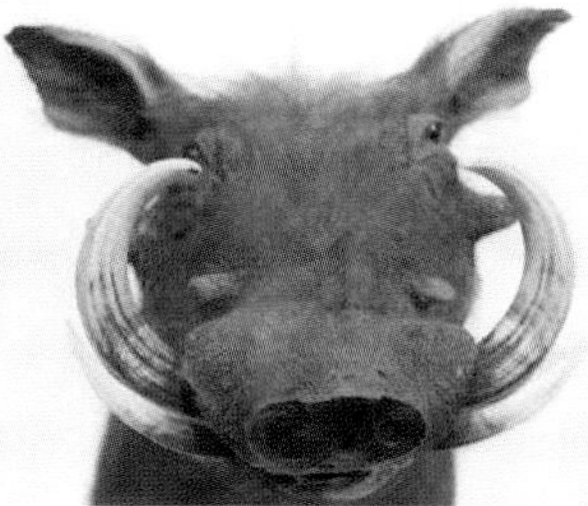 

Abb. 7.61 Hörner, Schnäbel, ja sogar Krallen und Stoßzähne sind Helispiralflächen

Anwendung: Markierung beim Trinkglas (Abb. 7.43)
In Anwendung S. 313 haben wir ein Trinkglas betrachtet, das durch Rotation einer Sinuslinie entsteht. Wo muss die 0,25 l-Markierung angebracht werden?

Lösung:
Diesmal verwenden wir das näherungsweise Integrieren. Für das Volumen des Trinkglases galt

$$V = \pi \int_0^h (a - b \sin \frac{2\pi}{h} t)^2 \, dt$$

(die Integrationsvariable wurde auf t „umgetauft"). Machen wir die Obergrenze des Integrals variabel (x), dann erhalten wir die „Volumenfunktion"

$$V(x) = \pi \int_0^x (a - b \sin \frac{2\pi}{h} t)^2 \, dt$$

in Abhängigkeit vom Flüssigkeitsstand x. Für $x = 12$ erhalten wir unsere 398 cm^3 von Anwendung S. 313.
Nun suchen wir die Lösung der Gleichung $V(x) = 250\,\text{cm}^3$, also die Nullstelle der Funktion $V(x) - 250 = 0$. Dies geschieht mit dem *Newton*schen Näherungsverfahren und führt auf $x = 8{,}64\,\text{cm}$: In dieser Höhe muss die Markierung angebracht werden. ♠

Anwendung: Wie viele Menschen wurden jemals geboren?
Abb. 7.62 links zeigt die Entwicklung der Gesamt-Erdbevölkerung. Man braucht kein Mathematiker zu sein, um die Brisanz der rot eingezeichneten Kurve zu erkennen. Wir stellen hier nur zwei unorthodoxe Fragen: Wie viele Menschen wurden jemals geboren und wie viele davon leben noch?

Lösung:
Die Fläche unter der Kurve kann als Maß für die Anzahl aller je geborenen Menschen interpretiert werden. Die Kurve fängt natürlich nicht erst im Jahr 0 an, sondern geht lange zurück. Man schätzt, dass vor 10000 Jahren etwa 5 Millionen Menschen gelebt haben. Nähern wir die rote Kurve im linken Bereich durch eine Gerade von (−8000/0,005) bis (0/0,3) an. der Beitrag jenseits dieses Zeitraums kann vernachlässigt werden. Eine numerische Integration zeigt dann, dass in den letzten 2000 Jahren etwa gleich viele Menschen geboren wurden, wie in all den Jahrtausenden davor (im Jahr 2045

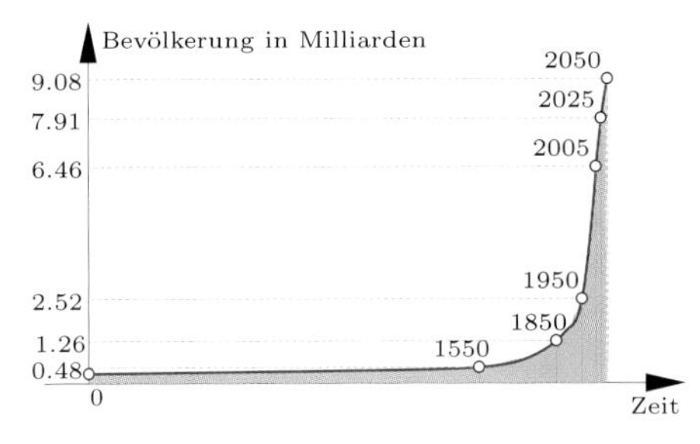

Abb. 7.62 Eine steile Aufwärtsbewegung...

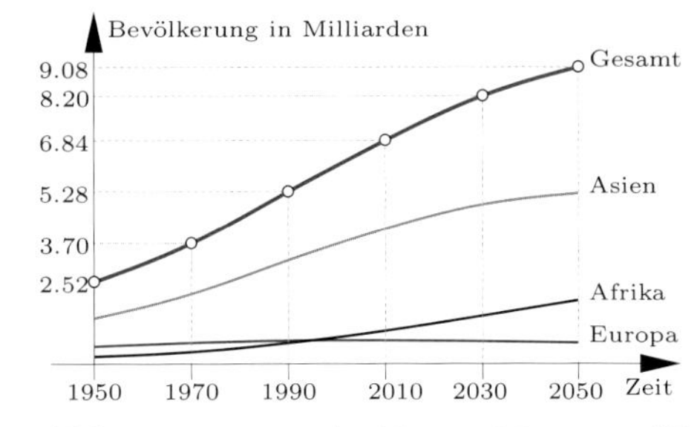

Abb. 7.63 ... mit absehbarem Maximum (?)

wird das Verhältnis schon deutlich zu Gunsten der rechten Hälfte ausfallen). Nun brauchen wir noch das Durchschnittsalter a eines heutigen Menschen. Es liegt unter 30 Jahren (in vielen Entwicklungs- und Schwellenländern sogar deutlich darunter, in Europa und Nordamerika wesentlich darüber). Bezeichnet y das aktuelle Jahr, dann ist der gesuchte Anteil p der Quotient zweier bestimmter Integrale:

$$p = \int_{y-a}^{y} f(x)\,dx \Big/ \int_{-\infty}^{y} f(x)\,dx$$

Konkret für $y = 2006$ haben wir $p = 0{,}06$. Das heißt, dass 6% aller je geborenen Menschen jetzt leben. Im Jahr $y = 2045$ werden es 9% sein.

Abb. 7.63 zeigt einen Detailausschnitt der roten Kurve in einem Zeitraum von 100 Jahren. Derzeit wächst die Weltbevölkerung jährlich um die Einwohnerzahl Deutschlands. Der rechte Teil der Kurve ist natürlich eine Hochrechnung[1]! Wenn sich diese bewahrheitet, ist eine Stabilisierung der Weltbevölkerung auf hohem Niveau zu Ende des Jahrhunderts in Sicht. Man sieht in dieser Hochrechnung auch, wie sich die Bevölkerungszahlen auf den einzelnen Kontinenten entwickeln werden. Offensichtlich hängt alles von Asien ab... ♠

Anwendung: Die Differentialgleichung der Kettenlinie (Abb. 7.64)
Man bestimme jene Kurve, die sich als Gleichgewichtslage eines „schweren Seils“ (oder z.B. einer Kette) einstellt. Solche *Kettenlinien* treten in der Technik häufig auf, insbesondere bei *Hängebrücken* (Abb. 7.65). Auch die „umgekehrte“ Kettenlinie wird bei *Bogenbrücken* mit Vorliebe verwendet, weil sie nur auf Druck, nicht aber auf Zug belastet wird.

Lösung:
Zur Berechnung der Gleichung der Kurve betrachten wir einen Kurvenpunkt $P(x/y)$ und einen Nachbarpunkt $Q(x + dx/y + dy)$ (Abb. 7.64). Das infinitesimal kleine Bogenelement PQ hat die Länge

$$ds = \sqrt{dx^2 + dy^2}$$

Das Gewicht $\overrightarrow{f}$ des Seilstücks von P nach Q ist zu dieser Länge ds proportional und greift in y-Richtung an.
Die Tangente in Q habe den Richtungsvektor $\overrightarrow{t_Q}$, jene in P den Richtungsvektor $\overrightarrow{t_P}$. Die beiden Zugkräfte in den Seilendpunkten P und Q wirken in

[1] http://esa.un.org/unpp/

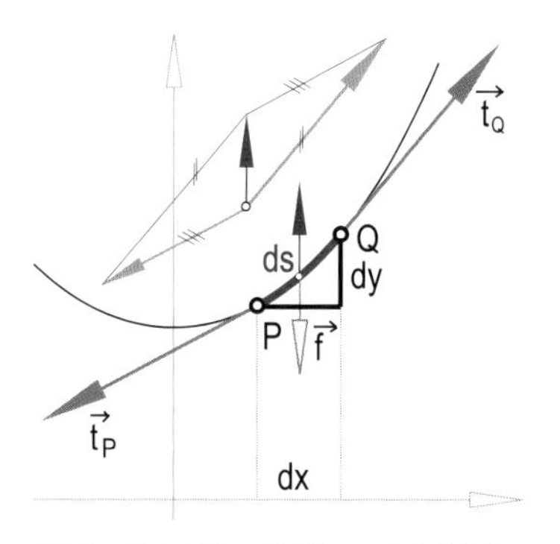

Abb. 7.64 Zur Differentialgleichung

Abb. 7.65 Gleich zwei Hängebrücken (Istanbul)

Richtung der Kurventangenten, sind also Vielfache der Tangentenvektoren. Gewicht und Zugkräfte müssen sich das Gleichgewicht halten, es muss also gelten:

$$A \cdot \overrightarrow{f} = B \cdot \overrightarrow{t_Q} + C \cdot \overrightarrow{t_P}$$

Ausführlich angeschrieben lautet die Vektorgleichung

$$A \begin{pmatrix} 0 \\ \sqrt{dx^2 + dy^2} \end{pmatrix} = B \begin{pmatrix} 1 \\ y\prime(x + dx) \end{pmatrix} + C \begin{pmatrix} -1 \\ -y\prime(x) \end{pmatrix}$$

Bei Vergleich der ersten Zeile sieht man, dass $B = C$ gilt. Wir dividieren die zweite Zeile durch B und erhalten

$$\frac{A}{B}\sqrt{dx^2 + dy^2} = y\prime(x + dx) - y\prime(x)$$

Setzen wir jetzt noch $A/B = a$ und dividieren die Gleichung durch dx:

$$a\frac{\sqrt{dx^2 + dy^2}}{dx} = \frac{y\prime(x + dx) - y\prime(x)}{dx}$$

Jetzt lässt sich der Grenzübergang $Q \to P: \; dx \to 0$ vollziehen:

$$a\sqrt{1 + y'^2} = y'' \qquad (7.32)$$

Diese Differentialgleichung ist offensichtlich von zweiter Ordnung (es kommt ja die zweite Ableitung vor). Weil y nicht vorkommt, kann man sie zunächst mit der Substitution $z(x) = y'(x) \Rightarrow z'(x) = y''(x)$ auf eine Differentialgleichung erster Ordnung reduzieren:

$$a\sqrt{1 + z^2} = z' \Rightarrow z'^2 = a^2(1 + z^2).$$

Diese wird üblicherweise mit dem Ansatz von Euler gelöst ($z = ue^{p \cdot x} + ve^{q \cdot x} \Rightarrow z' = p\,u\,e^{p \cdot x} + q\,v\,e^{q \cdot x}$, danach einsetzen in Formel (7.32) und Koeffizientenvergleich). Man kann die Lösung aber auch erraten:

$$z = \sinh\frac{x}{a} = \frac{e^{\frac{x}{a}} - e^{-\frac{x}{a}}}{2} \qquad (7.33)$$

Damit ergibt sich

$$y = \int z(x)dx = a\cosh\frac{x}{a} + C$$

Der Prototyp dieser Schar von Kurven lautet damit

$$y = a\cosh\frac{x}{a} \tag{7.34}$$

Der Scheitel $S(0/a)$ dieser *Kettenlinie* liegt dann auf der y-Achse. Für einen allgemeinen Scheitel $S(x_0/y_0)$ lautet die Gleichung

$$y = a\cosh\frac{x - x_0}{a} + (y_0 - a) \tag{7.35}$$

Alle Kettenlinien sind untereinander ähnlich (Faktor a) – so wie alle Kreise, alle Parabeln und alle gleichseitigen Hyperbeln (Anwendung S. 174). ♠

Abb. 7.66 „Kettenzylinder" als Dachform, von der Seilbahn aus gesehen

Anwendung: Bogenlänge der Kettenlinie

Man berechne die Bogenlänge im Intervall $x_1 \leq x \leq x_2$.

Lösung:

$$L = \int_{x_1}^{x_2} \sqrt{1 + y'^2}dx$$

mit $y' = \sinh\frac{x-x_0}{a} \Rightarrow \sqrt{1 + y'^2} = \cosh\frac{x-x_0}{a}$. Dieses Integral ist explizit auswertbar:

$$L = a(\sinh\frac{x_2 - x_0}{a} - \sinh\frac{x_1 - x_0}{a}). \tag{7.36}$$

Insbesondere gilt für $x_0 = 0$, $x_1 = 0$ und $x_2 = b$: $L = a\sinh\frac{b}{a}$. ♠

Anwendung: Kettenlinie mit minimaler Seilzugkraft in den Aufhängepunkten

Denken wir uns ein Seil zwischen zwei gleich hohen Punkten B und B^* aufgehängt (jeweiliger Abstand $\pm b$ von der y-Achse).

Das Seil zieht am Aufhängepunkt B mit einer Kraft F, die entgegengesetzt dem Tangentenvektor der Kurve wirkt und deren Betrag daher proportional zu dessen Länge $\sqrt{1+y'^2} = a\cosh\frac{b}{a}$ ist.
Nun suchen wir jene Seillänge aus, welche die geringste Seilkraft ausübt. Es muss also $\frac{dF}{da} = F'(a) = 0$ sein:

$$F'(a) = \frac{d}{da}(a\cosh\frac{b}{a}) = 1\cdot\cosh\frac{b}{a}+a\cdot\frac{-b}{a^2}\sinh\frac{b}{a} = 0 \Rightarrow \cosh\frac{b}{a}-\frac{b}{a}\sinh\frac{b}{a} = 0.$$

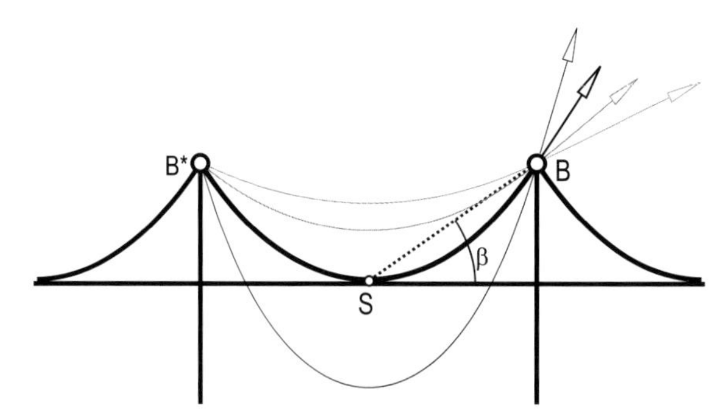

Abb. 7.67 Minimale Seilkraft im Aufhängepunkt B

Wir substituieren $u = \frac{b}{a}$. Dann ist die Gleichung $f(u) = \cosh u - u\sinh u = 0$ bzw.

$$1 - u\tanh u = 0$$

zu lösen. Dies geschieht näherungsweise mittels des *Newton*schen Verfahrens. Wir erhalten $u \approx 1{,}20$ und damit $a = \frac{b}{1{,}20}$. Der Scheitel hat dann in einem der Kurve angepassten Koordinatensystem die Koordinaten $S(0/a)$, der Punkt B die Koordinaten $B(b/a\cosh\frac{b}{a})$. Die Sehne SB ist unter dem Winkel β mit

$$\tan\beta = \frac{a\cosh\frac{b}{a} - a}{b} = \frac{a}{b}(\cosh\frac{b}{a} - 1) = \frac{1}{1{,}20}(\cosh 1{,}20 - 1) \approx 0{,}675$$

$$\Rightarrow \beta \approx 34°$$

geneigt. Dieser Winkel ist demnach von b unabhängig! Er ist allerdings so groß, dass er offensichtlich für praktische Anwendungen bei Überlandleitungen oder auch Hängebrücken nicht verwendet werden kann. Bei kleinerem β wird die horizontale Komponente der Seilkraft F größer, bei größerem β überwiegt der vertikale Anteil. ♠

Anwendung: Kette vorgegebener Länge durch zwei Punkte (Abb. 7.68)
Dieser in der Praxis häufig auftretende Fall führt ebenfalls auf eine Funktion $f(a) = 0$, die nur näherungsweise lösbar ist.

Seien $P_1(x_1/y_1)$ und $P_2(x_2/y_2)$ die Koordinaten von Anfangs- und Endpunkt, und l die gegebene Länge der Kette. Dann ist

$$f(a) = 2a \sinh \frac{x_2 - x_1}{2a} - \sqrt{l^2 - (y_2 - y_1)^2}.$$

Damit berechnet man

$$x_0 = x_1 + x_2 - 2a \operatorname{artanh} \frac{y_2 - y_1}{l}$$

– mit $\operatorname{artanh} = \frac{1}{2} \ln[(1 + x)/(1 - x)]$ – und in weiterer Folge

$$b = y_1 + a - a \cosh \frac{x_2 - x_0}{a}$$

Zahlenbeispiel:
$P_1(2/3)$, $P_2(8/5)$, $l = 8$ ($\Rightarrow$ $x_1 = 2$, $y_1 = 3$, $x_2 = 8$, $y_2 = 5$) $\Rightarrow$ $x_0 = 2{,}364$, $y_0 = 4{,}396$, $a = 1{,}678$.

♠

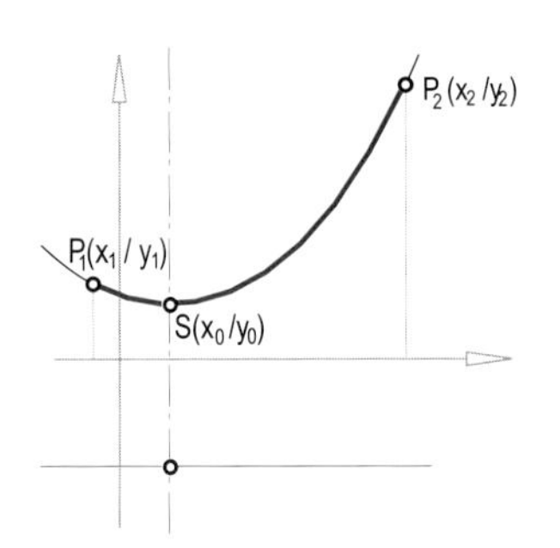

Abb. 7.68 Kette vorgegebener Länge

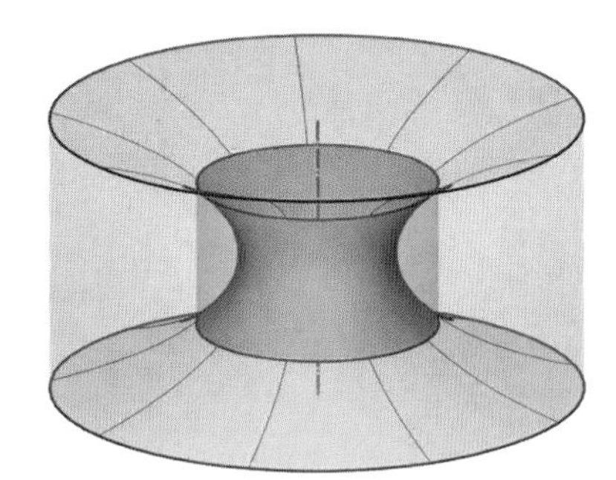

Abb. 7.69 Katenoid als Minimalfläche

Anwendung: Die Kettenfläche („Katenoid") als Minimalfläche (Abb. 7.69)
Wenn man ein Drahtgestell, das i. W. aus zwei parallelen Kreisen besteht, in eine Seifenlösung eintaucht, nimmt die entstehende Seifenhaut die Form eines Katenoids ein. Dieses entsteht durch Rotation der Kettenlinie um die x-Achse. Nun ersetze man den Meridian des Katenoids durch eine Parabel mit den gleichen Randpunkten und demselben Scheitel. Dadurch erhält man eine neue Drehfläche, die optisch kaum vom Katenoid unterscheidbar ist. Man zeige an einem konkreten Zahlenbeispiel, dass das Katenoid die kleinere Oberfläche hat.

Lösung:
Wir wählen der Einfachheit halber die „Standard-Kettenlinie" $y = \cosh x$. Die Randkreise seien durch $x_1 = -1$ und $x_2 = 1$ vorgegeben. Dann ist die Mantelfläche des entsprechenden Katenoids (in Abb. 7.69 dunkler eingezeichnet)

$$S = 2\pi \int_{-1}^{1} \cosh x \sqrt{1 + \sinh^2 x}\, dx = 2\pi \int_{-1}^{1} \cosh^2 x\, dx = 17{,}677$$

Die Näherungsparabel hat die Gleichung

$$y = (\cosh 1 - 1)x^2 + 1 \quad \Rightarrow \quad y' = 2(\cosh 1 - 1)x$$

Die entsprechende Oberfläche ist numerisch ausgewertet 17,680 – also nur 0,15 Promille größer. Immerhin...

Die Oberfläche des durch die Ringe definierten Drehzylinders ist für „nicht zu große Höhendifferenz" größer als die des zugehörigen Katenoids (stabile Form). Abb. 7.69 illustriert, dass die Zylinderoberfläche allerdings für weiter entfernte Randkreise durchaus kleiner als der Flächeninhalt des Katenoids sein kann – die „Minimalflächenbedingung" liefert nämlich nicht immer das *absolute* Minimum (instabile Form). Im Anhang über komplexe Zahlen werden wir noch einmal auf das Katenoid zu sprechen kommen (Anwendung S. 411). ♠

Anwendung: Differentialgleichung für den freien Fall mit Luftwiderstand

Man stelle die Fallgeschwindigkeit in Abhängigkeit von der Zeit dar.

Lösung:

In Anwendung S. 13 hatten wir die Newtonsche Widerstandsformel und mit ihr die Gleichung $m\,a = m\,g - c_W\,A\,\varrho \frac{v^2}{2}$. Dividieren wir durch m, erhalten wir

$$a = \frac{dv}{dt} = g - b\,v^2 \quad \text{mit} \quad b = \frac{c_W\,A\,\varrho}{2m}$$

Wir können die Variablen t und v trennen

$$dt = \frac{1}{g - b\,v^2}\,dv$$

und nun beide Seiten integrieren:

$$t = \int \frac{1}{g - b\,v^2}\,dv = \frac{1}{g}\int \frac{1}{1 - \frac{b}{g}v^2}\,dv = \frac{1}{g}\int \frac{1}{1 - (\sqrt{\frac{b}{g}}v)^2}\,dv$$

Mit der Substitution

$$x = \sqrt{\frac{b}{g}}\,v \Rightarrow dx = \sqrt{\frac{b}{g}}\,dv \Rightarrow dv = \sqrt{\frac{g}{b}}\,dx$$

erhalten wir

$$t = \sqrt{\frac{1}{b\,g}}\int \frac{1}{1 - x^2}\,dx = \sqrt{\frac{1}{b\,g}}\,\text{artanh}\,x \quad \text{(gemäß Formel (5.22))}$$

Bilden wir auf beiden Seiten den Tangens hyperbolicus, so erhalten wir x (und damit v) in Abhängigkeit von t:

$$x = \sqrt{\frac{b}{g}}\,v = \tanh\sqrt{b\,g}\,t \quad \Rightarrow \quad v = \sqrt{\frac{g}{b}}\,\tanh\sqrt{b\,g}\cdot t$$

Für $t \to \infty$ konvergiert der Tangens hyperbolicus gegen 1 und die Geschwindigkeit gegen die Endgeschwindigkeit $v_{\max} = \sqrt{g/b}$ (Anwendung S. 13).

Interessant ist in diesem Zusammenhang natürlich auch die Abhängigkeit des Fallwegs von der Zeit. Dazu müssen wir nochmals integrieren. Das Ergebnis lautet (ohne weitere Erklärung)

$$s(t) = 1/b \ln(\cosh \sqrt{b\,g}\,t)$$

Wer's nicht glaubt, braucht zur Probe nur $s(t)$ nach t mittels der Kettenregel zu differenzieren, was ja bekanntlich immer einfacher ist (man kann immer noch sagen: Man hat die Lösung erraten...). In der Praxis wird man in Formelsammlungen nachsehen, ob man das gesuchte Integral findet, oder aber mit Algebra-Systemen wie *Derive* arbeiten. ♠

Anwendung: Vektorfelder und Flusslinien

Ist zu jedem Punkt $P(x/y)$ eines Bereichs eine *Fortschreitrichtung* $y'(x,y)$ vorgegeben, dann gibt es i. Allg. Kurven, die diese Richtung „integrieren". Man bestimme die Integralkurven für $y' = -\frac{y}{x}$ (Abb. 7.70 links).

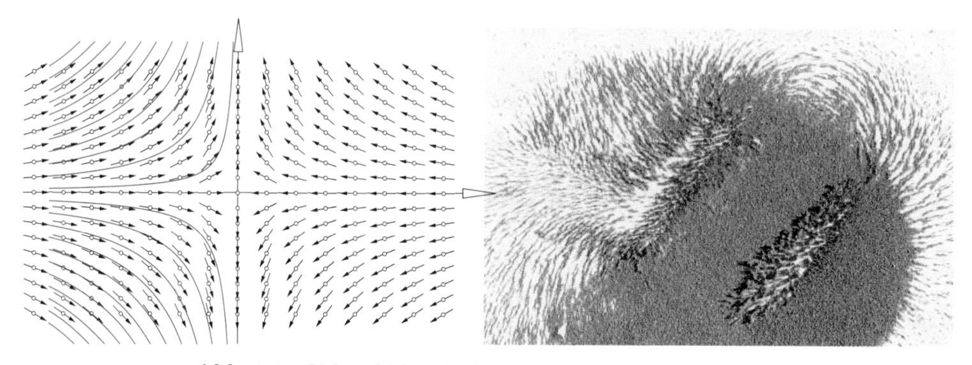

Abb. 7.70 Vektorfeld und Flusslinien in Theorie und Praxis

Lösung:
Mit $y' = \frac{dy}{dx}$ haben wir die Differentialgleichung $\frac{dy}{dx} = -\frac{y}{x}$ zu lösen. In diesem Fall lassen sich die Variablen x und y leicht trennen und es ist $\frac{dy}{y} = -\frac{dx}{x}$. Nachdem es beim Integrieren nicht auf die Bezeichnung der Variablen ankommt, können wir diese Gleichung mit Formel (7.10) integrieren und erhalten $\ln|y| = -\ln|x| + C$ bzw. $\ln|y| + \ln|x| = C$ (beide Seiten liefern eine Integrationskonstante, die wir auf der rechten Seite der Gleichung unter C anschreiben). Unter Anwendung der Rechenregeln für die Logarithmen haben wir $\ln|x\,y| = C \Rightarrow x\,y = \pm e^C = \pm a$. Dadurch werden alle möglichen gleichseitigen Hyperbeln mit den Koordinatenachsen als Asymptoten beschrieben (Anwendung S. 174).

Abb. 7.70 rechts zeigt Eisenspäne unter Einfluss eines Magnetfelds. Die zugehörige Differentialgleichung ist allerdings nicht so einfach zu lösen. Auch Strömungen in Flüssigkeiten und in der Atmosphäre kann man durch Vektorfelder beschreiben. ♠

8 Statistik und Wahrscheinlichkeitsrechnung

Das Wort Statistik wurde im beginnenden 19. Jhdt. in England und Frankreich in der Folge als Synonym zur „numerischen Beschreibung der Gesellschaft“ gebraucht. Dabei wurden noch keine Schlüsse von Daten auf Einzelpersonen gemacht. Erst im späten 19. Jahrhundert erlebte die Statistik mit der zunehmenden Anwendung mathematischer Methoden in den Naturwissenschaften einen Aufschwung.
Unter Statistik wird heute nicht nur die amtliche Statistik verstanden, sondern ein Zweig der Mathematik, der *Massenerscheinungen analysiert* und in weiterer Folge *Methoden zur Entscheidungshilfe* entwickelt. Etwas poetischer ausgedrückt könnte man auch sagen:
Statistik ist die Kunst, aus Daten zu lernen.
In der beschreibenden (deskriptiven) Statistik werden Daten sinnvoll geordnet, zusammengefasst und durch Grafiken, Tabellen oder Maßzahlen leicht erfassbar dargestellt. Dadurch soll das Charakteristische eines Datensatzes (einer Stichprobe) erkennbar werden. Um nun aus einer Stichprobe weiter gehende Verallgemeinerungen schließen zu können, braucht man das Fundament der Wahrscheinlichkeitsrechnung. Auf ihm aufbauend kommt man zu den Wahrscheinlichkeitsverteilungen, insbesondere auch zum „zentralen Grenzwertsatz“, mit dessen Hilfe Prognosen und Beurteilungen von statistischem Material möglich werden.

Übersicht

8.1 Beschreibende Statistik

Balkendiagramme, Histogramme, Kuchendiagramme

Das Balkendiagramm oder Histogramm besteht aus einer Reihe von Säulen oder Balken, deren Höhen und Flächeninhalte proportional zu gemessenen oder berechneten Werten sind.

Anwendung: Anzahl der Computer weltweit

Die unten angeführte Tabelle zeigt eine Statistik zur Anzahl der weltweit zur Verfügung stehenden Computer in den Jahren 1975–2010[1]. Auffällig ist, dass die Intervalle nicht immer gleich gewählt sind (2003 wird eingeschoben). Der Wert für 2010 ist als Prognose anzusehen.

Jahr	Anzahl (in Tausend)
1975	50
1980	2100
1985	33000
1990	100000
1995	225000
2000	523000
2003	738000
2005	896000
2010	1350000

In Abb. 8.1 wird auf der Abszisse die zeitliche Entwicklung und auf der Ordinate die zugehörige Computeranzahl eingezeichnet. Weiter sind zwei verschiedene Schätzungen für das Jahr 2010 zu sehen. Zu jedem Zeitpunkt lässt sich – durch Einzeichnen eines Ordners – die zugehörige Anzahl der Computer abschätzen, indem die Messdaten durch eine möglichst glatte Kurve verbunden werden.

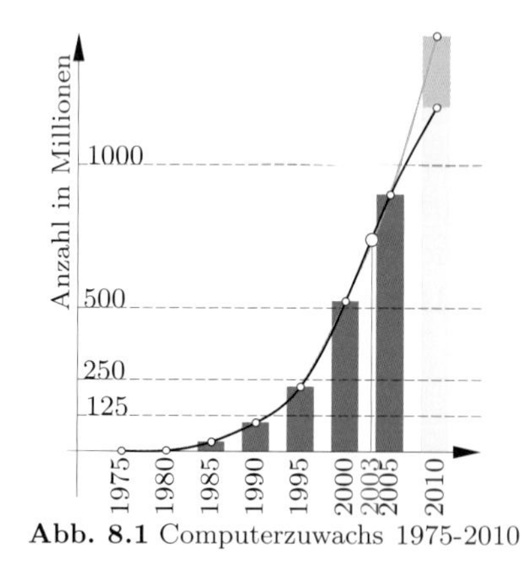

Abb. 8.1 Computerzuwachs 1975-2010

In Abb. 8.1 liegt somit eine Funktion vor. Vom Graphen der Funktion kennen wir einzelne Stützstellen. Durch glattes Verbinden der Stützstellen (Splinekurve) lässt sich der zugehörige Funktionsgraph einzeichnen (schwarz). Mögliche Extrapolationen nach rechts (Prognosen) sind schwarz bzw. grau eingezeichnet.
Der eingezogene Zwischenwert bei 2003 soll die Güte der Extrapolation testen.

♠

Balkendiagramme eignen sich gut, um zwei oder drei vergleichbare Datensätze einander gegenüberzustellen. Man zeichnet dann – am besten verschiedenfärbig – zugeordnete Balken nebeneinander. Eine andere Möglichkeit der Darstellung bieten die so genannten *Kreis- oder Kuchendiagramme*, die sich vorzugsweise dann einsetzen lassen, wenn wir mit Prozentsätzen arbeiten.

[1] `www.etforecasts.com/products/ES_pcww1203.htm`, Januar 2006.

Anwendung: Bevölkerungsprofil

Altersgruppe	1950	2007
0 – 19	30,2%	20,3%
20 – 39	25,3%	26,5%
40 – 59	28,9%	28,3%
60 – 79	14,4%	20,6%
80 – 99	1,2%	4,3%

Es ist zu untersuchen bzw. durch ein Balkendiagramm zu veranschaulichen, wie sich in Deutschland das Bevölkerungsprofil in den letzten 50 bis 60 Jahren (konkret: zwischen 1950 und 2007) verändert hat. Dazu verwende man die angegebene amtliche Statistik.

Lösung:
Hier haben wir es mit vergleichsweise wenigen Daten (oder besser: mit stark komprimierten Daten) zu tun, und bei etwas Gefühl für Zahlen kommt man mit der Tabelle bereits aus. Man sieht wenig überraschend „mit freiem Auge", dass der Anteil der jugendlichen Bevölkerung deutlich gesunken, der Anteil der älteren Bevölkerung hingegen gestiegen ist.

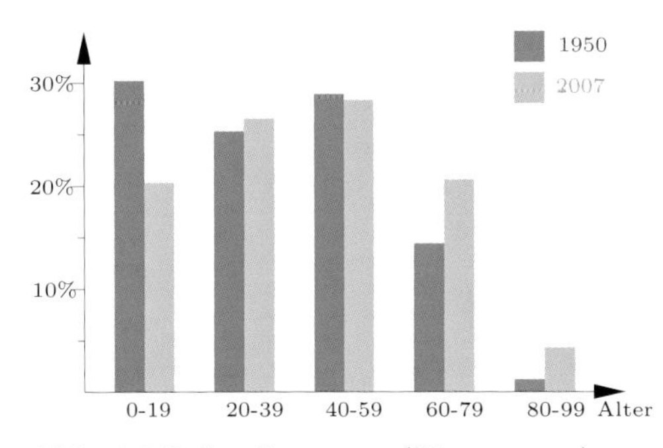

Abb. 8.2 Balkendiagramme (Histogramme) ...

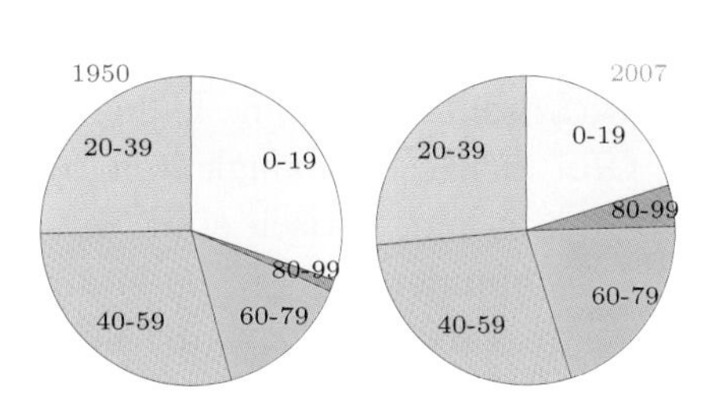

Abb. 8.3 ... und Kuchendiagramme

Zum *Balkendiagramm* Abb. 8.2 links: Auf der Abszisse tragen wir geeignete Intervalle für die fünf Altersgruppen auf. Darüber errichten wir Rechtecke passender Breite, deren Höhe zum jeweiligen Prozentsatz proportional ist. Nachdem nur zwei Spalten in der Tabelle vorliegen, zeichnen wir – in verschiedenen Farben – beide Rechtecke nebeneinander ein. Man sieht z.B., wie die damals Jungen die heutige Generation der 60 – 79-jährigen ausmachen.

Viele Menschen tun sich mit einer solchen grafischen Darstellung deutlich leichter als mit Kommazahlen – insbesondere wird jetzt das Verhältnis der einzelnen Prozentsätze pro Altersgruppe deutlicher. So sieht man, dass der Rückgang bei der jüngsten Altersgruppe im Vergleich geringer ist als der Anstieg bei den Älteren bzw. Ältesten. Insbesondere erkennt man, dass sich der hohe Prozentanteil der 0 – 19-jährigen vor knapp 60 Jahren heute im hohen Prozentsatz der 60 – 79-jährigen niederschlägt.

Zum *Kreisdiagramm* Abb. 8.2 rechts: Die Summe der Prozentsätze ist immer konstant, nämlich 100%. Jedem Prozentpunkt entspricht dann ein Sektor mit einem Öffnungswinkel von $360°/100 = 3{,}6°$.
Diesmal trennen wir die beiden Spalten der Tabelle. Die Farbgebung bezieht sich auf die Altersgruppen. Wo wir den Ausgangspunkt am Kreis setzen, bleibt uns überlassen. Wenn wir ihn so setzen, dass die Altersgruppe 20 – 39 bei 12 Uhr (dabei denken wir an das Ziffernblatt einer Uhr) beginnt, kann man bereits Folgendes relativ leicht sehen: Wenn im Wesentlichen die 20 bis

60-jährigen die „Nettozahler“ sind, bilden diese bei den beiden sonst so unterschiedlichen Verteilungen in Summe die knappe Mehrheit der Bevölkerung.

Deshalb funktioniert auch (noch) das Bildungssystem und Pensionssystem. Es ist allerdings ein offenes Geheimnis, dass daran gedacht wird, das Pensionsalter immer weiter hinaufzusetzen, um die Ausfälle bei den Nettozahlern, die bald durch das zwangläufige „Weiterdrehen des Rads“ entstehen werden, auszugleichen.
Wir sehen schon: Wenn wir nicht gerade eine Statistik über die Krümmung von Bananen oder die Anzahl der Pinselstriche in Gemälden machen, werden wir immer versuchen, aus einer Statistik etwas herauszulesen, was – zunächst einmal – gar nicht aufgelistet zu sein scheint. Wichtig ist, dass wir es mit „ehrlichen“ Daten zu tun haben. Erfundene Statistiken sind nicht einmal halb so spannend! ♠

Aufzeigen von Zusammenhängen

Statistiken sollten nicht nur Selbstzweck sein. Oft steckt recht offensichtlich Information in den Daten.

Anwendung: Spracherkennung mittels Buchstabenhäufigkeit

Wie häufig kommen die einzelnen Buchstaben in einem Text vor? Auch wenn man sich auf eine einzige Sprache beschränkt, kann man hier natürlich nur mit Stichproben arbeiten. Je mehr Text getestet wird, desto besser. Die Frage ist: Gibt es Gesetzmäßigkeiten bei der Buchstabenverteilung, die für jede Sprache charakteristisch sind? Im vorliegenden Fall wurde zunächst ein im Internet gefundener Text von Franz Kafka gewählt, der immerhin $n = 150\,000$ Anschläge aufweist. Das gibt bei 3500 Anschlägen pro Seite ein 43-seitiges Manuskript. Ordnen wir den Umlauten 'ä', 'ö' und 'ü' – die nur einen kleinen Prozentsatz aller Anschläge ausmachen – die Buchstaben 'a', 'o' und 'u' zu, und dem schon etwas häufigeren scharfen 'ß' den Buchstaben 's' (einfach gezählt). Groß- und Kleinbuchstaben unterscheiden wir nicht. Dann haben wir 26 verschiedene Klassen.
Wenn alle Buchstaben gleich oft vorkämen, könnten wir $(100/26)\% = 3{,}85\%$ Anteil für jeden Buchstaben erwarten. Abb. 8.4 (Vokale orange eingezeichnet) sagt uns auf einen Blick: Der Buchstabe 'e' ist unangefochtener Spitzenreiter, gefolgt vom Konsonanten 'n' und – etwa gleichauf – von 'i' und 'r'.

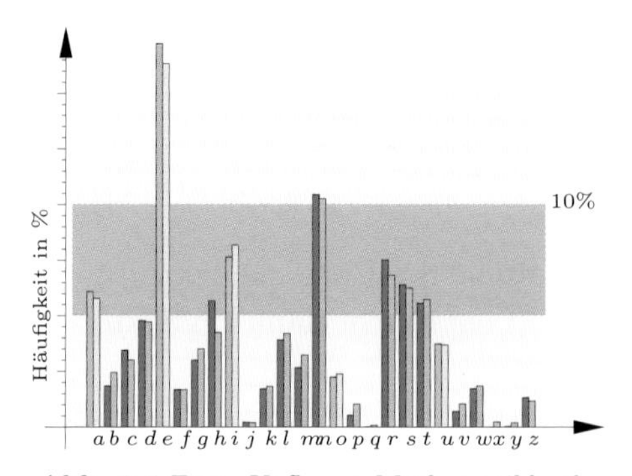

Abb. 8.4 Franz Kafka vs. Mathematikbuch

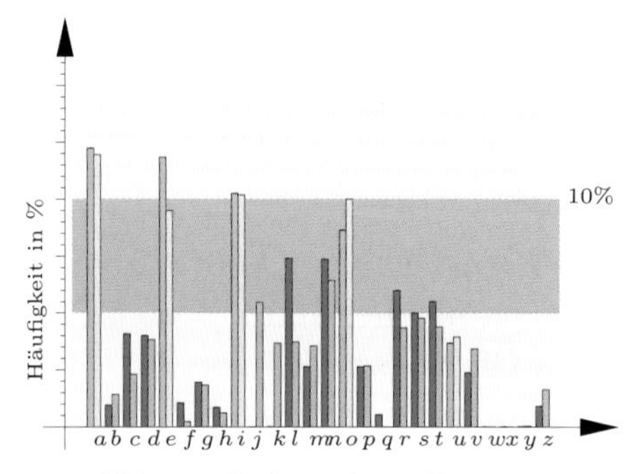

Abb. 8.5 Italienisch vs. Kroatisch

Nun ist es interessant, ob der Anteil an Buchstaben sich im Lauf der Zeit oder aber von Anwendung zu Anwendung ändert. In Abb. 8.4 ist die „klassische“ Verteilung jener beim *Mathematischen*

Werkzeugkasten gegenübergestellt (rechte, hellere Balken), das die neue Rechtschreibung schon berücksichtigt (wieder mit $n = 150\,000$). Qualitativ kommt dabei ein ähnliches Diagramm heraus wie bei Franz Kafka. Der 'e'-Anteil und der 'h'-Anteil sind etwas geringer, 'x' und 'y' sind zudem offensichtlich typisch mathematische Buchstaben.

In anderssprachigen Texten lassen sich ähnliche Vergleiche machen, wobei wieder relativ geringe Unterschiede zwischen einzelnen Texten auftreten. Im Englischen führt zwar wie im Deutschen 'e' die Liste an, dann folgen aber 't' und 'o'. Der Vokal 'a' hingegen kommt ebenso häufig wie 'i' vor. 'x' und 'y' sind auch im nicht-mathematischen Englisch vergleichsweise häufig.

Im Morse-Alphabet ist diese Häufigkeit berücksichtigt: Häufige Buchstaben – insbesondere das 'e' – haben eine kurzes Morsezeichen. Morse zählte zur Ermittlung der Buchstabenhäufigkeit den Setzkasten der Druckerei in Philadelphia, wo er 'e' 12000 Mal vorfand, 't' 9000 Mal und 'a', 'o', 'i', 'n' und 's' je 8000 Mal. Dies stimmt mit unserem Ergebnis überein.

Auf Grund solcher Diagramme liegt die Vermutung nahe, dass man die Sprache, in der ein Text geschrieben ist, bereits am Häufigkeitsdiagramm erkennt, so wie man eine Stimme an einem Frequenzdiagramm erkennen kann.

Nehmen wir zum Abschluss einen italienischen und einen kroatischen Text unter die Lupe (Abb. 8.5). Dabei ergibt sich ein völlig anderes Bild: In diesen Sprachen werden nämlich die ersten vier Plätze von den Vokalen 'a', 'e', 'i' und 'o' eingenommen. Im Kroatischen finden sich auffallend oft j und z, während f sehr selten und q und w gar nicht vorkommt. Trotzdem unterscheiden sich die beiden Sprachen relativ viel weniger von einander als etwa Deutsch und Kroatisch. ♠

Datenerhebung und Datenverdichtung

Die mathematische Statistik wird in den unterschiedlichsten Gebieten angewendet: Im Versicherungswesen ist z.B. die Statistik der Einbruchsdiebstähle, in der Metereologie die Entwicklung von Tiefdruckgebieten, in der Biologie der Zusammenhang zwischen der Population einer Käferart und der Anzahl der Erdbakterien, in der Medizin die Frage nach der Wirksamkeit von Medikamenten von Interesse.

Trotz der Vielfalt und Unterschiedlichkeit der Fragestellungen kann und soll man in der mathematischen Statistik nach einem grundlegenden Fahrplan vorgehen:
Zunächst wird man das *Problem ausformulieren.* Dabei müssen nicht selten erst klare Begriffe geschaffen werden. Wenn man z.B. den Prozentsatz der Alkoholiker in einem Land untersuchen will, ist zunächst einmal zu klären, was man unter einem Alkoholiker versteht. Wenn man die Anzahl der Verkehrstoten auf unseren Straßen zählen will: Überlebt ein Schwerverletzter mehr als 30 Stunden, fällt er dann aus der Statistik? (Das wird dzt. so gehandhabt.)
Nun geht es an die *Planung des Experiments*, insbesondere darum, wie viele Daten man mindestens ermitteln muss, um etwaige Schlüsse daraus überhaupt ziehen zu dürfen, und nach welchen Kriterien diese ausgesucht werden. Erst dann darf die *praktische Ausführung* folgen.
In einem weiteren Schritt werden die *Ergebnisse tabelliert* und beschrieben (Erstellen von Grafiken). Nicht selten müssen Daten auch sinnvoll komprimiert werden. Für das bessere Erfassen ist es wichtig, gewisse Maßzahlen der Statistik zu ermitteln. Die Lösung dieser Aufgabe fällt in den vorliegenden Abschnitt.
Der letzte Schritt ist wohl der entscheidende und auch der schwierigste: Der *Schluss von der Stichprobe auf die Grundgesamtheit.* Er kann nur funktionieren, wenn die voran gegangenen Schritte wohl überlegt und korrekt ausgeführt wurden. (Die mathematische Lösung wird in den folgenden Abschnitten erarbeitet.)

Der letzte Schritt entfällt, wenn *alle* Daten zur Verfügung stehen. Ein typisches Beispiel dafür sind Bevölkerungsstatistiken.

Anwendung: Alterspyramide

Untersucht man auf Grund einer Volkszählung die Altersverteilung der Bevölkerung, wird man z.B. alle Personen, die im selben Kalenderjahr geboren sind, zu einer Klasse zusammenfassen. Dabei kann man noch männliche und weibliche Personen unterscheiden. Abb. 8.6 stellt die beiden Histogramme gegenüber, indem man die relative Häufigkeit einer bestimmten Altersgruppe je nach Geschlecht nach oben oder unten aufträgt.

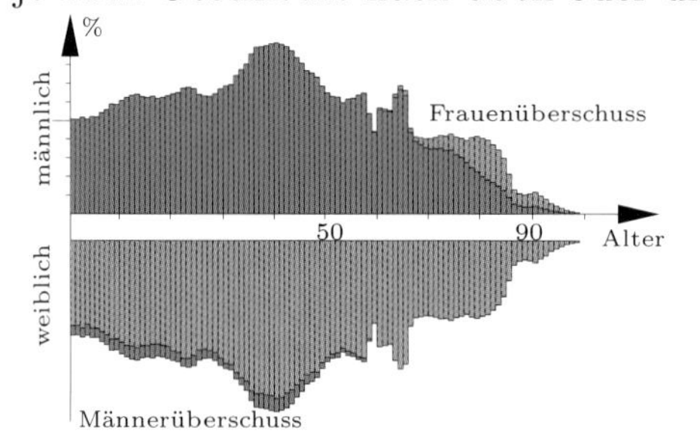

Abb. 8.6 Altersverteilung der österr. Bevölkerung 2005, aufgegliedert nach Geschlechtern.

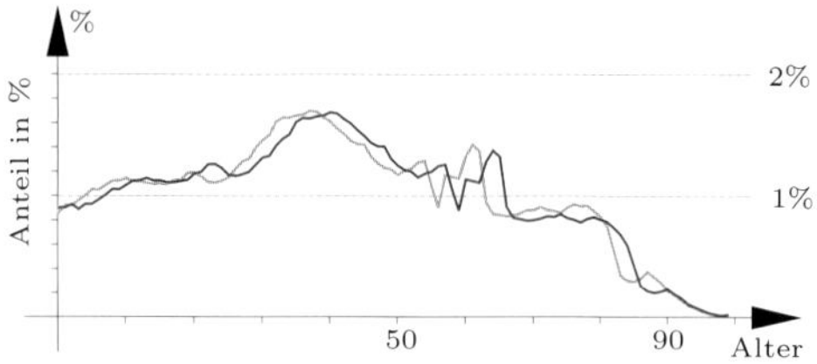

Abb. 8.7 Die Weiterentwicklung der Altersverteilung: Starke Geburtenjahrgänge „schieben sich nach rechts" (rote Kurve: 5 Jahre später).

Es werden zwei verschiedene Farben verwendet. Genau genommen werden auf beide Seiten beide Histogramme geplottet, allerdings in umgekehrter Reihenfolge. Dadurch wird die Differenz der beiden Häufigkeiten veranschaulicht. Im vorliegenden Beispiel sieht man, dass bis zum Alter von etwa 60 Jahren der männliche Anteil größer ist. Die Sachlage dreht sich dann aber um, und bei den 80-jährigen und noch Älteren liegt ein deutlicher Frauenüberschuss vor.

Eine solche Statistik ist für den Fachmann überaus aussagekräftig. Insbesondere kann damit ziemlich genau vorausgesagt werden, wie sich die Altersverteilung in den darauf folgenden Jahren entwickeln wird. Abb. 8.7 zeigt, wie sich die Jahrgänge im Lauf der Jahre „nach rechts schieben". Deswegen kann man z.B. schon relativ früh voraussagen, wann es einen Lehrerüberschuss bzw. einen Lehrermangel in gewissen Schulstufen geben wird.

Mittelwert, Median und andere Maßzahlen

Man kann die Daten einer Stichprobe mit einigen Maßzahlen verknüpfen, die helfen sollen, die Daten besser zu beurteilen.

Der *Mittelwert* $\overline{x}$ einer Messserie $x_i,\ i = 1, \cdots, n$ ist das arithmetische Mittel aller Werte:

$$\text{Mittelwert } \overline{x} = \frac{x_1 + x_2 + \cdots + x_n}{n} = \frac{1}{n} \cdot \sum_{i=1}^{n} x_i$$

Weiter gibt es sicher mindestens einen *Minimalwert* bzw. *Maximalwert*, und die Differenz der beiden Werte wird *Spannweite* genannt.

Wenn man die Zahlen der Größe nach geordnet aufschreibt, kann man nach einem Wert suchen, für den mindestens die Hälfte der Zahlen kleiner oder gleich groß, und mindestens die andere Hälfte größer oder gleich groß ist. Dieser Wert wird *Medianwert* oder *Zentralwert* genannt.

Ist die Anzahl der Daten gerade, dann kommen zwei Werte gleichberechtigt in Frage, und wir wählen das arithmetische Mittel. Mathematisch können wir das etwa so formulieren: Für eine der Größe nach geordnete (eindimensionale) Stichprobe $x_i(\, i = 1, \cdots, n)$ ist der Medianwert der Wert $x_{(n+1)/2}$, wenn n gerade ist, und der Wert $1/2 \cdot (x_{n/2} + x_{n/2+1})$, wenn n ungerade ist.

Anwendung: Monatslöhne
Wir betrachten die Monatslöhne in einer fiktiven Firmenabteilung mit einem Leiter (4000 Euro) und 3 weiteren Angestellten (je 2000 Euro). Die der Größe nach geordnete Datenmenge ist $\{2000,\ 2000,\ 2000,\ 4000\}$. Minimalwert ist 2000, Maximalwert 4000. Der Mittelwert ist $\frac{1}{4}(3 \cdot 2000 + 1 \cdot 4000) = 2500$. Der Median ist das arithmetische Mittel aus zweitem und dritten Wert, also 2000.

Der Median ist in diesem Fall schon deutlich niediger als das arithmetische Mittel. Noch extremer wird der Unterschied, wenn man die Gagen von Profisportlern heranzieht. Hier trifft der Median die Realität viel besser als der Mittelwert. In einem Ölscheichtum haben natürlich die meisten Menschen ein vergleichsweise niedrigeres – und einigermaßen gleich niedriges – Einkommen (das Median-Einkommen), während einige wenige Personen das Millionenfache auf ihren Konten bewegen. ♠

Mittelwert und Medianwert sind i. Allg. verschieden, und keiner der beiden Werte ergibt sich als arithmetisches Mittel von Minimal- und Maximalwert.
Der Median ist – im Gegensatz zum Mittelwert – zumindest bei ungeradem n ein Wert, der in der Stichprobe vorkommt. Anderseits sind wir es schon gewohnt, zu akzeptieren, dass z.B. ein Mitteleuropäer im Schnitt 0,8 Autos besitzt (der Median wäre wohl 1).

Anwendung: Die Mehrheit ist oft besser als der Durchschnitt
Wenn 90% aller Autofahrer innerhalb eines Kalenderjahres unfallfrei bleiben und die restlichen 10% genau einen Unfall haben, hat jeder Autofahrer durchschnittlich 0,1 Unfälle in diesem Zeitraum. Der Median hingegen ist nach Definition sicher 0, was auch die Versicherungen ausnützen. ♠

Anwendung: Das arithmetische Mittel macht nicht immer Sinn

Betrachten wir das größte und das kleinste Landsäugetier, also einen Elefanten (Masse 4 000 kg, Körperlänge 4 m) und eine Spitzmaus (Masse 4 g= 4/1000 kg, Körperlänge 4 cm). Das arithmetische Mittel liefert ein Tier mit 2 000 kg Masse und 2 m Körperlänge, also am ehesten ein Flusspferd.

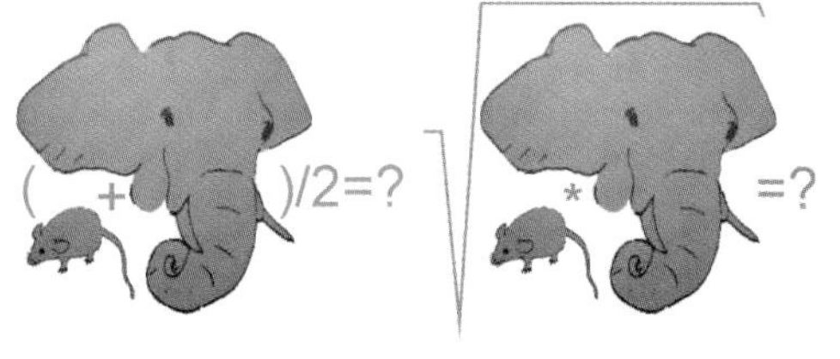

Abb. 8.8 Verschiedene Mittelwerte

Das geometrische Mittel $\tilde{x} = \sqrt{x_1 \cdot x_2}$ hingegen ergibt ein Lebewesen mit 40 cm Länge und 4 kg Masse, also so etwas wie eine Hauskatze. Zwischen Flusspferd und Elefant gibt es praktisch kein Säugetier mehr, während sich unter den 5 000 bekannten Säugetieren doch sicher hunderte Arten finden, die größer bzw. schwerer als eine Katze sind. ♠

Eine für die Wahrscheinlichkeitsverteilung (s.S. 377) wichtige Größe ist die *Varianz* bzw. *Streuung* oder *Standardabweichung*. Es handelt sich um die mittlere quadratische Abweichung vom Mittelwert $\overline{x}$. Sie gibt an, wie stark die Daten um $\overline{x}$ streuen. Je weniger, desto aussagekräftiger sind die Daten.

$$\text{Varianz } \sigma^2 = \frac{1}{n-1} \cdot \sum_{i=1}^{n} (x_i - \overline{x})^2, \quad \text{Streuung } \sigma = \sqrt{\sigma^2}$$

8.2 Wahrscheinlichkeit – Rechnen mit dem Zufall

Die Theorie zur Wahrscheinlichkeitsrechnung hat sich zunächst aus Fragestellungen bei Glücksspielen entwickelt. Dort findet man unter idealen Bedingungen exakte Wahrscheinlichkeiten. Die mathematische Statistik muss zusätzlich aber Methoden bereitstellen, die Zusammenhänge auch unter nicht idealen Bedingungen (wie sie in der Praxis meist auftreten) mit ausreichend hoher Sicherheit erkennen lassen, damit sinnvolle Prognosen gemacht werden können.
Der umgangssprachliche Begriff von Wahrscheinlichkeit wird allmählich präzisiert und mit dem Begriff der relativen Häufigkeit in Verbindung gebracht. Wir lernen, zwischen abhängigen und von einander unabhängigen Ereignissen zu unterscheiden.

Der Begriff *wahrscheinlich* ist in der Umgangssprache bereits vielfältig besetzt. Es ist wahrscheinlich oder unwahrscheinlich, dass es morgen regnet, ein gewisser Politiker die Wahl gewinnt, usw. Es ist eher wahrscheinlich, dass sich der Partner Sorgen macht, wenn man zwei Stunden zu spät kommt und am Mobiltelefon nicht erreichbar ist. Weiter ist es höchst wahrscheinlich, dass man sich alle Knochen bricht, wenn man aus 10 Metern Höhe auf die Straße springt, und es grenzt an ein Wunder, wenn das einmal nicht passiert. Die Wahrscheinlichkeit, vom Blitz getroffen zu werden ist höher als jene, dass der Chef einmal zugibt, im Unrecht zu sein.
Dem gegenüber steht der mathematische Wahrscheinlichkeitsbegriff, der durchaus nicht im Widerspruch zum subjektiven Empfinden sein muss. Im Wetterbericht wird uns prophezeiht, dass es morgen eine 60%ige Chance auf Regen gibt, die Umfragewerte ergeben einen 5%igen Vorsprung von Kandidat A auf Kandidat B, die Wahrscheinlichkeit, vom Blitz getroffen zu werden, ist höher, als jene, mit dem Flugzeug abzustürzen.

Anwendung: Freitag, der Dreizehnte

Manche sehen ihn als Glückstag, viele als Unglückstag. Die meisten glauben außerdem, diese Konstellation sei recht unwahrscheinlich. Der Dreizehnte kann aber nur einer der sieben Wochentage sein, und er kommt auch nicht seltener vor als der Zwölfte oder Vierzehnte. Also wird im Schnitt jeder siebente Dreizehnte auf einen Freitag fallen, und wir können das Ereignis durchschnittlich knapp zweimal im Jahr erleben.
Eine genauere Untersuchung der Verteilung der Dreizehnten jedes Monats auf Wochentage (und da ist es egal, wann wir mit unserer Berechnung beginnen) ergibt, beginnend mit Montag, das Verhältnis 685:685:687:684:**688**:684:687 bei der Häufigkeit der Wochentage. Den Freitag (fettgedruckt) trifft es demnach sogar unmerklich häufiger als die anderen Tage[2]. ♠

Anwendung: Die kleinen Freuden des Alltags (Abb. 8.9)

Bei mehr als 15 oder 20 Posten an der Kassa einen runden Euro-Betrag zu bezahlen (Foto links), kommt nicht oft vor. Gefühlsmäßig kann da jede Cent-Summe auftreten, sodass die Wahrscheinlichkeit 1 : 100 ist. Wenn allerdings alle Artikel 0,99€, 1,99€, usw. kosten, braucht man genau 100 Posten.
Die Wahrscheinlichkeit, beim zufälligen Blick auf den Kilometerstand 6 gleiche Ziffern zu erspähen (Abb. 8.9 rechts), ist nahezu null. Selbst wenn man

[2] `htp://www.brockhaus-multimedial.de`

auf die Zahl 222 222 wartet, ist die Chance nur mäßig, diese Kilometerleistung beim eigenen Auto zu erleben.

	EUR
TK-STIELEIS MINI MIX	2.49 A
TK-BIO GEMÜSE 750 g	1.99 A
BUTTERMILCH	0.45 A
SAUERRAHM	0.45 A
MAGERTOPFEN	0.45 A
ZITRONEN	0.79 A
JUNGZWIEBEL	0.39 A
BROT GESCHNITTEN	0.79 A
GURKEN	0.39 A
BRAT-/BACKFORM	2.99 B
Summe	31.00
19 Artikel	

Abb. 8.9 Links: Wie oft passiert es, dass man einen runden Betrag bei der Kassa zahlen muss und kein lästiges Restgeld in die Hand gedrückt bekommt? Rechts: Der Kilometerstand 222 222 beim eigenen Auto ist schon was Besonderes.

Nach einer Schätzung aus den USA [3] bringt es ein PKW im Schnitt auf 204 000 km. Immerhin 10% der amerikanischen Autos erleben 200 000 Meilen (≈ 322 000 km) und sind daher potentielle Kandidaten für die 333 333 km-Schwelle. Die 111 111 km erlebt man hingegen mit ziemlicher Sicherheit. ♠

Anwendung: Die Angst vor einem Haiangriff

Weltweit werden jährlich vielleicht 20-30 Menschen von Haien angegriffen, durchschnittlich 6 Menschen erliegen ihren Verletzungen. Das reicht aus, dass Milliarden Menschen Angst haben, weiter hinaus ins Meer zu schwimmen.

Abb. 8.10 Die Wahrscheinlichkeit, von einem Hai getötet zu werden, ist nahezu Null. Der Mensch ist eigentlich das Ungeheuer, das die Tiere – nur wegen der Flossen – zu Millionen abschlachtet (`www.sharkproject.org`).

Wenn wir bewusst niedrig schätzen, dass jedes Jahr vielleicht jeder tausendste Mensch zumindest einmal die theoretische Chance hat, beim Badeurlaub in der Nähe der gefürchteten Ungeheuer zu plantschen, haben wir 6 tatsächlich vorkommende und 7 Millionen mögliche Fälle, also ein Verhältnis von unter $1 : 1\,000\,000$, dass der Albtraum wahr wird.

---

[3] *Vehicle Survivability and Travel Mileage Schedules*. National Center for Statistics and Analysis (1/2006).

Interessanterweise tröstet es manche Menschen, dass etwa drei Viertel der angegriffenen Personen überleben, obwohl sich dadurch an der in Frage stehenden Größenordnung kaum mehr etwas ändert.
Zum Vergleich: Von 100 Millionen Menschen im deutschsprachigen Raum sterben jährlich etwa 7000 auf der Straße. Hier liegt die Wahrscheinlichkeit 70 Mal so hoch (70 : 1 000 000).
Im Gegenzug schlachten skrupellose Menschen 100 bis 200 Millionen Haie jährlich ab, oft nur, um an die begehrten Flossen zu gelangen (das Fleisch gilt als weniger schmackhaft). Die Wahrscheinlichkeit, dass ein Hai durch Menschenhand umkommt, ist demnach so hoch, dass diese Tiere nahezu vor der Ausrottung stehen. ♠

Wo haben wir es mit Wahrscheinlichkeiten zu tun?

Es ist vergleichsweise leicht, Anwendungsbeispiele zur Wahrscheinlichkeitsrechnung im täglichen Leben zu finden, allein schon deswegen, weil so viel im Leben und der Natur mit Zufälligkeit zu tun hat. Hier seien zwei genannt, die für den Laien zunächst überhaupt nicht in direktem Zusammenhang mit Statistik bzw. Wahrscheinlichkeit stehen:

Anwendung: Wenige Tore beim Fußball

Beim Fußballspiel fallen – verglichen mit anderen Ballspielen – wenige Tore. Ist das für eine schwächere Mannschaft eher gut oder eher schlecht?
Sagen wir, Mannschaft A hat in den letzten zehn vergleichbaren Spielen die Hälfte der Tore geschossen wie Mannschaft B.
Wenn A in der fraglichen Begegnung nun maximal ein Tor schießt, und B maximal zwei, dann sind die sechs Spielausgänge $0:0$, $0:1$, $0:2$, $1:0$, $1:1$, $1:2$ möglich. A verliert also in drei Fällen und gewinnt in einem Fall. In den restlichen zwei Fällen geht das Spiel unentschieden aus. In der Hälfte der Fälle macht A also zumindest einen Punkt ($50:50$).
Wenn A maximal zwei Tore schießt, und B maximal vier, dann sind die Spielausgänge $0:1$, $0:2$, $1:2$, $0:3$, $1:3$, $2:3$, $0:4$, $1:4$ und $2:4$ schlecht für A, die Unentschieden $0:0$, $1:1$ und $2:2$ immerhin ein Teilerfolg, und die Spielausgänge $1:0$, $2:0$ und $2:1$ ein Sieg. Diesmal erreicht A nur in 6 von 15 möglichen Fällen zumindest einen Punkt ($40:60$).
Man erkennt: *Je weniger Tore geschossen werden, desto eher erreicht die schwächere Mannschaft einen Punkt.* Das hängt damit zusammen, dass bei wenig Toren die Anzahl der Unentschieden prozentuell höher ist. ♠

Abb. 8.11 Wenige Tore spannender...

Abb. 8.12 Gasbläschen

Anwendung: Blasenbildung im Wassertopf (Abb. 8.12)
Wenn wir Wasser in einem Kochtopf zum Sieden bringen, entwickeln sich zunächst zufällig kleine Gasbläschen am Boden. Mit zunehmender Temperatur steigen Bläschen auf – der Physiker spricht hier von der Maxwellschen Geschwindigkeitsverteilung, auf die wir im nächsten Kapitel zurückkommen werden – und es bilden sich zufällig neue, größere, die das Wasser allmählich zum Wallen bringen.
Wenn der Topf mittig auf der Herdplatte steht, wird das Wasser trotz der ständig neuen Situation gleichmäßig aufwallen. In Summe gleichen sich also die Wahrscheinlichkeiten aus, und der Ort, an dem die Bläschen entstehen, spielt keine Rolle mehr. ♠

Gewinnaussichten als Motivation

Die Anfänge der Wahrscheinlichkeitstheorie gehen auf *Galileo Galilei*, *Blaise Pascal* und *Pierre de Fermat* im 17. Jahrhundert zurück. Es ging dabei um die Gewinnaussichten bei Glückspielen. Zu Beginn des 18. Jahrhunderts erschienen gleich zwei grundlegende Werke zur Wahrscheinlichkeitstheorie: Jene von Jakob Bernoulli (*Ars conjectandi*) und Abraham de Moivre (*The Doctrine of Chances*). Pierre Simon de Laplace verfeinerte die Theorien in seiner *Théorie analytique des probabilités* hundert Jahre später. Damit war der klassische Wahrscheinlichkeitsbegriff geprägt, wie er in der Spieltheorie noch heute verwendet wird. Später musste der Begriff so erweitert werden, dass er für die Statistik tauglich ist.

Klassische Experimente

- Wenn wir einen Spielwürfel werfen, ist eine Augenzahl zwischen eins und sechs zu erwarten. Niemand kann das Ergebnis voraussagen.
- Eine hochgeworfene Münze ist sozusagen ein Würfel mit nur zwei Augen („Kopf oder Wappen").

Abb. 8.13 Der Wurf einer Münze ist ein klassisches Experiment mit nur zwei möglichen Ergebnissen (außer, die Münze bleibt am Münzenrand stehen, was aber recht unwahrscheinlich ist). Das Werfen eines Reißnagels ist zwar ein Zufallsexperiment, nicht aber ein Laplace-Experiment, weil die Wahrscheinlichkeit, am Kopf zu liegen zu kommen, größer ist, als schräg liegen zu bleiben.

- Beim Ziehen einer Karte aus einem Kartenspiel gibt es auch eine genau definierte Anzahl von Möglichkeiten, aber wenn die Karten gut gemischt sind, ist das Ergebnis für jeden einzelnen Versuch nicht eindeutig vorhersehbar.
- Analoges gilt für das blinde Hineingreifen in eine Urne, in der sich lauter gleichartige, aber verschiedenfärbige Kugeln befinden.

Zufallsexperiment

Unter einem Zufallsexperiment (kurz *Experiment*) verstehen wir einen beliebig oft wiederholbaren Vorgang, der nach einer ganz bestimmten Vorschrift ausgeführt wird und dessen Ergebnis nicht eindeutig vorhergesagt werden kann, also „vom Zufall abhängt“.

Anwendung: Liegt ein Zufallsexperiment vor?

- Das Werfen eines Reißnagels ist ein Zufallsexperiment mit den beiden Ergebnissen: Spitze nach oben bzw. nicht nach oben.
- Das Herunterfallen eines Butterbrots ist streng genommen noch nicht genau genug definiert, um als Zufallsexperiment zu gelten: Das Ergebnis hängt nämlich stark von der Tischhöhe ab: Das Brot fällt nicht etwa deswegen auf die Butterseite, weil diese schwerer ist, sondern weil sich bei der üblichen Tischhöhe gerade mal eine halbe Drehung ausgeht.
- Die Auswahl einer Person zwecks Ermittlung diverser Daten (z.B. Cholesterinspiegel oder Telefonrechnung) oder das Überprüfen des Ablaufdatums einer Ware in einem Supermarkt *kann* ein Zufallsexperiment sein, wenn die Auswahlkriterien entsprechend vorgegeben sind. ♠

Das Ergebnis des Experiments

Ein Experiment hat nach Definition verschiedene Ergebnisse. Bei jedem Versuch kann ein vorgegebenes Ergebnis (*Ereignis*) A eintreffen oder auch nicht eintreffen. Führen wir das Experiment n Mal durch und tritt A insgesamt k Mal auf, so heißt k die *absolute Häufigkeit* von A. Die zugehörige *relative Häufigkeit* $h(A)$ ist dann definiert durch

$$h(A) = \frac{\text{Anzahl der Versuche, bei denen } A \text{ auftritt}}{\text{Gesamtzahl der Versuche}} \qquad (\Rightarrow 0 \leq h(A) \leq 1)$$

Anwendung: Knabe oder Mädchen (1)

In einer Geburtsklinik werden an einem Tag 14 Knaben und 16 Mädchen geboren. Die beiden möglichen Ereignisse sind A: Geburt eines Knaben, B: Geburt eines Mädchens. Die zugehörigen relativen Häufigkeiten sind $h(A) = 14/30 \approx 0{,}47$, $h(B) = 16/30 \approx 0{,}53$.

Durch zahllose Statistiken belegt ist, dass das Verhältnis Knaben : Mädchen bei der Geburt nicht genau 1 : 1 ist, sondern dass im Schnitt immer und überall mehr Knaben zur Welt gebracht werden. Siehe dazu Anwendung S. 382. Kleinere Unterschiede zwischen einzelnen Ländern hängen i.Allg. mit den Heiratsgewohnheiten zusammen: Ältere Mütter bekommen mit geringfügig höherer Wahrscheinlichkeit Knaben. ♠

Kann man Ereignisse miteinander verknüpfen?

Wir wollen Folgendes definieren:

Summen- und Produktereignis Wenn man jenes Ereignis betrachtet, bei dem entweder A oder B eintrifft, spricht man vom Summenereignis $A \cup B$. Jenes Ereignis, das eintritt, wenn sowohl A als auch B eintreffen, heißt Produktereignis $A \cap B$.

In verschiedenen Lehrbüchern finden sich alternative Schreibweisen für Summenereignis und Produktereignis: Statt $A \cup B$ wird auch $A + B$ oder $A \vee B$ geschrieben, statt $A \cap B$ auch AB oder

$A \wedge B$. Aus dem Zusammenhang ist meist leicht erkennbar, welche Schreibweise bevorzugt wird, und weil es keine Verwechslungsmöglichkeit gibt, stellt dies für uns auch kein Problem dar.

Anwendung: Ereignisse beim Zahlenwürfeln

A: Würfeln einer 6, B: Würfeln einer 3, C: Würfeln einer geraden Zahl. Dann ist nach Definition $A \cup B$: Würfeln einer durch 3 teilbaren Zahl, $A \cup C$: Würfeln einer geraden Zahl, $B \cup C$: Würfeln einer geraden Zahl oder einer Drei (bzw. auch: Würfeln einer von 1 und 5 verschiedenen Zahl)
und weiter
$A \cap B$: nicht möglich, $A \cap C$: Würfeln einer Sechs, $B \cap C$: nicht möglich.
Aus den Produkten sieht man sofort: Die Ereignisse A und B bzw. B und C schließen einander aus. ♠

Anwendung: Ankreutzeln

Ein Fragebogen bei einer Prüfung nach dem „amerikanischen System“ ist wesentlich leichter auszufüllen, wenn immer nur eine Antwort möglich ist, die Antworten also einander ausschließen. Bei Mehrfachantworten muss man oft wesentlich mehr Wissen einbringen. ♠

Für die relativen Häufigkeiten zweier Ereignisse A und B gilt:

$$A \text{ und } B \text{ schließen einander aus} \Rightarrow h(A \cup B) = h(A) + h(B),\ h(A \cap B) = 0 \tag{8.1}$$

$$\text{Allgemein gilt} \quad h(A \cap B) = h(A) + h(B) - h(A \cup B) \tag{8.2}$$

Beweis:
Seien wie in Formel (8.1) bzw. 8.2 A und B zwei Ereignisse, die bei einem Versuch eintreffen können. Bei n Versuchen können bei jedem Versuch genau vier Fälle eintreten:

1. A und B sind gleichzeitig eingetroffen (i Mal);
2. A ist eingetroffen, nicht aber B (j Mal);
3. B ist eingetroffen, nicht aber A (k Mal);
4. Weder A noch B sind eingetroffen ($n - i - j - k$ Mal).

Damit ist A genau $i+j$ Mal eingetroffen, B genau $i+k$ Mal, $A \cup B$ genau $i+j+k$ Mal und $A \cap B$ genau i Mal. Dies ergibt nach Definition die relativen Häufigkeiten

$$h(A) = \frac{i+j}{n},\ h(B) = \frac{i+k}{n},\ h(A \cup B) = \frac{i+j+k}{n},\ h(A \cap B) = \frac{i}{n}$$ ◇

Anwendung: Knabe oder Mädchen (2)

In Anwendung S. 346 mit den 30 Geburten (14 Knaben, 16 Mädchen) schließen einander die Ereignisse A und B (Geburt eines Knaben bzw. Mädchens) aus. Das Summenereignis $A \cup B$ heißt „Geburt eines Knaben oder Mädchens“ („Geburt“). Daher ist auch $h(A \cup B) = h(A) + h(B) = \frac{14}{30} + \frac{16}{30} = 1$. ♠

Anwendung: Fibonaccizahl und/oder Primzahl

Betrachten wir die natürlichen n Zahlen bis 20 und die Ereignisse
A: n ist Fibonaccizahl (S. 396) ($x \in \{2,3,5,8,13\}$),
B: n ist Primzahl ($n \in \{2,3,5,7,11,13,17,19\}$).
Es ist $h(A) = 5/20$, $h(B) = 8/20$, $h(A \cap B) = 4/20$, $h(A \cup B) = 9/20$. Tatsächlich gilt Formel (8.2). ♠

8.3 Der Wahrscheinlichkeitsbegriff

Wir haben jetzt schon so oft intuitiv das Wort *Wahrscheinlichkeit* verwendet, dass es an der Zeit wird, ihre Definition explizit anzugeben. Beginnen wir mit jener Definition, die auf Laplace zurückzuführen ist:

Klassische Definition der mathematischen Wahrscheinlichkeit
Die Wahrscheinlichkeit $P(A)$ eines Ereignisses bei einem Zufallsexperiment ist gegeben durch $P(A) = \dfrac{\text{Anzahl der Fälle, bei denen } A \text{ eintrifft}}{\text{Anzahl aller gleichmöglichen Fälle}}$

Wir brauchen also eine Anzahl gleichmöglicher Fälle. Untersuchen wir bei den uns bisher bekannten Beispiele, ob wir tatsächliche gleichmögliche Fälle vorliegen haben:

- Die geworfene Münze liefert nur zwei Fälle, und beide sind mit ausreichender Genauigkeit gleichmöglich. Damit ist die Wahrscheinlichkeit, dass die Seite A der Münze geworfen wird $P(A) = 1/2$.
- Bei Würfeln treten die sechs möglichen Ergebnisse im Idealfall auch gleich oft auf. So ist die Wahrscheinlichkeit, eine Vier zu würfeln, genauso hoch, wie die, eine Eins zu würfeln, nämlich $1/6$.
- Das Rollen / Werfen von regelmäßigen 12-Flächern (Dodekaedern, Abb. S.335) hat 12 gleichberechtigte Ergebnisse mit den Wahrscheinlichkeiten $1/12$.
- Beim Kartenspiel (mit n Karten) ist die Wahrscheinlichkeit, eine bestimmte Karte aus einem gut durchmischten Spiel zu ziehen, für alle Karten gleich groß, nämlich $1/n$. Dasselbe gilt beim zufälligen Entnehmen von n Kugeln aus einer Urne.

Abb. 8.14 Gleichmögliche Fälle

- Probleme bekommen wir mit der Laplace'schen Definition beim Werfen eines Reißnagels, weil dort die beiden Wahrscheinlichkeiten ungleich verteilt sind.
- Auch die menschliche Geburt ist streng genommen kein Laplace-Experiment, weil marginal mehr Knaben als Mädchen geboren werden.

Wahrscheinlichkeit und relative Häufigkeit

Wir sehen also, dass wir die ursprüngliche Definition ausweiten müssen. Den Ausgangspunkt bildet dabei die Erfahrung, dass das Eintreffen von Ereignissen bei den meisten Zufallsexperimenten auf lange Dauer gewissen Gesetzmäßigkeiten unterliegt. Diese Gesetzmäßigkeiten müssen natürlich durch Experimente belegt sein:

Definition der Wahrscheinlichkeit über die relative Häufigkeit
Wenn die relative Häufigkeit eines Ereignisses A bei zunehmender Zahl der Versuche gegen einen festen Wert konvergiert, nennt man diesen Wert die Wahrscheinlichkeit $P(A)$ des Ereignisses A bei betreffenden Zufallsexperimenten.

Der klassische Wahrscheinlichkeitsbegriff fügt sich nahtlos in die verallgemeinerte Definition ein. Bei ihm geht man von der Gleichwahrscheinlichkeit der Fälle aus.

Anwendung: „Wird sich schon wieder Einpendeln“

Man ist versucht, zu sagen: die relative Häufigkeit „pendelt sich ein“. Dieser Begriff erweckt aber den Eindruck, als ob es eine gewisse „Rückstellkraft“ gäbe. So etwas gibt es aber nicht (siehe dazu S. 367), sondern nur folgende Aussage:

Abb. 8.15 Es gibt kein „Einpendeln“ in der Wahrscheinlichkeit!

Eine „zeitweise zu hohe Häufigkeit“ wird nur dadurch „abgebaut“, dass die Zahl der Versuche (also der Nenner) steigt und nicht die absolute Anzahl eines Ereignisses zukünftig geringer ansteigt.

Dieser wichtigen Tatsache sollte man sich immer bewusst sein. Zufallsexperimente können sich nicht „merken“, was vorher passiert ist! ♠

Anwendung: Werfen eines Reißnagels

Um festzustellen, ob sich beim Werfen eines Reißnagels eine bestimmte Wahrscheinlichkeit abzeichnet, werfe man diesen 50 Mal, dann z.B. weitere 50 Mal usw. Man kann die Sache auch abkürzen, wenn man 50 Reißnägel auf einen Tisch leert. Allerdings kann es dabei zu gegenseitiger Beeinflussung kommen, wie in Abb. 8.13 rechts zu sehen ist.

Die relativen Häufigkeiten der beiden möglichen Ereignisse werden sich ab einer gewissen Wurfzahl nur noch in der zweiten, später nur mehr in der dritten Kommastelle ändern. Noch genauere Ergebnisse machen bei diesem Beispiel keinen Sinn. ♠

Es kann durchaus vorkommen, dass empirisch ermittelte Wahrscheinlichkeiten sich im Lauf der Zeit ändern. So hat man festgestellt, dass sich die Geschlechterverteilung bei den Geburten bei Änderung der Lebensgewohnheiten (zunehmendes Alter der Mutter bei der Erstgeburt) zumindest ab der dritten Kommastelle zugunsten des männlichen Anteils ändert.

Die soeben eingeführte Wahrscheinlichkeit ist also das theoretische Gegenstück zur empirischen relativen Häufigkeit. Dementsprechend fällt es uns nicht schwer, gewisse naheliegende Annahmen, die nicht weiter begründet werden, von den relativen Häufigkeiten zu übernehmen. Dieses sog. Axiomensystem geht auf A.N. Kolmogoroff (1933) zurück.

Aus diesen Axiomen kann man nun Schlussfolgerungen ziehen. Betrachten wir z.B. zwei entgegengesetzte (komplementäre) Ereignisse A und $\overline{A}$:

Wenn A eintrifft, dann trifft $\overline{A}$ nicht ein, und umgekehrt. Damit ist $A \cup \overline{A}$ ein sicheres Ereignis, und wir können das zweite und dritte Axiom anwenden:

$$P(A) + P(\overline{A}) = P(A \cup \overline{A}) = P(S) = 1.$$

Dies führt zu folgender in der Praxis oft verwendeten Formel für die Gegenwahrscheinlichkeit:

Für entgegengesetzte Ereignisse gilt $P(A) = 1 - P(\overline{A})$

Anwendung: Werfen mit zwei Würfeln

Wie groß ist die Wahrscheinlichkeit, dass man mit zwei Würfeln maximal 11 Augen erreicht (Ereignis A)?

Lösung:

Dies kann man entweder kompliziert lösen, indem man sich alle Fälle aufschreibt, bei denen sich eine Augensumme kleiner oder gleich 11 ergibt, oder aber man betrachtet das entgegengesetzte Ereignis $\overline{A}$: Die Augensumme ist größer als 11, d.h. gleich 12. Das erreicht man aber nur mit zwei Sechsen. Unter all den 36 gleichwahrscheinlichen Konstellationen (6 Möglichkeiten für den ersten Würfel und dazu je 6 Möglichkeiten für den zweiten Würfel) gibt es nur eine, bei der $\overline{A}$ zutrifft. Damit ist $P(\overline{A}) = 1/36$ und $P(A) = 1 - P(\overline{A}) = 35/36$. ♠

Addieren und Multiplizieren von Wahrscheinlichkeiten

Wir verallgemeinern und definieren die Summe von m Ereignissen $A_1 \cup A_2 \cup \cdots \cup A_m$ als jenes Ereignis, das genau dann eintritt, wenn wenigstens eines der genannten Ereignisse eintrifft. Analog definieren wir das Produkt von m Ereignissen mit $A_1 \cap A_2 \cdots \cap A_m$ und verstehen darunter jenes Ereignis, das genau dann eintritt, wenn alle genannten Ereignisse gleichzeitig eintreffen. Aus dem 3. Axiom folgt durch Induktion für einander gegenseitig ausschließende Ereignisse $A_1,\ A_2,\ \cdots,\ A_m$

$$P(A_1 \cup A_2 \cup \cdots \cup A_m) = P(A_1) + P(A_2) + \cdots P(A_m)$$

Anwendung: Drei verschiedene Ergebnisse

Wie wahrscheinlich ist es, beim gleichzeitigen Werfen von drei Würfeln drei verschiedene Augenzahlen zu erhalten?

Lösung:
Wir haben es mit $6 \cdot 6 \cdot 6 = 216$ voneinander unabhängigen gleichwahrscheinlichen Ereignissen zu tun (jede Einzelwahrscheinlichkeit ist $1/216$).

Abb. 8.16 Bei diesem Wurf stimmen zwei Augenzahlen überein. Abgesehen davon ist der Wurf ungültig, weil der rote Würfel nicht aufliegt.

Wenn beim ersten Würfel die Eins erscheint, dann bleiben beim zweiten Würfel nur 5 Möglichkeiten und beim dritten gar nur vier, damit keine Ziffernwiederholung auftritt. Macht $5 \cdot 4 = 20$ Möglichkeiten. Ebenso viele Möglichkeiten ergeben sich für die Zwei am ersten Würfel, usw. Das ergibt $6 \cdot 20 = 120$ Möglichkeiten, und die Summenwahrscheinlichkeit ist nach dem Additionssatz $120 \cdot 1/216 = 5/9$, also etwa 56%. ♠

Anwendung: Zwei Fragen am Beginn der Wahrscheinlichkeitsrechnung

Abb. 8.17 Würfelspielen war im 17. Jhdt. sehr populär. Wenn man allerdings an den Glückspielboom der letzten Zeit denkt...

Galileo Galilei konnte dem Fürst der Toskana folgende über Jahrhunderte diskutierte Frage beantworten: Warum erscheint beim Wurf dreier Würfel die Summe 10 öfter als die Summe 9, obwohl beide Summen auf 6 Arten eintreten können? *Blaise Pascal* löste für den Chevalier de Méré (einen Philosophen und Literaten am Hof Ludwig des XIV.) u.A. die Frage: Ist es wahrscheinlicher, mit einem Würfel bei 4 Würfen eine Sechs zu werfen, oder aber mit zwei Würfeln bei 24 Würfen eine Doppelsechs?

Lösung:
Zunächst zur Aufgabe von *Galilei*:
Insgesamt haben wir $6^3 = 216$ gleichwahrscheinliche Fälle. Die Ziffernsummen 9 bzw. 10 können beide auf 6 Arten erreicht werden:

$$9 = 1+2+6 = 1+3+5 = 1+4+4 = 2+2+5 = 2+3+4 = 3+3+3$$
$$10 = 1+3+6 = 1+4+5 = 2+2+6 = 2+4+4 = 2+3+5 = 3+3+4$$

Tripel mit drei verschiedenen Augenzahlen, z.B. (1,2,6), können auf je $3 \cdot 2 \cdot 1 = 6$ Arten auftreten, Tripel mit zwei gleichen Augenzahlen, z.B. (1,4,4), nur auf 3 Arten und das Tripel (3,3,3) kann gar nur einmal auftreten. Deshalb sind für die Augensumme 9 nur 25 Arten möglich, für die Augensumme 10 aber 27. Die beiden Summen treten also mit den Wahrscheinlichkeiten $25/216 \approx 0{,}116$ bzw. $27/216 = 0{,}125$ auf. Immerhin tritt die Augensumme 9 oder 10 im Schnitt fast jedes vierte Mal auf.

Wenn man bedenkt, wie viele Versuche man machen muss, um den doch geringfügigen Unterschied in den Wahrscheinlichkeiten schlüssig zeigen zu können, kann man sich nur wundern, dass die Tatsache so bekannt war. Wir werden im nächsten Kapitel erarbeiten, bei welcher Gesamtheit man Hypothesen mit welcher Signifikanz testen kann.

Nun zur Frage des *Chevalier de Méré*:
Viermaliges Würfeln mit einem Würfel liefert 6^4 gleichmögliche Fälle. Das Gegenereignis zu „mindestens eine Sechs würfeln" heißt „keine Sechs würfeln". Dafür gibt es 5^4 Möglichkeiten und somit die Wahrscheinlichkeit $(5/6)^4 \approx 0{,}482$. Die gesuchte Gegenwahrscheinlichkeit ist $1 - 0{,}482 = 0{,}518$.
Ein Wurf mit dem Doppelwürfel hat 36 gleichmögliche Ereignisse, darunter (mit der Wahrscheinlichkeit von 1/36) die Doppelsechs. Das Gegenteil von „mindestens eine Doppelsechs" ist das Ereignis „keine Doppelsechs" (Wahrscheinlichkeit 35/36). Wenn das 24 Mal hintereinander auftreten soll, geschieht dies mit der Wahrscheinlichkeit $(35/36)^{24} \approx 0{,}509$. Die gesuchte Gegenwahrscheinlichkeit ist $1 - 0{,}509 = 0{,}491$, und dieses Ereignis ist marginal unwahrscheinlicher.

Die Zusatzfrage de Méré's ist auch erwähnenswert: Wenn also die Wahrscheinlichkeit der Doppelsechs mit dem Doppelwürfel etwas geringer als 50% ist, ab wie vielen Würfen übersteigt sie die 50%? Sei n diese Anzahl. Die Gegenwahrscheinlichkeit muss jetzt kleiner als 0,5 sein: $(35/36)^n < 0{,}5$. Bilden wir auf beiden Seiten den Kehrwert (wobei wir das Ungleichheitszeichen umdrehen müssen):

$$(\frac{36}{35})^n > 2$$

Dies löst man durch Probieren oder durch Logarithmieren:

$$n \cdot \log\frac{36}{35} > \log 2 \;\Rightarrow\; n > 24{,}6$$

Ab 25 Würfen wird es somit günstig, auf die Doppelsechs zu wetten.
Eine weitere – völlig anders geartete – Frage de Méré's lautete: Zwei Spieler A und B vereinbaren, dass derjenige, der zuerst 5 mal beim Münzenwerfen gepunktet hat, den Einsatz gewonnen hat. Nach 7 Würfen wird das Spiel abgebrochen, wobei A bereits viermal, B erst dreimal gepunktet hat. Wie ist der Einsatz zu teilen?
Pascal löste die Frage wie folgt: A gewinnt mit der Wahrscheinlichkeit 0,5 beim nächsten Wurf. Also steht ihm schon das halbe Preisgeld zu. Wenn A den nächsten Wurf verliert, hat B auch 4 Punkte, und beide haben nun die gleiche Chance, das restliche Preisgeld zu gewinnen. Folglich ist das Preisgeld im Verhältnis 3 : 1 für A zu teilen. ♠

Anwendung: Toto-Gewinne

Wie groß ist die Wahrscheinlichkeit für einen Toto-Zwölfer bzw. Toto-Elfer? Wie groß ist die Wahrscheinlichkeit, maximal einen Tipp richtig zu haben?

Lösung:

Bei einem Fußballspiel kann die erste Mannschaft gewinnen (Tipp 1), die zweite Mannschaft gewinnen (Tipp 2), oder aber das Spiel geht unentschieden aus (Tipp X). Man muss bei 12 Spielen hintereinander den Ausgang richtig erraten, um einen Zwölfer zu haben. Bei jedem Spiel ist die Wahrscheinlichkeit 1/3. Nach der Produktregel ist die Wahrscheinlichkeit dafür

$$\underbrace{\frac{1}{3}\cdot\frac{1}{3}\cdots\frac{1}{3}}_{12\text{ Mal}} = \frac{1}{3^{12}} \approx \frac{1}{500\,000}$$

Für einen Elfer muss genau ein Tipp falsch sein (Wahrscheinlichkeit 2/3), alle anderen Tipps wieder richtig. Ist z.B. der erste Tipp falsch und alle anderen sind richtig, dann haben wir dafür die Wahrscheinlichkeit

$$\frac{2}{3}\cdot\underbrace{\frac{1}{3}\cdot\frac{1}{3}\cdots\frac{1}{3}}_{11\text{ Mal}} = \frac{2}{3^{12}} \approx \frac{1}{250\,000}$$

Allerdings könnte auch genau der zweite oder genau der dritte Tipp falsch sein, usw. Das ergibt folglich den 12-fachen Wert, also etwa 1/20 000, für den Elfer.

Es ist auch gar nicht so leicht, überhaupt keinen Tipp richtig zu haben, denn die Wahrscheinlichkeit dafür ist

$$\underbrace{\frac{2}{3}\cdot\frac{2}{3}\cdots\frac{2}{3}}_{12\text{ Mal}} = (\frac{2}{3})^{12} \approx \frac{1}{130}$$

Die Wahrscheinlichkeit, genau einen richtigen Tipp abzugeben, ist mit analogen Überlegungen wie vorhin beim Elfer

$$12\cdot\frac{1}{3}\cdot\underbrace{\frac{2}{3}\cdot\frac{2}{3}\cdots\frac{2}{3}}_{11\text{ Mal}} = 4\cdot(\frac{2}{3})^{11} \approx \frac{1}{22}$$

In Summe wird damit nur jeder 19. zufällig ausgefüllte Totoschein höchstens ein Spielergebnis richtig haben.

Das Ergebnis des Aufeinandertreffens zweier Fußballmannschaften ist allerdings kein Zufallsereignis. Bei Kenntnis der vorangegangenen Spiele beider Mannschaften kann man deswegen seine Chancen auf einen Zwölfer deutlich erhöhen.

♠

Anwendung: Doppelt hält besser

Zwei verschiedenartige Früherkennungsgeräte entdecken einen Tumor mit

70%iger bzw. 80%iger Wahrscheinlichkeit. Wie groß ist die Wahrscheinlichkeit, dass der Tumor beim gleichzeitigen Einsatz beider Geräte entdeckt wird?
Wir beantworten zunächst das entgegengesetzte Ereignis: Der Tumor wird weder vom ersten noch vom zweiten Gerät entdeckt. Das Ereignis A, vom ersten Gerät nicht erkannt zu werden ist, hat die Wahrscheinlichkeit $P(A) = 0{,}3$, das Ereignis B, vom zweiten Gerät nicht erkannt zu werden ist, hat die Wahrscheinlichkeit $P(A) = 0{,}2$. Damit ist $P(A \cap B) = 0{,}2 \cdot 0{,}3 = 0{,}06$. Der Tumor wird mit nur 6% nicht erkannt, oder aber: er wird mit 94%iger Wahrscheinlichkeit von mindestens einem der beiden Geräte erkannt.
In der Praxis kann es durchaus vorkommen, dass scheinbar unabhängige Geräte dasselbe Prinzip zugrunde liegen haben. In diesem Fall stimmt die Rechnung nicht mehr. ♠

8.4 Bedingte und unabhängige Ereignisse

Bisher haben wir schon oft mit unabhängigen Ereignissen gerechnet: *Neues Spiel, neue Chance*, heißt es so treffend im Casino-Jargon. Beim Würfeln ergibt sich immer wieder die gleiche Wahrscheinlichkeit, egal, wie oft wir schon gewürfelt haben. Wir wollen jetzt die Wahrscheinlichkeit von abhängigen Ereignissen untersuchen.

Anwendung: Man beachte die Rückseite
Auf dem Regal eines Obststands (Abb. 8.18) befinden sich 10 Früchte, von denen 3 auf der Rückseite faulig sind. Man greift nun eine Frucht heraus und legt sie, weil man sie für in Ordnung empfindet, in den Einkaufskorb. Wie groß ist die Wahrscheinlichkeit, dass dasselbe für die nächste Frucht klappt?

Abb. 8.18 Links: Die Früchte, die zur Auswahl stehen, sehen wunderbar aus. Rechts: So schön sie auf der Vorderseite ausgesehen haben: Einer der beiden Äpfel ist nicht mehr in Ordnung!

Das Experiment sei das Ziehen einer Frucht aus 10, und alle 10 Fälle haben die gleiche Wahrscheinlichkeit (sind gleichmöglich).
Sei A das Ereignis, dass die erste Frucht in Ordnung ist. Seine Wahrscheinlichkeit ist $7/10 = 0{,}7$. Ist dieses Ereignis eingetroffen, dann sind nur noch 9 Früchte im Regal, von denen 6 nicht auf der Rückseite faulig sind.

Sei B das Ereignis, dass die zweite Frucht in Ordnung ist, wenn man die erste Frucht wieder zurückgelegt hat. Seine Wahrscheinlichkeit ist gleich groß wie A (wenn man sich die Position der zurückgelegten Frucht nicht merkt). Uns interessiert nun die Wahrscheinlichkeit von B unter der Bedingung, dass A schon eingetroffen ist (symbolisch $B|A$). Diese ist

$$P(B|A) = \frac{6}{9} = \frac{2}{3} \approx 0{,}67.$$

♠

Die Formel von *Bayes*

Wir wollen abhängige Ereignisse nun allgemeiner untersuchen und eine Formel beweisen, die in der Praxis sehr häufig anwendbar ist und dem englischen Mathematiker Thomas Bayes im 18. Jhdt. zugeschrieben wird:

Bedingte Wahrscheinlichkeit – Satz von Bayes: Die Wahrscheinlichkeit des Ereignisses B unter der Bedingung, dass ein Ereignis A eingetreten ist, beträgt

$$P(B|A) = P(A \cap B)/P(A) \tag{8.3}$$

Man spricht auch von der bedingten Wahrscheinlichkeit des Ereignisses B unter der Hypothese A.

Beweis:
Betrachten wir ein Experiment, bei dem insgesamt n gleichmögliche Fälle unterschieden werden können. Weiters sollen zwei Ereignisse A und B auftreten. In m Fällen soll nun das Ereignis AB (sowohl A als auch B), in k Fällen das Ereignis A (und nicht B) eintreffen, in l Fällen das Ereignis B (und nicht A). Auf Grund der klassischen Wahrscheinlichkeitsdefinition haben wir dann die Wahrscheinlichkeiten

$$P(A) = \frac{k}{n}, \quad P(B) = \frac{l}{n} \quad \text{und} \quad P(A \cap B) = \frac{m}{n}$$

Wir wollen nun die Wahrscheinlichkeit von B unter der zusätzlichen Bedingung ermitteln, dass nur noch die Fälle betrachtet werden, in denen A eintrifft (symbolisch $P(B|A)$).
Diese neue Wahrscheinlichkeit ist offensichtlich

$$P(B|A) = \frac{m}{k},$$

denn wir betrachten diesmal nur k Fälle, bei denen m Mal das Ereignis B auftritt. Der Ausdruck macht natürlich nur Sinn, wenn wir $k = 0$ ausschließen. Somit haben wir

$$\frac{m}{k} = \frac{\frac{m}{n}}{\frac{k}{n}} = \frac{P(A \cap B)}{P(A)}$$

◇

Durch Vertauschen der Bezeichnungsweisen ist unmittelbar einsichtig:

$$P(A|B) = \frac{P(A \cap B)}{P(B)}$$

Daraus ergibt sich der in der Praxis wichtige

Multiplikationssatz: Haben zwei Ereignisse A und B bei einem Experiment die Wahrscheinlichkeit $P(A)$ und $P(B)$, so ist die Wahrscheinlichkeit, dass bei diesem Experiment A und B gleichzeitig eintreten

$$P(A \cap B) = P(A) \cdot P(B|A) = P(B) \cdot P(A|B) \tag{8.4}$$

Anwendung: Zwei auf einen Streich

Bleiben wir bei unserem vorigen Beispiel mit den 10 Früchten am Obststand, von denen 3 an der Unterseite faulig sind. Wie groß ist die Wahrscheinlichkeit, dass man, wenn man zwei Früchte heraus greift, zwei nicht faulige Früchte erwischt (Abb. 8.18 rechts)?

Seien wieder A und B die Ereignisse, dass die erste Frucht bzw. zweite in Ordnung ist. Es ist $P(A) = P(B) = \frac{7}{10}$. Weiter haben wir vorhin gesehen: $P(B|A) = \frac{6}{9} = \frac{2}{3}$.

Die Wahrscheinlichkeit, dass nun beide Ereignisse gleichzeitig eintreffen, ist nach dem Multiplikationssatz

$$P(A \cap B) = P(A) \cdot P(B|A) = \frac{7}{10} \cdot \frac{2}{3} \approx 0{,}47.$$

♠

Anwendung: Stichprobenartige Kontrolle

Unter 9 Personen befinden sich 4 Schmuggler. Wie groß ist die Wahrscheinlichkeit, bei einer Kontrolle von drei Personen drei Schmuggler zu erwischen? Bei der ersten Person ist die Wahrscheinlichkeit, einen Schmuggler zu erwischen 4/9. Jetzt sind noch 8 Personen, darunter 3 Schmuggler, übrig. Die zweite Person ist also mit der Wahrscheinlichkeit 3/8 ein Schmuggler. Analog ist die Wahrscheinlichkeit für die dritte Person 2/7. Nach dem Multiplikationssatz haben wir die Wahrscheinlichkeit

$$\frac{4}{9} \cdot \frac{3}{8} \cdot \frac{2}{7} = \frac{1}{21},$$

dass alle Personen der Dreiergruppe Schmuggler sind. Diese ist kleiner als 5%. Ein Ereignis mit einer Wahrscheinlichkeit von weniger als 5% wird in der Statistik als „unwahrscheinlich“ betrachtet.

♠

Anwendung: Das Geburtstagsproblem (Abb. 8.19)

Wie groß ist die Wahrscheinlichkeit, dass in einer Gruppe von 5 bzw. 7 Personen im Laufe eines Jahres alle an einem anderen Wochentag Geburtstag haben?

Die erste Person darf noch an einem beliebigen Tag Geburtstag haben. Die zweite hat dann nur noch 6 Tage „zur Auswahl“, hat also mit einer Wahrscheinlichkeit von 6/7 an einem anderen Tag den Ehrentag, usw. Für unser Ereignis (mit 5 Personen) haben wir somit die Wahrscheinlichkeit

$$\frac{7}{7} \cdot \frac{6}{7} \cdot \frac{5}{7} \cdot \frac{4}{7} \cdot \frac{3}{7} \approx 0{,}15.$$

Für sieben Personen reduziert sich die Wahrscheinlichkeit weiter mit den Faktoren 2/7 und 1/7 auf unter 1%, was schon als extrem unwahrscheinlich gilt. Acht oder mehr Personen können ohnehin nicht einen eigenen Wochentag für sich reklamieren.

Abb. 8.19 Eine Konstellation wie diese (7 Personen, die im selben Jahr an 7 verschiedenen Wochentagen Geburtstag haben) ist ein wahrer Glücksfall und tritt mit weniger als 1% Wahrscheinlichkeit ein.

Genauso, nur mit mehr Rechenaufwand, zeigt man, dass 23 in einem Saal anwesende Personen genügen, um eine mehr als 50%ige Chance zu haben, dass zumindest zwei Personen im Saal am selben Tag Geburtstag haben.
Es ist nämlich die Wahrscheinlichkeit, dass alle Personen an einem anderen Tag des Jahres geboren wurden, für 22 Personen

$$\frac{365}{365} \cdot \frac{364}{365} \cdot \ldots \cdot \frac{365-21}{365} = 0{,}5243,$$

also noch knapp über 50%, während der Wert für 23 Personen unter die 50%-Marke sinkt:

$$\frac{365}{365} \cdot \frac{364}{365} \cdot \ldots \cdot \frac{365-22}{365} = 0{,}4927$$

Bei doppelt so vielen Personen ist das Ereignis wegen

$$\frac{365}{365} \cdot \frac{364}{365} \cdot \ldots \cdot \frac{365-45}{365} = 0{,}05175$$

schon sehr wahrscheinlich (ca. 95%), bei 70 Personen mit

$$\frac{365}{365} \cdot \frac{364}{365} \cdot \ldots \cdot \frac{365-69}{365} = 0{,}00084 \approx 0{,}001$$

schon so gut wie sicher (99,9%).
Wir wollen das Problem nicht durch Herumprobieren, sondern über eine Gleichung lösen. Zunächst gilt nach Formel (7.5) $(1 + tx \approx e^{tx})$

$$\prod_{i=1}^{n-1} \frac{365-i}{365} = \prod_{i=1}^{n-1} (1 - \frac{i}{365}) \approx \prod_{i=1}^{n-1} e^{-i/365} = H,$$

die für größere n recht gut ist. Wir formen nach den Rechenregeln für Potenzen um:

$$H = e^{-\sum_{i=1}^{n-1} i/365} \Rightarrow \ln H = -\frac{n(n-1)}{2}/365$$

Nun soll $H = 0{,}5$ sein. Dann ist

$$\ln 0{,}5 = -\frac{n(n-1)}{730}$$

und weiter

$$n^2 - n - 505{,}997 = 0.$$

Diese quadratische Gleichung hat die Lösungen

$$n = 0{,}5 \pm \sqrt{0{,}25 + 505{,}997}$$

Die positive Lösung ist $n \approx 23$.

♠

Anwendung: Lottogewinn

Wie groß ist die Chance beim Lotto „6 aus 49“?
Beim Zahlenlotto „6 aus 49“ gibt es 49 Kugeln, die mit 1 bis 49 beschriftet sind. Aus ihnen werden 6 willkürlich gewählt (und der Übersicht halber der Größe nach geordnet angegeben). Wie groß ist die Wahrscheinlichkeit, alle sechs Zahlen zu erraten?
Angenommen, wir erraten auf Anhieb eine der sechs Zahlen. Die Wahrscheinlichkeit dafür ist 6/49. Nun müssen wir die zweite Zahl erraten, was schon eine Spur schwerer ist, weil zwar nur noch 48 Zahlen zur Verfügung stehen, allerdings nur 5 davon für uns in Frage kommen (Wahrscheinlichkeit 5/48), usw. Die sechste Zahl erraten wir dann nur mehr mit der schon sehr kleinen Wahrscheinlichkeit 1/44. Das ergibt eine Produktwahrscheinlichkeit von

$$\frac{6}{49} \cdot \frac{5}{48} \cdot \frac{4}{47} \cdot \frac{3}{46} \cdot \frac{2}{45} \cdot \frac{1}{44} \approx \frac{1}{14 \text{ Millionen}}$$

für den Lotto-Sechser.

Die österreichische Variante des Lotto arbeitet mit 45 Kugeln („6 aus 45“). Dort ist die Produktwahrscheinlichkeit etwa 1 : 8 Millionen. Es gibt also keinen „Quantensprung“, und es ist „nur“ doppelt so wahrscheinlich, die richtige Kombination zu erraten, was bei der winzigen Chance nicht wirklich hilft.

♠

Anwendung: Infektion und ihre Ausbreitung (Abb. 8.20)

Drei nebeneinander stehende Pflanzen laufen mit 50%-iger Wahrscheinlichkeit Gefahr, an einer Milbeninfektion zu erkranken. Dabei stecken sie ihre Nachbarpflanze mit 20%iger Wahrscheinlichkeit an. Wie groß ist die Wahrscheinlichkeit, dass die mittlere Pflanze erkrankt?

Abb. 8.20 Monokulturen sind besonders gefährdet

Die mittlere Pflanze wird mit der Wahrscheinlichkeit 0,5 ohnehin krank. Wird sie nicht krank, dann ist die Wahrscheinlichkeit, dass die linke Pflanze erkrankt, die rechte aber nicht, mit der Wahrscheinlichkeit 1/8 gegeben (einer von acht gleichmöglichen Fällen). Weil diese linke Pflanze dann aber die mittlere mit der Wahrscheinlichkeit 1/5 ansteckt, erhöht sich die Wahrscheinlichkeit für die mittlere Pflanze um $1/8 \cdot 1/5 = 1/40$. Dasselbe gilt, wenn nur die rechte Pflanze erkrankt. Bleibt noch der Fall, dass die linke *und* die rechte Pflanze erkranken (ebenfalls mit 1/8). Die Chance, dass in diesem Fall die mittlere Pflanze *nicht* angesteckt wird, ist dann $(1-1/5)^2 = (4/5)^2 = 16/25$, und folglich jene, angesteckt zu werden, $1-16/25 = 9/25$. Damit kommt zur in Frage stehenden Wahrscheinlichkeit der Wert $1/8 \cdot 9/25 = 9/200$ dazu. In Summe haben wir jetzt die Wahrscheinlichkeit $1/2+2\cdot 1/40+9/200 = 0{,}595$, dass die mittlere Pflanze erkrankt. ♠

Umkehren von Schlussfolgerungen

Die Berechnung von $P(\text{Ereignis}|\text{Ursache})$ kommt, wie wir gesehen haben, durchaus häufig vor. Nicht selten ist aber $P(\text{Ursache}|\text{Ereignis})$ gesucht, also ein Vertauschen der Argumente.

Anwendung: Zweimal testen, bevor man Konsequenzen zieht...

Einige Krankheiten treten sehr selten auf. Die Mediziner nennen die Wahrscheinlichkeit, dass eine Person eine solche Krankheit in sich trägt, Prävalenz. Sei nun 1 : 5000 die Prävalenz für eine spezielle Krankheit, d.h., im Schnitt trägt jeder Fünftausendste die Krankheit in sich. Weiters gebe es einen sog. Screening-Test für diese Krankheit, der mit 99%iger Zuverlässigkeit erkennt, ob die Krankheit vorliegt. Wie groß ist die Wahrscheinlichkeit, dass der Test Alarm schlägt, ohne dass die Krankheit wirklich vorliegt?

Wir lösen das Beispiel „mit dem Hausverstand". Jedes Ding hat zwei Seiten: Wenn der Test mit 99%-iger Wahrscheinlichkeit funktioniert, versagt er umgekehrt mit 1%-iger Wahrscheinlichkeit. Das bedeutet, er wird bei 1% der 4999 Nicht-Kranken Alarm geben. Das ist immerhin 50 Mal. Der Kranke wird so gut wie sicher auch entdeckt. Macht 51 Alarme auf einen Kranken.

Wenn wir jetzt die 51 Personen noch einmal testen, sieht die Sache wesentlich besser aus: Bei den 50 Gesunden wird der Test im Schnitt 0,5 Mal Alarm geben. Der Kranke wird zum zweiten Mal entdeckt. Immerhin wird es immer wieder passieren, dass ein Gesunder zweimal hintereinander für krank erklärt wird. D.h., wir brauchen einen dritten Test!

Ist die Prävalenz höher, z.B. 1 : 100 (eine typische Rate für HIV-Infizierte in vielen Ländern), haben wir nur mehr durchschnittlich einen Fehlalarm beim ersten Test, und der zweite Test ist schon einigermaßen zuverlässig.

Bei niedriger Prävalenz nützt selbst eine 99,9%-iger Treffsicherheit wenig. Im obigen Fall (1 : 5000) haben wir beim ersten Test immer noch fünf Fehlalarme und einen berechtigten Alarm. Diesmal ist der zweite Test allerdings ausreichend, denn er lässt die Fehlalarme auf 0,005 sinken. ♠

Wir wollen obiges Beispiel mit Hilfe einer Formel lösen. Das Verfahren ist auch unter dem Namen *Rückwärtsinduktion* bekannt. Nach dem Satz von Bayes ist

$$(1) \quad P(A)\cdot P(B|A) = P(B)\cdot P(A|B)$$

Wir wollen nun $P(B)$ aus der Formel eliminieren. Dazu schreiben wir zunächst

$$P(B) = P(B)\cdot 1$$

und ersetzen 1 durch die Wahrscheinlichkeit des sicheren Ereignisses $A|B \cup \overline{A}|B$

$$P(\overline{A}|B) + P(A|B) = 1,$$

sodass mit

$$P(B) = P(B) \cdot \left(P(\overline{A}|B) + P(A|B)\right) = \\ = \underbrace{P(B) \cdot P(\overline{A}|B)}_{P(B|\overline{A})} + \underbrace{P(B) \cdot P(A|B)}_{P(B|A) \cdot P(A)}$$

gilt:

$$(2) \quad P(B) = P(B|\overline{A}) + P(B|A) \cdot P(A)$$

(1) und (2) zusammen ergeben eine neue Formel:

$$P(A|B) = \frac{P(B|A) \cdot P(A)}{P(B|\overline{A}) \cdot P(\overline{A}) + P(B|A) \cdot P(A)} \tag{8.5}$$

Anwendung: Die Macht der Gewohnheit

Jeder achte US-Amerikaner trinkt zum Frühstück Tomatensaft (im Rest der Welt nur jeder 80.). Sie nehmen an einer Konferenz teil, bei der 50% der Teilnehmer aus den USA kommen und beobachten beim Frühstück einen Teilnehmer, der Tomatensaft trinkt. Mit welcher Wahrscheinlichkeit handelt es sich um einen US-Amerikaner?

Lösung:
Nach der Formel von Bayes ist

$$P(A|T) = \frac{P(A \cap T)}{P(T)} = \frac{1/16}{1/16 + 1/160} = \frac{10}{11} \quad (91\%)$$

♠

Anwendung: Früherkennung seltener Krankheiten

Wenden wir Formel 8.5 auf unser Prävalenz-Früherkennungsproblem an:
Sei A das Ereignis, dass die getestete Person die Krankheit in sich trägt, und B das Ereignis, dass der Test Alarm schlägt.
Nun bedeutet

- $A|B$: Die Person ist tatsächlich krank, wenn der Test Alarm schlägt.
- $B|A$: Der Test reagiert korrekt, wenn die Person krank ist.
- $B|\overline{A}$: Der Test weist eine gesunde Person als erkrankt aus.

Im speziellen Fall ist $P(A) = 1/5000 = 0{,}0002$ und damit $P(\overline{A}) = 0{,}9998$. Weiter ist „laut Werksangabe“ $P(B|A) = 0{,}99$ und $P(B|\overline{A}) = 0{,}01$.
Damit haben wir gemäß obiger Formel

$$P(A|B) = \frac{0{,}99 \cdot 0{,}0002}{0{,}01 \cdot 0{,}99 + 0{,}99 \cdot 0{,}0002} \approx \frac{0{,}0002}{0{,}01} \approx \frac{1}{50}$$

Nun lässt sich durchaus streiten, ob die „Hausverstandsmethode“ oder die „Formelmethode“ die bessere ist. Tatsache ist, das man bei Anwendung der Formel sehr genau wissen muss, was man tut. Wenn man sich seiner Sache einmal sicher ist, dann kann man natürlich schneller variieren. Oder formulieren wir es so: Der Computer hat wie so oft lieber die Formel, aber die Gefahr, dass sich derjenige, der die Daten eingibt, irrt, ist hoch!

♠

8.5 Kombinatorik

Beispiele wie jene mit dem Lotto-Sechser oder dem Toto-Zwölfer zeigen auf, dass wir bei Wahrscheinlichkeiten oft sehr viele (günstige oder auch mögliche) Fälle zählen müssen. Dabei ist es oft gar nicht so leicht, sich nicht zu irren. Gibt es vielleicht einfache Formeln für das Abzählen der Möglichkeiten?

Drei typische Fragestellungen

1. Auf wie viele Arten kann man k Ämter, welche von k Personen bekleidet werden, im Rotationsprinzip besetzen?
Das erste Amt kann auf k, das nächste Amt dann nur mehr auf $k-1$ Arten usw. besetzt werden. Insgesamt sind das $k\cdot(k-1)\cdots 2\cdot 1$ Arten. Diese Zahl ist uns schon im Kapitel 3 untergekommen, und wird mit $k!$ (sprich k Fakultät, manchmal auch k Faktorielle) bezeichnet.

$$k! = k\cdot(k-1)\cdots 2\cdot 1$$

Anwendung: Rotationsprinzip

Drei Personen gründen eine Wohngemeinschaft und wollen sich im wöchentlich wechselnden Rotationsprinzip die drei für sie unangenehmsten „Ämter“ (Staubsaugen, Abwaschen und Toilette reinigen) teilen. Wie viele Wochen dauert es, bis der Zyklus von Neuem beginnt?

Wenn der Staubsauger von einer der drei Personen belegt wird, bleiben für das Abwaschen zwei Personen, und die dritte Arbeit muss automatisch von der übrig bleibenden Person erledigt werden. Es gibt also $3\cdot 2\cdot 1 = 6$ Varianten, und alle sechs Wochen beginnt das Spiel von Neuem. ♠

2. Auf wie viele Arten kann man unter n Personen k verschiedene Ämter besetzen?
Für das erste Amt kann jede der n Personen einspringen, für die zweite sind es nur noch $n-1$, für das k-te Amt stehen nur noch $n-k+1$ Personen zur Verfügung. Insgesamt haben wir damit

$$n\cdot(n-1)\cdot(n-2)\cdots(n-k+1)$$

Möglichkeiten. Mit unserer neuen Schreibweise schreibt sich dieses Produkt wesentlich einfacher. Wir erweitern in Zähler und Nenner mit

$$(n-k)\cdot(n-k-1)\cdots 2\cdot 1 = (n-k)!$$

und erhalten

$$\frac{n\cdot(n-1)\cdots(n-k+1)\cdot(n-k)\cdots 2\cdot 1}{(n-k)\cdots 2\cdot 1} = \frac{n!}{(n-k)!}$$

Anwendung: Rituale

In einem Raum befinden sich 7 Personen (4 Frauen und 3 Männer), die gegenseitig auf das neue Jahr anprosten. Wie groß ist die Wahrscheinlichkeit, dass eine Frau mit einem Mann anprostet?
Insgesamt klingen die Gläser analog zum obigen Beispiel $7 \cdot 6/2 = 21$ Mal. Die Frauen stoßen die Gläser untereinander $4 \cdot 3/2 = 6$ Mal, die Männer $3 \cdot 2/2 = 3$ Mal an. Bleiben $21 - 6 - 3 = 12$ gemischte Paarungen. Die Wahrscheinlichkeit dafür ist $12/21 \approx 0{,}57$. ♠

3. Auf wieviele Arten kann man n Personen zu Teams aus k gleichberechtigten Personen zusammenfassen?
Diese Frage kann mit den Lösungsstrategien der ersten beiden Fragen beantwortet werden. Zunächst haben wir $n!/(n-k)!$ Möglichkeiten, ein Team zu bilden, bei dem die Reihenfolge noch wichtig war. Jedes Team wird aber, wenn es auf die Reihenfolge nicht ankommt, $k!$ Mal gezählt. Damit kann man

$$\frac{n!}{k!(n-k)!}$$

Teams bilden.
Es handelt sich um den sog. *Binomialkoeffizienten* n über k (manchmal auch k aus n) für natürliche Zahlen $(n \geq k)$

$$\binom{n}{k} = \frac{n}{k} \cdot \frac{n-1}{k-1} \cdots \frac{n-k+1}{1} = \frac{n!}{k!(n-k)!}$$

Die Bezeichnung Binomialkoeffizient stammt von der Formel

$$(a+b)^n = \binom{n}{0} a^n b^0 + \binom{n}{1} a^{n-1} b^1 + \binom{n}{2} a^{n-2} b^2 + \cdots + \cdots + \binom{n}{n-1} a^1 b^{n-1} + \binom{n}{0} a^0 b^n \quad (8.6)$$

(siehe auch S. 195), die man leicht wie folgt einsieht: Es ist ja $(a+b)^n = (a+b)(a+b) \cdots (a+b)$ und beim Ausmultiplizieren ergibt sich das Produkt $a^i b^{n-k} = \underbrace{a \cdot a \cdots a}_{i \text{ mal}} \cdot \underbrace{b \cdot b \cdots b}_{n-k \text{ mal}}$ genau dann, wenn man beim Ausmultiplizieren aus k Klammern das a und entsprechend aus $n-k$ Klammern das b nimmt. Damit handelt es sich genau um die aufgeworfene Fragestellung.

Anwendung: Höflichkeiten

Vier bzw. allgemeiner n Personen in einem Raum schütteln einander zur Begrüßung die Hände. Wie oft wird Hände geschüttelt?
Im Fall der vier Personen ist die Sache noch übersichtlich: Seien A, B, C und D die Personen. Dann können wir sechs relevante Paarungen aufzählen: AB, AC, AD, BC, BD und schließlich CD. Es wird also sechsmal Hände geschüttelt.
Man kommt auch wie folgt zum selben Ergebnis: Eine der vier Personen kann drei anderen die Hand geben. Weil das für jede Person gilt, kommen wir damit auf $4 \cdot 3 = 12$ Paarungen. Allerdings haben wir jedes Händereichen damit doppelt gezählt, sodass wir tatsächlich auf unsere 6 Paarungen kommen.
Nun ist der Schritt zu den n Personen leicht: Jede der n Personen kann $n-1$ Personen die Hand geben, und am Schluss ist die Zahl wieder zu halbieren. Das allgemeine Ergebnis lautet also $n \cdot (n-1)/2$. Für $n = 4$ ist das wieder $4 \cdot 3/2 = 6$. ♠

Anwendung: Buchstabensuppe

Auf wie viele Arten kann man die Buchstaben des Worts *STATISTIK* anordnen (*permutieren*)?

Abb. 8.21 Buchstabensuppe

Das Wort besteht aus 9 Buchstaben, allerdings kommen nur die Buchstaben A und K einmal vor, I und S schon zweimal und T gar dreimal. Wählen wir die Position von A auf 9 Arten (neun über 1); die Position von K kann dann noch auf 8 Arten gewählt werden (8 über 1). Die beiden I kann man unter den restlichen 7 Positionen auf 7 über 2 Arten anordnen. Bleiben für die beiden S bei mittlerweile nur mehr 5 möglichen Positionen 5 über 2 Anordnungen. Nun sind nur noch 3 Positionen frei, und die müssen zwangsläufig mit den drei T besetzt werden (3 über 3 Möglichkeiten, also genau eine). Die Anzahl der möglichen Worte ist somit

$$s = 9 \cdot 8 \cdot \binom{7}{2} \cdot \binom{5}{2} = 72 \cdot 21 \cdot 10 = 15120$$

Wir können das Ergebnis aber auch so aufschreiben:

$$\begin{aligned} s &= \binom{9}{1} \cdot \binom{8}{1} \cdot \binom{7}{2} \cdot \binom{5}{2} \cdot \binom{3}{3} = \\ &= \frac{9 \cdot 8 \cdot 7 \cdot 6 \cdot 5 \cdot 4 \cdot 3 \cdot 2 \cdot 1}{1 \cdot 1 \cdot 2 \cdot 1 \cdot 2 \cdot 1 \cdot 3 \cdot 2 \cdot 1} = \\ &= \frac{9!}{1! \cdot 1! \cdot 2! \cdot 3!} \end{aligned}$$

Dieses Ergebnis ist viel leichter zu interpretieren, ja es legt die Vermutung für eine allgemeine Formel nahe, bei der im Zähler die Permutationen ohne Wiederholung stehen, im Nenner aber die Produkte der Permutationen der einzelnen Wiederholungen. ♠

Binomialkoeffizienten haben bemerkenswerte Eigenschaften

Aus der Definition folgt unmittelbar

$$\binom{n}{k} = \binom{n}{n-k}$$

Dies macht man sich zu Nutze, wenn $k > n/2$ ist. So ist

$$\binom{100}{98} = \binom{100}{2} = \frac{100}{2} \cdot \frac{99}{1} = 50 \cdot 99 = 4950$$

Die Binomialkoeffizienten n über k lassen sich rekursiv berechnen. Zunächst gilt nach Definition

$$\binom{0}{0} = \frac{0!}{0! \cdot (0-0)!} = 1, \quad \binom{n}{n} = \binom{n}{0} = \frac{n!}{n!0!} = 1$$

und weiter

$$\binom{n+1}{k+1} = \binom{n}{k} + \binom{n}{k+1} \quad \text{(Rekursionsformel)}$$

Anwendung: Eine Merkregel für die Koeffizienten

Das Pascalsche Dreieck dient zum Bestimmen aller Binomialkoeffizienten bis zur Schranke n. Es kann auf Grund der Rekursionsformel durch bloßes Addieren gewonnen werden. Dabei ist jede neue Zahl (ab der dritten Zeile) die Summe der beiden über ihr stehenden Zahlen.

Abb. 8.22 Alle Dosen müssen vom Brett. Auch eine Art Pascalsches Dreieck!

$$
\begin{array}{ccccccccccccccc}
 & & & & & & & 1 & & & & & & & \\
 & & & & & & 1 & & 1 & & & & & & \\
 & & & & & 1 & & 2 & & 1 & & & & & \\
 & & & & 1 & & 3 & & 3 & & 1 & & & & \\
 & & & 1 & & 4 & & 6 & & 4 & & 1 & & & \\
 & & 1 & & 5 & & 10 & & 10 & & 5 & & 1 & & \\
 & 1 & & 6 & & 15 & & 20 & & 15 & & 6 & & 1 & \\
1 & & 7 & & 21 & & 35 & & 35 & & 21 & & 7 & & 1 \\
\vdots & \vdots & \vdots & \vdots & \vdots & \vdots & \vdots & \vdots & \vdots & \vdots & \vdots & \vdots & & &
\end{array}
$$

♠

Anwendung auf zwei „Klassiker“ unter den Glücksspielen

Anwendung: Lotto die Zweite

Wir haben auf S. 357 die Wahrscheinlichkeit für den Lotto-Sechser berechnet. Dabei müssen 6 Zahlen aus 49 bzw. 45 „besetzt“ werden, wobei die Reihenfolge keine Rolle spielt. Das Problem läuft auf das 3. Beispiel mit der Bildung von Teams der Größe k aus n Personen hinaus. Folglich haben wir

$$s = \binom{49}{6} = \frac{49 \cdot 48 \cdot 47 \cdot 46 \cdot 45 \cdot 44}{6 \cdot 5 \cdot 4 \cdot 3 \cdot 2 \cdot 1} \approx 14 \text{ Millionen}$$

Möglichkeiten, die Zahlen zu ziehen.

Wir können nun das Beispiel weiter ausbauen, und fragen, wie groß die Wahrscheinlichkeit ist, einen Lotto-Fünfer, Lotto-Vierer usw. zu ziehen.

Die 49 Zahlen teilen sich in zwei Gruppen: Die 6 richtigen und die 43 falschen Zahlen. Um genau r richtige Zahlen zu tippen, müssen r Zahlen aus der Menge der richtigen und $6-r$ aus der Menge der falschen Zahlen gezogen werden. Dies kann auf

$$\binom{6}{r} \cdot \binom{43}{6-r}$$

Arten geschehen. Für $r = 4$ haben wir z.B.

$$s_4 = \binom{6}{4} \cdot \binom{43}{2} = \binom{6}{2} \cdot \binom{43}{2} = \frac{6}{2} \cdot 5 \cdot 43 \cdot \frac{42}{2} = 13\,545$$

Möglichkeiten und damit eine Wahrscheinlichkeit von

$$s_4/s \approx 14\,000/14\,000\,000 \approx 1/1000,$$

einen Lotto-Vierer zu tippen.

Mit $r = 0$ können wir die Wahrscheinlichkeit berechnen, dass keine einzige Zahl erraten wurde. Wir haben

$$s_0 = \underbrace{\binom{6}{6}}_{1} \cdot \binom{43}{6} \approx 6{,}1 \text{ Millionen},$$

wodurch sich die Wahrscheinlichkeit $s_0/s \approx 0{,}44$ einstellt.

♠

Anwendung: Toto die Zweite

Auf S. 352 mussten wir uns überlegen, auf wie viele Arten man einen Toto-Elfer tippen kann. Das Ergebnis: Auf 12 Arten. Mit dem jetzigen Wissen würden wir sagen: Auf 12 über 1 Arten. Mit Hilfe unserer Formel sind wir viel flexibler. Die Anzahl der Zehner (genau 2 falsche Tipps) ist „12 über 10" = 66, und damit ist die Wahrscheinlichkeit, einen Zehner zu tippen, $66/3^{12} \approx 1:8000$.

Für einen Insider ist – im Gegensatz zum Lotto – die Wahrscheinlichkeit für einen Zehner meist größer. Manche Fußballspiele werden als „Einserbank" oder „Zweierbank" bezeichnet, weil mit hoher Wahrscheinlichkeit die erste oder zweite Mannschaft gewinnt. ♠

„Kombinieren mit System"

Wir haben nun schon fünf unterschiedliche Arten kennen gelernt, um n verschiedene Elemente einer Menge zu einer Klasse zusammenzufassen:

• Wir können die Elemente in Gruppen zu n umordnen. Die Reihenfolge der Elemente spielt eine Rolle. Dabei kann man Wiederholungen ausschließen oder auch nicht. Diesen Vorgang nennt man *Permutation*.

1. Permutationen ohne Wiederholung (Perm. ohne Zurücklegen)

n verschiedene Elemente einer Menge sollen auf alle möglichen Arten angeordnet werden.

$$P(n) = n!$$

Anwendung: Die drei Buchstaben a, d und i können auf $3! = 3 \cdot 2 \cdot 1 = 6$ Arten zu Wörtern kombiniert werden: *adi*, *aid*, *dai*, *dia*, *iad* und *ida*.

2. Permutationen mit Wiederholung (Perm. mit Zurücklegen)

Kommen in der Menge k Elemente mehrfach vor, dann reduziert sich die Anzahl auf

$$P^W(n) = \frac{n!}{n_1! \cdot n_2! \cdots n_k!}$$

Anwendung: Die Augenzahlen 1, 1, 2, und 2 ergeben beim Wurf mit vier Würfeln die Summe 6. Man kann nun diese Summe auf $4!/(2!2!) = 6$ Arten mit genau diesen Augenzahlen würfeln.

• Weiter können wir Elemente der Grundmenge zu Klassen mit $k \leq n$ Elementen zusammenfassen, wobei die Reihenfolge der Elemente von Bedeutung ist. Wieder können Wiederholungen verboten oder erlaubt sein. Man spricht dann von *Variationen*.

3. Variationen ohne Wiederholung (Var. ohne Zurücklegen)

Problemstellung: Man soll k Elemente aus einer Menge mit n verschiedenen Elementen so auswählen, dass kein Element mehrfach vorkommt und die Reihenfolge eine Rolle spielt.
Dies kann auf

$$V(n,k) = n \cdot (n-1) \cdots (n-k+1) = \frac{n!}{(n-k)!}$$

Arten geschehen.

Anwendung: Wie viele zweistellige Zahlen kann man aus den Ziffern 1, 2 und 3 bilden, wenn die Ziffern nur einmal vorkommen dürfen? Die Lösungszahlen sind 12, 13, 21, 23, 31 und 32, das sind

$$V(3,2) = 3 \cdot 2 (= \frac{3!}{(3-2)!}) = 6$$

Möglichkeiten.

4. Variationen mit Wiederholung (Var. mit Zurücklegen)

Problemstellung: Wieder werden k Elemente aus n Elementen gewählt. Die Reihenfolge ist wichtig, die Elemente dürfen sich aber wiederholen.

Dies kann auf

$$V^W(n,k) = \underbrace{n \cdot n \cdots n}_{k \text{ mal}} = n^k$$

Arten geschehen.
Anwendung: Es gibt $3^2 = 9$ Zahlen, die man aus den Ziffern 1, 2 und 3 bilden kann, nämlich 11, 12, 13, 21, 22, 23, 31, 32 und 33.

• Wenn die Reihenfolge keine Rolle spielt, spricht man von *Kombinationen*. Dabei haben wir den Fall, dass sich Elemente in der ausgewählten Klasse nicht wiederholen dürfen, schon besprochen.

5. Kombinationen ohne Wiederholung (Komb. ohne Zurücklegen)

Anwendung: Auf wie viele Arten kann man aus Rot, Grün und Blau (RGB) Mischungen im Verhältnis 1:1 herstellen? Die Mischfarben sind RG, RB, GB, das sind $K(3{,}2) = 3$ Möglichkeiten.

Kombinationen mit Wiederholung (Komb. mit Zurücklegen)

Ein sechster und letzter Fall ist noch ausständig: Die Elemente in den Klassen dürfen sich wiederholen.

Anwendung: Blumensträuße

Auf wie viele Arten kann man aus gelben, weißen und violetten Blumen drei pflücken und seiner (seinem) Liebsten überreichen (Abb. 8.23)?

Lösung:
Wir finden zunächst alle möglichen Kombinationen durch simples Aufzählen: ggg, ggw, gww, www, wwv, wvv, vvv, vvg, vgg und vgw. Es gibt also 10 farblich unterscheidbare Dreierkombinationen.

Wenn genügend Blumen vorhanden sind, können wir auch viel größere Sträußchen binden (k beliebig). Es darf insbesondere k größer als n sein. Mit $n = 3$ (3 Sorten) ist offensichtlich gemeint, dass es von jeder Sorte ausreichend viele Vertreter gibt. ♠

Abb. 8.23 Links: Gegeben ist eine ausreichend große Grundmenge an drei verschiedenen Blumensorten. Das Binden eines kleinen Sträußchens läuft auf die Ermittlung von Kombinationen mit Wiederholung hinaus. Rechts: Das Ackerveilchen ist in unserem Gedankenmodell die Joker-Blume und kann sich in jede der drei Blumensorten (weiß, gelb, violett) „verwandeln". Damit lässt sich die Formel 8.7 erklären.

Auch die Formeln für die Kombinationen mit Wiederholung lassen sich unschwer einsehen: Denken wir uns die n verschiedenen Elemente und $k-1$ verschiedene „Joker" in der Grundmenge (vgl. Abb. 8.23 rechts). Aus dieser Menge kann man $n+k-1$ über k Kombinationen *ohne* Wiederholung mit je k Elementen bilden. Die Joker können sich nachträglich in jedes beliebige der n Elemente „verwandeln", wodurch alle möglichen Wiederholungen erfasst werden. Insbesondere sind auch n Fälle dabei, bei denen sich ein Element k Mal wiederholt.
Damit haben wir auch schon die gesuchte Anzahl der Kombination mit Wiederholung gefunden:

$$K^W(n,k) = \binom{n+k-1}{k} \tag{8.7}$$

Wir überprüfen diese Formel gleich am obigen Beispiel mit den Blumen. Wir brauchen von jeder Sorte eine Blume plus zwei Ackerveilchen als Joker; macht fünf Blumen, mit denen jede der Kombinationen *ggg*, *ggw*, *gww*, *www*, *wwv*, *wvv*, *vvv*, *vvg*, *vgg* und *vgw* erreicht werden kann:

$$K^W(3{,}3) = \binom{3+3-1}{2} = \frac{5 \cdot 4}{2} = 10$$

8.6 Trugschlüsse, Denkfallen und scheinbare Widersprüche

Wir haben in den voran gegangenen Abschnitten schon einiges zur Berechnung von „klassischen" Wahrscheinlichkeiten erarbeitet. Routine-Aufgaben lassen sich damit problemlos lösen. Trotzdem sollte man sich generell bei Rechnungen zur Wahrscheinlichkeit bewusst sein, dass es einige Denkfallen bzw. vermeintliche Widersprüche (Paradoxa) geben kann, die es zu vermeiden gilt.

Denkfallen treten meist dann auf, wenn eine Fragestellung einen bewährten Denkmechanismus in Gang setzt, welcher aber zu Irrtümern führt. Der einzige Ausweg aus der Gefahr ist es, darauf gefasst zu sein – so wie man optischen Täuschungen beispielsweise durch Anlegen eines Lineals entgehen kann. So wird z.B. die Frage, ob London weiter nördlich oder weiter südlich als Berlin liegt, von der großen Mehrheit mit „weiter nördlich" beantwortet, weil England „als Ganzes" weiter nördlich liegt als Deutschland.

Anwendung: Die falsche Warteschlange

Warum haben die meisten dieses Gefühl, häufiger in der längeren Schlange zu stehen?

Abb. 8.24 Beim Radfahren im hügeligen Gelände scheint es immer bergauf zu gehen. Kein Wunder, braucht man doch für dieselbe Strecke rauf doppelt so lange wie runter.

Lösung:
Warteschlangen sind als Ganzes meist etwa gleich lang, weil ja jeder neu dazu Kommende seine eigene Wartezeit minimieren will. Trotzdem haben die Meisten das Gefühl, sich falsch angestellt zu haben, was natürlich paradox ist. Der scheinbare Widerspruch löst sich auf, wenn man folgendes bedenkt: Hat man sich tatsächlich in der falschen Schlange angestellt, muss man länger warten. Greift man nun unter allen jemals durchlebten „Schlange-Steh-Situationen"

einen zufälligen Zeitpunkt heraus, ist die Wahrscheinlichkeit größer, dass man sich gerade in der längeren Schlange befunden hat.

Der „Rote-Ampel-Effekt“ (man hat das Gefühl, ständig bei Rot zur Ampel zu kommen) ist vergleichbar. Auch beim Radfahren gibt es einen ähnlichen Effekt. Ist das Gelände hügelig, kommt einem vor, als ginge es fast immer bergauf. Auch das hat mit der Wahl des Zeitpunkts zu tun: Hinunter geht's nun mal viel schneller als hinauf, d.h., man verbringt die meiste Zeit beim Bergauffahren. ♠

Der Trugschluss des Spielers

Der klassische Trugschluss, dem die meisten Menschen unterliegen, ist auch unter dem Namen *Gambler's Fallacy* bekannt.

Der Trugschluss tritt auf, wenn jemand glaubt, dass etwas, was „auf Dauer“ irgendwann eintreten muss, beim nächsten Mal eintreten wird. Man könnte es auch so formulieren: Ein Ereignis, das eigentlich zu erwarten gewesen wäre, ist schon länger nicht eingetreten. Daher wird es bald eintreten.

Dabei unterscheiden wir zwei Fälle: Der erste betrifft Ereignisse, die voneinander unabhängig sind.

Anwendung: Irgendwann kommt der Sechser

Es ist schon 10 Mal hintereinander kein Sechser beim Würfeln gekommen, daher wird es immer wahrscheinlicher, dass der Sechser beim nächsten Mal auftritt. Genauso beim Münzenwurf: „Wenn 10 Mal *Zahl* gekommen ist, muss doch die Wahrscheinlichkeit steigen, dass *Wappen* kommt, weil doch im Schnitt jedes zweite Mal Wappen kommt und die lange Serie von Zahl ausgeglichen werden muss...“

Würfel oder Münzen haben kein „Gedächtnis“, und was vorher geworfen wurde, hat keinen Einfluss darauf, was der nächste Wurf sein wird. ♠

Der zweite Trugschluss betrifft Ereignisse, die von einander (oder von dritten Ereignissen) abhängen.

Anwendung: Statistisch gesehen...

Das Fußballteam einer bestimmten Nation hat in den vergangenen 36 Jahren immer bei der alle vier Jahren stattfindenden Weltmeisterschaft teilgenommen, und war jedes dritte Mal im Finale. Die letzten beiden Male war die Mannschaft nicht im Finale, folglich ist die Wahrscheinlichkeit extrem hoch, diesmal ins Finale zu kommen.

Die Mannschaft kann genauso gut am absteigenden Ast und die Siegesserie vorbei sein. Hier steht wohl kein mathematisches Gesetz dahinter. ♠

Das Sankt Petersburg Paradoxon

Auch wenn man sich überzeugen hat lassen, dass eine Münze sich nicht merken kann, wie sie beim letzten Mal gefallen ist, bleibt doch immer noch Hoffnung auf folgende – wie sich herausstellt paradoxe – Strategie:

Anwendung: Irgendwann geht einem das Geld aus...

Es sei vereinbart, dass beim Münzenwurf der doppelte Einsatz ausbezahlt wird, wenn man die richtige Seite errät. Man spielt nun mit System und setzt immer darauf, dass meinetwegen Wappen kommt. Kommt da Wappen nicht, verdoppelt man seinen Einsatz und setzt wieder auf Wappen. Kommt nun nach dem k-ten Wurf endlich das Wappen, hat man stets einen Gewinn. Um das einzusehen, bedarf es doch nur einer kleinen Rechnung: Sei E der Grundeinsatz. Kommt das Wappen, erhält man $2 \cdot E$ ausbezahlt und hat E Reingewinn. Sonst setzt man $2 \cdot E$ ein. Kommt nun das Wappen, bekommt man $4 \cdot E$ bei einer Investition von $3 \cdot E$. Man hat also wieder E Gewinn. Hat man schon $k-1$ Mal verdoppelt, beläuft sich die Investition auf

$$(1 + 2 + \cdots 2^{k-1}) \cdot E = (2^k - 1) \cdot E = 2^k \cdot E - E$$

Wenn jetzt das Wappen kommt, erhält man $2^k \cdot E$ ausbezahlt und hat wieder seinen Gewinn von E.
Spielt man das Spiel eine lange Spielnacht immer wieder durch, kommt das schon einiges zusammen. Es ist fast wie „Arbeit“, für die man immer wieder zwischendurch seinen Lohn bekommt. In keinem Fall kann man verlieren!
Natürlich kann man verlieren, nämlich spätestens dann, wenn der Einsatz so hoch wird, dass man ihn nicht mehr bezahlen kann. So sind bei $E = 1$ Euro nach nur 20 Mal Kopf immerhin schon $2^{20} - 1 > 1\,000\,000$ Euro eingesetzt. Da nützt auch der Trost nichts, dass die Wahrscheinlichkeit, dass erst beim 21. Mal Wappen kommt, nur $1/2^{20} \approx 1 : 1\,000\,000$ ist. ♠

Anwendung: Unendliche Einsätze

Berühmt geworden ist das obige Beispiel in abgewandelter Form durch eine Idee *Daniel Bernoullis* im Jahr 1738. In einem hypothetischen Kasino in Sankt Petersburg wird folgendes Glücksspiel angeboten:
Es wird eine Teilnahmegebühr verlangt, dann wird so lange eine Münze geworfen, bis zum ersten Mal Wappen fällt. Dies beendet das Spiel. Der Gewinn richtet sich nach der Anzahl der Münzwürfe insgesamt. War es nur einer, dann erhält der Spieler 1 Dukaten. Bei zwei Würfen erhält er 2 Dukaten, bei drei Würfen 4, und so fort. Man gewinnt also 2^{k-1} Dukaten, wenn die Münze k Mal geworfen wurde.
Wir berechnen den Erwartungswert für den Gewinn, indem wir die zugehörigen Wahrscheinlichkeiten für das Ausbezahlen der jeweiligen Gewinnsumme mit einbeziehen.

$$G = \sum_{k=1}^{\infty} \frac{2^{k-1}}{2^k} = \frac{1}{2} + \frac{1}{2} + \frac{1}{2} + \cdots = \infty.$$

Rein theoretisch ist also der Erwartungswert ∞, und die Bank könnte den Einsatz gar nicht hoch genug ansetzen, sonst wäre sie über kurz oder lang pleite! Eine Möglichkeit, dem Dilemma zu entkommen, ist natürlich, eine Maximalanzahl m von Würfen festzulegen. Dann müsste die Bank einen Grundeinsatz von mindestens $m/2$ Dukaten pro Spieler festlegen.
Das Beispiel ist aber hauptsächlich deswegen berühmt geworden, weil es eine Reihe von Löungsvorschlägen ausgelöst hat, unter denen nur jene von Bernoulli selbst kurz erwähnt werden soll: Er schrieb nämlich dazu „Die Berechnung des Wertes einer Sache darf nicht auf seinem Preis basiert werden, sondern stattdessen auf die Nützlichkeit, die er besitzt ... Unzweifelhaft ist ein Gewinn von 1000 Dukaten für einen Bettler signifikanter als für einen Wohlhabenden, obgleich beide denselben Betrag erhalten.“ Deshalb schlug Bernoulli vor, statt 2^k Dukaten nur $\ln 2^k$ Dukaten auszubezahlen. Dadurch ist der Erwartungswert für den Gewinn nicht mehr unendlich, sondern

$$\overline{G} = \sum_{k=1}^{\infty} \frac{\ln(2^{k-1})}{2^k} = \sum_{k=1}^{\infty} \frac{(k-1)\ln 2}{2^k} = \ln 2 \sum_{k=1}^{\infty} \frac{(k-1)}{2^k} = \ln 2 \underbrace{(1/2^2 + 2/2^3 + 3/2^4 \cdots)}_{=1 \text{ (o.B.)}} < \infty.$$

♠

Der 50:50 Irrtum

Anwendung: Von wegen „kein Geheimnis ausplaudern"

Angenommen, drei Bewerber A, B und C haben sich um einen Posten beworben. A wartet alleine vor der Tür, hinter der die Kommission die Entscheidung fällt, und denkt sich: „Die Wahrscheinlichkeit, dass ich aufgenommen werde, ist $1/3$". Als ein Mitglied der Jury einzeln den Raum verlässt, bestürmt er dieses:
„Ich weiß, Sie dürfen mir nicht verraten, ob ich aufgenommen wurde. Aber es ist klar, dass zumindest B oder C nicht aufgenommen wurde. Nennen Sie mir doch den Namen von einem der beiden nicht Aufgenommenen - also B oder C. Dann verraten Sie mir kein Geheimnis, und ich habe über meine Situation keine Zusatzinformation. Ich verspreche hoch und heilig, die Information für mich zu behalten."
Das Jurymitglied lässt sich überzeugen und sagt „B wurde nicht aufgenommen". Daraufhin strahlt A und sagt „Nun ist die Wahrscheinlichkeit, dass ich aufgenommen werde, auf $1/2$ gestiegen." Stimmt das?
Die Antwort ist nicht trivial: A hat zwar nicht recht (an seiner Wahrscheinlichkeit von $1/3$ hat sich nichts geändert), aber die Wahrscheinlichkeit, dass C den Posten bekommt, hat sich verdoppelt! Um dies einzusehen, betrachten wir die drei möglichen Entscheidungen der Jury ($\pm$ an der 1. Position bedeutet, dass A den Posten bekommt oder nicht, usw.):

$$+ - - \qquad - + - \qquad - - +$$

Alle drei sind gleich wahrscheinlich. Durch die Aussage des Jurymitglieds scheidet Fall 2 aus. Das ist eine der beiden ungünstigen Entscheidungen sowohl für A als auch für C.
Der Unterschied zwischen A und C ist nun aber, dass sich die Frage an den Entscheidungsträger nicht auf A, sondern auf B und C bezogen hat. Für A ändert sich daher nichts. Die Wahrscheinlichkeit für C, nicht aufgenommen zu werden, halbiert sich hingegen.
Um das Beispiel besser verstehen zu können, betrachte man auch das folgende berühmt-berüchtigte „Drei-Türen-Problem". ♠

Anwendung: Drei Türen und zwei Strategien

Man stelle sich vor, in einer Spiel-Show knapp vor dem Ziel zu stehen: Man muss „nur noch" auf eine von drei Türen zeigen, hinter denen sich der Hauptpreis (ein Sportwagen) verbirgt. Zwei der Türen sind allerdings nur Trostpreise, denn hinter ihnen befinden sich – damit man sich besonders ärgert – Ziegen (Nieten) als Trostpreis. So funktionierte das in der Show „Let's make a deal" von *Monty Hall*. Der Moderator ließ sich einen spannenden Zusatz einfallen: Wenn man gewählt hatte, verunsicherte er den Kandidaten, indem er, der ja wusste, wo der Flitzer versteckt war, dem Kandidaten demonstrativ eine Türe öffnete, hinter der eine Ziege war. Dann stellte er es dem schon fast Aufatmenden (schließlich schien die Chance mittlerweile eine $50 : 50$-Sache geworden zu sein) frei, seine Wahl zu ändern. Was würden *Sie* tun?

Lösung:

Wenn man die Wahl zwischen einer Ziege und einem Porsche hat, ist man schon gewillt, ein bisschen Nachdenkarbeit in ein vermeintlich einfaches Problem zu investieren. Zumindest haben sich hunderte Personen im Internet und sonst wo über dieses Thema ereifert. Eigentlich ist die Antwort ganz leicht zu geben, wenn man sich folgender Argumentation anschließt:

Ich wähle zunächst willkürlich eine der drei Türen. Habe ich auf den Sportwagen getippt, ist das gut. Habe ich auf eine der beiden Ziegen getippt, nicht. Die Wahrscheinlichkeit, den Boliden zu dem Meinen zu machen, ist $1/3$. Bleibe ich konsequent bei meiner Wahl, dann ändert sich auch nichts an der Wahrscheinlichkeit. Auch nicht, wenn mir der Moderator großartig eine der beiden Ziegen zeigt: das ist nämlich *in jedem Fall* möglich – ob ich nun das Auto oder eine der beiden Ziegen erwischt habe.

Abb. 8.25 Auto oder Niete? Die Fragestellung regt zum Diskutieren an!

Nun zur Strategie, die Wahl „auf jeden Fall" zu ändern. Hier gibt es drei Fälle: Wenn ich beim ersten Tippen den Sportwagen erwischt habe, ist das jetzt schlecht für mich.
Wenn ich aber Ziege 1 oder Ziege 2 gewählt habe, habe ich jetzt Glück: Ich zeige nämlich *in beiden Fällen* auf den heiß ersehnten Flitzer. Schlagartig habe ich die doppelte Chance, zu gewinnen! So gesehen war die Information des Moderators für mich eine Hilfe – und keine Verunsicherung. Der konsequente Wechsel auf die verbleibende Tür ist die deutlich bessere Wahl!
In der Originalfassung des Spiels war zumindest nicht explizit ausgeschlossen, dass der Moderator in dem Fall, in dem der Kandidat auf eine Ziege zeigt, eben diese Tür öffnet, und eine neue Wahl anbietet. In diesem Fall hat der Kandidat genau eine 50 : 50 Chance.
Beim „Fifty-Fifty-Joker" in der Show „Wer wird Millionär?" („Millionenspiel") entfernt der Computer nach dem Zufallsprinzip 2 der 3 nicht-richtigen Antworten. Die Entscheidung des Computers ist unabhängig davon, welche Vermutung der Kandidat geäußert hat. Damit stehen die Chancen für den Kandidaten zumindest theoretisch genau 50 : 50. ♠

Computersimulationen helfen, Überlegungen zu überprüfen

Das „Drei-Türen-Problem" ist ein klassisches Beispiel dafür, dass durchaus kluge Personen voll Stolz unterschiedliche Ergebnisse präsentieren. Um herauszubekommen, wer die richtige Lösung gefunden hat, könnte man nun einen Abend damit verbringen, die Situation wieder und wieder durchzuspielen: Ein Moderator versteckt eine Erbse zufällig unter einem von drei Fingerhüten (etwa, indem er geheim würfelt); ein Spieler A tippt auf eines der Hütchen, der Moderator zeigt ein zweites Hütchen (ohne Erbse), und ein zweiter Spieler B hebt nun das dritte Hütchen auf. Falls B das richtige Hütchen erraten hat, behält er sich die Erbse, sonst geht diese logischerweise an A. Schon nach einigen Dutzend Versuchen wird sich herauskristallisieren, dass B deutlich mehr Erbsen ergattert hat als A.
Wenn wir gut programmieren können und es schaffen, ein Computerprogramm zu schreiben, das mit Zufallszahlen arbeitet und alle Schritte in der vorgeschriebenen Art und Weise durchführt, kann man die Situation millionenfach simulieren und entsprechend auswerten. Das Punkteverhältnis wird bei einer dermaßen großen Wiederholungsrate nahezu exakt 1 : 2 sein.

Aggregierungsfallen: Die „halbe Wahrheit“

Wir werden täglich in Tageszeitungen und Zeitschriften mit „vereinfachten“, weil angeblich „besser verständlichen“ Statistiken überhäuft. Die Dinge sind aber nicht immer so einfach darzustellen, bzw. es kommt – gewollt oder ungewollt – die falsche Information heraus. Deswegen heißt es im Volksmund auch, dass man „mit Statistik alles beweisen kann“.

Unter *Aggregierung* (*Aggregation*) versteht man die Verdichtung von statistischen Einzelaussagen zu allgemeinen Aussagen. Das unspezifische Aggregieren von Zähldaten erzeugt Zusammenhänge, die in der aufgeschlüsselten Statistik nicht existieren. Von den beiden folgenden Beispielen ist das erste „harmlos“, das zweite tendenziös:

Anwendung: Arbeits(ein)teilung

Nehmen wir an, eine Arbeit W wird gleichmäßig auf zwei Personen A und B aufgeteilt. Am ersten Tag verrichtet A 60% seines Tagespensums, B hingegen 90%. Am nächsten Tag verrichtet A gar nur 10% seines Pensums, B hingegen immerhin 30%. In beiden Fällen erreicht B prozentual einen wesentlich höheren Anteil. Das heißt aber noch lange nicht, dass B mehr Arbeit verrichtet hat.

Zahlenbeispiel: A könnte sich seinen Anteil im Verhältnis $10:1$ aufgeteilt haben, und B im Verhältnis $1:10$. Dann hat A am ersten Tag $60/100 \cdot 10/11 \cdot W/2 = 600/2200 \cdot W$ und am zweiten Tag $10/100 \cdot 1/11 \cdot W/2 = 10/2200 \cdot W$ abgearbeitet, B hingegen $90/100 \cdot 1/11 \cdot W/2 = 90/2200 \cdot W$ bzw. $30/100 \cdot 10/11 \cdot W/2 = 300/2200 \cdot W$. Nun verhalten sich die geleisteten Teilarbeiten wie $61:39$ für A! ♠

Anwendung: Morde und Todesurteile in Florida

Hautfarbe des Täters	Todesurteil ja/nein	Summe	Anteil der Todesurteile in %
schwarz	59/2448	2507	2,4%
weiß	72/2185	2257	3,2%

Beim Anblick obiger Statistik (New York Magazine, 11.3.79) scheint die Antwort klar: Wenn schon, dann scheint die Hautfarbe weiß ein Nachteil zu sein. Ganz anders sieht die Sache aus, wenn eine weitere Variable in's Spiel kommt – nämlich die Hautfarbe des *Opfers*:

Hautfarbe Täter / Opfer	Todesurteil ja/nein	Summe	Anteil der Todesurteile in %
schwarz / schwarz	11/2209	2220	0,5%
weiß / schwarz	0/111	111	0,0%
schwarz / weiß	48/239	287	16,7%
weiß / weiß	72/2047	2146	3,4%

Nun stehen wir plötzlich vor einer völlig neuen Situation: Unabhängig von der Hautfarbe des Opfers werden Schwarze in allen Fällen eher zum Tode verurteilt als Weiße, insbesondere, wenn das Opfer weiß war. ♠

8.7 Wahrscheinlichkeitsverteilungen

Die Binomialverteilung

Anwendung: Vokabeltest

Sie haben für einen Sprachtest $p = 5/6$ aller Vokabel gelernt und werden stichprobenartig nach n Vokabeln gefragt. Wie groß sind die Wahrscheinlichkeiten, dass Sie k Vokabeln wissen? Wie groß ist die Wahrscheinichkeit, dass Sie von 20 Vokabeln mindestens 18 wissen?

Lösung:

Angenommen, Sie wissen die ersten k Vokabel, die restlichen $n - k$ nicht. Dafür ist die Wahrscheinlichkeit $p^k \cdot (1-p)^{n-k}$. Die Treffer können natürlich auch an anderer Stelle stattgefunden haben, was auf n über k Arten passieren kann. Die allgemeine Formel lautet somit

$$P(k) = \binom{n}{k} p^k \cdot (1-p)^{n-k}$$

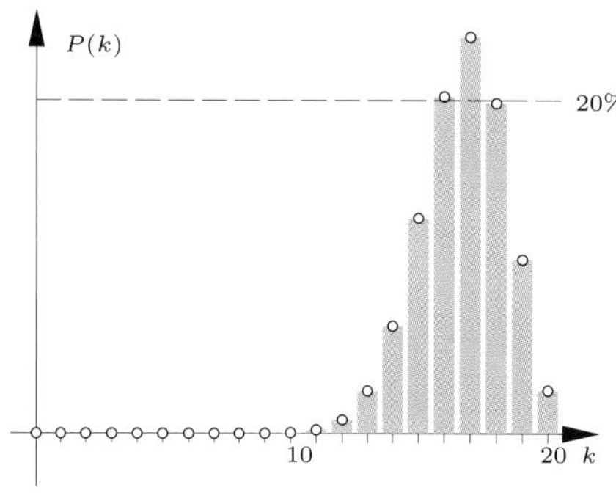

Abb. 8.26 Wieviele Vokabel wissen Sie?

Abb. 8.26 zeigt ein Diagramm für $n = 20$. Daraus ist zu erkennen, dass man zu etwa 20% 18 Vokabeln weiß, zu etwa 10% 19 und nur zu geschätzten 3% alle Vokabeln. In Summe ergibt sich etwa 33%, also 1/3, dass man mindestens 18 richtige Antworten gibt. ♠

Anwendung: Das *Galton*-Brett

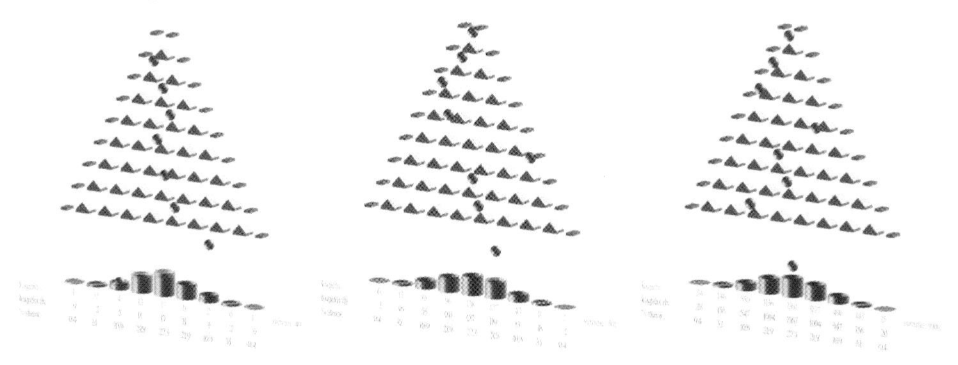

Abb. 8.27 Entstehung der Glockenkurve beim *Galton*-Brett

Wenn Kugeln aus einem Trichter auf ein Nagelbrett fallen, verteilen sie sich am unteren Ende glockenförmig. Dies ist eine Folge von in Serie geschaltenen 50:50-Entscheidungen ($p = 1 - p = 0{,}5$).

Die Verteilung der Kugeln ist im Idealfall wie ein glockenförmiges „Treppenpolygon". Abb. 8.28 und Abb. 8.29 illustrieren ein solches für 10 bzw. 20 Nägelreihen. Das Polygon wird umso besser angenähert, je mehr Kugeln wir herunterrieseln lassen. ♠

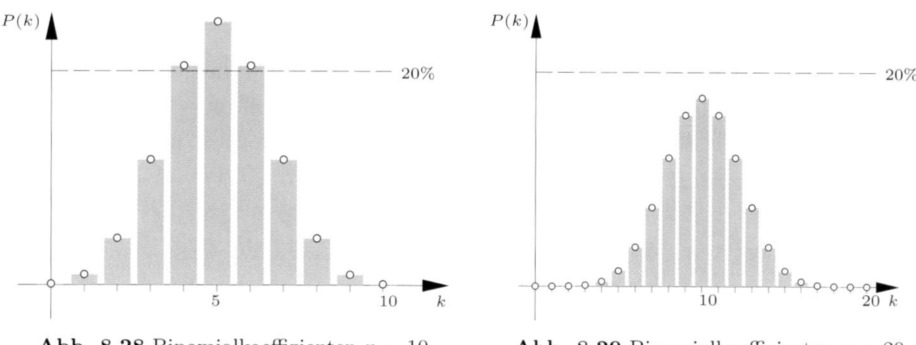

Abb. 8.28 Binomialkoeffizienten $n = 10$ **Abb. 8.29** Binomialkoeffizienten $n = 20$

Summen von Wahrscheinlichkeiten

Wenn es um die Wahrscheinlichkeit geht, ein gewisses Limit zu über- bzw. unterschreiten, muss man einzelne Wahrscheinlichkeiten aufsummieren (in Anwendung S. 372 ging es um die Wahrscheinlichkeit, einen Vokabeltest zu bestehen, bei dem mindestens k von n Fragen richtig zu beantworten sind). Trägt man wie in Abb. 8.30 und Abb. 8.31 nicht die Wahrscheinlichkeiten, sondern die Summe aller vorangegangenen Wahrscheinlichkeiten auf, kann man leicht feststellen, wann so eine Schranke überschritten wird.

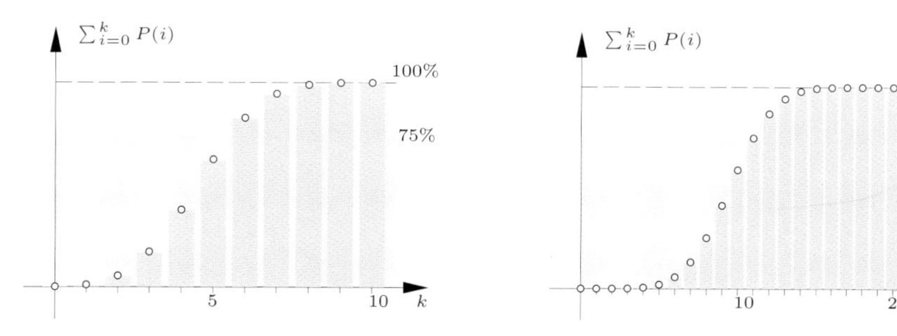

Abb. 8.30 Summenwahrscheinlichkeit $n = 10$ **Abb. 8.31** Summenwahrscheinlichkeit $n = 20$

Anwendung: Resolute Minderheiten

Ein Verein von 25 Mitgliedern bringt einige Themen per Briefwahl zur Abstimmung. Bei einem scheinbar belanglosen Vorschlag, der von den meisten Mitgliedern mehr oder weniger zufällig mit *ja* oder *nein* angekreuzt wird, haben fünf Personen insgeheim beschlossen, unbedingt mit *nein* zu stimmen. Wie groß ist die Wahrscheinlichkeit, dass besagter Vorschlag trotzdem mehrheitlich angenommen wird?

Lösung:

Für eine Ablehnung sind 13 *nein*-Stimmen nötig; davon sind 5 bereits fix. Gesucht ist somit die Wahrscheinlichkeit P, dass von den 20 Unentschlossenen ($p = 1 - p = 0{,}5$) maximal 7 mit *nein* stimmen. Es liegt eine (symmetrische) Binomialverteilung vor, und $P = \sum_{k=0}^{7} \binom{20}{k} \cdot 0{,}5^k \cdot 0{,}5^{20-k} \approx 0{,}13$. In Abb. 8.31 ist dies der Wert an der Stelle $k = 7$. Die resolute Minderheit bringt ihr „*njet*“ also zu 87% durch, ohne dass viel Aufhebens gemacht wurde. ♠

Anwendung: Prasselnder Regen (Abb. 8.32, Abb. 8.33)
Regentropfen schlagen zufällig ein. Trotzdem gibt es – lokal gesehen – eine konstante Niederschlagsmenge pro Quadratmeter, bei einem starken Gewitter z.B. 1 Liter ($\approx$ 6000 Tropfen) pro Minute. Damit haben wir im Schnitt 100 Tropfen pro Sekunde und Quadratmeter. Die im Bild zu sehende Aufschlagsfläche ist $1/30\ \mathrm{m}^2$ groß. Dort haben wir $100/30 \approx 3$ Tropfen pro Sekunde zu erwarten. Wie groß ist die Wahrscheinlichkeit, dass wie am Foto der Einschlag zweier (dreier) Tropfen gleichzeitig zu sehen ist?

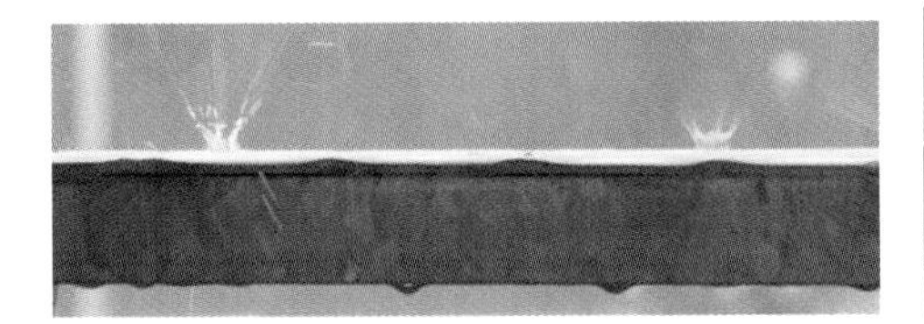

Abb. 8.32 Zwei Tropfeneinschläge gleichzeitig

Abb. 8.33 Drei „Explosionskegel"!

Wir wollen zunächst mit dem Hausverstand zu einer vernünftigen Abschätzung kommen, zumal ja ohnehin nicht exakt definierte Annahmen zugrundeliegen.
Eine erste solche Annahme ist, dass der Einschlag jedes Tropfen ein paar Bruchteile von Sekunden in Form eines „Explosionskegels" sichtbar sein wird. Wäre dies nicht der Fall, würde man bei kurzen Belichtungszeiten (im konkreten Fall 1/125 Sekunde) wohl fast nie einen Einschlag sehen. Die Wahrscheinlichkeit, dass man bei einem Tropfen pro Sekunde den Einschlag am Bild sieht, nehmen wir hier (als Erfahrungswert) mit 1/5 an. Die Wahrscheinlichkeit, ihn *nicht* zu sehen (Gegenereignis), ist $1 - 1/5 = 4/5$.
Nun tun wir zweitens so, als ob jede Sekunde *genau drei* Tropfen einschlagen würden. Die Wahrscheinlichkeit, *keinen* dieser Tropfen zu sehen, ist $P(0) = (4/5)^3 \approx 0{,}51$. Die Wahrscheinlichkeit, genau einen Einschlag zu sehen, ermitteln wir so: Angenommen, wir sehen den Einschlag des ersten Tropfen, den der beiden anderen aber nicht. Dafür haben wir die Wahrscheinlichkeit $1/5 \cdot 4/5 \cdot 4/5$. Der sichtbare Tropfen lässt sich auf 3 Arten variieren, sodass genau ein Tropfen mit $P(1) = 3 \cdot 1/5 \cdot 4/5 \cdot 4/5 \approx 0{,}38$ zu sehen ist.
Die Wahrscheinlichkeit, dass die ersten beiden Tropfen beim Einschlag beobachtet werden können, der dritte jedoch nicht, ist $(1/5)^2 \cdot (4/5) = 4/125$. Nachdem es egal ist, ob wir Tropfen 1 und Tropfen 2 bzw. Tropfen 1 und Tropfen 3 bzw. Tropfen 2 und Tropfen 3 einschlagen sehen, ist diese Wahrscheinlichkeit $P(2) = 3 \cdot (4/125) \approx 1/10$. Im Schnitt sehen wir etwa auf jedem zehnten Bild zwei Einschläge. Tatsächlich wurden etwa 50 Aufnahmen gemacht, und auf 5 davon waren Doppeleinschläge mehr oder weniger gut zu sehen (siehe dazu auch Anwendung S. 160).
Die Wahrscheinlichkeit, drei Einschläge gleichzeitig zu sehen, ist $P(3) = (1/5)^3 = 1/125$, also knapp 1%. Nach unserem stark vereinfachten Modell gäbe es gar nicht die Möglichkeit von vier oder gar mehr sichtbaren Einschlägen ($P(4) = 0$), obwohl dies in der Praxis – wenn auch extrem unwahrscheinlich – vorkommen könnte. Wir sehen schon: Wir brauchen ein ausgefeilteres Modell für die Wahrscheinlichkeitsverteilungen. ♠

Die Poisson-Verteilung

In der vorangegangenen Anwendung ging es zunächst darum, einen durchschnittlichen Erwartungswert λ für die Anzahl der Regentropfen zu finden. Wir haben ihn mit 3 Tropfen pro Sekunde angegeben. Betrachten Sie nun Abb. 8.34. Wenn Ihnen jemand erzählen würde, er hätte 1000 Versuche exakt ausgewertet und wäre auf diese Verteilung gekommen, würden Sie es ihm vermutlich glauben – die Verteilung sieht realistisch aus.
Nun zu Abb. 8.35: Wenn Sie festgestellt haben, dass Sie im Schnitt $\lambda = 0{,}6$

Einschläge von Wassertropfen fotografieren konnten, dann sieht die dargestellte Verteilung ebenfalls glaubhaft aus. Sie stimmt recht gut mit den eben geschätzten Werten überein (55% statt 51% für null sichtbare Einschläge, 33% statt 38% für einen sichtbaren Einschlag, die 10% für zwei sichtbare Einschläge passen wunderbar, und 2% statt 1% für drei sichtbare Einschläge ist auch praktisch dasselbe.

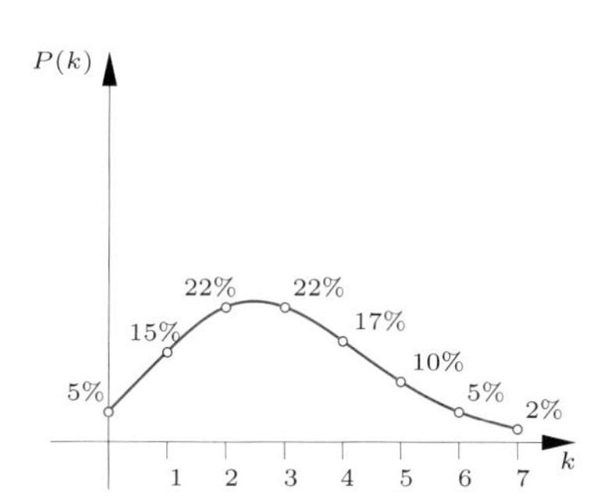

Abb. 8.34 Regentropfen pro Sekunde

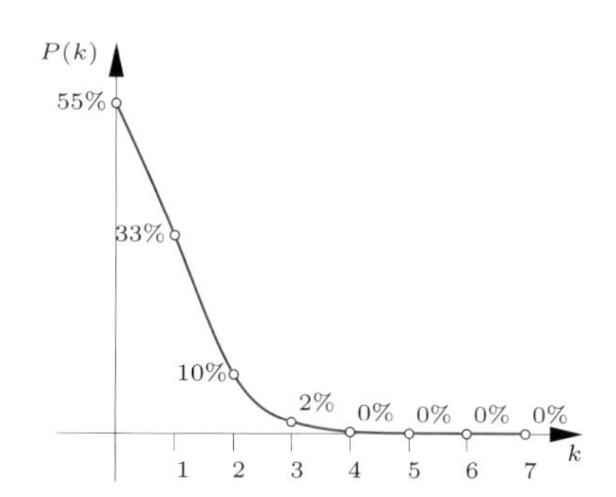

Abb. 8.35 Sichtbare Tropfen am Foto

Warum wir so ausführlich die Werte vergleichen? Nun, die beiden „plausiblen" Verteilungen wurden mit folgender einfacher Näherungsformel von *Poisson* berechnet:

$$P(k) = \frac{\lambda^k}{k!}\, e^{-\lambda} \qquad \text{Erwartungswert } \lambda \text{ konstant} \tag{8.8}$$

Poisson hat Fragestellungen wie das „Regentropfenproblem" von vorhin allgemeiner betrachtet und gezeigt, dass seine Formel die Binomialverteilung für große n und kleine p und konstantem $\lambda = np$ sehr gut approximiert. Damit erspart er uns für ähnlich geartete Beispiele Einiges an Arbeit.

Speziell ist $P(0) = e^{-\lambda}$, $P(1) = \lambda\, e^{-\lambda}$, $P(2) = \frac{\lambda^2}{2}\, e^{-\lambda}$ usw. Man erkennt leicht, dass die Summe aller Wahrscheinlichkeiten $P(k)$ den Wert 1 ergibt:

$$\sum_{k=0}^{\infty} P(k) = \sum_{k=0}^{\infty} \frac{\lambda^k}{k!}\, e^{-\lambda} = e^{-\lambda} \sum_{k=0}^{\infty} \frac{\lambda^k}{k!} = [\text{Formel (7.5)}]\; e^{-\lambda}\, e^{\lambda} = e^0 = 1$$

Anwendung: Farbenblind

Versuche haben ergeben, dass etwa jede hundertste Person farbenblind ist. Mit welcher Wahrscheinlichkeit befinden sich unter 100 zufällig ausgewählten Personen mindestens zwei farbenblinde Personen? Wie viele Personen müssen mindestens getestet werden, um mit hoher Wahrscheinlichkeit (mindestens 95%) wenigstens eine farbenblinde Person zu finden?

Lösung:

Der Erwartungswert ist $\lambda = 100\,(1/100) = 1$. Das Gegenteil von „mindestens 2" ist „0 oder 1". Es ist $P(0) + P(1) = e^{-1}(1+1) \approx 0{,}74$ und somit $P(\geq 2) \approx 1 - 0{,}74 \approx 0{,}26$.

Das Gegenteil von „wenigstens eine" ist „keine". Für $P(0) < 0{,}05$ ist die

Gegenwahrscheinlichkeit $P(>0) > 0{,}95$. Bei n getesteten Personen ist der Erwartungswert $n/100$ und es muss $P(0) = e^{-n/100} < 0{,}05$ gelten. Damit ist $-n/100 < \ln 0{,}05$ und $n \geq 300$. ♠

Anwendung: Signifikanter Anstieg?

Man untersuche eine Meldung aus dem Internet: „Seltsame Häufung der Selbstmorde in Aargau (Schweiz) seit Jahresbeginn. Allein im Januar und Februar haben im Aargau 18 Männer und 5 Frauen Selbstmord verübt. Diese Zahlen geben selbst dem Aargauer Polizeikommando zu denken. Im ganzen Jahr 2001 werden in der Jahresstatistik für den Kanton Aargau 95 vollendete Selbstmorde ... verzeichnet. ... Allein am 20. Februar nahmen sich 4 Personen das Leben." (`http://freenet-homepage.de/selbstmorde_2002/`).

Lösung:
Aus 2001 haben wir für 2 Monate den Erwartungswert $\lambda = 95/6 = 15{,}83$. Für genau k Suizide in 2 Monaten ist $p(k) = \lambda^k/k! \cdot e^{-\lambda \cdot k}$. Die Wahrscheinlichkeit, dass maximal 22 Suizide pro Woche vorkommen, ist $\sum_{k=0}^{22} p(k) = 0{,}947$. 23 und mehr Selbstmorde sind folglich mit etwas mehr als 5% Wahrscheinlichkeit zu erwarten.
Für einen einzelnen Tag ist $\lambda = 95/365 = 0{,}26$. Dass 4 oder mehr Personen an einem Tag Suizid begehen ist tatsächlich sehr außergewöhnlich, denn es ist $p(<4) = \sum_{k=0}^{3} p(k) = 0{,}99984$. Immerhin erstreckt sich der Beobachtungszeitraum aber über 2 Monate, und wir haben daher eine Wahrscheinlichkeit von $1 - p(<4)^{60} \approx 0{,}001$ für die extreme Anhäufung.

Letzteres war wohl der Auslöser für die alarmierende Meldung. 2001 hätte auch ein Jahr mit weniger Suiziden als üblich sein können. Wenn z.B. 110 Suizide „normal" sind und sich am besagten 20. Februar nur zwei Personen das Leben genommen hätten, wären $21 = 23 - 2$ Suizide nichts Außergewöhnliches gewesen.
In Deutschland ist 2006 die Anzahl der jährlichen Suizide erstmals unter 10000 gesunken. Eine höhere Suizidrate ist weder an den Tagen um den Vollmond noch an Wochenenden nachweisbar. Einzig die Jahreszeiten haben einen Einfluss (Sommer und Herbst weniger Suizide). Das passt nun wieder zu obiger Meldung aus der Schweiz. Auch das Verhältnis männlich zu weiblich ist nicht ungewöhnlich. In Deutschland beträgt es knapp 3 : 1. ♠

Der zentrale Grenzwertsatz

Anwendung: Würfeln mit mehreren Würfeln

In Anwendung S. 350 hatten wir die Frage „Warum erscheint beim Wurf dreier Würfel die Summe 10 öfter als die Summe 9 ?" Wir wollen die Frage nun auf eine andere Art klären: Wenn wir einen Würfel werfen, ist es gleich wahrscheinlich, die eins, zwei usw. zu würfeln. Die durchschnittliche Augenzahl wird jedoch $(1 + 2 + \cdots + 6)/6 = 3{,}5$ sein. Wenn wir drei Würfel werfen, wird sich die durchschnittliche Augenzahl bei vielen Versuchen somit 10,5 annähern. 10 liegt näher bei diesem Durchschnittswert als 9. Wir werden gleich sehen, dass Zahlen, die näher beim Erwartungswert liegen, auch häufiger vorkommen. ♠

Denken wir uns einen „elektronischen Würfel“, der massenhaft Augenzahlen zwischen 1 und 6 erzeugt (jeweils mit $p = 1/6$). Würfeln wir mit n Würfeln gleichzeitig, so ist bei $\mu = n \cdot p$ ein Maximum von gewürfelten Sechsen zu erwarten.

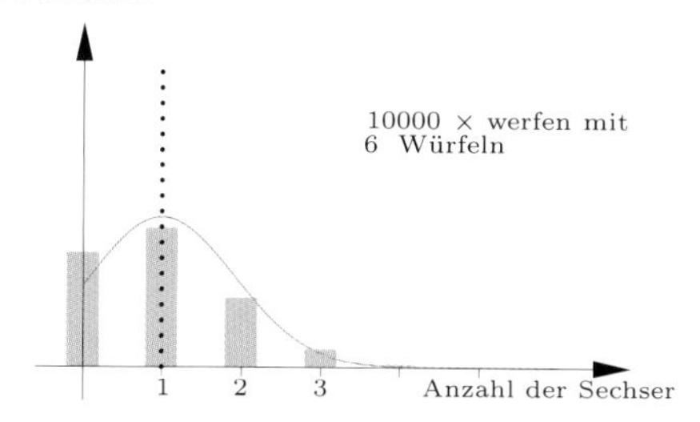

Abb. 8.36 Gleichzeitiges Werfen mehrerer „elektronischer“ Würfel ...

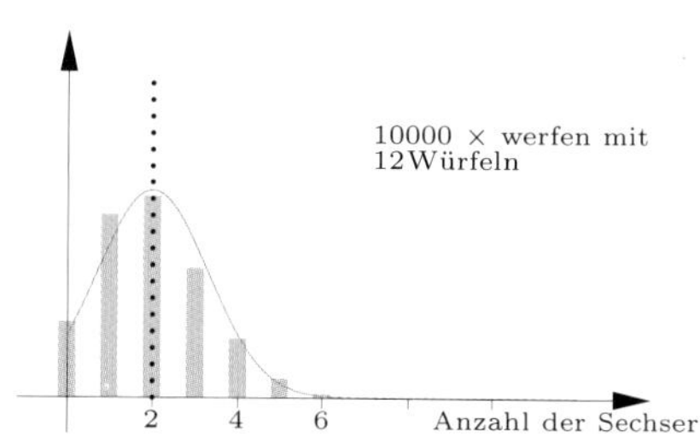

Abb. 8.37 ... und Auswertung nach Anzahl der geworfenen Sechsen

Erhöht man nun die Anzahl der Würfel, beginnt sich die Wahrscheinlichkeitsverteilung in eine Glockenkurve zu verwandeln. Dabei wird die Kurve immer steiler, je mehr Würfel wir verwenden. Mit anderen Worten: Die „Ausreißer“ bleiben umso mehr in der Nähe des Erwartungswerts μ, je größer n ist. Die Fläche unter der Kurve bleibt konstant, weil ja alle Wahrscheinlichkeiten zusammen 1 ergeben. Ohne diese Erkenntnis zu beweisen, formulieren wir relativ großzügig:

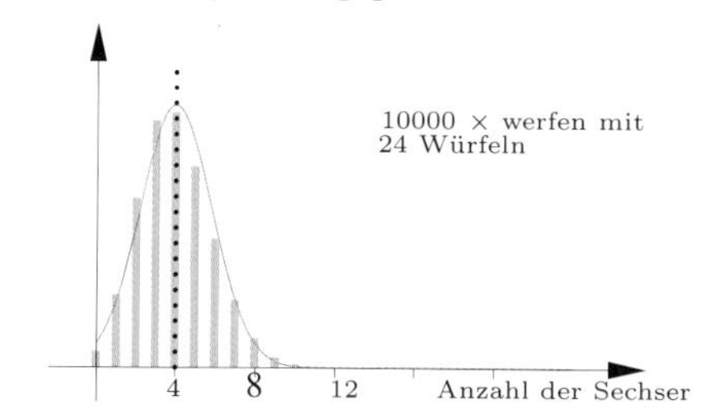

Abb. 8.38 Wir steigern die Anzahl der Würfel

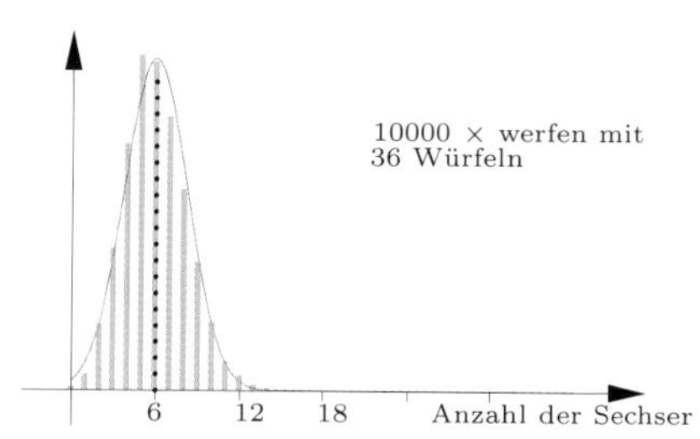

Abb. 8.39 ... und erreichen eine Glockengestalt

Zentraler Grenzwertsatz: Die Summe von n identisch verteilten, unabhängigen Zufallsvariablen X gehorcht für große n näherungsweise einer „Normalverteilung“, nämlich der Gaußschen Glockenkurve (Erwartungswert $\mu = n \cdot \mu_x$; Varianz $n\sigma_x^2$). Dies gilt insbesondere für die Binomialverteilung, die angibt, wie häufig ein Ereignis der Wahrscheinlichkeit p bei n-facher Ausführung auftritt. Hier gilt $\mu = np$; $\sigma^2 = np(1-p)$.

Den Prototypen der Kurve ($\mu = 0$, $\sigma = 1$) haben wir in Formel (7.1) schon diskutiert. Allgemein hat die Kurve bei μ ihr Maximum und die Wendepunkte bei $\mu \pm \sigma$. Die Gestalt der Kurve hängt offensichtlich von n und p ab.

In der Praxis wichtig ist folgender Zusatz:

Bei einer Normalverteilung liegen im Bereich $\mu \pm \sigma$ etwa $2/3$ aller auftretenden Werte, im Bereich $\mu \pm 2\sigma$ bereits 95% und im Bereich $\mu \pm 3\sigma$ bereits $99{,}7\%$ aller Werte.

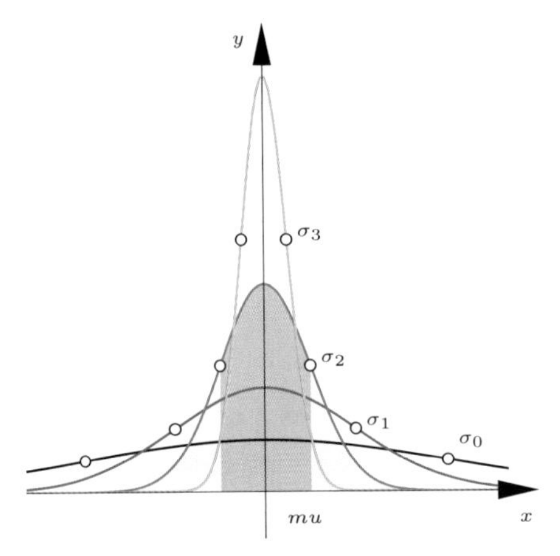

Abb. 8.40 Verschiedene Varianzen

Abb. 8.40 zeigt „verschieden bauchige“ Glockenkurven. Allen gemeinsam ist, dass die Fläche unter der Kurve den Wert 1 hat, nämlich die Gesamtsumme aller Wahrscheinlichkeiten. Die Fläche von $-\infty$ bis x ist gegeben durch

$$P(x) = \int_{-\infty}^{x} \frac{1}{\sigma\sqrt{2\pi}} e^{-\frac{1}{2}\left(\frac{x-\mu}{\sigma}\right)^2} dx$$

Dieses Integral ist nicht formelmäßig anzugeben, kann aber, wie wir in Anwendung S. 316 gesehen haben, numerisch ausgewertet werden.

Anwendung: Qualitätskontrolle

Ein Glühbirnenhersteller behauptet, dass maximal 2% der ausgelieferten Ware defekt ist. Bei einem Test von 100 Lampen waren 5 defekt. Ist das ein Widerspruch zur Werksangabe?

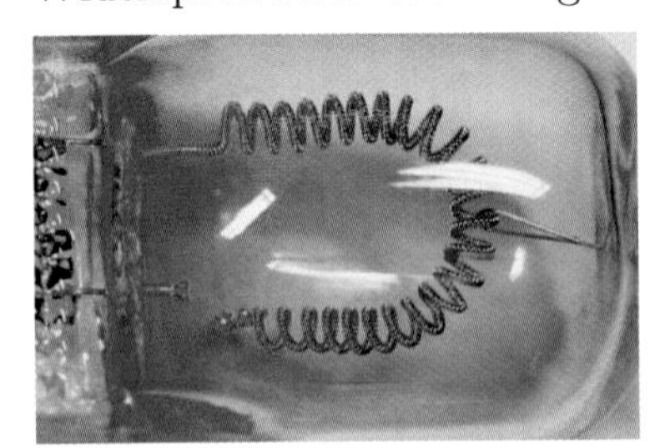

Abb. 8.41 Schon wieder!

Lösung:
Wir haben $p = 0{,}98$ und $n = 100$, also $\mu = 98$ und $\sigma^2 = \mu(1-p) \approx 2 \Rightarrow \sigma \approx 1{,}4$. Der gemessene Wert 95 weicht um $3 > 2\sigma$ vom Erwartungswert ab. Das bedeutet: Mit über 95%-iger Wahrscheinlichkeit ist die Werksangabe nicht korrekt. ♠

Anwendung: Systematisches Überbuchen

Abb. 8.42 Wieviele werden kommen?

Flugzeuge werden üblicherweise überbucht, weil die Erfahrung gezeigt hat, dass praktisch nie alle Fluggäste kommen. Eine Fluggesellschaft überbucht generell kleine Flugzeuge um 1 Sitzplatz, größere um 3 Plätze, weil üblicherweise 5% der Passagiere nicht erscheinen. Mit welcher Wahrscheinlichkeit kommt es bei 50 bzw. 200 Sitzplätzen zu einem Engpass?

Lösung:
Beim kleineren Flugzeug ist $n = 51$ und $p = 0{,}95$. $\mu = n \cdot p = 48{,}45$, $\sigma^2 = 48{,}45 \cdot 0{,}05 \Rightarrow \sigma \approx 1{,}56$. Der maximal mögliche Wert ist $50 \approx \mu + \sigma$. Innerhalb von $\mu \pm \sigma$ liegen 68% aller Werte, oberhalb von $\mu + \sigma$ daher aus Symmetriegründen immerhin noch 16%. Die Wahrscheinlichkeit für einen Engpass ist daher relativ hoch.

Beim größeren Flugzeug ist mit $n = 203$ $\mu \approx 193$ und $\sigma \approx 3{,}1$. Wir sind ab 201 Passagieren damit schon deutlich außerhalb des 2σ-Bereichs und auf der sicheren Seite. ♠

Anwendung: Mindestgröße einer Stichprobe

Wieviele Menschen muss man testen, um den Anteil der Linkshänder mit 95%-iger Wahrscheinlichkeit auf 1% genau angeben zu können?

Lösung:

Sei p die tatsächliche Wahrscheinlichkeit für Linkshändigkeit. Wenn wir n Personen untersuchen, hat die Stichprobe den Erwartungswert $\mu = n\,p$ und die Streuung $\sigma = \sqrt{n\,p\,(1-p)}$.

Sei nun S_n die tatsächlich ermittelte Anzahl der Linkshänder und $p_n = S_n/n$ die ermittelte relative Häufigkeit von Linkshändern in der Stichprobe. Nun verlangen wir eine Abweichung von weniger als einem Prozent: $|p_n - p| \leq 0{,}01$.

Um im 95%-Vertrauensintervall zu bleiben, muss gelten:

$$|S_n - \mu| \leq 2\sigma \Rightarrow |p_n - p| \leq 2\sqrt{p(1-p)/n}$$

Damit haben wir $0{,}01 \geq 2\sqrt{p(1-p)/n}$. Nachdem wir zunächst über p nichts wissen, müssen wir $p(1-p)$ durch sein Maximum $1/4$ ersetzen, um auf Nummer Sicher zu gehen: $0{,}01 \geq 2\sqrt{1/(4n)}$. Daraus ergibt sich $n \geq 10000$.

Nun weiß man aber unter Umständen aus kleineren Voruntersuchungen, dass p ja relativ klein ist, nämlich etwa 0,1. Dadurch schrumpft $p(1-p)$ und wir kommen mit $n = 3600$ über die Runden. ♠

Anwendung: Unsichere Wahlprognosen

Wir wollen für eine Großpartei ein Wahlergebnis einigermaßen verlässlich auf 1% genau voraussagen. Wie groß muss die Stichprobe sein?

Lösung:

Nach den Ergebnissen der vorangegangenen Anwendung brauchen wir 10000 Befragungen. Bei einer Großpartei ist zudem $p(1-p)$ nicht wesentlich kleiner als 0,25, sodass von dieser Seite keinerlei Einschränkung zu erhoffen ist. Dabei ist noch nicht einkalkuliert, dass die Auswahl der befragten Personen bzw. deren Ehrlichkeit kritisch zu betrachten ist.

Wenn vor Wahlen diverse Meinungsforschungsinstitute wie üblich nur 400-500 Personen befragen, darf man sich nur Genauigkeiten von plus/minus einigen Prozentpunkten erwarten. Oft genug geht es aber um diese wenigen Prozentpunkte, manchmal gar nur um wenige Tausend Stimmen, wer der Wahlsieger ist. So gesehen sind solche Umfragen nicht aussagekräftig, und seltsamerweise stark abhängig davon, welcher Partei das Meinungsforschungsinstitut nahe steht. ♠

8.8 Gemischte Anwendungen

Anwendung: Auf die Saat kommt es an

Im Computerzeitalter sind vom Computer erzeugte Zufallszahlen nicht mehr wegzudenken. Im Wesentlichen geht es darum, eine einzige Zufallszahl zu erzeugen (engl. *random seed*) – etwa mithilfe der Systemzeit. Die restlichen Zahlen werden dann meist rekursiv arithmetisch aus dieser Saat gewonnen („deterministisch"). Das hat unter Umständen den Vorteil, dass man wissenschaftliche Erkenntnisse, die man mit solchen „Pseudozufallszahlen" gewinnen kann, nachvollziehen kann.

Für Programmierprofis: Eine Besprechung verschiedener Algorithmen – teilweise mit Quellcode der C-Funktionen `srand( )` und `rand( )` – ist auf `http://www.codeproject.com/KB/cpp/PRNG.aspx` zu finden. Die genannten Funktionen erzeugen gleichverteilte ganzzahlige 16-bit-Zufallsvariablen. ♠

Anwendung: Wie zufällig sind die Ziffern von π bzw. e?

Die Kreiszahl π und die Eulersche Zahl e sind bekannt dafür, dass die Reihenfolge ihrer Nachkommastellen keinerlei Gesetz unterliegt (die Zahlen aber sehr wohl rekursiv beliebig genau berechnet werden können). Abb. 8.43 und Abb. 8.44 untersuchen die beiden Zahlen auf 100 bzw. 100000 Stellen genau[4].

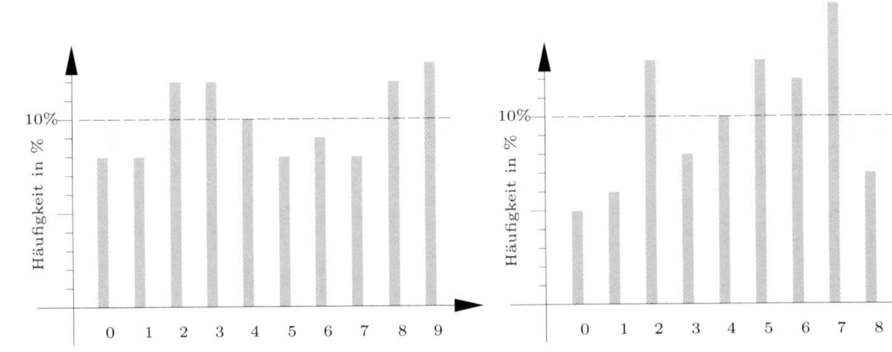

Abb. 8.43 Ziffernhäufigkeit in π (dunkle Balken: 100 Ziffern, helle Balken: 100000 Ziffern)

Abb. 8.44 Ziffernhäufigkeit in e (dunkle Balken: 100 Ziffern, helle Balken: 100000 Ziffern)

Auch wenn es „anfänglich" nicht so aussieht – insbesondere bei der Eulerschen Zahl scheint die Ziffer 7 zunächst häufiger zu sein – konvergiert die Ziffernhäufigkeit rasch, und schon ab 100000 Ziffern ist eine fast völlig gleichmäßige Verteilung erreicht.

Für eine zufällige Folge von Ziffern genügt es natürlich nicht, dass alle Ziffern gleich häufig vorkommen. Eine weitere mögliche Untersuchung ist der sog. *Maximumtest*:
Man fasst die Ziffern zu Dreiergruppen zusammen und überprüft, wie oft die mittlere Ziffer größer als ihr linker und ihr rechter Nachbar ist. Ist die mittlere Ziffer z.B. eine 7, dann gibt es $7^2 \cdot 7^2$ Möglichkeiten für die beiden anderen Ziffern. Unter den $10 \cdot 10 \cdot 10$ möglichen Zifferntripeln haben damit $1^2 + 2^2 + \cdots + 9^2 = 285$ eine maximale Mittelziffer. Man kann daher fordern, dass bei sehr langen Zufallsfolgen ein solches Maximum mit der Wahrscheinlichkeit $\approx 0{,}285$ auftritt. Tatsächlich treten bei den Ziffern von π und e die Werte 0,288 bzw. 0,283 bei 100000 Ziffern auf – ein weiteres Indiz für die Zufälligkeit. ♠

[4]Die Dateien stammen von `http://www.arndt-bruenner.de/mathe/mathekurse.htm`

Anwendung: Gleichmäßige Punkteverteilung auf der Kugel (Abb. 8.45)
Es klingt einfacher als es ist: Wie „punktiert" man ein Polygon bzw. eine Kugel zufällig, aber gleichmäßig?

Lösung:
Zum Polygon: Zunächst muss man für einen Punkt R feststellen können, ob er im Inneren des Polygons P_i $(i = 1 \cdots n)$ liegt oder nicht. Ist das Polygon konvex, kann man dazu z.B. folgenden Test heranziehen: Man berechnet die Summe aller vorzeichenbehafteten Winkel $\angle P_i R P_{i+1}$ mittels Formel (4.36). Wenn sie 360° ergibt, liegt der Punkt innerhalb (für Punkte außerhalb ist die Summe 0). Wollen wir eine vorgegebene Punktedichte erreichen, muss die Punktezahl proportional zur Polygonfläche sein; um die Fläche zu berechnen, triangulieren wir das Polygon und berechnen von jedem Dreieck die Fläche, etwa mittels Formel (4.44). Nun betrachtet man das dem Polygon umschriebene Rechteck (Bild links) und wählt solange Zufallspunkte $R(x/y)$ mit zufälligen Koordinaten x und y im Rechtecksbereich, bis die der Fläche entsprechende Anzahl an Treffern im Polygon erreicht ist.

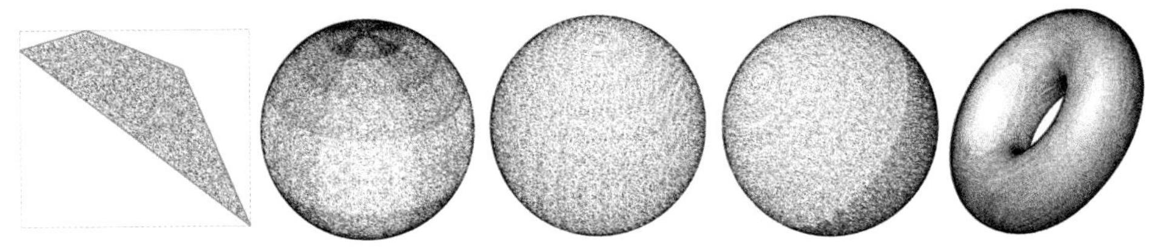

Abb. 8.45 Verteilung von Zufallspunkten. Von links nach rechts: Polygon, Kugel (schlecht, weil von der Parametrisierung abhängig), Kugel (gut, weil gleichmäßig), Kugel (schattiert), Torus

Zur Kugel: Die Parametrisierung $\vec{x} = (r \cos v \cos u,\ r \cos v \sin u,\ r \sin v)$ $(0 \leq u \leq 2\pi,\ -\pi/2 \leq v \leq \pi/2)$ liefert zwanglos eine Einteilung in verschieden große Vierecke (bzw. Dreiecke). Nun müssen wir nur noch jedes Polygon wie beschrieben füllen (dritte Figur von links).

Ungünstig ist es, wie im zweiten Bild von links die Parameter u und v in ihren Intervallen zufällig zu wählen, weil das eine Anhäufung von Punkten in den Polgegenden zur Folge hat. Geht auch der Einfallswinkel des Lichts in die Berechnung der Punkteanzahl ein, erhält man „schattierte" Bilder. Die Überlegung lässt sich auf alle polygonisierten Flächen anwenden (Bild ganz rechts).

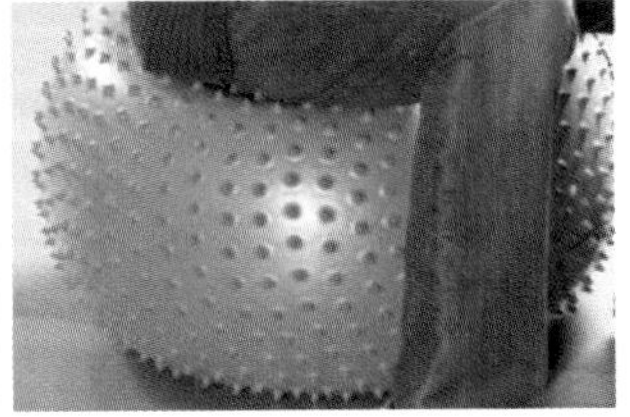

Abb. 8.46 Anwendung gleichmäßiger Verteilung von Punkten auf der Kugel in Technik und Natur

Das gleichmäßige Verteilen von Punkten auf einer Kugel ist auch unter dem Stichwort *Thompson-Problem* bekannt, bei dem es um die Minimierung der Energie von n gleichen Punktladungen auf der Kugel geht. Mehr zum Thema siehe im Buch „Geometrie und ihre Anwendungen". ♠

Anwendung: Männlich oder Weiblich?

Die Sexualproportion ist definiert als Verhältnis des männlichen Anteils einer gewissen Altersstufe zum weiblichen Anteil. Sie schwankt zum Zeitpunkt der Geburt weltweit zwischen 1,02 und 1,12 (Abb. 8.47), wobei Werte über 1,10 nur durch geschlechtsspezifische Abtreibungen erreicht werden. Die Werte in Europa liegen zwischen 1,05 und 1,07. Wir bevorzugen hier die mathematische Schreibweise, z.B. 1,05, weil wir ohnehin auf mehr Kommastellen rechnen müssen. In Statistiken findet man oft Angaben wie 1050 (:1000) bzw. 105 (:100). In der folgenden Tabelle[5] bedeutet $P(m)$ die Wahrscheinlichkeit einer Knabengeburt:

Sexual-prop.	$P(m)$	Land	Geb.pro Tausend
1,02 : 1	0,505	Südafrika,	18,3
		Grönland,	15,93
		Kenia	39,72
1,03 : 1	0,507	Nigeria,	40,43
		Mali,	49,82
		Kolumbien	20,48
1,04 : 1	0,510	Finnland,	10,45
		Neuseeland,	13,76
		Laos	35,49
1,05 : 1	0,512	Österreich,	8,74
		Schweiz,	9,71
		Norwegen,	11,46
		Frankreich,	11,99
		USA,	14,14
		Indonesien,	20,34
		Brasilien,	16,56
		Indien,	22,01
		Iran,	17
		Japan,	9,37
		Nordkorea	15,54
		Argentinien	16,73
1,06 : 1	0,515	Deutschland	8,25
		Dänemark,	11,13
		Schweden,	10,27
		Tschechien,	9,02
		Griechenland,	9,68
		Kuba,	11,89
		Bangladesh	29,8
1,07 : 1	0,517	Italien	8,72
		Spanien	10,06
		Slowenien,	8,98
		Bosnien,	8,77
		Ukraine,	8,82
		Vietnam,	16,86
		Malaysien	22,86
1,08 : 1	0,519	Südkorea,	10
		Venezuela,	18,71
		China bis 1980	−−
		Singapur	9,34
1,10 : 1	0,524	Taiwan	12,56
1,12 : 1	0,528	China	13,25
1,06 : 1	0,515	Weltweit	20,05

Abb. 8.47 Sexualproportionen verschiedener Länder

♠

Anwendung: Aufschlüsselung nach Geburtenreihenfolge

Wir wollen eine hieb- und stichfeste Aufschlüsselung der Sexualproportion bei der ersten, zweiten, dritten usw. Geburt. Hier wurden Daten aus den USA verwendet (Abb. 8.48): Erstens haben die USA eine für die Weltbevölkerung typische Sexualproportion, und zweitens sind die Angaben wegen ihrer Zuverlässigkeit und großen Anzahl (etwa 2 bis 4 Millionen Geburten pro Jahr) statistisch gesichert – immerhin gibt es noch an die 100 000 Geburten eines 5. Kindes pro Jahr. Die Daten wurden aus riesigen Dateien des *National Bureau of Economic Research* extrahiert[6].

In den USA gab es im Zeitraum 1992-2003 etwa 50 Millionen Geburten. Aus der Tabelle ist ersichtlich, dass gewisse Begleitumstände in diesem Zeitraum

[5] `www.cia.gov/publications/factbooks/geos/`

[6] `http://www.nber.org/data/vital-statistics-natality-data.html`

recht stabil sind, etwa die durchschnittliche Sexualproportion (1,05), die hohe Anzahl der Daten und auch die Anzahl der Kinder pro Mütter.

Jahr	1.Geb.	2.Geb.	3.Geb.	4.Geb.	5.Geb.	Summe 1.-5.Geb.	pro Mutter
1991	1,053	1,043	1,041	1,033	1,035	4,02 Mio.	1,96
1992	1,054	1,051	1,046	1,040	1,040	3,97 Mio.	1,96
1993	1,054	1,049	1,048	1,038	1,033	3,91 Mio.	1,95
1994	1,052	1,047	1,045	1,039	1,038	3,86 Mio.	1,94
1995	1,056	1,047	1,044	1,040	1,035	3,80 Mio.	1,93
1996	1,050	1,047	1,043	1,043	1,036	3,80 Mio.	1,94
1997	1,052	1,049	1,041	1,038	1,040	3,79 Mio.	1,95
1998	1,050	1,048	1,044	1,037	1,041	3,85 Mio.	1,96
1999	1,053	1,049	1,043	1,041	1,035	3,87 Mio.	1,96
2000	1,054	1,048	1,045	1,038	1,030	3,97 Mio.	1,96
2001	1,051	1,045	1,038	1,040	1,044	3,94 Mio.	1,97
2002	1,055	1,048	1,040	1,040	1,031	3,94 Mio.	1,97
2003	1,054	1,047	1,049	1,037	1,031	3,94 Mio.	1,97

Abb. 8.48 Sexualproportionen bei den einzelnen Geburten (USA)

Abb. 8.49 illustriert die Tabelle grafisch. Schon rein optisch lassen sich damit recht aussagekräftige Schlüsse ziehen. Die eingezeichneten Graphen sind so geglättet, dass alle Werte für jede einzelne Geburt im einfachen Konfidenzintervall bleiben. Bei der 4. und noch mehr bei der 5. Geburt sind diese Intervalle wegen der geringeren Geburtenzahl größer. Erlaubt man ein 95%-Vertrauensintervall, dann erscheinen die Kurven nahezu geradlinig.
Aus diesen sehr zuverlässigen Daten lässt sich – zumindest für die USA im Zeitraum 1991-2003 – eindeutig ablesen:

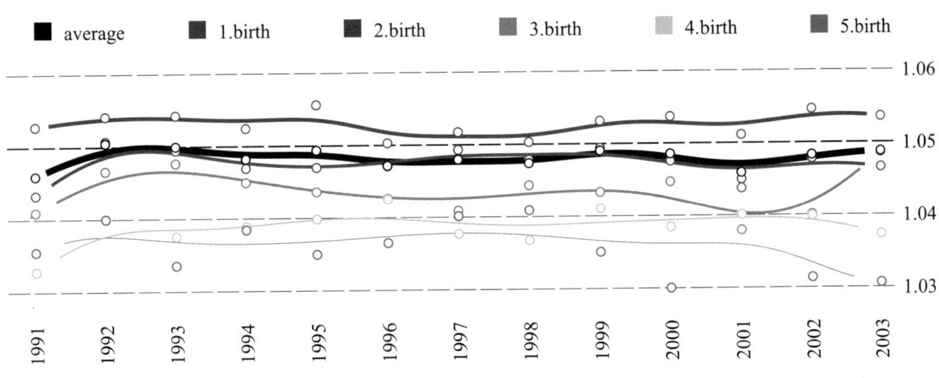

Abb. 8.49 Sexualproportionen bei den verschiedenen Geburten (USA, 1991-2003)

Die Sexualproportion sinkt geringfügig, aber signifikant von Geburt zu Geburt. Die durchschnittliche Sexualproportion stimmt ziemlich genau mit der Sexualproportion bei der zweiten Geburt überein.

Letzteres gilt natürlich nur, wenn eine Mutter im Schnitt 2 Kinder hat. Würde man per Gesetz die Anzahl der Kinder pro Frau auf 1 beschränken, wäre die Sexualproportion unter Umständen entsprechend höher. Wenn die Sexualproportion aber geringfügig vom Alter der Mutter abhängt und Mütter mit Einzelkindern bei deren Geburt im Schnitt etwas älter sind, steigt die Proportion auch bei Einzelkindern nicht an. Entsprechende Vergleichswerte müssten ebenfalls riesige Stichproben umfassen und wohl aus China stammen. Dort sind sie jedoch verfälscht, weil mehr weibliche als männliche Föten abgetrieben werden.

♠

Anwendung: Lebenserwartung

Sei $s(x)$ der Anteil der Bevölkerung eines Landes, der im Alter von x Jahren verstorben ist, und $f(x)$ jener Anteil, der im Alter von mindestens x Jahren gestorben ist ($s(x),\ f(x) \in [0, 1]$). Man diskutiere diese Funktionen und zeige, dass die durchschnittliche Lebenserwartung eines Neugeborenen

$$\int_0^m f(x)\,dx$$

Jahre beträgt ($m \approx 100$ ist dabei das statistisch relevante Maximalalter eines Menschen, vgl. Anwendung S. 214).

Lösung:

Sei s_i der Anteil der Personen, die – z.B. in den vergangenen drei Jahren – im Alter von i Jahren verstorben sind. Weil jeder Person genau ein Alter zugeordnet wird, ist $\sum_{i=0}^m s_i = 1$. Weiter ist gemäß der Definition von $f(x)$

$$\sum_{i>x}^m s_i = f(x).$$

Offensichtlich ist $f(0) = 1$, $f(m) = 0$ und $f(x)$ ist eine monoton fallende, gegen Null konvergierende Funktion, die allerdings zunächst fast konstant ist und erst „gegen Ende" rapide absinkt. Die Funktionen $s(x)$ und $f(x)$ sind genau genommen „Treppenfunktionen" („Balkendiagramme" mit Balkenbreite 1). Die Fläche unter diesen Treppenfunktionen lässt sich als Summe von Rechteckflächen (Rechtecksbreite 1) berechnen oder wie bei jeder anderen integrierbaren Funktion als bestimmtes Integral:

$$A = \sum_{i=0}^m f(i) \cdot 1 \; = \int_0^m f(x)\,dx \quad (i \text{ ganzzahlig},\ x \text{ reell}).$$

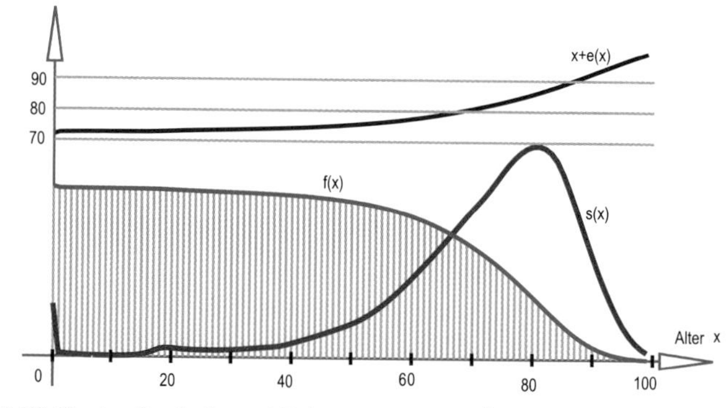

Abb. 8.50 Sterbe-Statistik und Lebenserwartung Österreich (`www.statistik.at`)

Wie Abb. 8.50 deutlich zeigt, ist die Sterblichkeit im ersten Lebensjahr (insbesondere bei der Geburt) vergleichsweise hoch. Dann bleibt sie konstant niedrig, bis die jugendlichen Opfer im Straßenverkehr auffällig werden. Ab etwa 35 beginnt die Sterblichkeit zunächst langsam zu steigen und erreicht bei den knapp über Achtzigjährigen ihren Höhepunkt.

Die durchschnittliche Lebenserwartung e eines Neugeborenen lässt sich nun wie folgt berechnen:

$$e = 0\,s_0 + 1\,s_1 + 2\,s_2 + \cdots =$$

$$= \underbrace{(s_1 + s_2 + s_3 + \cdots)}_{f(0)} + \underbrace{(s_2 + s_3 + \cdots)}_{f(1)} + \underbrace{(s_3 + s_4 + \cdots)}_{f(2)} + \cdots =$$

$$= f(0) + f(1) + f(2) + \cdots = \sum_{i=0}^{m} f(i) = A = \int_0^m f(x)\,dx$$

Die Lebenserwartung eines Neugeborenen lässt sich also als Fläche unter der „Lebenstreppe“ interpretieren. ♠

Anwendung: Restliche Lebenserwartung

Sei wie vorhin der Ausdruck $f(x)$ der Anteil der Bevölkerung eines Landes, der mit mehr als x Jahren verstorben ist. Man zeige, dass eine Person, die bereits a Jahre alt ist, durchschnittlich noch

$$e(a) = \frac{1}{f(a)} \int_a^m f(x)\,dx$$

Jahre zu erwarten hat und somit im Durchschnitt $a + e(a)$ Jahre alt werden wird.

Beweis:
Für $a = 0$ ($f(0) = 1$) haben wir die Formel schon bewiesen. Wenn nun eine Person bereits ein gewisses Alter a erreicht hat, hat sie unter Umständen schon einige andere Personen überlebt, deren früher Tod das Durchschnittsalter „gedrückt“ hat. Damit steigt die Lebenserwartung.
Diesmal schränken wir die Personengruppe auf jene Personen ein, die älter als die in Frage stehende Person sind. Ihr Anteil ist nach Definition $f(a)$. Weiter sei s_i wieder der Anteil der Personen, die gerade i Jahre alt waren, als sie starben. Setzen wir nun $\hat{x} = x - a$, dann ist unsere Person mit $\hat{x} = 0$ sozusagen ein „Neugeborenes“ mit der restlichen Lebenserwartung

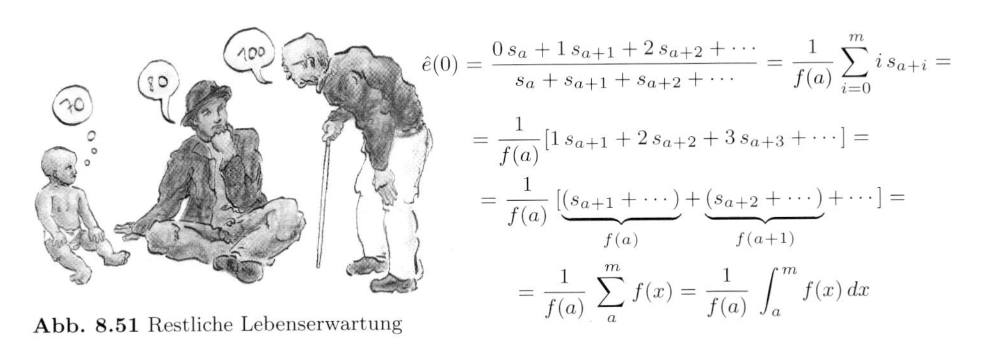

Abb. 8.51 Restliche Lebenserwartung

$$\hat{e}(0) = \frac{0\,s_a + 1\,s_{a+1} + 2\,s_{a+2} + \cdots}{s_a + s_{a+1} + s_{a+2} + \cdots} = \frac{1}{f(a)} \sum_{i=0}^{m} i\,s_{a+i} =$$

$$= \frac{1}{f(a)} [1\,s_{a+1} + 2\,s_{a+2} + 3\,s_{a+3} + \cdots] =$$

$$= \frac{1}{f(a)} [\underbrace{(s_{a+1} + \cdots)}_{f(a)} + \underbrace{(s_{a+2} + \cdots)}_{f(a+1)} + \cdots] =$$

$$= \frac{1}{f(a)} \sum_a^m f(x) = \frac{1}{f(a)} \int_a^m f(x)\,dx$$

Die restliche Lebenserwartung lässt sich also als restliche Fläche unter der „Lebenstreppe“ interpretieren, multipliziert mit dem Vergrößerungsfaktor $\frac{1}{f(a)}$.

Für die Einzelperson ist so eine Berechnung natürlich von geringer Aussagekraft. Wenn es aber um Pensionsberechnungen oder Altersfürsorge geht, sind solche Zahlen von enormer Bedeutung.
Zahlenbeispiel: Abb. 8.50 zeigt den Funktionsgraph $s(x)$, $f(x)$ und $x+e(x)$ für Österreicher männlichen Geschlechts im Jahr 1992. Die durchschnittliche Lebenserwartung eines Neugeborenen betrug 73 Jahre. Ein damals 60-jähriger Mann konnte damit rechnen, immerhin $78-79$ Jahre alt zu werden, ein 80-Jähriger wurde statistisch gesehen sogar 87 Jahre alt. Nur zehn Jahre später waren alle Werte etwa 2 Jahre höher. Bemerkenswert ist auch, dass die Lebenserwartung für Frauen um Einiges (ca. 6 Jahre) höher liegt. ♠

Anwendung: Murphys Gesetz

Murphys Gesetz (engl. Murphy´s Law) ist eine auf Edward A. Murphy jr. zurückgehende Lebensweisheit, die eine Aussage über das menschliche Versagen bzw. über die Fehlerquellen in komplizierten Systemen macht. Am besten bekannt ist sie wohl in der Fassung „Wenn etwas schiefgehen *kann*, dann *wird* es schiefgehen“. Murphys ursprüngliche Formulierung lautete „Wenn es zwei oder mehrere Arten gibt, etwas zu erledigen, und eine davon kann in einer Katastrophe enden, so wird jemand diese Art wählen.“ Mittlerweile finden sich dutzende Abwandlungen dieses Satzes im Internet, und man kann unter dem Schlagwort stundenlang im Internet surfen, um sich zu amüsieren[7].

Letzteres liegt wohl daran, dass jeder von uns bereits – in seinem eigenen Leben oder in seiner engeren Umgebung – die Erfahrung gemacht hat, dass Dinge schiefgelaufen sind, die – nach dem subjektiven Wahrscheinlichkeitsbegriff – niemals schieflaufen hätten dürfen.
Für den Mathematiker ist die Sache eher zu durchschauen. Nehmen wir das Beispiel Atomkraftwerk, bei dem wir durch den Reaktorunfall in Tschernobyl 1986 bereits den Supergau erlebt haben, der als unmöglich bezeichnet wurde. In einer so komplexen Umgebung hängen sehr viele Ereignisse von einander ab. Die Zusammenhänge sind gar nicht so leicht zu durchschauen. Man kann natürlich sagen: Die Wahrscheinlichkeit, dass alle Sicherheitsvorkehrungen gleichzeitig aussetzen, ist gleich Null. Wenn aber bei einem Störfalltest ein Arbeiter um ein Uhr früh unter Stress einen Bedienungsfehler macht, kann dies im wahrsten Sinn des Wortes eine Kettenreaktion hervorrufen. Die zugehörige Passage auf `http://www.umweltinstitut.org/frames/all/m226.htm` liest sich wie ein Krimi und erinnert irgendwo auch an die Verfilmung des Untergangs der angeblich unsinkbaren Titanic:

Abb. 8.52 Hier ist nur ein Feuerwerk abgebildet.

„Um das Experiment (den Störfalltest) unter realistischen Bedingungen stattfinden zu lassen, wurde das Notprogramm „Havarieschutz“ abgeschaltet. ... Doch der Beginn des Experiments wurde verschoben, so dass die unvorbereitete Nachtschicht des 26. April die Durchführung eines Experiments übernahm, dessen Versuchsanordnung den Reaktor praktisch schutzlos gemacht hatte. Durch einen Bedienungsfehler des unerfahrenen Reaktoroperators Leonid Toptunow fiel kurz vor Beginn des Experiments die Reaktorleistung stark ab. Um sie wieder anzuheben, entfernten die Operatoren Bremsstäbe. ...
Dennoch befahl der stellvertretende Chefingenieur des Kraftwerks, Anatolij Djatlow, den Beginn des Experiments. Dabei schalteten die Operatoren zu viele Kühlpumpen zu, so dass der mit wenig Leistung arbeitende Reaktor das ihn umfließende Wasser nicht mehr verdampfen konnte. Das Wasser begann aufzukochen, und erste hydraulische Schläge waren zu hören. Akimow, der Schichtleiter, und Toptunow wollten den Test abbrechen, doch Djatlow trieb sie weiter an. Dabei sprach er die historischen Worte: „Noch ein, zwei Minuten, und alles ist vorbei! Etwas beweglicher, meine Herren!“ Es war 1:22:30 Uhr.“ ♠

[7] `http://de.wikipedia.org/wiki/Murphys_Gesetz`

Anwendung: Unverlässliche Hochrechnung

Abb. 8.53 Zu viele Fleischfresser?

Beim Hochrechnen muss man sehr vorsichtig sein. In den Teersümpfen bei Los Angeles wurden verhältnismäßig viel mehr Fleischfresser als Pflanzenfresser gefunden. Offensichtlich wurde ein langsam untergehender Großsäuger von einer Vielzahl von Räubern als leichte Beute erachtet, doch die sumpfige Umgebung letzteren selber zum Verhängnis. ♠

Anwendung: Evolution ist Gestaltung durch Auswahl

Abb. 8.54 „Gott würfelt nicht"

Albert Einstein soll gesagt haben: „Gott würfelt nicht". Aus dem Zusammenhang (der Quantenmechanik) gerissen berufen sich manche „Kreationisten" darauf, wenn sie damit meinen, der Mensch als Krone der Schöpfung könne nicht durch Zufall entstanden sein. Das Problem ist, dass hier die Evolution völlig unverstanden bleibt: Evolution ist nicht „Gestaltung durch Zufall", sondern „Gestaltung durch Auswahl".

Dementsprechend sind alle Lebewesen, so wie sie momentan auf der Erde vertreten sind, keine Zufallsprodukte und auch kein Ergebnis eines „intelligenten Designs", sondern Ergebnis eines Jahrmillionen andauernden – und nie abgeschlossenen – Selektionsprozesses, dem zufällige Mutationen als Gestaltungsprinzip zugrundeliegt.
Unter den unzählig vielen zufälligen Mutationen setzen sich nur jene durch (= pflanzen sich bevorzugt fort), die einen echten Vorteil für ihre Spezies bieten. Das Prinzip ist so genial wie einfach: Es bringt Lebewesen hervor, die – jedes für sich in seiner Nische – nahezu unübertrefflich und äußerst komplex sind. Ein einfaches und sehr anschauliches Beispiel ist die Anordnung der Samenkörner in einer Sonnenblume (Phyllotaxis, s.S. 398). ♠

Anwendung: Abschätzung mittels Punktwolken (Abb. 8.55 und 8.56)

In Anwendung S. 219 haben wir eine Formel für die Regressionsgerade abgeleitet, mit deren Hilfe man eine ganze Punktwolke zu approximieren versuchen kann. Ob das sinnvoll ist oder nicht, hängt davon ab, wie stark oder weniger stark die Punktwolke „streut". Weiter hängt die Sinnhaftigkeit der Regression davon ab, ob die Daten (also die Koordinaten der einzelnen Punkte der Wolke) tatsächlich in einem linearen Zusammenhang stehen.
Ein typisches Beispiel dafür, dass eine lineare Regression ungeeignet ist, eine kubische Regression aber auffällig gute Ergebnisse liefert, ist in Abb. 8.56 zu sehen. Es geht um den (naheliegenden) Zusammenhang zwischen Körpergröße und Körpermasse bzw. Gewicht. Wir haben diesen Zusammenhang im zweiten Kapitel ausführlich besprochen (siehe z.B. Anwendung S. 79). Um den kubischen Zusammenhang (doppelte Größe, achtfaches Gewicht) zu belegen, wurden 50 männliche und 50 weibliche Erwachsene (Studierende und Personal an der Universität des Autors) „vermessen" (Abb. 8.55).

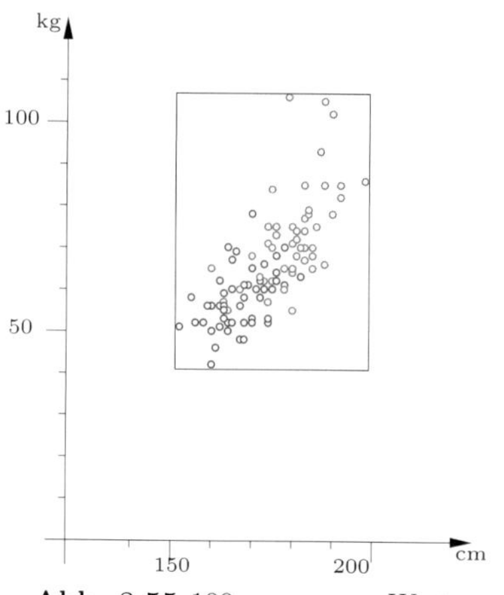

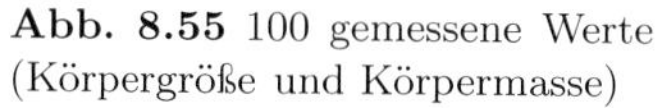

Abb. 8.55 100 gemessene Werte (Körpergröße und Körpermasse)

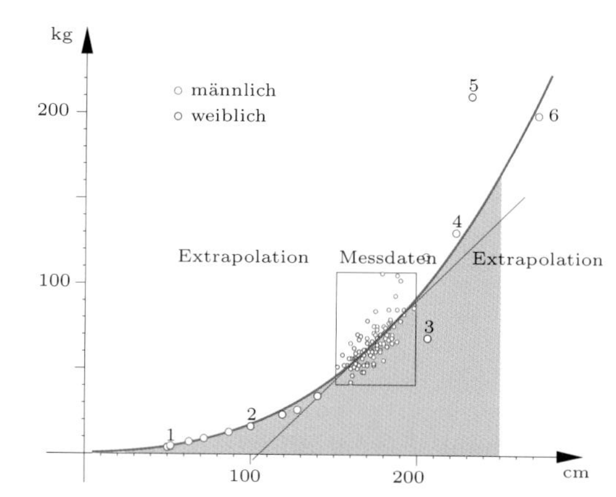

Abb. 8.56 ... und mögliche Extrapolationen mittels linearer Regression bzw. „kubischer Regression" (sinnvoll!)

Aus diesen 100 Messdaten wurden die Regressionsgerade und eine kubische Regressionsparabel berechnet. Die (rot eingezeichnete) Regressionsgerade ist außerhalb des Intervalls 150-200 cm Körpergröße praktisch unbrauchbar.

Die (grün eingezeichnete) kubische Parabel erlaubt gute Extrapolationen auch weit außerhalb des Intervalls. Alle in Abb. 8.55 eingetragene Markierungen außerhalb des Messbereichs sind nachträgliche Testwerte, die nicht für die Berechnung berücksichtigt wurden; die Ziffern markieren folgende Daten: Durchschnittliche Werte bei der Geburt (1), Tochter einer zufälligen Testperson (2), größte lebende deutsche Frau (3), größter lebender deutscher Mann (4), größte Frau aller Zeiten (5) und größter Mensch aller Zeiten (6). Offenbar war die größte Frau aller Zeiten stark übergewichtig, die größte deutsche Frau mit nur 68 kg bei 206 cm Körpergröße deutlich untergewichtig. ♠

Anwendung: „Herzfrequenzvariabilität" zur Lebensverlängerung

Die moderne Medizin hat herausgefunden, dass die Abstände zwischen den einzelnen Herzschlägen nicht konstant sind. Die Frequenz wird vom Zusammenspiel der den Herzrythmus steuernden vegetativen Nerven *Symphatikus* und *Parasymphatikus* bestimmt. Der Symphatikus hält das Herz auf Trab bzw. treibt es bei Stress, Gefahr, Sport usw. an, sein Gegenspieler versucht das Herz – etwa bei Nahrungsaufnahme oder Schlaf – zu bremsen. Dieses permanente Wechselspiel erzeugt ein „nichtlineares Verhalten" des Herzens, das für den Körper durchaus gesund ist, weil dadurch die Abnützung des Herzens gleichmäßig geschieht. Markus *Mooslechner* stellt nun die vermeintlich chaotische Struktur menschlicher Herzschläge – den chaotischen Attraktor („strange attractor") – auf eine bemerkenswerte Art visuell dar (`http://www.humanchaos.net/`):

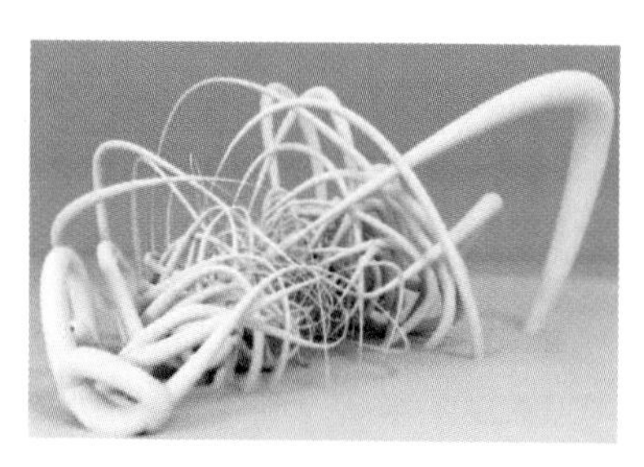

Abb. 8.57 Strange attractor

In der Unzahl von Messdaten (Zeitdifferenzen zwischen den Herzschlägen, die von handelsüblicher Hardware aus dem Laufsport stammen) werden jeweils drei aufeinanderfolgende Werte als Koordinaten eines Raumpunkts interpretiert. Die Punkte liegen auf Raumkurven, die mittels Spline-Interpolation geglättet werden (Anwendung S. 217). Um das Maß der momentanen Abweichung zu quantifizieren, wird um den Punkt eine Kugel mit der Abweichung des x-Werts vom Durchschnitt aller Abweichungen gelegt. Die interpolierte Hüllfläche aller dieser Kugeln ergibt Stränge verschiedener Dicke.

Mit entsprechender Erfahrung kann man aus solchen Bildern einiges über die Herzfrequenzvariabilität der Testperson herauslesen. ♠

A Zahlen

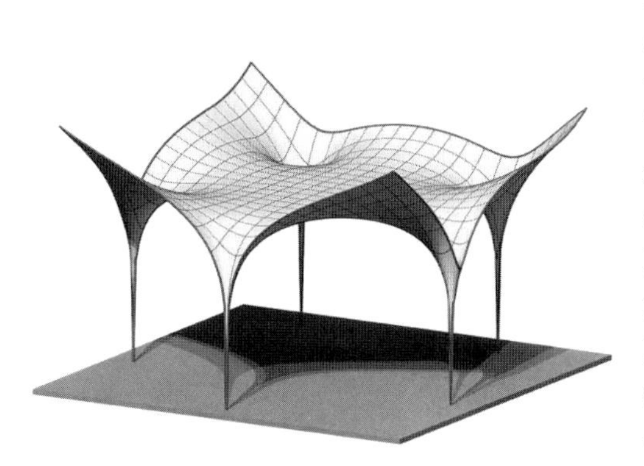

In diesem Abschnitt sollen spezielle Zahlen, die die Geschichte der Mathematik geprägt haben, besprochen werden. Zunächst werden zwei einfache Beispiele aus dem Bereich der „Zahlenmagie“ erklärt. Eines davon ist Goethes berühmtes „Hexen-Einmaleins“, welches das Anschreiben eines magischen Quadrats ermöglicht.

Dann werden die Kreiszahl und die Eulersche Zahl genauer besprochen. Diese Zahlen spielen in der Mathematik eine herausragende Rolle und „geistern“ in verschiedensten Anwendungen herum. Beide Zahlen sind transzendent, also keine Lösung einer algebraischen Gleichung mit ganzzahligen Koeffizienten.
Als nächstes wird die goldene Proportion unter die Lupe genommen. Mit ihr eng in Zusammenhang stehen die Fibonacci-Zahlen, die in der Natur eine gewisse Rolle spielen und bei Blütenständen oft anzutreffen sind.
Im letzten Abschnitt werden die komplexen Zahlen präsentiert, die trotz ihrer seltsam anmutenden Definition (immerhin wird eine „imaginäre Einheit“ eingeführt) große Faszination ausüben: Sie schließen den Bogen für viele Probleme, die „im Reellen“ rätselhaft erscheinen. Erst mit ihrer Hilfe macht der Fundamentalsatz der Algebra Sinn, dass jede algebraische Gleichung n-ten Grades auch wirklich genau n Lösungen besitzt (wenn man Mehrfachlösungen berücksichtigt).
Ein fast magischer Zusammenhang zwischen der Eulerschen Zahl, der Kreiszahl und der imaginären Einheit manifestiert sich in der berühmten Formel $e^{i\pi} = -1$. Rechnet man in der sog. *Gauß*schen Zahlenebene, kann man die komplexen Zahlen für elegante Berechnungen in der Bewegungslehre und anderen technischen Wissenschaften heranziehen.

Übersicht

A.1 Zahlenmagie

Zahlen haben stets eine magische Faszination auf die Menschen ausgeübt. Bei vielen Sachverhalten sagen wir: „Das kann kein Zufall sein.“ Sicher kein Zufall ist z.B. das „Hexen-Einmaleins“ von *Goethe* aus seinem berühmten „Faust“.

Hexen-Einmaleins und magisches Quadrat der Ordnung 3

Magische Quadrate haben die Menschen über Jahrtausende beschäftigt. Man versteht darunter quadratische Zahlenmatrizen (n Zeilen, n Spalten), in denen i. Allg. die ersten n^2 natürlichen Zahlen so angeordnet sind, dass die Summe in jeder Zeile, jeder Spalte und zusätzlich in den beiden Diagonalen gleich groß ist. Diese Summe s ist dann bekannt:

$$s = \frac{1}{n}\sum_{k=1}^{n^2} k, \text{ also etwa für } n = 3\text{: } s = \frac{1}{3}\sum_{k=1}^{9} k = \frac{1+2+\cdots+9}{3} = \frac{45}{3} = 15.$$

Es gibt viele bekannte Beispiele für magische Quadrate höherer Ordnung, aber nur eines der Ordnung $n = 3$ (natürlich kann man die Lösung noch auf mehrere Arten spiegeln). Ein magisches Quadrat der Ordnung 4 stammt von *A.Dürer*[1].

Anwendung: Wie merkt man sich das magische Quadrat der Ordnung 3?

Die Antwort steht in *J. W. v. Goethes* „Faust I“ im sog. „Hexen-Einmaleins“ (Abb. A.1):

Du mußt versteh'n, aus Eins mach Zehn. Die Zwei lass geh'n. Die Drei mach gleich, So bist Du reich. Verlier die Vier. Aus Fünf und Sechs, So spricht Die Hex', Mach Sieben und Acht, So ist's vollbracht. Die Neun ist eins Und Zehn ist keins. Das ist das Hexeneinmaleins. Faust quittierte diesen Vers übrigens lapidar mit

Mich dünkt, die Alte spricht im Fieber.

Goethe gab darin allerdings verschlüsselt die Information für die Erzeugung eines magischen Quadrats der Ordnung 3. Dazu gibt es einige Interpretationen. Die folgende stammt vom Verfasser:

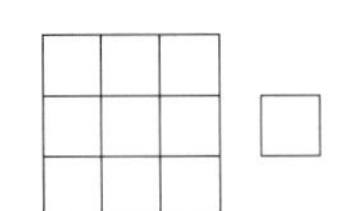

Abb. A.1 Aus 1 mach 10

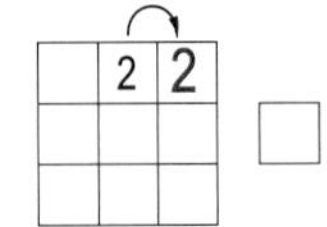

Abb. A.2 Die 2 lass geh'n

1. „*Du musst versteh'n, aus Eins mach Zehn.*“ wird nicht auf die Zahlen bezogen, sondern auf die Anzahl der Quadrate! Aus einem kleinen Quadrat mach 10, indem du 9 weitere (in Matrixform) dazu zeichnest (Abb. A.1).
2. „*Die Zwei lass geh'n.*“ wird wörtlich genommen: die 2 wandert (geht) von der 2. auf die 3. Position (Abb. A.2).

---

[1] Siehe dazu etwa `http://forum.swarthmore.edu/alejandre/magic.square/al.html`

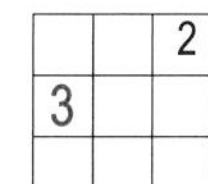

Abb. A.3 Die 3 mach gleich

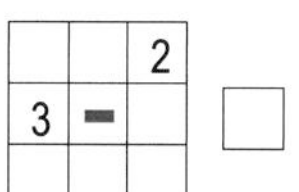

Abb. A.4 Verlier die vier

3. „*Die Drei mach gleich, so bist du reich.*“: Die 3 wird angeschrieben (mittlerweile an Position 4, Abb. A.3). Damit ist schon viel gewonnen, wie wir gleich sehen werden.
4. „*Verlier die Vier*“: Also schreib' die 4 nicht an und geh' zum nächsten Feld (Abb. A.4).

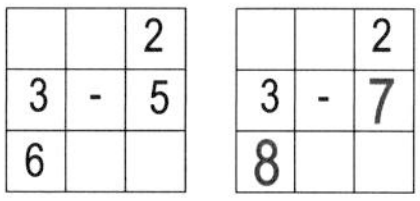

		2
3	-	5
6		

		2
3	-	7
8		

Abb. A.5 5, 6 → 7,8

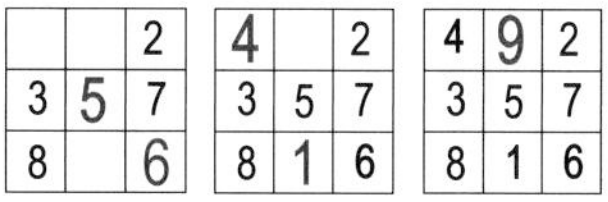

		2
3	5	7
8		6

4		2
3	5	7
8	1	6

4	9	2
3	5	7
8	1	6

Abb. A.6 Vollbracht!

5. „*Aus Fünf und Sechs, So spricht die Hex, Mach Sieben und Acht*“: Jetzt kämen 5 und 6 an die Reihe. Stattdessen schreiben wir aber 7 und 8 hin (Abb. A.5).
6. „*So ist's vollbracht:*“ Das ist der Schlüsselsatz: Es ist tatsächlich vollbracht. Wir können nun der Reihe nach die Summen auf 15 ergänzen (Abb. A.5)!

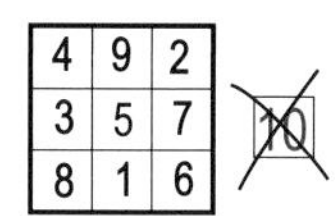

Abb. A.7 9 ist 1 und 10 ist kein's

7. „*Die Neun ist eins Und Zehn ist keins. Das ist das Hexeneinmaleins*“. Wir nehmen es wörtlich: 9 Quadrate werden zu einem vereinigt, und das 10. streichen wir weg (Abb. A.7). Fertig! Viel Spass beim Wiederholen des Vorgangs ohne die genaue Anleitung – nur unter Verwendung des Texts!

Andere Interpretationen bzw. Informationen über magische Quadrate:

- `http://zeus.informatik.uni-frankfurt.de/ haase/hexenlsg.html`
  Lösungsversuch: Hier kommen inkonsistenterweise nicht die Zahlen 1 und 9 vor, stattdessen aber 0 und 10. Zudem ist die Summe über die Nebendiagonale 21 und nicht 15.
- `http://www.pse.che.tohoku.ac.jp/ msuzuki/MagicSquare.html`
  Hier finden Sie magische Quadrate bis zur Ordnung 20 × 20.
- `http://www.treasure-troves.com/math/MagicSquare.html`
  `http://user.chollian.net/ brainstm/MagicSquare.htm`
  Ausführliche Informationen über magische Quadrate.

♠

Datteln in Dänemark

Immer wieder wird man mit einfachen Zahlenspielen konfrontiert, die verblüffende Ergebnisse liefern. Der mathematische Hintergrund ist meist recht einfach. Wir bringen hier nur ein Beispiel, das mit Sicherheit die Testpersonen zum Erstaunen bringt:

Denke dir eine Zahl zwischen 1 und 10. Multipliziere sie mit 9. Bilde vom Ergebnis die Ziffernsumme. Subtrahiere von dieser 5. Dem Ergebnis entspricht ein Buchstabe im Alphabet. Denke dir ein europäisches Land mit diesem Anfangsbuchstaben, welches nicht an die Schweiz grenzt. Nun denke dir eine

Frucht, die mit demselben Anfangsbuchstaben beginnt. Und jetzt frage ich dich: Was haben Datteln mit Dänemark zu tun?

Die Mathematik dahinter ist extrem simpel: Man überprüft leicht, dass die Zahl $9n$ für $n = 1, 2, \cdots, 10$ stets die Ziffernsumme 9 hat. Subtrahiert man nun 5, erhält man in jedem Fall 4 bzw. als zugehörigen Buchstaben D. Es gibt aber nur zwei Länder in Europa, die mit D beginnen. Deutschland scheidet aus, weil es an die Schweiz grenzt, sodass nur Dänemark übrig bleibt. Und eine Frucht mit D als Anfangsbuchstaben ist schwer zu finden. Man landet nach kurzem Nachdenken fast unweigerlich bei der Dattel...

A.2 Rationale und irrationale Zahlen

Unter einer *rationalen Zahl* versteht man eine Bruchzahl $\frac{p}{q}$. Zähler und Nenner sind dabei ganze Zahlen. Für $q = 1$ erhält man die ganzen Zahlen. Im Gegensatz dazu heißt eine Zahl *irrational*, wenn sie sich nicht als Bruchzahl darstellen lässt.

Anwendung: Wochentag und Datum

Vom noch jugendlichen *Gauß* stammt folgende Formel zur Ermittlung des Wochentags w bei gegebenem Datum (Jahrhundert c, Jahr y $(0 \leq y \leq 99)$, Tag d; der Monat m wird julianisch gerechnet: März bedeutet $m = 1$, Februar bedeutet $m = 12$):

$$w = (d + [2{,}6m - 0{,}2] + y + [y/4] - 2c + [c/4]) \bmod 7$$

Man beweise diese Formel.

Beweis:
Im Gegensatz zum „Dattelbeispiel" ist die Sache kein leichtes Unterfangen. Die Umlaufzeit der Erde beträgt nun mal $365{,}242198\cdots$ Tage und nicht etwa genau 52 Wochen oder 365 Tage oder wenigstens genau $365\frac{1}{4}$ Tage (das Julianische Jahr). Um die irrationale Länge eines Erdjahres möglichst in den Griff zu bekommen, muss das Jahr durch einen Bruch möglichst genau angenähert werden. 1582 wurde die Näherung von 365,2425 Tagen (Gregorianisches Jahr) eingeführt und es wurden am 4.10.1582 zwecks Korrektur zum Julianischen Kalender 10 Tage übersprungen. Dieses Gregorianische Jahr lässt sich nun wie folgt darstellen:

$$365{,}2425 = 52 \cdot 7 + 1 + \frac{1}{4} - \frac{1}{100} + \frac{1}{400}$$

Der Ausdruck mod 7 („Modulo" 7) bedeutet, dass der Rest bei der Division durch 7 genommen wird, also eine Zahl zwischen 0 und 6. Ihr wird dann der entsprechende Wochentag zugeordnet (Sonntag, Montag,...). Wenn d um eins erhöht wird, springt w damit zyklisch um eins weiter.
Der Ausdruck $[2{,}6m - 0{,}2]$ bedeutet: Nimm die nächstkleinere ganze Zahl des Ausdrucks $2{,}6m - 0{,}2$. Wie kommt Gauß auf diesen Ausdruck? Betrachten wir den x-ten März und den x-ten April. Weil der März 31 Tage hat, springt der entsprechende Wochentag um 3 weiter, also z.B. von Sonntag(=0) auf Mittwoch (=3). Der x-te Mai springt um 2 Tage weiter, in unserem Fall auf Freitag (=5), weil der April 30 Tage hat. Der x-te Juni ist ein Montag (=8=1), weil der Mai 31 Tage hat, usw. Bis zum Februar summiert sich die „Sprungzahl" auf 29, das sind im Schnitt (bei 11 Sprüngen) etwa 2,6 Tage pro Monat. Nun muss man das etwas unregelmäßige Alternieren zwischen 30 und 31 Tagen im Monat (historisch gewachsen!) abfangen, und da hat Gauß durch Ausprobieren erkannt, dass dies bei Subtrahieren von 0,2 funktioniert. Es kommt dann allerdings immer um 2 mehr heraus als die „Sprungzahl", was offensichtlich sogar günstig ist: Dann kommt genau der richtige Wochentag heraus (sonst wären alle Tage zyklisch verschoben).
Das Jahr Y zerlegt Gauß in den Hunderter-Anteil c und den Rest $y < 100$ (also z.B. 2007 in 20 und 07 = 7), und es gilt $Y = 100 \cdot c + y$. Nähern wir das Jahr durch $52 \cdot 7 + 1 + \frac{1}{4} - \frac{1}{100} + \frac{1}{400}$ Tage

an. Wenn genau Y Jahre verstrichen sind, ist der Wochentag um den $Y * 365{,}2425$-fachen Wert weiter gerückt. Der Ausdruck $Y \cdot 52 \cdot 7$ ist sicher durch 7 teilbar, spielt also für den Wochentag keine Rolle. Wichtig ist die Zahl

$$(100 \cdot c + y) \cdot (1 + \frac{1}{4} - \frac{1}{100} + \frac{1}{400}) = 100 \cdot c + 25 \cdot c - c + \frac{c}{4} + y + \frac{y}{4} - \frac{y}{100} + \frac{y}{400}$$

Damit sind wir schon fast fertig. Die $124 \cdot c$ haben nämlich den selben Rest bei der Division durch 7 wie $-2 \cdot c$ (weil 126 durch 7 teilbar ist). Der Summand $-\frac{y}{100} + \frac{y}{400}$ liefert keinen ganzzahligen Beitrag. ◇

Zahlenbeispiel: Der 16. Februar 1988 wird julianisch dem 16.12.1987 gleich gestellt ($d = 16$, $m = 12$, $c = 19$, $y = 87$). Damit ergibt sich $w = 121 \bmod 7 = 2$, also ein Dienstag.

September, Oktober, November und Dezember sind – wie die lateinischen Namen schon andeuten – der siebte, achte, neunte und zehnte Monat. ♠

Die Diagonale im Quadrat

Wie wir auch in diesem Buch gesehen haben, spielen die seltsamen irrationalen Zahlen π (die „Kreiszahl"), e (die *Euler*sche Zahl) und φ (der goldene Schnitt) eine fundamentale Rolle in der Mathematik. Es ist gar nicht so leicht zu begründen, warum das so ist. Es hat sich „nun einmal" herausgestellt, dass nicht nur die natürlichen Zahlen und deren Brüche von essentieller Bedeutung sind.

Anwendung: Ein Beweis mit fatalen Folgen

Schon ein Schüler des *Pythagoras* konnte beweisen, dass die Diagonale im Quadrat „in keinem rationalen Verhältnis" zur Seitenlänge a steht ($d = \sqrt{2}\,a$). Man beweise die Behauptung, dass $\sqrt{2}$ sich nicht durch einen Bruch darstellen lässt.

Beweis:
Wir führen den Beweis indirekt, indem wir die gegenteilige Annahme auf einen Widerspruch führen. Angenommen, es gibt einen Bruch

$$\frac{p}{q} = \sqrt{2}.$$

Der Bruch sei „echt", also bereits „durchgekürzt", so dass p und q keinen gemeinsamen Teiler haben. Es dürfen also p und q sicher nicht beide gerade (durch 2 teilbar) sein, denn dann könnte man ja durch 2 kürzen.
Quadrieren wir nun die Gleichung, dann haben wir

$$\frac{p^2}{q^2} = 2 \Rightarrow p^2 = 2\,q^2.$$

Das bedeutet aber, dass p^2 durch 2 teilbar ist, und somit auch p (das Quadrat einer ungeraden Zahl ist nämlich auch ungerade). Es muss also q und damit automatisch auch q^2 ungerade sein. Daraus folgt, dass $2\,q^2$ zwar durch 2, nicht aber durch 4 teilbar ist. Anderseits ist aber das Quadrat einer geraden Zahl p immer durch 4 teilbar, und daher haben wir einen Widerspruch zur Annahme. Auf völlig analoge Weise kann man nachweisen, dass jede Quadratwurzel einer Zahl, die nicht zufällig ein vollständiges Quadrat ist, irrational sein muss. ◇

Dieser berühmte Beweis ist so richtig „klassisch griechisch": Eine verbal geführte Serie von logischen Schlussfolgerungen. *Pythagoras* war über die Anmaßung seines Schülers angeblich sehr erzürnt, weil doch in einer „rationalen Weltordnung" solche irrationalen Zahlen keinen Platz zu haben schienen – errinnern wir uns doch an seine Tonleiter (Anwendung S. 425), die vor rationalen Verhältnissen nur so wimmelte. Wir wollen allerdings glauben, dass der angebliche Mord an seinem Schüler nicht von ihm angestiftet wurde. Schriftlich niedergelegt wurde der Beweis vom griechischen Mathematiker und „Geometer" *Euklid* (ca. 325-270 v.Chr.). *Euklids* 13-bändiges Werk *Die Elemente* diente über 2 000 Jahre (!) als grundlegendes Lehrbuch der Geometrie. ♠

A.3 Berühmte irrationale Zahlen

Einige Zahlen haben – nicht nur historisch gesehen – enorme Bedeutung in der Mathematik, wie etwa die Kreiszahl π, die Eulersche Zahl e oder die „goldene Proportion“. Sie alle sind unmöglich als Bruch anzuschreiben, die ersten beiden sind sogar transzendent: Man kann keine algebraische Gleichung angeben, deren Lösung sie sind.

Die Kreiszahl π

Seit dem Altertum ist bekannt, dass es eine seltsame Zahl gibt, mit deren Hilfe man den Kreisumfang bzw. die Kreisfläche berechnen kann: Die „Kreiszahl“

$$\pi = 3{,}1415926\ldots$$

Mehr oder weniger gute Annäherungen stammen bereits aus dem Altertum. Die alten Ägypter näherten die Zahl mit $(16/9)^2 = 3{,}1605$ an, die Babylonier mit $3 + \frac{1}{8} = 3{,}125$. *Archimedes* bewies, dass die Zahl zwischen $3\frac{1}{7} = 3{,}1408$ und $3\frac{10}{71} = 3{,}1428$ liegt.
John Wallis bewies 1659

$$\frac{4}{\pi} = \frac{3 \cdot 3 \cdot 5 \cdot 5 \cdot 7 \cdots}{2 \cdot 4 \cdot 4 \cdot 6 \cdot 6 \cdot 8 \cdots},$$

Euler im Jahr 1736 die Formel

$$\frac{\pi^2}{6} = \sum_{k=1}^{\infty} \frac{1}{k^2}$$

1761 zeigte *Lambert*, dass π kein Bruch ist, aber erst 1882 gelang *Lindemann* der aufwändige Beweis, dass π niemals Lösung einer algebraischen Gleichung sein kann, also transzendent ist.
Mehr darüber ist u. a. im Internet unter
`http://www.astro.univie.ac.at/~wasi/PI/misc/altip/facharbeit.htm`
zu finden.

Die Eulersche Zahl

Diese transzendente Zahl e ergibt sich im Rahmen der Zinseszins-Rechnung wie folgt:
Wenn man 1 Geldeinheit GE ein Jahr ($1\,a$) mit 100% verzinst, erhält man 2 GE. Bei 50% Verzinsung pro Halbjahr erhält man $(1 + \frac{1}{2})^2$ GE, bei $\frac{100}{n}$ Prozent im Zeitraum $\frac{1\,a}{n}$ den Wert $(1 + \frac{1}{n})^n$ am Ende des Jahres.
Für $n = 1, 2, 3, 4, 5, \cdots$ ergeben sich dann die Werte

$$2;\ 2{,}25;\ 2{,}37;\ 2{,}44;\ 2{,}49;\ \cdots$$

Verfeinert man „unendlich genau“ ($n \to \infty$), dann erhält man den seltsamen Grenzwert

$$e = \lim_{n\to\infty} (1 + \frac{1}{n})^n = 2{,}71828\cdots$$

Die Funktion e^x ist bekannt dafür, dass sie sich unbeschadet differenzieren lässt. Sie ist – bis auf einen multiplikativen Faktor – die einzige Funktion, bei der das so ist. Anschaulich interpretiert kann man sagen: Der Zuwachs der Funktion e^x ist an jeder Stelle so groß wie der zugehörige Funktionswert. Und das hat mit natürlichem Wachstum zu tun: Der Nachwuchs einer Population ist ja proportional zu ihrer momentanen Größe.
Schließlich hat die Funktion e^x die einfache Potenzreihenentwicklung

$$e^x = 1 + \frac{x}{1} + \frac{x^2}{1 \cdot 2} + \frac{x^3}{1 \cdot 2 \cdot 3} + \cdots ,$$

was die Basis e im Zeitalter des Computers zu einer idealen Bezugszahl für sämtliche Potenzfunktionen macht.
Mehr darüber u. a. im Internet unter
`http://www.mathematik.de/04information/s4_2/zahlen/lk_e.htm`

Die merkwürdige goldene Proportion

Die beiden Lösungen der quadratischen Gleichung

$$\frac{1}{a} = \frac{a}{a+1}$$

sind die beiden Zahlen

$$a_1 = \frac{1+\sqrt{5}}{2} \quad \text{und} \quad a_2 = \frac{1-\sqrt{5}}{2} \tag{A.1}$$

(Anwendung S. 27). In der Literatur werden die beiden Zahlen oft mit Φ und φ bezeichnet. Sie besitzen eine Fülle von interessanten Eigenschaften.

Anwendung: Eine „maximal irrationale“ Zahl

Weil die beiden Zahlen Φ und φ (Formel (A.1)) die irrationale Zahl $\sqrt{5}$ enthalten, sind sie irrational (Anwendung S. 393). Daher haben

$$\Phi = a_1 = 1{,}6180339887\cdots \quad \text{und} \quad \varphi = a_2 = -0{,}6180339887\cdots$$

keine sichtbare Periode, selbst wenn man unendlich viele Kommastellen hinschreibt[2].
Man zeige zuächst die einfachen Beziehungen

$$(1) \quad \frac{1}{\Phi} = \Phi - 1 \qquad (2) \quad \frac{1}{\Phi} = -\varphi$$

und damit

$$(3) \quad \Phi = 1 + \cfrac{1}{1 + \cfrac{1}{1 + \cfrac{1}{1 + \cfrac{1}{1 + \cdots}}}} \qquad (4) \quad \varphi = -\cfrac{1}{1 + \cfrac{1}{1 + \cfrac{1}{1 + \cfrac{1}{1 + \cdots}}}}$$

[2]Es gibt Webseiten, auf denen man Φ auf tausende Stellen genau aufgelistet findet – ebenso wie für die *Euler*sche Zahl e und die Kreiszahl π.

Die beiden Zahlen lassen sich also durch „unendliche Brüche" (Kettenbrüche) darstellen[3].

Beweis:

ad(1):

$$\frac{1}{\Phi} = \frac{2}{\sqrt{5}+1} = \frac{2(\sqrt{5}-1)}{(\sqrt{5}+1)(\sqrt{5}-1)} = \frac{2(\sqrt{5}-1)}{5-1} =$$

$$= \frac{\sqrt{5}-1}{2} = \frac{\sqrt{5}+1-2}{2} = \frac{\sqrt{5}+1}{2} - 1 = \Phi - 1$$

ad (2):

$$\frac{1}{\Phi} = \frac{2}{\sqrt{5}+1} = \frac{2(\sqrt{5}-1)}{(\sqrt{5}+1)(\sqrt{5}-1)} = \frac{2(\sqrt{5}-1)}{5-1} = \frac{\sqrt{5}-1}{2} = -\varphi$$

ad (3) und (4):

Φ ist Lösung der Gleichung

$$\frac{1}{\Phi} = \frac{\Phi}{\Phi+1}.$$

Wir dividieren beim rechten Term oben und unten durch Φ und erhalten die Beziehung

$$\frac{1}{\Phi} = \frac{1}{1+\frac{1}{\Phi}}.$$

Der linke Term wiederholt sich im rechten Term. Wir ersetzen also im rechten Term $\frac{1}{\Phi}$ durch $\frac{1}{1+\frac{1}{\Phi}}$ und erhalten

$$\frac{1}{\Phi} = \frac{1}{1+\frac{1}{1+\frac{1}{\Phi}}}.$$

Durch fortgesetztes Einsetzen ergibt sich ein „unendlicher Bruch". Aus (1) und (2) folgen damit (3) und (4). ◇

♠

A.4 Die Fibonacci-Zahlen

„Ein Kaninchenpaar wirft vom zweiten Monat an monatlich ein junges Paar, das seinerseits vom zweiten Monat an monatlich ein Paar zur Welt bringt. Wie viele Kaninchen leben nach n Monaten, wenn zu Beginn ein junges Paar lebte?"

So lautete die Fragestellung des *Leonardo da Pisa* (ca. 1170 – 1240), auch *Fibonacci* genannt, die ein erstes mathematisches Modell für natürliches Wachstum sein sollte. Jahrhunderte später gab *Euler* rekursive Formeln für die Kaninchenanzahl an:

$$k_n = k_{n-1} + k_{n-2} \quad \text{mit} \quad k_1 = k_2 = 1 \tag{A.2}$$

Die Zahlenfolge lautet damit $1, 1, 2, 3, 5, 8, 13, 21, 34, 55, \cdots$

Auch wenn dieses Modell sehr simpel ist und viele Zusatzfaktoren außer Acht lässt, ist es doch erstaunlich, dass wir den Fibonacci-Zahlen insbesondere in der Pflanzenwelt auf Schritt und Tritt begegnen: Die Anzahl der Blütenblätter ist sehr häufig eine Fibonacci-Zahl (Abb. A.8).

Abb. A.8 Blüten mit 3, meist 3 und 13 Blütenblättern

Abb. A.9 Erst nach dem Zerlegen verifizierbar: 55 Blütenblätter!

Rosen bringen es oft auf 34 oder 55 Blütenblätter (Abb. A.9).
Bei Sonnenblumen, Gänseblümchen und Kiefernzapfen sind die Samen spiralförmig so angeordnet, dass beim Abzählen dieser Spiralen stets Fibonacci-Zahlen herauskommen (Abb. A.10).

Abb. A.10 Fibonacci-Zahlen bei der Samenanordnung

Es lässt sich leicht nachweisen, dass der Quotient zweier aufeinander folgender Fibonacci-Zahlen gegen die goldene Proportion Φ (Formel (A.1)) konvergiert:

$$q = \lim_{n\to\infty} \frac{k_n}{k_{n-1}} = \lim_{n\to\infty} \frac{k_{n-1} + k_{n-2}}{k_{n-1}} = 1 + \lim_{n\to\infty} \frac{k_{n-2}}{k_{n-1}} = 1 + \frac{1}{q} \Rightarrow q = \Phi$$

Insofern steckt die goldene Proportion auch in der Pflanzenwelt...

[3] Es lässt sich zeigen, dass die goldene Zahl in dem Sinn „maximal" irrational ist, dass sie bei gegebenem Nenner am schlechtesten durch eine rationale Zahl approximierbar ist. Dies hängt damit zusammen, dass die Kettenbruchelemente (die Zahlen, die jeweils an erster Stelle im Nenner stehen) allesamt eins sind.

Ein mathematisches Modell

Unter *Phyllotaxis* versteht man nun ein mathematisches Modell für die erwähnten Spiralmuster-Systeme in Kiefernzapfen, Sonnenblumen und anderen Pflanzen.

Die Vergrößerung des Samenbetts einer Pflanze könnte wie folgt vor sich gehen: Um Platz für einen neuen Samen zu schaffen, wird der vorangegangene Samen einfach gedreht. Um nach einer vollen Drehung aber nicht mit dem ersten Samen zu kollidieren, wird zwischendurch der Radialabstand vergrößert. Je geringer diese Vergrößerung ausfällt, desto effizienter ist die Platzverteilung.

Machen wir nun folgenden Ansatz: Wir setzen einen Punkt nahe dem Koordinatenursprung: $P_0(d{,}0)$. Jeder weitere Punkt P_n entsteht aus seinem Vorgänger, indem dieser durch ein festes Vielfaches δ des vollen Winkels um den Ursprung gedreht wird und gleichzeitig sein Abstand vom Ursprung mit dem Faktor $(1+\frac{1}{n})^c$ vergrößert wird. Je nach Effizienz des Algorithmus kann die Konstante c möglichst klein gehalten werden (in Abb. A.11 ist $c = 0{,}58$). P_n hat damit die Polarkoordinaten $\big(d(1+\frac{1}{n})^c;\, n\delta\cdot 360°\big)$.

Die Samen haben natürlich eine gewisse Größe, was wir durch eine kleine Kreisscheibe veranschaulichen wollen. Wenn wir die angegebene Vorschrift nun mit dem Computer testen, erkennen wir bald, dass der Drehwinkel möglichst kein einfacher Bruchteil des vollen Winkels sein soll. Denn dann konzentrieren sich die Samen auf Radialstrahlen und die Zwischenräume bleiben frei. Der Faktor δ sollte möglichst keine Bruchzahl sein: Also nehmen wir die „maximal irrationale Zahl", die goldene Proportion: $\delta = \Phi$.

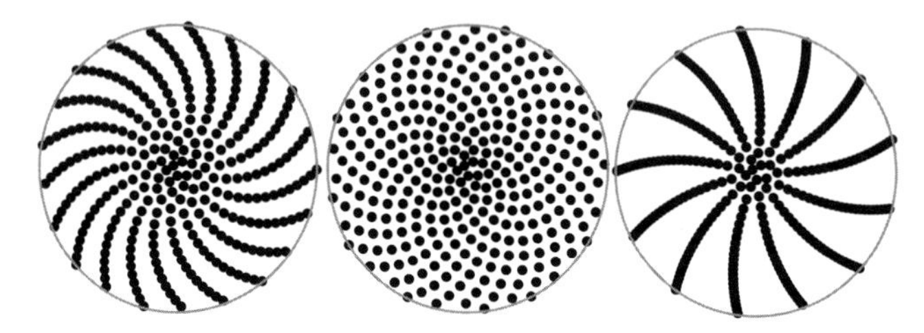

Abb. A.11 Anordnung von 300 Elementen bei $\gamma - 0{,}25°$, γ, und $\gamma + 1°$

Wir teilen den vollen Winkel im goldenen Schnitt und erhalten den Winkel

$$\gamma = \Phi \cdot 360° \approx 582{,}4922°$$

Für c erweist sich – je nach Samengröße – ein Wert um 0,6 als sinnvoll. Geringste Änderungen von γ ergeben bereits völlig andere Anordnungen (Abb. A.11). Diese Simulation stimmt recht genau mit der Realität überein.

Das muss jetzt nicht heißen, dass die Natur den Pflanzen den beschriebenen Algorithmus genetisch vorgeschrieben hat und womöglich die goldene Proportion auf 10 Kommastellen „kennt". Wie schon in der Einleitung gesagt: Die Mathematik ist ein in sich abgeschlossener Mikrokosmos, der jedoch die

Abb. A.12 „Echte" Sonnenblumen drehen sich mit dem „Rücken" zur Sonne!

starke Fähigkeit zur Widerspiegelung und Modellierung beliebiger Prozesse besitzt.
Wie gut oder schlecht das mathematische Modell ist, hängt einerseits von der Kreativität der Person ab, welche es erstellt hat, andererseits manchmal auch von der Feinabstimmung der einzelnen Komponenten. In jedem Fall sollten Modelle an möglichst vielen Beispielen getestet werden.
Weiters sollten wir immer berücksichtigen, dass die Natur stets *ungenaue Kopien* erstellt, also nie bis ins letzte Detail planbar ist. Das ist ja das *Geheimnis der Evolution*, ohne die es keine Anpassung an Veränderungen gibt (siehe auch Anwendung S. 387).

A.5 Imaginäre und komplexe Zahlen

Wir haben in 1.5 vom Fundamentalsatz der Algebra gesprochen (S. 30), der unter Einbeziehung von komplexen Zahlen und Mehrfachlösungen besagt, dass jede algebraische Gleichung n-ten Grades genau n Lösungen hat.
Die komplexen Zahlen spielen in vielen Bereichen der höheren Mathematik (und auch der theoretischen Physik und Bewegungslehre) eine überaus wichtige Rolle.
Was sind nun wirklich „komplexe Zahlen"?
Um die Frage zu beantworten, brauchen wir zunächst den Begriff der „imaginären Einheit" i. Sie ist definiert durch

$$i^2 = -1 \tag{A.3}$$

Die daraus gezogene Schlussfolgerung

$$i = \sqrt{-1} \tag{A.4}$$

ist mit etwas Vorsicht zu verwenden, weil es nun mal keine Wurzeln aus einer negativen Zahl gibt: Mit

$$i^2 = i \cdot i = \sqrt{-1}\,\sqrt{-1} = \sqrt{(-1)\,(-1)} = \sqrt{1} = 1$$

hat man sofort einen Widerspruch zu den üblichen Rechenregeln im Reellen.
Nun definiert man eine neue Zahlenmenge, die aus der Menge der reellen Zahlen dadurch hervorgeht, dass man jedes einzelne Element mit i multipliziert

(analog zur Definition der negativen ganzen Zahlen, wo die natürlichen Zahlen mit -1 multipliziert wurden). Mit reellen und imaginären Zahlen kann man immerhin schon alle rein quadratischen Gleichungen lösen, z.B.

$$x^2 = -16 = 16 \cdot (-1) \Rightarrow x = \pm\sqrt{16}\, i = \pm 4\, i$$

Nach Definition gibt es gleich viele reelle und imaginäre Zahlen. Nun kann man die beiden Zahlentypen zu einem neuen Typ zusammenfassen:

$$z = x + i\, y \tag{A.5}$$

Dabei sind x und y reell (und damit $i\, y$ imaginär). Eine komplexe Zahl ist also laut Definition die *Summe aus einer reellen und einer imaginären Zahl.* Die Werte x und y heißen „Realteil" und „Imaginärteil" der komplexen Zahl. Symbolisch schreiben wir $z \in \mathbb{C}$, wenn eine Zahl z komplex ist. Dass diese neue Definition Sinn macht, erkennt man, wenn man z.B. folgende gemischt-quadratische Gleichung mit der Formel (1.14) löst:

$$z^2 + 2z + 2 = 0 \Rightarrow z_{1,2} = \frac{-2 \pm \sqrt{2^2 - 4 \cdot 1 \cdot 2}}{2} = \frac{-2 \pm \sqrt{4}\, i}{2} = -1 \pm i \tag{A.6}$$

Konjugiert komplexe Zahlen

Die Lösungen $z_1 = -1 - i$ und $z_2 = -1 + i$ in A.6 unterscheiden sich nur beim Vorzeichen des Imaginärteils. Man spricht in diesem Fall von „konjugiert komplexen Zahlen". Symbolisch schreibt man dann: $z_2 = \overline{z}_1$. Allgemein gilt für konjugiert komplexe Zahlen z, $\overline{z}$

$$z = x + i\, y \Rightarrow \overline{z} = x - i\, y$$

Anwendung: Kreisbüschel durch konjugiert komplexe Punkte

Man spricht in diesem Zusammenhang von einem „elliptischen Kreisbüschel".

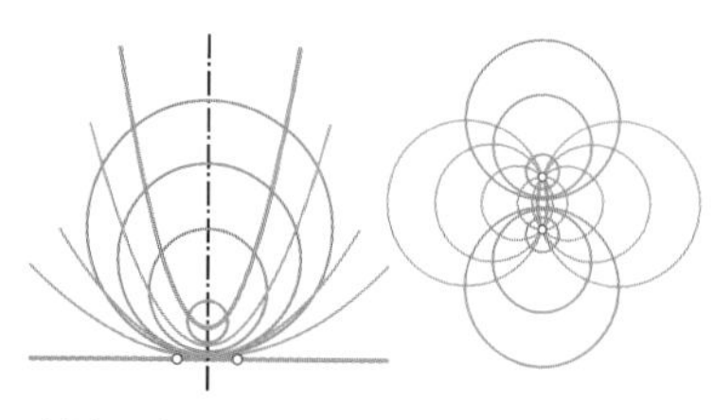

Abb. A.13 Elliptisches und hyperbolisches Kreisbüschel

Das Aufsuchen der Lösungen von A.6 entspricht dem Aufsuchen der Nullstellen der Parabel $y = x^2 + 2x + 2$ oder allgemeiner der Nullstellen aller Parabeln eines „Parabelbüschels" mit der Gleichung $y = a(x^2 + 2x + 2)$ mit $a \in \mathbb{R}$ (Abb. A.13 links). Man überlegt sich leicht, dass auch alle Kreise mit der Gleichung $(x + 1)^2 + (y - q)^2 = q^2 - 1$ ($q \in \mathbb{R}$, $q \geq 1$) dieselben Nullstellen haben.

Alle Parabeln bzw. Kreise dieser Büschel haben im Reellen zwar keine Punkte gemeinsam, schneiden aber einander in festen konjugiert imaginären Punkten. Man kann mit solchen Punkten ebenso rechnen wie mit reellen Punkten.

Abb. A.13 rechts illustriert, dass das zugehörige „hyperbolische Kreisbüschel" (bei dem die Kreise die reellen „Nullkreise" des elliptischen Büschels gemeinsam haben) zusammen mit dem elliptischen Büschel ein Orthogonalnetz ergeben: Alle Schnittwinkel sind orthogonal. ♠

Anwendung: Die absoluten Kreispunkte

Mithilfe der komplexen Zahlen kann man ein vermeintliches Kuriosum beweisen: Alle Kreise der Ebene haben zwei Punkte gemeinsam. Diese sind konjugiert komplex und liegen „im Unendlichen".

Beweis:
Ein allgemeiner Kreis (Mittelpunkt (p/q), Radius r) hat die Gleichung

$$(x-p)^2 + (y-q)^2 = r^2 \Rightarrow y = q \pm \sqrt{r^2 - (x-p)^2}.$$

Für uns interessant ist der Quotient

$$\frac{y}{x} = \frac{q}{x} \pm \sqrt{\left(\frac{r}{x}\right)^2 - \left(1 - \left(\frac{p}{x}\right)\right)^2},$$

der offensichlich für $x \to \infty$ gegen die absoluten Werte $\pm i$ konvergiert, weil ja die Ausdrücke $\frac{p}{x}$, $\frac{q}{x}$ und $\frac{r}{x}$ unabhängig von p, q und r gegen Null konvergieren. Dies bedeutet, dass *alle* Kreise jene Punkte enthalten, die durch die konjugiert komplexen Richtungen $y = \pm i\,x$ bestimmt sind. ◇

Mithilfe der absoluten Kreispunkte kann man erklären, warum zwei Kreise maximal zwei reelle Schnittpunkte gemeinsam haben, obwohl eigentlich – wie bei allen anderen Kurven 2. Ordnung – maximal vier zu erwarten wären: Die zwei absoluten Kreispunkte sind automatisch immer Schnittpunkte, wenn auch konjugiert komplex und „unendlich fern". Beim elliptischen Kreisbüschel sind die restlichen beiden Schnittpunkte konjugiert komplex, beim hyperbolischen reell. Selbst das Wort „unendlich fern" ist mit Vorsicht zu behandeln: Berechnen wir nämlich den Abstand d der Punkte $(x/\pm i\,x)$ vom Ursprung, so ergibt sich der Wert $d = \sqrt{x^2 + (\pm i\,x)^2} = x\sqrt{1-1}$, also Null! Allerdings ist der Grenzwert für $x \to \infty$ unbestimmt. Die beiden Richtungen $y : x = \pm i$ heißen deswegen auch *Minimalgeraden*. ♠

Grundrechenarten im Komplexen

Addition, Subtraktion und Multiplikation komplexer Zahlen ergeben sich „zwanglos", indem Real- und Imaginärteile addiert, subtrahiert und multipliziert werden. Dabei ist nach Definition $i^2 = -1$ zu setzen. So ist z.B. das arithmetische Mittel zweier konjugiert komplexer Zahlen

$$\frac{z + \overline{z}}{2} = \frac{(x + i\,y) + (x - i\,y)}{2} = x$$

der Realteil der Zahl. Die Differenz zweier konjugiert komplexer Zahlen ist rein imaginär, das Produkt wiederum reell:

$$z\,\overline{z} = (x + i\,y)\,(x - i\,y) = x^2 - i^2\,y^2 = x^2 + y^2. \tag{A.7}$$

Mit Formel (A.7) kann man den Kehrwert einer komplexen Zahl berechnen:

$$\frac{1}{z} = \frac{\overline{z}}{z\,\overline{z}} = \frac{1}{x^2 + y^2}\,\overline{z} \tag{A.8}$$

Nun hat man auch die Division im Komplexen im Griff: Man multipliziert einfach mit dem Kehrwert des Nenners.

Die Gaußsche Zahlenebene

Es gibt offensichtlich wesentlich mehr komplexe Zahlen als reelle Zahlen (bzw. imaginäre Zahlen)[4]: Man kann ja Realteil x und Imaginärteil y frei wählen. Am besten stellt man sich den Sachverhalt geometrisch vor: Interpretiert man x und y als Koordinaten eines Punkts $P(x/y)$ der Ebene, dann erkennt man:

Es gibt so viele komplexe Zahlen, wie es Punkte in der Ebene gibt.

In diesem Zusammenhang spricht man von der *Gauß*schen Zahlenebene. Konjugierte Zahlen liegen dort symmetrisch bezüglich der „reellen Achse“ (Abszisse). Der Abstand des Punktes (x/y) (welcher der komplexen Zahl $z = x + i\,y$ entspricht) vom Nullpunkt ist mit $\sqrt{x^2 + y^2}$ gleich dem Ausdruck

$$|z| = \sqrt{z\,\overline{z}}. \tag{A.9}$$

Man spricht analog zur Vektorrechnung vom Betrag einer komplexen Zahl. Komplexe Zahlen – interpretiert in der *Gauß*schen Zahlenebene – und zweidimensionale Vektoren haben überhaupt einiges gemeinsam. Summe und Differenz zweier komplexer Zahlen lassen sich geometrisch gleich interpretieren wie die Vektoraddition bzw. Vektorsubtraktion, d.h. man kann auch mit komplexen Zahlen elegant Translationen in der Ebene ausführen.

Der Kehrwert einer Zahl z wird nach der Formel (A.8) gebildet, indem man die Zahl an der reellen Achse spiegelt ($\overline{z}$) und vom Nullpunkt aus so streckt, dass ihr Betrag gleich dem Kehrwert des Betrags ist $(1/\sqrt{x^2 + y^2})$.

Anwendung: Geraden in der Gaußschen Zahlenebene

Man zeige, dass

$$\overline{m}\,z + m\,\overline{z} = n \quad (m \in \mathbb{C},\ n \in \mathbb{R}) \tag{A.10}$$

die allgemeine Gleichung einer Geraden der Zahlenebene ist, wobei m die Normalenrichtung angibt.

Beweis:

Wir setzen $m = p + i\,q$ und $z = x + i\,y$. Dann haben wir

$$(p - i\,q)(x + i\,y) + (p + i\,q)(x - i\,y) = n.$$

Beim Ausmultiplizieren bleibt nur

$$2p\,x + 2q\,y = n$$

übrig, also eine lineare algebraische Gleichung. Der Normalvektor der Geraden ist dabei ein Vielfaches von (p, q). ◇

♠

Anwendung: Kreise in der Gaußschen Zahlenebene

Man zeige, dass

$$z\,\overline{z} - \overline{m}\,z - m\,\overline{z} + n = 0 \quad (m \in \mathbb{C},\ n = m\,\overline{m} - r^2 \in \mathbb{R}) \tag{A.11}$$

[4] In dem Sinne, dass die komplexen Zahlen ein zweidimensionales Kontinuum bilden. Mengentheoretisch gesprochen sind die Mengen der komplexen Zahlen und der reellen Zahlen gleichmächtig.

die allgemeine Gleichung eines Kreises (Mittelpunkt m) in der Zahlenebene ist.

Beweis:
Ein allgemeiner Kreis mit Mittelpunkt m und Radius r kann durch

$$|z-m| = r \Rightarrow (z-m)(\overline{z}-\overline{m}) = r^2 \Rightarrow z\overline{z} - \overline{m}z - m\overline{z} + \underbrace{m\overline{m} - r^2}_{n\in\mathbb{R}} = 0$$

beschrieben werden. Für $m\overline{m} = r^2$ geht der Kreis durch den Ursprung $z = 0$. Umgekehrt ist jede Kurve der Bauart

$$z\overline{z} - \overline{m}z - m\overline{z} + n = 0 \tag{A.12}$$

ein Kreis mit Mittelpunkt m und Radius $r = \sqrt{m\,\overline{m} - n}$. ◇

♠

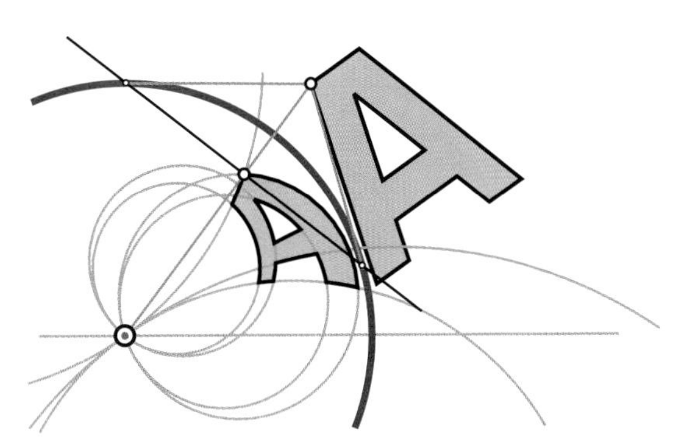

Abb. A.14 Spiegelung am Kreis (Inversion)

Anwendung: „Spiegelung am Kreis" (Inversion)

Man betrachte die Abbildung $w = \frac{1}{\overline{z}}$ (Spiegelung am Einheitskreis) und zeige, dass sie „kreistreu" ist (Kreise werden in Kreise transformiert). Speziell werden Kreise durch $z = 0$ in „unendlich große Kreise", also Geraden, transformiert.

Beweis:
Wir betrachten einen allgemeinen Kreis (Formel (A.11))

$$z\,\overline{z} - \overline{m}\,z - m\,\overline{z} + n = 0 \quad (m \in \mathbb{C},\ n = m\,\overline{m} - r^2 \in \mathbb{R}).$$

Nach Vorschrift ist

$$w = \frac{1}{\overline{z}} \Rightarrow \overline{z} = \frac{1}{w} \Rightarrow z = \frac{1}{\overline{w}}$$

und wir erhalten

$$\frac{1}{\overline{w}}\frac{1}{w} - \overline{m}\frac{1}{\overline{w}} - m\frac{1}{w} + n = 0$$

Wir multiplizieren mit $w\overline{w}$ und erhalten mit

$$1 - \overline{m}\,w - m\,\overline{w} + cn\,w\overline{w} = 0$$

wieder eine Gleichung vom Typus Formel (A.12), also einen Kreis. Die Ausnahme bildet $n = 0$ (der Kreis geht dann durch $z = 0$): Hier entfällt der quadratische Anteil und das Ergebnis ist nach Anwendung S. 402 eine Gerade mit der Gleichung

$$\overline{m}\,w + m\,\overline{w} = 1$$

senkrecht zum Radialstrahl durch den Mittelpunkt m. ◇

Dieser Spezialfall wird in der Getriebelehre bei den sog. Inversoren ausgenützt, mit deren Hilfe man z.B. eine technisch leicht zu realisierende Rotation in eine exakte Geradführung ohne eine Leitgerade umsetzen kann.

♠

Das folgende Beispiel und auch Anwendung S. 407 sollen zeigen, dass man mit komplexen Zahlen unter Umständen aufwändige Formeln kompakt darstellen kann. Computer können mit entsprechender Software mit komplexen Zahlen genauso rechnen wie mit reellen. Der Aufwand für den Anwender solcher Software wird dadurch enorm verringert.

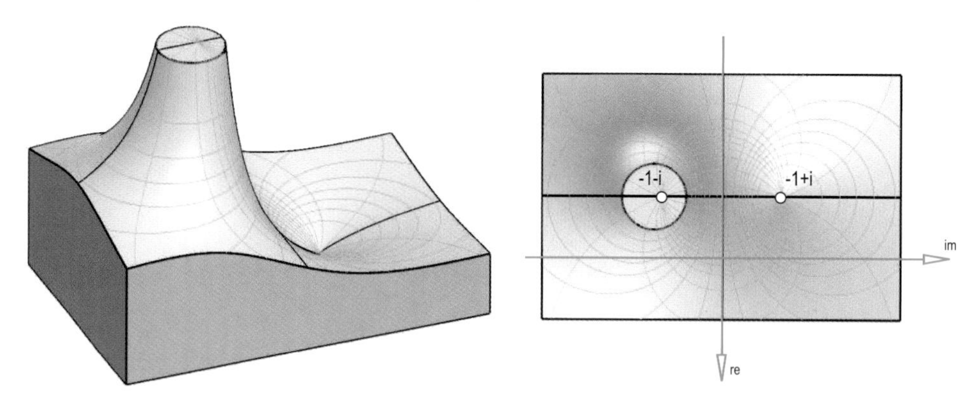

Abb. A.15 Potentialfläche mit Schichtenkreisen

Anwendung: Potentialfläche

Sind z_1 und z_2 zwei beliebige komplexe Zahlen, dann beschreibt die Gleichung

$$w(z) = \left|\frac{z - z_1}{z - z_2}\right| \quad (w \in \mathbb{R})$$

die Fläche in Abb. A.15 (die Fläche wurde um den Pol abgeschnitten). Man zeige, dass für $z_1 = -1+i$, $z_2 = -1-i$ über der reellen Achse eine horizontale Gerade auf der Fläche liegt.

Lösung:

Die reelle Achse wird durch $z = t$ $(t \in \mathbb{R})$ beschrieben. Somit ist

$$w(t) = \left|\frac{t - z_1}{t - z_2}\right| = \left|\frac{t - (-1+i)}{t - (-1-i)}\right| = \left|\frac{t+1-i}{t+1+i}\right|.$$

Setzen wir zur Abkürzung $u = t + 1$, haben wir weiter

$$w(t) = \left|\frac{u-i}{u+i}\right| = \left|\frac{(u-i)(u-i)}{(u+i)(u-i)}\right| =$$

$$= \frac{|u^2 - 1 - 2u\,i|}{u^2+1} = \frac{\sqrt{(u^2-1)^2 + 4u^2}}{u^2+1} = \frac{\sqrt{(u^2+1)^2}}{u^2+1} = 1.$$

Über der reellen Achse haben die Flächenpunkte somit konstante Höhe 1, sodass die entsprechende Kurve auf der Fläche tatsächlich geradlinig ist.

Etwas mühsamer beweist man, dass die Schichtenlinien der Fläche im Grundriss (Abb. A.15 links) genau jenem elliptischen Kreisbüschel entsprechen, das vorhin (Abb. A.13 rechts) besprochen wurde. Das zugehörige hyperbolische Kreisbüschel (Abb. A.13 rechts) führt zu den Falllinien der Fläche. Physikalisch kann w als Potential bezüglich zweier elektrischer Felder interpretiert werden. Die Schichtenlinien heißen dann die Äquipotentiallinien, die Falllinien werden Feldlinien genannt.

♠

Die Funktion e^z im Komplexen

Erweitern wir die reelle Funktion e^x mittels ihrer Potenzreihenentwicklung Formel (7.5) ins Komplexe, dann gilt

$$e^z = 1 + z + \frac{z^2}{2!} + \frac{z^3}{3!} + \frac{z^4}{4!} \cdots (z \in \mathbb{C}) \tag{A.13}$$

Anwendung: Die Euler-Identität

Von Euler stammt der berühmte Zusammenhang zwischen den reellen trigonometrischen Funktionen und den ins Komplexe erweiterten Potenzfunktionen. Man zeige

$$e^{i\varphi} = \cos\varphi + i\,\sin\varphi \tag{A.14}$$

bzw.

$$\cos\varphi = \frac{e^{i\varphi} + e^{-i\varphi}}{2}, \; \sin\varphi = \frac{e^{i\varphi} - e^{-i\varphi}}{2i} \qquad (\varphi \in \mathbb{R})$$

Beweis:
Nach unseren Formeln im Reellen gilt für $\varphi \in \mathbb{R}$ (Anwendung S. 285f.)

$$\begin{aligned} e^{\varphi} &= 1 + \varphi + \frac{\varphi^2}{2!} + \frac{\varphi^3}{3!} + \frac{\varphi^4}{4!} \cdots, \\ \sin\varphi &= \varphi - \frac{\varphi^3}{3!} + \frac{\varphi^5}{5!} - \frac{\varphi^7}{7!} + \cdots, \\ \cos\varphi &= 1 - \frac{\varphi^2}{2!} + \frac{\varphi^4}{4!} - \frac{\varphi^6}{6!} + \cdots \end{aligned}$$

Mit der Erweiterung ins Komplexe gilt für die rein imaginäre Zahl $i\,\varphi$ ($\varphi \in \mathbb{R}$)

$$e^{i\,\varphi} = 1 + i\,\varphi + i^2\frac{\varphi^2}{2!} + i^3\frac{\varphi^3}{3!} + i^4\frac{\varphi^4}{4!} \cdots = 1 + i\,\varphi - \frac{\varphi^2}{2!} - i\frac{\varphi^3}{3!} + \frac{\varphi^4}{4!} \cdots$$

Alle Behauptungen lassen sich nun direkt durch Einsetzen der Reihenentwicklungen verifizieren. ◇

♠

Geometrische Deutung der Multiplikation

Der Zusammenhang zwischen der komplexen Funktion e^z und den reellen Funktionen $\sin\varphi$, $\cos\varphi$ erlaubt ein sehr elegantes Rechnen in der *Gauß*schen Zahlenebene.

Dazu wechseln wir zunächst von kartesischen Koordinaten zu Polarkoordinaten. Es ist offensichtlich

$$r = |z| = \sqrt{x^2 + y^2}, \; \tan\varphi = \frac{y}{x} \tag{A.15}$$

Die Rückrechnung aus Polarkoordinaten lautet

$$z = r\,(\cos\varphi + i\,\sin\varphi) \tag{A.16}$$

Zusammen mit Formel (A.14) haben wir damit die elegante Darstellung

$$z = r\,e^{i\,\varphi} \tag{A.17}$$

Für $r = 1$ und $\varphi = \pi/2$ erhalten wir die Einheit i, für $r = 1$ und $\varphi = \pi$ die berühmte Euler-Formel:

$$e^{i\,\pi/2} = i, \quad e^{i\,\pi} = -1 \tag{A.18}$$

Wenden wir nun die Rechenregeln für Potenzfunktionen auf die Multiplikation zweier komplexer Zahlen z_1 und z_2 an:

$$z_1 \cdot z_2 = r_1\, e^{i\,\varphi_1} \cdot r_2\, e^{i\,\varphi_2} = r_1 r_2\, e^{i(\varphi_1+\varphi_2)} \tag{A.19}$$

Wir sehen, dass die Beträge der einzelnen Zahlen multipliziert werden, die Polarwinkel aber addiert werden. Geometrisch lässt sich eine Multiplikation mit einer komplexen Zahl $z = r\,e^{i\varphi}$ also als *Drehstreckung* (Streckfaktor r, Drehwinkel φ) deuten. Insbesondere bedeutet eine Multiplikation mit der Zahl $z = e^{i\varphi}$ eine reine Drehung.
Dies ist der Grund, warum komplexe Zahlen intensiv in der ebenen Kinematik eingesetzt werden, bei der ja neben Schiebungen die Drehungen eine entscheidende Rolle spielen.

Anwendung: Trochoiden (vgl. Anwendung S. 224)
Eine Trochoide (Radlinie) entsteht, indem ein erster Stab (Länge r_1) mit konstanter Winkelgeschwindigkeit ω_1 gedreht wird, während ein zweiter Stab (Länge r_2) um dessen Endpunkt mit proportionaler Winkelgeschwindigkeit ω_2 gedreht wird. Wie lautet die Gleichung einer solchen Kurve in der *Gauß*schen Zahlenebene?

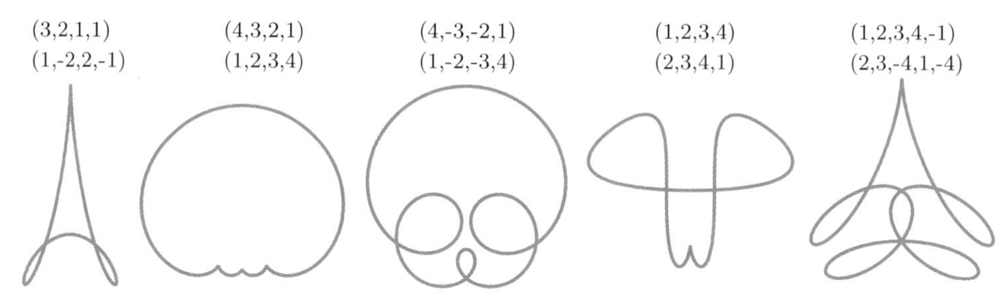

Abb. A.16 Radlinien 4. Stufe: Obere Werte: r_k, untere Werte: ω_k

Lösung:
Sei t die verstrichene Zeit. Dann hat das Zentrum der zweiten Drehung die Position $z_1 = r_1\,e^{i\omega_1\,t}$. Der Endpunkt des zweiten Stabs hat somit die Position

$$z = z_1 + r_2\,e^{i\omega_2\,t} = r_1\,e^{i\omega_1\,t} + r_2\,e^{i\omega_2\,t}.$$

Man kann die Überlagerung von Drehungen ganz leicht verallgemeinern und kommt dann zu „Radlinien n-ter Stufe“ mit der Darstellung

$$z = \sum_{k=1}^{n} r_k\,e^{i\,\omega_k\,t}.$$

Es lässt sich zeigen, dass jede beliebige ebene Kurve stückweise beliebig genau durch höhere Radlinien angenähert werden kann. ♠

Potenzieren und Wurzelziehen im Komplexen

Die Darstellung der komplexen Zahlen durch Formel (A.17) erlaubt auch das Potenzieren von komplexen Zahlen: Wenn man eine Zahl z mit sich selbst multipliziert, ist der Radius zu quadrieren und der Polarwinkel zu verdoppeln. Erhebt man die Zahl zur Potenz n (d.h., man multipliziert sie n mal mit sich selbst) hat man

$$z^n = (r(\cos\varphi + i\sin\varphi))^n = r^n(\cos n\varphi + i\sin n\varphi).$$

Lässt man für n auch nicht-ganzzahlige Werte zu, hat man die Rechenregeln für das Potenzieren (und gleichzeitig für das Wurzelziehen) sinnvoll ins Komplexe übertragen. Nun können z.B. die Koeffizienten einer quadratischen Gleichung auch komplex sein. Die komplexen Lösungen nach Formel (1.14) fallen dann i. Allg. nicht mehr konjugiert aus.

Anwendung: „Fermatsche Flächen“

Ein berühmter und erst vor Kurzem sehr aufwändig bewiesener Satz von *Fermat* besagt, dass der Ausdruck $a^n + b^n = c^n$ nur für $n = 2$ ganzzahlige Lösungstripel (a, b, c) besitzt (Anwendung S. 88). Für $n > 2$ können wir also getrost durch c^n dividieren (ohne ganzzahlige Lösungen zu übersehen) und erhalten $w^n + z^n = 1 \Rightarrow w(z) = \sqrt[n]{1 - z^n}$ (mit $w = a/c$ und $z = b/c$, Vorzeichen ignoriert). Erlauben wir auch komplexe Zahlen z, ist natürlich auch das Ergebnis w komplex. Durch Bildung des Absolutbetrags machen wir (wie vorhin bei der Potentialfläche) das Ergebnis reell und betrachten die Fläche

$$w(z) = |\sqrt[n]{1 - z^n}|$$

über der *Gauß*schen Zahlenebene. Abb. A.17 zeigt zwei extreme Ansichten so einer Fläche für $n = 5$ (eine „gewöhnliche Ansicht“ finden Sie S. 389. Man berechne ihre Nullstellen.

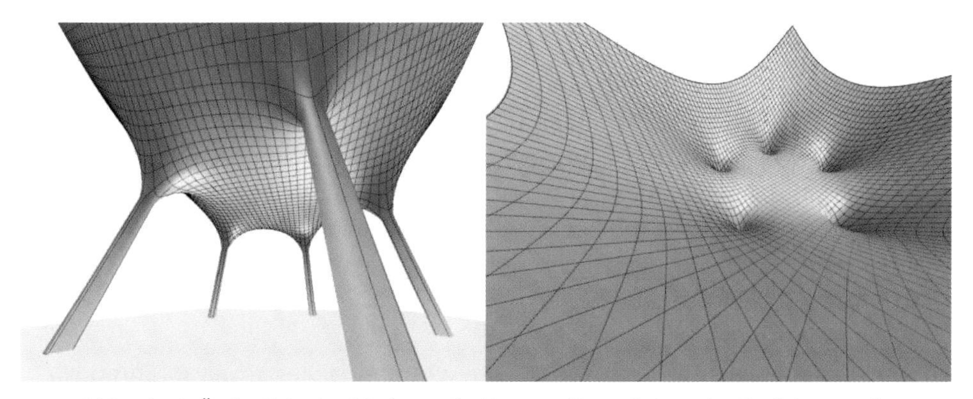

Abb. A.17 Ästhetik in der Mathematik: Extreme Perspektiven des Funktionsgraphs

Lösung:
Es ist die Gleichung $w = |\sqrt[5]{1 - z^5}| = 0$ zu lösen. Aus $|w| = 0$ folgt eindeutig

$w = 0 + 0\,i = 0$, sodass gilt $\sqrt[5]{1 - z^5} = 0 \Rightarrow 1 - z^5 = 0 \Rightarrow z^5 = 1$ (man muss bei Umformungen im Komplexen recht vorsichtig sein, insbesondere, wenn Beträge im Spiel sind).
In Polarkoordinaten haben wir $1 = (1;\ 2\pi\,k)$ (k ganzzahlig). Die fünften Wurzeln sind somit $(\sqrt[5]{1};\ \frac{2\pi}{5}\,k)$ und bilden die Eckpunkte eines regelmäßigen Fünfecks (Abb. A.17) mit den Koordinaten $(1/0)$, $(\cos 72°/\pm\sin 72°)$, $(\cos 144°/\pm \sin 144°)$. ♠

Anwendung: Formeln für $\sin z$ und $\cos z$ im Komplexen
Definieren wir die komplexe Sinusfunktion, indem wir in Formel (A.14) auch komplexe Argumente zulassen:

$$\sin z = \frac{e^{iz} - e^{-iz}}{2i}$$

Mit $z = x + i\,y$ $(x, y \in \mathbb{R})$ ist $i\,z = -y + i\,x$, $-i\,z = y - i\,x$ und weiter

$$e^{iz} = e^{-y+i\,x} = e^{-y}e^{i\,x} = e^{-y}(\cos x + i\sin x)$$
$$e^{-iz} = e^{y-i\,x} = e^{y}e^{-i\,x} = e^{y}(\cos x - i\sin x).$$

Damit haben wir

$$\sin z = \frac{e^{-y}(\cos x + i\sin x) - e^{y}(\cos x - i\sin x)}{2i} =$$
$$= \underbrace{\frac{1}{i}}_{-i}\ \frac{e^{-y} - e^{y}}{2}\cos x + \frac{e^{-y} + e^{y}}{2}\sin x$$

und mit Formel (5.27) den Zusammenhang

$$\sin z = \sin x \cosh y + i\cos x \sinh y \tag{A.20}$$

Analog gilt für die komplexe Kosinusfunktion

$$\cos z = \frac{e^{-y}(\cos x + i\sin x) + e^{y}(\cos x - i\sin x)}{2} = \frac{e^{-y} + e^{y}}{2}\cos x - i\frac{e^{y} - e^{-y}}{2}\sin x \Rightarrow$$
$$\cos z = \cos x \cosh y - i\sin x \sinh y \tag{A.21}$$

♠

Konforme Abbildungen

Unter einer konformen Abbildung versteht man eine winkeltreue Abbildung eines Gebietes der komplexen Ebene auf ein anderes, bei welcher der Umlaufsinn einer Figur und die Schnittwinkel zweier beliebiger Kurven erhalten bleiben. Solche Abbildungen spielen z.B. in Elektrotechnik, Geodäsie, Hydro- und Aerodynamik eine wichtige Rolle.

Anwendung: Strömungsprofile
In der Strömungslehre ist die konforme Abbildung durch die Funktion $w = z + 1/z$ von Bedeutung. In Abb. A.18 sieht man, wie einem Kreis (Mittelpunkt $z = 0{,}5 + 0{,}35\,i$, Radius 2 durch diese Abbildung in ein Tragflügelprofil „verwandelt“ wird. Strömungen um Kreise sind rechnerisch leichter zu behandeln und lassen sich auf das Tragflügelprofil übertragen. ♠

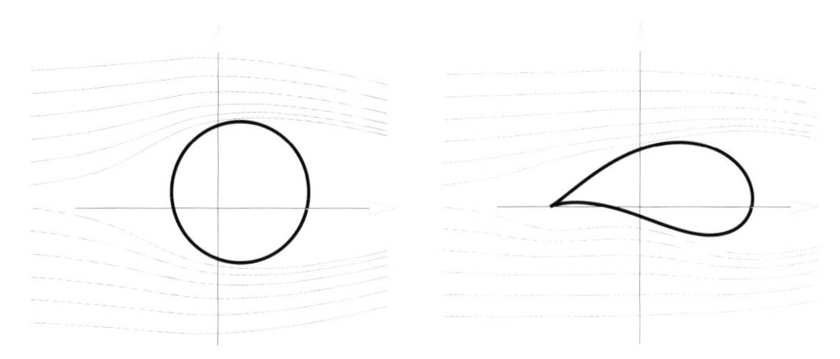

Abb. A.18 Konforme Abbildung $w = z + 1/z$, auf einen Kreis angewendet

Anwendung: Konforme Muster

Man überlege sich, wie die konforme Abbildung $w = e^z$ die x-Parallelen und y-Parallelen bzw. beliebige Geraden transformiert und zeige die Winkeltreue der Abbildung.

Lösung:

Wir haben $w = e^{x+iy} = e^x \cdot e^{iy}$. Für y konstant (x-Parallelen) ist w eine komplexe Zahl mit Radius e^x und festem Polarwinkel y. Alle diese Zahlen verteilen sich also auf Radialstrahlen durch $w = 0$, wobei der Abstand vom Ursprung exponentiell mit x zunimmt. Für x konstant (y-Parallelen) verteilen sich die Punkte auf Kreisen um den Ursprung (Radius e^x), wobei y der zugehörige Polarwinkel ist.

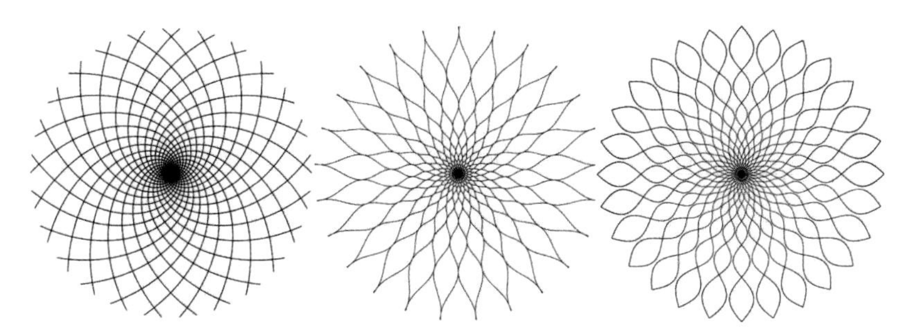

Abb. A.19 Blumenartige Muster mittels $w = e^z$

Bei einer allgemeinen Geraden $y = kx + d$ (k, d reell) ergibt die Abbildung

$$w = e^x \cdot e^{i(kx+d)} = e^{id} \cdot e^x \cdot e^{ikx}$$

Mit variablem x rotiert die Zahl e^{ikx} mit zu x proportionaler Geschwindigkeit kx am Einheitskreis. Durch die Multiplikation mit dem reellen Wert e^x wird der Radialabstand exponentiell zu x vergrößert. Einer Drehung um den Winkel 1 entspricht eine Streckung mit dem Faktor $1/k$. Damit wandert die Zahl auf einer logarithmischen Spirale mit jenem Kurswinkel $\varphi = \arctan k$ (Anwendung S. 248), welcher dem Anstieg der Geraden im Urbild entspricht. Die Multiplikation mit dem konstanten Wert e^{id} bewirkt zusätzlich eine reine Drehung der Spirale um den konstanten Winkel d. Parallele Geraden bilden sich somit in eine *Schar kongruenter logarithmischer Spiralen* ab. Die Übereinstimmung von Anstieg des Urbilds und Kurswinkel der Bildspirale zieht die Winkeltreue der Abbildung nach sich, weil wir, um den Schnittwinkel zweier Kurven zu ermitteln, die zugehörigen Kurventangenten, also allgemeine Geraden, heranziehen (vgl. Anwendung S. 194).

Abb. A.19 links illustriert dies für $k = \pm 1$, also Geraden, die unter $\pm 45°$ geneigt sind. Die Spiralen schneiden einander – wie die geradlinigen Urbilder – rechtwinklig. Um die Bilder in Abb. A.19 Mitte bzw. rechts zu erhalten, unterwirft man kongruente Sinuskurven, deren Mittellinien parallel zur x-Achse sind, der Abbildung. So erhält man auf einfache Weise hübsche Muster, die an Blüten erinnern und ohne die konforme Transformation nur schwer beschreibbar sind.

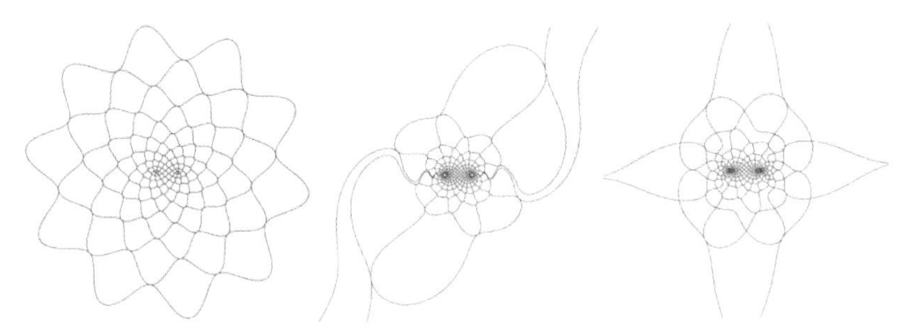

Abb. A.20 Konforme Abbildungen von Scharen von Sinuslinien (Franz *Gruber*)

In Abb. A.20 links wurde die komplexe Sinusfunktion auf eine Schar von Sinuslinien angewendet. Dabei sind die Mittelachsen der Wellen im Urbild x-parallel. Die beiden anderen Figuren zeigen Bilder der Sinuslinien nach Anwendung der komplexen Tangensfunktion $w = \tan z = \sin z / \cos z$. Mehr dazu auf der Webseite zum Buch. ♠

Anwendung: Eine praktische Seekarte

Im 16. Jhdt. entwarf ein gewisser *Kremer* (lat. Mercator) eine Seekarte, auf welcher Geraden die besten Schifffahrtslinien zwischen den Kontinenten sein sollten. Die seltsame Vorschrift für die Karte: Wenn $P(\lambda, \varphi)$ die geografischen Koordinaten (Länge und Breite) eines Punkts P auf der Erdkugel sind, habe der Kartenpunkt P° die Koordinaten $(\lambda, \ln \varphi)$ (Abb. A.21).

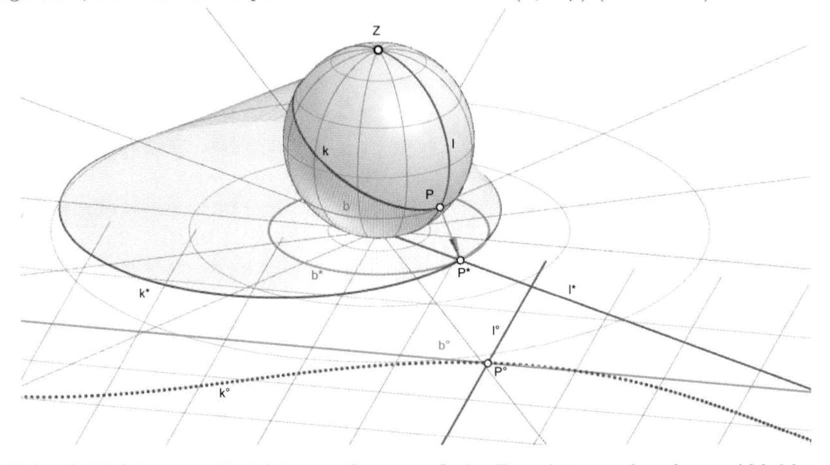

Abb. A.21 Mercator-Projektion = Stereografische Projektion + komforme Abbildung

Die Leute damals trauten der Sache nicht, bis ein Jahrhundert später ein gewisser *Kauffmann* (lat. ebenfalls Mercator) die Sache verifizierte. Was Wunder, dass die Projektion „Mercator-Projektion" genannt wird. Mit dem heutigen Wissen lässt sich die Sache rasch erklären: Man projiziere die Punkte der Erde stereografisch (Anwendung S. 250) aus dem Nordpol auf die Tangentialebene im Südpol ($P \to P^*$): Längenkreis l und Breitenkreis k bilden sich dabei in die Gerade l^* und den Kreis b^* ab. Die Abbildung ist winkeltreu und kreistreu.

Das Muster, das wir erhalten haben, besteht aus Radialstrahlen und konzentrischen Kreisen um deren Zentrum. So etwas haben wir bekommen, wenn wir ein Quadratraster der konformen Abbildung $w = e^z$ unterworfen haben (Anwendung S. 409). Wenn wir also auf das erwähnte Muster die *Umkehrfunktion* der komplexen Exponentialfunktion, also den ebenfalls konformen (winkeltreuen) komplexen Logarithmus $w = \log z$ anwenden, können wir ein rechtwinkliges Raster erwarten: Das Ergebnis sind Punkte P°, geradlinige Längenkreise l° und geradlinige Breitenkreis b°. Die kürzesten Schifffahrtslinien wären Großkreise k. Die bilden sich aber – global gesehen – sinusartig gewellt ab (k°). Ein Kapitän von damals steuerte aber im Idealfall mit konstantem Kurs und fuhr damit – gar nicht weit neben dem Großkreis – einer *Loxodrome* auf der Kugel entlang (Anwendung S. 250). Diese Loxodrome bildet sich wegen der Winkeltreue auf der Seekarte als Gerade ab! ♠

Anwendung: Minimalkurven

Man zeige, dass die komplexe Schraublinie

$$X = R\sin T,\ Y = R\cos T,\ Z = i\,RT \quad \text{(alle Zahlen komplex, } R = \text{konstant)} \tag{A.22}$$

die Bogenlänge Null hat und damit zu Recht den Namen Minimalkurve verdient. Im Reellen ist so etwas undenkbar.

Beweis:
Zu zeigen ist, dass der Abstand zweier Nachbarpunkte stets Null ist, dass also das „Bogenelement" verschwindet: $\sqrt{\dot X^2 + \dot Y^2 + \dot Z^2} \equiv 0$. Dies ist aber mit $\dot X = R\,\cos T$, $\dot Y = -R\,\sin T$ ($\Rightarrow \dot X^2 + \dot Y^2 = R^2$), $\dot Z = i\,R$ ($\Rightarrow \dot Z^2 = -R^2$) tatsächlich immer erfüllt. ◇

♠

Anwendung: Verbiegung von Minimalflächen

Weierstrass hat bewiesen, dass der Realteil einer Minimalkurve eine Minimalfläche ist (vgl. Anwendung S. 332). Man berechne den Realteil der komplexen Schraublinie Formel (A.22) für $R = 1$ bzw. $R = i$.

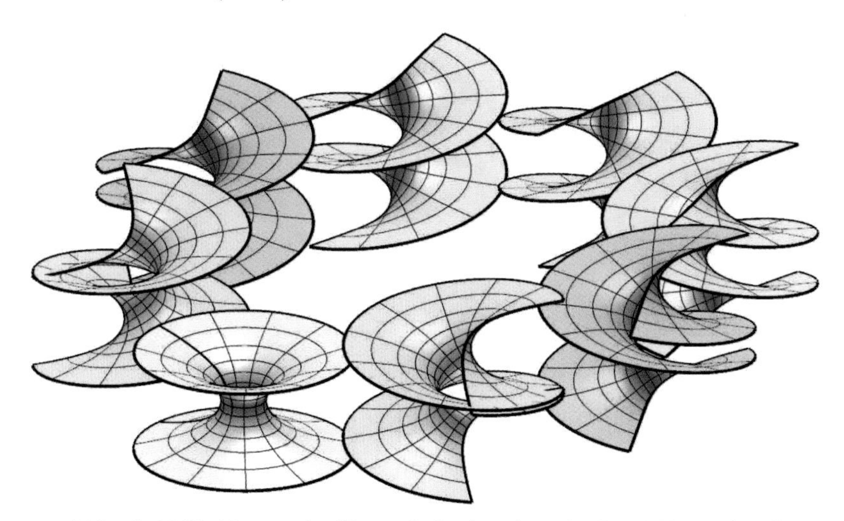

Abb. A.22 Verbiegung der Kettenfläche (grau) in die Wendelfläche (gelb)

Lösung:
Wir schreiben in diesem Beispiel zur leichteren Unterscheidung reelle Zahlen immer klein und komplexe Zahlen (außer der Einheit i) immer groß.
Für $R = 1$ lautet Formel (A.22) $X = \sin T,\ Y = \cos T,\ Z = i\,T$.
Setzen wir $T = u + i\,v$, dann sind die Realteile davon nach Formel (A.20)

und Formel (A.21)

$$x = \sin u \cosh v,\ y = \cos u\ \cosh v,\ z = -v. \tag{A.23}$$

Deuten wir u und v als Flächenparameter, dann erkennen wir in diesen Gleichungen die Parameterdarstellung eines Katenoids (einer Kettenfläche, vgl. Anwendung S. 332 bzw. Abb. A.22 links).
Für $R = i$ lautet Formel (A.22) $X = i \sin T,\ Y = i \cos T,\ Z = -T$.
Die Realteile davon sind $x = -\cos u \sinh v,\ y = \sin u\ \sinh v,\ z = -u$ oder, mit der Abkürzung $r = \sinh v$

$$x = -r \cos u,\ y = r \sin u,\ z = -u. \tag{A.24}$$

Mit den Flächenparametern r und u ist dies eine Parameterdarstellung einer Wendelfläche (siehe Anwendung S. 231 bzw. Abb. A.22 rechts).
Für die restlichen komplexen Einheitszahlen $R = e^{i\varphi}$ ergeben sich Flächen, die „Zwischenstadien“ zwischen der Ketten- und der Wendelfläche sind (auch hier ist eine Parameterdarstellung möglich). Sie alle sind Minimalflächen, deren Berechnung und Darstellung wir getrost dem Computer überlassen wollen. Auf der Webseite zum Buch finden Sie ein Programm, das Ihnen die kontinuierliche Verbiegung aus jeder gewünschten Ansicht zeigt (`minimalflaechen.exe`). Weil das Programm mit komplexen Zahlen genauso wie mit reellen Zahlen rechnen kann, war der Programmieraufwand sehr gering.

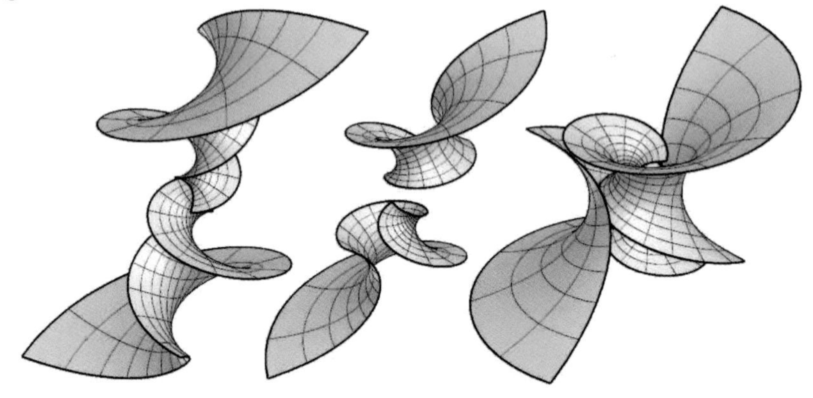

Abb. A.23 „Tanz der Minimalspiralflächen“

Ersetzt man die Minimalschraublinie aus Anwendung S. 411 durch andere Minimalkurven, erhält man eine Vielfalt von Flächen, die ineinander kontinuierlich verbiegbar sind. Die Flächen in Abb. A.23 stellen sich ein, wenn man statt Schraublinien Spirallinien wählt.

Die letzten Beispiele sollten deutlich gemacht haben, wie unglaublich effizient gewisse Sachverhalte im Komplexen beschrieben werden können. „Von einer höheren Warte aus“ – oder auch „in einer höheren Dimension“ – erscheinen manchmal komplizierte Zusammenhänge ganz naheliegend. So ähnlich ist es ja auch, wenn wir uns aus der Ebene in den Raum hinausbewegen und dann die vielen Gemeinsamkeiten der Kegelschnitte in einem anderen Licht sehen. ♠

B Musik und Mathematik

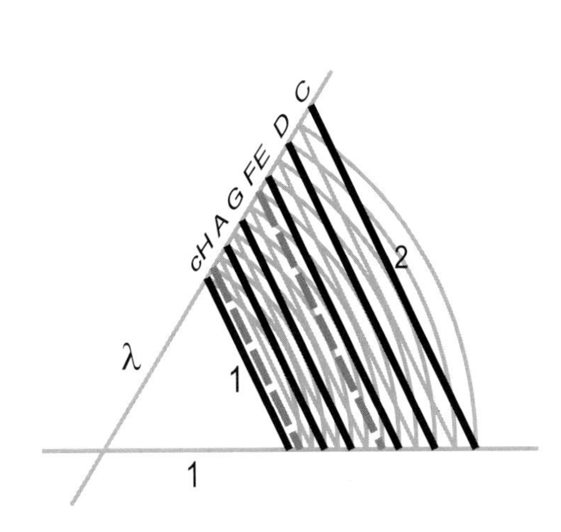

Dieser Anhang soll einen Bereich abdecken, der vielen Mathematikern in seiner Tragweite kaum bekannt sein dürfte. Denn wesentliche Bereiche der Musik beruhen auf angewandter Mathematik. In dieser kurzen Abhandlung sollen die wichtigsten Grundsätze aufgezeigt, und vielleicht auch ein wenig Neugier auf Einblicke hinter die sinnliche Schönheit der Musik geweckt werden. Für den interessierten Leser ist weiterführende Literatur angegeben.

Die mathematischen Proportionen klingender Saiten wurden erstmals von Pythagoras definiert, der sie durch Unterteilung gespannter Saiten fand. Dieses Kapitel zeigt Veränderungen an Tonskalen und Tonsystemen im Verlauf der Musikgeschichte. Die dabei auftretenden Probleme werden von Reinhard Amon, dem Autor dieses Anhangs – selbst Musiker und Autor eines Lexikons zur durmolltonalen Harmonik – im Folgenden beschrieben.
Den Abschluss bilden dann „musikalische Rechenbeispiele“, die eindrucksvoll die Nähe zwischen Musik und Mathematik aufzeigen.

Übersicht

B.1 Denkansatz, naturwissenschaftliche Grundlagen

Grundbestandteile der klingenden Musik sind Rhythmusstrukturen, bestimmte Tonhöhen und die Abstände (=Intervalle) zwischen diesen. Einige Intervalle werden von den Hörenden bevorzugt – so u.a. etwa die Oktav und die Quint – andere wiederum abgelehnt bzw. ausgeschlossen. Versucht man experimentell wissenschaftlich ein System dieser bevorzugten bzw. abgelehnten Intervalle zu erstellen, zeigt sich eine weitgehende Übereinstimmung von menschlichem Werturteil und der naturgesetzlich bestimmten Obertonreihe. Es gibt also eine *weitgehende Übereinstimmung zwischen Quantität (mathematischer Proportion) und Qualität (menschlichem Werturteil).*
Experimente dieser Art sind uns schon von den vorchristlichen griechischen Philosophen – etwa *Pythagoras von Samos* (ca. 570 – 480 v. Chr.), *Archytas von Tarent* (ca.380 v.Chr.), *Aristoxenos* (ca.330 v.Chr.), *Eratosthenes* (3.Jhdt. v.Chr.), *Didymos* (ca. 30 v.Chr.), *Ptolemäus* (ca. 150 nach Chr.) und anderen bekannt.

Pythagoras gründete in Kroton die religiös – politische Lebensgemeinschaft der „Pythagoreer“; er galt als Inkarnation *Apollo*s und genoss schon zu Lebzeiten göttliche Verehrung.

Dabei wurde am Monochord eine gespannte Saite mittels einer Maßskala nach mathematischen Proportionen 1 : 2, 2 : 3 usw. unterteilt und diese Teile (deren Hälfte, ein Drittel, ein Viertel usw.) im Verhältnis zur ganzen Saite zum Klingen gebracht. Wenn man einen Grundton C annimmt, entsteht folgende durchnummerierte Tonreihe.

Die hervorgehobenen Zahlen kennzeichnen die „ekmelischen Töne“.
Es sind Primzahlen größer als fünf. Ihre exakte Tonhöhe ist in unserem Notenbild, das nur zwölf Plätze innerhalb der Oktav kennt, nicht darstellbar. Sie sind etwas tiefer als notiert.

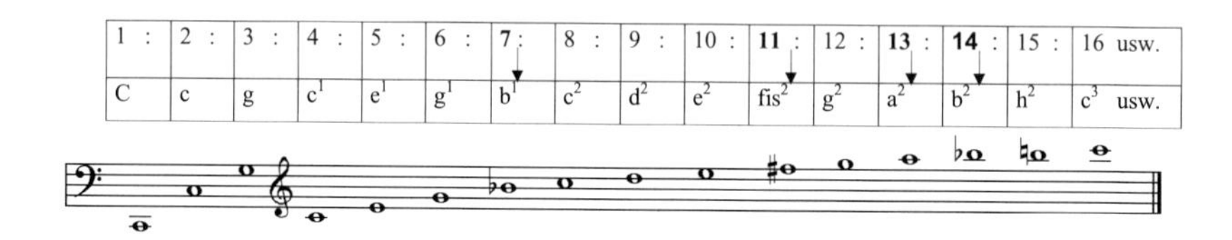

1 :	2 :	3 :	4 :	5 :	6 :	**7** :	8 :	9 :	10 :	**11** :	12 :	**13** :	**14** :	15 :	16 usw.
C	c	g	c^1	e^1	g^1	b^1	c^2	d^2	e^2	fis^2	g^2	a^2	b^2	h^2	c^3 usw.

Abb. B.1 Tonreihe durch Unterteilen einer gespannten Saite

Diese Reihe entspricht der Ober- oder Naturtonreihe[1], die als physikalisches Phänomen bei jedem Klangprozeß in Erscheinung tritt. Die an die Durchnumerierung angehängten Divisionspunkte machen aus den Tonabständen proportionale Verhältnisse (C - c Oktav = 1:2; c - g Quint = 2:3; usw. Die über dem Grundton (der tiefste der Reihe – und auch der, der im Musikwerk notiert wird) erklingenden Obertöne werden von uns nicht als analysierbare Teiltöne sondern als „charakteristischer Klang“ wahrgenommen. Dieses Phänomen entsteht, weil Saiten bzw. Luftsäulen nicht nur als Ganzes schwingen, sondern auch in ihren Hälften, Drittel, Viertel,. . . , so dass Saiten bzw.

[1]1636 von *Marin Mersenne* entdeckt; das dazugehörige Zahlengesetz fand *Joseph Sauveur* 1702.

Luftsäulen nicht bloß einen Einzelton sondern eine Summe von Tönen - den jeweils charakteristischen Klang - erzeugen. Es sind also die wichtigsten Bestandteile der Musik im Abendland – die Intervalle - mit mathematischen Proportionen der schwingenden Saitenlängen darstellbar (dies trifft auch für die schwingenden Luftsäulen in Blasinstrumenten zu). Zugleich sind auch alle für die Durmolltonalität wichtigen Intervalle in dieser naturgesetzlichen Reihe enthalten.

Seit der Neuzeit haben Zahlen in Verbindung mit Tönen insofern eine andere Bedeutung erhalten, als nicht die Saitenlängen, sondern die Frequenzen als Anschauungsgrundlage dienen – wichtig dabei zu wissen, dass sich Frequenzen verkehrt proportional zu Saitenlängen verhalten: das Verhältnis der Saitenlängen von z.B. 1:2 entspricht dem Verhältnis der Frequenzen von 2:1 - denn eine auf die Hälfte verkürzte Saite oder Luftsäule schwingt mit doppelter Frequenz. Zwölf wesentliche Intervalle sind von den Konsonanzen (Intervalle mit hoher Klangverschmelzung der beiden Frequenzen – Oktav bis kleine Sext) zu den Dissonanzen (Intervalle mit wenig oder gar keinem Verschmelzen der beiden Frequenzen) anzuführen.

1:2	Oktav	5:8	kleine Sext	15:16	kleine Sekund	2:3	Quint
2:3	Quint	5:9	kleine Septim	8:9	große Sekund	5:8	kleine Sext
3:4	Quart	8:9	große Sekund	5:6	kleine Terz	3:5	große Sext
3:5	große Sext	8:15	große Septim	4:5	große Terz	5:9	kleine Septim
4:5	große Terz	15:16	kleine Sekund	3:4	Quart	8:15	große Septim
5:6	kleine Terz	32:45	übermäßige Quart (Tritonus)	32:45	überm. Quart	1:2	Oktav

Abb. B.2 Intervalle - geordnet nach dem Verschmelzungsgrad (links) bzw. Größe

Das Entdecken der Verbindung klangsinnlicher Erscheinungen verknüpft mit mathematischen Grundlagen wird uns in einer Geschichte von Pythagoras überliefert (Abb. B.3):

Abb. B.3 *Pythagoras*' Erkenntnis

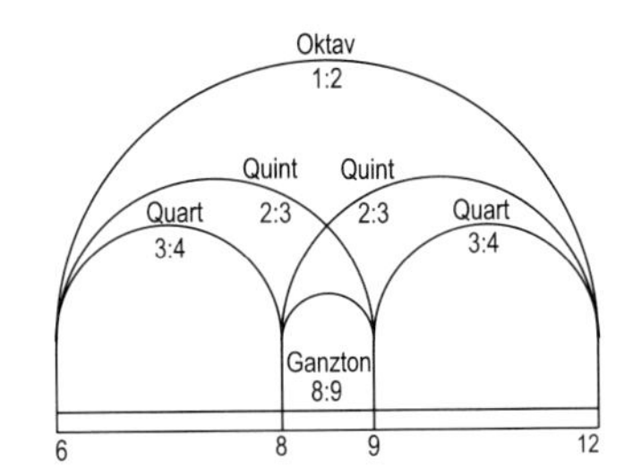

Abb. B.4 Grundordnung der Tonverhältnisse

„Eines Tages dachte Pythagoras beim Spaziergang über die Probleme der Konsonanz nach und überlegte, ob er nicht für das Ohr eine Hilfe finden könnte ähnlich der, die der Gesichtssinn mit dem Kompass oder der Messlatte, der Tastsinn mit der Waage oder den Gewichten besitzt.“

Anmerkung: Hier liegt in der deutschen Übersetzung aus dem Englischen ein Fehler vor: *compass* bedeutet nämlich auch – insbesondere in diesem Zusammenhang – *Zirkel*. Der Kompass war klarerweise damals nicht bekannt.

„Durch eine Fügung der Vorsehung kam er an einer Schmiede vorbei und hörte sehr klar, dass mehrere auf den Amboss schlagende Eisenhämmer mit Ausnahme eines Paares untereinander konsonante Töne ergaben. Voller Freude, als ob ein Gott seinen Plan unterstützte, trat er in die Schmiede ein und erkannte durch verschiedenartige Experimente, dass der Gewichtsunterschied den Tonunterschied verursachte, nicht aber der Kraftaufwand der Schmiede oder die Stärke der

Hämmer. Er stellte sorgfältig das Gewicht der Hämmer und ihre Schlagkraft fest, dann kehrte er nach Hause zurück. Dort befestigte er einen einzigen Nagel an einer Ecke der Wand, damit nicht zwei Nägel, von denen jeder seine spezifische Materie hatte, das Experiment verfälschten. An diesen Nagel hängte er vier Saiten gleicher Substanz, gleicher Drahtzahl, gleicher Dicke und gleicher Drehung und versah jede mit einem Gewicht, das er an ihrem äußersten Ende anbrachte. Er gab jeder Saite die gleiche Länge und erkannte dann, indem er jeweils zwei zusammen anschlug, die gesuchten Konsonanzen, die mit jedem Saitenpaar variierten. Mit den beiden Gewichten 12 und 6 erhielt er die Oktav und setzte demgemäß fest, dass die Oktav sich im Verhältnis 2 : 1 befindet, was er bereits durch das Gewicht der auf den Amboss schlagenden Hämmer erkannt hatte. Mit den Gewichten 12 und 8 erhielt er die Quint, woraus er das Verhältnis 3 : 2 ableitete ; mit den Gewichten 12 und 9 die Quart, Verhältnis 4 : 3. Beim Vergleich der mittleren Gewichte 9 und 8 erkannte er das Intervall des Ganztons, den er also mit 9 : 8 bestimmte. Demgemäß konnte er die Oktav als die Vereinigung von Quinte und Quart, also $2/1 = 3/2 \times 4/3$, und den Ganzton als die Differenz der beiden Intervalle, also $9/8 = 3/2 \times 3/4$, definieren[2]".

Die grafische Darstellung (Abb. B.4) dieser pythagoreischen Grundordnung der Tonverhältnisse zeigt, dass sich zugleich mit den beiden Quinten (2:3) zwei Quartintervalle (3:4) und ein Ganztonschritt (8:9) ergeben.
Diese von Pythagoras und seinen Schülern entdeckten musikalisch-mathematischen Grundlagen – nicht ein „Urstoff", sondern ein „Urgesetz", nämlich das der unveränderlichen Zahlenproportionen, mache den Sinn der Welt und des Kosmos aus – behielten in Form der Vorrangstellung der Mathematik als erste der Wissenschaften bis in unsere Zeit Gültigkeit. Ebenso der immer damit in Verbindung gebrachte Einfluss auf das seelische Gleichgewicht des Menschen – wie ein Satz des Philosophen und Mathematikers *Wilhelm Leibniz* (1646 - 1716) bezeugt: „Die Musik ist eine verborgene arithmetische Übung der Seele, die dabei nicht weiß, dass sie mit Zahlen umgeht".

B.2 Systembildung

Das Bestreben, aus den vorhandenen Gebrauchstönen Skalen und Tonsysteme abzuleiten, ist seit der Antike bekannt. Dabei versuchte man den Oktavraum mit möglichst gleich großen und von den Proportionen stimmigen Intervallen auszufüllen.

Die Oktav – das völlige Verschmelzen der beiden beteiligten Frequenzen (Oktavidentität) – hat insofern eine Sonderstellung unter den Intervallen, als sie den Einteilungsrahmen für alle Musiksysteme darstellt – vergleichbar den verschiedenen Stockwerken eines Gebäudes mit gleicher Infrastruktur innerhalb der Stockwerke.

Wesentlich für das Entstehen von Systemen ist wieder die Obertonreihe – v.a. deren vierte Oktav vom 8. bis zum 16. Oberton – repräsentiert von den Naturblasinstrumenten. Da nicht die naturwissenschaftlichen Grundlagen der Materie, sondern der Mensch mit seinen Sinnen entscheidend für die Auswahl des Materials zur Systembildung ist, lassen sich zwei Denkansätze formulieren:

[2] J.Chailley: Harmonie und Kontrapunkt, S. 7 f.

- Das Musikalische geht von äußeren Gegebenheiten (geografische Lage und Umfeld, kulturelle Konditionierungen, regionale Hörgewohnheiten,. . . .) aus und wird aus Gewohnheit akzeptiert.
- Der Mensch hat ein disponiertes Gehör (vgl. B.5) – d.h. die Bevorzugung bzw. Ausschließung bestimmter Intervalle sind naturgegeben.

Die wichtigsten so entstandenen Tonsysteme (der Oktavraum wird in 5, 6, 7 oder 12 Abstände geteilt) sind:

- Pentatonik: (5 Abstände: 3 große Sekunden und 2 kleine Terzen)
- Ganztonleiter (6 Abstände: 6 Ganztonschritte = große Sekunden)
- Heptatonik (7 Abstände: 5 große und 2 kleine Sekunden [auch: Diatonik] → Kirchentonarten Dur, Moll)
- Chromatik (12 Abstände (12 Halbtonschritte → Dur/Moll-Erweiterung, Dodekaphonik)

  Der Halbtonschritt ist das kleinste Intervall im abendländischen Tonsystem und bildet den „Grundbaustein“ für einen anderen Definitionsansatz für Intervalle (große Terz = 4 Halbtöne, reine Quint = 7 Halbtöne,. . .).

Alle Systeme lassen sich in die letztgenannten 12 chromatisch-temperierten Abstände einfügen. Das häufige Auftauchen der Zahl 12 (Zahl der wesentlichen Intervalle, Zahl der Abstände im System,. . .), die auch in der Tastatur der Klavierinstrumente (als Abbild unseres Tonsystems) anschaulich wird, erlangt somit wesentliche Bedeutung.

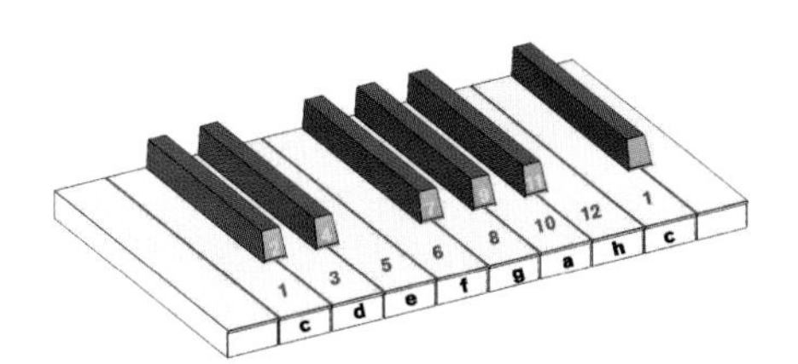

Abb. B.5 Klaviertastatur

Will man unser aus 7 Tönen bestehendes Dur oder Moll auf jedem der Stammtöne beginnen, benötigt man in Summe alle 12 Tasten. D.h. jede diatonische Siebenordnung (unser Dur und Moll) ist in die chromatisch-enharmonische Zwölfordnung integriert.

Enharmonisch bedeutet die Möglichkeit wechselseitiger Verwandlung von mehreren Tonwerten an einem Platz im Tonsystem (z.B.: f = eis = geses,. . .).

Es entstehen zwei verschiedene Typen:

- Enharmonische Zwölfordnung: 35 diatonisch-chromatische *Tonwerte* (je 7 $\flat\flat$, $\flat$, $\natural$, $\sharp$, $\times$) führen zu 12 Plätzen (c = his = deses) im System – und damit zu weitestgehenden Bezügen auf eine Tonart.

- Abstrakt temperierte Zwölfordnung: es gibt nur die 12 Plätze (abstrakt temperierte Tonwerte) – enharmonisches Verwechseln entfällt – kein Bezug auf eine Tonart.

Auch hier erscheint das Prinzip der ganzen Zahlen als maßgeblicher Ordnungsfaktor.

B.3 Stimmung von Instrumenten – Intonation

Sobald die Anzahl der Töne im Tonsystem grundgelegt ist, wird die Problematik der Stimmung (d.h. der genauen Position dieser Plätze - auch Intonation) relevant.

Intonation (lat., Einstimmung) meint hier das Treffen der richtigen Tonhöhe bei Instrumenten mit flexibler Stimmung (Streichinstrumente, Sänger, Bläser).

Die für die musikalische Praxis notwendigen Abweichungen von den reinen Intervallen werden durch die Temperierung geregelt. Die grundlegende Schwierigkeit beim Berechnen von Tonsystemen beruht auf dem mathematischen Phänomen, dass durch Potenzierung von ganzzahligen Brüchen keine ganzen Zahlen erreicht werden können. Da alle reinen Intervalle als mathematische Brüche erscheinen, kann durch Aneinanderreihung (=Multiplikation) von gleich großen (reinen) Intervallen niemals exakt eine höhere Oktavlage eines Ausgangstones erreicht werden (ausgenommen die Oktav).

Diese Unterschiede machten und machen es notwendig, bei der Auswahl der für das System relevanten Intervallgrößen bestimmte Präferenzen zu setzen. So hat die jeweilige Struktur der Musik und die sich daraus entwickelnde Klangästhetik in den Jahrhunderten der abendländischen Musikentwicklung verschiedene Ansätze hervorgebracht.

Die pythagoreische Stimmung (Quintstimmung)

Sie ist der Versuch, mit den ersten vier Zahlen alle Intervalle zu berechnen. Das systembildende Intervall wird die Quint und damit die Primzahl 3. Zwölf übereinandergestellte reine Quinten im Verhältnis 2:3 umfassen den Tonraum von sieben Oktaven. Doch stimmt die 12. Quint mit der 7. Oktav nicht genau überein. Die Differenz (gering, aber deutlich hörbar) zwischen 12. Quint und 7. Oktav nennt man pythagoreisches Komma

$$(\frac{3}{2})^{12} = 129{,}746 > (\frac{2}{1})^7 = 128.$$

Die Aneinanderreihung von 12 reinen Quinten ergibt also keinen geschlossenen Kreis, sondern eine Spirale.

Die hellen Kugeln sind an den Positionen der Oktaven und schließen den Kreis. Die dunklen Kugeln sind an den Positionen der Quinten und bilden eine Spirale, wobei die 12. Quint von der 7. Oktav deutlich abweicht.

Die Oktav 1:2 wird durch die Primzahl 2, die Quint 2:3 durch die Primzahl 3 repräsentiert. Nie fällt aber eine Potenzierung von 2 mit einer Potenzierung

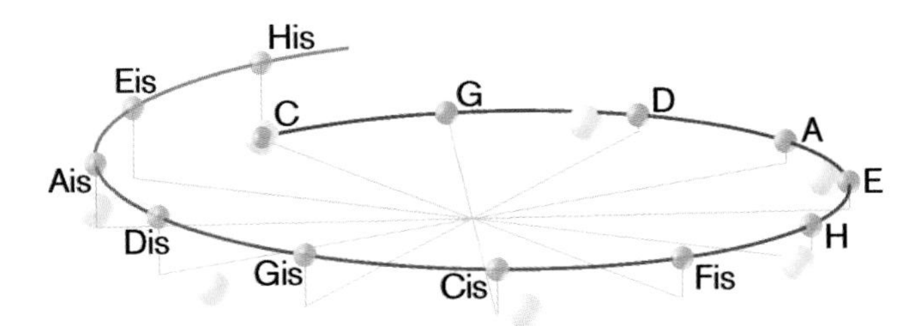

Abb. B.6 Stimmungen: 7 Oktaven, 12 Quinten

von 3 zusammen. Die dadurch entstehenden Mikrointervalle sind kleiner als ein Halbtonschritt. Temperieren ist der Versuch sie zu verhindern.
Berechnung des Systems:

Ausgangspunkt C:	Tonbuchstabe:	C	F	G	c	g	c'
	Saitenlänge:	1	$\frac{3}{4}$	$\frac{2}{3}$	$\frac{1}{2}$	$\frac{1}{3}$	$\frac{1}{4}$

D wird durch zwei Quinten ↑ von C aus gewonnen: $1 \times 2/3 = 2/3$; zweite Quint: $2/3 \times 2/3 = 4/9$ bzw. oktaveversetzt nach ↓: $4/9 \times 2 = 8/9$.
E (4. Oberquint, 2 Oktaven ↓) $\Rightarrow (2/3 \times 2/3 \times 2/3 \times 2/3) \times 4 = 16/81 \times 4 = 64/81$
A (3. Oberquint, 1 Oktav ↓) $\Rightarrow (2/3 \times 2/3 \times 2/3) \times 2 = 8/27 \times 2 = 16/27$ bzw. durch die Quint D-A $8/9 \times 2/3 = 16/27$
H (5. Oberquint, 2 Oktaven ↓) $\Rightarrow (2/3 \times 2/3 \times 2/3 \times 2/3 \times 2/3) \times 4 = 32/243 \times 4 = 128/243$.
Seit 1884 (*A. J. Ellis*) wird die Oktav mit 1200 Cent bestimmt:
1 Cent = $\sqrt[1200]{2} = 2^{1/1200}$. Daher sind alle im Text vorkommenden Centzahlen sind mit Ausnahme der Zahl 1200 gerundet. 204 Cent bedeutet dann z.B. $\sqrt[1200]{2}^{204} = 1{,}125058\cdots \approx \frac{9}{8}$. Der temperierte Halbton wird mit 100 Cent gerechnet ($2^{100/1200} = 2^{1/12} = \sqrt[12]{2}$).
So entsteht die folgende pythagoreische Skala:

Tonbuchstabe:	C	D	E	F	G	A	H	c
Centwerte:	0	204	408	498	702	906	1110	1200
Saitenlänge bzgl. Grundton:	1	$\frac{8}{9}$	$\frac{64}{81}$	$\frac{3}{4}$	$\frac{2}{3}$	$\frac{16}{27}$	$\frac{128}{243}$	$\frac{1}{2}$

Die Reihe besteht aus fünf Ganztonschritten mit der Größe von 204 Cents und zwei Halbtonschritten mit 90 Cents. Das ergibt 5 Ganztöne mit 8/9 und 2 Halbtöne mit 243/256. Die pythagoreische Stimmung entsprach den Bedürfnissen des einstimmigen Musizierens und damit noch der gesamten Musik des Mittelalters.
Die leicht dissonante pythagoreische Terz 64/81 war somit kein Problem (die reine Terz hat die Proportion 64/80). Als konsonante Intervalle waren nur die Oktav, die Quint und deren Komplementärintervall die Quart anerkannt. Mit dem Aufkommen der Mehrstimmigkeit und der Bevorzugung möglichst

verschmelzender (konsonierender) Intervalle verlor die pythagoreische Stimmung mit ihrer dissonanten großen Terz an Bedeutung.
Die mehrstimmige Musik bis zum 17. Jahrhundert zeigt verschiedene Wege, mit den Intonationsschwierigkeiten fertig zu werden. In der Regel entschied man sich für die „reine" Einstimmung der gebräuchlichsten Töne der musikalischen Praxis und vermied oder verschleierte die kritischen Zusammenklänge (z.B. durch Verzierungen). Eine andere Möglichkeit war das Verwenden von mehr als 12 Tönen innerhalb der Oktav. So entstanden Tasteninstrumente mit bis zu 31 Tasten innerhalb der Oktav.

Die reine Stimmung (natürlich-harmonische Stimmung, Quint-Terz-Stimmung)

Unser Ohr hört im Sinne der reinen Stimmung. Diese entsteht, wenn jedes Intervall seinem Tonverhältnis in der Naturtonreihe entsprechend intoniert wird. Der naheliegende Schluss, die reine Stimmung sowohl in der Theorie als auch der klingenden Musik anzuwenden, stößt auf die Schwierigkeit, dass eine solche Stimmung weit mehr als die maximal 12 Systemplätze benötigte, denn reine Terzen und reine Quinten schließen einander aus. Man kann sich überlegen, dass je nach Tonart, auszuführenden Modulationen bzw. dem Anspruch zu transponieren, bis zu 171 Plätze notwendig sind.
Didymos von Alexandria (≈30 v.Chr.) teilte die Monochordsaite in 5 gleiche Teile und ersetzte die Terz 64/81 durch 4/5. Die Abweichung bei den Tönen E, A und H als Oberterzen von C, F u. G ist dadurch geringer:

$$64 : 81 = 0{,}79012345678 \neq 4 : 5 = 0{,}8$$

Es entsteht folgende Leiter (die Proportionen entstammen größtenteils direkt der Obertonreihe):

Tonbuchstabe:	C	D	E	F	G	A	H	c
Centwerte:	0	204	386	498	702	884	1088	1200
Saitenlänge bzgl. Grundton:	1	$\frac{8}{9}$	$\frac{4}{5}$	$\frac{3}{4}$	$\frac{2}{3}$	$\frac{3}{5}$	$\frac{8}{15}$	$\frac{1}{2}$

Die reine Stimmung kennt zwei verschieden große Ganztonschritte: den großen Ganzton 8:9 zw. c-d mit 204 Cent und den kleinen Ganzton 9:10 zw. d-e mit 182 Cent. Dieser Unterschied bewirkt u.a. eine unreine 5 zw. d und a.
e:h = 5/4 x 3/2 = 15/8 = 1,875 (r.5)
d:a = 9/8 x 3/2 = 27/16 = 1,687 (keine r. 5)
Die „Differenz" 80/81 (mathematisch gesehen ist es ein Quotient) nennt man syntonisches Komma. Um den gleichen Wert ist entsprechend die Quart a-d zu groß. Den Unterschied zwischen großem Ganzton 9/8 und kleinem Ganzton 10/9 („Differenz" $= \frac{8}{9} : \frac{9}{10} = 81/80$ syntonisches Komma) wird an vielen Stellen im System deutlich - z.B. an der Tondublette e als oktavierte Terz von c aus und als Duodezim (d.h. Quint) von c aus:
Der 5.Oberton von C = E 5=E 10=E 20=E 40=E 80=E
Die Duodezim 1:3 von C → 3.Oberton G 3=G 9=D 27=A 81=E
Tondublette 80/81
Die zunehmende Verwendung von Instrumenten mit fest abgestimmten Tonhöhen (Orgeln, Klavierinstrumente,...) und die Einbeziehung von Tonarten mit immer mehr Vorzeichen gaben den Anstoß zu einer Lösung, die diese Differenzen beseitigten. Die so entstandenen temperierten Stimmungen ermöglichten schließlich das Musizieren in allen Tonarten.

Mitteltontemperatur

Aufgestellt 1511 von *Arnold Schlick* bzw. 1523/29 von *Pietro Aron*. Der Begriff „mitteltönig" kommt daher, weil der Mittelwert zw. 8/9 (großer Ganzton) und 9/10 (kleiner Ganzton) den neuen Ganzton bestimmt. Die natürliche große Terz – die den Vorrang vor der Quint bekommt – wird also nicht wie in der Obertonreihe 8:9:10 geteilt, sondern als geometrisches Mittel bestimmt, d.h. sie wird in zwei gleich große Ganztonschritte geteilt.

Töne:	c	d	**b**	d	e
Proportion:	$\frac{1}{1}$	$\frac{10}{9}$	**MT**	$\frac{9}{8}$	$\frac{5}{4}$
Cent:	0	182	**193**	204	386

So entsteht die mitteltönige Skala (nach Arnold Schlick) -
K steht für pythagoreisches Komma:

Tonbuchstabe:	C	D	E	F	G	A	H	c
Centwerte:	0	193	386	503	696 5	890	1083	1200
Saitenlänge bzgl. Grundton:	1	$\frac{8}{9} : \frac{K}{2}$	$\frac{4}{5}$	$\frac{3}{4} \times \frac{K}{4}$	$\frac{2}{3} : \frac{K}{4}$	$\frac{3}{5} \times \frac{K}{4}$	$\frac{8}{15} : \frac{K}{4}$	$\frac{1}{2}$

Mitteltönige Stimmungen waren bis ins 19.Jhdt. in Gebrauch. Transponieren ist begrenzt möglich, Enharmonik nicht vorhanden. Dadurch entsteht eine deutlich hörbare *Tonartencharakteristik*.

Tonartencharakteristik bedeutet, dass jede Tonart aufgrund ihrer Intervalldisposition einen mehr oder weniger deutlich verschiedenen Stimmungs- bzw. Ausdrucksgehalt hat (scharf, mild, ernst, weichlich,...).

Um den „heulenden Wolf“ (= die extrem unreine Quint) zwischen gis und [dis] es erträglicher zu machen, musste man entweder den Tonvorrat erhöhen (je eine Taste für gis und as bzw. für dis und es) oder die Quinten auf Kosten der reinen Terzen verbessern (⇒ „ungleichschwebende Temperaturen“)

Temperierte Stimmungen

Man unterscheidet zwei prinzipielle Möglichkeiten mit jeweils nur 12 Plätzen im System.

Zum einen wird das Quintkomma mit 23,5 Cent ungleichmäßig auf Terzen und Quinten verteilt - dies sind ungleichschwebende Stimmungen. Zum anderen wird es gleichmäßig auf alle Quinten verteilt - dies ist die gleichschwebende oder gleichstufige Stimmung. Zu den ungleichschwebenden Stimmungen gehören alle Berechnungen von Andreas Werckmeister (1645-1706), dem lange Zeit die 'Erfindung' der gleichschwebenden Temperierung zugeschrieben wurde. Johann Phillipp Kirnberger (1721-1783), Komponist und Musiktheoretiker, von 1739-41 Schüler J.S. Bachs, liefert mit seinen drei Stimmungen (K1, K2 und K3) die weitest verbreiteten und zugleich die, die sich von allen ungleichschwebenden Stimmungen am längsten behaupten konnten.

Skala mit Kirnberger-Stimmung:

Tonbuchstabe:	C	D	E	F	G	A	H	c
Centwerte:	0	204	386	498	702	895	1088	1200
Saitenlänge bzgl. Grundton:	1	$\frac{8}{9}$	$\frac{4}{5}$	$\frac{3}{4}$	$\frac{2}{3}$	$\frac{96}{161}$	$\frac{8}{15}$	$\frac{1}{2}$

Von den verschiedenen Möglichkeiten eines Ausgleichs (mitteltönige Temperatur, ungleich-schwebende Temperaturen) hat sich im 18. Jhdt. die primitivste Möglichkeit – die „gleichschwebende Temperatur“ (vom holländischen Mathematiker *Simon Stevin* 1585 berechnet, zeitgleich auch in China)) durchgesetzt. Die 12. Quint übersteigt die 7. Oktav um 23,46 Cent. Um aus der Quintenspirale einen Zirkel zu machen, wird das „pythagoreische Komma“ auf alle 12 Quinten gleichmäßig (gleichschwebend) aufgeteilt, die Oktav also in zwölf gleiche Halbtonabstände unterteilt $1 : \sqrt[12]{2}$. In dieser gleichschwebenden Temperatur ist außer der Oktav kein Intervall wirklich rein. Die Differenzen sind jedoch so gering, dass sie das Ohr gut verträgt. Damit wird die Möglichkeit der Tonartencharakteristik (= Intonationsunterschiede) aufgegeben (dies war der Haupteinwand der Zeitgenossen gegen diese neue Temperierung).

Der Wunsch, die Tonartencharakteristik beizubehalten, verhinderte die „neue“ gleichschwebend temperierte Stimmung in der musikalischen Praxis bis weit in die Mitte des 19. Jahrhunderts.

Da keine Quint mehr rein ist (d.h. C - G klingt genau so gut wie Cis - Gis oder Ces - Ges), muss kein Intervall aus Stimmungsgründen vermieden werden. Einer dadurch entstehenden „Haltlosigkeit“ wird beim Singen bzw. Spielen von Streichinstrumenten entgegengewirkt, indem die jeweilige tonale Situation im Stück intonationsmäßig spontan angepasst wird.

So entsteht die folgende gleichschwebend temperierte (= gleichstufige) Skala - λ steht für $\sqrt[12]{2}$

Tonbuchstabe:	C	D	E	F	G	A	H	c
Centwerte:	0	200	400	500	700	900	1100	1200
Saitenlänge bzgl. Grundton:	$1/\lambda^0$	$1/\lambda^2$	$1/\lambda^4$	$1/\lambda^5$	$1/\lambda^7$	$1/\lambda^9$	$1/\lambda^{11}$	1/2

Zusammenfassung

Die Stimmung mit den pythagoreischen Zahlen 1, 2, 3 und 4 war zwar eingeschränkt (Terz!), aber unproblematisch. Mit dem Hinzukommen der Zahl 5 und damit der reinen Terz entstehen Probleme: a) Man braucht mehr als 12 Tonplätze, will man reine Quinten und reine Terzen im System haben; b) Legt man eine bestimmte Auswahl von Tonplätzen fest, bedeutet dies ein Inkaufnehmen unreiner Terzen und/oder Quinten. Solange der Terzklang in der frühen mehrstimmigen Musik umgangen wurde und als Dissonanz galt, waren Stimmungsprobleme wenig bedeutend. Mit dem Anerkennen der Terz als Konsonanz und deren Verwendung in der Mehrstimmigkeit ergeben sich die oben beschriebenen Probleme und verschiedenen Lösungsansätze. Die sich letztlich durchgesetzt habende gleichstufige Temperatur ist trotz der verlorenen Tonartencharakteristik ein System, das bei einer relativ geringen Anzahl fester Tonhöhen eine für den Hörer befriedigende und verständliche Aufführungspraxis bietet.

B.4 Zahlensymbolik

Es gibt eine bei fast allen Völkern verbreitete Anschauung von der „sinnbildlichen Bedeutung" der Zahlen – bis hin zur philosophischen Spekulation, in den Zahlen und ihren Verhältnissen liege das Wesen der Wirklichkeit. Speziell im Bereich der Künste ist das Einziehen von Metaebenen – d. h. über die sinnliche Wahrnehmungsebene hinausgehende Information – weit verbreitet.

Einige Beispiele seien angeführt:

- Der Grundton (siehe Naturtonreihe) als Bezugspunkt, die 1 der Tonreihe verweist auf Gott, den Ursprung, die Unitas.
- Das Überschreiten der „gottgewollten" Ordnung bringt Unglück: die 5 (nach der göttlichen 3 und kosmischen allumfassenden 4) in der Obertonreihe – die Zahl der Terzen und Sexten – wurde lange Zeit umgangen; der 5. Wochentag bringt Unglück; beim 5. Posaunenstoß wird ein Stern vom Himmel fallen,... Ebenso die 11 (Zahl der Übertretung, Sünde,...).

Bei den Pythagoreern wird die Zahl in die Dimension eines allgemeinen Erscheinungsprinzips des Seienden erhoben. Die Harmonie der Welt, des Kosmos und der menschlichen Ordnung wurde aus der Geltung von Zahlenverhältnissen gesehen und gewertet. Daher war die Personalunion des Mathematikers, Astronomen, Musikers und Philosophen ein Selbstverständnis. Die wichtigste Zahl war 10 als Summe der vier ersten Zahlen 1+2+3+4. Dies ist ein für das abendländische Denken und dessen Philosophie typischer Ansatz und wesentlicher Ausgangspunkt. Grundlegend und mit der Bedeutung des Vollkommenen ist dessen metaphysikalischer, ontologischer und axiologischer Vorrang des endlichen, Ordnung gestaltenden, harmonisch Seienden gegenüber Chaos, Unordnung, Unendlichkeit und Regellosigkeit. Wie weit hier der spekulative Raum geöffnet wird, zeigt schon die Tatsache, dass unter den Schülern des Pythagoras eine Trennung in Mathematiker (die, die sich mit den quantitativen Gegebenheiten auseinandersetzen) und in die sog. Akusmatiker (die, die den qualitativen Aspekt betrachten – d.h. den Bereich, in dem der Klang, seine kosmischen und v.a. seelischen Dimensionen im Vordergrund stehen) entstand. Manche nehmen sogar eine 3. Aufspaltung – die „Esoteriker" – an.

Abb. B.7 *Bach* beim Zählen...

In der Musik wurden v.a. ab dem Barock zahlensymbolische Bezüge, biografische Aspekte des Komponisten, textbezogene Querverbindungen, Monogramme in Form von Zahlen,... in die Werke eingearbeitet. Dies wird durch die Wahl der Taktart, Anzahl der Takte, Anzahl der Gliederungsteile, Intervallstrukturen (Sekund steht für 2, Terz für 3,...), Anzahl der Töne einer Melodie, usw. bewerkstelligt. Besonders in *J. S. Bachs* Werken finden wir unzählige Beispiele hiefür (Abb. B.7). Die Quersumme seines Namens ergibt nach dem Zahlenalphabet (dieses war damals so verbreitet, dass man allgemeinen Bezug darauf nehmen konnte [I = J, U = V !]) die Zahl 14, welche ebenso wie deren Umkehrung die Zahl 41 in Melodien, Taktzahlen und sonstigen Anspielungen im Werk auftaucht.

Die Zahl 29 – J.S.B., mit der Bach viele seiner Werke signiert hat, hat eine zweite Bedeutung: S.D.G. (Soli Deo Gloria). Auch die Zahl 158 ist häufig: Johann Sebastian Bach. Beim Eintritt in Mizlers Societät[3] wartet er auf die Mitgliedsnummer 14. Selbstredend, dass sein Rock, mit dem er sich porträtieren lässt, 14 Knöpfe hat und ebenso, dass der Kanon (BWV 1076), den er zu diesem Anlass schreibt, das Beitrittsjahr 1747 zum Inhalt hat, eine Basslinie von G.F. Händel zitiert, aus 11 Noten besteht – Händel war das 11. Mitglied geworden – und die Zahl 14 ständig präsent ist.

[3] *Lorenz Christoph Mizler* – ein ehemaliger Bachschüler – wurde später Dozent für Mathematik, Physik und Musik und gründete diese „Societät der musikalischen Wissenschaften" 1738.

Zeitgestalt – Rhythmus

Neben den Tönen und Intervallen ist der zeitlich ordnende Ablauf die wohl bedeutendste Komponente der Musik. Musik wird als Zeitkunst betrachtet, wobei das regelmäßige Wiederkehren von rhythmischen Abfolgen im kontinuierlichen Fluss des Metrums die Wahrnehmungsgrundlage bildet. Töne folgen nicht irgendwie aufeinander, ihre zeitliche Folge weist eine Gliederung, eine bestimmte Ordnung auf. Das Zeitmaß der Musik ist der Puls. Der Takt besteht aus zwei- oder dreiteiligen Einheiten dieses Pulses. Die Dauerwerte entstehen durch einfache Vielfache oder Bruchteile der größten Maßeinheit. Auch hier begegnet uns beim zeitlichen Aufteilen des Materials das Prinzip des Zählens und damit das der Mathematik.

B.5 Harmonik (Harmonikale Grundlagenforschung)

Grundlagen

Diese auf den ganzzahligen Proportionen der Obertonreihe basierende Wissenschaft ist im wesentlichen eine anthropologische. Grundgedanke ist, dass die in der Zahlengesetzlichkeit der Obertonreihe erscheinende Ordnung eine universelle, kosmische, die belebte und unbelebte Natur ebenso wie den Menschen bestimmende sei. Einfache Proportionen wirken auf den Geist und das Gemüt des Menschen ordnend ein - in der Musik sind das die Intervalle, in der bildenden Kunst und Architektur z.B. der „Goldene Schnitt“ oder die „Fibonaccireihe“.
Mittels Analogien wird das Proportionsgefüge in naturwissenschaftlichen Fächern wie Chemie, Physik, Astronomie, Biologie, Medizin ebenso wie in der Kunst und Architektur gesucht.

Gehördisposition

Die Bevorzugung der zur Systembildung verwendeten Intervalle aus ganzzahligen Proportionen ist im Menschen von Natur aus grundgelegt. Im Ohr selbst entstehen neben den Kombinationstönen (Summe und oder Differenz zweier Intervallgrundtonfrequenzen) auch „subjektive Obertöne“ bzw. „Ohrobertöne“. Die bei Intervallbildung sich überlagernden Obertonreihen haben je nach Proportion mehr oder weniger gemeinsame „Schnittpunkte“. Diese ergeben jene Ordnung, die seit Jahrhunderten die qualitative Einteilung der Intervalle in Konsonanzen und Dissonanzen bildet (Abb. B.8).

Anzahl der Schnittpunkte	Prozentuelle Übereinstimmung = Sonanzgrad	Intervall	Proportion
72	100	Oktav	1 : 2
42	58	Quint	2 : 3
28	39	Quart	3 : 4
24	33	große Sext	3 : 5
18	25	große Terz	4 : 5
14	19	kleine Terz	5 : 6
10	14	kleine Sext	5 : 8
8	11	kleine Septim	5 : 9
2	3	große Sekund	8 : 9
2	3	große Septim	8 : 15
0	0	kleine Sekund	15 :16
0	0	Tritonus	32 : 45

Abb. B.8 Aus *R. Haase* - „Harmonikale Synthese“

Harmonikale Gesetze in anderen Bereichen

Analoge Bezüge von ganzzahligen Proportionen der musikalischen Intervalle lassen sich zu vielen Wissenschaftsgebieten herstellen. Astronomie: Das Auffinden harmonikaler Gesetze war schon den antiken Philosophen ein Anliegen, mit *Johannes Kepler* – einem Harmoniker im besten Sinn – unternahm ein Naturwissenschaftler der Neuzeit den Versuch die Sphärenharmonie nachzuweisen, indem er die Planeten in ihren Umlaufzeiten um die Sonne, die Tagesbögen und die von der Sonne aus zu ihren auf elliptischen Bahnen liegenden Extrempunkte gemessenen Winkel innerhalb von 24 Stunden berechnete. Weitere Bereiche sind die Kristallografie, die Chemie, wo proportionale Ordnungen im Periodensystem der Elemente nachgewiesen werden, Physik, Biologie und nicht zuletzt die Anthropologie, wo sich an der menschlichen Gestalt zahlreiche „musikalische" Proportionen finden lassen.

Weiterführende Literatur

Reinhard Amon: *Lexikon der Harmonielehre*. Doblinger/Metzler, Wien-München 2005.
Bernhard Billeter: *Anweisung zum Stimmen von Tasteninstrumenten*. Kassel 1979.
Ernst Bindel: *Die Zahlengrundlagen der Musik im Wandel der Zeiten*. Verlag Freies Geistesleben Stuttgart, Stuttgart 1950.
Jacques Chailley: *Harmonie und Kontrapunkt*. Lausanne,Zürich 1967.
Autorenkollektiv: *dtv–Lexikon in 20 Bdn.*. München 1999.
Robert Gauldin: *Harmonic Practice In Tonal Music*. W.W.Norton, New York 1997.
Rudolf Haase: *Der messbare Einklang, Grundzüge einer empirischen Weltharmonik*. Ernst Klett Verlag, Stuttgart 1976.
Rudolf Haase: *Über das disponierte Gehör*. Doblinger, Wien 1977.
Rudolf Haase: *Geschichte des harmonikalen Pythagoreismus*. E. Lafite Verlag, Wien 1969.
Rudolf Haase: *Harmonikale Synthese*. E. Lafite Verlag, Wien 1980.
Jacques Handschin: *Der Toncharakter. Eine Einführung in die Tonpsychologie*. Zürich 1948.
Nikolaus Harnoncourt: *Musik als Klangrede*. dtv/Bärenreiter, München 1985.
Herbert Kelletat: *Zur musikalischen Temperatur*. 3 Bde., Merseburger, Berlin 1981.
Jochen Kirchhoff: *Klang und Verwandlung*. Kösel Verlag, München 1989.
Manfred Lurker: *Wörterbuch der Symbolik*. Kröner Verlag, Stuttgart 1991.
Erich Neuwirth: *Musikalische Stimmungen*. Wien, N.Y. 1997.
Hermann Pfrogner: *Die Zwölfordnung der Töne*. Amalthea–Verlag, Zürich, Leipzig, Wien 1953.
Herman Pfrogner: *Zeitwende der Musik*. Langen Müller Verlag, München, Wien 1986.
John R. Pierce: *Klang, Mit den Ohren der Physik*. 7. Band der Bibliothek von Spektrum der Wissenschaft, Heidelberg 1983.
Günther Schnitzler (Hg.): *Musik und Zahl*. Orpheus-Schriftenreihe, Bonn, Bad Godesberg 1976.
Wilhelm Stauder: *Einführung in die Akustik*. Heinrichshofen, Wilhelmshaven 1980.
S.S. Stevens und Fred Warshofsky: *Schall und Gehör*. Hamburg 1970.
Ludmila Uhela: *Contemporary Harmony*. 1994.
Ivar Veit: *Technische Akustik*. Würzburg 1985.
Martin Vogel: *Die Lehre von den Tonbeziehungen*. Bonn, Bad Godesberg 1975.
Karl Wolleitner: *Vorlesungen über musikalische Akustik*. Mitschrift, Univ. für Musik, Wien.
Victor Zuckerkandl: *Die Wirklichkeit der Musik*. Rhein–Verlag, Zürich 1963.

B.6 Rechenbeispiele

Anwendung: Tonleiter des Pythagoras

Die Tonleiter, die durch die pythagoreische Stimmung entsteht, ist - wie auch unsere heutigen Skalen - siebenstufig (fünf Ganztöne und zwei Halbtöne): Man nehme eine schwingende Saite, die den Grundton C erzeugt; die Töne F und G werden dann erzeugt, indem man die Saite auf 3/4 (Quart) und 2/3 (Quint) der Gesamtlänge reduziert. Bei Reduzierung auf 1/2 (Oktav) erhält man den ersten Ton c der nächsten Tonleiter. Nun lassen sich die restlichen

Töne zwischen C und c, nämlich D, E, A, H, aus der Oktav und der Quint über die Proportion $(2/3)^n : (1/2)^m$ berechnen. Für welche möglichst kleinen Potenzen n und m erhält man die Grundtöne? Wie groß sind die zugehörigen Verkürzungen? Welche Abstufungen ergeben sich dadurch in der Tonleiter?

Lösung:

Es ist
$$t = \left(\frac{2}{3}\right)^n : \left(\frac{1}{2}\right)^m = \left(\frac{2}{3}\right)^n \cdot 2^m \frac{2^{n+m}}{3^n}$$

Wir suchen nun ganze Zahlen m und n so, dass

$$\frac{1}{2} \leq \frac{2^{n+m}}{3^n} \leq 1 \tag{B.1}$$

gilt. Wir lösen das Problem durch Probieren:

m	n	2^{n+m}	3^n	(B.1) erfüllt?	Grundton	t
-1	0	1/2	1	ja	c	$1:2$
0	0	1	1	ja	C	1
0	1	2	3	ja	G	$2:3$
0	2	4	9	nein		
1	0	2	1	nein		
1	1	4	3	nein		
1	2	8	9	ja	D	$8:9$
1	3	16	27	ja	A	$16:27$
1	4	32	81	nein		
2	4	64	81	ja	E	$64:81$
2	5	128	243	ja	H	$128:243$

Die Abstufungen sind nun die Quotienten aus den Verkürzungen für zwei aufeinanderfolgende Töne. Dieser Quotient ist entweder $8 : 9$ („Ganzton") oder $243 : 256$ („Halbton"). Halbtöne gibt es zwischen E und F ($\frac{3}{4} : \frac{64}{81} = \frac{243}{256}$) bzw. H und c.

Was für die Saitenlängen gilt, gilt auch für schwingende Luftsäulen in den Blasinstrumenten. ♠

Anwendung: Gleichschwebende Temperatur

In der „gleichschwebenden Temperatur" werden sämtliche Töne erzeugt, indem man die dem jeweils vorangegangenen Ton entsprechende Saitenlänge in einem konstanten Verhältnis λ teilt, und zwar einmal für einen Halbton, und zweimal für den Ganzton. Außer dem Anfangston C werden die Pythagoreischen Werte (Anwendung S. 425) dadurch etwas korrigiert. Wie groß ist λ und wie groß sind die Abweichungen von der Pythagoreischen Tonleiter?

Lösung:

In der Tonleiter (Anwendung S. 425) haben wir zunächst zwei Ganztöne, dann einen Halbton, dann wieder drei Ganztöne und zuletzt einen letzten Halbton. Die Verkürzung auf 1/2 geschieht also wie folgt:

$$\lambda^2 \cdot \lambda^2 \cdot \lambda \cdot \lambda^2 \cdot \lambda^2 \cdot \lambda^2 \cdot \lambda = \frac{1}{2} \Rightarrow \lambda^{12} = \frac{1}{2} \Rightarrow \lambda = 1 : \sqrt[12]{2}$$

Wir bilden nun eine Tabelle:

Grundton	Pythagoras	gleichschwebend	Fehler
C	1	1	0
D	$8:9=0{,}88889$	$1:\lambda^2=0{,}89090$	$-0{,}00201$
E	$64:81=0{,}79012$	$1:\lambda^4=0{,}79370$	$-0{,}00358$
F	$3:4=0{,}75000$	$1:\lambda^5=0{,}74915$	$0{,}00085$
G	$2:3=0{,}66667$	$1:\lambda^7=0{,}66742$	$-0{,}00075$
A	$16:27=0{,}59259$	$1:\lambda^9=0{,}59460$	$-0{,}00201$
H	$128:243=0{,}52675$	$1:\lambda^{11}=0{,}52973$	$-0\ 00298$

Der Fehler bei den einzelnen Tönen scheint recht klein zu sein, ist aber vom geschulten Ohr durchaus hörbar. Der Vorteil der neuen Einteilung ist, dass jetzt beim Transponieren keine Unstimmigkeiten mehr auftreten. Zur Konstruktion der Saitenlängen siehe Anwendung S. 427. ♠

Anwendung: Konstruktion der Saitenlängen der gleichschwebend temperierten Tonleiter (Abb. B.9)

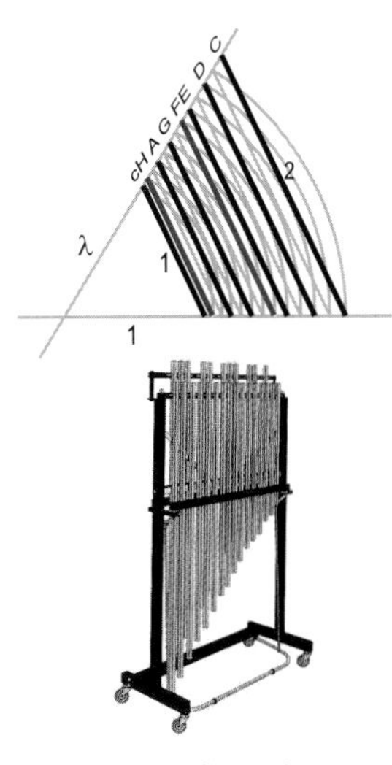

Abb. B.9 Saitenlängen

Bei der gleichschwebend temperierten Tonleiter (Anwendung S. 426) müssen aus $\lambda = \sqrt[12]{2}$ dessen Potenzen ermittelt werden. Man zeige die Richtigkeit der Konstruktion der Saitenlängen in Abb. B.9.

Lösung:

Das Dreieck mit den Seitenlängen 1, 1, λ ist gleichschenklig, wobei das Verhältnis der kürzeren zur längeren Seite $1:\lambda$ ist. Durch den Kreisbogen wird im nächsten Schritt aus der kürzeren Seite mit der Länge 1 die Länge λ, und durch das Einzeichnen der Parallelen zur anderen kurzen Seite wird die längere Seite auf Grund des Strahlensatzes ebenfalls mit λ multipliziert, hat also die Länge λ^2.

Bei zwölfmaliger Wiederholung sollte die Seite doppelt so lang sein. (So kann man auch geometrisch durch Probieren die zwölfte Wurzel ziehen.) Fünf der zwölf (bzw. dreizehn, wenn man das c mitzählt) Sehnen führen zu Zwischentönen. ♠

Anwendung: Die Länge der Luftsäulen beim Blasinstrument (Abb. B.10)
Wir haben die „gleichschwebende Temperatur“ besprochen. Dort werden sämtliche Töne erzeugt, indem man die dem jeweils vorangegangenen Ton entsprechende Saitenlänge bzw. Länge der Luftsäule in dem konstanten Verhältnis $\lambda = 1 : \sqrt[12]{2}$ verkürzt. Wie sieht die Anordnung der „Pfeifen“ aus, wenn a) immer Röhren mit gleichem Durchmesser verwendet werden, b) Röhren verwendet werden, deren Durchmesser proportional zur Länge ist (wie bei der Orgel).

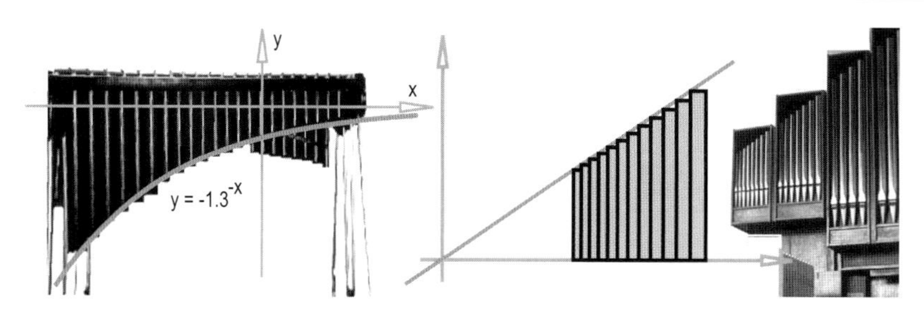

Abb. B.10 Die *Breite* der Luftsäulen kann linear bzw. exponentiell wachsen.

Lösung:
Zunächst sei der Pfeifendurchmesser d konstant, z. B. $d = 1$. Die längste Pfeife habe die Länge L. Die nächste Pfeife hat dann die Länge $\lambda\,L$, die übernächste $\lambda^2\,L$. Die Pfeife zum x-ten Ton hat somit die Länge

$$y = \lambda^x\,L \quad (\text{mit } \lambda = 1 : \sqrt[12]{2} \approx 0{,}9439)$$

bzw.

$$y = c^{-x}\,L \quad (\text{mit } c = 1/\lambda = \sqrt[12]{2} \approx 1{,}0595).$$

Abb. B.10 links (Röhrenglockenspiel) zeigt, wie mittels Computer eine Exponentialfunktion über eine Fotografie gelegt wurde (ähnlich könnte man bei einem Xylophon vorgehen). Dabei erkennt man, dass die Pfeifenlänge um eine konstante Strecke länger sind als der Funktionswert: In diesem Bereich kann die Luft nicht schwingen.
Nun sei der Pfeifendurchmesser d nicht konstant, sondern proportional zur Länge der schwingenden Luftsäule (Abb. B.10 rechts) liegen vergleichbare Punkte auf einer Geraden: Die rechteckigen Querschnitte sind ja zueinander ähnlich (mit stets gleichem Ähnlichkeitsfaktor) und gehen durch Streckung aus einem fixen Zentrum ineinander über.

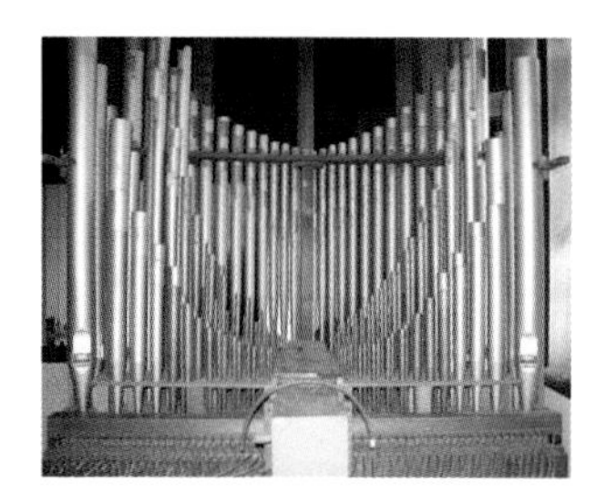

Abb. B.11 Orgelpfeifen...

Eine Orgel hat hunderte verschiedene Pfeifen. Es ist natürlich keineswegs so, dass die Pfeifen eine nach der anderen angeordnet sein müssen, auch wenn es eine entsprechende Redensart gibt. Manche Orgelbauer arrangieren „ihre“ Pfeifen auch so, dass interessante Muster entstehen, die man dann mathematisch nicht so rasch einordnen kann (Abb. B.11, Teil der Orgel Altnagelberg, Niederösterreich, beim Wieder-Zusammenbau).

♠

Index

D

E

F

L

M

Q

R

S

T

U

V

W

X

Y

Z

Verallgemeinerter Baum des Pythagoras (s.S. 91)

Mathematik ist schön!